Melissa Pierson

Über die Leidenschaft, ein Motorrad zu fahren

Aus dem Amerikanischen von Gabriele Herbst

Hoffmann und Campe

Das Kapitel 8 und das Nachwort wurden von Barbara Steckhahn übersetzt.
Die Übersetzerin dankt Conny Kanse, Ernst Guggolz und der Gummikuh.

Die Deutsche Bibliotek - CIP-Einheitsaufnahme
Pierson, Melissa;
Über die Leidenschaft, ein Motorrad zu fahren / Melissa Pierson.
Aus dem Amerikan. von Gabriele Herbst. - 1. Aufl. - Hamburg:
Hoffmann und Campe, 1998
Einheitssacht.: The perfect vehicle <dt.>
ISBN 3-455-11240-4

Die Originalausgabe erschien unter dem Titel *The Perfect Vehicle. What It Is About Motorcycles* 1997 bei W. W. Norton & Company, New York/London.

Schutzumschlaggestaltung: Büro Hamburg
unter Verwendung einer Abbildung der Moto Guzzi 500CC V8 1954 mit freundlicher Genehmigung von Moto Guzzi S.p.A.
Lektorat: Jens Dehning
Satz: Fotosatz Amann, Aichstetten
Druck und Bindung: Graphischer Großbetrieb Pößneck
Printed in Germany

Für Luc Sante

Vorwort

*Alles in allem gibt es nur zwei Arten von Männern auf der Welt:
die, die zu Hause bleiben, und die, die das nicht tun.*
Rudyard Kipling

*Es gibt zwei Arten von Motorradfahrern:
die, die sich schon hingelegt haben, und die,
die sich noch hinlegen werden.*
Bikerspruch

Genau in diesem Augenblick macht sich irgendwo irgendwer bereit, aufzusteigen und loszufahren. Das Motorrad steht in der kalten, dunklen Garage, die der schwere Geruch von Benzin und Öl durchzieht. Der Fahrer nähert sich von außen, das Tor schwingt auf, ein Luftzug, ein krachendes Anschlagen. Das Licht geht an. Ein Widerschein, wie nie verlöschend, erglänzt auf einem Stück Chrom.

Der Fahrer tritt an die Maschine heran. Reißverschlüsse werden zugezogen, und lederne Ärmel schließen sich eng um die Unterarme. Für den Moment des Überstreifens löscht der Helm alles aus, dann sitzt er, und der Kinnriemen wird festgezurrt. Dieses schützende Gewicht mit seinem schwachen, aber anhaltenden Eigengeruch löst Erinnerungen an die darin zugebrachten Stunden und Tage aus. Weiche Lederhandschuhe, die Handflächen mit Nieten versehen – eine Vorkehrung gegen den Reflex, beim Sturz die Hände vor sich auszustrecken – werden zuletzt übergestreift.

Der Zündschlüssel gleitet ins Zündschloß über dem Lenkkopf. Dann schwingt der Fahrer ein Bein über die Sitzbank und läßt sich darauf nieder, hält das Gewicht jedoch auf den Fußballen. Mit einem Stoß aus den Hüften wippt der Fahrer das Motorrad nach vorn; noch einmal, holt Schwung, bis es nach vorne und vom Hauptständer herunterzufallen beginnt. In diesem Augenblick zieht der Fahrer mit dem Zeigefinger der rechten Hand einen Hebel, und die Bremsklötze schließen sich wie die Backen eines Schraubstocks um die stählerne Bremsscheibe des Vorderrades. Beim fast gleichzeitigen Loslassen der Bremse erhebt sich das Motorrad leicht aus der Teleskopgabel, die unter dem Gewicht nachgegeben hat. Nun ruhen die 220 Kilo Metall, Flüssigkeit und Kunststoff in einem labilen Gleichgewicht zwischen den Beinen des Fahrers; eine falsche Bewegung zur Seite, und die Last, die im austarierten Zustand kaum zu spüren war, würde unvermittelt einen wilden Versuch unternehmen, krachend auf den Beton aufzuschlagen. Ein Motorrad ist im Stand von Natur aus instabil; es braucht den Menschen, um zu sich selbst zu kommen. In voller Fahrt kann es so stabil wirken wie fester Boden.

Der Schlüssel dreht sich; die Kontrollämpchen leuchten auf. Ein grünes für den Leerlauf, ein rotes für die Batterie, noch ein rotes für den Öldruck. Der gedrückte Starterknopf am rechten Lenkerarm setzt unten ein Sirren in Gang. Gleichzeitiges Drehen am rechten Griff zieht an den Gaszügen, der Motor muckt, verschluckt sich, röhrt dann auf. Gezähmtes Feuer nur Zentimeter von den Knien des Fahrers entfernt. Die Zündkerzen in den beiden Zylindern, die ein rechtwinkliges V bilden, entzünden in unfaßbar schnellem Wechsel ein flüchtiges Gemisch aus Treibstoff und komprimierter Luft; die sich ausdehnenden Gase treiben die Kolben zurück; ganz leicht vibriert die Maschine hin und her.

Ein Druck auf den Lichtschalter am Lenker läßt die Unebenheiten der Garagenwände plastisch hervortreten. (Der Fahrer weiß, daß er alle Lichter überprüfen muß – Blinker, Rücklicht, Bremslichter für Hand- und Fußbremse –, und begeht doch manchmal die Sünde, sich diesen Check zu schenken.) Als nächstes zieht der Fahrer den linken Hebel am Lenker und drückt dann den linken Fuß nach unten. Mit einem hörbaren Krachen rastet der erste Gang ein.

Im perfekten Zusammenspiel, das das Motorradfahren ausmacht – den ineinandergreifenden Hinundherbewegungen, dem Gleichgewicht von Geben und Nehmen –, läßt die eine Hand den gezogenen Kupplungshebel langsam los, während die andere den Gasgriff dreht. Das Motorrad bewegt sich hinaus in eine hellere Welt; einen Moment lang blendet die Sonne die Augen des Fahrers und taucht alles in gleißendes Licht.

Draußen auf den frühmorgendlichen Straßen herrscht kaum Verkehr, wofür der Fahrer ein Dankgebet gen Himmel schickt: Für den Biker sind Autos ein Ärgernis, ihre Behäbigkeit und ihr Schneckentempo zum Wahnsinnigwerden. Beim Einbiegen von der Garageneinfahrt in die Straße schaltet der Fahrer in den zweiten Gang, diesmal mit der Stiefelspitze unter dem Schalthebel, um diesen nach oben zu drücken. Den kleinen Beschleunigungsruck vom Hinterrad spürt man im Sitz, ähnlich dem elastischen Verzögern, wenn ein Pferd im Trab sich zum Angaloppieren sammelt.

Um die Reifen aufzuwärmen, verlagert der Fahrer sein Gewicht – nur merklich für das Motorrad, das sich zur Seite neigt. Erst nach links, dann rasch wieder nach rechts, nach links, nach rechts, bis die Maschine auf der Straße eine Schlangenlinie beschreibt. Fahrer und Maschine könnten den ganzen Tag lang so tanzen, in einer eingespielten Partnerschaft, in der jeder den nächsten Schritt so sicher vorausahnt, daß nicht mehr zu unterscheiden ist, wer was tut.

Sie erreichen den Stadtrand und biegen auf eine schmale Straße ein, die zwischen Bäumen und vereinzelten, im Schatten verschwindenden Steinhäusern ansteigt. Zu gleicher Zeit beschleunigen andere Motorradfahrer ihre Maschinen auf Autobahnauffahrten, schlängeln sich im ersten Gang behutsam zwischen zwei Autoschlangen im Stau auf einer Hochstraße durch, landen nach einem Absprung von einem Erdhügel mit dem Vorderrad voran auf der Erde, versuchen ein Wohnmobil auf seiner allzu gemächlichen Fahrt in einen Nationalpark zu überholen, fühlen, wie sich eine Last vom Magen zur Brust verlagert, wenn das Motorrad sich aus der maximalen Schräglage wieder aufrichtet, folgen drei Freunden, ebenfalls auf Motorrädern, auf den Parkplatz eines Lokals, um einen Kaffee zu trinken, scheren fluchend auf den Seitenstreifen aus, weil das Kupplungsseil gerissen ist.

Heute – auf dem Weg zu einem bestimmten, langersehnten Ziel, während die Freude am raumgreifenden Rotieren der Räder eins wird mit dem Wunsch anzukommen – verschmelzen in der Reise die Erwartung ihres Endes und das Vergnügen an ihrer Fortdauer: Vereinte Gegensätze definieren das Motorradfahren.

Ein Blick auf die Zahlen: In den Vereinigten Staaten gibt es 7 Millionen Motorradfahrer und 225 Millionen Nichtmotorradfahrer. (Um den Minderheitenstatus, den diese Zahl belegt, zu illustrieren, sei hier erwähnt, daß sich etwa 20 Millionen Amerikaner als Vogelfreunde bezeichnen.*) Motorradfahrer sind einsam und zugleich zu einer kleinen Gemeinde von Auserwählten verschworen. Sie halten zusammen, wie um sich gegenseitig zu wärmen, und finden überdies noch einen seltsamen Gefallen an dieser Notwendigkeit. Das Band zwischen diesen relativ wenigen kann sehr verläßlich sein: Ein Motorradfahrer kommt durch eine Kleinstadt, wird von einem ebenfalls motorradfahrenden Einwohner erspäht und erhält – allein wegen dieser simplen Gemeinsamkeit – eine Einladung nach Hause, eine Mahlzeit und gute Ratschläge. Ein Motorradfahrer stoppt am Straßenrand, vielleicht nur auf eine Zigarette; es dauert nicht lange, und ein anderer Biker hält an und fragt ihn,

*In Deutschland ist der Minderheitenstatus nicht so ausgeprägt; hier sind etwa 2,5 Millionen Motorräder und 40,4 Millionen Pkws zugelassen, d. Ü.

ob er Hilfe brauche. Zum mindesten – sieht man einmal von internen Fehden ab, die Motorradfahrer gelegentlich dazu bringt, eine Art Nationalismus auf Rädern zu praktizieren – grüßen sie einander im Vorbeifahren. Es ist, als kämen sie alle aus derselben Kleinstadt, wo Grüßen genauso obligatorisch ist wie Kleider zu tragen.

Die Straße nimmt ständig eine andere Richtung, so daß hinter der nächsten Kurve ständig etwas Unerwartetes liegen kann – quer über die Fahrbahn verteilter Rollsplit, ein entgegenkommendes Auto über dem Mittelstrich, ein Hund, außer sich über den Lärm aus den Schalldämpfern. Der Fahrer verarbeitet den kontinuierlichen Datenstrom von der Straße und ihrer Umgebung mit einer bestimmten Art von innerer Distanz und übersetzt ihn fast genauso rasch in körperliche Reaktionen: fressen oder gefressen werden. Für müßige Gedanken ist kein Raum im Kopf (außer auf der Autobahn, wo die Gedanken in endloser Folge, in immer neuen Verknüpfungen dahinfließen). Ein Biker kann Kilometer um Kilometer dahinfahren, ohne daß ihn ein plötzlicher Gedanke aufschrecken ließe, einschließlich der Erkenntnis, daß er seit vielen Kilometern an nichts gedacht hat. Je schneller man fährt, desto enger zieht sich die Sphäre um den Fahrer zusammen, schließt alles aus bis auf diese Sekunde und die nächste, die rasend schnell ineinanderfließen. Der Fahrer hat keine Vergangenheit zu bereuen und keine Zukunft zu erwarten; er fühlt sich frei. Von der Warte dieser komprimierten, überschaubaren Welt aus betrachtet wirkt die andere mit ihrem Dreck und ihrem Chaos am Ende ebenso einfach und sauber wie diese.

Dieser merkwürdige physiologische Effekt, eine Begleiterscheinung jeder hochkonzentrierten Tätigkeit, könnte der Grund dafür sein, daß man unter Motorradfahrern so viele Menschen findet, die sich wie auf glühenden Kohlen fühlen, solange sie still sitzen. Wenn sie Motorrad fahren, scheint der Wind die Flamme zu kühlen, so daß sie die furchtbare Hitze nicht spüren. Schließlich können sie offenbar nur noch dann

Glück empfinden, wenn sie fahren; deshalb unternehmen sie immer längere oder immer mehr Touren, während ihre Familien immer unglücklicher werden. Für einige wenige – diejenigen, die Rennen fahren – ist Linderung nur noch über 260 Stundenkilometern auf einer Geraden zu haben. Damit nehmen sie ein Risiko in Kauf, das sich im schlimmsten Fall in Unfällen niederschlägt – in Ereignissen also, die von der Norm abweichen –, und leugnen es zugleich. »Norm« heißt hier jedoch sehr viel weniger als andernorts, und die Palette möglicher Unfälle ist weitaus größer. Statt nun einzugestehen, daß der Wunsch, in einer solchen Welt zu leben, einen Anflug von Irrsinn hat, nehmen sie Zuflucht zu Ausflüchten: Wenn es mich erwischt, lande ich auf den Reifen oder in den Strohballen oder auf dem Grünstreifen. Dann hebe ich die Maschine wieder auf, und wenn sie nicht allzu schwer beschädigt ist, fahre ich das Rennen zu Ende. Das ist alles, was sie zuzulassen bereit sind. Ihre einstmals farbenfrohe Lederkluft ist grau verschrammt und notdürfig mit Isolierband geflickt.

Jeder Motorradfahrer lebt ein wenig mit dieser Verleugnung; im Endeffekt hat sie auch etwas Gesundes, weil sie uns davor bewahrt, in einer Welt existieren zu müssen, die nur aus Grauen besteht. Außerdem ist sie der Eintrittspreis für einen Tag wie diesen. Wenn der Fahrer wollte, könnte er den Gasgriff so jäh aufdrehen, daß der Lenker an den Armen reißt und die Maschine mit der armseligen Kreatur obendrauf durchzugehen droht – der jetzt nichts anderes mehr übrigbleibt, als sich festzuhalten und den Ritt zu genießen.

Das Röhren der vorüberfahrenden Maschine bleibt noch etwas unter den Bäumen stehen, ähnlich dem scharfen roten Strich, den ein Rücklicht auf einer lange belichteten Nachtaufnahme zieht. Es ist der geisterhafte Rest der Schneise, die das Motorrad in die Luft geschlagen hat, und dessen, was der Fahrer als Luftwiderstand – als Resultat eines Kampfes zwischen Schwerkraft und Fliegenwollen – am Körper spürt. Die Kurven spielen ihr Spiel mit dem Fahrer, und er versinkt in der Konzentration, die man braucht, um sich mit einem beachtlichen Gegner zu messen. Wie schnell soll ich in diese Kurve hineingehen? Gerade die Tatsache, daß man sich so schmerzlich irren kann, läßt die richtige Entscheidung so süß erscheinen.

Doch nie gleicht die Angst des Motorradfahrers derjenigen, die er empfindet, wenn unmittelbar vor ihm das Objekt seiner tiefsten Zuneigung fährt. Wenn man zu zweien dahinfliegt – wie verbunden durch einen unsichtbaren Faden, der die Entfernung durch eine sich bewegende Welt hindurch überbrückt, sieht der eine den anderen wie ein Insekt, das sich an den Körper seiner panisch fliehenden Beute klammert. Beim Blick auf diesen verwandelten Menschen erkennt der Hinterherfahrende durch das Leder hindurch die verletzliche Haut, wie sie im Schlaf aussieht. Blitzartig zuckt ihm der Gedanke durch den Kopf, wie lachhaft leicht etwas passieren könnte. In diesem unheilvollen Abstand lauert die Angst: nur wenige Meter, doch ein unüberbrückbarer Abgrund. Vielleicht steckt aber auch eine Projektion dahinter – im Blick auf den anderen wird der Fahrer gewahr, wie verletzlich er selbst ist. Aber ist das nicht ohnehin das Wesen der Liebe? Zu erkennen, wie sehr man, indem man für den anderen hofft, für sich selbst hofft?

Wenn sich alles gegen ihn verschwört – Verkehrschaos, die Sonne schwindet von Minute zu Minute, Regen macht den Straßenbelag glitschig –, wird für den Motorradfahrer am deutlichsten spürbar, was ihm ansonsten verborgen bleibt: Er ist sowohl der fröhliche Passagier als auch der schwer schuftende Betreiber eines Jahrmarktskarussells. Der Fahrer ist gespalten, muß sich zwischen Vergnügen und Verantwortung hindurchlavieren.

Immer länger wird die Strecke, die der Fahrer zwischen sich und sein Zuhause legt. Nun umwirbt ihn die Straße mit angenehmen Erinnerungen. Schau, an dieser Stelle hast du einmal angehalten, einen Apfel aus dem Tankrucksack gegessen und die Stiefel ausgezogen, um das feuchte Gras unter deinen Socken zu spüren; dort hat dir dein Liebster beim Tanken einmal eine Handvoll Bonbons gekauft. Und immer besteht die Möglichkeit, daß sich das Unerwartete hinter der nächsten Straßenbiegung nicht als Gefahr entpuppt, der man ausweichen muß, sondern als Anblick oder Geruch, der das Herz in der Brust hüpfen läßt wie ein Scheck, der mit der Post kommt.

Geht der Tageskilometerzähler auf die 150 zu, gewinnt das Unterwegssein ein Eigenleben. Der Fahrer hat fast vergessen, wie es ist, einen anderen Sitz unter sich zu haben als diese Sitzbank; die Augen tasten die Straße in unbeirrbarem Rhythmus ab wie der Strahl eines Sonars. Abbremsen, in die Kurve legen, aufdrehen. Abbremsen, in die Kurve legen, aufdrehen. Immer wieder, bis man sich fühlt wie im Schaukelstuhl; hundertmal hin und her, eine Hand, die abwesend über die Haut streicht.

Der aufgemalte Mittelstrich, ein umgekehrter Fluchtpunkt, wird verschluckt von den Rädern, wie in einem Videospiel, bei dem die Landschaft vorbeirast, während das Fahrzeug feststeht. Nur der Fahrtwind auf der Brust bietet stete Vergewisserung. Jetzt wird der Fahrer anfällig für den hypnotischen Sog der weißen Linie – weniger ein Bedürfnis, ewig weiterzufahren, als vielmehr das Gefühl, alle anderen Möglichkeiten außer Fahren seien ihm verschlossen. Es ist ganz einfach: die Macht zu fahren, die Macht anzuhalten ist genauso beschränkt wie eine Metapher und liegt jetzt in einer kleinen Hand. Der Fahrer fürchtet instinktiv diesen Zustand. Und, begierig auf die Perversion, die stets tief in der Lust verborgen liegt, begehre ich – die Fahrerin – dennoch nichts heftiger.

Eins

Eine Maschine ist wie die Wüste: entweder sie fasziniert dich oder sie schreckt dich ab.
Wilfrid Noyce The Springs of Adventure

Meine Mutter brachte mir bei, mich bei allen möglichen Gelegenheiten umgehend schriftlich zu bedanken; in Mrs. Kings Tanzstundenkurs lernte ich, einen korrekten Knicks zu machen, und noch dazu – man glaubt es kaum – was ich zu tun hatte, sollte ich einmal in die Verlegenheit kommen, neben meinem Teller neun verschiedene Eßwerkzeuge vorzufinden – vermutlich bei Gastgebern, vor denen ich gerade meinen Knicks gemacht hatte. Praktisch alles andere lernte ich von Motorrädern.

In den zehn Jahren, in denen ich jetzt fahre und mich mit Motorrädern befasse, haben sie mir, metaphorisch gesprochen, jede Menge Vorträge gehalten. Ich habe viel erfahren über die Launen des Zufalls und über den Reiz der plötzlichen Veränderung. Dafür lassen sich die kuriosesten Beispiele nennen. So schwitzt du an einem Tag in einem Seminar über himmelschreiend belanglosen Aufsätzen über *Sir Gawain und der Grüne Ritter* oder irgendwas anderes von Nathaniel Hawthorne, vor deinem geistigen Auge die Aussicht auf ein Leben hinter Bibliotheksregalen und Lesepulten, angetan mit feinem Seidenschal und feiner Brille. Und am nächsten Tag bist du völlig aus all dem raus; deine Fingernägel sind schwarz vom Öl, während du dein Bike einen Hügel hinunter anschiebst, weil der Anlasser streikt. Oder du stehst am Sonntagmorgen in aller Herrgottsfrühe auf, um die siebzig Meilen zum Parkplatz einer Kneipe in Danbury, Connecticut, zu fahren, nur um den Anblick von ein paar hundert Motorrädern zu genießen, die aus demselben Motiv dort stehen. Vielleicht ist aber auch nichts von alledem seltsam, und ich bestätige nur das Urteil, das William F. Buckley jr. meiner gesamten College-Klasse zuteil werden ließ: Er bezeichnete uns als »ungebildete Wilde«, nachdem wir ihm den Auftrag, bei unserer Abschlußfeier 1980 die Ansprache zu halten, wieder entzogen hatten.

Ein Motorrad wird zu einer Erweiterung des eigenen Ichs – des eigenen Körpers, der eigenen Fähigkeiten, Hoffnungen und Macken. Nach meiner Erfahrung kann mir meine Maschine eine Lehrmeisterin sein; sie erteilte mir die Art von Lehren, deren Wahrheitsgehalt sich (manchen Psychologen zufolge) in Schmerzhaftigkeit ausdrückt. Indem mich mein Motorrad mit dem Anspruch konfrontierte, es zu warten und zu reparieren, verwandelte es sich in dem Augenblick, wo ich den Schraubenschlüssel ansetzte, in einen Spiegel; in Wirklichkeit werkelte ich also an Schrauben in mir selbst herum, und zwar sehr zu meiner Verwirrung gerade an denen, die eigentlich glatt herauskommen wollten, aber dennoch festsaßen. Sie schienen darauf zu warten, daß sie jemand, der besser war als ich, aus mir herausschraubte. Aber auch die Lehren der anderen Schrauben sind mir wertvoll – etwa derjenigen, mit denen die Bremsscheiben am Vorderrad befestigt sind. Sie rührten sich nicht, egal wie heftig oder womit ich auch darauf eindrosch. Genauso dankbar bin ich den Einstellschrauben an den Ventilen, denn ich lernte, sie perfekt einzustellen – in kleinen und kleinsten Schritten den Punkt zu treffen, an dem die Fühlerlehre ganz knapp in die Lücke zwischen Ventilstößel und

Kipphebel paßt. Diesen Punkt erreicht man durch Gefühl und sonst nichts. So etwas verschafft wahre Befriedigung.

Ich lernte auch einige allgemeine Lektionen, etwa die simple, aber leicht zu übersehende Tatsache, daß wir Menschen als einzige Wesen des Tierreichs uns vor allem durch unsere Leidenschaften auszeichnen. Die einen schwärmen für die Grateful Dead, die anderen für Gilbert und Sullivan. Die Liebhaber der alten Airstream-Wohnwagen folgen anderen Airstream-Anhängern durch das ganze Land von einem Treffen zum anderen, um sowohl das Objekt ihrer Begierde als auch die Tatsache zu feiern, daß sie einander getroffen haben. Auch gibt es die unerklärliche Besessenheit der Trainspotter, die selbst keinerlei Erklärung dafür brauchen. Nun könnte man einwenden, daß es doch offenbar Menschen ohne jegliches Hobby gibt. Doch auch die haben mit Sicherheit eines, wenn die Definition eines Hobbys darin besteht, daß es alle Freizeit, Liebe und alles unverplante Geld aufzehrt: Kinder beispielsweise. Und dann gibt es noch Motorräder, die für manche ihrer Besitzer – für den harten Kern – genau wie Kinder sind.

Ich meine damit nicht kriminelle Motorradfahrer. Eine kleine Minderheit der Biker, die extremen, selbsternannten Einprozenter (so jedenfalls schätzen sie ihren Anteil an der weniger auffälligen Mehrheit ein), haben sich aus vielleicht verständlichen Gründen ins Rampenlicht der Öffentlichkeit gedrängt. Doch wenn mir noch einmal eine Story über tätowierte Rowdies unter die Augen kommt, und wenn der Begleittext zu den Hochglanzphotos dem entsetzten, aber sensationslüsternen Amerika der braven Bürger allen Ernstes die alte Mär auftischt, diese Typen würden ihr Motorrad als »Schwein« (»hog«; zugleich die Abkürzung von »Harley Owners Group«, d. Ü.) bezeichnen – ich glaube, dann muß ich schreien.

Natürlich gibt es »Gangs«, »Rockerbanden« (sie selbst bezeichnen sich mit demselben Wort – Club – wie die meisten anderen Vereine, die mit einer Bande nicht das geringste gemein haben). Jeder, der das Emblem oder die Farben seines Clubs auf der Rückseite seiner Kutte trägt, wenn er durch das Territorium eines fremden Clubs fährt, wird gezwungen, dort nicht Flagge zu zeigen. Auch die Hell's Angels gibt es noch, obwohl sie immer noch einen verschwindend geringen Teil der Biker ausmachen und vielleicht auch nicht mehr ganz so übel sind wie die absonderlichen Schlägertypen, die Hunter S. Thompson in seinem 1966 erschienenen Roman *Hell's Angels* aufführt. Wenn man einer Meldung glauben darf, die sich auf internationale polizeiliche Ermittlungsergebnisse beruft, stellen die Hell's Angels heute eine »weltweite kriminelle Bedrohung« dar und »fahren genausogut einen 7er BMW wie ein Motorrad«. Die Fixierung der Öffentlichkeit auf diese wenigen schrägen Vögel geht mir zunehmend auf die Nerven – als ob nachts nur der Mond am Himmel stünde und nicht auch eine Milliarde Sterne. Das Phänomen mag verständlich sein, wenn man unser Verlangen bedenkt, uns Menschen alles nur Mögliche zuzutrauen; jegliches extreme Verhalten wirkt offenbar in dieser Richtung. Wenn wir jedoch die riesige Spanne zwischen den Extremen betrachten würden, fänden wir dort uns selbst. Und wenn etwas so unerforscht ist wie das Innenleben des normalen Motorradfahrers, dann gibt es mit Sicherheit Interessantes darüber zu sagen.

Eine weitere Lektion, bei der ich ein Aha-Erlebnis hatte, betraf die Loyalität gegenüber einer Gruppe. Diese Loyalität bringt etwa Soldaten dazu, der Fahne ihres Vaterlandes zu folgen und dafür zu sterben. Loyalität spielt noch bei Nebensächlichkeiten eine Rolle, wie Anhänger von Wettkampfsportarten sehr wohl wissen. Um jedoch die Gruppenzugehörigkeit eines Menschen zu bestimmen, muß man zuerst die Gruppe definieren. Menschen mit brauner Haut und glattem Haar? Menschen in dem festen Glauben, daß sie, wenn sie eine um ihren Bauch geschnallte Bombe auf einem öffentlichen Platz voller Ungläubiger zünden, als Helden in den Himmel kommen? Einen Teil der Bikerszene bewegt denn auch eine mal leise, mal erbittert geführte Debatte um die Frage: Wer ist ein »echter«

Motorradfahrer? Anders als man erwarten könnte, geht dieser Streit nicht darauf zurück, daß Motorräder (vor allem Harleys) gegenwärtig bei Leuten angesagt sind, die noch vor ein paar Jahren auch nur die Möglichkeit weit von sich gewiesen hätten, einen Blick – geschweige denn einen sehnsüchtigen – auf ein Motorrad zu werfen. In Amerika heißen diese Leute RUBs (rich urban bikers), unter anderem, weil man heutzutage für alles und jedes ein peppiges Akronym braucht. Doch schon lange vor der Ära der RUBs grenzten die Biker sich voneinander ab. Ein paar von ihnen haben sich stets geweigert, an der Debatte teilzunehmen, und bekennen sich zu einem noblen Gleichheitsdenken: Jeder, der Motorräder liebt, ist ein Biker. Doch die Leserbriefspalten der Motorradzeitschriften auf der ganzen Welt werden zu einem nicht unbeträchtlichen Teil damit bestritten, daß eine Sorte Motorradfahrer einer anderen vorwirft, keine wahren Motorradfahrer zu sein und den Ruf des Sports zugrundezurichten. Ein 1973 in Frankreich erschienenes Buch mit dem Titel *Toute La Moto* schildert den Schlagabtausch der verschiedenen Parteien:

> Motorradfahrer lassen sich in zwei Kategorien einteilen: wahre Motorradfahrer und Pseudomotorradfahrer. Das Paradebeispiel eines echten Bikers, gesehen aus dem Blickwinkel der anderen Sorte, sieht so aus: ein Rüpel in Helm und Stiefeln, unrasiert und die Hände schwarz von Schmierfett. Zusätzlich kann er noch durchnäßt und schlammbespritzt sein. Das Bild ist vollständig, wenn sein Motorrad fast auseinanderfällt, mit Draht notdürftig zusammengehalten wird, ein ums andere Mal liegenbleibt und paradoxerweise dennoch weiter läuft und von einer Kette angetrieben wird, die Gott sei Dank ständig nachgespannt werden muß, denn die Kette ist das probateste Mittel, sich die Hände dreckig zu machen.
>
> Der echte Biker zieht eine Sternfahrt von vierhundert Kilometern im Regen durch, fährt sommers wie winters, hat

O-Beine vom Fahren, redet über seine Kurventechnik und seine Stürze, und wenn er eine Kneipe betritt, reißt er die Tür mit Karacho auf und unterstreicht seine Anwesenheit durch Brüllen.

Und so sieht der echte Biker sein Gegenstück: trägt Anzug, fährt selten und dann nur auf den Champs-Elysées. Seine Maschine besteht gänzlich aus blank poliertem Chrom. Ohne Tussis, die ihn beäugen, geht bei ihm gar nichts. Sein Lenker lädt weit aus. Sein Motorrad ist ein Phallussymbol, weil er selbst voller Komplexe steckt.

Vom Brüllen in Kneipen abgesehen, vereint fast jeder Motorradfahrer, den ich kennengelernt habe, Elemente beider Kategorien in sich. (Die Franzosen legen vielleicht ohnehin zuviel Gewicht auf das Äußere und zeigen dies durch eine Aufmerksamkeit für Details, die eine Illustrierte wie *Actuel* dazu veranlaßt, eine bis ins kleinste gehende Typologie von Motorradfahrern zu veröffentlichen; dabei unterscheidet sie *les bikers* – das heißt Harley-Fans – von *les sportifs* – das sind die Fahrer japanischer Superbikes – nach bevorzugter Kleidung, bevorzugtem Lesestoff, bevorzugten Idolen und Stammlokalen.) Wenn ich selbst eine Antwort auf die Frage nach den wahren Motorradfahrern geben wollte, müßte sie etwas anders lauten: alle, denen das aufwühlende Lied eines Motorradmotors durch und durch geht; alle, die in diesem Augenblick sämtliche Autos auf einen weit abgelegenen Schrottplatz wünschen; alle, die wissen, daß eine vollkommene Straße durch Kurven, Profil und Übersichtlichkeit definiert wird; alle, die immer und überall nach Motorrädern Ausschau halten.

Der hartgesottene Motorradfan, dessen Kopf bei jedem anschwellenden Geräusch herumfährt, das ein herannahendes Motorrad ankündigen könnte, kann nicht anders. Es gibt eine eigentümliche Art »Motorradgier«, die manche Leute dazu treibt, ihre Garage mit Motorrädern und »anrestaurierten« Wracks randvoll zu füllen, und die dennoch dem nächstbesten

Schild mit der Aufschrift »Zu verkaufen«, das an einem Rahmen hängt, nicht widerstehen können. Sie gehen übers Wochenende auf Tour und kommen mit neuen Freunden zurück. Mit diesen unterhalten sie sich die halbe Nacht lang über Motorräder und Tourenziele, an denen sie wieder neue Leute kennenlernen. Von denen erfahren sie am folgenden Wochenende telefonisch von wieder anderen Zielen. Der Terminkalender füllt sich; die Saison ist viel zu kurz. Und die Brieftasche ist selten dick genug, denn Motorräder sind, ähnlich wie Boote, schwarze Löcher im Universum des Geldes.

Motorradfahren geht oft mit einem Wechselbad von Gefühlen einher – Freude, dem Gefühl von Macht, innerem Frieden, Angst, Verletzlichkeit und wieder Freude, und unter Umständen alles auf denselben zehn Kilometern. Das Leben verdichtet sich und gibt selbst die Antwort auf die Frage »Warum?«

»Warum?« fragen alle, die nicht fahren. Diejenigen, die fahren, können nicht einmal die Frage verstehen. Fahren ist toll, erwidern sie – es ist einfach ein verdammt gutes Gefühl. Doch ich meine, es ist mehr; wie sich stets mehr unter der Oberfläche des Offensichtlichen verbirgt – und darunter wieder noch ein wenig mehr. Die großen, vielschichtigen Geheimnisse menschlicher Motive sind seltsam buntscheckig und uniform zugleich. Und sie zeigen sich in den vielen verschiedenen Gründen – genauso wie in dem einen einfachen –, warum Menschen Motorrad fahren.

Bei Motorrädern sind Sein und Schein identisch. Motorräder sind etwas zutiefst Sinnliches – wrooam, wrooam – (und vielleicht ein bißchen urtümlich), dabei furchteinflößend und von einer seltsamen, untergründigen Schönheit. Man braucht nur diesen völlig bloßliegenden Motor und diese zwei einfachen Räder zu betrachten: Könnte sich der Sinn dieses Fahrzeugs noch unverhohlener darstellen? Es ist sicher kein Zufall, daß nach dem Zweiten Weltkrieg ein paar Veteranen, die sich mit der Nachkriegsgesellschaft nicht anfreunden konnten, sich gerade auf diese Maschinen schwangen und als zornige junge Männer umherfuhren, womit der Mythos und die Realität von Rockergangs wie den Hell's Angels geboren war. Ebensowenig war es bedeutungslos, daß T. E. Lawrence, der nach seinem Abschied von der Armee eine Farm gekauft hatte, unterwegs vom Postamt dorthin auf einer seiner geliebten Brough Superiors – den späteren Ermittlungen zufolge mit durchaus nicht unvernünftiger Geschwindigkeit – in sein Verderben fuhr.

Colin Wilson zählt Lawrence in seinem Buch *Outsiders* zu den exemplarischen »Außenseitern« und erklärt das zentrale Motiv des Abenteurers folgendermaßen: »Sein klarsichtiger Intellekt war außerstande, moralische Freiheit ohne physische Freiheit zu denken; Schmerz war ein unschätzbares Instrument bei systematischen Versuchen, das Ausmaß seiner moralischen Freiheit zu bestimmen.« Motorradfahrer verstehen dies intuitiv, auch dann, wenn sie es nicht ausdrücken können. Ebenso könnten sie sich mit Lawrences inniger Beziehung zu seiner schönen Maschine identifizieren. Er taufte sie auf den biblischen Beinamen der Apostel Johannes und Jakobus »Boanerges« – »Donnerskind«. Auf freier Strecke pflegte er sie voll auszufahren und zögerte nicht, sich bisweilen ein Rennen mit einem über ihn hinwegfliegenden Kampfflugzeug zu liefern. »Ein ungebärdiges Motorrad mit einem Hauch Blut in sich ist besser als alle Reittiere auf Erden, wegen seiner logischen Erweiterung unserer Fähigkeiten und wegen der Gelegenheit, ja der Provokation, zum Exzeß, die seine honigsüße, nie ermüdende, glatt dahinfließende Bewegung mit sich bringt«, schrieb er. »Weil Boa mich liebt, gibt er mir fünf Meilen mehr, als ein Fremder aus ihm herausholen würde.«

Motorradfahrer verstehen das, denn das Empfinden, das einem Motorräder vermitteln, ist in der Tat das eines erweiterten Selbst – eines besseren Ichs, eines verbesserbaren, reparierbaren Ichs, eines bedenklich mächtigen Ichs. Und genauso wirken sie auch auf den zuweilen eingeschüchterten Zuschauer, der wie ein Indianer, der zum ersten Mal einen weißen

Mann zu Pferd erblickt, glauben mag, eine neuartige, nur halb menschliche Kreatur zu sehen.

Auf eingefleischte Motorradfreaks übt gewöhnlich ein ganz bestimmter Aspekt der Maschine stärkeren Reiz aus als alle anderen. Das kann die optische Komposition der Bauteile sein, das Zusammenspiel von Winkeln, Linienführung und Anordnung – ein Design, das den Eindruck gefrorener Schnelligkeit erweckt. Das kann die Ausstrahlung von Bösartigkeit, einladendem Entgegenkommen oder zukünftigen Freuden sein – sogar in der Neonbeleuchtung des Verkaufsraums. Bei mir läßt der Sound das Herz höher schlagen. Die Melodie der Töpfe bestimmter Maschinen wirkt auf mich wie eine Arie, wie das schmerzlich-schöne Klagelied an den Stellen einer Oper, wo sämtliche Gefühle durch die Mangel gedreht werden.

Jedes Modell hat seine charakteristische Melodie, und wer sein Motorrad liebt, liebt vielleicht einfach nur seinen Ton. (Harley-Davidson bemüht sich gegenwärtig darum, den Klang seiner Motoren als Warenzeichen schützen zu lassen, damit niemand versucht, den Klang des 45-Grad-V-Twins mit einem einzigen Kurbelwellenzapfen nachzuahmen.) Der Sound italienischer Motorräder, insbesondere der von Moto Guzzi und Ducati, ist in meinen Ohren eine derart süße Musik, daß ich den Klang anderer Maschinen nur noch anerkennend zur Kenntnis nehmen kann. Und damit stehe ich ganz gewiß nicht allein: Der schwedische Ducati-Club hat eine CD mit dem Titel *Ducati Passions* produziert; darauf ist ein Dutzend verschiedener Modelle der berühmten Maschinen aus Bologna in allen Gängen zu hören, angefangen von einer 55/e von 1958 bis hin zu einer M 900 Monster von 1993. Das Booklet enthält Informationen über die Auspuffanlage jedes Motorrads und warnt überschwengliche Hörer davor, den Lautstärkeregler zu weit aufzudrehen – die Lautsprechermembranen könnten reißen.

Meine Freundin Erica, die sich in unserer Kinderzeit mit einer Leidenschaft für Pferde begeisterte, die sie jetzt nur noch Motorrädern entgegenbringt, besitzt eine Moto Guzzi und eine Ducati. Erica ist bekannt dafür, daß sie förmlich in Verzückung gerät, wenn sie auf der Straße oder der Rennstrecke eine Maschine aus »ihrem« Stall heranröhren hört, aber sie ist keineswegs taub für die anderen großen Stimmen der Motorradwelt. Als einmal eine historische britische BSA Gold Star vorüberfuhr, gingen ihr die Augen fast über, und schließlich brach es mit kindlichem Erstaunen aus ihr hervor: »Das ist ja, wie wenn der Himmel sich geöffnet hätte!« Ein britischer Autor – die Briten haben ein besonders feines Gespür für die Poesie der von Menschen geschaffenen Dinge – fand folgendes Bild für den Sound einer Yamaha-Enduro: »ein Laden voller Pauken, auf die es Murmeln regnet«.

Ich würde den Klang einer großen Guzzi im Schlaf erkennen. Die Schallenergie konzentriert sich im oberen Brustkorb, läßt die Knochen vibrieren. Der Sound gleicht nicht dem fetten Ballern einer Harley – dem Heavy Metal der Auspuffmusik –, das häufig trommelfellgefährdend laut aus nachgerüsteten, nicht zugelassenen Töpfen bläst. Er hat auch keine Ähnlichkeit mit dem durchdringenden Heulen einer hochdrehenden japanischen Rennröhre. Er ist vielmehr der Klang der Freude, ebenso wie beispielsweise die Baßmelodie einer Ducati 851, die mit weit über 160 Stundenkilometern auf der Geraden einer Rennstrecke zum Greifen nahe an dir vorüberdonnert. Man sieht sie aus dieser Nähe nur als roten Strich, doch der ansteigende und, wenn sie vorüber ist, absteigende Ton geht bis ins Mark und haut dich ungespitzt in den Boden.

In dem ehrwürdigen, alten Vorort von Akron in Ohio, wo ich aufgewachsen bin, war die warme Jahreszeit von leisen Zischlauten erfüllt: zirpende Grillen, Falter, die gegen Fliegengitter sausten, das *scht, scht* der Rasensprenger in der Abenddämmerung. In diesen von Villen im Tudorstil gesäumten Straßen, deren Garagen im Tudorstil große Kombis und Lincoln Continentals bargen, zerriß nur ganz selten einmal ein Motorrad die sommerliche Stille. Es konnte sich nur verfahren haben. In meiner kleinen, aber schon standesbewußten, selbstgerechten

Seele regte sich jäh Unmut; wie sonderbar, was für ein unerwartetes Geschenk, als Erwachsene eines Tages durch eine nicht gekennzeichnete Tür zu treten und mich im Alternativuniversum der Motorräder und Motorradfahrer wiederzufinden, in dem man mir freundlich und mit einer Geduld, die ich kaum verdiente, vor Augen führen sollte, welchem Irrtum ich aufgesessen war.

Ich fahre Motorrad. Ich gebe zwar zu, daß ich nicht zu den »normalen« Motorradfahrern gehöre, aber ich erwarte nicht, überhaupt jemals einem solchen persönlich zu begegnen. Ich weiß nur, daß mir im Lauf der Jahre gelegentlich bewußt wurde, wie seltsam es doch ist, daß Motorräder die Herrschaft über das gesamte persönliche Leben an sich reißen können und darüber verfügen, als ob es das ihre wäre. Ich kann mit Sicherheit sagen, daß es in meinem Leben vorher nichts gab – und schon gar nichts im Leben meiner Eltern, deren Interessen um Kammermusik, Bücher, Gartenarbeit, Kunst und Cocktailparties kreisen –, das die Weichen dafür gestellt hätte, daß ich mich in Motorräder verliebte. Ich durchlief Schule, College, Universität, ohne auch nur zu wissen, daß es Motorräder gab. Die Jahre waren erfüllt von einander ablösenden oder nebeneinander bestehenden Leidenschaften: für Pferde, den amerikanischen Bürgerkrieg, Hunde, Fahrradfahren, Photographie, Lyrik, den Traum vom wahren Sozialismus, Literaturtheorie und zwei Dutzend Jungs. Bis zu einem gewissen Grad interessiert mich all dies immer noch – außer den Jungs, deren Namen ich weitgehend vergessen habe –, doch die Passion für Motorräder verdrängte alles, auch wenn ich immer noch von einem Pferd träume.

Von all den Dingen, die jenem Mädchen später hätten widerfahren können, stehen Motorräder auf der Liste des Vorstellbaren ziemlich weit unten. Doch heute kann ich es mir gar nicht anders vorstellen. Die ganze Sache erinnert mich an eine Geschichte, die mein Vater manchmal erzählt: Sein Onkel überreichte ihm einmal ein unbeholfen eingepacktes Geschenk; oben aus dem Paket ragte eine metallene Spitze heraus. Mit herausforderner Großspurigkeit meinte Onkel Harold: »Wetten, daß du nicht rätst, was das ist!«

Da dies in der Tat völlig unmöglich war, kam meinem Vater die Idee, die absurdeste Vermutung zu äußern, die ihm einfiel. »Na, eine Statue von Don Quijote, und das ist seine Lanze!« verkündete er.

Onkel Harold fiel der Kiefer herunter. »Woher hast du das gewußt?« fragte er argwöhnisch und sackte in sich zusammen.

ZWEI

Dieses Buch ist gewidmet allen Männern,
die mich irgendwann
einmal betrogen haben, in der Hoffnung,
daß sie von ihren Motorrädern fallen
und sich das Genick brechen.
Diane Wakoski, Widmung zu The Motorcycle Betrayal Poems

Nennen wir ihn Tad und mich bereit. Er war Bildhauer oder vielleicht auch Komponist, und er fuhr Motorrad. Sein Lachen war umwerfend, und er stieg mir derart hartnäckig nach, daß ich mich nur der Form halber kurz sträubte, bevor ich mich kampflos ergab. Aus seinem Verhalten ging klar hervor, daß ich begehrenswert war; ich selbst war davon zwar nicht überzeugt, wollte es aber gern sein. Und deshalb schien wiederum er mir begehrenswert, dieser Mann, der so unbeirrbar daran glaubte, daß seine Kunst, seine Ideen und sein Geschmack Gewicht hatten, und der sich mit solcher Leichtigkeit und Lebensfreude durch die Welt bewegte. Er war unkompliziert, lebte einfach sein Leben und wurde nur selten wütend. Er ging in seiner Kunst auf und strebte ehrgeizig nach Erfolg. Er liebte gutes Essen und gute Musik auf guten Stereoanlagen. Wenn er sich wieder einmal ein Kätzchen zulegte, sagte er: »Schau dir das an!« und warf es in die Luft, so daß es trudelnd auf die andere Seite seines geräumigen Lofts flog. Er behauptete, das gefalle dem Tier, und es ist schon möglich, daß das stimmte.

Sein üblicher Tagesablauf sah so aus: vormittags auf der Baustelle, mittags nach Hause ins Loft zum Essen, ein Telefongespräch mit mir, während er es sich auf der Couch bequem machte. Sie stand neben einem Kohleofen, der an einem Ort wie New York, wo man im Winter seinen Atem sieht, zwar notwendig, aber gesetzeswidrig war. Den ganzen Nachmittag und frühen Abend verbrachte er im Atelier, wo er hochfliegende Ideen mit Hilfe von ein wenig Jack Daniel's in den Staub rang. Dann kam ich herüber, und wir stiegen auf eine niedrige, schwarze Ducati 350, heizten über die Manhattan Bridge und stiegen vor der Bar Lui oder vor El Internacional ab. Man konnte darauf rechnen, daß ein Passant stehenblieb, um zuzugucken, oder daß jemand vom Tisch eines Straßencafés aufstand und herankam, um Fragen zu dem kleinen Motorrad mit dem einladenden Aussehen und dem dazu passenden Sound zu stellen. Das ist eine Dreifünfziger? Neunzehnhundertachtundsechzig? Im Ernst – eine Desmo? Ist sie schwer einzustellen? Et cetera, et cetera. Tad beantwortete die Fragen über sein seltenes, altes Motorrad, während ich still in den Bürgersteig versank.

Das ist das Schicksal einer Frau ohne Motorrad in Begleitung eines Mannes, der eines besitzt – ganz zu schweigen von dreien, alles italienische, von denen eines mit desmodromischer Ventilsteuerung ausgestattet ist. Doch nichts bleibt, wie es ist.

Eines Nachmittags lag Tad auf eben derselben Couch und las in einer Ausgabe von *Cycle World*, einem jener Druckerzeugnisse, die mit geringfügigen Variationen Fans von Hifi-Anlagen, Autos, Bogenschießen oder selbstgetöpferter Keramik in dem bestätigen, wovon sie sowieso schon überzeugt sind. Er setzte sich auf und warf mir das Heft in den Schoß. Auf Seite dreiundvierzig steht ein Artikel, der dich interessieren könnte, meinte er und ging Kaffee kochen.

Was für eine unschuldige Geste – wie unschuldig sie doch immer sind. Ich las den Artikel durch; er berichtete über Kurse für angehende Motorradfahrer, abgehalten von Lehrern der Motorcycle Safety Foundation. Nur Minuten später hatte ich die abgedruckte 800er Nummer gewählt und sprach mit jemandem, der meine Postleitzahl wissen wollte und mir daraufhin mitteilte, Trama's Auto School in Queens böte einen Kurs an, der an zwei aufeinanderfolgenden Sommerwochenenden stattfinden sollte.

Ich kam mir vor, als hätte ich eine Glühbirne über jemandes Kopf aufleuchten sehen. Nur war der Kopf mein eigener und die Glühbirne ein kunstvoll ausgeführter, blinkender Neonschriftzug: WARUM BIST DU DARAUF NICHT SCHON FRÜHER GEKOMMEN? Auf meinem Gesicht muß sich die seltsame Mischung aus ungläubiger Überraschung und purem Glück gemalt haben, die man über die Züge vieler Frauen huschen sieht, die zum ersten Mal eine andere Frau Motorad fahren sehen: *Natürlich!* Es geht also, jetzt habe ich es schließlich selbst gesehen.

Was sind Motorräder? Ein Freund von mir, der es wissen muß – denn in seiner Garage stehen sie dicht an dicht –, hat es präzise auf den Begriff gebracht: Motorräder sind charismatische Objekte. Kaum jemand kann diesem Thema gegenüber neutral bleiben, weder diejenigen, für die Motorräder eine Art zweites Herz darstellen, noch diejenigen, die in ihnen ein Werkzeug des Unheils sehen. Das griechische Wort *charisma* bedeutet »Gnadengeschenk, Gabe«, und mein Wörterbuch fügt den bezeichnenden Querverweis auf »to yearn« (sich sehnen) an, das mit dem griechischen *charis* (Freude, Lust, Schönheit, Gnade) zu tun hat.

Selbst jetzt noch, nach so vielen auf dem Motorrad verbrachten Tagen, Wochen, Monaten, nach so vielen Kilometern, Anblicken, Erinnerungen, die ineinanderfließen und vom Duft des Traumhaften umweht sind, denke ich selten ohne Sehnsucht an Motorräder. Sie sind der Inbegriff von Bewegung, und Menschen sehnen sich, wie ich glaube, nach Bewegung – dies ist tief in unserem Fleisch, in unserem Verlangen verwurzelt. Wir beruhigen unsere Kinder mit zyklischen Bewegungen, und wir beruhigen uns selbst, indem wir gehen.

Schon vor dem Augenblick der Erleuchtung, als ich das Heft von *Cycle World* in Händen hielt, verfügte ich, ohne es zu wissen, über die nötigen Voraussetzungen: die Liebe zur Geschwindigkeit um ihrer selbst willen, das Bedürfnis nach ständiger Bewegung und den Wunsch, anders zu sein oder zumindest so gesehen zu werden – vielleicht überhaupt erst gesehen zu werden. Man fährt nicht Motorrad, wenn man unsichtbar bleiben möchte.

So fängt es an. Du lernst das ABC des Fahrens, machst Fehler – nicht zu gravierende, wenn du Glück hast –, lernst noch ein bißchen mehr, nichts Halbes und nichts Ganzes. Kaufst schließlich ein Motorrad und lernst, es zu reparieren. Neben dem Gewinn an Unabhängigkeit, den du daraus ziehst, liegt in der Schrauberei ein Teil der Faszination von Motorrädern, weil die Welt selbst sich immer weniger beeinflussen oder reparieren läßt. Unternimmst viele Fahrten, allein, mit guten Freunden, gelegentlich mit fast Fremden, und noch einige allein. Wartest die ganze Woche auf das Wochenende. Liebst das Fahren schließlich so sehr, daß dich das Gefühl beschleicht, du könntest nur noch dann Ruhe und Frieden finden, wenn du irgendwohin unterwegs bist. Baust dir eine Welt aus Landkarten und aus Träumen, sie alle zu benutzen. Beginnst vielleicht, die Menschheit zu hassen, weil sie sich mit solch stupider Gedankenlosigkeit vermehrt und dadurch täglich Aussichtspunkte für Einkaufszentren und Neubausiedlungen opfert; weil sie kurvenreiche, baumgesäumte Landsträßchen zu schnurgeraden, in der Sonne brütenden Betonpisten macht; weil sie an den Rand dieser Betonpisten Läden klotzt, die noch mehr Massenprodukte an Konsumentenmassen verhökern, die sinnlos in ihren Autos herumhocken und dir den Weg versperren, den Weg weg von hier, nur weg von hier.

Du wirst Mitglied einer Gemeinschaft, fühlst dich verbunden mit allen, die Motorrad fahren; wenn dir ein anderer Biker begegnet, nimmst du die linke Hand vom Lenker und grüßt, drehst vielleicht sogar den Daumen nach oben, wenn der Tag oder die Straße besonders herrlich ist. Dann beginnen dir allmählich die Unterschiede zwischen den Angehörigen dieser Gemeinschaft aufzufallen, denn du bist ein Mensch, und Menschen gehören zu einer Gattung, für die sich von anderen zu unterscheiden den Rang eines primären Triebes hat – wie der Sexualtrieb oder der Hunger oder das Bauen niedriger Steinmauern bei den Farmern im Neu-England des vergangenen Jahrhunderts. Du führst selbst noch feinere Unterscheidungen ein, wenn es sie noch nicht gibt. Fahrer von Harley-Davidsons – im Augenblick die populärste Motorradmarke der Welt – haben praktisch nur füreinander Augen; es gab einmal eine Anzeige mit dem Bild des auf einen Bizeps tätowierten Harley-Adlers und der rhetorischen Frage, welcher andere Name wohl eine ähnliche Loyalität für sich verbuchen könne. Japanische Sportbikes gibt es vielleicht zu massenhaft, um so etwas wie Nähe unter deren Fahrern entstehen zu lassen; außerdem sind diese meist zu eifrig damit beschäftigt, sich in Kurven zu werfen oder zu neu beim angesagten Nervenkitzel der Woche, um die Vor- und Nachteile zu erkennen, die damit verbunden sind, einer Minderheit (in den Vereinigten Staaten von drei Prozent) anzugehören. Die Piloten der großen Highway-Dickschiffe, etwa der Honda Gold Wing, klüngeln mit anderen »Wingern«, fahren gemeinsam zu ihren »Wingdings« (Sause) genannten Treffen, sind aber anderen Zweiradfahrern gegenüber meist aufgeschlossen und gesprächig. (Gold Wings bieten Teilen der Szene eine ausladende Zielscheibe mehr oder minder schonungslosen Spotts – »Lead Wings«, »Küchenkredenz« –, denn sie sind gewissermaßen die Luxusdampfer unter den Motorrädern: fast 400 Kilo, sechs Zylinder, 1500 Kubik, 100 PS, elektrischer Rückwärtsgang, Schräglagenanzeige, Tempomat, ganz in Gold und Chrom gehalten, durchgeheftete und garnierte Kunstledersitzgruppe, für die Sozia Rückenlehne und Armstützen und Stereoanlage.)

Von einigen bemerkenswerten Ausnahmen abgesehen kommen Fans von alten britischen Maschinen wie Triumphs oder Nortons mit ihren streit- und streiklustigen Untersätzen selten weit, doch wenn an ihrer improvisierten Werkstatt auf dem Bürgersteig eine andere coole Maschine vorüberfährt, nicken sie deren Fahrer anerkennend zu. Von den BMW-Besitzern, die schon im allgemeinen ziemlich stolz und manchmal schlichtweg verrückt sind (was die Deutschen sicher nicht besonders positiv beurteilen würden), tragen manche die Nase dermaßen hoch, daß sie sich von der anderen Hälfte der BMW-Fahrer abgespalten und den Vereinigten Staaten zwei nationale Organisationen von BMW-Begeisterten beschert haben. Für die einen ist Motorradfahren ein Weg, zur Party zu kommen, für die anderen ist Motorradfahren die Party – doch immer tragen sie angemessene Schutzkleidung. Nicht von ungefähr ziehen Besitzer von BMWs und Moto Guzzis gern mit gutmütigen Frotzeleien über die Zuverlässigkeit ihrer Maschinen übereinander her: Beide setzen ihre Motorräder, die sich in vielen Tugenden gleichen, gern in Tagesetappen von fünfhundert Meilen ein, und beide haben denselben Sinn sowohl für gut aussehende technische Spielereien als auch für die karge Ästhetik bloßer Zweckmäßigkeit. Häufig vereinigen sich beide in ein und derselben Person.

Auf dem Motorrad wirkt die Welt manchmal klein und manchmal nicht. Ich habe grade eine Fahrt von mehr als vierhundert Meilen hinter mir, auf der ich nicht einem einzigen anderen Motorradfahrer begegnet bin. Auf der Interstate 80 durch Pennsylvania starrten Autoinsassen von der Nebenspur zu mir herüber; Kinder zeigten mit dem Finger auf mich; junge Männer machten bei meinem Anblick ein Gesicht, als ob sie gerade eine Erscheinung gehabt hätten. Wenn mir doch noch ein anderer Biker begegnet wäre und meinen Gruß nicht erwidert hätte – was manchmal vorkommt –, dann hätte ich mich gefühlt wie eine Ausgestoßene.

Es gab Zeiten, da kam mir das Visier vor wie eine Mauer aus Plexiglas; ich spürte ständig den Drang, allen laut zuzurufen: *Ich bin es doch! Ich bin immer noch derselbe Mensch,* auch wenn ich diese schwarze Kluft trage; außerdem weiß ich (und bitte dafür um Verzeihung), daß meine Maschine besonders empfindliche Autoalarmanlagen auslösen kann. Dennoch erlebe ich immer wieder, daß allein die simple Tatsache meiner Lederkombi mich quasi verdächtig macht. Das liegt nicht nur an Leuten, die Vorurteile haben oder mich diskriminieren, obwohl mir diese am nachhaltigsten in Erinnerung bleiben. Ich weiß noch, wie ich an einem Sommertag hinauf zum Skulpturenpark des Storm King Art Centers bei West Point fuhr und ein Wächter, der offensichtlich nicht glauben konnte, daß ich das wagte, mich verächtlich abwies. Ein paar Jahre zuvor war ich lächelnd durchgewunken worden; ich saß im Auto und hatte neben einem Picknickkorb einige Freunde dabei, die aussahen wie ein Literaturprofessor, ein Finanzfachmann und eine Ballettänzerin, weil sie nämlich genau das waren. *Ich bin immer noch derselbe Mensch!* hätte ich dem Wärter gern ins Gesicht gerufen, während ich ihn geschickt austrickste. Ich weiß noch, wie ich an das College fuhr, auf dem ich vier Jahre verbracht hatte. Mir war bekannt, daß man tagsüber einfach durch das akademisch-gotische Tor und hinauf zum Hauptgebäude fahren konnte. Doch als ich dies versuchte, sprang der Wachposten plötzlich aus seinem Häuschen heraus und schrie: »He! Halt! Wo wollen Sie hin?« Einen Besuch machen, erwiderte ich; er verstellte mir weiter den Weg. Ich sei eine ehemalige Studentin, fuhr ich fort, und er blickte einen Augenblick verblüfft drein und erklärte mir dann, Motorräder seien auf dem Campus nicht erlaubt. Ich müsse gleich hinter der Einfahrt parken, neben der Tür, die ich an drei Tagen in der Woche morgens geöffnet hatte, um Dias der großen Kunstwerke der Welt vor mir aufleuchten zu sehen. Ich erinnere mich noch und immer noch mit Wut im Bauch, wie ich einmal spät abends – es war schon sehr kühl – in North Carolina von einem Zimmervermieter abgewiesen wurde, obwohl nur wenige Autos auf dem Parkplatz standen; die nächste Übernachtungsmöglichkeit war meilenweit entfernt und ich so müde, daß ich mich am liebsten auf den Rasen gesetzt und geweint hätte. *Ich bin immer noch derselbe Mensch!* hätte ich gern gesagt. Bin ich es wirklich?

Seit dem Augenblick, wo sich das Tor zur Welt der Motorräder für mich geöffnet hat, versuche ich zu verstehen, was wir Motorradfahrer eigentlich tun und warum. Ich bekomme oft zu hören, ich würde zuviel denken. Aber ich glaube nicht, daß es überhaupt möglich ist, zuviel zu denken – außer natürlich mitten im Sex oder am Scheitelpunkt einer sehr schnellen Kurve. Wie jede Gemeinschaft, die einen besonderen Jargon, besondere Schwärmereien, besonderen Zeitvertreib entwikkelt, bietet die Motorradsubkultur eine auf den ersten Blick paradoxe Möglichkeit, die Kultur im allgemeinen zu verstehen: Man analysiert die Art und Weise, wie sich diese Subkultur von der herrschenden Kultur absetzt, in die sie eingebettet ist. Mit derselben Methode könnte man untersuchen, wie aus einer einheitlichen Religion, etwa dem Christentum, so viele seltsame Sekten hervorgehen konnten.

Obwohl es etwas Grundlegendes gibt, das alle Motorradfahrer miteinander verbindet, gibt es genauso viele verschiedene Gründe für das Motorradfahren wie es Motorradfahrer gibt. Bei genauerem Hinsehen teilt sich daher dieses eine gemeinsame Band in viele Motive auf: das Vergnügen daran, sich durch die Luft zu bewegen und sich frei zu fühlen; der Wunsch, irgendwo dazu zu gehören, um zu wissen, wer man ist, und um sich ein identitätsstiftendes Etikett zulegen zu können; das Bedürfnis, allein zu sein, und das Bedürfnis, mit anderen zusammenzukommen, und beides miteinander gemischt.

Unser erster Fahrunterricht fand unter einer glühenden Sonne statt, die sich mit bleiernem Gewicht auf den leeren Parkplatz in Floyd Bennett Field legte, ohne daß uns ein Hauch von der

Jamaica Bay etwas Kühlung gewährt hätte. Unser Fahrlehrer mußte früher bei den Marines gewesen sein; jedenfalls war seine Unterrichtsmethode danach. Wenn man sich einen Fehler leistete, schwoll ihm zuerst der Hals, dann lief sein Gesicht puterrot an, und schließlich bellte er durch seinen Lautsprecher. Diese pädagogische Methode ist äußerst effektiv, und ich habe nie mehr vergessen, beim Anhalten den Kupplungshebel zu ziehen.

Immer im Kreis herum ging es: Erst wurden wir mit abgestelltem Motor geschoben, um zu spüren, in welcher Position das Gewicht von mehreren hundert Pfund zwischen unseren Beinen sich im Gleichgewicht befindet; dann suchten und fanden wir glücklich den Punkt, an dem die Kupplung kommt und die Maschine anrollt. Das war für uns zwanzig angstbibbernde Anfänger – selbst bei einer Geschwindigkeit von fünfzehn Meilen pro Stunde auf einem Parkplatz – ein unglaubliches Gefühl. Während uns an diesem Tag, den man eigentlich nur am Strand zubringen konnte, der Schweiß in Bächen unter Helm, Jacke und Handschuhen hervorrann, erfuhren wir im wahrsten Sinn des Wortes, daß ein Motorrad nicht gelenkt werden kann, sondern sich nur dazu herbeiläßt, dir willig zu folgen.

Als das Wochenende vorüber war, kam ich zurück in Tads Loft, von der Sonne weichgekocht und vor Müdigkeit völlig überdreht. Ich erklärte ihm, ich wolle mich sofort nach einem Motorrad umsehen. Er warf mir einen überraschten, skeptischen Blick zu. Ob ich nicht besser das nächste Wochenende abwarten wolle, um sicher zu gehen, daß es mir auch wirklich Spaß mache? Spaß machen? Machst du Witze? lachte ich. Es ärgerte mich, daß er nicht gleich Feuer und Flamme war.

Trotzdem kletterten wir diese Woche in seinen International-Dreiganglaster mit dem rostlochbelüfteten Boden und fuhren raus nach Long Island zu Ghost Motorcycles. Ich hatte nicht die geringste Vorstellung, was ich eigentlich suchte. Doch ich war mir sicher, daß ich es wissen würde, wenn ich das richtige gefunden hatte. Was ich dann fand, war ein bewußt einfaches Motorrad, eine 500er V2-Moto Guzzi, rot-schwarz, ein Arbeitspferd. Ich fand sie schön. Sie war auch schön – schön in dem Sinn, wie ein dunkelhäutiger Dorfbewohner vom Mittelmeer in seinem schlecht sitzenden Polyesterpullover und seinen Jerseyshorts manchmal unbeschreiblich stattlich wirkt. Sie stand draußen in einer Reihe ähnlicher Waisenkinder. Tad erzählte mir, sein Vater habe seine Moto Guzzi geliebt; sie sei eine zuverlässige Maschine und leicht zu warten. So lenkte mich derselbe Einfluß wie die meisten anderen angehenden Motorradfahrer, wohin sie später auch eine andere Strömung treiben mag: Papa stand immer auf Harleys, also tut es der Junior auch; er sieht seinen Kumpel auf einer Sportmaschine und findet sie stark; sie kauft sich dasselbe Motorrad wie ihr Freund. Am Tag zuvor hatte ich mir eine gebrauchte Honda in Topzustand für die Hälfte angesehen, doch ich ging nach Hause und träumte von der Italienerin; wir fuhren auf einer kurvigen Straße durch Nebel, schweigend, schnell. Daß auf dem Scheck mit der Abfindung, die ich beim Auslaufen meines Teilzeitjobs als Korrekturleserin erhalten hatte, eine runde Tausend stand, nahm ich als sicheres Zeichen: Das war exakt die Zahl auf dem Preisschild, das vom Lenker der V50 baumelte. Ich drückte Tad den Scheck in die Hand, und er trug ihn am nächsten Tag nach Long Island.

Als nächste Reflexhandlung folgte der Beitritt zum Moto Guzzi National Owners Club. Dessen Zweck schien auf den ersten Blick hauptsächlich in der Produktion eines monatlichen Nachrichtenblatts Marke Eigenbau zu bestehen, das in Kansas erschien. Es enthielt Tips der Art »Wie man die serienmäßige Airbox einer Guzzi durch widerstandsärmere Luftfilter ersetzt«, Berichte und Schnappschüsse von Sternfahrten zu Picknickplätzen in texanischen Wüstenstrichen, Nachdrucke von fünf Jahre alten Testberichten aus australischen Magazinen und auf der Titelseite stets einen sinnigen Spruch (»Takt ist die Kunst, dafür zu sorgen, daß sich Gäste ganz wie zu Hause fühlen, wenn man sich wünscht, sie wären eben dort.«) Mit seinen Zuschriften, Dankesbriefen und Artikeln von Lesern, die mit beinahe astreiner Grammatik ihre Urlaubstouren und all ihre Abenteuer unterwegs schilderten, hatte und hat dieses Heft etwas unerklärlich Anrührendes für mich, obwohl ich weiß, daß es nur eines von Tausenden mit einem besonderen Code ist, der über weite Entfernungen diejenigen zusammenschweißt, die ihn zu entschüsseln wissen.

Am Abend zuvor hatten Tad und ich uns in einem griechischen Restaurant in Astoria in Queens mit einigen Freunden zum Abendessen getroffen. In Astoria gibt es die größte griechische Gemeinde außerhalb Griechenlands. Ich bin teilweise griechischer Abstammung, und es macht mich immer glücklich, hier unter Griechen zu sein. Mir war danach, die Atmosphäre in mich hineinzutrinken und mich für ein paar Sekunden lang in eine entfernte Vergangenheit zurückzuversetzen.

Das taten wir dann alle. Eine bodenlose Flasche Retsina. Ein Liter Ouzo, der uns von einem anderen Tisch herübergeschickt wurde, an dem Kollegen eines unserer Freunde aus der Baubranche saßen. Hinaus auf den Bürgersteig in eine laue Frühlingsnacht stolpern, Abschied mit Gutenachtwünschen, glücklich sein. Tad und ich stiegen auf die 350er und stürzten uns auf den Brooklyn-Queens-Expressway, hinein in einen Samstagabendverkehr, der uns genauso lustig erschien wie wir selbst; wenn Autos lachen könnten, hätte sich die Blechlawine für unsere Ohren wohl angehört wie von hysterischen Lachkrämpfen geschüttelt. Ich spürte das Tempo am ganzen Körper; der Wind pfiff um den geborgten Helm, der mir zu groß war, und zerrte an meiner dünnen Kleidung.

Tad überwand routiniert den Bordstein vor dem Gebäude mit dem Loft und stellte den Motor ab. Oh, wir sind schon da. Ich schwang mein Bein über die Maschine und verfehlte den Bürgerstein; fast hätte ich mir die Knie auf dem Boden aufgeschrammt. Dabei schoß mir der seltsam von mir getrennte Gedanke durch den Kopf, daß ich sturzbetrunken war. Und wenn ich blau war, dann weilte Tad schon nicht mehr unter den Lebenden. Später sollte mir dieser Moment in einem anderen Licht erscheinen – als der Punkt, an dem das wahre Wesen unserer Beziehung zutage trat, auch wenn ich das in jenem Augenblick nicht wahrhaben wollte: Ich hatte gerade bei der Inszenierung eines Todeswunsches mitgemacht. Es spricht nicht gerade für Liebe, eine Frau zu sich aufs Motorrad steigen zu lassen, wenn sie keinerlei wirksame Schutzkleidung trägt, und besoffen mit 130 Stundenkilometern über die Autobahn zu brettern. Andererseits zeigt es, welch geringe Selbstachtung die Frau hat, wieviel sie bereit ist, aufs Spiel zu setzen, nur um durch die Dunkelheit nach Hause zu kommen, sich anklammernd an einen Mann.

Meine erste Fahrt auf der V50 fand an einem schwülen Sommerabend auf den West Village Piers statt. Ich hopste unsicher auf der für mich noch großen Maschine herum, wie die Lichter auf der Wasseroberfläche des Hudson neben mir. Einige Tage später fuhr ich sie von Brooklyn zu meiner Wohnung nach Hoboken. Die Tour mitten durch New York war mehr als spannend. Während ich mich noch voll auf die Koordination der nötigen Handgriffe konzentrieren mußte, versuchte ich, zu vermeiden, daß mich ein von hinten heranrauschendes Taxi von der Maschine holte, und Fußgängern auszuweichen, die warteten, bis sie das Weiße in meinen Augen sahen, und dann fröhlich über die Bordsteinkante marschierten. Das Schicksal verschonte mich wohl für den Abend einige Wochen später, an dem ich Tads Ducati 860 unter meinem Fenster heranfahren hörte.

Er schlug einen Besuch in unserem Lieblingsrestaurant vor, einem Italiener im Keller eines Hauses im West Village. Ich hatte an diesem Abend nicht mit Tad gerechnet, freute mich aber so über die Überraschung, daß ich einwilligte und schon den Geschmack der Spezialität des Hauses – ein Eintopf mit Meeresfrüchten – auf der Zunge spürte. Als ich die erste Muschel zum Munde führte, eröffnete mir Tad, daß er mich nicht mehr treffen wolle. Ich ließ die Gabel sinken. Die Leute an den Nachbartischen versuchten so zu tun, als sähen sie nicht herüber zu der Person, deren Tränen in die Suppe tropften.

Heute, aus dem sicheren Abstand der mittlerweile verflossenen Jahre weiß ich eines mit Sicherheit: Das Geschenk des Motorradfahrens, das Tad mir hinterlassen hat, liebe ich nach wie vor; Tad jedoch liebte ich nicht mehr als er mich. Ich muß aber trotzdem zugeben, daß ich damals nicht wollte, daß er ging.

DREI

Er rauchte im Dunkeln.
Rauchen bedeutete ihm jetzt, wo er wußte,
was es ihm antat, sehr viel mehr.
Thomas McGuane Keep the Change

Wenn man sich auf die Suche nach einer Erklärung für das Unerklärliche macht, sollte man für Unterstützung sorgen. Im Lauf des Winters hatte ich die Geduld meines gesamten Freundeskreises erschöpft. Auch meine Verwandten waren abgegrast, bis hin nach Salt Lake City. Die einzige Zerstreuung, die mir noch geblieben war, bestand darin, mir einen Ezra Brooks Bourbon einzugießen, zu warten, bis der Zeiger der Uhr auf eine Minute nach elf rückte, und in der Dunkelheit zu einem stundenlangen Ferngespräch mit einer meiner Schwestern oder meiner Tante anzusetzen. Von ihnen, denen ich die letztmögliche Rechnung präsentierte – die der Blutsbande –, ließ mich keine im Stich. Ich wollte jeden Augenblick des Zusammenbruchs meiner Beziehung Revue passieren lassen und das aus jedem nur möglichen Blickwinkel. Außerdem wollte ich, daß sie mir dabei halfen, endlich zu verstehen, was passiert war und warum. Wenn ich das begriff, so glaubte ich, würde ich mich wieder in den Griff kriegen und dadurch irgendwie auch die Vergangenheit.

Nach einer Anstandsfrist bedeuteten mir meine Freundinnen, daß ich sie mit meiner überlangen Trauer allmählich in Ruhe lassen sollte. Eine von ihnen erklärte mir kategorisch, ich *müsse* mir einfach eine Katze zulegen. Also legte ich mir eine Katze zu. Ich mag Katzen nicht besonders, und in diesem Fall beruhte das offenbar auf Gegenseitigkeit. Bills Vorstellung vom Trostspenden erschöpfte sich darin, daß er auf einem Stapel Zeitschriften saß und sich zuerst das eine und dann das andere ausgestreckte Hinterbein leckte.

Die V50 wartete den ganzen Winter bis in den Frühling hinein in einer Garage um die Ecke und in einem Winkel meines Hinterkopfs, wo sie gleichermaßen schimpfte und lockte. Daß ich über die lähmend zwiespältige Einstellung zu meiner Maschine nicht hinauskam, hing mit der Erkenntnis zusammen, daß ich allein die Verantwortung für mein Motorrad übernehmen mußte – und damit für mich selbst. Wenn ich mich jedoch dazu durchrang, würde ich Tad endgültig verlieren – und ohne ihn war ich, wie ich mir eingeredet hatte, auf immer und ewig verloren. Ich hatte ihn den ganzen Winter lang mit jeder Faser meines Ichs in mir festgehalten, wo er eins wurde mit meinem Kummer. Schließlich war es gar nicht mehr er, den ich vermißte.

Was sollte ich nun mit diesen zweihundert Kilo Metall anfangen, die ich weder technisch noch fahrerisch beherrschte? Mir waren die Risiken einer solchen Situation durchaus bewußt; allerdings verharrte ich lieber in meiner Lähmung, weil ich keine Antwort auf diese Frage wußte und mich auch nicht gedrängt fühlte, möglichst bald eine zu finden. Gute Tourentage kamen und gingen, während ich herumhockte und mich quälte. Nicht zuletzt quälte mich das Wissen, daß ich wegen etwas litt, das dieses Leiden nicht lohnte.

Mit glasigen Augen blätterte ich in den Motorradmagazinen und fragte mich, warum sie mich nicht so fesselten wie Tad. Es dauerte nicht lange, bis ich dahinterkam: Artikel über Vergaser zu lesen, wenn man nicht weiß, wie sie funktionieren oder welchem Zweck sie dienen, ist eines der wirksamsten natürlichen Schlafmittel der Welt.

Schließlich schickte ich eine kurze Notiz an den Moto Guzzi National Owners Club (MGNOC), die in dem besagten Newsletter unter der Rubrik »Hilfe« abgedruckt werden sollte. Diese Spalte vermittelt Kontakte zwischen Leuten, die alles mögliche suchen, von einem schwer aufzutreibenden Ersatzteilkatalog oder einem bestimmten Benzintank bis hin zu Gastgebern, die bereit sind, ein guzzifahrendes polnisches Pärchen während ihres ersten Besuchs in den Vereinigten Staaten bei sich aufzunehmen (ach ja, und sich an der Finanzierung des Fluges zu beteiligen und für die Dauer des Aufenthalts ein Motorrad zur Verfügung zu stellen; die Clubmitglieder zogen »das polnische Projekt« übrigens erfolgreich durch). Ich suchte jemanden in der Region New York/New Jersey, der mir die grundlegenden Wartungsarbeiten beibringen konnte und vielleicht mit mir fahren wollte. Als erster meldete sich ein gewisser Armen Amirian. Er wohnte im nahe gelegenen Clifton und war zufällig Ausbilder für Motorradmechaniker. Was die Motorradwartung angeht, steht er auf einem einsichtigen Standpunkt: Wenn man nicht gerade beabsichtigt, einen Mechaniker dafür zu bezahlen, daß er einem das Motorrad verpfuscht, wenn man das selber genausogut umsonst machen kann, dann sollte man nicht nur wissen, wie die Maschine funktioniert, der man sein Leben anvertraut, sondern sich auch relativ sicher sein, daß sie nicht gerade am Scheitelpunkt einer schnellen Kurve eine entscheidende Schraube verliert.

Armen, Gründungsmitglied der von ihm so genannten Hell's Vegetarians, ist immer noch geprägt durch die Moral und die Aufmüpfigkeit der Jugend der Sechziger, obwohl er damals noch ein Kleinkind war. Er wirkt damit in seiner Zeit gewissermaßen fehl am Platz, genauso wie man bei jemandem wie ihm kaum vermuten würde, daß er fest in einem der Mittelklassevororte Jerseys verwurzelt ist und mit dem, was er in der Bühnenwerkstatt der Metropolitan Opera in New York verdient, Frau und Kind ernährt.

Wir trafen uns regelmäßig, gewöhnlich wenn er gerade an einem fremden Motorrad schraubte oder, was seltener vorkam, in seiner Garageneinfahrt an seinem eigenen, sorgfältig herausgeputzten BMW-Boxer. Wenn mein Motorrad so streikte, daß an Fahren nicht zu denken war, kam er noch nach der Arbeit nach Hoboken und legte im Schatten der hereinbrechenden Dämmerung sein Werkzeug auf der Straße aus. Ich hockte mich neben ihn, sah verwirrt zu, wie er die Innereien meines Motorrads bloßlegte, und lauschte hingerissen seinen Worten. Wenn etwas Armens Mechanikertalent gleichkommt oder es sogar übertrifft, dann ist es seine rhetorische Begabung. Alle möglichen Situationen können einen raschen Wortschwall auslösen. Ein Abendessen in der Spaghetteria um die Ecke pflegt eine Wetterfront spöttischer Kommentare über Italoamerikaner zu provozieren, doch wenn Armen austeilt, herrscht Chancengleichheit. Armenier, Deutsche und Männer im allgemeinen bekommen stets gleichermaßen ihr Fett weg. Seine besten Sprüche jedoch drehen sich um Motorräder. Er würde beispielsweise nie von einer »untermotorisierten Maschine« sprechen, wenn er statt dessen sagen kann: »Diese Maschine zieht dir nicht mal die Unterwäsche glatt.« (Er verkündete einmal, die Elektrik der Guzzis sei gegenüber der Motorradelektrik jener längst vergangenen Zeit, »als Männer noch Männer waren und Kabelbäume noch Feuer fingen«, kaum verbessert worden.)

Als ich ihn kennenlernte, startete er gerade eine zweite, erbärmlich schlecht bezahlte Karriere als Motorradjournalist und verfiel auf eine Story, bei deren Recherche ich ihn nur allzu gern unterstützte: einen Bericht über das Aufmotzen einer zehn Jahre alten Gebrauchtmaschine – wie meiner. Mit dem Argument des Werbeeffekts überredete er mehrere Hersteller von Tuningteilen zu Sachspenden, und so bekam mein hübsches, aber hausbackenes Reittier seine schimmernden Stahlflexbremsleitungen, neue Federbeine hinten und sportliche, einstellbare, geklemmte Lenkerstummel. Im Dunstkreis von Armen fühlte ich mich sicher, und ich konnte ihn praktisch jederzeit spät abends in seiner Kellerwerkstatt anrufen, wo er bei Dylan-Musik vom Kassettenrecorder an irgendeinem entscheidenden Organ einer Liebhabermaschine herumschraubte, die in zig Millionen Teile zerlegt und in Kartons verstaut auf die Wiedergeburt unter seinen Händen wartete. Meine Fragen beantwortete er stets mit derselben Selbstsicherheit, und immer fand er irgendwie einen Weg, die Wörter *Nonne* und *Bikini* in einen Satz zu packen, wenn er von Scheibenbremsen sprach.

Ich fragte ihn auch nach guten Strecken, wenn ich mal eine kleine Tour machen wollte. Er riet mir, nach Laconia in New Hampshire zu fahren, zu den jährlichen Motorradrennen und Bikertreffen Mitte Juni. Auf die Bitte, mehr davon zu erzählen, versiegten plötzlich die Armenismen. Der Gedanke an New Hampshire verschlug anscheinend sogar ihm die Sprache. Er schüttelte den Kopf und wiederholte nur noch: »Es ist wild. Echt wild.« Er bot mir an, mich mit einem seiner Schüler zusammenzuklinken, der hinfahren wollte.

Er hieß Bob alias Lefty. Die Bedeutung dieses Spitznamens wurde mir erst klar, als ich das Hard Rock Café betrat und auf die Theke zusteuerte, hinter der er arbeitete. An Bob fallen drei Dinge zuerst ins Auge: seine südländische, attraktive Erscheinung, ein wissendes Lächeln und eine mit einem Greifer versehene Prothese anstelle des linken Unterarms. Manche Leute, die ihn Motorrad fahren sehen, stellen dann so ihre Vermutungen an. Dagegen ist Bob ziemlich allergisch, denn seiner Meinung nach geht sein Arm nicht allzu viele Leute etwas an. Je nachdem, wie er gelaunt ist, erklärt er, nein, er sei schon so geboren worden – aber was berechtigt Sie zu Ihrer Frage?

Mir gefielen Bobs Auftreten und seine Sicherheit. Da ich so sehr unter Selbstzweifeln litt, daß mich sogar die Wahl einer Zahnpasta in Zwiespalt stürzte, mußte ich zwangsläufig einen

Menschen bewundern, der sich einfach hinstellte und sagte: »Zum Teufel mit dem, was andere über mich und das, was ich kann und was ich nicht kann, denken – ich tue, was ich für richtig halte.« Bob, dessen Geduld mit Nervenbündeln wie mir sich in Grenzen hält, platzt gelegentlich der Kragen, und dann knurrt er mich entnervt an: »He, ganz *locker*, ja?« Aber genau da lag der Hase im Pfeffer: Ich *wollte* ja ganz verzweifelt locker werden, *wollte* eben das spüren, was sich mir unaufhörlich entzog. Unterdessen sah ich Menschen wie Bob beim Fahren zu – mit einer Neugier, als ob sie eine fremde Lebensform wären. Liebend gern wäre ich fähig gewesen, ein Problem, das sich mir stellte, als interessante Herausforderung zu sehen, etwa folgendermaßen: Wenn ich nur eine Hand habe, wie baue ich dann die Maschine so um, daß ich alle Hebel und Schalter mit dieser Hand oder mit den Füßen bedienen kann? Statt dessen empfand ich nur dieses verrückte Gefühl, als ob mir die Luft zu dünn zum Atmen würde. Ab und an packte mich eine solche Wut auf dieses absurde Wesen, das sich seit neuestem in mir eingenistet hatte, daß ich es innerlich anschrie: »Du verdammtes Miststück, verflucht nochmal, zur Hölle mit dir!«, den Schlüssel ins Zündschloß steckte und ihn voller Haß und Groll herumdrehte, während meine Füße auf dem Asphalt unkontrollierbar zitterten. Ich konnte keinem erzählen, wie ich mich fühlte, denn wie soll man an einem vollkommenen, wolkenlosen Tag sagen: »Ich habe Angst«, wenn man nicht einmal sagen kann wovor.

Auf dem Weg zum Nordufer von Long Island, zur Fähre nach Connecticut, ging mir das Benzin aus, und mein Motorrad streikte, obwohl ich die Benzinhähne auf Reserve stellte, was mir eigentlich noch weitere zwanzig Meilen hätte bringen müssen. Obwohl Bob riskierte, nicht nur die Fähre zu verpassen, sondern auch seine Freunde, die er dort treffen wollte, saugte er geduldig Benzin aus seinem Tank an und ließ es in meinen laufen. Er kannte mich gerade einen Tag.

Wir erreichten die Fähre Minuten, bevor sie ablegte, und

trafen dort José mit seinen Transporter und seinem kostbaren Kawasaki-Renner darauf. José hatte Tom mitgebracht, der mürrisch in dem Transporter sitzenblieb, bis dieser auf das Schiff verladen war. Dann ging er hinkend, sein linkes Bein steif zur Seite ausgestreckt und im Halbkreis vorwärts schwingend, zum Oberdeck. Er legte sich auf eine Bank und bedeckte die Augen mit dem rechten Arm, während sein linker, eine Prothese wie die von Bob, wie ein herrenloses Gepäckstück neben seinem Körper lag.

Bob und ich reihten uns in die lange Schlange vor der Snackbar an Bord ein. Dort gewährte er mir den ersten Blick auf ein weiteres seiner unwiderstehlichen Talente: Er konnte einer Bedienung innerhalb von längstens fünf Minuten ihre Telefonnummer entlocken. (Dabei wandte er dieselbe seidenglatte Stimme an, die er auch Telefonistinnen gegenüber einsetzte, wenn sie in eintrainierter falscher Freundlichkeit ihren Namen genannt hatten: »Hallo Amy. Was Sie für mich tun können, Amy, ist, dieses Gespräch über meine Kreditkarte abzurechnen. Danke Amy.«) Dann bezogen wir Posten an der Reling, schauten hinaus auf die Meerenge und unterhielten uns über alles mögliche außer uns selbst. Ein Thema war Tom.

Vor ein paar Jahren war Tom, frisch verheiratet, allein mit dem Motorrad zu einer Party in einem nahe gelegenen Nachbarort auf Long Island gefahren. Ich konnte mir lebhaft vorstellen, was für eine Art von Party das gewesen sein mochte; ich brauchte nur an die niedrigen Ranchhäuser mit den hübschen roten und weißen Geranien zu denken, in denen einige der tolleren Kids wohnten, die auf die öffentliche High School in Akron gingen – sturmfreie Bude und jede Menge Trans Ams unter den Straßenlaternen vor dem Haus. Auf der Party hatte Tom die Schlaftabletten, die er schon intus hatte, mit reichlich Alkohol begossen. Schließlich war er dermaßen zugedröhnt und müde, daß er nur noch in sein Bett wollte. Fatalerweise verhinderte jetzt allerdings sein Zustand die Einsicht, daß er in seiner Verfassung dieses Ziel unmöglich aus eigener Kraft erreichen konnte. Er fuhr also auf den Long Island Expressway, wo ihm bei achtzig Meilen pro Stunde die Augen zufielen.

Die Downer, die er zuvor eingeworfen hatte, führten zwar zu dem Unfall, verhinderten jedoch auch, daß er tödlich ausging. Tom war zu ruhiggestellt, um einen Schock zu erleiden, zu locker, um bei dem Aufprall völlig zerfetzt zu werden. Es gelang den Ärzten, die restliche Haut des linken Beines um eine gerade Metallstange, die den Knochen ersetzte, herumzulegen; seinen linken Arm verlor er jedoch. Als er zu sich kam und sah, was aus ihm geworden war, wünschte er sich, er wäre umgekommen. Er konnte seinen Beruf nicht mehr ausüben und sah vor sich nur noch die lange Reihe der ihm noch verbleibenden Jahre, in denen nichts so werden würde, wie er es sich vorgestellt hatte. So zog er sich in einen verdunkelten Raum zurück und lag den ganzen Tag vor dem Fernseher. Seine Frau ließ ihn eine Zeitlang gewähren und versuchte dann, ihn aus seiner Lethargie aufzurütteln. Doch er blieb wie erstarrt, und schließlich verließ sie ihn. Der einzige Lichtblick in seinem Leben waren Gelegenheiten, wo er sich in der Nähe von Motorrädern aufhalten konnte. Anders als Bob, der nie einen Arm gehabt hatte und ihn daher auch nicht so schrecklich vermißte, daß er nachts davon träumte, sah Tom seine Situation nicht als einen der Schicksalsschläge, mit denen man eben irgendwie fertigwerden muß. Sie war eine Last, und sie war zu schwer. Er kam nach New Hampshire, um zu vergessen, doch wie er das inmitten Tausender Motorräder schaffen wollte, konnte sich niemand denken.

Nach unserer Ankunft im New Hampshire Highway Hotel, einem Haus, das seinem Namen alle Ehre machte, stellte Bob als Ortskundiger zuerst den alles entscheidenden Biernachschub sicher. Unsere nächste Mission bestand darin, auf der vorderen Veranda herumzusitzen und auf Steve aus Massachussetts zu warten. Eine Stunde verstrich; das Knacken aufgerissener Bierdosen ging unter im unablässigen weißen Rauschen des Highways gleich jenseits des Parkplatzes. Ich fühlte den inneren Frieden eines Pilgers, der alles in die Hände eines Gottes gelegt hat, welcher die wahrhaft Gläubigen niemals im Stich läßt. An diesem Abend genoß ich zum ersten Mal die einmalige, eigentümliche Befriedigung, die man nur spürt, wenn man vor einem Motel auf dem Bordstein sitzt, das Motorrad nur Zentimeter entfernt und alle Habseligkeiten, die man braucht, ebenfalls in Sichtweite auf dem unberührten Bett im offenstehenden Zimmer im Rücken.

Kurz nach Einbruch der Dunkelheit traf Steve ein. Auf seinem Pickup stand eine Ducati, ein wunderschön restaurierter, goldener Eiscaférenner. Sie war erst kürzlich wieder zusammengesetzt worden, nachdem Steve sie auf dem Pflaster zerlegt hatte. Er brannte darauf, wieder in den Sattel zu steigen. Während wir unser Verdauungsbier tranken – ich mochte Bier noch nie sonderlich, doch als Pilger nimmt man Gaben bereitwillig als Zeichen an –, schmiedeten wir unsere Pläne für den nächsten Morgen, den ersten Renntag. Wir beschlossen, früh zur Rennstrecke zu kommen, wollten aber vorher noch eine Spritztour unternehmen, um den Winter auszutreiben.

In dieser Nacht schliefen wir den Schlaf der Gerechten. Die Fenster standen offen, und die kühle Luft linderte die ungewöhnlich früh einsetzende Hitze des Tages; die leichte Brise trug das Schlaflied des Motorradfahrers herein – das Brummen naher und ferner Motoren, die sich durch die Dunkelheit bewegten.

Am Morgen lud José die Kawa ab, während Steve und Bob die Ducati über die Rampe des Pickups hinunterrollten. Nach wenigen Minuten saßen wir in voller Montur auf unseren warmlaufenden Maschinen und blickten uns an, auf das Startzeichen wartend. In einer durchsichtigen Außentasche meines Tankrucksacks steckte eine Landkarte, damit ich den Weg zur Rennstrecke allein fand, falls ich zurückfiele. Dies war zu erwarten, so wie es den anderen in der Gashand zu jucken schien. Innerhalb einer Meile nach der ersten Einmündung in eine Landstraße verschwanden ihre Rücklichter vor mir. Ich ließ sie gern ziehen, denn ich hatte auf dieser kurzen Strecke schon einmal dieses bizarre Gefühl verspürt, wenn man sich aufspaltet, zum Zuschauer seiner selbst wird und emotionslos beobachtet, wie das Vorderrad in einer besonders schlecht genommenen Kurve halb auf der Straße, halb auf dem Randstreifen dahinschlingert. Ich fuhr wieder mein eigenes Tempo. Wenn die Straße gerade verlief und die Bäume weniger dicht standen, konnte ich vor mir sehen, wie die Jungs ein gutes Stück voraus Katz und Maus miteinander spielten, kleine Gestalten in stummer Kurvenhatz. Dann machte die Straße erneut eine Biegung, zwischen uns schob sich ein Wäldchen, und ich war wieder allein.

In den sehr strengen Wintern dieser Region leiden die Straßen; Frostbeulen machen die Fahrbahn zu einem Waschbrett, Kies und Sand lauern in fast jeder Ecke. An einem Tag wie diesem verbünden sich die Morgensonne und die leere Straße mit ihrem Schlaraffenland von Kurven – manche lang und mit hohem Tempo zu nehmen, manche eng und nur durch entschlossenes Herunterbremsen und tiefe Schräglage zu bewältigen – und verleiten den Fahrer dazu, immer stärker auf die Tube zu drücken. Wir fuhren zum Rennen und fuhren unterwegs unser eigenes.

Mir blieb kaum Zeit, das Motorrad aufzurichten, bevor ich mit allem, was ich hatte, in die Eisen stieg. Unmittelbar nach der Kurve kroch eine Kreatur auf allen vieren langsam zur linken Seite des Mittelstrichs, mit gesenktem Kopf und schwankend wie unter einer unermeßlichen Last. Es war Steve. Im Vorüberschießen erfaßte ich ein goldenes Blitzen fünfzehn Meter vor dem gestürzten Fahrer im Gebüsch auf der Gegenseite der Straße.

Als ich die Guzzi an den Straßenrand und auf den Hauptständer gebracht hatte, kamen Bob und José aus der anderen Richtung zurück und hielten an. Wir alle erreichten Steve im Laufschritt.

Bob bettete ihn ins Gras. Nachdem er kein Blut an Steves

Kopf fand, erklärte er, daß wir ihm den Helm gefahrlos abnehmen konnten. Dann warteten wir, bis Steve wieder seine fünf Sinne beieinander hatte. Anfangs brachte er nicht mehr als ein Kopfschütteln zustande, als ob er nicht ganz glauben könne, daß er hier so unerklärlich still lag, statt die Straße entlangzufliegen. Bob ging ein Stück zurück und hinüber zu der Ducati und las dabei die Spuren auf dem Asphalt. Ein abradierter weißer Strich, der sich zweieinhalb Meter lang über die Straßendecke zog, erklärte das klaffende Loch in Steves Helm, und die unglaublichen schwarzen Krakel dort mußten Reifenspuren sein. Unmittelbar dahinter lag ein Stück besonders übler Buckelpiste.

Schließlich konnte Steve beschreiben, was passiert war. Am Kurvenausgang versuchte er, mit den beiden anderen auf ihren neueren Maschinen mit besserem Fahrwerk mitzuhalten und drehte noch mehr auf, als es ihm plötzlich den Lenker aus den Händen riß. Sofort begann der Lenker in rascher Folge hin und her zu schlagen – zack, zack, zack, Lenkerflattern im Extrem. Schließlich gab es nichts mehr, woran er sich festhalten konnte. Bob fragte ihn etwas, und er sagte: »Etwa neunzig, glaube ich.«

Es hatte zweifelsohne sein Gutes, daß die Ducati so hinüber war, daß man sie unmöglich noch fahren konnte. José und Bob schoben sie zurück ins Unterholz, um sie später mit Steves Lieferwagen zu holen. Sie boten Steve an, ihn ins Krankenhaus zu bringen, doch er bestand eisern darauf, mit zur Rennstrecke zu kommen. Über seine Unterarme zogen sich Abschürfungen, wo der Asphalt seine Jacke hochgeschoben hatte, und durch den Riß über dem Knie in einem Hosenbein war Blut zu sehen, doch gebrochen hatte er sich wie durch ein Wunder nichts.

An der Rennstrecke ging Steve zum Sanitäterzelt, wo man ihm einen Verband anlegte und ihm dringend riet, ein Krankenhaus aufzusuchen, um die Gehirnerschütterung behandeln zu lassen. Doch als ob Ignorieren alles hätte ungeschehen machen können, sagte Steve keinem etwas davon.

Die Sonne brannte erbarmungslos an diesem Samstag; es

wurde drückend heiß. Gegen Abend hatte ich einen Sonnenbrand, war ausgetrocknet und erschöpft, nachdem ich den ganzen Tag lang innerlich auf Höchsttouren gelaufen war, erfüllt von einer freudigen Erregung, wie ich sie zum letzten Mal als Sechsjährige an Weihnachten erlebt hatte. Ich fühlte mich benebelt, und meine Füße waren gefährlich weit weg von mir. Jetzt eine Lederjacke und Handschuhe über die verschwitzte, gerötete Haut zu streifen und einen Integralhelm aufzusetzen – das war die Hölle. Doch ich richtete all meine Gedanken auf den winzigen, von Sprüngen durchzogenen Pool mit kaltem Wasser hinter dem Hotel – und auf die unauslöschliche Vorstellung, wie Steve jetzt aussehen würde, wäre er mit neunzig Meilen ohne seine Schutzkleidung über den Asphalt gerutscht.

Eine halbe Stunde später standen wir im flachen Teil des Pools und tranken Sprudel – alle außer Steve, der in einem Liegestuhl lag, breitbeinig, schlaff. Seine Augen waren unter der Krempe eines lässigen australischen Buschhuts verborgen, der sich mit jedem seiner Atemzüge hob und senkte. Die Wirkung der Schmerzmittel ließ nach, und die Wunden an seinen Armen brannten, als ob man sie mit Salz und Zitronensaft eingerieben hätte. Er entschuldigte sich und ging.

Vor dem Essen fanden wir ihn oben auf dem Zimmer, wo er auf dem Bett saß und klarzukommen versuchte. Doch er glitt immer wieder in einen Zustand zwischen Bewußtsein und Ohnmacht, war bei sich und doch wieder nicht, als ob er sich durch Fernsehkanäle zappen würde. Medikamente. Er brauchte Medikamente. Es dauerte so furchtbar lange, einen Joint zu drehen, die Finger zum Gehorchen zu bringen. Doch wenn er es langsam, ganz langsam und methodisch machte, würde es gehen, ganz sicher.

Steve war nicht nach Abendessen zumute, doch uns waren das Chlor und die Ferien zu Kopf gestiegen. Sogar Tom zeigte so etwas wie Unternehmungsgeist. Gerade wollten wir den Verletzten, immer noch mit Hut, dem Trost der Chenillebettdecke überlassen, als das Telefon klingelte.

Der Anrufer wollte Bob sprechen. Noch ein Job für Josés Laster, erklärte Bob nach dem Auflegen. An der Rennstrecke war ihm ein anderer Teilnehmer aus Armens Kurs über den Weg gelaufen, und er hatte zufällig erwähnt, wo wir uns einquartiert hatten. Deshalb konnte Rick jetzt jemanden bitten, ihn im Krankenhaus aufzugabeln, statt sich an die Route 3 stellen und den Daumen raushalten zu müssen. Wenigstens in einer Hinsicht hatte er Glück gehabt: Der Unfall war ihm an einem Wochenende zugestoßen, an dem die Gegend fest in der Hand der Motorradfahrer war, und Motorradfahrer helfen einander im allgemeinen, aus Solidarität und ohne eine Gegenleistung zu erwarten – aus schlichter, altmodischer Selbstlosigkeit und der gesunden Einsicht heraus, daß man das nächste Mal selbst dran sein könnte. José grummelte, gab jedoch rasch nach.

Wir warteten gute zehn Minuten vor der Notaufnahme, die die übliche Wochenendparade interessanter Verletzungen abnahm. Daneben wurden einige Fälle eingeliefert, die schon jenseits aller ärztlichen Kunst waren. Dieses Jahr gab es sieben davon, darunter die Opfer eines Frontalzusammenstoßes zweier Motorräder. Nach solchen Ereignissen stehen die Transplantationsmediziner in den Startlöchern.

Endlich erschien Bob wieder in der automatischen Tür. Er stützte eine mitleiderregende Gestalt, die sich gebeugt und langsam vorwärtsbewegte. Rick erklomm ganz behutsam die Ladefläche des Lieferwagens und ließ sich so vorsichtig auf einem Ersatzreifen nieder, als ob er fürchtete, dieser könnte jeden Moment explodieren. Hin und wieder fiel ihm der Kopf mit der Baseballmütze vornüber, die Wirkung des Betäubungsmittels Demerol. Doch die würde bald nachlassen, und dann würde Rick die Folgen eines Augenblicks der Unachtsamkeit zu spüren bekommen. Man zahlt einen hohen Preis, wenn man die Sicherheitsregel mißachtet, die man in Fahrschulen wie Trama's eingetrichtert bekommt: Sei gefaßt auf das Unerwartete, denn das bringt dich zu Fall. Es war nicht einmal etwas übermäßig Unerwartetes gewesen – Sand in einer Kurve.

Wenn er den Kopf hob, konnte man in der Dunkelheit einen weißen Verband unter seinem Auge aufblitzen sehen. Er erzählte, daß sich seine Ray Ban in den Wangenknochen gebohrt hatte, als er mit dem Helm auf der Straße aufschlug. (»Sie war auch noch brandneu«, fügte er mit einem Lächeln an, das gleich wieder verging.) Zum zweiten Mal an diesen Tag hatte ein Helm einen Motorradfahrer vor dem Tod bewahrt.

Die Welt zerfällt zuverlässig in zwei saubere Hälften, wenn man sie entlang bestimmter Achsen teilt: die, die es tun, und die, die es nicht tun; die, die es gerne täten, und die, denen es nicht im Traum einfiele. Man braucht nur die Probe aufs Exempel zu machen, wie rasch sich die beiden Hälften trennen und auseinanderfallen, wenn man erwähnt, daß man Motorrad fährt. Die eine Hälfte: Wirklich? Ach, ich würde auch gerne fahren! Die andere Hälfte: Wirklich? Es ist doch so *gefährlich*.

Manchmal bekommt man warnende Worte zu hören, als ob man selbst nie auf den Gedanken gekommen wäre, daß es gefährlich ist, durch belebte Großstadtstraßen zu steuern, während die Taxis sich kamikazeartig auf jede erhobene Hand stürzen, oder wenn die Landschaft mit hundert Stundenkilometern am Visier vorüberfliegt und Asphalt nur Zentimeter unter den Stiefeln. Als ob jemand, der noch nie gefahren ist, einem erklären müßte, was man da tut.

Doch es stimmt: Das Element, in dem sich ein Motorrad bewegt, heißt tatsächlich Gefahr. Manchmal fährt man lange Zeit, ohne sie zu spüren – Stunden, Tage, Wochen nur Routine und Genuß – und dann sucht sie sich einen Augenblick, in dem sie sich in Erinnerung bringt, und zwar mit aller Wucht.

Das war knapp, sagt eine Stimme im Kopf. Es gibt so etwas wie eine geistige Datei, in der ein Verzeichnis von Gefahren abgelegt ist. Risiken, die für den Autofahrer bedeutungslos, für den Motorradfahrer jedoch Sirenengesänge sind: nasses Laub, Rollsplitt, Sand, sich verengende Kurven, aufgemalte Linien, Teerplacken, die in der Sonne weich werden, Frostschutzmittel, Öllachen an Tankstellen oder Mauthäuschen,

Metallplatten, Gullydeckel und Straßenbahnschienen, die bei Regen zu tödlichen Fallen werden, ein Balken, der von der Ladefläche eines Lasters rutscht, starker Seitenwind auf einer Brücke. Und eine noch größere Gefahr als diese, die in aller Unschuld darauf wartet, ein Hinterrad dreckspritzend seitlich wegrutschen zu lassen: Pferdeäpfel.

Zuweilen versuchen Biker, die Gefahr vor sich selbst zu verleugnen, etwa wenn sie sich in Shorts oder ohne Helm auf die Maschine setzen, als ob eigens für sie ein Schutzengel mit einem undurchdringlichen Schild bereitstünde. Manche behaupten auch, beim Fahren niemals Angst, immer nur Spaß gehabt zu haben; sie reagieren äußerst gereizt, einige zumindest, wenn man nur das Wort »Angst« in den Mund nimmt, als ob sie herbeikäme, wenn sie beim Namen genannt wird.

Doch irgendwo wissen alle Bescheid. Und sie wissen auch, daß gerade die Gefahr zu den Gründen gehört, weshalb sie Motorrad fahren: Sie wollen die Gefahr meistern oder das Gefühl haben, sie zu meistern.

Gibt es denn wirklich ein Vergnügen, das nicht zumindest den Gedanken an Gefahr in uns weckt? Gibt es denn überhaupt etwas, das uns das Gefühl vermittelt, vor Leben zu sprühen, ohne uns zugleich an den Tod zu erinnern? Motorrad fahren glückt und beglückt gerade dann am meisten, wenn man die Gefahren, mit denen es untrennbar verknüpft ist, aus ihm herauslöst. Deswegen gehört es folgerichtig zu den Beschäftigungen, die immer dann am reizvollsten sind, wenn man damit aufhört.

Die Schwarzmaler, die unablässig auf dem Risiko herumreiten, sollte man vielleicht mehr fürchten als alles, wovor sie warnen. Die amerikanische Nation wird gegenwärtig von einer Flutwelle kollektiver Angst überrollt. In unserer zwanghaften Fixierung auf die Angst verstricken wir uns erst recht darin. Wir reden uns ein, wir könnten Ruhe finden, wenn alle Arten von Risiken – ob durch Produkte, die nicht in mehrschichtiges, manipulationssicheres Plastik verpackt sind, durch Leitersprossen oder die Grippe – erkannt und ein für allemal gebannt sind. Doch ich könnte ein Lied davon singen, wie Angst die Ruhe raubt, wie überaus erfindungsreich sie ist, wie sie zuvor unbesetzte Bereiche erobert, wieviel Energie sie vergeudet, besonders nachts. Und bald wird ihr auch der Tag gehören.

Vor zwanzig Jahren war das begehrteste Gerät auf dem Spielplatz die Drehscheibe mit den eisernen Haltegriffen; weil jedoch immer die stärksten und größten Kinder das Kommando über sie führten, erteilte sie den schwächeren und kleineren die erste Lektion in Sachen Überlebenskampf. Die Scheibe rotierte schnell, schwindelnd, ohne Halt, so daß es schwierig wurde, wenn sich schließlich der Wunsch abzusteigen meldete. Es ging herum und wieder herum, während man versuchte, sich zu sammeln und einen sicheren Punkt für den Abstieg auszugucken. Doch es kam keiner. Also schloß man die Augen und sprang. Der Sand bäumte sich einem entgegen und riß einen mit dumpfem Anprall an sich, biß in Knie und Ellbogen. Doch man lernte sich abzurollen. Heute sind diese Dinger meist verboten. Man könnte den Eindruck gewinnen, daß alle Kinder in Watte gepackt werden sollen; wenn jemand eine praktikable Möglichkeit dazu findet, wird das bestimmt auch gemacht. Trotzdem gibt es einige, die in dieser immer stärker abgesicherten Welt eifersüchtiger über ihre kostbaren Gefahren wachen denn je.

Die Panikmacher lehren die Motorradfahrer gegenwärtig regelrecht das Fürchten. In der Szene geht sogar die Besorgnis um, die Regierung könnte die Daumenschrauben empfindlich anziehen – mit verbreiteten Streckensperrungen oder sogar einem vollständigen Verbot von Motorrädern. Die jüngste Zielscheibe einschränkender Maßnahmen – in den Vereinigten Staaten wie in Teilen Europas – sind Motoren mit mehr als 100 PS. (In Deutschland gibt es eine Selbstverpflichtung der Hersteller und Importeure, keine Maschinen über 100 PS anzubieten, d. Ü.) In der Vergangenheit zielten die einschlägigen Vorstöße darauf, die Versicherungsbedingungen immer restriktiver zu fassen, wobei der Katalog sich an Äußerlichkeiten orientierte – letztlich daran, daß ein Motorrad schneller »aussieht« als das andere. Zudem wurden »Sicherheits«auflagen vorgeschrieben, die sich nur jemand ausdenken konnte, der keinen blassen Dunst von den mechanischen Kräften hat, die die Fahrstabilität (oder Instabilität) eines Zweirads bestimmen.

Auch in den Herstellerkreisen gehen Ängste um, etwa vor Emissionsschutzauflagen, obwohl Motorräder bereits weit weniger Smog pro Passagier erzeugen, die Umwelt weniger belasten (mit Ausnahme von Off-Road-Maschinen) und aufgrund ihrer geringeren Größe weniger Straßenschäden verursachen als Autos. Ihr Kraftstoffverbrauch ist geringer (vier bis sieben Liter sind nicht ungewöhnlich), und weil sie überall leichter durchschlüpfen können, laufen sie weniger im Leerlauf. Angesichts dessen kann ich mir nicht vorstellen, daß eine ganze, bei den Konsumenten begehrte Produktkategorie durch Emissionsschutzgesetze vom Markt gefegt wird – und wenn wir uns bemühen, den Ausstoß des tödlichem Mists, den wir in die Luft blasen, zu reduzieren, dann überleben vielleicht auch mehr Konsumenten, die Produkte zu schätzen wissen, deren Vorzüge das höhere Preisschild durchaus aufwiegen. (Der Verbrauch von Motorrädern fällt gegenüber dem weit höheren Spritverbrauch amerikanischer Autos natürlich mehr ins Gewicht als hierzulande. Zur hiesigen Situation soll kritisch angemerkt werden, daß das Angebot an Katalysatoren für Motorräder noch sehr zu wünschen übrigläßt, d. Ü.)

Nicht wenige amerikanische Motorradfahrer sehen in der Helmpflicht den ersten Schritt zur Ausrottung von Motorrädern. Wenn man uns die Freiheit nehmen kann, unbehütet zu fahren, welche ist dann als nächste fällig? fragen sie. Doch in Staaten, in denen die Helmpflicht gilt, sieht man auf den Straßen nicht weniger Motorräder. Außerdem täten die Motorradfahrer in den Vereinigten Staaten – wo das Wort »Freiheit« oft als Totschlägerparole eingesetzt wird, um weitere Diskussionen abzuwürgen – gut daran, sich vor Augen zu halten, was in Wirklichkeit auf dem Spiel steht.

Die periodischen Kreuzzüge Amerikas gegen Gefahren aller Art haben einen Schönheitsfehler: Wir neigen dazu, uns einen einzelnen Feind herauszupicken und diesen bis aufs Messer zu bekämpfen, dabei aber ganze Schlachtreihen von ähnlichen Gefahren zu ignorieren, die an allen Fronten vorrücken. So gehen wir neuerdings mit dem Rauchen um wie mit einer Woodoo-Puppe: Wir hoffen, wenn wir sie mit Nadeln durchbohren, sind damit alle Gefährdungen unseres Lebens gebannt. So kann man beobachten, daß jemand einen anderen lauthals auffordert, doch um der Gesundheit willen die Zigarette auszumachen – aber andererseits stellt er sich ohne jeden Protest neben ein Auto mit laufendem Motor, das genausoviel Karzinogene wie zehn Schachteln Zigaretten ausstößt, oder er verzehrt eine beliebte Knabberei, die hauptsächlich aus Chemie besteht. Das in meinen Augen schlimmstmögliche Ergebnis dieses Krieges gegen die Gefahr mag sich vielleicht seltsam pervers ausnehmen, und meine Einschätzung deckt sich mit Sicherheit nicht mit der der juristischen Sprecher der National Coalition of Motorcyclists: Wenn man in dem vollen Bewußtsein, daß man dabei ums Leben kommen kann, weiter Motorrad fährt, dann verbirgt sich dahinter kein Todeswunsch, sondern der Wunsch nach Unsterblichkeit. Wer Motorrad fährt, hat das ewige Leben. Und wer kein Motorrad mehr hat? Wer genau das verliert, was ihm Sicherheit bietet, wäre seiner Zauberwehr beraubt und bliebe dem Heulen und Zähneklappern der Sterblichen überlassen.

In einem Buch mit dem Titel *The Dangerous Edge: The Psychology of Excitement* (deutsch: *Im Rausch der Gefahr. Warum immer mehr Menschen den Nervenkitzel suchen*) finde ich Antworten für diejenigen unter ihren Verächtern, die fragen, warum Motorradfahrer das Risiko auf sich nehmen. Eingangs weist der Autor Michael J. Apter darauf hin, daß riskantes Verhalten überall auf der Welt ein vertrautes Phänomen ist und immer war; wenn dieses Verhalten für das Weiterbestehen unserer Spezies kontraproduktiv wäre, hätte es die Evolution schon längst durch natürliche Auslese getilgt. Es hat also seinen Sinn und Zweck, auch wenn er sich nicht unmittelbar erschließt.

Im Individuum, so fährt er fort, gehen Angst und (positive) Aufregung auf dieselbe physiologische Reaktion zurück. Bei der Angst verbindet sich mit der Erregung der Wunsch, die Ursache der Angst zu meiden oder vor ihr zu fliehen. Bei der Aufregung jedoch verwandelt sich die »Bedrohung« in etwas Angenehmes. Wieso wird derselbe Reiz dermaßen unterschiedlich interpretiert? Der entscheidende Faktor liegt in der Wahrnehmung. Wir verärmeln uns quasi selber, indem wir uns eine oftmals illusorische Pufferzone der Sicherheit schaffen. An der geöffneten Tür eines Flugzeugs empfindet eine Person ohne Fallschirm blankes Entsetzen. Doch kaum hat sie ein wenig Stoff und Leine umgeschnallt, möchte sie sich hinausstürzen. Der Wunsch entspringt der manchmal irrtümlichen Überzeugung, das Paket auf ihrem Rücken werde Angst in Freude verwandeln. Der Wunsch entspringt außerdem – irgendwo ganz tief unten in einer vergessenen Drüse – dem Nervenkitzel des Kampfes mit der unterdrückten Furcht, das Paket werde es nicht.

Wenn wir der Gefahr ins Antlitz blicken und uns bewußt hineinbegeben, geht es laut Apter um

> die *Überwindung* (oder zumindest die scheinbare Überwindung) *unserer grundlegenden physischen Begrenzungen* ... Bei vielen Hobbys und kleineren Vergnügungen geht es ... um die Beschäftigung mit Objekten, die – zumindest bis zu einem gewissen Grade – der Schwerkraft entkommen ... Und in all diesen Fällen ... beruht die aufgeregte Freude nicht nur auf der Intensität der Empfindungen und den nicht völlig auszuschließenden Risiken, sondern auch auf dem Gefühl, etwas zu tun, das physisch eigentlich unmöglich ist (Hrvh. d. A.).

Wenn diese Antwort den nicht motorradfahrenden Fragesteller keineswegs befriedigt, bleibt mir noch, ihn daran zu erinnern, daß alles relativ ist, und die Aufschrift auf dem neuesten T-Shirt zu zitieren: *Erinnern Sie sich noch an die Zeiten, als Sex sicher war und Motorradfahren gefährlich?*

1979 erschienen die Ergebnisse einer Forschungsgruppe um Dr. Harry Hurt an der Universität von Südkalifornien. Der 174seitige *Bericht zum Stand der Unfallforschung: Ursachenfaktoren von Motorradunfällen und Bestimmung von Gegenmaßnahmen* stellte die Schlußfolgerungen aus 3622 Motorradunfallberichten sowie detaillierte Berichte von 899 vor Ort untersuchten Unfällen zusammen. Die Ergebnisse bildeten geraume Zeit lang das gesamte Datenmaterial, über das die Motorradfachpresse diskutieren konnte, und sie wurden noch 16 Jahre später zitiert. Die Motorcycle Safety Foundation benutzt die Daten in ihren Fahrkursen, um nicht nur Anfänger, sondern auch Fortgeschrittene zum Nachdenken zu bringen. Fast jeden überraschen die wichtigsten Fakten:

Die durchschnittliche Aufprallgeschwindigkeit beträgt 20 Meilen pro Stunde.

Der Zeitraum zwischen Abfahrt und Unfallzeitpunkt beträgt im Mittel weniger als sechs Minuten.

In mehr als 40 Prozent der Unfälle ist ein Fahrfehler die Hauptursache.

Von den in Motorradunfälle verwickelten Fahrern besaßen fast 55 Prozent keinen Motorradführerschein, mehr als 10 Prozent überhaupt keinen Führerschein, und 2 Prozent fuhren trotz Führerscheinentzugs. 92 Prozent hatten kein Fahr- oder Sicherheitstraining absolviert.

Die häufigste Unfallsituation war die, daß ein anderes Fahrzeug das Vorfahrtsrecht des Motorradfahrers verletzte, in der Regel beim Linksabbiegen über oder in die Fahrspur des Motorradfahrers; die meisten dieser Fahrzeuglenker behaupteten, das Motorrad nicht gesehen zu haben, obwohl es sich in ganz geringer Entfernung befand. An den 899 näher untersuchten Unfällen waren nur *zwei* Motorradfahrer beteiligt, die gut sichtbare Kleidung, etwa eine gelbe Jacke, trugen – und einer dieser beiden war betrunken. (Nach Mitteilung des statistischen Bundesamtes verunglückten 1996 in Deutschland 36 842 Motorradfahrer und Beifahrer. Dabei wurden 864 getötet. Mitte 1996 waren 2,5 Millionen Motorräder zugelassen.

6931 Motorradunfälle mit Personenschaden geschahen ohne Beteiligung anderer Verkehrsteilnehmer; dies betraf 21 Prozent der verunglückten und 29 Prozent der getöteten Motorradbenutzer. Pkw waren an 20584 Motorradunfällen mitbeteiligt und standen damit an erster Stelle. Infolge dieser Unfälle kamen 2127 Pkw-Insassen (9 Prozent) und 21874 Motorradbenutzer (91 Prozent) zu Schaden. Dabei trugen Motorradfahrer zu 29 Prozent die Hauptschuld an diesen Unfällen. Bei Unfällen mit Güterkraftfahrzeugen waren Motorradfahrer zu 32 Prozent Hauptverursacher, bei Unfällen mit Bussen sowie mit Fahrradfahrern jeweils zu 42 Prozent und bei Unfällen mit Fußgängern zu 48 Prozent. Insgesamt galten 44 Prozent aller unfallbeteiligten Motorradfahrer als Hauptverursacher eines Unfalls mit Personenschaden.

Die häufigste Unfallursache, die die Polizei den Fahrern von Motorrädern anlastet, war die »nicht angepaßte Geschwindigkeit«. Nach Feststellungen der Polizei fuhr jeder fünfte unfallbeteiligte Motorradfahrer (20 Prozent) zu schnell. Mit weitem Abstand folgten die Fehler beim Überholen, die 6,9 Prozent der unfallbeteiligten Motorradfahrer zur Last gelegt wurden. Die weiteren Ursachen waren »Abstandsfehler« (5,6 Prozent), »falsche Straßenbenutzung« (4,0 Prozent), »Alkoholeinfluß« (3,5 Prozent) und »Vorfahrt-/Vorrangfehler« (3,2 Prozent).

Keine Frage, Motorrad fahren ist gefährlich, doch andererseits ist das Spektrum der Gefahren breit, und manche Risiken lassen sich um ein Gutteil verringern, wenn man sein Hirn benutzt. (Gaspar Trama, unser Lehrer in Queens, erzählte uns, er fahre jetzt seit mehr als dreißig Jahren unfallfrei Motorrad, während es manche Fahrer anscheinend kaum bis zur nächsten Woche schaffen.)

In England, Japan, Deutschland und anderen Ländern muß man ein umfassendes Fahrtraining absolvieren, sich strengen Prüfungen unterziehen und darf anfangs nur Motorräder mit Leistungsbegrenzung fahren. Erst nach einer bestimmten Altersgrenze und dem Nachweis einer ausreichenden Fahrpraxis darf man sich auf stärkere Maschinen setzen. In den Vereinigten Staaten dagegen kann jeder Siebzehnjährige – ein Alter, das sich im allgemeinen nicht gerade durch ausgewogenes Urteilsvermögen auszeichnet – einen Führerschein erwerben, der ihn dazu berechtigt, Motorräder zu fahren, die Ähnlichkeit mit einer Rakete haben; er braucht dazu nur eine Prüfung abzulegen, bei der er gerade mal wissen muß, wo die Blinker sitzen. Die Feuerstühle, die er dann fahren darf, schaffen locker 240 km/h – Wheelies natürlich auch – und sind praktisch identisch mit den Maschinen, die in nationalen Rennen eingesetzt werden. Der Stadtpilot jedoch trägt nicht allzu selten Shorts und Turnschuhe und hat keine Ahnung, daß man zum plötzlichen Abstoppen die Vorderradbremse benutzt (intuitiv tut man das nämlich nicht, es sei denn, man hat sehr lange über die physikalischen Gesetzmäßigkeiten nachgedacht, die in modernen Fahrwerken zum Tragen kommen), denn die vorderen Bremsen liefern 70 Prozent der Bremsleistung – im Gegensatz zu dem verbreiteten Irrglauben, die Vorderradbremse würde den Fahrer kopfüber über den Lenker katapultieren. Diese Meinung ist buchstäblich Selbstmord.

Die Statistiken lassen kaum andere Schlußfolgerungen als die folgenden zu: Gehe nie davon aus, daß es eine Fahrt gibt, auf der du keinen Unfall haben »kannst«; nimm an Sicherheitskursen teil; gehe immer davon aus, daß der Penner da in dem Ford nach links in deine Fahrspur abbiegt, ohne zu blinken; trage Kleidung, die gut zu sehen ist. Und jeder, der jemals Rennen gefahren oder gestürzt ist oder auch nur einen Funken Verstand besitzt, wird immer wieder darauf hinweisen, wie wichtig Helm, Handschuhe, Lederkombi und feste Stiefel sind. (Hurt erklärte nach Erscheinen seiner Studie in einem Interview: »Wenn auf einen Helm 1000 g [1000fache Erdbeschleunigung, d.Ü.] einwirken, so reduziert er diese auf 150 g – bei 400 g erleidet man eine leichte Gehirnerschütterung.«) Sogar aus einem der eher bizarren Unfälle der Studie läßt sich unbestreitbar eine Lehre ziehen: Bei der Farm Festival Parade in Fairmont in North Carolina stellten zwei Teilnehmer des örtlichen Historienvereins ihr Gespann mit laufendem Motor vor der Gouverneurstribüne ab. Die Maschine fuhr ohne sie los und kam erst nach fünfzehn Metern krachend am Bordstein zum Stehen, nachdem sie mehrere Zuschauer angefahren hatte.

Dann bleibt nur noch, auf das Unfaßliche gefaßt zu sein.

Das Hauptrennereignis fand zwei Tage nach unserer Ankunft in New Hampshire statt. Gleichgültig wie früh man an diesem Sonntag aufbrach, Zehntausende anderer Leute hatten dieselbe Idee. Schon ein gutes Stück vor dem Eingang verknäulten sich Autos und Motorräder hoffnungslos ineinander. Nichts ging mehr. Die aufsteigende Motorhitze kochte einen von unten, die Sonne brannte von oben. Ich blickte mich um und sah Bob den Kopf schütteln. Das bedeutete, daß sein ohnehin kurzer Geduldsfaden zum Zerreißen gespannt war und er gleich zu einem Befreiungsschlag ausholen würde. Er öffnete den Kinnriemen, nahm seinen Helm ab und hängte ihn an den Lenker. Wir kamen ohnehin nicht einmal im Schrittempo voran.

Ich suchte ebenfalls nach einer Möglichkeit, unsere Lage erträglicher zu machen, und suchte sehnsüchtig die Standspur ab – leider vergeblich, denn alle paar Meter stand ein Polizeiposten. Einer von ihnen faßte Bob ins Auge, zweifelsohne aufgrund seiner auffälligen Erscheinung. Man sah dem Beamten förmlich an, wie er im Geist sein Gesetzbuch durchblätterte.

Schließlich fand er, was er suchte: In New Hampshire ist zwar kein Helm vorgeschrieben – nach dem Motto »Freier Tod für freie Bürger« –, wohl aber ein Augenschutz. Da Bobs Augenschutz in den Helm integriert war, hatte er gerade ein Gesetz übertreten.

Der Bulle deutete mit dem Finger erst auf Bob und dann brüsk auf seine Füße. Verblüfft gehorchte Bob. Der Mann in Blau ließ seinen Gesetzesbrecher nicht aus den Augen, damit dieser nicht eine noch abscheulichere Tat beging. Dabei übersah er die dreihundert Kilo Harley, die auf der gesperrten Spur heranrollten, geradewegs auf ihn zu. Der Kreuzungspunkt zwischen der Harley und Bob lag exakt einen Meter zwanzig vor dem Gesetzeshüter, so daß er das nun folgende Schauspiel eines wunderschönen Zusammenpralls knirschenden Metalls und dumpf aufschlagenden Fleisches in Zeitlupe aus der ersten Reihe verfolgen konnte. Als alles vorüber war, blieb den drei Kontrahenten nur, sich wie vom Donner gerührt und unverhohlen feindselig anzustarren. Der Polizist unternahm als erster etwas: Er begab sich nach nunmehr vollbrachter Tat von hinnen. Sein Blick ruhte auf allem möglichen, nur nicht auf dem Kuddelmuddel aus Menschen und Maschinen zu seinen Füßen. Immerhin hinderte seine Anwesenheit die drei Freunde des Harleyfahrers, die das Riesengerät bald wieder aufgerichtet hatten, sich an Bob zu vergreifen.

Auf der Heimfahrt über die bergigen Straßen des südlichen Vermont und hinein nach New York stieß Bobs silberblaue Honda CB 750 F immer größere schwarze Rauchwolken aus. Sie mußte bald nach unserer Ankunft von ihrem Leiden erlöst werden. Dennoch schien sich Bob unerklärlicherweise damit abzufinden. Auf meine Frage, wieso er das so locker wegstecke, meinte er: »Weißt du, irgendwo hat es mir auch eine gewisse Genugtuung gegeben. Meine Maschine ist zwar hinüber, aber das ist längst nicht so bitter oder so teuer wie der ganze Chromklimbim an der Harley dieses Idioten, der zum Teufel gegangen ist.«

Ich bin grundsätzlich skeptisch, wenn es um Unfälle jedweder Art geht, und ich glaube, daß das Unbewußte hier zu erstaunlichen, ja unglaublichen Meisterleistungen in der Lage ist. Außerdem kenne ich das menschliche Geschick in der Wahl unserer Sündenböcke; nichts bietet sich für diese Rolle so gut an wie Motorräder, insbesondere, wenn man eines besitzt. Steve hatte also einen »Unfall«? Wie sich herausstellt, hatte er danach mit dem Gedanken gespielt, ganz mit dem Motorradfahren aufzuhören. Er war gerade zum zweiten Mal Vater geworden, ein Ereignis, das in Motorradfahrern häufig Zweifel an ihrem Tun weckt. Nach dem Zwischenfall in New Hampshire schien Steve entschlossen, der Duc den Laufpaß zu geben. Eine solche Konsequenz leuchtete seinen Freunden weit eher ein, als wenn er einfach so »grundlos« aufgehört hätte.

Einige Jahre später, auf einer Tour in Deutschland, deutete ein Freund auf einen jungen Mann, der auf der anderen Seite des Lagerfeuers saß, und vertraute mir in väterlich-belehrendem Ton an: »Er ist einer der besten Gespannfahrer, die ich kenne. Enorm erfahren und fähig. Doch letztes Jahr hatte er einen wirklich fürchterlichen Unfall. Das sollte uns allen eine Lehre sein.« Nicht unbedingt, wie ich herausfand, als ich mich selbst mit ihm unterhielt. In einer bierseligen Rede, in der er das Ereignis aus jedem Blickwinkel beleuchtete, erwähnte er schließlich beiläufig einen geringfügigen Umstand: »Ich ärgerte mich natürlich doppelt, daß mir der Unfall gerade zu diesem Zeitpunkt passiert war, weil meine Freundin am Tag zuvor mit mir Schluß gemacht hatte.«

Um auf Rick zurückzukommen: der arme Rick zog Unfälle an wie ein Magnet. Ein Faktor, der dabei eine Rolle spielte, bestand wohl in seiner Vorliebe für Motorräder, die weit jenseits seines fahrerischen Könnens lagen (um nicht ungerecht zu sein: jenseits des Könnens der meisten Freizeitfahrer). Eine dieser Maschinen war die Suzuki GSX-R 1100. Bei ihrer Markteinführung war sie eines der schnellsten Serienmotorräder und zielte auf eine Klientel, deren Bedürfnis nach Geschwindigkeit unersättlich zu sein schien. Rick hatte nie einen Fahrkurs absolviert. Viele Männer stehen offenbar auf dem Standpunkt, sie hätten das nicht nötig; Frauen nehmen fünfmal häufiger an einschlägigen Lehrgängen teil als Männer.

Rick fuhr oft dann in sein Verderben, wenn er weit weg von zu Hause und allem Anschein nach glücklich und zufrieden allein auf Tour war; möglicherweise jedoch fühlte er sich unterschwellig einsam und wünschte sich gerettet zu werden. Einige Jahre nach seinem Unfall in New Hampshire beschloß er, den ganzen amerikanischen Kontinent zu durchqueren. Irgendwo im mittleren Westen stoppte er an einer roten Ampel, und prompt fuhr ein Autofahrer auf ihn auf, der behauptete – welche Überraschung –, ihn absolut nicht gesehen zu haben. Natürlich traf Rick keine Schuld. Doch schon in Trama's Fahrschule hörten wir, daß sich folgender Spruch auf dem Grabstein immer sehr gut macht: Hier ruht der Motorradfahrer XY. Er hatte die Vorfahrt.

Ein Wasserkessel, den man beobachtet, kocht nie, und Gefahren kommen selten aus der Richtung, in die man so gespannt Ausschau hält. Zur Illustration sei die Geschichte eines Motorradfahrers erzählt, der von einem Auto umgefahren und schwer verletzt wurde. Die Chirurgen vollbrachten eines der Wunder, das ihnen gelegentlich gelingt, und flickten ihn in einigen Marathonoperationen zusammen. Schließlich gaben sie nach einem langwierigen Genesungsprozeß Entwarnung. Dann stellte sich heraus, daß ihm auf dem Operationstisch HIV-verseuchtes Blut übertragen worden war.

Immer mehr Geschichten, immer mehr Träume. Ich versuche, die Angst durch den Gedanken zu bannen, wie schön das Fahren sein kann. Wenn das nicht klappt, versuche ich, mich selbst zu beschämen, indem ich bei anderen Fahrern vorfühle: Habt ihr manchmal, äh, Angst? Eisiges Schweigen. Energischer Protest. Empörte Blicke. Ein Artikel über einen Augenblick der Panik während einer Fahrt, den ich für eine Motorradzeitschrift schreibe, löst mehr Leserzuschriften aus als jeder andere Artikel zuvor. Die meisten davon sind Schmähbriefe. Ich werde als krank, als Verräterin bezeichnet.

Ich will mein Motorrad nicht verkaufen – ein weiterer freundlicher Vorschlag, den man mir machte. Ich liebe das Motorradfahren – und obwohl ich nicht behaupten kann, daß ich es liebe, dieser verdammten Angst ins Gesicht zu schauen, erkenne ich durchaus die Möglichkeit, an ihr zu wachsen. Das Motorrad ist nur zum Kristallisationskern der frei flottierenden Angst geworden, die in mir sitzt, und wenn ich kein Motorrad hätte, würde sie sich an etwas anderes heften. Ich könnte vielleicht keinen Laden mehr betreten oder nicht telefonieren oder zur Arbeit gehen. Ich will nicht, daß sich meine Welt noch weiter verengt; sie muß sich im Gegenteil weiter öffnen, und nichts kann ein Motorrad besser, als dich hinaus in die Welt zu treiben. Vor einigen Jahren begann ich, die Abteilung Reise- und Abenteuerberichte der Bibliothek nach Büchern von Menschen zu durchforsten, die Gefährliches gewagt hatten, möglichst wiederholt. Immer finde ich darin, wonach ich suche. Die Autobiographien enthalten unweigerlich eine Variation der Aussage von Sir Edmund Hillary, Erstbesteiger des Mount Everest: »Angst ist ein wichtiger Bestandteil jeder Herausforderung. Wenn man Angst verspürt und sie dann überwindet, fühlt man eine ganz eigentümliche Erregung.« Ich fühlte jedesmal eine eigentümliche Erregung, wenn ich zu einer Spritztour aufbrach.

Ich hoffte, es zu derselben inneren Ruhe zu bringen, wie sie exemplarisch der Tiefseeforscher Hans Hass schildert: »Mir wurde deutlich bewußt, wie sehr jemand, der die Gefahr in jeder Form leugnet, der Gnade des Zufalls ausgeliefert ist. Doch sollte man wirklich eine Konsequenz daraus ziehen? Sollte man sich der Gefahr und dem Zufall um so weniger aussetzen? Ein Leben in der ständigen Angst, es zu verlieren, wäre wohl überhaupt kein Leben.« Ich lese diese Sätze regelmäßig wieder, als ob ich sie zum Leben bräuchte wie die Luft zum Atmen.

Manchmal kommt die Angst erst im nachhinein. Unterwegs spüre ich sie nicht, doch wenn ich wieder zu Hause bin, spät nachts oder am nächsten Morgen beim Aufwachen, überfällt mich eine zu einem Alptraum verdichtete Hektik – die Hektik des Verkehrs, durch den ich am Abend zuvor gefahren bin. Wie habe ich es nur geschafft, diesen Autos auszuweichen, schießt es mir durch den Kopf, wo sie mir doch immer nur Zentimeter auf den Fersen waren? Mit nachträglicher Panik sehe ich vor meinem geistigen Auge, wie mein Vorderrad nur um Haaresbreite vor dem hinteren Nummernschild eines Buick zum Stehen kommt, obwohl mir mein Gedächtnis sagt, daß mehrere Meter Abstand dazwischen lagen.

Oder ich träume von bizarren Pannen und Störungen, fahre eine Maschine, die sowohl die meine als auch entsetzlich fremd ist, an der plötzlich Griffe und Hebel verschwinden, deren Sitzbank zu unmöglicher Größe anschwillt und deren Scheinwerfer sich im Dunkeln ausschalten. Eines Nachts träume ich, daß ich im Verband mit Hunderten anderer Motorradfahrer fröhlich die Auffahrt zu einer Hängebrücke hinaufbrause, doch unvermittelt wird meine Maschine immer langsamer, bis die Steigung sie ausrollen und anhalten läßt, während alle an mir vorüberfahren und mich zurücklassen. Tief innen fürchte ich mich vor nichts so sehr wie vor dem Liegenbleiben, obwohl mir mein Verstand sagt, daß das bei Motorrädern ein alltägliches Ereignis ist und keine eigens gegen mich gerichtete Attacke. Sonst gäbe es nicht die unübersehbare Fülle der »Jetzt-helfe-ich-mir-selbst«-Bücher und ähnlicher Reparaturanleitungen oder den neunzigseitigen Katalog mit Guzzi-Ersatzteilen, den ich jedes Jahr von einem Laden namens Parts is Parts zugeschickt bekomme. Dieser Katalog ist garniert mit schwarzhumorigen Bissigkeiten, die die Vermutung belegen sollen, daß bestimmte Teile dieser Motorräder wohl von hochgradig Schwachsinnigen entwickelt worden seien. Trotzdem kann ich die Träume nicht abstellen.

Cervantes fand ein plastisches Bild für dieses untergründige

Nagen: »Die Angst hat viele Augen und sieht das, was unter dem Boden verborgen ist.«

Zum Leben gehören beide Sphären: die unter dem Boden und die darüber. Mein Denken und Fühlen will nur die eine Seite wahrhaben; Leute, die sich angewidert abwenden, wenn jemand seiner Angst Ausdruck gibt, wollen nur die andere gelten lassen. Doch es kommt auf beide an, genau wie beim Motorradfahren. Gewiß, es macht großen Spaß, die Hand am Gasgriff zu haben, scheinbar ungebunden durch Licht und Schatten zu gleiten, doch es gibt auch andere, untergründigere Motive für die Motorradleidenschaft.

Motorräder zerren zuweilen die Angst ans Licht, rufen sie aus ihrem dunklen Schlupfwinkel. Sie zwingen uns, mit ihr schattenzuboxen, und geben ihr dann den kathartischen Laufpaß. Und sie rufen uns in Erinnerung, daß alles vergeht und vergänglich ist. Dieses Geschenk ist zwiespältig, enthält jedoch eine tiefe Wahrheit. Das Wissen, daß das Leben mit einem Mal weggewischt sein kann, liefert den zwingendsten Grund, sich mit aller Kraft daran zu klammern. Das Wissen, daß wir uns daran klammern können, liefert uns den wichtigsten Grund, uns tief in die erstbeste Kurve zu legen, die wir erblicken.

Fallgeschichten

Ein Paar fährt durch einen Wald im Norden des Staates New York. Plötzlich knallt etwas mitten auf den Benzintank. Das Motorrad stürzt sofort um, die Sozia erleidet einen Beinbruch, der Fahrer zieht sich schwere Prellungen zu. Ein Reh war ihnen voll in die Maschine gesprungen.

Nachdem ein junger Deutscher wochenlang am Motorrad seiner Freundin herumgeschraubt hat, fährt er es zum Säubern zu einer Waschanlage, keine drei Kilometer von seinem Wohnort entfernt. Der Tag ist sonnig und warm. Die Straße, die er mit mäßiger Geschwindigkeit entlangfährt, führt nach Westen gegen die schräg einfallenden Strahlen der Nachmittagssonne. Seine Sonnenbrille liegt zu Hause in der Garage, gleich neben der Zange. Das nächste, was er weiß, ist, daß er mitten auf der Straße sitzt und das Motorrad wie weggeworfener Abfall am Straßenrand liegt. Er schaut sich um und entdeckt eine perfekt ausgeleuchtete Kühlmittelspur auf der Straße. Am selben Abend schwillt die Prellung an seinem Oberschenkel auf Fußballgröße an.

Vor kurzem arbeitslos geworden, muß ein Texaner seine 850er acht Monate lang in einer Werkstatt in Forth Worth stehen lassen, bevor er es sich leisten kann, sie wieder zu holen. Zumindest läuft sie wie eine Eins, als es soweit ist. Kaum eine Woche später bremst er vor einer Linkskurve ab. Da taucht plötzlich eine Diesellache auf der Fahrbahn auf; das Motorrad rutscht seitwärts weg, der Fahrer fliegt in die andere Richtung. Passanten helfen ihm, die Maschine aufzurichten, und er fährt heim.

Mit einer komplizierten Beinfraktur. Er erleidet einen Schock und verliert für sechseinhalb Stunden das Bewußtsein. Die nächsten beiden Wochen verbringt er im Krankenhaus, wo die Knochentrümmer mit Stahlplatten verschraubt werden.

Beim Anhalten vor einer roten Ampel auf dem West Side Highway von New York beobachtet ein Motorradfahrer ein anderes Motorrad, das auf der Nachbarspur an den Autos vorbei auf die Haltelinie zurollt. Als die Ampel auf Grün springt, läßt der Nachzügler die Kupplung los, als ob er einen Pfeil von der Sehne schnellen ließe. Der Gegenverkehr wird durch eine hüfthohe Betonwand abgegrenzt; voraus liegt eine Kurve mit sich verringerndem Radius. Der erste Fahrer, der jetzt zurückliegt, sieht die Ereignisse wie in Zeitlupe ablaufen. Das andere Motorrad scheint auf die Wand zuzugleiten; es sieht aus, als ob es mit dem Vorderrad die Betonwand erklimmen wollte. Dann legt es sich auf die Seite. Der Fahrer prallt einmal auf und liegt dann still.

In einer mittelgroßen Stadt im Osten der Vereinigten Staaten fährt ein Motorradfahrer an einer grünen Ampel vorbei; es ist unklar, ob er auf Querverkehr achtet oder nicht. Möglicherweise hat er den alten, grünen Lieferwagen gesehen, der sich mit hohem Tempo von rechts nähert, so schnell, daß er nicht mehr bremsen kann. Er hatte ersichtlich auch nie diese Absicht. Die vordere Stoßstange wirkt wie der Räumschild einer Lokomotive und wirft das Motorrad in die Luft, so daß es in hohem Bogen über die gesamte Kreuzung fliegt. Der Fahrer landet vor seiner Maschine auf dem Boden. Er ist kaum bei Bewußtsein. Vielleicht wacht er für einen Moment auf, als der Autofahrer, der aus seinem Wagen gesprungen ist, mit einem Baseballschläger auf ihn einzudreschen beginnt.

VIER

»Es scheint alles in Ordnung zu sein,« bemerkte Tom,
»aber noch zwei Zentimeter, und er wäre mit mir zusammengestoßen.
Wer das wohl war? Ich wünschte, ich hätte so eine Maschine.
Ich könnte viel schneller vorankommen als mit meinem Fahrrad.
Vielleicht kriege ich ja eines Tages eine.
Na, jetzt kann ich erst mal weiterfahren.«
Victor Appleton Tom Swift and His Motorcycle *(1910)*

Es gab die Douglas Dragonfly, die Scott Flying Squirrel, die Matchless Silver Arrow, die BSA Rocket Gold Star, verschiedene Sunbeams (»Das Motorrad des Gentlemans«), die Triumph Speed Twins, die Norton Commando, die Vincent Black Shadow, die Velocette Venom, die Ariel Red Hunter, die Royal Enfield Bullet (»gemacht wie ein Gewehr«). Es gab die Indian Scout, die Excelsior DeLuxe, die Cleveland Century, die Henderson Ace, die Harley-Davidson Electra Glide. Es gab die Benelli Tornado, die Morini Settebello, die Gilera Saturno, die Mondial Constellation, die Laverda Jota, die Moto Guzzi Falcone. Es gab die Honda Hawk, die Kawasaki Ninja. Sie wurden zusammengeschustert in Hinterhofschuppen oder konstruiert in Entwicklungabteilungen, nicht nur in Großbritannien, Amerika, Italien, Deutschland und Japan, sondern auch in der Tschechoslowakei, Indien, Spanien, Skandinavien, Belgien, China. Andere kamen in einer Art zweiter Geburt durch Pfropfen zustande; ein Rahmen von Norton und ein Motor von Triumph ergibt eine Triton; ein Rahmen von Norton und ein

Motor von Vincent ergibt eine Norvin; ein von Hand gebauter Rahmen um ein Harley-Triebwerk herum ergibt eine Buell; ein italienisches Chassis und eine japanische Kraftmaschine ergibt eine Bimota. In den Vereinigten Staaten, in denen heute nur noch eine Marke existiert, fertigten früher hundert Hersteller.

Die Namen dieser wilden Mischung sollen häufig die Assoziationen Flug, Angriff und Wendigkeit wecken oder Respekt einflößen; sie schmecken nach Aufschneiderei oder nach der eigentümlichen Möchtegern-Verwegenheit der Werbung. Doch das Getue ist nicht nur Schaumschlägerei. Diese menschlichen Schöpfungen grenzen oft genug so nah ans Wunderbare, daß sie uns ausreichend Grund zur Großspurigkeit geben; auf ihnen können wir die Trauer darüber vergessen, keine so mächtigen oder so schnellen oder so unbesiegbaren Wesen zu sein. Sie verleihen uns Flügel – und doch sind wir es letztlich, die sie gemacht haben.

Das Automobil hat in dem Jahrhundert seiner Existenz die menschliche Gesellschaft, Kultur und Wirtschaft tiefgreifender umgewälzt – vom Gesicht der Erdoberfläche und sogar dem Klima ganz zu schweigen – als jede andere Erfindung. Die potentiellen Auswirkungen der Atombombe sind schlimmer, doch bislang blieb deren Realisierung begrenzt auf Hiroshima und Nagasaki, auf Öko- und Immunsysteme im Umkreis von Testgebieten und auf Eigennutz und Brieftaschen von Politikern und Waffenproduzenten. Der Einfluß des Autos jedoch wirkt sich sehr viel heimtückischer und durchgreifender aus, da er fast das gesamte Leben auf unserem Planeten berührt.

Das Motorrad, der Zeitgenosse des Autos, hat die Welt dagegen nur wenig verändert. Doch seine Tragweite zu ermessen, verlangt einen anderen Maßstab – einen Maßstab auf persönlicher Ebene, einen Maßstab, der von der unmittelbaren Erfahrung ausgeht. Manchmal und mancherorts dienten Motorräder ausschließlich praktischen Zwecken. Doch in fast jeder Phase ihrer Existenz und überall, wo das Automobil dominiert, schulden sie ihr Vorhandensein dem aktiven Einsatz ihrer Fürsprecher. Zuweilen einem äußerst aktiven.

Das erste Motorrad sieht aus wie ein Folterinstrument. Das Fahrzeug, 1885 von Gottlieb Daimler unter Mitarbeit von Wilhelm Maybach konstruiert, reiht sich ein in die Tradition seiner holpernden, klapprigen, mit Muskelkraft betriebenen Ahnen: ein Holzrahmen ohne jegliche Federung und zwei eisenbereifte, hölzerne Kutschenräder. Angetrieben wird das Vehikel von einem Einzylinder-Benzinmotor, einer Weiterentwicklung des ersten Viertakt-Gasverbrennungsmotors, den Nikolaus Otto 1876 konstruiert hatte. 1885 gelingt Daimler der Bau eines schnellaufenden, mobilen Motors, den er mit Petroleum betreibt. Daimlers Sohn Paul fährt mit dem Fahrzeug von Cannstatt nach Untertürkheim und zurück, insgesamt eine Strecke von etwa acht Kilometern. Die Jungfernfahrt ist ein voller Erfolg, sieht man einmal davon ab, daß der Ledersattel Feuer fängt. Und dabei blieb es, was den »Reitwagen« anging; Daimler wandte sich wieder seinem ursprünglichen Ziel zu, einem vierrädrigen, motorisierten Fahrzeug. Vielleicht war diese persönliche Entscheidung weise: Daimler-Benz ist heute der zehntgrößte Industriekonzern der Welt, und Daimler ist ungewollt der Erfinder des Motorrads. Sein hölzernes Fahrzeug rückte in der Geschichte des Motorrads an die Position, die die »erste« Photographie – 1826 von dem Franzosen Joseph Nicéphore Niepce aufgenommen – in den Annalen der Photographie einnimmt. Dennoch waren sowohl der Photographie als auch dem Motorrad so viele Entwicklungsversuche vorausgegangen – und so viele nahezu gleichzeitig auftauchende Varianten derselben Entwicklung mit nur geringfügigen Unterschieden folgten kurz darauf –, daß die Zuschreibung der »Erstgeburt« etwas Willkürliches oder zumindest äußerst Zufälliges an sich hat.

So hatten sich schon andere vor Daimler mit mehr Interesse, aber weniger Erfolg mit dem Problem befaßt, Velozipeds – wie man die damaligen Zwei- oder Dreiräder nannte – mit einem Motorantrieb zu versehen. Eine sehr frühe Darstellung von 1818, angeblich im Jardin du Luxembourg, zeigt eine furchterregende Apparatur, die von den Beinen des Fahrers im Gleichgewicht gehalten und von einer Dampfmaschine angetrieben wird. Hinter dem Fahrer thront bedrohlich ein riesiger Kessel, den zwei schwitzende, hinterherlaufende Gestalten ständig mit Kohle befeuern. Falls eine solche »Vélocipédraisiavaporianna« tatsächlich existiert hat, dann dürfte die Schwierigkeit, ihren Namen auszusprechen, gleich nach dem Problem rangiert haben, sie zum Fahren zu bringen.

Ein Monsieur Huret aus Paris verfiel auf eine ganz andere neuartige Idee, das »Cynophère«, das 1875 in den Vereinigten Staaten patentiert wurde. Den Antrieb bildeten zwei Hunde in Tretmühlen, welche als Räder dienten. Eine offizielle Billigung der französischen Tierschutzvereinigung sollte Befürchtungen beschwichtigen, der »Hundemotor« könne Schaden nehmen, und stolz präsentierte der Erfinder seine Schöpfung einer Nation, die, wie er hoffte, nur darauf gewartet hatte: »Für Freizeit und Vergnügen ist das Fahrzeug unübertroffen, und wenn es sich in der amerikanischen Öffentlichkeit erst einmal durchgesetzt hat, wird es eine weit größere Popularität als das Veloziped erringen, wobei die mäßigen Kosten es für jedermann erschwinglich machen.« Huret spekulierte geschickt darauf, daß jedermann für ein Schnäppchen empfänglich ist, rechnete jedoch nicht mit der Tierliebe der potentiellen Käufer; überdies beachtete er nicht ausreichend, daß er eine Erfindung aus einem Land, in dem Pferdefleisch gegessen wird, in eines zu übertragen gedachte, das sich bei dieser Vorstellung vor Grausen schüttelte.

Bis etwa 1902 beherrschten dreirädrige Fahrzeuge das Bild, dann wurden die Zweiräder aufgrund neuer technischer Entwicklungen schneller und daher attraktiver. (Während sich die Vorteile einer höheren Geschwindigkeit im Transportwesen meist wirtschaftlich auswirken, ist Geschwindigkeit für Motorräder, die in erster Linie Freizeitfahrzeuge sind, ein Ziel an und für sich.)

Um die Jahrhundertwende hatten Tüftler und selbsternannte Erfinder aller Art Hochkonjunktur; zweifelsohne wurden sie beflügelt von einem Fortschrittsglauben Jules Vernescher Prägung, dem zufolge die Technik im heraufdämmernden neuen Jahrhundert eine neue Welt schaffen würde. Der Verbrennungsmotor eröffnete ihnen die Aussicht auf neue Lösungsansätze für eine Fülle von Problemen, ohne daß ihnen irgendwelche Vorgänger auf die Finger schauten. Vor ihnen lag ein weites Feld, und jeder, der sich traute, in der Küche Kolben zu gießen, sich draußen im Geräteschuppen die Nächte um die Ohren zu hauen und eine potentiell explosive Probefahrt zu unternehmen, konnte in das Geschäft einsteigen. Alles, was es noch brauchte, war ein vager Plan und genügend Farbe, um den »Firmen«namen auf eine Holztür zu pinseln.

Während sich einige verstiegene Schöpfungen behaupten konnten, gingen andere, aussichtsreichere den Bach hinunter. Das »Petrol-Cycle« des 25jährigen englischen Erfinders Edward Butler von 1887 brachte solche Fortschritte wie den ersten Nadelvergaser (mit Schwimmerkammer). (Butler schreibt man auch die Erfindung der Abkürzung »petrol« zu, die im Englischen zur Bezeichnung für Benzin wurde.) Seine Förderer zogen jedoch ihre Unterstützung zurück, als sie erfuhren, daß die Locomotive Acts – ein Gesetzesrelikt aus dem Dampfmaschinenzeitalter, wonach jedes mechanische Fahrzeug mit drei Mann Besatzung ausgestattet sein mußte, von denen einer mit einer Warnflagge vor der Maschine herzulaufen hatte – wahrscheinlich auch auf Butlers benzinbetriebene Erfindung anzuwenden seien. In den 1860er Jahren wurde in England eine Geschwindigkeitsbeschränkung von vier Meilen pro Stunde auf Landstraßen eingeführt; 1929 durfte man dann höchstens zwanzig Meilen fahren, obwohl die »ton« (hundert Meilen pro Stunde) zu dieser Zeit längst von einem Motorrad geknackt worden war. Im selben Jahr setzte Ernst Henne mit einer BMW auf einer der neuen deutschen Autobahnen einen neuen Weltrekord: 216,75 Stundenkilometer. Nichtsdestotrotz war und blieb die Motorradbegeisterung der Briten ungebrochen, und vielleicht lag einer der Gründe dafür in der Kampfansage an törichte Gesetze.

Es gab kaum etwas, das man in jenen Jahren des Herumexperimentierens nicht ausprobierte. Dabei kamen auch Verbesserungen wie der elektrischen Starter heraus (1914 bei einer Indian), der wieder verschwand, nur um Jahrzehnte später als »neu« wieder aufzutauchen. Bei den Motoren wurde allem Anschein nach fast jede erdenkliche Konfiguration der Bauteile versucht, angefangen von Lage und Zahl der Zylinder bis hin zur Anordnung von Ventilen und Nocken. Einigen Exemplaren, so skurril sie auch waren, muß man immerhin Bewunderung wegen der eleganten, akrobatischen Problemlösung zollen. Das Wolseley Gyrocar beispielsweise bestand aus einer ausgewachsenen Autokarosserie auf zwei Rädern; es kippte beim Halten nicht um, weil es einen großen Kreisel enthielt. Sehr viel vernünftiger war das Neracar des New Yorker Erfinders C. A. Neracher (es kam in der Tat »near a car«, an ein Auto heran) mit tiefem Schwerpunkt und stuhlartigem Sitz, auf dem man mit nach vorn gestreckten Beinen saß. Es wurde von 1921 bis 1926 hergestellt und fand insbesondere Anklang bei Frauen.

Die Verwendungszwecke, für die Zubehör angeboten wurde, blieben in der gesamten Geschichte des Motorrads im wesentlichen dieselben. 1903 wurde bei der Stanley Club Motor and Cycle Show in London eine umfassende Palette von Accessoires ausgestellt, darunter auch die in optimistischer Zuversicht so genannten Bobby Finders – primitive »Polizistendetektoren«, die nichts anders waren als Brillen mit integrierten Vergrößerungslinsen.

Gelegentlich war die Werbung der noch jungen Firmen dynamischer als die Motoren ihrer Produkte. So zeigt ein entzückender Stahlstich aus dem 19. Jahrhundert eine Pennington, deren Motor auf einer Halterung hinter dem Hinterrad montiert war; sie fliegt gerade über einen Kanal und die Köpfe entsetzter Zuschauer hinweg. In Wirklichkeit funktionierten die Maschinen aus E. J. Penningtons Werkstatt in Cleveland, die den sinnreichen Namen Motor Cycle Company trug, nur mit Müh' und Not, und gaben dem Erfinder nicht selten Anlaß, sein Heil in eiliger Flucht zu suchen. Dennoch hielt dies einen britischen Finanzier nicht davon ab, für die wertlosen Muster und Patente 100000 Pfund Sterling – im damaligen Wert – lockerzumachen.

In den Augen der selbstgestrickten Erfinder und der Geldgeber, die sich hatten beschwatzen lassen, schien alles möglich; vielfach war es das auch tatsächlich. Harley-Davidson, der einzige verbliebene U.S.amerikanische Hersteller, heute in seiner Sparte mit einem Marktanteil von 30 Prozent, erblickte 1903 in einem fünfzehn Quadratmeter großen Schuppen in Milwaukee das Licht der Welt. Anfangs bauten die Davidson-Brüder – einer war angehender Konstruktionszeicher, der andere Modellbauer in einer örtlichen Fabrik – gemeinsam mit ihrem Nachbarn Fahrräder um; sie nahmen vorgefertige Rahmen und befestigten einen Motor daran (solche Bastelsätze wurden zum Do-it-your-self-Zusammenbau angeboten, Ende der Vierziger, Anfang der Fünfziger tauchten sie in Form der geliebten Whizzer wieder auf). Doch bald machten sie sich an eine komplette Neukonstruktion; alle Bauteile waren Originalentwicklungen, auch wenn – glaubt man der Legende – der Vergaser des Prototyps aus einer Tomatenbüchse entstand.

Der Überschwang des Entdeckens mag all diese jungen Dr. Frankensteins beflügelt haben, doch ihre Aufregung dürfte um Größenordnungen hinter der Aufregung derjenigen zurückgeblieben sein, die die monströsen Ergebnisse der Erfinderwut fuhren. Von Anbeginn an meldeten sich Kritiker, die das baldige Dahinscheiden des Motorrads voraussagten; die Widrigkeiten wogen auch schwer genug. Die starren Rahmen machten die Fahrt auf holprigen Straßen zur Qual – und holprig waren die

Straßen damals ausnahmslos, außer es hatte kurz zuvor geregnet; dann verwandelten sie sich in unpassierbaren Morast. Die Pedale waren nicht nur Überbleibsel vom Vorläufer Fahrrad, sondern dienten dazu, den Motor anzuwerfen; das Treten war jedoch Knochenarbeit und an Steigungen, wenn der Motor schneller drehte, als die Füße treten konnten, weitgehend nutzlos. Dann war es nötig, während der Fahrt abzuspringen und neben dem Motorrad herzulaufen, bis die Straße wieder eben verlief. Die Riemen aus Gerb- oder Rohleder, die vor der Kette zur Kraftübertragung auf das Hinterrad dienten, rissen sehr oft und rutschten bei Nässe fürchterlich durch. Bis zur Erfindung der ersten Gangschaltung 1907 konnte »Schalten« bedeuten, daß man anhalten mußte, um den Riemenantrieb zu wechseln. Die luftgefüllten Gummireifen, die ab 1895 die Vollgummireifen ersetzten, waren noch sehr anfällig für Plattfüße. Dem Fahrer oblag es, den Motor unterwegs manuell richtig zu schmieren, und dabei brauchte er (oder sie) ein gefühlvolles Händchen, denn wenn er die Ölpumpe zu üppig einsetzte, mußte er bald die Kolben und Verbrennungsräume von Kohlenstoffablagerungen reinigen, während er bei einem zu zögerlichen Gebrauch einen heißgelaufenen Motor riskierte. Treibstoff war draußen auf dem platten Land nur selten zu bekommen. Die Acetylenlampen stellten eher dekoratives Beiwerk dar als eine Hilfe bei Fahrten nach Einbruch der Dunkelheit.

Eine 1913 im Magazin *Collier's* veröffentlichte Satire über den neuen Zeitvertreib war illustriert mit der Zeichnung eines Mannes, der auf einem Sägebock sitzt, vor sich einen Ventilator. Die Bildunterschrift lautete folgendermaßen: »Wissen Sie nicht, daß Sie dasselbe Gefühl erzielen können, wenn Sie sich Feuerwerkskörper an die Beine binden und sich rittlings auf einen Ofen setzen?« Die Motorradfahrer brauchten in diesem Artikel für Spott wahrhaftig nicht zu sorgen:

> Sie brauchen nur in die Pedale zu treten, bis die Maschine anspringt; dann müssen Sie nur noch die Straße entlang len-

> ken, wobei Sie Fuhrwerken, Straßenbahnen und kleinen Häusern solange wie möglich ausweichen sollten. Sie beschleunigen, indem Sie den einen Griff drehen, mit dem anderen stellen Sie den Zündzeitpunkt ein. Sie bremsen mit der rechten Hand, bedienen die Kupplung mit der linken, und Öl, Benzin und Elektrizität kontrollieren Sie mit Ihren restlichen Händen.

Doch allen Unkenrufen zum Trotz wurden die ersten serienmäßigen Motorräder begeistert begrüßt, auch wenn ihre Adepten oft genug nur aufgrund eines bloße Willensaktes an ihre Vorzüge glaubten. Die allererste, aus jenem Holzschuppen verkaufte Harley legte unter drei aufeinanderfolgenden Besitzern 100000 Meilen zurück, eine Tatsache, die den aufblühenden Werbeaktivitäten der Firma nicht verborgen blieb. Außerdem konnte man 1908 mit Benzin für 25 Cents auf einem Motorrad mehr als 300 Kilometer zurücklegen.

Unter den Motorradfahrern der zwanziger und dreißiger Jahre waren Arbeiter, Vertreter, kleine Angestellte, Handwerker und Mechaniker sowie hie und da die Harvard-Absolventin und fesche Debütantin, um die die Zeitungen erwartungsgemäß unverhältnismäßig viel Aufhebens machten. Die Situation im Hinblick auf die demographischen Fakten und das Medieninteresse ist heute noch unverändert dieselbe. Doch im Unterschied zu heute führten die damaligen Befürworter Ärzte ins Feld, um den Sport in ein schmeichelhaftes Licht zu rücken. (Uns fehlen im Augenblick jegliche Fürsprecher.) Eine Lobrede von 1912 zitierte nicht nur einen, sondern gleich zwei Vertreter dieser Zunft. Der erste war ein Arzt aus North Dakota,

> der ein Einzylinder-Motorrad mit dreieinhalb Pferdestärken statt Pferd und Wagen benutzte. Im Verlauf eines Jahres fuhr er mehr als 2000 Meilen und hatte dabei Kosten von weniger als einem Cent pro Meile und Reparaturaufwen-

dungen von nur 1,85 Dollar. Ein anderer Arzt draußen im Westen schwört auf eine Zweizylinder-sechs-PS-Maschine. Seine Kosten belaufen sich auf etwa denselben Betrag, und seinen Angaben zufolge ist für seine Maschine noch kein Sand zu tief und kein Hügel zu steil gewesen.

Das war nicht das Ende der Fahnenstange. Ein weiterer Bericht wartete stolz mit einem Arzt aus Wisconsin auf, der sein Motorrad 1927 mit Skiauslegern versah, damit er auch im Winter seine Patientenrunde drehen konnte.

In den Zeiten, als es außerhalb der Städte wirklich noch frische Luft gab, wurde das Motorradfahren als gesundheitsförderlich gepriesen, da es besonders viel Sauerstoff in die Lungen presse; bei Fahrerinnen führte es angeblich ein blühendes Aussehen herbei. Doch die gesundheitlichen Auswirkungen gaben bei den meisten wahrscheinlich nicht den Ausschlag; das tun sie überhaupt selten, so sehr dieses ehrenwerte Motiv auch der Werbung zupaß kommen mag. Was dem Kundenkreis, der vorwiegend den arbeitenden Klassen zuzurechnen war, eher entgegenkam, war der Ruf des Motorrads als »Auto des kleinen Mannes«. Zugkräftiger als jedes Sparsamkeitsargument wirkte jedoch wahrscheinlich der Kick, den es praktisch als kostenlose Draufgabe bot: das Gefühl, durch die Luft zu fliegen.

Der erste dokumentierte Motorradunfall ereignete sich 1899. Dabei wurde ein Mann in Exeter von seinem Dreirad getötet. Er blieb jedoch nicht der letzte, der öffentliche Beachtung fand. Gemeinsam mit dem Motorrad betrat auch die Ansicht die Bühne, daß Motorradfahren ein gefährliches Unterfangen sei. Dazu äußert sich der Autor eines Artikels in *Harper's Weekly* 1909 wie folgt:

> Ein weiteres irriges Argument, das diesem Sport dem Wind aus den Segeln nehmen soll, ist die Behauptung, das Motorrad bilde häufig die Ursache von Unfällen; ließe man jedoch

einen unvoreingenommenen Betrachter die Statistiken von Unfällen mit Motorradbeteiligung analysieren, so würde er feststellen, daß diese Ereignisse in Wirklichkeit sehr selten eintreten, im Vergleich zu Unfällen mit allen anderen Arten von Fahrzeugen einschließlich der scheinbar harmlosen Pferdekutsche sogar in verschwindend geringer Anzahl.

Abgesehen davon, daß es so etwas wie einen unvoreingenommenen Betrachter nicht gibt, lassen sich mit den Ergebnissen von unvoreingenommenen Analysen keine Zeitungen verkaufen. Das Motorradfahren bot von seinen Anfängen an eine geeignete Zielscheibe für die Art übertriebener Debatten, die die Volksseele hochkochen lassen. Da können hundert Motorradfahrer vorbeifahren, ohne daß jemand Notiz von ihnen nimmt; der nächste, der eine Schau abzieht, provoziert eine Woge höhnischer Verachtung. Doch gerade die Inbrunst, mit der die Anwürfe vorgetragen werden, macht sie auch ein wenig suspekt. Könnte es sein, daß es den Kommentatoren weniger um Leib und Leben der Fahrer zu tun ist als vielmehr darum, ihr Fahrzeug zu verdammen? Wie üblich ist »Gefahr« ein Schlüsselwort, das mehr über die Ängste des Predigers aussagt, als es letztlich zum Schutz seines Predigtgegenstandes beiträgt. Das Erscheinungsbild der Fahrer und der Lärm, den ihre Maschinen verbreiten, bildet häufiger den Stein des Anstoßes als die Besorgnis, sie könnten sich selbst Schaden zufügen.

Die Motorradparteigänger in *Harper's Weekly* räumten ein, es habe einige Personen gegeben, »die zu glauben scheinen, daß es ihrer äußeren Erscheinung beim Motorradfahren dienlich sei, ihre älteste, fast auseinanderfallende Garderobe anzuziehen.« Dagegen legten die meisten Fahrer zu Beginn dieses Jahrhunderts Wert darauf, stets in Tweedjacket und Krawatte in die Stadt zu fahren – ein damals nicht unüblicher Aufzug, denn wie ein Photo von meinem Urgroßvater, einem Zimmermann, belegt, trugen sogar die Arbeiter beim Fegen oder Sägen trotz aufgekrempelter Hemdsärmel Hut und Krawatte. Bald jedoch begannen einige Fahrer, die für Modetrends im Guten wie im Schlechten besonders empfänglich waren, in der Kleidung ihren Helden der Rennstrecke nachzueifern. Dieser Trend hält bis heute an. Es galt als ausgemacht, daß Rennen »die Zucht fördern«, also die Fertigungstechnik verbesserten. Die Rennkluften verbesserten allerdings auch Fahrstil und Sicherheit der Fahrer. Und wenn viele Fahrer der damaligen Zeit die Lederjodhpurs, Schnürstiefel und Schutzhandschuhe etwa der italienischen Rennfahrer der dreißiger Jahre nachahmten, so tat dies der Verwegenheit, die sie demonstrieren wollten, sicher keinen Abbruch.

Eine Rolle spielte dabei auch das Phänomen, daß zweckmäßige Kleidung plötzlich einen ganz eigenen Reiz bekommt, wenn sie ihren ursprünglichen Kontext abstreift. Zu verschiedenen Zeiten waren Bomberjacken, Fliegermützen und Cowboy- oder Arbeitsstiefel modern; losgelöst von ihren eigentlichen Verwendungszwecken, die mit schweißtreibender Plackerei, mit Gefahren oder mit der Arbeiterklasse zu tun hatten, wurden sie aufgeladen mit symbolischer Subversivität. Die leise Regung von Furcht, die solche Symbole beim Normalbürger wecken, beruht auf dem Gedanken, die niederen Schichten könnten aufbegehren und sich weigern, dort zu bleiben, wo sie hingehören. Die bedrohliche Symbolik von schwarzer, lederner Motorradkleidung erklärt sich nur teilweise durch die Assoziation der sexuellen Perversion; den Rest macht das Schreckgespenst Amok laufender Proleten aus.

Doch welche unterschwelligen emotionalen Ursachen auch immer hinter den lautstarken, moralisch begründeten Protesten gegen das Motorradfahren gestanden haben mochten, das Argument der Belästigung war manchmal durchaus nicht aus der Luft gegriffen. Was an den Motorradfahrern viel unmittelbarer störte als ihre abwegige Aufmachung, war, wie auch der Verfasser in *Harper's* mißbilligend bemerkt, ihre Neigung, »mit abmontierten Schalldämpfern durch die Stadt oder über

Land zu fahren, in zahlreichen Fällen sogar gänzlich ohne jede schalldämpfende Vorrichtung.«

Das aktuelle *Motorcycle Basics Manual* umschreibt das Problem sehr vornehm so: »Angesicht der explosiven Natur der Vorgänge innerhalb der Brennkammer pflegen die entstehenden Abgase ziemlich geräuschvoll in die Außenwelt zu entweichen und müssen daher etwas gedämpft werden.« Etwas, in der Tat. Doch wie einige der Besitzer trommelfellzerfetzender Harleys und stets bis zum Anschlag aufgedrehter japanischer Superbikes, die heute die Gemüter erregen, wollten die Fahrer, die in der guten, alten Zeit ausgeräumte oder offene Töpfe montierten, nicht nur die Leistung steigern (was ein weniger stark dämpfender Auspuff tut) –, sie drehten damit auch einer Gesellschaft eine lange Nase, von der sie sich bereits ausgestoßen sahen. Der allzu kühn herumposaunte Spruch »loud pipes save lives« (etwa: Laute Töpfe können lebensrettend sein; ein beliebtes »Argument« gegen Anhänger des »laut ist out«, d. Ü.) ist so trügerisch wie eh und je – wer sich darauf verläßt, daß ihm der Lärm, den er verbeitet, Probleme vom Leib hält, fährt schon viel zu nah an der Schwelle zum Verderben, um ihm noch lange entgehen zu können. Weil der Fahrer durch den Drang, ständig an der Maschine herumzubasteln, um noch mehr Leistung aus ihr herauszukitzeln, sein Motorrad quasi noch einmal erfindet – einer der größten Pluspunkte des Besitzes –, fällt zumindest als sekundärer Gewinn nebenher gesteigerte Auffälligkeit (im Gegensatz zu Sicherheit) ab. Weil man nicht Motorrad fährt, wenn man ungesehen bleiben will, zeichnet sich der Graben, der die Bikergemeinde in zwei Lager teilt, durch die Qualität der Aufmerksamkeit aus, die diesseits und jenseits erwünscht ist: Auf der einen Seite stehen diejenigen, die sich als verantwortungsbewußte Bürger betrachten möchten, auf der anderen diejenigen, die lieber tot umfallen wollten, als dabei ertappt zu werden.

Jedes Editorial in der Mainstream-Presse, das gegen die ölverschmierten, kriminellen »Horden todessehnsüchtiger Motorradfahrer, die jedes Wochenende die Landbevölkerung terrorisieren«, wettert, provoziert verteidigende Leserbriefe von der »sauberen« Mehrheit, die es satt hat, über denselben Kamm geschoren zu werden. Die folgende Äußerung eines »Enthusiasten« druckte die *New York Times* 1912 ab. Sie ist heute noch genauso aktuell und typisch wie damals.

> Zum Lärm, der häufig den Grund für böses Blut liefert, ist zu sagen, daß praktisch alle Motorräder sehr leise laufen, daß jedoch die vergleichsweise wenigen »Offene-Töpfe-Fanatiker« die gesamte Motorradfahrergemeinschaft in ein schlechtes Licht rücken. Ich werde oft gefragt: »Rüttelt dich denn das Ding (!) nicht schier zu Tode?« Trotzdem findet es derselbe Frager sehr angenehm, auf dem Pferderücken weit heftiger durchgeschüttelt zu werden … Etwas weniger Voreingenommenheit und eine breitere Anerkennung der Zuverlässigkeit des Motorrads würde mehr Menschen den Zugang zu einem begeisternden Freizeitvergnügen und einem sparsamen Transportmittel eröffnen, über das sich leider viele erhaben glauben.

Obwohl zu den ständig schwankenden Verkaufszahlen in Amerika viele Faktoren beitrugen und die Hersteller weltweit mit jedem erdenklichen Mittel versuchten, ihren Markt zu erweitern – die Einführung neuer Modelle für bestimmte Käuferschichten, etwa Wohlhabende, weniger Betuchte, Leistungsfreaks oder Frauen –, stellte die öffentliche Meinung ein so gewichtiges Moment dar, daß sie nicht ignoriert werden durfte. Die Firmen beschworen ihre Kunden, an den serienmäßigen Teilen nicht herumzuschrauben; in den zwanziger Jahren schaltete Harley-Davidson ganzseitige Anzeigen, in denen Motorradfahrer, die mit offenen Töpfen herumfuhren, als »Idioten« bezeichnet wurden. Die Federation of American Motorcyclists, die Vorläuferorganisation der heutigen American Motorcyclists Association, die Anfang des Jahrhunderts gegründet wurde, verwandte fast genausoviel Zeit auf ihre Funktion als Public-Relations-Organisation für den Motorradsport wie auf die Zulassung von Rennen und anderen Wettbewerben für ihre Mitglieder.

Es war jedoch mehr als geschickte PR nötig, um dem Motorradfahren in der breiten Öffentlichkeit allgemeine Anerkennung zu verschaffen. Denn stets blieb eine ungelöste Kernfrage: Warum sollte denn jemand noch Motorrad fahren wollen, wenn es doch jetzt Fahrzeuge – *mit Dach* – gab, die sich jedermann leisten konnte (der Preis des Model T von Ford, der Tin Lizzie, war 1926 auf 290 Dollar gesunken, während noch die billigste Harley mehr kostete)? Warum sollte jemand noch die Risiken in Kauf nehmen wollen, sich den Unbilden des Wetters aussetzen, Zeit, Geld, Muskelkraft und Geduld aufbringen, um dieses Vehikel schneller, besser oder schöner zu machen?

Die einzig mögliche Antwort, so beunruhigend das auch im Empfinden des braven Bürgers sein mochte, lief nur auf eines hinaus: sinnliche Lust. Diese Lust bestand darin, sich rittlings auf ein Fahrzeug zu setzen, an dem nichts die reine Fortbewegungsfunktion verbarg und das unter hemmungslosem Lärm vorwärts jagte. Außerdem war es ein sinnliches Vergnügen, bei dem der Fahrer unverhohlen seine animalischen Körperkräfte einsetzte, verdreckt und verschwitzt wurde und all das so sehr genoß, daß es ihm (oder ihr) gleichgültig war, wer das Lächeln der leidenschaftlichen Hingabe erblickte. Hinter verschlossenen Türen mochte so etwas ja angehen, auf öffentlichen Straßen aber war das eine andere Sache. Wenn manche Leute äußerten, sie hätten Angst vor Motorrädern (oder, was im Prinzip dasselbe ist, sie lehnten sie ab), so war es wohl nicht zu weit hergeholt, dahinter einen gewissen Übertragungseffekt zu sehen. Zumindest war klar, daß ein Fahrzeug, auf dem Menschen nur ihrer persönlichen Lust frönten, ohne einen Gedanken an einen darüber hinausgehenden Nutzen oder gesellschaftliche Wiedergutmachung zu verschwenden, immer mit einem Makel behaftet blieb.

Dennoch entsprachen diejenigen Eigenschaften des Motorrads, die den jungen Rowdy anzogen, exakt denjenigen, die es auch für Fahrer auf der anderen Seite der sozialen Trennungslinie attraktiv machten. Vom Beginn des Jahrhunderts an fanden sich in der Presse häufig optimistische Vorschläge für neue Einsatzmöglichkeiten des Motorrads, etwa in der Landwirtschaft, im Postdienst, einfach überall, wo ein schnelles und wirtschaftliches Nutzfahrzeug gebraucht wurde (mehrere Motorradhersteller boten eine Palette gut gehender Spezialfahrzeuge an; Harley-Davidson etwa sein dreirädriges Servi-Car) – insbesondere im Polizeidienst. Wendigkeit, Schnelligkeit – die beliebteste Polizeimaschine in den späten Zwanzigern war die Excelsior KJ, die mit mehr als 170 Stundenkilometern auch das schnellste verfügbare Fluchtauto einholen konnte – und furchteinflößendes Erscheinungsbild machten Motorräder bei den Polizeibehörden im ganzen Land sofort populär. Die Presse liebte es, die Fahrer in Blau denen in Schwarz direkt gegenüberzustellen, weil sich auf diese Weise die Stories über diese modernen Cowboy-und-Indianer-Spiele so schön spiegelbildlich aufbauen ließen. 1955 erschien in einer Ausgabe von *Popular Science* ein Bericht mit dem Titel »Wie sie der Kriminalität auf Rädern ein Ende setzten«, der zwei Polizisten auf Motorrädern das Verdienst zuschrieb, ganz Kalifornien »gesäubert« zu haben. Zumindest aber hatten sie dafür gesorgt, daß die Zahl der Motorradunfälle um 32 Prozent sank und daß die Rowdies sich lieber selber im Zaum hielten, als ständig mit dem Gesetz in Konflikt zu geraten.

Oft genug stand die Motorradbranche hinter der Presse, die begeistert alternative Einsatzmöglichkeiten für deren Produkte propagierte. Der Grund dafür lag aber nicht bloß in der wertvollen Schützenhilfe beim Aufpolieren des Images; mehr als nur eine Firma konnte sich durch den Verkauf von Polizeimodellen über schwierige Zeiten hinwegretten. Die Branche erkannte auch früh, daß der unvermeidliche Kriegsausbruch für sie von Vorteil sein konnte, und suchte fieberhaft nach einer Möglichkeit, zu demonstrieren, daß Motorräder im Kriegseinsatz von Nutzen sein konnten. 1915 brüteten die Hersteller den Plan aus, die Pony-Express-Idee mit Motorrädern wiederzubeleben, um dem Kriegsminsterium zu beweisen, wie schnell und ausdauernd Zweiräder für Meldezwecke waren. Die von den Fahrern überbrachte Botschaft von Präsident Woodrow Wilson erreichte zwar den Direktor der Panama Pacific Exposition in San Francisco mit vier Tagen Verspätung, weil schlechtes Wetter die praktisch nicht existierenden Straßen im mittleren Westen noch weniger passierbar gemacht hatten als üblich, doch die Militärs ließen die Idee nicht fallen. Während des Ersten Weltkriegs bestellten die verschiedenen Waffengattungen des U.S.Militärs 70000 Harleys und noch mehr Indians; in England baute Triumph 30000 Model H-Maschinen mit 550 Kubik für den Kriegseinsatz. Im Zweiten Weltkrieg waren dort 120000 Matchless M 20 in Gebrauch. (Viele Soldaten fuhren zum ersten und bisweilen auch zum letzten Mal bei der Armee Motorrad, einerseits beseelt von dem Wunsch, ihren Kameraden zu helfen, andererseits nicht bereit zuzugeben, daß sie mit diesem Fahrzeug nicht umzugehen wußten.)

Natürlich konnte nichts den Feind der Alliierten daran hindern, sich die Vorteile des Motorrads ebenfalls zunutze zu machen. Mussolini, selbst ein Fahrer aus Leidenschaft in einer ganzen Nation leidenschaftlicher Fahrer und legendärer Maschinen, ermutigt seine Offiziere dazu, Zweiräder zu benutzen, um den Kontakt zur breiten Masse herzustellen: »Gehen Sie soviel wie möglich zu Fuß; benutzen Sie ansonsten ein Gebrauchsautomobil (im Unterschied zum Luxuswagen), noch besser, benutzen Sie ein Motorrad.« Ein Kabinettsbeschluß von 1933 befreit Motorräder von allen Steuern; die faschistische Presse ruft Italien dazu auf, sich in »eine Nation motorisierter Zentauren« zu verwandeln.

1936 nimmt Deutschland weltweit den Spitzenplatz in der Motorradproduktion ein: Von den insgesamt gebauten 316810

Maschinen werden 151195 in Deutschland hergestellt (auf England entfallen 75300, auf die Vereinigten Staaten nur 17380). Die Bayerischen Motorenwerke produzieren ein Modell mit 750 Kubik für die Wehrmacht; die Fabrikation endet erst, als das bereits stark bomdardierte Münchner Werk von den Alliierten eingenommen wird. Im Rahmen der Reparationen muß Deutschland alle Motorräder ausliefern, darf nicht mehr an Rennsportwettbewerben teilnehmen und bis 1948 keine Motorräder mehr herstellen. Aus den Restbeständen an Zylinderköpfen von BMW werden Kochtöpfe gemacht.

Ein freier Journalist auf der Suche nach Themen, die sich gut verkaufen lassen, hatte jahrzehntelang eine sichere Bank: die Neuigkeit, daß das Motorradfahren sich zu guter Letzt aus dem Sumpf emporgezogen und zu etwas Respektablem gemausert habe. Die einschlägigen Artikel berichten dann etwa über die gemeinnützigen Aktivitäten eines Clubs (die amerikanischen Motorradfahrer insgesamt beteiligen sich seit langem außerordentlich aktiv an Spendenkampagnen für ehrenwerte Ziele, organisieren beispielsweise zahllose Veranstaltungen zugunsten chronisch kranker Kinder). Oder sie erzählen die Geschichte einer jetzigen Großmutter mit zwölf Enkeln, die in ihrer Jugend den Kontinent durchquerte. Oder sie mokieren sich über einen »neuen« Typ von Gang, in den Sechzigern etwa den Madison Avenue Motorcycle Club, der aus Managern bestand, oder die Christian Motorcyclists Association, die ihre Mission in Gottesdiensten bei Bikertreffen und ihr Privileg darin sieht, »für Jesus zu fahren«.

Besonders gern fährt die Motorradpresse motorradfahrende Berühmtheiten auf, wie um dem Sport damit erstklassige Referenzen auszustellen. Das reicht von einem illustrierten Artikel aus dem Jahr 1912 über »Einige prominente englische Motorradfahrer«, darunter George Bernard Shaw und Arthur Conan Doyle, bis zu einem kürzlich in *Rider* erschienenen Interview mit dem Filmschauspieler und Talkmaster Jay Leno, der die unbezahlbaren historischen Maschinen seiner Sammlung tatsächlich fährt. Hollywoods gegenwärtiges Faible für Motorräder – es geht so weit, daß offenbar kein Hauptdarsteller mehr einen Schuß Pulver wert ist, wenn er nicht eine Harley des Nobelhändlers Bartel's besitzt – beweist wieder einmal, daß die wahre Ware dieser Stadt aus aufpolierten Klischees besteht, denn eine informelle »Gang«, zu deren Mitgliedern Clark Gable, Victor Fleming, Andy Devine und Keenan Wynn zählten, war schon zu ihrer Zeit ebenfalls das Thema ähnlicher Photodoppelseiten.

Wynn, der vielleicht »echteste« Biker unter ihnen, fungierte als inoffizieller Sprecher der Gruppe. Als *Life* das Bild eines jungen Rowdys brachte, der seine Maschine als Barhocker benutzte, fühlte sich Wynn genötigt, umgehend der Vorstellung entgegenzutreten, es sei bei Motorradfahrern üblich, in alkoholisiertem Zustand zu fahren. »Ich bin seit etwa sechzehn Jahren Motorradfan ... Je länger man fährt, desto gesünderen Respekt flößt einem das Motorrad selbst ein und desto klarer erkennt man, daß man im Vollbesitz seiner Kräfte sein muß, um diese mörderische Maschine zu meistern.« Diese Ermahnung fügte sich ein in eine lange Reihe völlig zu Recht empörter Leserzuschriften, die allerdings – weil sie genauso formelhaft sind wie die Attacken, durch die sie ausgelöst werden – kaum Wirkung zeitigen, gleichgültig, wer sie schreibt.

Es gab immer wieder Phasen, in denen das Thema »Motorrad« schlechte Karten hatte und fast nur in Form von sensationell aufgemachten Schauergeschichten durch die Presse ging, bevor wieder die gleichermaßen simplifizierenden Pro-Berichte Oberwasser bekamen. Manchmal jedoch verlangsamte sich dieser Konjunkturzyklus beträchtlich. Nach schlagzeilenträchtigen Zwischenfällen – etwa den Rocker-Krawallen in Hollister in Kalifornien 1947, bei denen die Polizei Tränengas einsetzte und es fünf Verletzte und 407 Verhaftungen gab, oder den Tumulten in Laconia in New Hampshire 1965 mit zahlreichen Verhaftungen und Verletzten (einer der Schwerstverletzten war ein Photograph, der von Schrot aus einem Polizistengewehr ins Gesicht getroffen wurde) – brauchten die Medien nahezu zwanzig Jahre, bevor sie zur nächsten Welle von Absegnungen bereit war, wenn man das so nennen will.

Die kurzsichtige Fixierung auf die Hell's Angels erreichte den Gipfelpunkt – wenigstens journalistisch – mit dem Erscheinen von Hunter S. Thompsoms *Hell's Angels*. Thompson hatte vorher die Gang lange genug »unterwandert«, um jede Menge Horrorstories zu sammeln und sich eine Todesdrohung einzuhandeln. Am übelsten jedoch wurden die Ausschreitungen und Straftaten in Kinofilmen ausgeschlachtet. Den Anfang machte 1953 *Der Wilde*, dem die Hollister-Episode zugrundelag, mit Marlon Brando in der Hauptrolle und Mary Murphy als bravem Mädchen, das nach seiner ersten Fahrt gar nicht mehr brav berichtet, sie sei angsterregend, aber »ein tolles Gefühl« gewesen. *Easy Rider* (1969) stellte zwar seine Helden auf ihren Choppern sympathischer dar, doch diese Sichtweise teilte kaum einer über Dreißig. Die Mord-und-Totschlag-Streifen, die in den Sechzigern und Siebzigern dutzendweise herauskamen (1966 *Die wilden Engel*, dann *Die wilden Schläger von San Francisco*, *Born Losers*, *Satan's Sadists*) hinterließen bis heute fast unauslöschliche Spuren im Bewußtsein der Öffentlichkeit. Sie legten den Motorradfahrer, wenn er vorkommt, in den meisten Fällen auf die Rolle des »Bösen« fest. (Europäische und australische Filmen vermeiden dieses bequeme Stereotyp weitgehend; in mehreren Filmen übernahmen Motorradfahrer die Rolle des Helden. Eines der wenigen amerikanischen Beispiele dafür ist *Die Maske* von 1985 mit Cher.)

Dieses Image drang damals so tief in die kulturelle Landschaft ein, daß es noch heute in den Köpfen spukt. Motorradfahrer werden nicht selten gefragt, ob sie zu einer Bande gehören oder ob sie schon mal Zeuge eines richtig schlimmen Verbrechens wurden, obwohl in den allermeisten Fällen schon die Frage zu stellen ungefähr der Annahme gleichkommt, daß jemand, der einen Karton Eier eingekauft hat, gerade von einem Hahnenkampf komme. Vor nicht allzulanger Zeit brachte *The New Yorker* eine Photoreportage über ungewaschene, unrasierte, tätowierte Männer, die Harleys fahren und keinem Ärger aus dem Weg gehen. Sie reiht sich ein in eine lange, lange Kette gleichartiger Artikel und Bücher, und jedes Jahr werden es mehr. Nicht daß dies kein lohnendes Thema wäre; es ist nur schon so oft breitgetreten worden, daß die Jungs allmählich furchtbar normal wirken.

Die positiven Berichte gehörten zwar unverzichtbar zum erwähnten Zyklus dazu – wenn sie auch im Grunde weniger ermutigend waren, als es den Anschein hatte, bestand doch ihr Daseinszweck in erster Linie darin, sich darüber zu wundern, daß es so etwas wie »gute« Motorradfahrer überhaupt gab –, doch sie konnten nie wirklich erhärten, daß sich das Motorradfahren demnächst ein für allemal etablieren würde. Die Verkaufszahlen mit ihren wiederholten Schwankungen sprachen eine andere Sprache. Zuerst zeigte das billige Auto von Ford Wirkung – Harley-Davidson beispielsweise fuhr zwischen 1920 und 1921 seine Produktion um die Hälfte herunter –, dann fielen die Verkaufszahlen aufgrund der großen Wirtschaftsdepression weltweit in den Keller. 1927 boten allein die britischen Hersteller 598 Modelle an; in den dreißiger Jahren gab es auf der ganzen Welt nur noch etwa vierzig Marken. Einer Hausse nach dem Ende des Zweiten Weltkriegs folgte eine Baisse in der zweiten Hälfte der fünfziger Jahre. Managementfehler machten schließlich Indian Motocycle den Garaus, dem einzigen U.S.amerikanischen Hersteller neben Harley, der seit Anfang der dreißiger Jahre überlebt (und den frühesten, *r*-losen Namen des Fahrzeugs am Leben gehalten) hatte.

Im Wertesystem der Sechziger, die Konformismus, Sauberkeit, Sicherheit und unpersönliche Modernität zu den allein selig machenden Maßstäben erhoben, die die Überbleibsel von Krieg und Depression wegwischen sollten, hatte eine Aktivität wie Motorradfahren keinen Platz. Ende der Sechziger jedoch – am Beginn einer neuen Ära des Experimentierens – konnte man seine Zugehörigkeit zur Zunft der Motorradfahrer wieder mit Stolz zeigen. Der darauffolgende Boom einschließlich einer wiederauflebenden Leidenschaft für das Off-Road-Fahren, das beflügelt wurde von dem Wunsch, »in Kontakt mit der Natur zu kommen«, war zu einem Großteil das Werk eines einzelnen, entschlossenen Visionärs – Soichiro Honda.

Hondas erstes Testmodell kam 1958 in die Vereinigten Staaten und stieß dort auf eine Mischung aus Skepsis und Ablehnung, getönt von mehr als nur einem Hauch Rassismus. Doch auf den Rennstrecken Europas, wo ihm die gleiche Geringschätzung entgegenschlug, bewies er binnen kurzem, daß man mit Siegeswillen, gepaart mit üppigen finanziellen Ressourcen und einer fast schon perversen Bereitschaft, nach jedem Fehlschlag wieder ganz von vorn anzufangen, eine Vormachtstellung erringen konnte – damit und dem Geschick, den Leuten zu geben, was sie wollten, noch bevor sie wußten, daß sie es wollten. Honda baute kleine, mofaähnliche »Knirpse«, vor denen sich niemand zu fürchten brauchte, und angelte sich auf diese Weise mühelos eine neue Generation von Fahrern. Diese konnten dann in die größeren Modelle »hineinwachsen«, die schneller waren, aber immer noch zu den Maschinen gehörten, »auf denen man die nettesten Leute trifft«, wie die Werbung behauptete. Bezeichnenderweise hieß der erste Verkaufsschlager von Honda in den Vereinigten Staaten »Dream« (Traum).

In den sechziger und siebziger Jahren erlebte das Geschäft mit Motorrädern einen kometenhaften Aufschwung. Dann sackten die jährlichen Verkaufsziffern in den Vereinigten Staaten zwischen 1982 und 1991 im freien Fall von 525 000 auf 178 000 ab.

Zweifelsohne wirkten dabei eine Vielzahl von Ursachen zusammen – komplexe wirtschaftliche Zusammenhänge; Fehlkalkulationen der Hersteller, unter anderem ein zu schmales Angebot bei kleineren »Einstiegsmaschinen« und eine allgemeine Mißachtung des potentiell riesigen Markts der Fahrerinnen; der Umstand, daß die Baby-Boom-Generation in das

Alter kam, in dem sie Verantwortung übernahm; der nach wie vor herrschende gesellschaftliche Konservativismus; das Verschwinden unbekannter Ziele und leerer Straßen, für die dieser Sport gemacht ist; ultrabilliger Treibstoff, der in einem Land, in dem nach wie vor alles auf große Autos ausgerichtet ist, diese schlichtweg unwiderstehlich macht. Eine interessante Parallele fällt jedoch auf.

In Europa haben Zweiräder ihren Status als vernünftige Transportmittel weitgehend beibehalten. Die engen Straßen, kurzen Entfernungen und das sündhaft teure Benzin führten dazu, daß alle möglichen Alters- und Gesellschaftsschichten vom Teenager bis zum Pfarrer Roller und Mopeds benutzen, so daß diese niemals das Stigma hatten, das ihnen in Amerika anhaftet. (In Italien ist Mopedfahren so alltäglich, daß es in einen speziellen Ausdruck für die Volljährigkeit eingegangen ist: *culo a sellino* [wörtlich Sattelhintern, d. Ü.] was heißen soll, daß sich in diesem Alter die Sitzbank des Mopeds dem Allerwertesten dauerhaft eingeprägt hat.) Die Sportseiten fast aller Zeitungen in Westeuropa widmen bis zur Hälfte ihres Platzes Motorradwettbewerben, während man in den Vereinigten Staaten nicht einmal eine Notiz findet, daß überhaupt Motorradrennen stattfinden. In einem Land wie Belgien kann das bekannteste Gesicht genausogut einem Moto-Cross-Champion gehören wie einem Filmstar oder einen Politiker.

Um eines klarzustellen: die Straßenschlachten zwischen Mods und Rockern (Roller gegen Motorräder) im England der fünfziger Jahre sorgten unbestritten für erhebliche Unruhe und Empörung in der Bevölkerung, und noch immer gibt es diese Typen, die süchtig sind nach pubertären Exzessen – auf die Motorräder schon immer wie Magneten wirkten – und damit Außenstehenden Anlaß geben, alle Motorradfahrer mit ihnen in denselben Topf zu werfen (in manche Etablissements in England kommt man heute in Lederjacke nicht hinein). Doch Motorräder sind in Europa einfach zu zahlreich und zu beliebt, als daß man ihnen das Outlaw-Etikett anhängen könnte – auch wenn sich die Tendenz, das Image aus Amerika zu übernehmen, dramatisch verstärkt hat. Betuchte Geschäftsleute kaufen heute die so heiß begehrten Harleys gleich im Paket mit einem überzeugendem Outfit wie Lederchaps und zerrissenen, geflickten Jeansklamotten. Samstags lassen sie die Rasur ausfallen, setzen ein finsteres Gesicht auf und machen den Eindruck, als wollten sie einen gleich anknurren: »Geh mir aus dem Weg, Drecksack.« Doch statt dessen sprechen sie gepflegtes Niederländisch und brüskieren andere Fahrer, weil sie nicht grüßen. Der Streit um »echte« und Pseudo-Biker belebte sich parallel zu den Importen eines Motorrads, an dem in den Vereinigten Staaten kein Weg vorbei führt – sowohl für Biker, die ihr Leben lang fahren, als auch für diejenigen, die sich gerne dieses Erscheinungsbild kaufen möchten.

Doch wenn sich die Krawallmacher-Legende in den Vereinigten Staaten bis in die Neunziger gehalten hat, dann nur in einer merkwürdigen, verwandelten Form. Eine eigentümlich amerikanische Laufbahn bescherte ihr einen Karrieresprung vom verrufenen Rand der Gesellschaft direkt in den Mainstream des Massenkonsums.

Obwohl seit einigen Jahren Gerüchte kursieren, wonach Indian Motocycle kurz vor der Wiedergeburt stünde – was für Liebhaber historischer Motorräder etwa dasselbe wäre wie die Rückkehr der Brooklyn Dodgers für Baseballfans –, so gibt es doch bislang nicht mehr als teure Kleidungsstücke, die das alte Logo tragen. Viele Kenner der Zusammenhänge mutmaßen, daß dies wahrscheinlich alles ist, was von der alten Marke wiederauferstehen wird – wie sie überhaupt den Trend sehen, daß die eigentlichen Motorräder gegenüber dem Kapital, das sich aus ihrem Image schlagen läßt, nebensächlich werden.

Der Spießgeselle des Banditen dient heute dazu, einen perlenbesetzten Bustier für 12000 Dollar (gesehen auf der Titelseite einer Illustrierten) zu verkaufen, oder er muß zur Ausstattung eines Hamburgerlokals in New York herhalten, einer Touristenfalle mit fest installierten echten Harleys, die für die

Kunden rütteln und rauchen, während man alles tut, um echte Motorradfahrer von einem Besuch oder der Arbeit dort abzuhalten. Das Motorrad als symbolträchtiger Inbegriff von Stärke und Kraft, ehrfurchtgebietend und furchteinflößend zugleich, bietet der Werbung geradezu ein gefundenes Fressen, insbesondere in einem Zeitalter, in dem das Kaufen das reale Tun ersetzt hat. Doch wenn das Motorrad zum Signalgeber oder zur Staffage degradiert wird, wird es seiner eigentlichen Bestimmung entfremdet und hört auf, überhaupt ein Motorrad zu sein.

Die neue Phantasiewelt um das Motorrad herum ist sorgfältig konstruiert. In dieser Welt läßt das Auge der Kamera immerwährende Schönheit, animalische Ausstrahlung, Angesagtheit – im Grunde Zeichen genetischer Überlegenheit, welche letztlich auf Unsterblichkeit verweist – zu permanenter Verfügbarkeit gefrieren. Um in dieses verlockende Reich einzutreten, muß sich der Betrachter nur die nötigen Requisiten zulegen, um die Szene nachzustellen. Leute ohne jegliche Ambitionen, sich auf ein Motorrad zu setzen, paradieren mit schwarzen Lederjacken – je mehr geile Reißverschlüsse und Schnallen, desto besser –, Pseudo-Arbeitsstiefeln à la Brando (aber versehen mit einem Chanel-Etikett und der Art von Preisschild, bei dem man sich fragt, ob diese reichen Typen ihr Hirn gegen ihre Kohle eingetauscht haben) und Harley-Halstüchern. Tatsächlich Motorrad zu fahren, würde in dieser Inszenierung nur stören, unberechenbare Realität in ein Arrangement bringen, das gerade diejenigen Aspekte, die das Wesen des Motorradfahrens ausmachen, aus ihm verbannen soll, nämlich fehlende Dauerhaftigkeit, Unsicherheit, die reale Möglichkeit des Scheiterns und ein ernstzunehmendes Risiko. Es fällt auf, daß in der Machart dieser Klamotten alle Hinweise darauf getilgt sind, daß ihr einziger Zweck ursprünglich darin bestand, ihren Träger bei einem Unfall vor gräßlichen Hautabschürfungen oder zermalmten Fußknochen zu bewahren. Was in den Anzeigen für motorradmäßig gestylte Waren in Wirklichkeit angepriesen wird, ist eine Empfindung, die auf einem Taschenspielertrick beruht: Du wirst zum hartgesottenen Einzelkämpfer, bist aber gleichzeitig sozial und sexuell akzeptabel für einen großen (Käufer)Kreis, der denselben Lebensstil praktiziert.

Wenn man diese neueste Entwicklung begreifen will, könnte der Hinweis angebracht sein, daß das Jahrhundert des Motorrads fast exakt mit dem des Kinos zusammenfällt. Vielleicht läuft der Film dem Automobil den Rang als einflußreichste Erfindung im Grunde sogar ab.

Der Film ist ein Medium der Auslassung. Die Einzelbilder lösen einander im Dunkeln so schnell ab, daß man die schwarzen Streifen, die die Standbilder trennen, nicht wahrnehmen kann; mit dem Einverständnis des Zuschauers setzt sich der Film über die Wirklichkeit hinweg. Das, was wir sehen, springt mühelos durch Zeit und Raum hin und her, während wir regungslos zuschauen. Weil wir als Teil eines riesigen Publikums aufgewachsen sind, dessen größter Wunsch es ist, untätig dazusitzen, während ihm alle Arten von Reichtümern in den Schoß fallen, begeben wir uns nicht aktiv auf die Suche, sondern sind passive Empfänger und allem Anschein nach entschlossen, es zu bleiben. Alles, was man tun muß, um Zugang zu erlangen – ob nun zur Phantasiewelt der Werbung, zur vorgefertigten Realität des Kinos oder zu den Stadtsurrogaten der Disneylands, Einkaufszentren und Instantvororten –, ist, sein Geld auf den Tisch zu legen. Das ist einfach und ohne jedes Risiko.

Gegen Ende der ersten hundert Jahre des Motorrads scheint es, als würden die echten Motorräder gegenüber ihren sauberen, sich ungehemmt vermehrenden Simulationen ins Hintertreffen geraten. Allein schon durch ihre ständige Nähe wecken letztere in uns das Verlangen nach der angepriesenen Unterwäsche, dem Parfum, dem Kaugummi. Reduziert auf einen trendigen Code, ein Amulett am Armband der Mode werden Motorräder zum gefahrlosen Konsumartikel und versehen dabei die Alltagsereignisse mit einem trügerischen Anstrich von

Gefahr – dem Geschmack von Freiheit und Abenteuer. Ihr Auftreten hat keinerlei dauerhafte Wirkung, abgesehen von der, ähnlich wie Junk Food Hunger nach mehr zu erzeugen (eine Eigenschaft, die ihre Apotheose in der Idee der vergänglichen »Bio«tätowierung findet). Wie Hologramme verleihen sie jeder beliebigen Oberfläche ihre verführerische Substanzlosigkeit. Motorräder sind heutzutage allgegenwärtig, doch beim Zufassen greift die Hand ins Leere.

Einige prominente Motorradfahrer der Vergangenheit und Gegenwart (aktuelle Leinwandhelden ausgenommen)

George Bernard Shaw
In einer autobiographischen Skizze mit dem Titel »Wie Frank es hätte machen sollen« äußert Shaw in der Person seines alten Verlegers Frank Harris über sich: »Er begeistert sich für Maschinen wie ein Kind für Spielzeug und hätte einmal um ein Haar eine Registrierkasse gekauft, für die er nicht die geringste Verwendung hatte. Nahe an sechzig erlag er dem bestrickenden Reiz eines Motorrads und fuhr darauf aus der Fabrik weg, siebenundsiebzig Meilen weit, bis er gerade vor seiner eigenen Haustür eine Kurve zu schnell nahm und längelang liegenblieb.«

T. E. Lawrence
Er war fasziniert von der britischen Maschine, die als Royce-Rolls der Motorräder bekannt ist, der Brough Superior, insbesondere der SS 100, von der er mehr als ein Exemplar besaß und mit der er 1935 den tödlichen Unfall erlitt. Sie konnte eine Spitzengeschwindigkeit von hundert Meilen pro Stunde erreichen. Einige persönliche Bekannte von Lawrence äußerten die Ansicht, sein Tod sei in Wahrheit die Folge eines Todeswunsches und nicht eines Unfalls gewesen.

Douglas »Wrong Way« (etwa: Holzweg) *Corrigan*
Der Pilot, der 1938 in einem achtundzwanzigstündigen Alleinflug von New York nach Dublin den Atlantik überquerte – nachdem er zunächst vorgegeben hatte, er fliege nach Kalifornien –, war ein Harleyfan; zwischen Fliegern und Motorradfahrern gab

es schon immer Überschneidungen (siehe unten), manchmal sogar zwischen Flugzeugen und Motorrädern (Moto Guzzi beispielsweise bietet einen luftgekühlten Viertaktmotor mit 750 oder 1100 Kubikzentimetern Hubraum zum Einbau in Kleinflugzeuge an). Corrigan war ein Paradebeispiel für einen sehr speziellen Typus des Fliegers/Fahrers: den eingefleischten Schrauber mit mehr als nur einem Hauch Verrücktheit. Ein Nachruf von 1995 beschrieb die »fliegende Kiste«, in der er sein hübsches Bravourstück von 1938 vollbrachte: Er kaufte sie schon recht betagt und »riß das Original-90-PS-Triebwerk heraus und ersetzte es durch eine Maschine mit 165 PS, die er aus zwei alten Wright-Motoren zusammengeschustert hatte. Außerdem baute er fünf Zusatztanks ein, die ihm die Sicht nach vorne komplett verwehrten, und verschiedene Teile, darunter die Kabinentür, wurden mit Rollendraht zusammengehalten.«

Charles Lindbergh
Der Held der vielleicht letzten Ära, in der man noch Helden haben konnte, war ein Musterexemplar des schweigsamen Typs, der sich sowohl zum Fliegen als auch zum Motorradfahren hingezogen fühlt. Er reiste mit einer Flugschautruppe umher und sprang Fallschirm, bevor er – zumindest in den Augen der Öffentlichkeit – gesetzter wurde. Seinen Drang, aus Flugzeugen herauszuspringen, konnte er, wie sich leicht denken läßt, genausowenig erklären wie den, Motorrad zu fahren.

Roy Rogers
Als Leonard Slye aus Duck Run in Ohio fuhr der Film- und Fersehcowboy Roy Rogers Motorrad, das heißt, wenn er nicht gerade sein Wunderpferd Trigger ritt. Motorrad fuhr er noch lange nachdem er erklärt hatte, er sei zu alt zum Reiten.

Konrad Lorenz
Als der österreichische Tierverhaltensforscher und Nobelpreisträger an der Universität von Wien Anatomie studierte,

begann er Motorradrennen zu fahren. Man brachte ihn jedoch davon ab, weil es zu gefährlich war. Er benutzte das Motorrad allerdings weiterhin zum Vergnügen und als Transportmittel.

James Dean
Obwohl ein Porsche 550 A Spyder Rennwagen die Leinwandlegende mit 24 Jahren in eine posthume Verehrung katapultierte, die fast hysterische Züge trug, fuhr Dean schon als Bauernjunge in Indiana leidenschaftlich gern Motorrad. Wie der *Hollywood Reporter* schrieb, verfolgte er die Hochzeit von Pier Angeli – wie manche meinen, der großen Liebe seines kurzen Lebens – mit Vic Damone »rittlings auf seinem Motorrad von einer Stelle gegenüber St. Timothy«. Unter den Motorrädern, die sich zeitweise in seinem Besitz befanden, waren ein paar Triumph-Zweizylinder, eine BSA und eine Whizzer.

Elvis Presley
Der »King« war ein begeisterter Motorradfahrer, sehr zum Leidwesen derjenigen, die ein finanzielles Interesse am Fortgang seiner Karriere hatten – und zur Freude des cleveren PR-Organs von Harley-Davidson, dem Magazin *The Enthusiast,* das ihn häufig rittlings auf einem Produkt aus Milwaukee abbildete. In *König der heißen Rhythmen,* einem Film, den man getrost vergessen kann, spielt Presley einen babygesichtigen Rebellen, der sich singenderweise auf einem blankgewienerten, knallroten, japanischen »Mopped« von zu Hause absetzt und sich auf dem Jahrmarkt verdingt. Dieser Streifen aus dem Jahr 1964 feiert in *Eat the Peach* von 1986 eine wunderschöne Wiederauferstehung. Die Protagonisten dieses Films – zwei motorradfahrende Iren, die ihren Arbeitsplatz verlieren und keine Perspektive mehr haben – bekommen ein Video von *König der heißen Rhythmen* und sind so fasziniert davon, daß sie auf einen Plan verfallen, der ihr Schicksal wenden soll: Sie wollen auf dem platten irischen Land eine Todeswand bauen.

Bob Dylan
Das rätselhafte, schwierige, arrogante, faszinierende Genie ließ 1966 ein Motorrad für sich sprechen. Auf der Fahrt mit seiner Triumph zu einer Werkstatt in der Nähe seiner Wohnung in Woodstock im Staat New York rutschte ihm die Maschine weg. Wie schwer war er verletzt worden? Dylan schwieg. Immerhin führte der Zwischenfall einen plötzlichen Rückzug von der Welt herbei, der achtzehn Monate andauerte und ihn möglicherweise vor einem Zusammenbruch rettete, auf den er dem Vernehmen nach langsam zusteuerte (man denke nur an *Don't Look Back* aus dem Jahr zuvor).

Malcolm Forbes
Zu den Spielsachen, die der milliardenschwere Verleger sammelte, gehörten Fabergé-Eier und Motorräder. Er lud Dutzende Familienmitglieder zu Fahrten ein und nahm Gäste auf Touren durch das ländliche New Jersey mit; dabei trugen alle Westen, die mit der Aufschrift »Capitalist Tools« bestickt waren, so daß sie aussahen wie die vornehmste Rockerbande der Welt. Nach Forbes' Tod 1990 gestand Brendan Byrne, der ehemalige Gouverneur von New Jersey, in einem Kondolenzbrief, Forbes habe ihn »dazu überredet«, die Gesetze dahingehend zu ändern, daß Motorradfahren auf dem Garden State Parkway erlaubt war. »Ich mußte drei Amtsleiter feuern, bis die Vorschriften entsprechend geändert waren, aber ich glaube, daß dies im Lauf der Jahre etliche Leben gerettet hat.«

Robert Hughes
Der langjährige Kunstkritiker des Magazins *Time* und undogmatisch-dezidierte Kulturbeobachter ist auch ein undogmatischer Motorradfan. 1971 veröffentlichte er einen Essay in dem Nachrichtenmagazin mit dem Titel »Der Mythos des 'Bocks'«. Darin versuchte er zu definieren, was den Kern des Erlebnisses »Motorradfahren« ausmacht:

Wenn der Fahrer mit seinem [sic] Motorrad über die Golden Gate Bridge von San Francisco fährt, nimmt er jeden einzelnen Meter der Straße ganz bewußt wahr – die dröhnende Brücke unter den Reifen, den steifen Wind des Pazifik, den Abgrund der eisigen, blauen Tiefe unter sich ... Nichts aus zweiter Hand, nichts Nachempfundenes mischt sich in das Gefühl von Freiheit, was bedeutet, daß die einzigartigen Empfindungen, die einem ein gekonnt gefahrenes, schweres Motorrad vermittelt, ausschließlich einem selbst gehören. Antisozial? In der Tat, ja. Und genau dadurch ein Weg zu geistiger Gesundheit. Das Motorrad ist ein Zaubermittel gegen den Massenmenschen.

Ann Richards
Die Ex-Gouverneurin von Texas mit dem scharfen Verstand und der ebenso scharfen Zunge bekam zu ihrem sechzigsten Geburtstag ein überaus passendes Geschenk: eine perlweiße Harley. Und man darf vermuten, daß diese Harley, anders als die purpurrote, die Liz Taylor von Malcom Forbes bekam, eine echte Chance hat, benutzt zu werden.

Weitere
König Albert I. von Belgien
Captain America
Jack Dempsey
Haile Selassie
Che Guevara
Jerry Lee Lewis
Stephen King
Oliver Sacks
Senator Ben Nighthorse Campbell

FÜNF

Was zählt, ist voranzukommen.
Robert Louis Stevenson

Es gab niemanden, dem ich hätte mitteilen müssen, daß ich an einem Tag Mitte November einen Zug nach Philadelphia nehmen würde. Ich pickte mir also einen gewöhnlichen Werktag heraus und schlüpfte unbemerkt durch das Loch in der Woche an einen anderen Ort. Irgendwo vor Trenton überfiel mich die Erkenntnis, daß ich sowohl erwachsen als auch allein war – Bedingungen, auf die man manchmal plötzliche Entscheidungen von bizarrer Größe gründet.

Von meinen paar Dutzend selbstgesetzten Lebenszielen hatte ich nur wenige erreicht; gewöhnlich legte ich ein Zehntel des Weges zu einem Ziel zurück, und dann löste es sich in Rauch und Tränen auf. Doch ich würde mir ein neues Motorrad kaufen, verdammt noch mal. Nichts würde mich davon abhalten, weder die Tatsache, daß ich eigentlich keines brauchte, denn die V50 war immer noch eine liebenswerte, zuverlässige Freundin, noch der Chef von Moto Guzzi North America, der am Telefon fünfundvierig Minuten lang versucht hatte, mir eine 1000er Le Mans IV aufzuschwätzen. Ich hatte dort angerufen, weil mir in einem Magazin aus Europa die 650er Lario I aufgefallen war, in die ich mich auf der Stelle verguckte, weil sie auf mich wirkte wie der Inbegriff komprimierter Schnelligkeit. Wie in dem Magazin zu lesen stand, war eine kleine und offenbar geheimgehaltene Anzahl dieser Maschinen importiert worden. Ich wußte, daß ich sie auf jeden Fall kaufen würde, und diese Besichtigungsfahrt nach Philadelphia diente nur als Vorwand, mich in dem Gefühl zu verlieren, etwas Sinnvolles zu tun; dieses Gefühl vermißte ich in den langen Tagen, die ich damit zubrachte, Liebesromane korrekturzulesen und Lyrikmanuskripte in aussichtslose Umlaufbahnen um weit entfernte tote Sterne zu bringen.

Nach dem Bahnhof 30th Street vertraute ich mich einem Taxifahrer an und sah, in den Rücksitz gepreßt, eine geheimnisvolle Stadt an mir vorüberrasen. Acht Dollar später stand ich vor einem Ziegelbau am Rande der Altstadt, allein im kalten Wind. Die Gegend wirkte völlig unbewohnt, und ich wußte sofort, sollte ich jemals nach Philadelphia ziehen, würde ich hier wohnen. Auf dem handgemalten Schild über der zweiflügeligen Tür stand THE SPARE PARTS CO.

Die Türen öffneten sich in einen kleinen Vorraum, der mit fünf oder sechs Motorrädern vollgestopft war; nur ein schmaler Pfad führte zwischen ihnen hindurch zu einem Holztresen am andern Ende des Raums. Der Mann dahinter blickte auf, erstaunt, wie es schien, obwohl er mich erwartete. Aus dem Augenwinkel erhaschte ich einen weißen Schimmer in dem Gang, der vom Vorderraum des Ladens zur Werkstatt führte, und wußte, das war die Lario; ich hatte am Telefon erfahren, daß sie weiß war, ein seltenes Exemplar unter den ohnehin wenigen ausgelieferten Maschinen. Rasch wandte ich meine Augen ab und nahm mir vor, nicht eher wieder hinzusehen, bis ich beschlossen hätte, daß die Zeit dafür gekommen sei – ein Mechanismus, mit dem ich mich in meinen Kindertagen selbst gepiesackt hatte, indem ich meinen Augen verbot, zu einem beunruhigenden Wort auf einer Buchseite zurückzuschweifen – aus irgendeinem Grund weckten Gestalt und Klang des Wortes »Sarg« in mir blankes Entsetzen –, woraufhin sie sich ein ums andere Mal über das Verbot hinwegsetzten.

Ich zwang mich, meine Aufmerksamkeit dem Mann zuzuwenden, auf dessen rundem Gesicht ein rätselhaftes Lächeln stand. Ich reimte mir bald zusammen, daß er Spare Parts Co. *war*. Wir saßen zu beiden Seiten des Tresens und plauderten, als ob die Lario nicht der einzige Grund für meinen Besuch gewesen wäre; Franz schien alle Zeit der Welt zu haben, um über alles Mögliche zu reden. Er war nur ein paar Jahre älter als ich; sein sich lichtendes Haar hatte er zu einem langen Pferdeschwanz gebunden, der ihm, mit mehreren Haarbändern verflochten, über den Rücken hinunterhing. Er hockte auf einem betagten hölzeren Küchenstuhl, wodurch er mit mir auf gleiche Höhe kam; ich saß auf einem hohen Schemel. Der Stuhl ächzte, als er nach einer weiteren Vantage und seinem Bic-Feuerzeug griff, um dem Berg Kippen in dem überquellenden Aschenbecher eine hinzuzufügen; er leerte ihn offensichtlich nur ungern. Leute, die hart arbeiten, um es zum Alleineigentümer eines solchen Ladens zu bringen, wo sich verölte Lumpen in einem mit Benzintanks vollgestopften Raum stapeln, entwickeln häufig diese Manie.

Nach fast einer Stunde gelangte ich zu dem Schluß, es sei jetzt Zeit, ein neugieriges Lächeln aufzusetzen und zu fragen: »Und wo ist nun die Lario?« Wenige Augenblicke später saßen wir wieder am Tresen und feilschten. Das Motorrad sei Baujahr 1987, erklärte er mir; jetzt hatten wir Ende 1988. Was hatte sie die ganze Zeit hier gemacht? Also – er zählte auf, was er alles verbessert und woran er überall herumgedoktert hatte: K&N-Luftfilter, bessere Ventilfedern, europäische Blinker, elektronische Zündung und so weiter. Ich hörte kaum zu, weil ich gar nicht alles begriff, was er mir erzählte, und weil ich nichts hören wollte, das mich von meiner Entscheidung hätte abbringen können, die ich gefällt hatte, lange bevor ich in Newark den Zug bestieg. Ich war weder davon abgerückt, als mir der Chefimporteur in den Ohren lag, daß ich doch *eigentlich* eine Le Mans wolle, noch als ich hörte, daß diese Maschine zwei Jahre lang hier herumgestanden hatte, und auch dann nicht, als Worte fielen wie »verbessert«, bei denen in meinem Kopf ein Warnlicht hätte aufflammen müssen.

Ich hatte außerdem auf ein Finanzierungsangebot des Geschäfts spekuliert, denn genausowenig wie ich Anlaß hatte, ein neues Motorrad zu kaufen, konnte ich es mir auch nur im entferntesten leisten. An diesem Punkt blieb Franz hart, doch er verschleierte das so wunderschön wie seine geniale Verkaufsstrategie des sanften Drucks, so daß es mir kaum auffiel. Ich würde also meinen Vater bitten, seine Lebensversicherung zu beleihen; eigenartigerweise war ich zuversichtlich, daß er das für mich tun würde, obwohl meine Mutter dermaßen außer sich war über die Richtung, die meine Entwicklung nahm, daß sie alle möglichen geistigen Verrenkungen machte, um damit zu Rande zu kommen: Das ist nur eine Phase bei ihr; das geht vorüber; wenn sie erwachsen ist, wird sie das mit den Motorrädern lassen; ich weigere mich, mich an irgendwelchen Unterhaltungen über Motorräder zu beteiligen; ich gehe ins Haus, wenn sie wegfährt, denn was ich nicht weiß, macht mich nicht heiß.

Abends war ich wieder in Hoboken und ganz und gar nicht sicher, ob ich tatsächlich in einer anderen Stadt, einem anderen Staat gewesen war.

Der Juni rückte näher, doch das bedeutete für mich nur eines: dessen drittes Wochenende – das Vatertagswochenende – herbeizusehnen, weil dann die Biker planmäßig wie Zugvögel wieder in New Hampshire einfallen würden. Aus irgendeinem Grund ist es am Rennwochenende da oben immer unnatürlich heiß, und jedesmal wenn ich die Staatsgrenze überquere und sehe, wie die Grüppchen von Motorradfahrern zu einem breiten Strom anschwellen, je näher ich dem Lake Winnipesaukee komme, überfällt mich Ferienstimmung, bittersüße Anwandlungen der immerwährenden Sehnsucht nach der Sorglosigkeit der Kindheit. Ein Wochenende lang gebe ich mir die Erlaubnis, in allem zu schwelgen, was mein Herz begehrt – Softeis, Hummerbrötchen und zielloses Zeitvertrödeln. Ich kaufe T-Shirts und Anstecknadeln, die bedruckt sind mit Aufschriften wie »Reparaturset für italienische Motorräder« und dem Bild einer Kanone.

Das New Hampshire Highway Hotel war irgendwann nach unserem Aufenthalt abgebrannt, was, wie ich hoffte, nichts zu bedeuten hatte. Armen empfahl die Unterkunft, in der er sich immer einquartierte, weit weg von den nervtötenden Massen, etwa eine halbe Stunde von der Rennstrecke entfernt. Sie befand sich in Alton Bay am Ende eines langen Fingers des Sees, der genau in Richtung Boston wies. Als ich feststellte, daß es in der Hütte, die wir reserviert hatten, sechs Schlafplätze gab und bisher nur Bob und ich und Bobs Freund Mike hinfahren wollten, begann in meinem Hinterkopf eine Idee Gestalt anzunehmen. Jedesmal, wenn ich bei Spare Parts Company anrief, weil ich etwas wissen wollte, hob Franz außer Atem ab und gestand mir schließlich, er stecke bis zum Ellbogen in Öl, und am Tresen warteten drei Kunden, und ob er mich zurückrufen könne. Das tat er auch, nach neun oder zehn Uhr abends, ob Wochenende oder Werktag. Er tat kaum etwas anderes als arbeiten, und sein Leben spielte sich im Laden und in der Werkstatt ab. Seine Freunde besuchten ihn dort, er nahm dort seine Mahlzeiten ein – in Form einer Lieferung der Gaststätte an der Ecke oder eines Sandwichs von einem schamlos überteuerten Delikatessenladen in der Nähe des Betsy-Ross-Hauses, des Entstehungsorts der ersten Flagge der Vereinigten Staaten. Er hatte nicht mal Telefon in seiner Wohnung, einem Loft in Gehweite.

Einige Wochen vor Mitte Juni begann ich ihm zu erklären, daß er Urlaub brauche. Ich geb's ja zu, sagte er, ich geb's ja zu. Und ich weiß den idealen Ort dafür, fuhr ich fort. Danach rief ich ihn fast jeden Tag an und setzte ihm zu, bis er lachte und sagte, daß er vielleicht sowieso nach New Hampshire fahren würde. Er hatte sich mehrere Jahre lang keine Pause gegönnt, bis auf die eine Woche im Frühling, wo er immer mit Freunden den Blue Ridge Parkway hinunterfuhr. Bei jedem Anruf kam ich mir vor, als ob ich aus mir herausträte und mir selber zuschaute; ich hatte keinen blassen Dunst, warum ich das überhaupt tat. Ich war Franz zweimal begegnet, einmal an diesem unwirklichen Novembertag und dann nochmals im April, um die Maschine endlich abzuholen. An diesem Tag regnete es einfach fürchterlich; trotzdem hatte ich es eilig, obwohl mir auf dieser jungfräulichen Maschine, die mir noch völlig fremd war, die Muffe eins zu tausend ging. Ich fragte mich, was ich denn schon mit ihm gemeinsam hatte, obwohl er am Telefon sehr nett war; immer hörte ich, wie er seine sechzehnte Vantage tief inhalierte, während im Hintergrund eine Musik aus dem Radio tönte, die ich mit blöden, halbwüchsigen Bengeln assoziierte. Ich konnte ihn mir gut vorstellen, dort in seinem eigenen kleinen Reich, wie er tüftelte, arbeitete und rauchte, rauchte und arbeitete. Meine Phantasie erfüllte es mit jener gemütlichen Behaglichkeit, die ich mit den Nächten, in denen ich arbeitete und rauchte, rauchte und arbeitete, nie hatte in Verbindung bringen können. Ich unterstellte ihm, er müsse mit seinem Leben zufrieden sein, genauso wie ich es allen Fremden unterstellte, zu deren erleuchteten Fenstern ich von draußen aus dem Dunkel hinaufblickte.

Als er endlich erklärte, er werde nach New Hampshire kommen, ging ich daran, ihm die Zusage abzuringen, gemeinsam mit mir hinzufahren. Ich wies darauf hin, daß Hoboken gradewegs auf dem Weg von Philadelphia dorthin liege. Schließlich sagte er auch dazu ja, und ich fühlte mich, als hätte mir ein Fremder ein Kompliment gemacht.

Um neun Uhr morgens schaute ich aus meinem Schlafzimmerfenster auf die Straße. Der Himmel sah aus wie ein schmutziger Lumpen. Der einzige Regenschutz, den ich besaß, war eine gelbe Plastikkombi für fünfzehn Dollar mit einem riesigen Loch an einer Wade. Dieses Loch war ein Andenken an eine Fahrt im Jahr zuvor, als ich längere Zeit durch heftigen Regen gefahren und schließlich von der V50 abgestiegen war; ich stand dicht an einem heißen Auspuffrohr, und ohne daß ich es merkte, schmolz das gelbe Zeug rasch dahin und zerlief wie die böse West-Hexe im »Zauberer von Oz«. Einer der Entschlüsse, die ich am Ende dieses elend langen Tages fassen sollte, bestand darin, sofort eine neue Regenkombi zu kaufen.

Mit einer Stunde Verspätung hörte ich draußen ein wunderschönes, anschwellendes Grollen, und ich schaute hinaus, um schließlich eine weiße Le Mans III um die Ecke biegen zu sehen. Es fiel sofort ins Auge, wie souverän der Fahrer auf seiner Maschine wirkte; ich bin sicher, daß sich bei diesem Anblick in meinem Gesicht die Anerkennung malte, die instinktiv auf die Züge tritt, wenn man einem besonders wohlgestalten Exemplar der Gattung Mensch begegnet, das ganz im Bewußtsein seiner selbst die Straße entlanggeht.

Nach wenigen Minuten stand ein Mann aus Philadelphia, den ich kaum kannte, in meiner Küche und entschuldigte sich für seine Verspätung; ich fand es auf einmal sehr eigenartig, daß mir so etwas überhaupt passiert war. Ich griff gerade nach meinen Taschen, als das Telefon klingelte. Es war ein alter Freund aus meiner Zeit als Lektoratsassistentin in einem Verlag. Er arbeitete jetzt in der Werbeabteilung eines Edelmagazins und bot mir an, einen längeren, aber einfachen, mit etwas Information angereicherten Werbetext zu schreiben. Es ging dabei nicht um Kunst. Er erklärte mir, ich hätte ein paar Wochen Zeit und ich bekäme fünftausend Dollar dafür.

Ich hatte mir was darauf eingebildet, dreihundertfünfzig die Woche nach Hause zu bringen, und jetzt fiel mir das in den Schoß. Franz blieb still in der Küche stehen, während ich mit meinem Freund die Einzelheiten abklärte und ihm mitteilte, ich würde ihn anrufen, sobald ich zurück sei. Als ich aufgelegt hatte, sagte Franz: »Ich weiß nicht, was du machst, aber ich weiß, daß du sehr gut darin bist.« Mich durchströmte Dankbarkeit, aber auch Scham, weil ich ein Kompliment für etwas erhalten hatte, über das ich mich eigentlich erhaben glaubte. Doch der Gedanke an ein kleines Stück Papier mit einer Zahl darauf, die schon ans Degenerierte grenzte, versüßte mir das. Ich haßte alles, was mit Geld zu tun hatte und wahrscheinlich nichts so sehr wie die Tatsache, daß ich nie genügend hatte.

Als wir durch den Holland Tunnel in die Stadt rollten, fanden wir beide genau die Stellung des Gasgriffs, bei der das Grollen des Motors die Betonröhre in einen Klangraum verwandelt; der Widerhall brach sich so oft, daß wir nicht mehr auf ölfleckigem Asphalt, sondern auf einem fliegenden Teppich aus Schallwellen fuhren. An der Ausfahrt aus dem Tunnel klatschten Regentropfen auf uns nieder.

Je weiter wir auf dem Taconic Parkway nach Norden kamen, desto heftiger wurde der Regen und desto dunkler der Himmel. Schließlich konnten wir gerade noch so fahren. Von der berühmten Hitze dieses Wochenendes keine Spur. Als wir Poughkeepsie passierten und damit erst ein Viertel der Strecke bis zu unserem Ziel zurückgelegt hatten, waren meine Jeans unter dem billigen gelben Plastik vom Sitz bis zu den Knien durchnäßt. Bei jeder Gewichtsverlagerung spürte ich, wie es das Wasser aus dem Stoff drückte. Franz, der die Möglichkeit hatte, jede Motorradkleidung, die auf den Markt kam, auszuprobieren und dann zu Händlerpreisen zu kaufen, trug einen alten britischen Bellstaff-Anzug aus gewachster Baumwolle, ein Kleidungsstück, das sowohl dem Zahn der Zeit als auch allen Preisvergleichen standgehalten hatte. Doch es gibt nichts, was an einem Tag, an dem es ununterbrochen regnet, wirklich trocken hält. Am Ende ist immer irgendwo eine undichte Stelle, genauer gesagt, am Schritt.

Wir hielten jede Stunde an, um zu tanken und einen Kaffee zu trinken, und immer eilte ich mit einem leisen Gebet, es möge einen Handtrockner geben, zu den Toiletten. Wenn es einen gab, zog ich meine Handschuhe, die so klamm und kalt waren wie tote Fische, über die Gebläseöffnung. Die Kinder wollten sich ausschütten vor Lachen über die aufgeblasene, schwarze Hand, die von der Wand winkte, während ihre Mütter heldenhaft versuchten, ihre Händchen unter das laufende Wasser zu halten. Dann drehte ich mich um und ließ den warmen Luftstrom auf meine Schultern blasen, weil sich die Muskeln durch die kalte, feuchte Luft, die beim Fahren in den Kragen zog, völlig verspannten. Bei unserer zweiten Pause zuckte ich schon zusammen, wenn nur ein Finger diese Muskeln berührte.

Bei unserer zweiten Pause waren Franz und ich schon Kameraden bei einer abenteuerlichen Expedition ins Unbekannte, und jeder schiefe Blick, der uns traf, festigte unsere Kameradschaft noch mehr. Und man wird schief angesehen, wenn man klitschnaß ein Lokal betritt und krummbeinig, unter Tropfen und Rascheln und mit unnatürlich rotem Gesicht zu einem Tisch stapft.

Wir waren spät losgefahren und gerieten immer mehr in Verzug; bei einem derartigen Sauwetter kann man sich unmöglich beeilen. Wir suchten uns eine Gaststätte zum Abendessen, und als wir wieder herauskamen, war es Nacht. Immer noch fiel Regen, wenn auch nicht mehr so heftig; dafür war die Temperatur beträchtlich gefallen. Ich fröstelte jetzt fast unausgesetzt, außer wenn meine Muskeln vollends zu Eis erstarrten. Wir waren jetzt mehr als acht Stunden unterwegs und noch nicht mal in der Nähe von Manchester. Jetzt begann der Teil der Fahrt, wo die Straßen, die man erst noch erreichen muß, in unendliche Ferne rücken und die Zeit sich nur noch mit einem schrecklich langsamen Tick, Tack dahinschleppt.

Von dem Punkt an, an dem wir auf die Route 28 einbogen und die offenbar letzten fünfundzwanzig Meilen in Angriff nahmen, glaubte ich nicht mehr, daß wir es noch bis zu unserem Ziel schaffen würden. Es war stockfinster, jedes entgegenkommende Scheinwerferpaar ein Feind, der uns mit tückischem Gleißen zu blenden versuchte. Franz fuhr voraus, und er hielt ein gleichmäßiges Tempo, das exakt der Geschwindigkeit entsprach, die ich gewählt hätte, wäre ich allein gefahren; wie ich heute weiß, ist dies das Resultat einer Begabung und eines Edelmuts, die nur wenigen eigen sind.

Nichts erschien mir endloser als die Route 28, die gesamte Fahrt eingeschlossen. Wir fuhren jetzt fast neun Stunden, allesamt in Regen und Kälte, und ich wußte nicht, wie lange ich das noch durchhalten konnte. Allmählich überlegte ich mir, ob wir nicht über unser Ziel hinausgeschossen waren und schon ein gutes Stück der Strecke nach Kanada zurückgelegt hatten. Dann flog plötzlich ein Schild durch unsere Scheinwerferkegel: ALTON BAY 7 MILES. Franz blinkte nach rechts und bog in eine geschlossene Tankstelle ein, unter deren Vordach wir anhielten. Wir stiegen ab und schüttelten uns wie nasse Hunde. »Mensch, was würde ich jetzt für ein Glas Whisky geben,« bemerkte ich, und Franz fing an, etwas über die Sodamaschine zusammenzuspinnen, deren roter Lichtschein sich in dem nassen, glänzenden Asphalt neben der Werkstatt spiegelte. In seiner Phantasie spuckte sie kleine Flaschen Wild Turkey und Maker's Mark und Jack Daniel's aus, und ich konnte förmlich sehen, wie sie sich vor meinen Augen verwandelte. Wir lachten wie die Idioten, zu denen wir geworden waren, und dann lag ich in seinen Armen.

Als wir endlich vor der Hütte vorfuhren, bereiteten uns Bob und Mike einen begeisterten – und ungläubigen – Empfang; sie waren sich sicher gewesen, daß wir unsere Abfahrt auf den nächsten Tag verschoben hätten. Ich schälte mich aus den nassen Sachen und verschwand in einer Dampfwolke unter der Dusche. Danach setzte ich mich auf den Heizkörper, und die warme Luft des Gebläses bauschte mein Flanellnachthemd. Ich war nicht sicher, ob mir jemals wieder warm werden würde.

Jäh wurde mir bewußt, daß ich das Geräusch meines eigenen Motorrads hörte, ohne daß ich draufsaß. Ich warf die Bettdecke zurück und sah durch das Fenster, daß Franz die Lario gerade anhielt. Er mußte sie genommen haben, um sie für mich aufzutanken, damit wir alle gemeinsam zur Rennstrecke fahren konnten, sobald ich aufgestanden war. Ich beobachtete, wie er abstieg und, während er sich mit Bob unterhielt, der mit einer Tasse Kaffee in der Hand zu ihm hingeschlendert kam, eine langstielige, rote Rose unter einem Spannriemen hervorzog. Ich war unendlich gerührt: das mit der Blume war lieb – aber erst ein voller Benzintank und ohne auch nur zu fragen!

Der Tag brach so sonnig an, daß sich die Erinnerung rasch verflüchtigte. Ich ging nach draußen, um mir anzuschauen, wo ich mich überhaupt befand. Unser Häuschen gehörte allem Anschein nach zu einer Gruppe dunkler Blockhütten, die sich über das Grundstück eines hundertjährigen Sommerlandsitzes am See verteilten. Über das kalte Wasser ragte ein Bootsanleger, zwischen hohen, uralten Kiefern lag eine Wiese, über die selbstherrliche Enten marschierten. Unsere Hütte, das sogenannte Puppenhaus, war die älteste, vermutlich als Kinderspielhaus erbaut, vor den Tagen, wo sich niemand mehr großzügige Sommersitze am See leisten konnte, vor den Tagen, in denen ein solcher Besitz umgebaut und an Gäste vermietet oder in Parzellen aufgeteilt und verkauft werden mußte.

Wir fuhren im Konvoi einer hinter dem anderen. Die Route 140 West zur Rennstrecke gehörte fünfzehn Meilen lang uns, doch als wir auf die 106 einbogen, riß uns dieselbe Woge von Motorrädern mit sich, die mich auch in meinem zweiten Jahr als Zuschauerin bei den Rennen faszinierte. In allen Richtungen donnerten Motorräder vorüber; sie parkten auf den Seitenstreifen, wo ihre Besitzer Schilder mit der Aufschrift ZEIGT EURE TITTEN! hochhielten; sie überrollten Tankstellen und Parkplätze von Supermärkten und Fischrestaurants. Es gab Sportbikes und Cruiser und Chopper und Trikes und alte Einzylinder, ein lauter Farbenteppich, der sich auf die Landschaft aus Grün und Ocker legte.

Die Gegend um Laconia, ein ausschließlich von Weißen besuchtes Erholungsgebiet an den Ufern des Lake Winnipesaukee, ist seit 1917 Austragungsort der heute ältesten jährlich stattfindenden Motorradrennen der Vereinigten Staaten. (Als offiziellen Schauplatz der Rennen bezeichnet man jetzt den nächstgelegenen Ort Loudon, möglicherweise um Abstand zu den häufigen Ausschreitung der Vergangenheit zu gewinnen, doch die alten Hasen sprechen immer noch von »Laconia«.) Hunderte und später Tausende trafen sich zu den alljährlichen Amateurrennen rund um die sogenannte Gypsy Tour, und um die Tourist Trophy (TT) über hundert Meilen mitzuverfolgen. 1938 fand das erste Grand National statt, auf einer Sandpiste zwischen den Kiefern hindurch; 1965 wurde eine asphaltierte Strecke gebaut.

Die Photos von den Rennen der dreißiger Jahre vermitteln etwas von dem Flair jener »tollkühnen Männer auf ihren fliegenden Kisten«: Jodhpurs und karierte Mützen; hübsche junge Dinger, die in ausgelassender Gesellschaft von den Trittbrettern alter Fords aus die Ereignisse verfolgen; höchst manierliche Motorradclubs wie Fritzie's Roamers oder Friendly Riders of Worchester, Massachusetts, die steif aufgereiht für Gruppenphotos posieren, alle gewandet in eine Art eleganter Uniform aus Button-Down-Hemden mit kontrastfarbenen Kragen und Manschetten, Krawatten mit Klammern, für die es eine genaue Plazierungsvorschrift gegeben haben muß, und Schirmmützen ähnlich denen der Polizei.

Doch die Veranstaltung hatte auch eine Kehrseite, und zwar seit ihren Anfängen. Das Programmheft von 1947 enthält folgenden Appell:

> VERHALTET EUCH WIE GENTLEMEN
> An die Motorradfahrer, die sich die Tour ansehen: Ihr solltet euch vor Augen halten, daß wir danach, wie wir fahren und uns allgemein benehmen, als ganze Gruppe beurteilt werden. Deshalb wünscht euch unser Verband viel Vergnügen und wunderschöne Tage, aber genießt sie bitte in Gentleman-Manier, damit ein ausschließlich vorteilhaftes Licht auf unsere Motorradfahrergemeinschaft fällt. Und das bezieht sich auch auf eure Fahrweise auf den öffentlichen Straßen.

Den Krawallbrüdern unter den Angesprochenen stand der Sinn wohl kaum vor allem danach, einen akzeptablen Eindruck zu machen, wenn sie schon einmal in großer Zahl mit so zahlreichen Mitbrüdern zusammentrafen. Bei einem ähnlichen Wochenendtreffen 1939 in Athol in Massachusetts rückte die Feuerwehr aus, um die Menge mit dem Wasserschlauch zu zerstreuen, was wiederum erst einen richtigen Aufstand auslöste, den nur noch die Polizei niederschlagen konnte.

Doch erst bei den Laconia-Rennen von 1965 liefen diejenigen, die ihren »Spaß« haben wollten, zu Höchstform auf. Wie manche behaupteten, hatten sich ein paar Hell's Angels eingeschlichen und die ganze Sache ins Rollen gebracht, doch es ist ziemlich sicher, daß sich keiner von denen auch nur in der Nähe von Neuengland herumtrieb; 1965 gab es die echten Hell's Angels nur in Kalifornien (andere Clubs klauten einfach den Namen, mußten jedoch irgendwann dafür büßen). Der Weg von Kalifornien zieht sich ziemlich, wenn man ihn mit einer stark verlängerten Vordergabel und einem Zehn-Liter-Tank zurücklegen will.

Die Behauptung, daß die schlimmsten Radaubrüder des Landes die Hand im Spiel gehabt hätten, klingt etwa so wie die Lieblingseröffnung von Polizeisprechern und beflissenen Jungreportern: Die Krawalle vor Ort hätten »von auswärts angereiste Chaoten« – je exotischer, desto besser – vom Zaun gebrochen. Dies war die übliche Strategie, bis schließlich 1995 eine Lokalzeitung einen neuen Gesichtspunkt aufs Tapet brachte: Ein Großteil des Ungemachs, das die Region während des Rennwochenendes heimsuche, gehe auf nicht Motorrad fahrende einheimische Jugendliche zurück, die ihrem übers Jahr aufgestauten Frust in Krawallen Luft machten, und der jährliche Einfall Tausender Motorräder in ihr Revier böte ihnen nur einen willkommenen Anlaß.

1965 kamen mehr als 20000 Motorradfahrer nach Laconia – eine Zahl, die seit den dreißiger Jahren üblich war –, doch diesmal machte sich in der Stadt ungewohntes Unbehagen breit.

Die Stadt duckte sich, als ob sie die aufgeladene Atmosphäre, die die »zornigen jungen Männer« um sich verbreiteten, und den Funken fürchtete, der sie zur Explosion bringen konnte. Diese Angst dürfte die Atmosphäre jedoch nur noch explosiver gemacht haben.

Eine der üblichen, künstlich hochgepuschten Stories von *Life* berichtete, die Biker hätten entlang des Highways sogar Reklametafeln aufgestellt, um Zuschauer zu ihrem Spektakel zu locken: KOMMT ZU DEN KRAWALLEN! SEHT WEIRS BEACH AM SAMSTAGABEND BRENNEN! Auf einer der Doppelseiten, mit denen *Life* die Sensationslust des amerikanischen Normalbürgers sonst mit Verrücktheiten aus dem Ausland bedient, zeigte das Magazin Photos von beschlagnahmten Waffen – Ketten und dergleichen – sowie das Bild eines der üblen Kerle, der nicht allzu verzweifelt in einer Arrestzelle sitzt.

Am schnellsten eskaliert eine Situation immer in einer schwülen Sommernacht. Der Verkehr nach Weirs hinein – Weirs Beach mit seiner Minigolfanlage, seinen Imbiß- und Eiskiosken und Souvenirläden und dem Vergnügungspark – fließt in zähen Schlangen, stockt im Stau. Zuschauermengen füllen die Gehsteige und quellen aus Kneipen; Feuerwerkskörper zerreißen den Nachthimmel. Stimmengewirr, Rufe – und Hitze.

Als die Nacht vorüber ist, liegt das Auto einer einheimischen Familie als verkohltes Wrack mitten auf der Straße; Gebäude sind rauchgeschwärzt. Sechsundneuzig Polizeibeamte und zweihundert Reservisten hatten sich eine Straßenschlacht mit den Rowdies geliefert. Die *New York Times* betrieb Ursachenforschung: Die Räumung der Straßen sei geboten gewesen, weil von den Grüppchen »langhaariger, junger Rabauken mit unzivilisierter Sprache, die Motorräder mit Namen wie ›Cold Turkey‹ (Kalter Entzug) und ›Bad News‹ (Schlechte Nachrichten) fahren,« eine Bedrohung ausgegangen sei. Wie auch immer, da sowohl die Feuerkraft als auch die Schutzausrüstung der mutmaßlichen (und mutmaßlich zivilisiert sprechenden)

Guten überlegen waren, gab es die meisten Verletzten auf der anderen Seite. Fünfzig Personen wurden verhaftet, fünfundachzig mußten wegen Verletzungen durch Tränengas, Schrot, Gummiknüppel und verirrte Flaschen, Steine und Feuerwerkskörper medizinisch versorgt werden.

Die Arrestzellen der kleinen Stadt quollen über in dieser Nacht des Jahres 1965. Interessanterweise hatte John King, der Gouverneur von New Hampshire, nur eine Woche zuvor ein Antikrawallgesetz unterzeichnet und somit in Kraft gesetzt. Die Entscheidung ging weder auf simple Vorahnung zurück noch fehlte ihr ein Anlaß. Die Veranstaltung war im Jahr zuvor wegen der Unruhen von 1963 gänzlich abgesagt worden.

Heute füllen die Parkplätze an der Rennstrecke Motorräder in Reih und Glied – Hunderte ordentlicher Reihen, wie im größten Ausstellungsraum der Welt unter freiem Himmel. Der Ausblick von der Oberkante der Tribune mit ihrer Rundumsicht über einen knappen Kilometer ist schlicht überwältigend. Alle Fabrikate, alle Farben, alle Baujahre von 1972 an und mehr als nur ein paar aus der Zeit davor. Bei einem Bummel durch die Reihen kann jeder seinem Traum begegnen: einer Bimota für 30000 Dollar, der Testarossa der Motorräder; einer massigen BMW Paris-Dakar in glänzendem Schwarz-Gelb; einer Ducati Super Sport wie Meerschaum von 1974, ehrfurchtgebietend restauriert, die so federleicht wirkt, daß man meint, sie mit einer Hand umstoßen zu können, die jedoch auf der Straße mit einem Aufbrüllen verschwunden ist, schneller als man ihr mit den Augen folgen kann. Den sechs Harleys, die als Gruppe kamen und sich schräggelehnt auf ihre langen Seitenständer stützen, mit von den Lenkerenden baumelnden Waschbärschwänzen, eine Phalanx schwarzlederner, fransenverzierter Satteltaschen und verchromter Trittbretter. Oder eine alte Yamaha von unbestimmter Farbe, ein Ur-Bike, nichts, weshalb man ausflippen müßte, aber es fährt. Hunderte davon.

Diese Vielfalt ist nicht das Werk von Menschen, die alle das gleiche denken oder gleich aussehen, sondern irgendwie alle das gleiche *mögen;* dennoch sind sie aus ein und demselben und zugleich aus tausendundeins Gründen hier. Die Tribünen wirken heuer spärlich besetzt, weil sie für das Massenpublikum der Autorennen erweitert wurden. Motorradrennen locken nur einen Bruchteil von deren Zahlen, obwohl nur eine Minute an der Strecke – wenn das Feld vorüberheult, die Fahrer tief auf die Maschinen geduckt, im Hanging-off, die Knie um Haaresbreite über dem Asphalt und manchmal im freien Flug durch die Luft – Beweis genug wäre, daß der Motorradrennsport dem Zuschauer mehr an Spannung zu bieten vermag als alles, was wir gemeinhin als »aufregend« bezeichnen.

Diese zehntausend Fans also wirken verloren auf der gigantischen Tribüne. Von den oberen Reihen aus können sie fast den gesamten Kurs überblicken, der sich um das Oval der Autorennstrecke herumwindet, dann einen Hügel hinauf und wieder hinunter, noch eine Haarnadelkurve beschreibt und danach ein gerades Stück parallel verläuft; auf diesem geraten Maschinen und Fahrer für einen Moment außer Sicht, weshalb dort alles mögliche passieren kann und passiert.

Die Motoren heulen auf. Ein Starterfeld von dreißig Maschinen macht einen Höllenlärm. Dann fällt die Flagge. Anfangs ist das Feld so dicht, daß es an ein Wunder zu grenzen scheint, daß nicht die Hälfte schon weit vor der ersten Kurve auf dem Asphalt liegt. Ein leichter Rempler hat bei einem Motorrad einen völlig anderen Effekt als bei einem Auto; dieses wird zwar in eine neue Richtung gestoßen, bleibt aber auf den Rädern. Es ist sogar frappierend, wie schnell ein Wackler aus einer mit höchsten Aufwand zusammengebauten Rennmaschine Schrott macht. (Genauso verblüffend ist es, wie viele scheinbar unausweichliche Katastrophen von professionellen Fahrern noch abgefangen werden, und das ist ein weiterer Aspekt, der diese Zehntausend auf den Tribünen fasziniert: Sie können sich so gut ausmalen, wie es sein mag, in die sichere Katastrophe hineinzurasen. Was sie sich nicht vorstellen können, ist, wie dieser Kerl in Kurve sechs gerade diese unglaubliche Rettungsaktion fertiggebracht hat, denn solche fahrerischen Leistungen sind praktisch nicht nachvollziehbar.)

In der Anfangsphase, wenn sich die Maschinen wie ein geschlossener Block in die erste Kurve legen, geht kaum einer ein Risiko ein. Alles im Griff und die Nerven behalten. Ein bißchen besser im Griff und bessere Nerven behalten als die anderen neunundzwanzig. Damit beginnt das, was letztendlich direkt ins Finish führt. Weil schließlich irgendeiner die Führung übernehmen muß, zieht sich der Rest des Feldes hinter diesem Fahrer auseinander, so daß man jetzt besser beobachten kann, wie sich der Wille zu siegen verstärkt, der Wille, sowohl die Strecke als auch alle Konkurrenten zu schlagen.

Runde um Runde legen sie zurück. Zwanzig, dreißig, und immer hetzen sie auf der vorderen Geraden mit diesem durchdringenden Kreischen vorüber, das die Zuschauer am Zaun zurückwirft. Es ist unmöglich, ihnen von dort aus mit dem Blick zu folgen, weil man den Kopf gar nicht so schnell herumwerfen kann. Die Zaungäste entscheiden sich daher für eine Blickrichtung und bleiben dabei. Die Fahrer wiederum wählen ihre Linie so exakt, daß sich bei Regen eine anderthalb Meter breite, trockene Spur bildet, und wie viele Runden das Rennen auch dauert, die Reifen rollen nach jeden zweieinhalb Kilometern genau auf diesem Streifen.

An meinem ersten Tag vermochte ich nichts anderes, als am Maschendrahtzaun zu kleben und den Mund aufzusperren, während die Motorräder Zentimeter von meinen Fingerknöcheln entfernt vorüberrasten. Jetzt, einige Rennen später, ist der Bann gebrochen, und ich kann mich ab und zu von den Rennen losreißen. Wenn man durch einen der beiden großen Betontunnel geht, die unter der Strecke hindurchführen, gelangt man in den Boxenbereich in der Mitte des Rundkurses. Von hier aus sieht man vom Rennen nicht allzuviel, obwohl man sich ganz nah an eine Kurve stellen kann, wo man hört, wie die Fahrer krachend herunterschalten, förmlich spürt, wie sie kurz vorher in die Eisen steigen, und dann die schwindelerregende Schräglage sieht, in der die Fahrer mit dem Hintern halb neben der Maschine hängen und dicke Knieprotektoren über den Asphalt schleifen. Und schon sind sie wieder obenauf und weg, schalten hoch mit einem Crescendo, das kein Ende zu nehmen scheint.

Während vorn das Schauspiel in vollem Gange ist, läuft an den Boxen der Betrieb hinter den Kulissen. Man kann zuschauen, wenn die Fahrer ihre Maschinen zum Start schieben, und riskiert es, über den Haufen gefahren zu werden, wenn sie nach Beendigung eines Laufs von der Rennstrecke zurückkommen. Die übrige Zeit kann man hie und da einen erspähen, wie er umherschlendert, den Reißverschluß der einteiligen Rennkombi bis zur Taille geöffnet, so daß sie aussieht wie eine halb abgestreifte Haut. Zuweilen sieht man auch einen Fahrer auf einem Boxenmotorrad heranfahren; diese Sportbike-Miniaturreplikas sind beliebt als Fahrzeuge für allerlei Besorgungen. Wenn sie so dahergetuckert kommen – die Knie fast am Kinn und auf einem Sitz kauernd, der nicht viel höher ist als der Boden –, dann wirken sie wie die Jungs, die sie im Grunde sind, wie siebzehn, achtzehn, neunzehn, nicht wie die gottähnlichen Erscheinungen auf der Rennstrecke. Man kann auch einen Blick in die Box werfen, wo eine Gruppe von wichtig dreinschauenden Offiziellen mit Klemmbrettern in der Hand die technische Abnahme durchführen, eine rasche Abfolge von Blicken, Handgriffen und wieder Blicken bei jedem Motorrad, das bis in Augenhöhe auf eine Rampe hinaufgerollt wird. Auch die Maschinen wirken verblüffend klein.

Ich schlendere gern in der Menschenmenge umher, die gleichfalls umherschlendert, angetan mit Shorts und Baseballmützen und T-Shirts mit dem Aufdruck von anderen Rennstrecken und -jahren. (Die Besucher haben fast durch die Bank weiße Hautfarbe; irgendwann stößt mir das unweigerlich unangenehm auf.) Wir kramen in den Sachen, die zum Verkauf angeboten werden: Rennanzüge für viele hundert Dollar in den allerneuesten Farbkombinationen wie braunrot und königsblau oder magenta-lavendel-leuchtorange; Reifen, Kettenschmierfett und Bremsbeläge; die immer gleichen Poster und Kalender, raffiniert ausgeleuchtete Studioarrangements mit einer heißen Kawasaki und einer noch heißeren achtzehnjährigen Blonden in einem T-Shirt, das genau unterhalb der aufgerichteten Brustwarzen abgeschnitten ist.

Man sollte meinen, daß all dies genug Attraktion für jeden Besucher böte. Doch das breite Spektrum der Besitzer der Myriaden Maschinen, die draußen vor den Toren parken, ist nicht so einfach zufriedenzustellen. Es gibt Biker, die seit zwanzig Jahren nach Laconia kommen und noch nie zur Rennstrecke gefahren sind. Sie sitzen auf dem Parkplatz des Green Arrow Motels und lassen die Parade an sich vorüberziehen. Da liegen sie dann in ihren nylonbespannten Gartenstühlen, die Stiefel lässig von sich gestreckt, als ob sie immer noch auf ihrem Cruiser mit den weit nach vorn verlegten Fußrasten säßen. Aus ihrer Hand ragt die Bierdose. Sie werden nur munter, wenn es gilt, »TITTEN!« zu grölen, weil ein Motorrad mit Sozia vorbeikommt. Auf dem Höhepunkt des Wochenendes in Weirs Beach haben viele Mädchen ihre T-Shirts einfach von vornherein ausgezogen. Doch wie Automaten, die sich nicht abstellen lassen, schreien sie auch bei diesen noch mechanisch »TITTEN!«

Der Drang, auf dem Motorrad um die Wette zu fahren, ist so alt wie das Fahrzeug selbst. Schon Kinder zeigen diesen Drang; noch am selben Tag, an dem sie ein Fahrrad mit Hilfsrädern bekommen, treten sie wie wild in die Pedale, um schneller zu sein als ihre Spielkameraden. Das erste Rennen, an dem Motorräder teilnahmen, fand 1894 zwischen Paris und Rouen statt; wahrscheinlich war es ein Rennen für jedermann, an dem Automobile, die klapprigen Zweiräder jener Zeit und benzinbetriebene Dreiräder gleichermaßen teilnehmen durften. Im folgenden Jahr erlebte Amerika das erste formelle Rennen, bei dem Motorräder mitfuhren – von Chicago nach Waukegan (das erste offizielle Rennen in den Vereinigten Staaten – von Boston nach New York – mußte allerdings warten bis 1901 und bis zur Gründung eines offiziellen Motorsportverbands).

1897 fand in Großbritannien eine Wettfahrt zwischen einem Motorrad und einem Fahrrad statt. Zwar erreichte das Fahrrad nach der 43 Kilometer langen Strecke die Ziellinie mit dreihundert Metern Vorsprung, doch das *Horseless Vehicle Journal* äußerte die Ansicht, es werde nicht lange dauern, bis der Motor die Oberhand über die Pedale gewinnen werde.

Tempo pur – das war von Anbeginn an die unendlich verlockende Herausforderung. Die schon in der Anfangszeit des Motorrads erreichten Geschwindigkeiten werden noch unglaublicher, wenn man sich vor Augen hält, daß der Bau eines entsprechenden Fahrwerks immer wichtiger wird, je mehr Leistung der Motor bringt. Da die Leistungsfähigkeit des ersteren der des letzteren häufig beträchtlich hinterherhinkte, nahm die Wahrscheinlichkeit katastrophaler Folgen proportional zu dieser Diskrepanz zu. Der Pionier der Fliegerei und begeisterte Motorradfahrer Glenn Curtiss montierte einen querliegenden Curtiss-V8-Motor mit Kardanantrieb in einen Motorradrahmen und erreichte damit bei Ormond Beach eine inoffizielle Geschwindigkeit von 136,3 Meilen pro Stunde (219,4 Stundenkilometer) – im Jahr 1907. 1920 erreichte eine V2-Indian mit 1114 Kubik bei Daytona Beach 115,79 Meilen pro Stunde (186,4 Stundenkilometer), und 1937 stand der Weltrekord bei 274,5 Stundenkilometern, gesetzt von Piero Taruffi auf einer Gilera. Er hielt weniger als einen Monat, dann brach ihn der Deutsche Ernst Henne auf einer leistungsgesteigerten BMW mit 279,4 Stundenkilometern. Henne hielt, wenn auch jeweils nur kurz, 76 Weltrekorde.

Schon früh faßte der Nationalismus im Rennsport Fuß und heizte die Wettbewerbe auf. So maßen sich 1903 ein Franzose und ein Engländer auf der Radrennbahn von Canning Town unter den Augen eines Publikums, dessen Leidenschaft an Kriegshysterie grenzte (Maurice Fournier fuhr eine Maschine mit 22 PS, 2340 Kubikzentimetern Hubraum und einer Spitzengeschwindigkeit von 130 Stundenkilometern und fuhr seinen britischen Konkurrenten in Grund und Boden). Die Geschichte des Rennsports läßt sich in die Jahre und manchmal auch Jahrzehnte einteilen, in denen die Maschinen aus bestimmten Ländern mehr Trophäen errangen als alle anderen: In den ersten Jahrzehnten des Jahrhunderts gingen die Pokale zwischen den Franzosen, Briten und Amerikanern hin und her; in den dreißiger Jahren schienen die Nortons aus England den Sieg gepachtet zu haben; in der zweiten Hälfte dieses Jahrzehnts schlugen die Italiener heftig und oft erfolgreich zurück; kurz vor dem Zweiten Weltkrieg war BMW drauf und dran, die Führung an sich zu reißen. Mit den fünfziger Jahren ging das goldene Zeitalter der britischen Maschinen zu Ende, während die italienischen erneut eine Glanzzeit erlebten, insbesondere Guzzi und Gilera. Anfang der sechziger Jahre räumten die Erzeugnisse der »Mechanischen Werkstätte Verghera« (Meccanica Verghera), das Hobby des Grafen Domenico Agusta, alles ab, was es auf dem europäischen Kontinent zu holen gab: MV Agusta gewann die Weltmeisterschaft 1958, 1959 und 1960 in der 500-, 350- und 250-Kubikzentimeter-Klasse. (Die einzige Kategorie, in der MV Agusta nicht siegte, war die Seitenwagenkonkurrenz, die schon immer BMW für sich entschieden hatte.) Ein Stern, der so hell aufleuchtet und so rasch wieder erlischt, ist der Stoff für bleibende Erinnerung und Mythenbildung; dazu kommt noch, daß die Agustas zu den schönsten Motorrädern zählen, die je gebaut wurden. (Mein Freund Wolf Knapp schrieb vor ein paar Jahren einen Rocksong mit dem Titel »MV Agusta«, der von der Band Antietam aufgenommen wurde; der Titel hat, wie beim Art Rock üblich, keinerlei Bezug zum Text, doch Wolf hat ein sicheres Gespür für gute Songtitel.)

Die Jahrzehnte der japanischen Vorherrschaft begannen 1961, als Mike Hailwood, einer der berühmtesten Motorradrennfahrer aller Zeiten, eine private Honda in der 250-Kubikzentimeter-Klasse zur Weltmeisterschaft fuhr. Die Japaner brauchten nur ein Jahr, um alle Gegner aus dem Feld zu fegen:

1962 hatten sie in fünfundzwanzig Rennen sechzehn neue Rekorde gesetzt und in allen den ersten Platz belegt. Es schien, als sei ihre absolute Vorherrschaft nicht zu brechen, bis Anfang der neunziger Jahre die italienische Firma Ducati mit ihren verblüffend starken roten Rennern die Szene wieder betrat.

Straßenrennen sind die bekannteste und faszinierendste Form von Motorradrennen. Sie leiten sich ab von den ersten Rennen, die auf Rundkursen aus abgesperrten öffentlichen Straßen ausgetragen wurden. Das früheste dieser Straßenrennen war wahrscheinlich die Coupe Internationale, organisiert vom französischen Auto-Cycle Club, bei der Schiebungen grassierten (so wurden andere Maschinen benutzt als gemeldet, Maschinen unterwegs gewechselt und sogar Nägel gestreut, d. Ü.). Das Rennen im nächsten Jahr in Dourdan war besser organisiert und überwacht, so daß es zum ersten Wettbewerb von wirklicher Bedeutung wurde. Drei von zwölf Fahrern gelang es, die üblichen Störungen und Stürze zu vermeiden und ins Ziel zu kommen: der Österreicher Vondřich auf einer Laurin & Klement als erster, Joseph Giuppone aus Frankreich auf einer Peugeot als zweiter und der ursprüngliche Favorit Demester aus Frankreich, der aber wegen unerlaubten Radwechsels disqualifiziert wurde.

Doch der Rennsport ist ungeheuer vielfältig, und diejenigen, die es lieben, ihre Kräfte zu messen, fanden die verschiedenartigsten Herausforderungen auf den unwahrscheinlichsten Unterlagen. Es gab und gibt manchmal noch Rennen auf Sand, Aschenbahnovalen, Gras, Eis (wobei Reifen mit mörderischen Spikes verwendet werden, die die extremsten Schräglagen im gesamten Rennsport ermöglichen) und hügeliges Querfeldeingelände. Es gibt Dragster-Rennen, die den Beweis liefern, daß irgend jemand irgendwo dazu bereit ist, nahezu alles x-beliebige in einen Zweiradrahmen zu packen und sich dann über so viele Zylinder zu legen, daß er kaum noch den Lenker erreichen kann; acht Sekunden später überquert er die Ziellinie mit dreihundert Stundenkilometern, vorausgesetzt, es geht nichts schief. Es gibt Langstreckenrennen rund um die Uhr (meistens auf Rennkursen, doch gelegentlich auch auf öffentlichen Straßen, in Amerika beispielsweise das »Iron Butt« [Eisenarsch]; die Fahrer, die das Rennen durchhalten, können es in den elf Tagen am Stück auf durchschnittlich tausend Tagesmeilen und mehr bringen); Rennen gegen die Uhr; Hillclimbing (Fahrten steile Abhänge hinauf; es gewinnt, wer den höchsten Punkt erreicht, d. Ü.); akrobatische Manöver genannt Trials, bei denen die Fahrer ganz langsam scheinbar unpassierbare Felsen und Gräben überwinden (auch in der Halle mit künstlichen Hindernissen ausgetragen, d. Ü.); Speedway-Rennen, die in Australien erfunden und 1928 von »Sprouts« Elder nach England gebracht wurden, ein Name, der bewahrt zu werden verdient.

Das erste »Moto-Cross«, ein Punkt-zu-Punkt-Rennen durch unwegsames Gelände, war das Southern Scott Scramble (»scramble« heißt soviel wie »Rauferei«. d. Ü.), das 1924 auf der Camberley Heath in England ausgetragen wurde. Ein Teilnehmer sah in den britischen Scrambles der vierziger Jahre »das Überleben eines mittelalterlichen Brauchs, nach dem die jungen Männer des Bezirks sich bis zur Unkenntlichkeit mit Dreck bewerfen und sich gegenseitig quälen.« In der Tat können die durchdrehenden Hinterreifen einer dicht gepackten Gruppe Motorräder auf demselben durchgeweichten Stück Boden viel Schlamm aufwirbeln. Moto-Cross-Fahren ließe sich auch zutreffend beschreiben als eine Mischung aus Fahren und Fliegen – und Ausbuddeln –, denn die Piloten verbringen beträchtliche Zeit in der Luft, weil kleine Hügel bei Vollgas zu Sprungschanzen werden. Die Scrambles waren Vorläufer der Moto-Cross-Rennen, die heute eine der populärsten Sportarten Amerikas darstellen und auch in Europa beliebt sind. Schon im Alter von vier Jahren werden manchmal Kinder auf Mini-Cross-Maschinen gesetzt und darauf gedrillt, sowohl aufeinander als auch auf die Buckel loszugehen, und ihre Eltern starren mit derselben Verbissenheit auf den Erfolg wie die Eltern anderer Sportwunderkinder. In den Vereinigten Staaten gibt es zusätzlich zum Moto-Cross noch Meisterschaftsläufe im Supercross, die in geschlossenen Stadien auf einer künstlichen, mit Tonnen von Erde aufgeschütteten Strecke ausgetragen werden. Häufig wertet man das Spektakel für das Publikum noch mit einer Monster-Truck-Show als Draufgabe auf.

Die frühen Bahnrennen wurden von der American Motordrome League organisiert; zu dieser Liga gehörten Mannschaften, die von Wettbewerb zu Wettbewerb reisten. Die Läufe fanden auf Bahnen mit einer Länge von 1200 Metern statt, die aus Holzplanken gezimmert waren und eine Überhöhung von 58 Grad hatten. Die Maschinen erreichten darauf nicht weniger als 145 Stundenkilometer. Die Oberfläche der Planken wurde angerauht, da glattes Holz den Reifen zuwenig Bodenhaftung geboten hätte. Die Kehrseite war, daß für die Fahrer Stürze ohne die Spreißel, die sich nur vorzustellen schon weh tun, weitaus glimpflicher hätten ausgehen können. Außerdem bekamen die Bretter bald Ölflecken oder Risse und die Fahrer den Drehwurm, weil sie auf einer so kurzen, so steil überhöhten Strecke immerzu seitwärts geneigt im Kreis herum fuhren. Die Rennen waren eher Spektakel als sportlicher Wettbewerb, und die häufigen Stürze machten einen wesentlichen Teil der Attraktion aus, obwohl die Resultate bald einen allgemeinen Aufschrei gegen die »Mörderdrome« auslösten. Bei einem Rennen am 8. September 1912 kamen zwei Fahrer und sechs Zuschauer ums Leben; in der gerichtlichen Untersuchung wurde der Vorschlag geäußert, Motorradrennen abzuschaffen.

Nur die Bahnrennen verschwanden schließlich – der Reiz, der davon ausging, auf diesen Beschleunigungsmaschinen aufs Ganze zu gehen, war einfach zu groß, als daß irgend jemand ernsthaft in Betracht gezogen hätte, damit aufzuhören. In den Anfangsjahren lösten die Rekorde einander in phänomenalem Tempo ab – 1912 wurden 43 Weltrekorde aufgestellt, so kurz sie auch jeweils hielten – und die Männer, die ihnen nachjagten, wurden zu champagnerdurchnäßten Helden. In der Woche bevor er sich einschiffte, um sich auf der legendären Brooklands-Bahn in Surrey mit einem britischen Herausforderer zu messen, stellte Jake de Rosier mit seiner Indian drei Weltrekorde auf (und in Surrey setzte er mit seinem amerikanischen Schwermetall die Serie mit einem Sieg über Charlie Collier auf einer Matchless fort).

Die Geschichte eines der denkwürdigsten dieser Geschwindigkeitsfanatiker, Erwin G. »Cannonball« Baker, ist nicht zu trennen von der seiner Verfolger, die seine Rekorde fast genauso schnell brachen, wie er sie aufstellte. 1914 setzte er einen Rekord für die 5440 Kilometer lange Strecke von Los Angeles nach New York, die er in elf Tagen, zwölf Stunden und zehn Minuten zurücklegte. Kurz danach übertraf ihn der einundzwanzigjährige Allan Badell, der 5306 Kilometer in sieben Tagen, sechzehn Stunden und fünfzehn Minuten herunterriß. Bakers Rekord für die »Dreiländer-Route« (vom kanadischen Blaine ins mexikanische Tijuana) wurde von Ray Artley gebrochen, der für die 2684 Kilometer drei Tage und fünfundzwanzig Minuten brauchte. Und auch Bakers 24-Stunden-Bahnrekord fiel bald durch einen Fahrer namens Wells Bennett. Doch was »Kanonenkugel«-Baker bei all seinen Rekordversuchen gelernt hatte, kam ihm letztlich gut zustatten: Beispielsweise forderte man ihn auf, drei sehr lange Etappen des »Pony Express«-Staffelrennens zur Panama Pacific Exposition zu fahren; weil er die unbefestigten Überlandstraßen Amerikas wie kein anderer kannte, stellten die Organisatoren Mittel bereit, um ihn in den Zug zu setzen und überall dorthin zu bringen, wo man ihn am dringendsten brauchte.

Wenn man testen will, ob ein selbsterklärter Motorradfan wirklich in der Wolle gefärbt ist, spricht man vielleicht am besten drei Worte aus: »Isle of Man«. Wenn dem Betreffenden dabei nicht mehr einfällt als eine Insel in der Irischen See, dann ist die Leidenschaft möglicherweise nur Fassade.

Die Tourist Trophy, kurz TT, die seit 1907 alljährlich auf der Isle of Man ausgetragen wird, gilt als das ultimative und gefährlichste Motorradrennen. Der Rundkurs verläuft heute (in der Vergangenheit gab es drei verschiedene Streckenführungen) über 37,7 Meilen (knapp 61 Kilometer) auf schmalen Straßen durch Dörfer und Städtchen, hügelauf und hügelab, durch tödliche Kurven, über Brücken, vorbei an Farmen und hohen Steinmauern und wuchernder Vegetation. Das Rennen ist eine Bewährungsprobe für Mensch und Material. Versagen kann einen hohen Preis fordern; in der Geschichte des Rennens haben mehr als hundert Fahrer und Zuschauer mit dem Leben bezahlt.

Das Rennen geht auf zwei Ursprünge zurück: die anhaltenden Betrügereien bei der Coupe Internationale 1906, die die Briten nicht mehr dulden wollten, und die Tatsache, daß jeder Wettbewerb auf britischem Boden irgendwie um die äußerst restriktiven Geschwindigkeitsbegrenzungen auf öffentlichen Straßen herumkommen mußte. Sir Harry Collier, der Gründer von Matchless Motorcycles und Vater der berühmten Fahrer Harry und Charlie, schlug die Insel Man vor, auf der bereits Autorennen stattfanden, weil die Verwaltung bereit war, dafür öffentliche Straßen zu sperren. Der Engländer Marquis de Monzilly St. Mars stiftete einen Pokal, und das Rennen konnte beginnen.

In fast jedem Jahr des Rennens wurden neue Legenden geboren, neue Heldengeschichten über Wagemut, Bravourleistungen und Ausdauer. Die Rundengeschwindigkeiten stiegen und stiegen, obwohl sie doch mit Sicherheit irgendwann an eine Grenze stoßen mußten, weil scharfe Kurven und steile Gefälle die Fahrer immer wieder zum Herunterbremsen zwangen. 1920 hielt George Dance mit seiner Sunbeam den Rekord: 89,5 Stundenkilometer. 1927 erhöhte Stanley Woods auf seiner Norton die Latte auf verblüffende 114,1 Stundenkilometer. 1935 fegte Woods an einem weiteren Meilenstein vorbei; er gewann sowohl den Leichtgewichts- als auch den Senior-Titel, und zwar auf Guzzi; zugleich setzte er neue Rundenrekorde. Doch die Marken stiegen weiter: 1938 fuhr eine Norton mit Doppelnockenmotor einen Rundenschnitt von 146,5 Stundenkilometern, und dieser Rekord hielt bis 1950. Heute liegt er bei fast 200 Stundenkilometern, und es ist genauso sicher wie unglaublich, daß er früher oder später gebrochen werden wird.

Doch das besondere an der Isle of Man sind weniger die Rekorde als vielmehr die Männer, die sie aufzustellen wagen. Diese zu allem entschlossenen Halbwahnsinnigen, die ihre Sportmaschinen stets an der Obergrenze des Möglichen fahren, sind die eigentliche Sensation.

In der *New York Times* vom 29. Juni 1913 erschien ein Artikel mit der Überschrift »Motorradfahrer immer in Gefahr« (die Unterzeile erklärte: »Sie sind gefangen im Geschwindigkeitsrausch, und es lohnt sich für sie«). Rennfahrer gingen einer derart riskanten Tätigkeit nach, daß nicht einmal Lloyd's sie versichern würde, so behauptete der Artikel.

> Diese Motorradfahrer sind nicht die waghalsigen, todesverachtenden Bürger, die sie zu sein scheinen. Es sind ruhige, bescheidene Männer, die an die Extreme von Sorgfalt und Sicherheit gehen. Gewiß, nicht immer gelingt ihnen das, doch das ist nicht ihre Schuld. Das Schicksal spielt in ihrem Leben eine bedeutsame Rolle ... Motorradfahrer essen und schlafen wie andere Menschen auch, doch manchmal drängt sich ihnen der Gedanke auf, daß sie nicht so lange zu leben haben wie gewöhnliche Menschen. Und damit haben sie recht. Sie fürchten weder Tod noch Teufel, sind wagemutig genug, um ständig ihr Leben aufs Spiel zu setzen, und sie haben Nerven wie Drahtseile.

Dirt-Track-Rennen sind eine typisch amerikanische Disziplin. Sie werden auf leicht ölgetränkten, hartgewälzten Aschenbahnen (ursprünglich auf Pferderennbahnen) ausgetragen und sind nicht weniger gefährlich als andere Spielarten des Rennsports. Fred Ludlow, ein Harley-Rennfahrer der zwanziger Jahre, schildert die Risiken in einem Interview mit Phil Schilling, dem Autor von *Das große Buch vom Motorradfahren*: »In den dichten Staubwolken auf einigen der alten Rennbahnen konnten wir uns bloß an den blauen Aufpuffgasen des vor uns fahrenden Burschen orientieren. Während eines Rennens schoß ein Fahrer über die Absperrung hinaus und wurde getötet. Wir haben überhaupt nicht gemerkt, daß einer fehlte. Erst als wir nach dem Rennen unsere Sachen zusammenpackten und abzählten, fanden wir ihn und seine Maschine mitten auf einem Feld, außerhalb des Zauns. Die Zuschauer waren schon längst nach Hause gegangen.«

Doch wenn man Rennfahrer fragt, warum sie Rennen fahren, erhält man als Antwort wahrscheinlich nur ein hilfloses Grinsen: Es gibt eben kein vergleichbares Gefühl auf Erden. Nach den schlaflosen, schweißgebadeten Nächten komprimierte, verdichtete Zeit, reine Ekstase, Schnelligkeitssex. Man kann gar nichts anderes, als einen dermaßen zwingenden Grund dafür vermuten, daß sich etliche Rennfahrer über ärztlichen Rat und gelegentlich sogar ärztliches Verbot hinwegsetzen und mit gebrochenen Rippen und Fußknochen – geschient oder bandagiert, um Schwellungen zu verhindern – die Strecke hinunterfegen. Wieder in den Ring zu steigen, ist das einzige, was zählt, und es ist kaum zu glauben, welche Opfer dafür gebracht werden. Der Grand-Prix-Fahrer Wayne Rainey stürzte beim Training vor der Saison 1992 und verletzte sich an der Hand. Die Verletzung wäre möglicherweise ausgeheilt, jedoch nicht rechtzeitig zum ersten Rennen; also ließ sich Rainey lieber einen Finger amputieren, als auf den Start zu verzichten. Im Jahr darauf traf sein Kollege Kevin Magee nach einer ähnlichen Verletzung genau dieselbe Entscheidung. Unmittelbar bevor die Mille Miglia ihn das Leben kostete, bestätigte der Marquis von Portago, ein gefeierter Autorennfahrer der fünfziger Jahre: »Rennfahren ist ein Laster und als solches extrem schwer aufzugeben.«

Steve McQueen, der über die Voraussetzungen verfügte, so ziemlich alles zu tun, was er wollte, und es häufig auch tat – Autorennen fuhr und Flugzeuge steuerte –, liebte vor allem das

Motorradfahren. (Das spricht aus jedem Meter mit McQueen in dem Dokumentarstreifen über Motorräder *On Any Sunday*, den Bruce Brown 1971 drehte; bisher hat noch kein anderer Film dieser Hymne auf die Freuden des Fahrens den Rang abgelaufen.) Der Filmstar fuhr unter dem Pseudonym Harvey Mushman Rennen, und obwohl seine Betreuer davon nicht gerade begeistert waren, ließ er sich nicht davon abhalten. Dem Vernehmen nach war es seine Idee, die erheiternde Querfeldeinjagd in das Drehbuch von *Gesprengte Ketten* hineinzuschreiben, und so billigte Hollywood wenigstens einmal, daß er Motorrad fuhr – was ihm soviel Spaß machte, daß er auch die verfolgenden Nazi-Kradfahrer doubelte.

McQueen verkörpert die prosaische Einstellung, die so typisch ist für den Vollblutrennfahrer. »Wenn man Motorradrennen fährt, nimmt man Stürze eben in Kauf; man fordert da draußen schließlich das Schicksal heraus,« zitiert ihn William F. Nolan in seiner Biographie. Wie McQueen erzählt, gab es während der Pacific West Coast Championship Scrambles »eine Massenkarambolage in der vierten Runde, und als ich versuchte, dem Durcheinander auszuweichen, stieß ich gegen einen Baum, riß mir den Mund auf und schlug mir einige Zähne locker. Doch sonst war ich okay. Ich fuhr weiter und gewann.« 1964 wurde er zur Internationalen Sechstagefahrt zugelassen, dem wichtigsten und unglaublich mörderischen Enduro-Wettbewerb der Welt. Er fuhr die Läufe mit Zeitbegrenzung in vollem Tempo, wurde jedoch geschnitten und samt Motorrad in die Luft katapultiert und schlug auf dem Boden auf. Seine Maschine wurde dabei noch schlimmer ramponiert als er selbst. Leider war an der Maschine nichts mehr zu machen, denn nach den Regeln dürfen Reparaturen nur mit dem Bordwerkzeug (und nur vom Fahrer selbst, dem dafür täglich nur zehn Minuten erlaubt sind, d. Ü.) durchgeführt werden.

Ohne sich speziell auf Motorradrennen zu beziehen, kam ein Mitglied des Teams, das mit McQueen an *Kanonenboot am Yangtse-Kiang* arbeitete, einer Definition des Persönlichkeitstypus sehr nahe, der auf den Rennstrecken und -kursen der ganzen Welt vorherrschen dürfte: »Man hat den Eindruck, daß er im Privatleben versucht, die Zeit zu beschleunigen, zur nächsten Stunde zu kommen, ohne die gegenwärtige richtig auszuleben.«

Man ist leicht versucht zu glauben, Weltklassefahrer seien aus einem anderen Material als Fleisch und Blut. Die Großen sind auf eine Art und Weise groß, die sich jedem Erklärungsversuch entzieht. Man kann sie nicht verstandesmäßig würdigen, sondern nur aus dem namenlosen Zentrum des Bauchs heraus, das die Poesie des Extremen intuitiv zu deuten weiß.

1965 warb Honda Mike Hailwood, den gutaussehenden Sohn eines wohlhabenden britischen Geschäftsmannes, von MV Agusta ab, um sich die 500er Klasse ein für alle Mal zu sichern. Doch das Schicksal spielte ihm in diesem Jahr einen üblen Streich, denn er wurde von seinem ehemaligen Arbeitgeber und dem nächsten großen Agusta-Fahrer, Giacomo Agostini, geschlagen. Der italienische Newcomer bewies ungewöhnliche Courage und Begabung, und Hailwood erkannte in ihm einen Gegner, der den Zweikampf lohnte. 1967 bekamen die 150 000 Zuschauer bei der niederländischen TT für ihr Geld etwas geboten. Hailwood heftete sich mit allem, was er hatte, Runde für Runde an Agostinis Fersen. Dann, bei der allerletzten Gelegenheit zog er an ihm vorbei, wie einer, der endlich genügend Kraft gesammelt hat, um sich Hand für Hand an dem Seil hochzuziehen, an dessen Ende er über dem Abgrund baumelt. Er siegte mit fünf Sekunden. Danach war er so erschöpft, daß er kaum noch absteigen konnte. Die Preisübergabe mußte aufgeschoben werden, bis er in der Lage war, die Stufen zum Podest zu erklimmen. (Wie »Mike the Bike« kam »Ago« aus begütertem Elternhaus. Seine persönliche Ausstrahlung und sein blendendes Aussehen lockten bald die Zuschauermassen an die Rennbahn. Der Italiener verbreitete eine erotische Aura um sich, wie es nur ein Italiener kann, und seine äußere Erscheinung schien dafür zu sprechen, daß er in der Lage war, zu halten, was diese versprach. 1967 titelte *Sports Illustrated* durchaus treffend »Viva! Aber versteckt eure Frauen«.)

In einer Biographie über Hailwood, verfaßt von seinem Freund Ted Macauley, erinnert sich der Rennfahrer an die düsteren Ereignisse von 1962.

> Tom Phillis kam bei dem Versuch ums Leben, in der Junior-TT mit Gary Hocking und mir mitzuhalten. Seine Honda war untermotorisiert und das Fahrwerk schlecht abgestimmt, und was ihm an Geschwindigkeit fehlte, versuchte er durch fahrerisches Können und blanke Tollkühnheit wettzumachen. Toms Tod ging Gary so an die Nieren, daß er beschloß, sich aus dem Rennsport zurückzuziehen. Er war völlig fertig. Er zog sich ins heimatliche Rhodesien zurück und versuchte zu vergessen. Dann beschloß er, sich an Autorennen zu versuchen, und beim Training für ein Rennen wurde er getötet. Es war eine bittere Ironie, daß er den Motorradrennsport aufgegeben hatte, weil er viel zu gefährlich war, und nun in einem Rennauto sterben mußte.

Hailwoods eigene Ängste kreisten weniger darum, sich Verletzungen zuzuziehen oder umzukommen; er fürchtete sich eher davor, genäht werden zu müssen. »Jedesmal wenn ich gestürzt bin, ist das erste, was ich tue, sobald ich wieder klar im Kopf bin, mich zu untersuchen. Ich taste vorsichtig alle Körperteile ab, die ich einigermaßen bequem erreichen kann, und denke dabei: ›Lieber Gott, mach', daß ich nichts habe, was genäht werden muß!‹« Er hätte sein Augenmerk vielleicht besser der bitteren Ironie zugewandt, auf die er bereits selbst hingewiesen hatte, denn 1981 erlag er den Folgen eines Autounfalls auf einer öffentlichen Straße.

Es gibt eine mögliche Erklärung für die schon perverse Hartnäckigkeit, mit der Weltklassefahrer trotz Schmerzen, Erschöpfung und dem stets präsenten Schatten des Todes ihre Hochgeschwindigkeitshetzjagden fortsetzen: Wenn es ihnen gelingt, sich bis zur Grand-Prix-Strecke vorzuarbeiten, stimmt das Geld, solange sie weiter genug Punkte einfahren, und sie kriegen unter Garantie eine wahnsinnig hübsche, junge Frau. Doch womit läßt sich erklären, daß Tausende von Privatleuten und Amateurclubfahrer sich für das Privileg, auf die Rennstrecke zu dürfen und sich dort zu verausgaben, in Schulden stürzen, obwohl sie keinerlei Aussicht auf Bewunderer oder finanziellen Gewinn haben?

Wiederum laufen die unbeholfenen Antworten in dieselbe Richtung: Es macht süchtig; ich kann es nicht erklären; es ist ein Gefühl, wie ich es noch nie hatte. »Diese eine Minute totaler Konzentration ...« so faßte es ein Mann zusammen, der in jüngeren Jahren an einem kleinen Amateur-Moto-Cross teilgenommen hatte.

Vielleicht geht es aber auch nur darum, zu guten Geschichten zu kommen. Der eben erwähnte Mann heißt Scott Emmons und ist heute Geschäftsmann und Tausendsassa auf mechanischem Gebiet. Er erzählte mir von seinen Großtaten bei einem Bier in der lauten, dunklen und überwiegend männlich bevölkerten Raccoon Lodge – genau der Art Kneipe, die den passenden Hintergrund für derartige Erzählungen abgibt.

> Ich fuhr Cross-Maschinen, seit ich dreizehn war, in Missouri. Als ich einundzwanzig war, beschloß ich, eine Pause auf dem College einzulegen, und begann, Lastwagen zu fahren. Ich wohnte zu Hause und verdiente gut, daher kaufte ich mir eine Suzuki RM 125. Ich wollte Rennen damit fahren. Doch meine Eltern waren kategorisch dagegen – ihre Gründe waren der übliche stereotype Scheiß, obwohl es in Wirklichkeit ungefährlicher ist als Football.
>
> Ich beschloß trotzdem, an einem Freitagabendrennen in Kansas City teilzunehmen, das unter Flutlicht gefahren wurde. Am Donnerstagabend klaute ich die Schlüssel für den Transporter, den meine Mutter zur Arbeit benutzte, und lud die Maschine ein.

Ich war ein ziemlich guter Rennfahrer geworden, das heißt, verglichen mit dem Anfang, und nach dieser langen Zeit brauchte ich dringend mal einen Sieg. Doch ich erreichte an diesem Abend absolut nicht meine Klasse. Ich kam von der Startlinie weg und gab ordentlich Gas. Die Strecke war eng, doch ich kam gut durch die erste Kurve. Dann kam eine Art Sandbahnkurve, gefolgt von zwei Sprüngen – einem Hubbel und einem großen. Die erste Runde brachte ich wirklich gut hinter mich. Auf der langen Geraden ließ ich es ordentlich knacken und machte wieder den ersten Sprung, schaltete mitten in der Luft. Dann auf dem Kamelhöcker riß ich versehentlich am Gas. Ich segelte dermaßen unkontrolliert durch die Luft, daß ich fünf Meter später landete, in der Mitte der *nächsten* Kurve – genau auf dem Benzintank. Plötzlich ruft der Ansager: »Wer ist Nummer 776?«

Das einzige, was ich machen konnte, war wieder Gas zu geben, und jetzt läßt mich der Sprecher nicht mehr aus den Augen: »Der sieht ja ziemlich wild aus!« Als ich das nächste Mal zur ersten Kurve komme, lasse ich mich wieder hochkatapultieren, doch diesmal fliege ich von der Sitzbank, und meine Hosen bleiben am hinteren Spritzschutz hängen. Der Ansager schreit: »Oh mein Gott!« Ich weiß nicht mehr, wie ich das gerettet habe, aber ich kam irgendwie wieder auf den Sitz und stürzte nicht. Das war das erste Mal überhaupt, daß ich in einem Rennen nicht überrundet wurde.«

Wir telefonierten jeden Tag, zuweilen mehrmals. Fast jeden Freitagmorgen schob ich mein Motorrad aus der Garage, schnallte meine Satteltaschen fest, in denen irgendeine Arbeit verstaut war, die ich übers Wochenende zu erledigen hatte, und fuhr los in Richtung New Jersey Turnpike. Exakt zwei Stunden, neunzig Meilen, 2,09 Gallonen Sprit, 3,10 Dollar Maut und viele Gedanken später bog ich dann in die Vine Street ein. Franz war manchmal draußen, putzte oder schraubte an einer Maschine herum, und obwohl ich wußte, daß er mich schon kommen hörte, wenn ich noch mindestens vier Blocks weit weg war, blickte er erst auf, wenn ich die Lario auf den Hauptständer gehievt, meinen Helm abgenommen, zu ihn herübergekommen und mich neben ihn gestellt hatte. Dann wandte er mir leise lächelnd den Blick zu und sagte: »Soso.«

Mein Motorrad war sehr froh, zu Hause zu sein. Franz schob es auf die Hebebühne im hinteren Raum und erklärte mir, was ich wie auseinanderzunehmen hatte, wenn es irgendwelche Kleinigkeiten an der Maschine zu reparieren gab. Ein Problem, das mir zu Hause bei Arbeiten an meinen Motorrädern nicht entgangen war, bestand darin, daß ich nicht das richtige Werkzeug besaß. In Philadelphia spürte ich zum ersten Mal das schmeichelnde Gewicht eines Steckschlüssels in der Hand; schon das Anfassen ist eine wahre Freude. Einmal schaute Franz vorbei, als ich einen Ölwechsel machte und gerade den Ölfilter aus dem Sumpf herausfummelte, sah meine rechte Hand unter einem Strom schwarzen Öls und meinte: »Du willst mir also sagen, daß du noch nicht rausgefunden hast, wie man bei einer Guzzi den Filter rauszieht und dabei völlig saubere Hände behält?« Verdammt, dachte ich; Öl wechseln ist so ziemlich das einzige, was ich gut kann, und jetzt sagt er mir das Gegenteil. Ein paar Minuten später hatte ich meinen Verstand wieder beisammen. Was war ich leicht reinzulegen! »Das geht überhaupt nicht, du Lügner!« Laut losprustend rannte er nach vorn, um dem öligen Lappen zu entgehen, der auf ihn zugeflogen kam.

Bei gutem Wetter saß ich auf einem Betonblock vor dem Laden und arbeitete. Einen Großteil der Zeit aber starrte ich nur über den Parkplatz auf der anderen Straßenseite hinweg, von wo sich ein atemberaubendes Nichts auszubreiten schien, verbunden mit einer dazu passenden wohligen Melancholie; der Verkehr auf der Benjamin Franklin Bridge lieferte eine ferne Melodie, die jede Minute dort mit der Sehnsucht nach Unterwegssein unterfütterte. Mir war absolut nicht klar, was ich eigentlich mit Franz zu tun hatte: Im Grunde kamen wir aus verschiedenen Welten. Uns fehlte eine gemeinsame Sprache, die das einbezog, was für mich von jeher wichtig gewesen war – das, was man auf dem College lernt, Bücher, alte Filme. Also versuchte ich, eine zu erfinden, während wir uns näher kennenlernten.

Vielleicht lag der Grund für mein Gefühl, nicht recht hierher zu gehören, darin, daß ich mir das Leben einer anderen Person ausborgte, wenn ich in Philadelphia war. Diese Person hatte nichts anderes zu tun, als sich wunderbar befreit von dem gewohnten vagen Gefühl, unglücklich zu sein, zu amüsieren, in der South Street einkaufen zu gehen (ich hätte mir nie erlaubt, in New York ziellos durch Geschäfte zu bummeln; ich glaubte, jeder Augenblick dort dürfe ausschließlich Arbeit und Sorgen gelten), sich angenehmen Gedanken darüber hinzugeben, wo wir abendessen wollten, denn jeder Abend, den wir zusammen verbringen konnten, schien ein Grund zum Feiern. Obwohl ich mitten in einer bunten Vielfalt verschiedener Küchen aus aller Welt wohnte, kostete ich in Philadelphia zum ersten und zum letzten Mal mongolisches Essen. Einer spontanen Eingebung folgend, kaufte ich mir einen schwarzen, breitkrempigen Hut, und er steht mir immer noch am besten von allen, die ich je hatte. Einmal in der Woche streifte ich die Haut ab, die ich für die meine hielt, und entdeckte, daß mir ohne diesen schützenden, aber auch einengenden Panzer Flügel wuchsen.

Sonntags machten wir meist eine Tour in die Bucks County oder nach Delaware oder über das Villenviertel hinaus oder durch das pennsylvaniadeutsche Farmland. Wir hielten an, wo es uns einfiel, streckten uns auf einer Wiese aus oder nahmen eine Mahlzeit ein, die unweigerlich mit Pie endete. Ich fürchtete die sonntagabendliche Fahrt auf der Autobahn zurück, zum einen, weil damit meine kleine Flucht endete und zum anderen, weil ich wußte, daß in dem kleinen Appartment mit fließendem Kaltwasser am Ende der Straße gleich nach der Ausfahrt 14C mein altes Selbst mich erwartete.

Dieser Sommer war in vieler Hinsicht anders als alle anderen bisher, hauptsächlich jedoch, weil sich in mir keine der Ängste rührte, die ich sonst um mich hatte und die sich meist an der erweiterten Form meines Selbst, meinem Motorrad festmachten. Ich träumte nicht ein einziges Mal davon liegenzubleiben, ich hatte nicht einmal diesen Augenblick der Panik vor der Abfahrt, in dem ich fürchtete, meinem Motorrad könnte etwas Schreckliches zustoßen und ich säße ganz allein irgendwo fest und wäre konfrontiert mit einer gnadenlosen Wahrheit, die mir – dessen war ich gewiß – in den Ohren gellen würde: Du hattest allen Grund, dich zu fürchten, denn du bist unfähig, auf dich selbst aufzupassen.

Oh, wie glücklich wir waren.

Kurzer Leitfaden für Bikertreffen

Bikertreffen erfüllen für die weit verstreuten amerikanischen Motorradfahrer dieselbe Funktion wie früher die Kirchweih für die Landbevölkerung, und in mancherlei Hinsicht sind sie genauso anachronistisch. Zum größten Teil sind es mäßig wüste Gelage, die immer noch irgendwie in jahreszeitlich wiederkehrenden heidnischen Bräuchen wurzeln. Mit dem friedlichen Geist des konkurrenzfreien Wettbewerbs, der sie prägt – billige Plaketten und Preise, Skatturniere oder andere Spielwettbewerbe –, wirken sie wie herübergerettet aus der Vergangenheit, aus der »guten alten Zeit«, wie sie immer noch heißt. (Andererseits habe ich gehört, daß es bei den Wettbewerben auf BMW-Treffen knallhart zugehen kann.)

Es gibt zwar wenige Ereignisse, die Zehntausende anlocken – die »Americade« der Tourenfahrer am Lake George im Juni; die Bike Week in Daytona mit den spätwinterlichen Rennen; die rein kommerziellen Veranstaltungen, die die Zeitschrift *Rider* an verschiedenen Orten der Vereinigten Staaten auf gigantischen Hotelplatzplätzen abhält; das Black Hills Classic in Sturgis in North Dakota, Urahn aller Treffen, Harleys und Prolochaos überall –, doch auf der Mehrzahl der meist von Clubs veranstalteten Treffen bleibt man unter sich; das Ganze hat meist den Anstrich eines Familienpicknicks.

Wenn das gemeinsame Band der Teilnehmer »Made in Italy« ist, dann kann man darauf wetten, daß mehr als einer mit einem T-Shirt am Ort des Treffens aufkreuzt, auf dem zu lesen ist VIVERE PER MONTARE, MONTARE PER VIVERE (Leben, um zu fahren, fahren, um zu leben) –, und das sollte man nicht als Witz auffassen. Ebensowenig wie die verwandte Geisteshaltung eines Moto-Guzzi-Besitzers, der sie auch sinnfällig nach außen demonstrierte: Er hatte große, erhabene Gabeln an der Seitenverkleidung seiner Maschine angebracht und darunter den Sinnspruch geschrieben MANGIARE PER MONTARE, MONTARE PER MANGIARE (Essen, um zu fahren, fahren, um zu essen). Die Freuden von Langstreckentouren sind untrennbar mit denen des Essens verknüpft, und beide steigern sich wechselseitig. Teilweise geht das auf einen Mechanismus zurück, den die Psychologen als »Erregungsübertragung« bezeichnen und der dafür sorgt, daß selbst der gröbste Kneipenmampf zum Festmahl wird; zudem kann man gehörige Mengen verdrücken, wenn man sich dann wieder auf die Maschine setzt und Wind und Kälte und der Streß ständiger Wachsamkeit die Kalorien nur so dahinschmelzen lassen.

Bikern, die gern mit Gleichgesinnten zusammen sind, bieten diese Treffen, gleichgültig in welcher Dosis, genau das Richtige. Sie werden zu Höhepunkten auf dem Kalender, Ziel und Zweck, kleinen Fluchten. Bei den außergewöhnlichsten, etwa dem Elefantentreffen – früher am Nürburgring, heute im Bayerischen Wald (seit einigen Jahren gibt es zusätzlich das Alte Elefantentreffen, wieder am Nürburgring, d.Ü.) – kommt obendrein noch hinzu, daß man besondere Härten auf sich nehmen muß, wenn man dabeisein will; es wird nämlich mitten im Winter im Schnee gezeltet. Benannt ist es nach dem Zündapp-Motorrad KS 601, dem sogenannten »Grünen Elefant«, und in den Anfängen waren noch ehemalige deutsche Soldaten dabei, die als Seitenwagenfahrer an der russischen Front gewesen waren. Doch das Zusammenkommen und Sichaustauschen schafft ein Zusammengehörigkeitsgefühl, und wem das zu sentimental klingt, der sollte es wenigstens nicht aussprechen.

An einem Labor-Day-Wochenende hielt ich mich einmal zufällig in Watkins Glen im Staat New York auf, als dort gerade ein BMW-Treffen stattfand. Ich fühlte mich ausgeschlossen, aber nicht etwa, weil dort Fahrer anderer Fabrikate nicht gern gesehen worden wären. Ich wäre auf einer Guzzi genauso willkommen gewesen wie auf einer BMW. Allerdings war ich mit dem Auto da, und damit hatte ich mich unsichtbar gemacht, war zu einem der beliebigen Körper geworden, die Plätze in Restaurants wegnehmen. Ich hätte die Grenzlinie so gerne überschritten; es tat förmlich weh, so sehr sehnte ich mich danach. Doch in meinem gegenwärtigen Aufzug gehörte ich einfach nicht dazu: Ich konnte mich also nicht mitfreuen, wenn Leute in Leder aus dem Regen hereinkamen und ihresgleichen erblickten, die es schon geschafft hatten und in der Wärme saßen, ihnen zunickten und zulächelten – nicht aber Leuten wie mir. Ich hörte die Gespräche um mich herum und konnte doch nicht mitreden oder mitlachen. Ein Mann am Nebentisch sprach mit seiner Mitfahrerin in Rätseln, wie ich selbst das schon so oft getan hatte: »Hast du das gesehen, genau da, wo wir auf die 28 abgebogen sind? Es traf mich am Arm – ich glaube, es war eine Kartoffel!« Und sie brach in wissendes Gelächter aus.

Das Gefühl von Zusammengehörigkeit setzt natürlich voraus, daß es ein Anderes außerhalb der Gruppe gibt, von dem man sich abgrenzen kann. Dieses Andere kann dann leicht zum Ursprung von Dünkel oder sogar Haß werden. Für die Europäer, die neuerdings in Scharen zu den jährlichen Rennen auf der Isle of Man einfallen, läßt sich dieser Feind mit einem einzigen Wort umreißen: Volvo. Die Menge nimmt sich gnadenlos jeden Fahrer eines solchen Wagens vor. Ein Motorradfahrer erklärte einem Reporter des *Guardian*: »Im Bericht des Verkehrsministeriums steht, daß an Unfällen mit Motorradfahrern mehr Volvos beteiligt sind als jedes andere Fabrikat.«

Wir alle identifizieren uns mit irgend etwas. Du bist Rotarier. Du bist Moslem. Fußball ist dein Leben. Du bist in dem und nicht in jenem Land geboren. Bu bist ein Biker.

Eines der eigenartigsten und vielleicht auch schönsten Treffen an der Ostküste findet jeden August in Port Clinton in Pennsylvania statt. Port Clinton, gute vierzig Meilen weit in der

Pampa – sofern man meint, daß in Allentown der Bär tanzt – besitzt zwei größere Geschäfte. Eines davon ist spezialisiert auf Erdnüsse und heißt, was kaum überraschen dürfte, der Erdnußladen. Das andere ist Sitz des U.S.Importeurs von Moto Morini, einem italienischen Hersteller, der aus einer kleinen, 1937 in Bologna gegründeten Fabrik hervorging. Die Herdan Corporation in Port Clinton ist alleinverantwortlich dafür, daß gegenwärtig zahlreiche teiggesichtige, bärtige, junge Männer auf Motorrädern, deren Stammbaum sich durch eine Kette von Erfolgen auf den europäischen Straßenweltmeisterschaftskursen Mitte der fünfziger Jahre auszeichnet, das ländliche Pennsylvania unsicher machen. Zu ihrem Glück sitzen diese Fahrer überwiegend auf der häßlichsten Maschine, die je aus Italien gekommen ist, der in lilablaßblau gehaltenen Morini Excalibur, die sich ein Stück des beträchtlichen Markts für pseudogechoppte Cruiser unter den Nagel reißen sollte. Sie verraten sich daher auch nicht als leicht exzentrische Fahrer einer exotischen Marke, denn ihre Motorräder sind wahre Monumente reinster amerikanischer Geschmacklosigkeit.

Die letzten Morinis passierten den U.S.Zoll um 1990, doch Port Clinton hat damit nichts von seiner Anziehungskraft auf Motorradfahrer eingebüßt. Jedes Jahr an einem Sonntag im Sommer versammeln sich hier immer noch ein paar hundert Fahrer alter und neuer europäischer Maschinen einschließlich Triumphs sowie Harleys – Choppern und anderen – und andere Gäste aus der Gegend. Die übrigen Teilnehmer kommen in Pickups und Chevrolets und gelegentlich im Alfa Romeo; dazwischen wuseln Dutzende Kleinkinder und blauhaarige Omas und junge Mütter und Großstadtpflanzen – die bunteste Mischung von Leuten auf demselben Stück Land, die man sich nur vorstellen kann.

Schon die Luft, die die massive Blockhütte auf dem Hügel mit seiner Fernsicht auf Bäume und Felder umgibt, scheint aus einer anderen Zeit zu kommen als die, die man gewöhnlich atmet. Sie ist älter und dementsprechend fruchtbarer. Einem

Motorradfahrer, der am Morgen die erstickende Dunstglocke der größten Stadt an der Ostküste hinter sich gelassen hat und hier neben dem Gemüsegarten (ein gutes Stück entfernt von den schlammigen Hühnerpferchen weiter hinten im Wäldchen) sein Zelt aufschlägt, kann es passieren, daß er am nächsten Morgen aufwacht und feststellt, daß die Kürbisranken über Nacht ein erkleckliches Stück gewachsen sind und sich bereits an der Abspannung des Zeltes hochwinden.

Die Fete, in der Szene gemeinhin als »Hermy's« beizeichnet (etwa in der Frage: »Fährst du dieses Jahr zu Hermy's?«), fand ursprünglich anläßlich des Geburtstages des Gastgebers und Besitzers von Herdan, Herman Baver, statt. Doch nur wenige wissen das, und der Hauptgrund, weshalb die Biker kommen und zum Teil mehrere Stunden Fahrt in Kauf nehmen, ist das Essen.

Zwei Kessel – so groß, daß man locker ein paar zerlegte Missionare darin kochen könnte – lassen schon seit dem Tag zuvor Dampfschwaden gen Himmel steigen; im einen kocht Bohnensuppe mit Schinken, im anderen eine Schildkrötensuppe, deren Hauptbestandteil noch bis vor kurzem in der Nähe herummarschiert ist. Ein dritter Bottich enthält gekochte Maiskolben. An einem Baum nahe der Hütte hängt die Liste mit Fisch und Meeresfrüchten: Blaufisch, Flunder, Forelle, Lachs, Hai, Taschenkrebse, Jakobsmuscheln, Froschschenkel. Die Krebse sind schnell weg, vielleicht weil man sie so recht nach dem Geschmack von Motorradfahrern mit Hilfe eines Hammers wegputzt. Der Tisch, auf dem sie sich vormals türmten, hat sich am frühen Nachmittag in ein unbeschreiblich malerisches Durcheinander aus glänzenden roten Panzerbruchstücken verwandelt. Auf riesigen, dicken Eisengittern oder auf kettengetriebenen Spießen wird Fleisch gegrillt – Schwein, Huhn, Rind. Auf einem Tisch mit der obligaten rot-weiß-karierten Plastikdecke türmen sich Pappteller nebst Plastikbestecken, und dahinter geben die obligaten Damen große Portionen ihres hausgemachten Nudel- und Kartoffelsalats aus.

Unter den Bäumen steht ein Hänger mit einer mobilen Zapfanlage, aus der der Stolz der Gegend, helles und dunkles Yuengling's-Bier strömt; die Hähne sind selten einmal zu, denn die Schlange von Leuten, die ihre Plastikbecher darunter stellen, reißt nicht ab. Aus einem dritten Hahn fließt Limonade für diejenigen, die noch fahren wollen, und für die Kinder, die einem zwischen den Füßen herumrennen. Das Schmausen und Plaudern wird untermalt vom Geräusch aufheulender und ersterbender Motoren – womit sich abfahrende und ankommende Menschen bemerkbar machen – und von dem Mikrophon, das auf der Ladefläche eines auf der Wiese geparkten Lkws getestet wird. Danach gibt es zuerst Bluegrass-Musik, und dann verteilt Hermy die Preise. Da Herdan auch BMW- und Triumph-Teile verkauft – und weil viele Händler nicht einmal mit drei Motorradmarken ein Auskommen finden, daneben noch Autoreifen –, tragen viele Preise die BMW-Raute. Es gibt BMW-Schlüsselanhänger, -Reifenprofilmesser, -Kaffeetöpfe und -Ohrstöpsel (denn die Windgeräusche des Helms können so laut sein, daß es buchstäblich schmerzt). Außerdem gibt es wertvolles Lederzeug und Winterhandschuhe. Zwei Jahre hintereinander bildete den Höhepunkt eine Tombola, deren Hauptgewinn die letzte Excalibur war. Einen schlagenden Beweis dafür, welch außerordentlich breites Spektrum von Leuten sich zu dem Großpicknick einfindet, erhält man, wenn die Glücksfee, ein kleines Mädchen, das Gewinnlos zieht: Die eine Hälfte der Menge bibbert vor Angst, die andere umklammert ihren Losabschnitt in banger Hoffnung. Wenn der Gewinner nicht zu denen gehört, die sich für den Besitz dieses Motorrads in Stücke reißen ließen, würde er außerhalb dieser Menge schwerlich jemanden finden, der es ihm abnähme.

Die Band fängt wieder an zu spielen, während einige Paare vor der Veranda miteinander tanzen. Andere liegen im Gras und schlafen, weil sie sich die letzte Nacht mit den üblichen Räuberpistolen um die Ohren gehauen haben (wie man einmal im Westen in den Bergen in einem Schneesturm geriet und die

Mannschaft des Schneepflugs verblüffte, die glaubte, in dem fröhlich vorüberfahrenden Motorradfahrer eine Art Schnee-Fata-Morgana zu erblicken; wie man einmal durch einen überschwenglichen Redeschwall, wie toll doch ein gut getunter Motor sei, einen Strafzettel abwenden konnte, obwohl man in einer 45-Meilen-Zone 105 gefahren war). Einige Spätankömmlinge auf Choppern nähern sich und rollen auf die Wiese; dabei gibt eine Frau in wahnsinnig engen Jeans zuviel Gas und läßt die Kupplung zu weit kommen, so daß das Hinterrad seitlich ausbricht, als es so plötzlich auf Gras gerät. Die meisten tun feinfühlig so, als hätten sie das peinliche Mißgeschick nicht bemerkt. Ein älterer Herr mit einem T-Shirt geht vorüber, auf dem zu lesen ist »Ich bin über dreißig, bitte helfen Sie mir aufs Motorrad« – allgemeines Grinsen.

Sechs

Drei Dinge schwächen: Furcht, Sünde und Reisen.
Der Talmud

Ich interviewte Robert MacNeil per Telefon, ging in die PBS-Zentrale, um einen Stapel Presseinformationen abzuholen, und setzte mich an den Auftrag, weswegen mich mein Freund angerufen hatte, gerade als ich mit Franz nach New Hampshire aufbrechen wollte: eine Lobeshymne auf das öffentlich finanzierte, nichtkommerzielle Fernsehen. Reine Routine, aber der Artikel wurde gut und erschien vierfarbig in dem Wochenmagazin, in dem ich schon immer gern etwas veröffentlicht hätte, wenn auch nicht so etwas. Schließlich hielt ich auch den Scheck in Händen – den über fünftausend Dollar –, der mich über jeden Wermutstropfen hinwegtröstete, und ich begann darüber nachzusinnen, was ich damit anstellen wollte. So einen unverhofften Geldsegen muß man einfach umgehend auf den Kopf hauen.

Eigentlich gab es gar keine Frage wofür. Motorradfahren war mittlerweile ein Bedürfnis, ein Wesen, das Nahrung forderte. In aller Unschuld fragte ich Franz, wie lange er den Laden Laden sein lassen könne; mir kam nicht in der Sinn, daß er es im

Die Sozia wird manchmal zum dritten Rad am Motorrad. 1906 begeben sich Mr. und Mrs. Willie Kay auf ihrem Indian Tricar an die frische Luft. (Library of Congress, Prints & Photographs Division)

Motorradfahrerinnen sind seit jeher eine sehr auffällige Erscheinung und erleben daher Ausgrenzung und Bewunderung gleichermaßen. Zu Beginn dieses Jahrhunderts schlug die Eclipse Machine Company Kapital aus Clara Wagners Ruhm als Geländefahrerin, wie diese Werbepostkarte zeigt.

Ein überglücklicher Mann: »Weishaar, Gewinner des 100-Meilen-Rennens. Norton, Kan sas, 22. Okt. '14. Zeit 2 h 1 1/2 min. Weltrekord.« Er hielt auch, wahrscheinlich mindesten bis zum folgenden Nachmittag. (Library of Congress, Prints & Photographs Division)

Ein plötzlicher Entschluß, während eines Rennens im Jahr 1933 die spektakuläre Strecke zu nehmen, wahrscheinlich in Kalifornien. (Library of Congress, Prints & Photographs Div.)

Im Krieg, einer im allgemeinen ganz und gar tautologischen Veranstaltung, dienten Motorräder dazu, Menschen erst niederzuschießen und dann die Opfer wegzufahren (bei den amerikanischen Truppen im Ersten Weltkrieg insbesondere Indians, wie auf den beiden Bildern unten; ähnlich nutzten britische Einheiten Royal Enfields als Maschinengewehrfahrzeuge). Im Zweiten Weltkrieg war der Kradmelder eine romantische Figur, ein »motorisierter Cowboy«, wie in diesem belgischen Buch für Jungen.

Da sage keiner, Motorräder trügen nichts zum sozialen Ausgleich bei. Auf diesem Photo er- hält eine Frau ein Strafmandat wegen Geschwindigkeitsüberschreitung; das Bild wurd zu Schulungszwecken im Rahmen einer Kampagne eingesetzt, welche die Polizisten vor Washington, D. C. zu den »höflichsten der Nation« machen sollte. (Library of Congress, Prints & Photographs Division)

Unten: Die Palette der kommerziellen Dienstleistungen erweitert sich durch das Servi-Ca von Harley-Davidson, das 1931 auf dem Markt kam. Das Fahrzeug sollte dazu dienen, fahr- untüchtige Autos bis zu einer Werkstatt abzuschleppen. (Foto mit freundlicher Genehmi- gung von Ronald G. Hand)

tart im Laufen zum Rennen in der 350er Klasse der niederländischen TT im Jahr 1951. ummer 53, in der Bildmitte, ist eine Norton (mit dem berühmten »Federbett«-Rahmen), efahren von Geoffrey Duke, der in diesem Jahr sowohl in der 350er als auch in der 500er lasse den Weltmeistertitel davontrug. (Foto John Schaepman)

Es lebe England: Seitenwagenpolo mit vollem Einsatz auf der Rennbahn King's Oak, Loughton, Datum unbekannt. Die Briten fuhren bekanntlich sogar Querfeldeinrennen mit Gespannen, trotz der häufigen Sprünge. (Library of Congress, Prints & Photographs Division)

»Mike the Bike« Hailwood 1963, in Hochform auf einer 500er MV Agusta, dem Jahr, in dem r die Weltmeisterschaft gewann.
Foto J. L. Ransombe)

Auch Großmütter sind Biker, wie dieses undatier
Photo einer munteren Clara B. Brown aus dem en
lischen Leamington belegt. Der ursprünglichen Bi
dunterschrift zufolge gelang ihr »das beispiello
Kunststück, noch mit über 50 Jahren Motorrad fa
ren zu lernen. Wagemutig unternimmt sie häuf
einsame Spritztouren und verbringt ihre Ferien a
ausgedehnten Touren durch das ganze Land. Von de
Clubs wird sie als ältestes weibliches Mitglied ane
kannt.« (Library of Congress, Prints & Photograp
Division)

1941 lockt ein Jahrmarktsschreier in Essex Junction in Vermont das Publikum zu den Vor
führungen todesmutiger Motorradfahrer, die von Anfang des Jahrhunderts an häufig auc
Motorradfahrerinnen waren. Es gab kaum ein aufregenderes Schauspiel als ihre de
Schwerkraft hohnsprechenden Fahrten in der Todeswand, einem Zylinder mit sechs Mete
hohen Holzwänden. Er entwickelte sich möglicherweise aus Rennbahnen mit überhöhte
Kurven. (Photo Jack Delano, Sammlung der Farm Security Administration, Library of Con
gress, Prints & Photographs Division)

uch wenn das der breiten Öffentlichkeit meist verborgen blieb, haben die meisten Motor-
adfahrer beim Fahren schon einmal lauthals gesungen. Mit mehr Wohlklang als die mei-
ten anderen tut das hier Elvis in *König der heißen Rhythmen* von 1964.

In den Sechzigern wandte sich d
Blatt wieder einmal zugunsten d
Motorradfahrens; es galt als akze
table Aktivität »netter« Leu
Honda zielte auf den Markt der ju
gen Leute und lockte sie in Schar
in die Verkaufsräume (hier 19
photographiert von Warren
Leffler für *U. S. News & World R*
port). (Library of Congress, Prir
& Photographs Division)

muß irgend etwas in Motorrad-
ırergruppen geben, das sie dazu
ıngt, sich in Reih und Glied auf-
stellen und sich auf Film bannen
lassen. Man beachte die schicken
ızüge auf dem oberen Photo, das
›hl aus den ersten beiden Jahr-
hnten dieses Jahrhunderts
ımmt (mit freundlicher Geneh-
igung von Ronald G. Hand).

›ie San Antonio Dragons (mittleres Bild) geben sich 1941 legerer. Unten steht die fast hun-
ertjährige rotierende Panoramakamera bereit, um die Menge bei einem Moto-Guzzi-Tref-
ɜn aufzunehmen, das unlängst in West Virginia stattfand.

Wie auf der Rückseite der Harley-Davidson-Werbepostkarte unten zu lesen steht, wä Richard E. New am 26. Juni 1912 beinahe seinem Schöpfer gegenübergetreten, weil si sein Fallschirm in 500 Metern Höhe nicht öffnete. »Eine Markise bremste seinen Fal seine Unterschenkel wurden ihm amputiert, und so mußte er erfinderisch sein, wenn Motorrad fahren wollte.
Sein modernes Gegenstück ist Bob Nevola, der seine Maschinen so umbaut, daß er sie oh Einsatz des linken Arms fahren kann. Nevola ist Gründer der National Handicap Moto cyclist Association, einer Informationsbörse für behinderte Biker.
(Mit freundlicher Genehmigung von Bob Nevola)

ranz photographiert unsere beiden Motorräder auf dem Blue Ridge Parkway. Weniger als in Jahr danach komme ich allein zurück und lasse mich an derselben Stelle von einem Unekannten photographieren. Wahrscheinlich das einzige Lächeln auf dieser Fahrt.

Grunde überhaupt nicht konnte, denn der Gewinn, den sein kleines Motorradgeschäft abwarf, schmolz stets so rasch dahin wie Eis in der Sonne. Er verschwieg mir, daß er es sich nicht leisten konnte, den Laden länger als einen oder zwei Tage zuzumachen; statt dessen meinte er vielmehr, im Oktober werde das Geschäft wahrscheinlich so flau laufen, daß wir einen Monat wegfahren könnten. Dann kam die alles überlagernde Freude, eine Tour zu planen, mit der Vorfreude zu leben, die fast sexuelle Lust an den unzähligen Kleinigkeiten, die vor dem Aufbruch noch erledigt werden müssen und den Alltag ins Irreale überhöhen. Franz holte seine riesige Landkartensammlung hervor, darunter auch die alte Ausgabe des Führers für den Blue Ridge Parkway, der seiner Ansicht nach der neuen überlegen war. Für den Ridge Parkway war er Experte, und er hielt ihn für eine der großartigsten Motorradstrecken überhaupt.

Danach war alles offen. Ich zog Reiseführer zu Rate, Artikel in Reisemagazinen, Freunde und lang begrabene Wünsche. Ich war nie im tiefen Süden gewesen, obwohl ich als Mädchen für die Zeit des Bürgerkriegs geschwärmt hatte. Ich wollte auch den »Paradiesgarten« sehen, den Reverend Howard Finster auf seinem Grundstück in Georgia angelegt hatte; Finster ist ein »Außenseiter«künstler, der sich eines Tages berufen fühlte, alle möglichen Fundstücke zusammenzubauen, zu bemalen, zusammenzukleben und auch eigene Bilder zu malen. Franz wollte gute Freunde in Tallahassee besuchen, beides Künstler, einer davon Collegelehrer und ebenfalls Motorradfreak. Jemand erzählte mir von einem Motel in Nashville mit einem Pool in Gitarrenform; ich las etwas von den »singenden Wassern« von Pascagoula. Es lockte der Natchez Trace Parkway, und es lockte das Essen, denn ich sehnte mich danach, eine Gegend kennenzulernen, wo auf jedem Tisch Flaschen mit scharfer Sauce stehen und zu jeder Mahlzeit Biscuit-Brot gereicht wird. Doch schließlich lief alles auf New Orleans hinaus.

Wir machten uns fit, indem wir Cajun-Musik hörten und alles regelten, was geregelt werden muß, bevor man für einen

Monat verschwindet. Im Spätsommer besuchten wir ein großes Cajun-Festival auf den Piers von New York. Als wir sahen, daß das Essen den ganzen Weg von Randol's Seafood & Restaurant in Lafayette in Louisiana herangekarrt worden war, trugen Franz und ich auch das noch auf unsere Landkarte ein und begossen das Projekt in der üblichen Weise.

Es war höchste Zeit, daß ich mir etwas Besseres zulegte als Matchsäcke, die ich auf den Soziussitz schnallte. Franz half mir, mich richtig auszurüsten. Auf seine Empfehlung, und zum Händlerpreis, schaffte ich mir weiche Satteltaschen sowie eine Rolle und Gepäckbrücke an. Ich kaufte mir wunderschöne, italienische Schutzhandschuhe aus Leder mit nietenbesetzten Handflächen. (Eine gute Regenkombi hatte ich schon.) Und eines Freitags begrüßte mich Franz nicht nur mit seinem üblichen Blumenstrauß, sondern auch mit einer elektrisch beheizbaren Weste, die von der Batterie des Motorrads versorgt wurde. Mir kam das Ding absurd vor – etwas für Schwächlinge –, doch als er sagte, er würde nicht im Traum ohne seine Weste losfahren, kaufte ich auch diese noch.

Aus dem Reisetagebuch

Tag 1
Mit einem Schlag geht es los: Touren fangen nicht an, sie überfallen dich eher aus dem Hinterhalt. Die nervöse Spannung des Aufbruchs, das Noch-nicht-glauben-Können, daß dies *Urlaub* ist. Und schließlich: blanke Erschöpfung, das Bedürfnis, sich zu erholen.

Motels sind eine Art merkwürdiger Übergangsheime für halbverrückte Reisende.

Jedesmal müssen wir eine Wagenladung Zeug rein- und rausschleifen. Eine Reise per Motorrad ist ein Crashkurs in der Kunst, sich auf das Allernötigste, auf praktisch nichts zu beschränken. Und niemals fühlt man sich so auf sich selbst zurückgeworfen – ein Körper, der sich durch den Raum bewegt, sich vereint mit, berührt, abprallt von dem, was ihm begegnet.

Eines Abends ein messerscharfer zunehmender Mond, als ob man ihn von der türkischen Flagge heruntergerissen hätte. Kalt. Nein, ich würde meine Heizweste niemandem verkaufen, um keinen Preis, auch wenn Franz mich noch so sehr damit aufzieht. Bald wird sein Gebot die zwanzigtausend Dollar erreichen, doch dann sitze ich behaglich im Warmen und schüttle den Kopf.

Plötzlich sind wir im Süden: Im Zeitungsständer an der Chevron-Tankstelle stecken Magazine über Jagen, Waffen, Lastwagen und Fischen und die *Civil War Times Illustrated*. Nichts kann einem erhellendere Einblicke in das geben, was eine Gesellschaft bewegt, als Tankstellenshops. Tiefer im Süden taucht bestimmt eine riesige Palette von diesen »Wunderbäumen« fürs Auto auf diesen Regalen auf, obwohl dem sicher kein wachsendes Bedürfnis gegenübersteht, das Autoinnere nach Erdbeer, Vanille, Tannennadeln oder dem, was der Hersteller dafür hält, riechen zu lassen.

Tag 2
Morgens: Franz stellt draußen die Ventile an meiner Maschine ein. Als ich aufwachte, fiel mein Blick als erstes auf die Blue Ridge Mountains draußen vor der Moteltür, als ob sie während der Nacht dorthin gekommen seien. Wenn man im Dunkeln am Ziel ankommt, schirmt dich deine kleine Zelle von allem ab – was mag jenseits davon sein? Jedes beleuchtete Fenster wirkt geheimnisvoll und romantisch. Doch das Licht des Tages wäscht wie eine kalte Dusche den hübschen nächtlichen Schimmer ab. Dann vermag ich eher, meine lächerlichen Überlegungen über Bord zu werfen, wie es wohl wäre, in diesem oder jenem gemütlichen Tal zu leben, zur Nachtschicht in die Möbelfabrik zu gehen und in ein kleines Haus zu einer kleinen Familie zurückzukehren – merkwürdig, daß ich nachts vergesse, daß der Mist einem stets folgt, wo und wie immer man auch zu leben versucht.

Nachmittag: Man kann einfach nicht auf den Parkway gefaßt sein, selbst wenn man seit Monaten davon träumt. Er beginnt immer völlig unerwartet, nach einer wenig spektakulären Fahrt durch eine Kleinstadt, einen flachen Hügel hinauf und nach einer engen Kurve: Dann ist man *drauf*. Und erfüllt von nicht enden wollender Erwartung. Anfangs wirkt er, als ob er einen auf etwas vorbereitet, das er erst noch bieten wird, als ob er eine sehr lange Auffahrt zu einem Schloß wäre, das wunderbar sein muß. Dieser Effekt beruht wahrscheinlich darauf, daß er nicht die Begrenzungen und Einschränkungen hat, auf die wir sonst überall gefaßt sind: Bordsteine, Wegweiser, Verkehrszeichen, bleib hier, fahr dortlang. Stattdessen geht der Straßenbelag nahtlos in kurz geschorenes Gras über; der Rest sind Kurven, Kurven, Kurven. Und Ausblicke, zuweilen atemberaubend auf beiden Seiten zugleich (schließlich ist dies eine Kammstraße). Die Aussichtspunkte werden alltäglich, wie Tankstellen und Supermärkte an Ausfallstraßen. Doch man gelangt niemals zu dem Schloß, und dann merkt man: Die Straße ist das Schloß. Ihr schwingender Rhythmus geht auf dich über, und du wirst ein Teil von ihr.

Alle Vorzeichen bisher verhießen mehr als Gutes (bis hin zu und einschließlich der Ausgabe des *I Ging*, die ich an diesem Abend auf unserem Zimmer vorfand). Nach dem Packen auf dem Parkplatz überließen wir uns meinem Reiseführer, und der brachte uns zu Rowe's Family Restaurant in Staunton in Virginia. Ein Tisch voller violetthaariger Damen kann sich schließlich kaum irren. Auch die Empfehlung, den Bananenpudding zu nehmen, kann doch nicht ganz falsch sein.

Aber am heutigen Abend sollte sich ein echtes Wunder ereignen. Wir hatten ein Zimmer im Tuggles Gap Motel reserviert und fuhren dort halberfroren vor. (Ich hatte alles angezogen, was ich dabei hatte, einschließlich der unbezahlbaren Heizweste.) Uns bot sich ein erschreckender Anblick. Auf dem Parkplatz herrschte gähnende Leere, wahrscheinlich schon seit Generationen. Es fehlte nur noch das Geräusch des Windes, der wie im Kino die dürren Blätter vergangener Zeitalter raschelnd an dem verfallenden Motel vorbeiblies. Franz wagte sich also hinein (ohne zu erwähnen, daß wir die seltenen Idioten waren, die ein Zimmer bestellt hatten), um zu fragen, ob es in der Nähe noch etwas zum Übernachten gab. Es gebe etwas in Floyd, ein paar Meilen weiter, sagte ein wortkarger junger Mann, aber das sei nicht gut – wir sollten doch einfach hierbleiben.

Da nichts unguter sein konnte als das Tuggles Gap Motel, machten wir, daß wir weiterkamen. Meine Hände waren taub vor Schmerz, und ich wußte, die Zimmer in Floyd konnten noch so deprimierend sein, wir würden nicht weiterfahren.

Wenn es möglich wäre, die Augen abzuwenden, während man seinem Ziel entgegenfährt, hätten wir es getan. Doch so entdeckten wir die Pine Tavern and Lodge direkt vor uns. Die Hütten mit den sauberen kleinen Zimmern unter den Kiefern gaben einem das Gefühl, Gast in einem Haus zu sein, dessen Besitzer abwesend ist, wie Franz bemerkte. Gleich nebenan in der Taverne konnte man aus einer Speisekarte auswählen, die alles, aber auch wirklich alles aufführte, was das Herz am Ende einer langen Fahrt in immer größerer Kälte begehrte. Gute und sehr überraschend zubereitete Gerichte (gewürzt mit Tamari-Sojasauce und Ingwer; später fanden wir heraus, daß in dieser Gegend mehr als eine Hippie-Kommune gelebt hatte – die einzig mögliche Erklärung dafür, daß man so etwas in diesem Landstrich fand). Noch unglaublicher war das Quintett, das an einer großen Tafel saß und gälische Musik machte. Ich bestellte ein weiteres Glas Wein, nur um bleiben und zuhören zu können, während ich in dieses Notizbuch schrieb. Und da sitze ich, im Schoß eines glücklichen Zufallsfundes.

Tag 3
Ein weiterer großartiger Tag. Dröhnende Flugzeuge – Quantico?

An einem dieser allgegenwärtigen atemberaubenden Ausblicke, wo sich grüne Berge und Täler bis in eine blaue Unendlichkeit erstrecken, lege ich mich der Länge nach ins sonnenbeschienene Gras und schließe die Augen. Plötzlich höre ich hinter mir ein Radio. Mein ärgerlicher Gedanke: wer stört denn da die heitere Ruhe am einem Ort wie diesem hier mit einem Ding wie dem da? Dann sagte ich zu mir: Nimm's leicht, Pierson. Zum Glück, denn als ich mich umwandte, stellte ich fest, daß es das Radio von Franz war.

Auf dem Parkway herrscht eine Geschwindigkeitsbegrenzung von fünfundvierzig Meilen pro Stunde. Man möchte auch gar nicht schneller fahren, außer in den Momenten, wo einem nach fünfundachtzig oder neunzig ist. Dann, wenn der Rhythmus der Straße einen *wirklich* packt.

Tag 4
Diese Straße wurde ausschließlich zum Vergnügen gebaut, zum reinen Vergnügen am Fahren.

Wir erklommen den großartigen Mount Mitchell. Er ist wahrlich und wahrhaftig Mitchells Berg – er hat etwas Persönliches, und wenn man zu dem Aussichtsturm aus Beton hinaufwandert, mit touristischer Neugier herumschnüffelt und entdeckt, daß man neben seinem einsamen Grab steht, ist einem das irgendwie peinlich. Mitchell beanspruchte diesen Ort für sich, nicht durch eine Eroberung, sondern durch den Beweis, daß er das ist, was er ist: die höchste Erhebung im Osten der Vereinigten Staaten. Und man spürt es, wenn man dort ist (und das Triebwerk des Motorrads spürt es noch früher; am Beginn des Anstiegs fragte Franz lachend: »Willst du mal hören, wie dein Bike mit einem alten japanischen Motor klingt?«) Der kalte Wind peitscht uns unbarmherzig, und die Black Mountains rund um diesen Berg sind zu tief unten, um ihn abzuhalten.

Motorradfahren holt wirklich das letzte aus einem heraus. Gegen sieben sind wir ausgekühlt, ausgelaugt, ausgehungert. An diesem Abend schaffen wir es bis zum Inn von Brevard, einem typischen Landgasthaus mit Ambitionen, von denen es einige umsetzen kann, andere nicht. Die Rechnung gehört mit Sicherheit zu denen, die es voll und ganz realisiert.

Tag 5
Fast zu müde zum Denken – ein passendes Ende des Blue Ridge mit all seinen 469 Meilen.

Kauften eine Flasche Rebel Yell (der staatliche Spirituosenladen führte mehr als einhundert Bourbon-Sorten; im Paradies kann es nicht besser sein) und legten auf der Fahrt durch eine Schlucht in den Great Smoky Mountains noch ein kurze Pause ein, um heiße Erdnüsse zu kaufen. Sie dienten hauptsächlich zum Händewärmen. Aber ich werde niemals das Bild des Kessels vergessen, aus dem der Dampf in die Dunkelheit stieg, oder den halbverrückten kleinen Jungen, der wie besessen um unsere Motorräder tanzte, oder seinen Vater, der sich die Zeit bis zum nächsten Kunden vor einem Fernseher vertrieb, den er draußen unter den Kiefern aufgestellt hatte – diese ganze in Dunst gehüllte Szene, die in meinen Rückspiegeln schrumpfte, als wir uns wieder in die Dunkelheit hinein entfernten. Neben uns meinte ich einen Fluß rauschen zu hören und eine steile Felswand zu spüren, obwohl ich mir das wahrscheinlich nur einbildete.

Mitten in der Nacht schreckte ich in diesem niedrigen Zimmer des Days Inn mit dem Gefühl hoch, daß mir die Dunkelheit endlos auf der Brust lastet.

Tag 6

Das folgende konnte ich nur mit einem guten Schluck Rebel Yell zu Papier bringen.

Lookout Mountain bei Chattanooga ist ein Musterbeispiel für einen bestimmten Typ menschlicher Erfindungsgabe: ein wenig Naturschönheit und zupackender Unternehmergeist ergeben eine Mischung, die ein wachsendes Bedürfnis nach »Unterhaltung« befriedigt. Und so kommen sie in hellen Scharen, um sieben Dollar pro Nase für Ruby Falls hinzulegen – eine hübsche Höhle, aufgewertet durch ein paar witzereißende Führer, verfälschende farbige Scheinwerfer und schwülstige Musik. Die Andenkenläden: nichts kann sich messen mit den riesigen Schnickschnackläden von Cherokee in North Carolina mit ihren unübersehbaren Heerscharen von »Mitbringseln« aus Plastik. Zusätzlich zu dem Schlauch und den Zündkerzen schleppe ich jetzt ein paar Cowboy- und Indianerfiguren, einen Sheriffstern und eine Kindermundharmonika mit. Ich weiß eigentlich nicht warum.

Nichts reicht an Finsters Paradise Garden heran – vielleicht nicht zu jedem Zeitpunkt, aber mit Sicherheit nicht in der Abenddämmerung. Wir fragen im örtlichen Pizza Hut nach dem Weg, und die Mädchen blickten einander an: »Rev'rend

Fiehnster?« Schließlich: »Oh, deer! Der Spinner!« Sein so akribisch zusammengefügtes Monument wird die meisten anderen Werke überdauern, die vorgeben, bedeutend zu sein. Ein verhextes Königreich aus bemaltem Holz, Plastikperlen, Besessenheit, mitten im verschlafenen Summerville, Georgia.

Wir nehmen die State Route 27 an der Westgrenze Georgias hinunter, meiden wie gewöhnlich die großen Highways. Die heutige rhetorische Frage lautet: Was gibt es in dieser Gegend häufiger – Baptistenkirchen oder diese mobilen Leuchtreklameschilder aus Plastik mit den bunten Glühbirnen drumherum?

Morgen gehen wir in ein Waffelhaus. Franz sagt, diese Lokale seien in bezug auf Frühstück das, was Cherokee für billige Souvenirs ist – die Art primitiver Extravaganz, für die ich ein Faible habe, und daher ein Grund zur Vorfreude ...

Tag 7

Die Straße folgt dem Lauf des Chattahoochee, und die Temperatur steigt stetig, bis sie – hier im Charter House Inn in Bainbridge mit seinen Palmen und dem daran herabhängenden Louisiana-Moos – eine Höhe erreicht hat, bei der man fast von Wärme sprechen kann.

Ich hatte mir nicht vorgestellt, daß Georgia so weitläufig ist. Oder daß es hier noch Ortschaften gibt, die ich für endgültig verschwunden hielt: alt, verfallen, die Zeit stehengeblieben, jedes Haus dringend renovierungsbedürftig, überall schmutzige, großäugige Kinder und verdreckte Köter, nirgendwo Erwachsene zu sehen.

Endlose Fahrt auf der einsamen, topfebenen Straße, Meile um Meile an vorüberfliegenden Kiefern vorbei, alle paar Meilen ein Wegweiser zu einer versteckten Baptistenkirche (doch wo sind die Menschen?); nur einmal unterbricht eine Mahnung die Monotonie, daß die Staatspolizei von Georgia eine reale Gefahr ist – in Form eines einsamen schwarzweißen Autos, das in den braunen Maisfeldern an einem Straßenstück verborgen ist und an dem höchstens alle paar Stunden ein anderes Auto vorbeikommen dürfte.

Bis jetzt habe immer ich entschieden, wohin wir fahren oder was wir uns ansehen. Sobald wir irgendwo ankommen, blättere ich die Touristenseiten im örtlichen Telefonbuch durch (eine Goldgrube, wie ich festgestellt habe), um nachzusehen, welche geheimen Schätze die Gegend wohl bergen mag. Franz ist mit allem einverstanden. Doch er macht keine Vorschläge von sich aus. Allmählich werde ich es leid, den Führer zu spielen. Etwas gereizt sage ich: »Hast du denn keine eigenen Interessen?«

Tag 8–10

Wir blieben bei Franz' Freunden in Tallahassee, zwei begabten Künstlern, die als Paar einfach umwerfend sind. Ihr Haus ist ein Durcheinander aus naiver Kunst und Babyspielsachen. Wir machten einen kurzen Ausflug nach Norden nach Havana; zu dritt und dennoch mit reichlich Platz saßen wir auf dem Vordersitz eines Cadillac-Kabrios aus den Sechzigern, unter einem rosa überhauchten Himmel. Wir fuhren zu Jims riesigem Wellblechatelier, in dem er für eine bevorstehende Ausstellung an einer monumentalen »Mauer der Erinnerungen« arbeitete – allerlei Zeugs aus Ramschläden, das er an Windfangzäune hängte. Das Gebäude barg außerdem eine Unmenge Motorräder: mehrere BMWs, eine schöne rote Ducati und eine Suzuki GSX Minirennröhre für seinen kleinen Sohn.

Ich muß lachen, daß wir im Oktober leicht angezogen durch feuchte Luft fahren und alles vor uns neu ist. Ich sehe den Neid in Alexas und Jims Augen, als wir uns zum Aufbruch fertigmachen, obwohl sie ihre Urlaubsfahrt schon hinter sich haben – einen Monat zu zweit auf einem Motorrad und nur mit einem Tankrucksack. »Fahrt los und schaut euch alles jetzt an«, sagen sie, »denn es wird bald nicht mehr da sein.«

Sie haben uns Tips gegeben, was die vor uns liegende Strecke nach Westen am Golf von Mexiko entlang zu bieten hat, insbesondere in kulinarischer Hinsicht. Und den Badeort Destin mit seinem leicht maroden, verstaubten Charme und den schönsten Stränden der ganzen Küste. Unser Zimmer mit Balkon in einem der ehrwürdigen Hotels direkt am Wasser zum Nachsaisonpreis war billiger als viele der Motels, in denen wir bislang notgedrungen übernachteten. Wir wollten den Blick auf keinen Fall länger als irgend nötig missen; daher fuhren wir zu einem Lebensmittelladen, deckten uns mit geräuchtertem Mozarella, Tomaten und Brot ein und aßen im unbeleuchteten Zimmer zu Abend. Am nächsten Tag lief ich über den Puderzuckersand und stürzte mich in das samaragdene Wasser, als ob es mir gehörte. Nur versäumten wir die Frühstückszeit des Silver Beach Hotels, dessen Frühstücksraum sich jeder Beschreibung entzieht: auf allen Tischen Toaster, und vor dem Fenster die Statue einer »klassischen« Nackten, die den Blick auf den Golf verstellt.

Tag ?

Mittlerweile sind mir Tag und Datum abhanden gekommen: New Orleans kam dazwischen. Wir fuhren hinein, als ein heraufziehender Hurrikan drohte, am nächsten Tag in der Nähe der Stadt auf die Küste zu treffen. Es schüttete den ganzen Tag, doch ich war aufgedreht und glücklich – ein weiteres Abenteuer wartete. Wie idiotisch. Franz war so geistesgegenwärtig, mich daran zu erinnern, daß, wo wir auch bleiben wollten, auf jeden Fall eine geschlossene Parkmöglichkeit vorhanden sein mußte, sonst würden unsere Motorräder aufs Meer hinausgeblasen.

Wir fuhren weiter, hinaus aus der Stadt, durch einen Orkan, den sich der Produzent eines Fantasy-Films nicht besser hätte ausdenken können – peitschender Wind, schwarze Wolken. Einige Meilen weiter riß der Himmel auf, und Fetzen von Blau lugten durch die Wolken, obwohl mein Motorrad die Erinnerung an den Sturm mit sich trug: wenn ich in die Spiegel schaute, boten sie mir noch für Meilen Zwillingsbilder des Chaos.

In New Orleans bekam meine Maschine einen neuen Hinterreifen; es war Franz' Idee gewesen, vor unserer Abfahrt einen Reifen an die Stelle vorauszuschicken, wo ich ihn seiner Meinung nach brauchen würde. Mir schoß ein Gedanke durch den Kopf, den ich sofort wieder beiseiteschob: Weil ich weiß, daß er statt meiner an alles denkt, brauche ich mir nicht die Mühe zu machen, das selbst zu tun. Aber ist das nicht genau das, was ich will? Eine Wunschvorstellung? Schließlich bekommt mein Motorrad die beste Pflege auf der Welt, und ich fühle mich wie eine Mutter, deren Kind brav seinen Spinat ißt. Und dann meldet sich ganz innen die andere leise Stimme: Fühlst du dich Franz nur deswegen verbunden, weil du jemanden brauchst, der sich um dich kümmert? Mir würde unvermittelt ein wenig übel.

Ein seltsames Land, diese Bayous mit ihren Lagunen und Sümpfen, die wir ein paar Tage lang durchstreiften – eine flache Weite, über der sich irreale Wolkenschlösser hoch in den Himmel türmen, immer das Wissen, daß irgendwo da draußen Wasser ist. Dann die alles einhüllende Dämmerung, Geräusche wie von Zikaden oder Fröschen. An Tankstellen werden harte Sachen verkauft. Zuckerrohrfelder. Weiden voller Kühe und Pferde. Ausgedehnte Flächen Goldrute unter dem riesigen Himmel. Ölbohrtürme und Raffinerien wie schwarze Skelette am Horizont – die Ästhetik von Industrieanlagen. Und ab und zu trifft man auf etwas, von dem man gelesen hat, und es hat keinerlei Ähnlichkeit mit den Bildern oder der Werbung. Manchmal stoße ich nur dann auf solche Dinge, wenn ich sie nicht suche. So ging es mir, als ich in Opelousas die Touristeninformation betrat und feststellte, daß ich exakt vor dem »Jim Bowie Museum« parkte – einer wackeligen Hütte mit nur einem Raum –, von dem ich gelesen hatte, das ich aber gar nicht erst zu suchen beschlossen hatte, weil ich es ja doch nicht finden würde. Auch Shadows-on-the-Teche war ein Ort, den ich eigentlich abgeschrieben hatte und gerade deswegen ausfindig machte. Und weil dieses Plantagenherrenhaus dem National Historic Trust gehört und ich meines Vaters Tochter bin, mußte ich dort anhalten.

Als wir in Lafayette angekommen waren, wollte ich gerade einen Tisch bei Randol's fürs Abendessen reservieren, als Franz sich auf dem Bett zurücklehnte und erklärte, er werde nicht mitkommen. Wie bitte? Wir waren siebzehnhundert Meilen wegen dieses Abendessens gefahren, und jetzt war ihm nicht danach? So richtig auf die Palme brachte mich, daß er stumm, abgeschottet, mit kaltem, entschlossenem Blick dalag. Ich setzte mich wieder auf die Maschine und jagte zu dem Restaurant, wo ich eine teure, einsame Mahlzeit einnahm und den Paaren zusah, die sich im Tanzsaal drehten. Es war kein besonders schöner Abend, aber ich schätze, im Motelzimmer hätte ich auch keinen gehabt.

Heute Temperaturen um null und der Natchez Trace Parkway. Dessen Schönheiten sind subtiler als die des Blue Ridge, und in der Kälte scheint er uns in seiner ganzen schwungvollen Länge allein zu gehören; von Anfang bis Ende im größten Gang. Ein schauriger Hauch aus der Vergangenheit schien mich zu streifen, als ich unten in einer der tiefen Senken stand, durch die ein Teil des ehemaligen Wegs verläuft – im Geiste war ich vereint mit denen, die vor mir hier gegangen, jetzt aber verschwunden waren, meine Füße traten in die Fußstapfen der Toten.

Hier endet das Reisetagebuch. Als wir wieder zu Hause waren, hatten wir fünftausend Meilen zurückgelegt.

> Das gravierendste Problem ist jedoch, nicht die Nerven zu verlieren, bevor ich springe. Verdammt, ich glaube einfach nicht, daß ich ein Problem habe. Ich habe eine Situation. Ich habe im Leben nie Probleme, nur Situationen. Ich bin sicher, daß ich in den Grand Canyon springen kann, denn ich bin fest davon überzeugt, daß ein Mensch das, was er wirklich konsequent durchdenkt und woran er wirklich glaubt – wenn er es wirklich bedingungslos will –, auch schafft.

> Mir ist es egal, wenn ich höre: »Mann, wenn du mit diesem Ding über den Rand des Canyons fährst, gehst du drauf.« Ich werde es tun. Ich will der erste sein.
> Ich will etwas tun, was noch nie zuvor jemand gemacht hat … Ich glaube, daß wir schon tot geboren werden. Mich hat niemand gefragt, ob ich zur Welt kommen wollte. Ich habe akzeptiert, daß Sterben zum Leben gehört … Ich will diese Sache tun, weil ich sie tun will. Ich weiß nicht, ob das ein sinnvoller Beitrag zur Gesellschaft oder zum Verkehrswesen ist, aber ich werde es tun.
> Evel Knievel, zitiert in: »He's Not a Bird, He's Not a Plane«, *Sports Illustrated,* 5. Februar 1968

Im Lauf des Jahrhunderts erprobte der Mensch die Grenzen seiner Willenskraft und Ausdauer nicht nur mit einmotorigen Flugzeugen und Einhandsegelbooten, sondern auch mit Motorrädern. Der Drang, vorher nie unternommene, lange, einsame Reisen zu unternehmen oder etwas anderes noch nie Dagewesenes zu wagen, gehört zu den Dingen jenseits aller Vernunft. Vielleicht sind manche Menschen auch einfach anders gepolt. Im Juli 1991 ruderte Gerard d'Aboville allein über den Pazifik; den Atlantik hatte er bereits in siebenundzwanzig Tagen überquert. Seine Frau Cornelia erklärte dazu: »Ich werde immer wieder gefragt ›Warum, warum, warum?‹ Und ich weiß nicht warum.«

Dies wäre ein passendes Epitaph für die meisten Versuche, sich per Auto, Gleiter, Motorrad oder ähnlich einfachem Fahrzeug auf unerschlossenes Gebiet zu wagen. In den ersten beiden Jahrzehnten dieses Jahrhunderts hatten diese Art Reisen offenbar Hochkonjunktur; die Zeitungen quollen über vor aufgeregten Ankündigungen, daß Soundso zur Überquerung eines Kontinents oder eines Ozeans aufgebrochen und von einer Riesenmenge begeistert verabschiedet worden sei. Zu dieser Welle wagemutiger Unternehmungen zählte auch das Great Air Race von 1924, in dem mehrere Männer in einer offenen

Douglas mit Liberty-Motor um die Welt flogen. In Kalkutta – auf halbem Weg für beide – begegneten sie Aloha Baker, der mit dem Auto die Welt in der anderen Richtung umrundete.

Die früheste Reise rund um den Globus per Motorrad unternahm wahrscheinlich der Amerikaner Carl Stevens Clancy, der Berichten zufolge 1912 mit einer Henderson Four fast 30 000 Kilometer zurücklegte. Weitere Informationen darüber sind kaum aufzutreiben.

Viel besser dokumentiert ist die Reise der Franzosen Robert Sexé und Henry Andrieux, denn sie schrieben ein Buch darüber. Sie brachen auf zwei Maschinen des Typs Gillet Sport mit 350 Kubik und dreieinhalb PS (hergestellt im belgischen Lüttich) im Juni 1926 auf. Ihr Weg führte sie von Paris über Moskau, Yokohama, San Francisco, New York und London wieder nach Paris zurück, wo sie Anfang Dezember desselben Jahres eintrafen – nach 25 000 Kilometern. Die Sport wurde danach in Tour du Monde umbenannt, und ein Exemplar steht heute in der Krypta einer ehemaligen Abtei in Stavelot in Belgien, die das Motorsportmuseum der Rennstrecke Spa-Francorchamp beherbergt.

Nichts könnte schlagender beweisen, daß sich die Welt in den letzten sechzig Jahren verändert hat, als die Bücher der Motorradfahrer, die in den dreißiger Jahren um die Welt fuhren (das heißt, nichts außer vielleicht den Filmen, die mindestens zwei dieser Autoren gedreht haben). Die Gefahren des Wagnisses, sich in einem Faß die Niagarafälle hinunterfallen zu lassen, bleiben generationenlang weitgehend gleich; Straßenverhältnisse, Unterkünfte und Grenzposten werden jedoch wohl nie mehr so gnadenlos sein wie damals.

Ein 1931 erschienenes Buch mit dem Titel *Going Further* enthält den Bericht über 36 500 Kilometer, die zwei Briten mit Gespannen zurückgelegt hatten. Oder vielmehr gibt das Buch dies vor; zutreffender läßt es sich beschreiben als eine Klagelitanei des Autors über zumeist miserable Straßen und Eingeborene, welche die Forderung nach kalten Getränken in der

Wüste ziemlich kalt ließ; was wir über die allgemeinen Zustände erfahren, kommt nur quasi über seine Schulter ins Blickfeld, wenn er sich selbst zufällig einmal aus dem Mittelpunkt der Szene rückt.

Der Autor heißt Geoffrey Malins, und er läßt sich nicht dazu herab, sich selbst, das genaue Datum seiner Abfahrt oder wenigstens seine hochgelobten Motorräder vorzustellen; wir wissen nur, daß er von einem Mann namens Charles Oliver begleitet wurde, daß sie London höchstwahrscheinlich 1929 verließen und daß es sich bei den Maschinen um britische Zweizylinder mit jeweils 1000 Kubik handelte (Spitznamen Pip [Pieps] und Squeak [Quietsch]). Aufgrund der Andeutungen im Text können wir mutmaßen, daß der Autor als Hauptmann bei der Royal Air Force diente – Großbritanniens Einflußbereich war so groß, daß es kaum einen Kontinent und insbesondere nur wenige Oasen darauf gab, die verdienstvollen Helden nicht reichlich Gelegenheit geboten hätten, ihren Abendanzug anzulegen und mit ihren Kumpels im Offiziersclub Drinks zu sich zu nehmen. Dementsprechend geht es in dem Bericht über ihre Fahrt häufig um Lakaien, die mit Nachschub vorauseilen, und um abgelegene Vorposten, die ihnen einen herzlichen Empfang bereiteten, wenn sie ein Empfehlungsschreiben von irgendeinem Kolonialgouverneur oder Chefkommandanten vorwiesen.

Nicht daß sie Abenteuern gänzlich aus dem Weg gehen konnten; die meisten davon endeten mit gebrochenen Federn und Achsen. Allerdings boten ihre relativ einfachen Maschinen Möglichkeiten für recht schnelle Improvisationslösungen – und das üble Terrain erforderte offenbar jeden zweiten Tag mindestens eine davon –, wie sie die heutigen Fahrzeuge nicht mehr zulassen. Insbesondere der arabische Sand barg teuflische Überraschungen. Bei der Einfahrt in ein Dorf an einem Abend, an dem Malins eigentlich eine längere Strecke bewältigen zu müssen glaubte, drängte ihn ein sechster Sinn, dort zu übernachten, weil seine innere Stimme ihm sagte, daß irgend etwas nicht stimmte. Er vermutete etwas an seinem Motorrad, obwohl es einwandfrei lief. Als er tags darauf bei Tageslicht aufbrach, stieß er auf die Quelle seiner Vorahnung: eine fehlende Brücke über ein tiefes Wadi, ein trockenes Flußtal, das sein Gespann in der Dunkelheit sicherlich verschlungen und seiner Reise wohl ein Ende gesetzt hätte.

Einige Jahre später berichtete ein Amerikaner in einem Buch über einen unheimlich ähnlichen Zwischenfall, nur daß er es tatsächlich fertigbrachte, in der hereinbrechenden Nacht von der nichtexistenten Brücke fünf Meter tief in das Wadi zu stürzen. Während er bewußtlos im türkischen Sand lag, versickerte das Öl aus seinem liegenden Motorrad im Boden. Obwohl er bald von herbeieilenden Dorfbewohnern – die er mit einer Liebe zum Detail beschreibt, die Malins' Buch gänzlich abgeht – gerettet wurde, lag die nächste Nachschubmöglichkeit immer noch fast achtzig Kilometer entfernt. So konnte er nur versuchen, den Einheimischen zu erklären, was er brauchte, und hoffen, daß sie es ihm beschaffen konnten. Der Versuch schien auf Anhieb zu gelingen. Der Fahrer brach auf, merkte jedoch bald, daß die Wolken, die aus seinem Auspuff kamen, offenbar Senfgas waren.

Der Amerikaner Robert Edison Fulton jr. stammte aus kaum geringeren Verhältnissen als Geoffrey Malins. Sein Vater war Leiter der Mack Truck Company, und der junge Fulton besuchte Harvard und studierte danach Architektur in Wien. Gegen Ende jenes Jahres nahm er in London an einer Abendgesellschaft teil, wo er sowohl sich selbst als auch die anderen Gäste mit der Ankündigung überraschte, er beabsichtige, mit dem Motorrad um die Welt zu fahren. Vom anderen Ende der Tafel kam eine Stimme: »Wenn Sie Ihren Motor noch nicht haben, guter Mann, wie wäre es dann, wenn ich ihn beisteuerte? Wie Sie wissen, gehören uns die Douglas Motorenwerke. Gute Maschinen. Wir müssen mal miteinander reden.«

Auf diese Weise kam Fulton zu seinem Douglas, einem 340 Kilo schweren Zweizylinder-Boxer mit sechs PS Leistung, mit dem er 60 000 Kilometer auf befestigten Straßen, Wüstenstand und geschotterten Bergstrecken zurücklegen sollte – und nach dem Khyber-Pass mit der afghanischen Grenze in Sichtweite sogar zwanzig Meter mit vertauschten Rollen von Mensch und Maschine, die von ihrem Besitzer mühsam geschoben werden mußte, weil im Khyber-Gebiet Motorradfahren verboten war.

One Man Caravan ist ein Lesegenuß – optisch, weil der künstlerisch begabte Autor es mit prächtigen Karten, Holzschnitten und Standbildern aus seinen unterwegs gedrehten Filmen versehen hat, und inhaltlich, weil es unterhaltsam und gut geschrieben eine untergegangene Welt portraitiert, und zwar aus dem Blickwinkel eines Zweiundzwanzigjährigen, der eine nahezu unerschöpfliche Fähigkeit besaß, seine Erlebnisse in vollen Zügen zu genießen.

Langstreckenfahrten waren (und sind) aber keine ausschließlich männliche Domäne. Die *New York Times* berichtete 1913, eine Mrs. Harry Humphreys (»beste Langstreckenfahrerin Englands«) habe die Etappe San Francisco-New York einer geplanten Reise von 85 000 Meilen erfolgreich bewältigt. Ich konnte keine Berichte darüber finden, was ihr auf einer Reise von derart sagenhaften Dimensionen alles widerfahren sein mag, wie lange von den dafür veranschlagten zwei Jahren sie wohl durchgehalten hat oder ob sie den 10 000-Dollar-Preis wirklich eingesteckt hat, den sie bekommen sollte, wenn sie rechtzeitig zur Eröffnung der Panama Pacific Exposition 1915 wieder in Kalifornien eintraf.

Die Brooklynerin Effie Hotchkiss beschloß, ihre Mutter nach San Francisco zu eben dieser Ausstellung zu fahren – die die neuesten Fortschritte in Wissenschaft und Technik feiern sollte und ein Muß war, wenn man die Überzeugung teilte, die Avantgarde der gelobten neuen Welt werde auf Motorrädern einherfahren –, und zwar mit ihrem Harley-Gespann. Ihre erfolgreiche Hin- und Rückreise dauerte fünf Monate, in denen sie 9000 Meilen zurücklegten. Verbreiteter berichtet und gefeiert wurde 1916 der transkontinentale Rekord der Schwestern

Adeline und Augusta Van Buren, der ersten Frauen, die auf Solomaschinen von Küste zu Küste fuhren, und die ersten, die den Pikes Peak mit einem Fahrzeug bewältigten. 1953 veröffentlichte Peggy Iris Thomas ihr Buch *Gasoline Gypsy*, in dem sie über ihre Erlebnisse berichtet, nachdem sie 1950 mit einer BSA Bantam, sechzig Dollar und der Absicht, Nordamerika zu sehen, London verlassen hatte. »Ein Mädchen, das ein Motorrad fährt, bepackt mit Koffern und Zeltausrüstung wie ein Maulesel, erregt schon genügend Aufsehen. Wenn sie jedoch noch von einem dreißig Kilo schweren Airedale-Terrier begleitet wird, droht die Sache aus dem Ruder zu laufen«, schreibt Thomas bescheiden.

Immer noch unternehmen Menschen ausgedehnte Reisen auf zwei Rädern, weil sie, wie Fulton, voll und ganz in ihre Umwelt eintauchen, sich ihr sogar ausgeliefert fühlen wollen. Viele Leute haben keine Hemmungen, jemanden anzusprechen, der mit den Motorrad unterwegs ist; im Austausch gegen die Chance, Orte und Situationen so tief wie nur möglich auszukosten, begibt sich der Motorradfahrer gewisser Schutz- und Abwehrmechanismen. Reizvoll an einem solchen Unternehmen ist überdies der sportliche Aspekt – auf einer langen Fahrt quer durch Kontinente holt man sich blaue Flecken, wird gebraten und herumgestoßen und kann seine körperlichen und technischen Fähigkeiten auf vielfältigste Weise erproben. Aufgrund der harten Erfahrungen, die man dabei macht, ordnen sich die eigenen Prioritäten neu, und man gewinnt eine etwas andere Sicht des Lebens. Eine solche Reise hat viel mit dem Campen gemein (und ist häufig mit ihm verbunden), und man kann Ähnliches dabei lernen. Motorradreisenden dürfte zweifelsohne vertraut vorkommen, was John Burroughs zu Beginn dieses Jahrhunderts in »A Summer Voyage« schrieb: »Wer draußen kampiert, gerät häufig in Situationen, die in den Augen von behaglich in ihren wohlgeordneten Häusern sitzenden Menschen mißlich scheinen; doch es ist oft eine echte Befriedigung dabei, wenn das Schlimmstmögliche eintritt – eine

Befriedigung, die in der Erkenntnis steckt, welch kleines Problem dies im Grunde doch ist; man ist schließlich weder aus Zucker noch aus Salz, daß man die Nässe zu fürchten hätte; und das Leben ist unter der Persenning einer Schute oder in einem Unterstand genauso lebenswert wie unter dem höchsten und breitesten Dach der Christenheit.«

Eine Reise, die um dieser Befriedigung willen unternommen wurde – und natürlich auch wegen ihrer Abenteuerlichkeit und Außergewöhnlichkeit, obwohl sie schon allein aufgrund der bewältigten Dimensionen einen Eintrag in alle Rekordbücher verdient hätte –, ist die des Briten Ted Simon, der in vier Jahren durch 45 Länder fuhr und dabei über 100000 Kilometer zurücklegte. Simon ist außerdem ein echter Schriftsteller, was sein 1982 auf deutsch erschienenes Buch *Jupiters Fahrt: mit dem Motorrad um die Welt* belegt, in dem er seine unglaubliche Reise – sowohl die innere als auch die äußere (natürlich) – schildert.

Der Leser muß mir vielleicht einfach abnehmen, daß das Reisen per Motorrad dem im Auto überlegen ist. In Ordnung – ich will einräumen, daß es zumindest ganz anders ist. Insbesondere im Dunkeln: die Straße scheint unablässig anzusteigen, und man beginnt sich allerlei auszumalen. In der Schwärze neben der Straße eilen Flüsse zu Tal, über dem Kopf ragt bedrohlich ein steiler Felsen auf. Man kann in einen imaginären Raum hineinfahren, und auch das ist *wirkliches* Reisen, weil man alle Bindungen löst. Schau dich um. Nichts mehr ist zwischen dir und dem Wetter, den Gerüchen, der Farbe des Himmels. Alles prägt sich unmittelbar deinem Bewußtsein ein, als ob es sich über dem Fahren in frisch gegossenen Beton verwandelt hätte. Und diese Eindrücke werden bleiben, offenbar sogar für immer, so daß du dich noch nach Jahren mit fast erschreckender Genauigkeit daran erinnerst.

Die Kälte kann tief in die Knochen kriechen – und im Fall von Franz tief in die Stahlstäbe, die hart und verwirrend unter dem Fleisch eines Schenkels zu tasten sind – Folge eines Unfalls, der sich bei einer Testfahrt mit dem Motorrad eines Kunden ereignete, und Ursache dafür, daß er hinter dem Tresen immer auf einem Stuhl hockte. Sie waren außerdem manchmal die Ursache quälender Rückenschmerzen. Wie auch immer, die Kälte kann in die Knochen kriechen und den Nacken hinunter, doch ich glaube, daß man das fast schon genießt: eine geringe Buße für all den Genuß.

Wenn man auf den Interstates mit dem Motorrad unterwegs ist, erwirbt man aus irgendeinem Grund automatisch, wenn auch nur zeitweise, Mitgliederstatus in der Brüderschaft der Trucker. Im Auto hatte ich oft das Gefühl, von den sechzehnrädrigen Ungetümen als Feind betrachtet zu werden, der auf einem Gefälle ein ärgerliches Hindernis für ordentliche 85 Meilen ist und der mit 40 die Steigung hochzuckelt. Auf dem Motorrad jedoch fühlte ich mich von den Trucks förmlich beschützt, wurde in weitem Bogen umfahren, bekam Platz zum Überholen und Blinkerzeichen. Vielleicht liegt das daran, daß viele Trucker zugleich Biker sind oder beide Fahrzeuge eher Gefährten als Gefährte sind. Oder vielleicht liegt es daran, daß jeder Freunde braucht, da draußen in der großen, schlechten Welt.

Ich liebe Fernfahrerkneipen, obwohl mir deren überhand nehmende literarische Verklärung auf die Nerven geht, weil sie zu durchsichtig ist. Wie Leuchttürme strahlen sie ein heimeliges Licht in die dunkle Anonymität der Autobahnen und wecken in uns den Wunsch, Einblick in diese Vielzahl von Lebenswegen zu nehmen, die den unseren kreuzen und ohne uns weitergehen, uns aber vielleicht irgendwie helfen könnten, unsern eigenen besser zu verstehen. Diese Männer mit ihren Cowboystiefeln und Strohhüten und dicken Gürtelschnallen, den schwarzen T-Shirts mit dem Harley-Adler, den Baseballmützen und den dicken Bäuchen – es ist so leicht, in ihnen so etwas wie eine Glaubensgemeinschaft zu sehen, ihnen eine Art primitiver Spiritualität zu unterstellen, die wir vielleicht durchschauen würden und an der wir teilhaben könnten, wenn wir uns in diesen rätselhaften Raststationen nur länger aufhalten würden, inmitten ihrer bunten Mischung aus Gebäck in Familienpackungen, Gewehren, »Wunderbäumen« mit Pin-up-Girls drauf und Plastikbechern mit auslaufsicherem Deckel. Wenn wir die Songs kennen und verstehen würden, die die Musikbox-Liste auf dem Tresen vor uns aufführt, Merle und Hank jr. und Tammy und ein paar mit Schreibmaschine nachgetragene Trucker-Songs. Wenn wir eine Ahnung hätten von den Ritualen des Duschengehens und des Flirtens mit Kellnerinnen und von den unerklärlichen Mädchen mit den Löwenmähnen und den Unterhaltungen über CB-Funk und davon, was sie in den endlosen Stunden denken, die da oben in den Führerkabinen. Aber vielleicht ist auch überhaupt nichts Geheimnisvolles daran; vielleicht ist es nur ein Job.

Eine der reizvollsten Herausforderungen am Motorradfahren – im Gegensatz zum Lkw – liegt darin, daß man mit dem auskommen muß, was in Satteltaschen oder Koffer paßt, und entdeckt, wieviel man mit diesem wenigen anfangen kann. Wie Peter Matthiesen in einem Interview über eine ähnliche Art des Vorankommens bemerkte, bringt einem das eine Entlastung von existentiellen Dimensionen: »Einer der Gründe, warum ich Boote so sehr liebe, liegt darin, daß man sich in allem auf das absolut Notwendige beschränken muß; man ist nur noch der Kapitän eines kleines Bootes, ohne Schutz, ohne Vergangenheit, ohne Hoffnungen für die Zukunft.«

Vielleicht begann das Unheil schon in grauer Vorzeit, damals, als wir seßhaft wurden und das Umherziehen – immer mit leichtem Gepäck unterwegs, weil unablässig unterwegs – und unser Jäger- und Sammlertum aufgaben. Jetzt sind wir so sehr damit beschäftigt, Dinge aufzuhäufen, uns unter Bergen von Dingen zu begraben, daß wir das flüsternde Locken des Landes, hinaus in seine Weiten zu treten, nicht mehr hören können. Bruce Chatwin sieht das so, und mit einem Großteil dessen, was er schreibt, versucht er nachzuweisen, daß die

Mauern unserer Häuser die Mauern zwischen uns und unserer wahren Berufung sind – unablässig über die Erde zu schweifen und dabei ihren Anweisungen zu folgen.

Wären wir Nomaden geblieben wie die Aborigines, hätten vielleicht auch wir uns die Fähigkeit bewahrt, zu sehen wie sie, mit Augen, die die Natur wirklich wahrzunehmen vermögen. Wie Chatwin in den *Traumpfaden* schreibt, dient das religiöse Leben der Aborigines nur einem einzigen Ziel: das Land so zu bewahren, wie es immer war und wie es sein sollte. Unser Ziel, das wir in unserer erstarrten Welt mit fortwährend nach innen gewandten Augen verfolgen, scheint genauso eindimensional: Waren anhäufen. Am Ende dieses metaphorischen Weges steht der ganz reale Drogeriegroßmarkt, glitzernd wie die Smaragdstadt von Oz und bis oben hin vollgestopft mit Hunderten billiger Erinnerungen an die Blumen der sprichwörtlichen grünen Wiese, die für ihn verschwand – Kerzen, Raumspray, Duftkissen, Parfüm, Schaumbad, Potpourri und Räucherstäbchen.

Ist diese Ironie eine Platitüde? Ist es zu spät? Ich schwanke zwischen Hoffnung und Verzweiflung. Gegenwärtig bringt sogar die erstarkende Bewegung für ein einfacheres Leben immer mehr Waren, Bücher und Zeitschriften hervor, die einem den Weg zu diesem Leben weisen sollen. Eine Möglichkeit, für die man keine Anleitung braucht, bleibt jedoch immer: eine ganz kleine Tasche zu packen und loszufahren.

Wenn man allein fährt und so ist wie ich, bleibt man allein. Eigentlich ist es so leicht, Kontakte zu knüpfen, wenn man mit dem Motorrad unterwegs ist, daß sogar meine pathologische Schüchternheit kein Hindernis mehr sein sollte, doch leider ist das nicht immer der Fall. Deshalb habe ich viel Zeit zum Nachdenken; bei sechzig Meilen pro Stunde habe ich schon großartige Gedichte verfaßt, doch sie bleiben dort zurück, über dem Asphalt schwebend, unwillig, mit nach Hause gebracht zu werden.

Wenn man zu zweit fährt, dann steht einem entweder die Fahrt seines Lebens bevor oder aber eine Kette größerer oder kleinerer Ärgernisse. Miteinander fahren ist wie miteinander tanzen, und wenn man dieselbe Musik und denselben Rhythmus im Blut hat, versteht man sich ohne Worte, ahnt jeden Halt, jeden Aufbruch, jede Laune, jedes Beschleunigen und jedes Abbremsen voraus. Wenn nicht, dann kommt man sich ständig ins Gehege, bis man völlig taub wird für die Musik. Sogar die Motorräder scheinen nicht zusammenzupassen, denn die Maschine in Führung wählt unbeirrbar genau die Reisegeschwindigkeit, bei der die nachfolgende nichts sehnlicher möchte als schalten. In diesem Fall kann man genausogut allein fahren und zum Mittagessen anhalten, wenn es einem selbst beliebt.

Wenn man alle jemals geschriebenen Country-and-Western-Songs zu einem einzigen verschmelzen würde (und das wäre ein echter Heuler, wenn Hank Williams, Roy Acuff und die Carter Family auf einmal singen würden), ließe sich der Text ungefähr folgendermaßen zusammenfassen: *Versuch' nicht, mich aufzuhalten, Süße, denn ein unsteter Mann muß umherziehen; doch wenn ich dann da draußen durch die Welt ziehe, leide ich Höllenqualen, weil ich solches Heimweh nach den grünen Hügeln der Heimat bekomme, daß ich weinen könnte.*

Das Paradoxe schreckt mich nicht mehr, nicht mehr, seit ich von zu Hause wegfahre, um schon im freudigen Augenblick des Aufbruchs dieses süße Gefühl von Heimweh zu empfinden.

Das einzige Motorradmagazin, das ich mir weiter halte, nachdem ich mit allen anderen einmal geliebäugelt habe, ist *Rider*. Das ist nicht unbedingt ein Beweis für seine Qualität – es ist zuweilen ziemlich amateurhaft, wenn auch manche Autoren recht gut schreiben –, sondern eher dafür, daß die anderen immer wieder dasselbe dröge Einerlei bringen. Die vorwiegend jungen, männlichen Redakteure dieser Verlage, die in der Nähe der besten Canyonrennstrecken Kaliforniens sitzen, sind fein raus mit all den kostenlosen Super-Duper-Maschinen, die ihnen zur Verfügung stehen, und sie wissen es. Also testen sie endlos die allerneuesten Rennröhren und schieben gelegentlich mal einen Vergleich der neuen Cruiser ein oder einen wahnsinnig aufregenden Artikel mit dem unvermeidlichen Titel »Öl für Ihr Bike: Fakt und Friktion.« (Zugegeben, das habe ich gerade erfunden.) Doch *Rider*, wenn auch immer noch Lichtjahre entfernt von der Qualität selbst der kleinsten britischen Motorradzeitschrift, gibt sich wenigstens Mühe.

So schrieb in einem Monat eine graue Eminenz namens Clement Salvadori eine Kolumne über Bücher, die sich mit dem Motorradfahren befassen. Dieses Bibliotheksregal ist relativ kurz. Doch Salvadori hatte einige interessante Titel ausgegraben, und so bat ich einen Freund, der einen Leserausweis der Mercantile Library New York besaß, dort nachzuschauen, ob er irgendeines der älteren Bücher auftreiben konnte, die ich in der Public Library nicht hatte finden können. Er kam zurück mit Robert Edison Fulton jrs. *One Man Caravan*.

Am liebsten hätte ich der Bibliothek dieses wunderschöne Buch nicht zurückgegeben.

Einen Monat später stöberte ich in einem Antiquariat in Pennsylvania herum. Ich schaue immer zuerst die Regale »Transport und Verkehr« durch, nur um mich zu vergewissern, daß dort keine Motorradbücher vor sich hinschimmeln; es kommt selten vor. Im besten Fall finde ich ein paar Werkstatthandbücher und ein oder zwei Exemplare der illustrierten Enzyklopädien, die ich schon habe. Dieses Mal jedoch war es anders. Ein Buch stand da, und zwar eines, das ich noch nicht besaß.

One Man Caravan, 1937. Mit einem Schutzumschlag. Erstausgabe. Auf dem Deckblatt vom Autor signiert.

Ich kam mir an diesem Tag arm vor, und der geforderte Preis von zwanzig Dollar schien mir zu üppig für meine bescheidene Börse. Zwei Stunden lang trug ich das Buch mit mir in dem Laden herum und sagte dann zu dem Freund, der mich begleitete, daß ich es zurückstellen würde. Er schaute mich an, als ob ich das schwachsinnige Weib sei, das ich war, nahm es mir aus den Händen und marschierte wortlos zur Kasse.

Auf dem Heimweg begann ich zu rechnen. Wenn Fulton Anfang der dreißiger Jahre zweiundzwanzig war, wie alt war er dann heute? Alt. Doch es war durchaus möglich, daß er irgendwo in der Nähe von New York lebte.

Ich rief bei Harcourt Brace an, dem Verlag, bei dem das Buch erschienen war. Im Archiv fanden sich Adressen des Autors aus den fünfziger Jahren; die letzte war eine c/o-Adresse bei einer Fluglinie auf einem Flugplatz in Connecticut. In der Gewißheit, daß er in irgendeiner Abteilung für unzustellbare Briefe landen würde, schickte ich einen Brief ins Blaue und vergaß die ganze Sache.

Doch ich werde nie vergessen, was einen Monat später, am Abend vor Silvester, geschah. Draußen herrschte klirrende Kälte, was bedeutete, daß man einen Fingerbreit von den dünnen Wänden meines Appartements die frostige Luft auf der Haut spürte; im Winter wurde ich zu einer wärmesuchenden Katze und verbrachte den Großteil der Zeit neben dem eigenwilligen alten Gasofen in der Küche, der einzigen Wärmequelle des Appartements. Ich stand an seine Warmluftschlitze gepreßt und starrte geistesabwesend zu den Fenstern, die ich mit weißen Weihnachtslichterketten geschmückt hatte, als das Telefon klingelte. Die Stimme am anderen Ende der Leitung war kräftig und klar, und sie sagte: »Hier ist Robert Fulton.«

Er lud mich ein, ihn auf seiner Farm in Connecticut zu besuchen; er würde mich an der Bahnstation abholen. Wir verbrachten zusammen einen Nachmittag, der mir völlig unwirklich und traumhaft vorkam; wir saßen in seinem Künstleratelier, einem Anbau an die umgebaute Scheune, die er mit seiner aus Frankreich stammenden Frau bewohnte. Durch das vom Boden bis zur Decke reichende Fenster fiel der Blick auf eine schneebedeckte Wiese; darauf stand ein P-51-Mustang-Kampfflugzeug aus dem Zweiten Weltkrieg, das sein Motorrad abgelöst hatte. Er zeigte mir seine Photocollagen, die Skulpturen und Brunnen, die er entworfen und auf dem Grundstück aufgestellt hatte, die Erfindungen und Sammelalben, die sein Leben nach der Rückkehr von seiner langen Motorradreise beschrieben. Er war in der Tat ein Nachkomme seines Namensvetters Robert Fulton, des Dampfschifferfinders, und hatte selbst verschiedene Erfindungen gemacht. Zu seinen Geistesprodukten gehörte ein Gerät, mit dessen Hilfe die Schützen an der Heckwaffe von Kampfflugzeugen im Zweiten Weltkrieg Schießübungen am Boden machen konnten, ohne Munition zu verschwenden; dann das Airphibian, ein Kleinflugzeug, das von einer einzigen Person innerhalb von fünf Minuten in ein Automobil verwandelt werden konnte (ein Exemplar davon befindet sich in der Sammlung der Smithsonian Institution); und schließlich seine berühmteste Erfindung: Skyhook, ein einzigartiges Verfahren, mit dem ein speziell ausgerüstetes, ansonsten jedoch ganz normales Flugzeug Personen am Boden retten kann, ohne landen zu müssen. Auf dieser genialen Erfindung hält allerdings das US-Militär den Daumen drauf.

Fulton sieht noch genausogut aus wie auf den Standphotos in seinem Buch (sein Film ist immer noch nicht fertig, aber er hat endlich mit dem Schneiden begonnen). Er saust von einem Projekt zum nächsten; sein Geist produziert Problemlösungen fast ohne bewußtes Zutun, während seine Hände schon den Prototyp bauen, der beweist, daß die Lösung funktioniert. Er schreibt und bildhauert und zeichnet, und nicht nur, daß er gerade ein Buch schreibt, er arbeitet auch gleich an einer neuen Satzmethode für den Druck.

Vor einigen Jahren brach sein Stiefsohn mit einem Freund von Paris aus auf, um Fultons große Fahrt um die Welt auf neuen Motorrädern nachzuvollziehen. Nach einiger Zeit wurden sie getrennt, und der Sohn seiner Frau kam unterwegs ums Leben, nach nicht einmal der Hälfte der Strecke.

Im Dezember überredete ich Franz dazu, in seinem Loft eine Party zu schmeißen, seine erste überhaupt. Wir wollten rote Bohnen und Reis servieren, wie wir sie bei der sonntagabendlichen Tanzfete im Tipitina's in New Orleans gegessen hatten, und die Gäste sollten Dias von ihren schönsten Motorradtouren vorführen. Ich war so nervös und derart hektisch darum bemüht, daß alles so lief, wie es sollte, daß ich kaum zum Essen kam – wohl aber zum Trinken. So endete der Abend damit, daß ich mich, immer noch in meinem Partyoutfit, in die Badewanne erbrach; zum letzten Mal hatte ich mich in meinem ersten Jahr auf der High School derart gehenlassen.

Doch Franz war kein Partytyp. Genausowenig kümmerte er sich um den orthopädischen Schuh, mit dem ich ihm in den Ohren lag; er hätte seine unterschiedlich langen Beine ausgeglichen und die schlimmen Rückenschmerzen verhütet, ganz zu schweigen von der Deformation seines Fußes. Franz würde sich auch kaum in einen anderen Menschen verwandeln, wie ich es immer noch hoffte: einen Menschen, der Bücher liebte oder der Verständnis dafür hatte, was sie einem anderen bedeuten konnten. Und ich hatte entdeckt, daß er ein Geheimnis verbarg, weniger vor mir als vielmehr vor sich selbst. Er kam mir allmählich vor wie ein Berg, den zu erklimmen ich mich zu müde fühlte. Eines Tages schleuderte er mit einer derart jähen Gewalt einen gläsernen Aschenbecher quer durch den Raum in den Ausguß, daß ich meine Sachen zusammenraffte und ging, ohne noch ein Wort zu sagen. Ein oder zwei Monate zuvor hatte er aufgehört, mich jedes Wochenende mit Blumen zu begrüßen.

Das einzige von mir, das sich immer noch bei ihm befindet, ist ein Satz handbemalter Teller aus der Provence, die ich in einem Second-Hand-Laden draußen im Villenviertel erstanden hatte. Einige Jahre später, als wir wieder miteinander sprachen, hatte ich in Philadelphia zu tun und sah im Laden vorbei, um ihn zu fragen, ob ich sie mir aus dem Loft holen könne. Er gab mir den Schlüssel, mit dem ich schon immer Schwierigkeiten gehabt hatte. Diesmal jedoch gelang es mir trotz aller Bemühungen überhaupt nicht, die Tür aufzukriegen. Ich stand davor und fummelte geschlagene fünfzehn Minuten an dem

Schloß herum, bevor ich aufgab. Er erzählte mir, einer der Teller sei ohnehin zu Bruch gegangen.

In diesem Mai beschloß ich, den Blue Ridge Parkway noch einmal hinunterzufahren. Mein Beweggrund lag – auch wenn ich mir das mit Sicherheit nicht eingestand – zum Teil darin, daß ich wußte, daß Franz seine jährliche Tour mit seinen Kumpeln plante. Ich wußte zwar, daß meine Entscheidung, die Trennung herbeizuführen, richtig gewesen war, aber insgeheim wünschte ich mir dennoch, daß er mich zurückhaben und mit mir statt mit ihnen fahren wollte, obwohl ich sicher war, daß ich ihn selbst dann zurückgewiesen hätte. Ich wollte, daß er sich genauso einsam fühlte wie ich.

Aus dem Reisetagebuch

9. Mai

Eine lange Fahrt im Regen. Und Wind. Und dann Sonne, dann stärkerer Regen. Ich stand im Eingang einer 76-Raststätte und sah zu, wie der Regen auf den Parkplatz und auf meine Maschine niederströmte. Ich entdeckte ein Leck am Kardangehäuse, konnte jedoch im Augenblick nicht mehr tun, als das Öl wegzuwischen und abzuwarten, ob es wieder auftauchen würde.

Die Fernfahrer, die durch die Doppeltür kamen und gingen, gaben in ihrer proletenhaften Art dümmliche Kommentare von sich. »Sieht nach Regen aus«, meinte ein Schlaukopf. Ein anderer schien vollends nicht mehr alle Tassen im Schrank zu haben. Als er an mir vorüberkam, während ich gerade mit meinem Regenzeug kämpfte, ließ er einen Brüller los, der mir durch Mark und Bein ging: »Laß' es regnen, Herr, laß' es regnen!«

Kotzbrocken.

Doch dann kam die Sonne heraus. Vor mir der freie Highway und überall ringsum der Frühling von Westvirginia. Plötzlich riecht es danach – ein unergründlicherer Duft als nur der Geruch sprießender Vegetation –, und ein Schluchzen steigt in meiner Kehle auf.

10. Mai

Fünfzig Meilen, nachdem ich das erste Rinnsal weggewischt hatte, hatte sich eine ebenso große Menge 90er Getriebeöl über das gesamte Antriebswellengehäuse verteilt. Also rief ich Franz vom Parkplatz des Southern-Kitchen-Restaurants aus an, wo ich gerade einen Teller Erdnußsuppe verzehrt hatte.

Vielleicht, so meinte er, hatte sich die Schutzkappe der Entlüftung mit aufgeschleudertem Straßenschmutz zugesetzt, so daß die Öffnung verstopft war und Öl durch die Dichtung der Mutter gedrückt wurde. Er empfahl mir, die Schutzkappe abzunehmen, sie zu säubern und durchzublasen, um sicherzugehen, daß sie sauber war. Lachend meinte er noch, er würde an mich denken, wie ich mit der Metallkappe zwischen den Lippen dastünde und bliese. Ich fand es grausam, mit mir zu flirten, wo er doch nichts besseres zu tun hatte, als dreihundert Meilen weit weg zu bleiben.

Ich bin jetzt weniger als zwanzig Meilen vor Floyd, meinem Übernachtungsziel. Deshalb habe ich an einem Aussichtspunkt angehalten, der so aussieht, als sei er eben der, an dem wir im Oktober haltgemacht hatten. Aber nein, er ist es nicht. Was tue ich da überhaupt? Versuche ich dieselbe Reise noch einmal zu machen, obwohl mir das doch jetzt nur wehtun kann?

Hier am Smart View (laut Reiseführer benannt nach dem »beträchtlichen« Ausblick einer Blockhütte, die hier einmal stand) hat alles die satten Farben von Postkarten aus den sechziger Jahren. Nur daß es hier wirklich so aussieht.

Unterwegs sind die Dimensionen der Dinge zuweilen klein und dann wieder so groß, daß einem unheimlich wird. Manchmal fährt man durch flaches Land und glaubt dennoch, in großer Höhe zu sein. Und bisweilen überfällt einen das Gefühl von Einsamkeit, wie hier, wo der Wind durch die Wipfel der hohen Bäume streicht und unablässig Grillen zirpen und in der Ferne das Donnern von Flugzeugen verhallt.

Nein, man sollte nie versuchen, die Uhr zurückzudrehen. Was für eine idiotische Idee, einen Auftrag für einen Artikel über Floyd anzunehmen. Gleich als ich ankam, schien es mir nur Augenblicke her, daß wir gemeinsam hier gewesen waren. Sie gab mir unser altes Zimmer.

14. Mai

In der Luft liegt ein süßer Duft, obwohl ich nicht herauszufinden vermag, woher er kommt; ich kann keine Blüten zwischen dem jungen Grün entdecken, die als Quelle in Frage kämen. Virginia ist so schön, daß es fast weh tut. Und es ist sonnig, wenn auch ein bißchen »luftig«, wie jemand im tiefen Süden an einem kühlen Tag im letzten Herbst zu uns bemerkt hatte.

Es soll mir für die Zukunft eine Lehre sein, mir für das Ende einer Fahrt ein bestimmtes Ziel vorzunehmen, statt die Rückfahrt versickern zu lassen wie einen Satz ohne Schlußpunkt. Da ich keinen zwingenden Grund hatte, die Sache hinauszuzögern und mich für viele weitere Nächte mit Essen zum Mitnehmen und meiner eigenen traurigen Gesellschaft in Motelzimmern einzuschließen, griff ich in einer plötzlichen Anwandlung zur Karte; vielleicht konnte ich es schaffen, in einem einzigen Tag nach Hause zu fahren. Doch welche Route ich auch wählte oder wie viele Stunden im Sattel ich mir zumuten wollte – es war unmöglich. Ich mußte unterwegs noch mindestens zweimal übernachten. Das kam mir so lang vor, daß ich hätte heulen können.

Sieben

Das Pflaster war schon lange durch eine Asphaltdecke ersetzt worden, und sie war nicht so naiv, zu verkennen, daß sie auf einer Maschine fuhr und daß ein Motor, mochte er auch so stark sein wie der einer Harley-Davidson, keine Eigenkraft besitzt; als sie ihm jedoch Gas gab und er seine Geschwindigkeit entfaltete, ließ sie sich mit einem solchen Rauschgefühl davontragen, daß ihr das Motorrad immer noch als der letzte Abkömmling der großen Totenpferde vergangener Jahrhunderte erschien.
André Pieyre de Mandiargues Das Motorrad

Das Quecksilber stand bei weit über erstickenden dreißig Grad, als ich den ach so herrlichen New York Thruway erreichte. Die Luft, die durch meine Nase strich, fühlte sich an wie der Rauch eines Waldbrandes. Einen Augenblick lang schien der Parkplatz der ersten Raststätte, an der ich hielt, mit den schwarzen Gummimatten ausgelegt zu sein, die man manchmal auf öffentlichen Spielpätzen findet, aber es war nur in der Hitze weichgewordener Asphalt. Ich hatte die arme Lario hart rangenommen, und insgeheim entschuldigte ich mich bei ihr und ihren luftgekühlten Zylindern, denen diese Luft kaum Kühlung gebracht haben konnte. Sie war ein edles Reittier und litt sehr. Doch heute diente das dazu, uns Linderung zu verschaffen, denn ich fuhr nach Norden, nach Norden und immer geradeaus. Wie ich mir einbildete, würden mit jeder Meile, die wir weiter in nördlicher Richtung vorankamen, die Temperaturen ein wenig sinken.

Unser Ziel – und ich brauchte fast immer ein Ziel, um mich aufs Motorrad zu setzen, weil ich in Rundfahrten keinen großen Sinn zu sehen vermochte – war ein weiteres Bikertreffen. Es fand statt in Parry Sound in Ontario, noch nördlich von Toronto, und das hörte sich schön frostig an. Wie gewöhnlich hatte ich es eilig, dorthin zu kommen, obwohl ich mir reichliche zwei Tage dafür genehmigt hatte.

Ich fand erst dann einen Grund, langsamer zu machen, als ich die Adirondack-Berge erreichte; die Bäume, die Gipfel und die angenehme Wärme machten das Fahren zur reinen Lust. Ich hielt an, um mir eine Limonade und ein Eis zu holen; die Flasche war mit einem Relief geschmückt, das Cowboys darstellte, und nichts paßte besser zu der Gegend als diese nostalgischen Erfrischungen. Allmählich ließ meine Entspannung so weit nach, wie es mir nur möglich war, wenn ich allein fuhr; auf solchen Touren mußte ich mich gewöhnlich zum Anhalten zwingen, selbst wenn meine Blase schon seit langem um Hilfe schrie oder mein Magen seine Bedürfnisse mit protestierendem Knurren anmeldete, und selbst dann noch machte ich nicht länger Pause, als es dauerte, mir ein Sandwich zu besorgen und es mit wenigen Happen draußen auf dem Bordstein zu verschlingen, wo ich mit den Vergasern der Lario in Augenhöhe sitzen konnte. Wenn ich dagegen gemeinsam mit meinem lieben Freund John fuhr (dem mit der Garage voller Motorräder und der Sprachgewandtheit, sie als charismatische Objekte zu bezeichnen), konnte mir die Zeit, gleichgültig welche Spanne, quälend lang werden. John läßt sich in krassem Gegensatz zu mir am besten durch das Wort *bedächtig* charakterisieren. Die bewunderswerte Gründlichkeit, mit der er an ein technisches Problem herangeht – zuerst ordnet er es anhand der kosmischen Karte des Universums ein, die er im Kopf trägt, wobei er es mit gebührendem Abstand durch die Lesebrille auf seiner Nasenspitze betrachtet, Selbstgespräche führt, während er sich ihm nähert, und es dann zur Probe dreht und wendet –, wird zum Problem, wenn sie der Speisekarte einer Raststätte zuteil wird. Gewöhnlich habe ich meine Serviette unterm Tisch in Fetzen zerrissen und die Fetzen in Fitzelchen, bis John sich zurücklehnt (»Aaah« sagt er dann) und seine Absicht verkündet, sich eine zweite Tasse zu Gemüte zu führen. Unter Äußerung genüßlicher Geräusche macht er sich dann daran, sie sich einzuverleiben. »Mmmm, mmmm ...« so hört sich das an. Es entspricht selten meiner Gemütslage.

Ich weiß nicht, ob mich die weiße Linie hypnotisiert, daß ich so fahre, oder ob es daran liegt, daß ich – wie mein Onkel George über mich zu sagen pflegte, als ich noch ein Kind war – Ameisen in der Hose habe. Ich glaube, ich kenne den wahren Grund.

Mein Plan sah vor, den mir unbekannten westlichen Teil des riesigen Adirondack Parks auf der Route 3 zu durchfahren, an Fort Drum vorbei, durch Watertown und weiter zum Cape Vincent, wo ich auf die Fähre nach Wolfe Island und Kanada warten wollte. Als sich eine Abenddämmerung mit gewaltigen Farben über der Landschaft ankündigte, fuhr ich weiter. Ich ließ Lake Placid hinter mir, Saranac Lake, Tupper Lake. An ihren Ufern konnte ich Motels und Ferienhäuschen liegen sehen, beschattet von Kiefern, umweht von einer leise duftenden Brise; Leute planschten an diesem warmen Juliabend im Wasser. Ich wäre gern schwimmen gegangen, um die dünne Salzschicht abzuwaschen, die meine Haut überzog. Es hätte mir gutgetan, es mir auf einer Veranda gemütlich zu machen und einfach nur dazusitzen. Ich fuhr weiter. Eine wunderschöne Übernachtungsmöglichkeit reihte sich an die andere, und jedesmal sagte ich mir: nur noch ein bißchen weiter; ein bißchen weiter kommt vielleicht etwas noch Besseres.

Ein bißchen weiter verflachte sich das Land. Die Bäume waren verschwunden. Die Ferienhäuschen auch. Die wenigen Autos, die mir begegneten, waren verrostet und groß und alt und lagen schief und tief auf der Straße, als ob ihre Besitzer noch die letzten paar Meilen aus ihnen herausholen wollten, bevor die Stoßdämpfer endgültig ihren Geist aufgaben. Die Abenddämmerung brach herein, bis schließlich die Nacht uns verschluckte. Jetzt hoffte ich, überhaupt noch ein Motel zu sehen, von einem mit Seeblick gar nicht erst zu reden. Außerdem begann es zu regnen.

Endlich. Ich wagte nicht zu hoffen, daß es die angenehmere von den zwei Arten Motels wäre, die es gibt: eines, dessen Zimmer einfach himmlich sind, ein warmes, kuscheliges, heimeliges Nest weit weg von zu Hause, aber viel besser als zu Hause, weil es ein Zuhause der Phantasie mit nichts als Bequemlichkeit ist. Öffnet man jedoch die Tür zu der anderen Sorte, vernimmt man wie ein schwaches Echo das Klatschen, mit dem die Seele im tiefsten Abgrund des Gemüts aufschlägt. Diese Zimmer machen den Eindruck eines nicht mehr benutzten Aufenthaltsraums, und sobald man das seine betritt, überzieht sich die Haut mit Verzweiflung.

So war es im Bartlett Pair Motel, und ich stellte fest, daß kein anderer Gast sich seiner Annehmlichkeiten bediente. Niemand außer mir genoß das muffige Bettzeug, das einsame »Gemälde«, ein Stück Pappe, das an die Preßspanwand genagelt war. Dies war wirklich die allerletzte Absteige.

Ungefähr um drei Uhr morgens zuckte ein Blitz taghell durch die Nacht und ließ die vergrauten Polyestervorhänge fahlweiß aufleuchten. Dann krachte ein Donner, der den Boden erbeben machte wie eine unterirdische Sprengung. Es schüttete derart, daß man glauben konnte, sich unter Wasser zu befinden. In den langen Stunden, in denen ich jetzt wachlag – allein in einem einsamen Bett in dem dämmrigen Raum, in dem sich für mich alle Hoffnungslosigkeit der Welt zu sammeln schien – hatte ich gelauscht, wie das Unwetter unerbittlich heranzog. Als schließlich der Blitz niederfuhr, kam es mir vor, als hätte ich Gesellschaft, und ich schlief endlich ein.

Am nächsten Morgen goß es immer noch. Ich stellte meine Satteltaschen nach draußen vor die Tür und sondierte die Lage von einer Stelle unter dem Vordach. Die Maschine bei diesem Regen zu beladen, würde einfach ätzend werden; ich würde meinen Helm aufsetzen müssen, nur damit mein Kopf einigermaßen trocken blieb. Plötzlich kam mir eine Idee. Ich könnte das Bike doch auf den Gehweg vor der Tür schieben; dort stünde es geschützt unter dem Vordach. Ich lief also hinaus in die Nässe und schwang mich auf die Maschine, um sie vom Hauptständer hinunterzuwippen. Ich schaffte es, sie zwei oder drei Mal vorwärts zu wuchten, bis ich merkte, daß die Öffnung in der niedrigen Betonmauer vor mir ein paar Zentimeter zu schmal für die Lario war. Ich ließ den Versuch bleiben und stieg ab, um ihr die Satteltaschen in Regen aufzulegen.

Ich trat gerade eine Sekunde später mit dem Tankrucksack durch die Tür, als mich ein jäher Schreck durchzuckte. Die Maschine lag auf der Seite. Ich rannte zu ihr hin und zog mit aller Kraft am Lenker. Ich probierte es sogar mit der Methode, die ich in einem Kurs der Motorcycle Safety Foundation gelernt hatte und mit der es angeblich sogar eine zierliche alte Dame schaffte, eine Gold Wing aufzuheben. Bei mir funktionierte sie nicht. Vor meinem entsetzten geistigen Auge – ob es nun wirklich passierte oder nicht – sah ich, wie Benzin und Getriebeöl und Batterieflüssigkeit aus Stellen heraustropfte, wo es nicht heraustropfen durfte. Ich war in heller Aufregung. Mein Bike war noch nie umgefallen. Ich blickte gehetzt um mich, und da sah ich, daß neben dem Büro ein Lieferwagen parkte – mit laufendem Motor, denn aus dem Auspuff kamen Wölkchen. Ich rannte hinüber und klopfte ans Fenster. Ein verblüffter Mann schob es zur Seite. »Mein Bike ist umgefallen!« stieß ich atemlos hervor. »Bitte, könnten Sie mir helfen?« Er saß da und verzog keine Miene. »Es ist gleich da drüben«, flehte ich, und er nickte langsam, rührte sich jedoch immer noch nicht. »Schnell!« Ich geriet in Panik. Endlich öffnete sich die Tür, und er folgte mir. Gemeinsam gelang es uns, die Maschine aufzurichten, und ich dankte dem sprachlosen Mann mehrmals, blickte ihm dabei aber nicht ins Gesicht: Ich untersuchte die Lario nach Schäden.

Auf dem linken Ventildeckel war ein leichter Kratzer und ein weiterer am Ende des Kupplungshebels, der zum Glück nicht abgebrochen war, was leicht hätte passieren können. Der Lenker schien ein wenig schief, doch alles ließ sich bewegen und funktionierte, wie es sollte. Ich schaltete die Zündung ein und drückte mit verkrampftem Bauch den Starterknopf. Die Maschine sprang so willig an wie immer und lief ganz ruhig.

Auf der Straße ging mir auf, wie das passiert war. Ich hatte das Motorrad auf der Kiesschicht über der durchgeweichten Erde, auf der es geparkt war, gerade soviel hin- und hergeschaukelt, daß es seine Standfestigkeit vollends verlor, und in der einen Sekunde, die ich im Zimmer war, kippten die paar hundert Pfund Metall und Gummi lautlos zur Seite. Eine zweite Erkenntnis dämmerte mir erst kurz vor Wolfe Island. Warum hatte der Mann so langsam reagiert?

Es war mein Fehler gewesen, und zwar in zweierlei Hinsicht. Erstens hatte ich das Wort *Bike* benutzt. Zweitens war ich eine Frau. Ergo hatte er gedacht, mir sei mein Fahrrad umgefallen, und geglaubt, ich sei nicht ganz dicht.

Das Jolly Roger Motel in Parry Sound, Ontario, gehörte zur anderen Sorte Motel, und das Chateau Marmont ließ sich mit dem Bartlett Pair vergleichen. Abgesehen davon bot der Parkplatz eine üppige Galerie farbenprächtiger Rennröhren und Café-Renner, die sich zur neunten jährlichen Sportbike Rallye hier versammelt hatten. Leitprinzip dieses Treffens ist ein augenzwinkernder Sinn für Humor mit einem Schuß kanadischer Höflichkeit. Statt diejenigen zu prämieren, die die weiteste Strecke zurückgelegt haben, oder die Teilnehmer über die Preiswürdigkeit abstimmen zu lassen, verleiht man die Cheap Awards (etwa: Ramschtrophäen), die das Kind beim Namen nennen; Moto Whiner (Motorradheulsuse) wird einem Weltklassejammerer zuteil; Smoking Toe (die rauchende Zehe) einem besonders verwegenen Heizer; Turf Luck (Rennbahnglück) einem, der sich stilvoll hinlegt, und Freshly Tuned Laurels (frisch frisierter Lorbeer) einem Bike, das sich standhaft weigert, die einfachsten Pflichten eines Motorrads zu erfüllen, beispielsweise anzuspringen. Die Menge ist frisch gewaschen und gekämmt und könnte leicht mit dem Publikum einer College-Abschlußfeier verwechselt werden. Die Leute haben sich in Schale geworfen – Lederkombis und Cordura-Anzüge – und schlendern umher, um die oft außergewöhnlichen europäischen und japanischen Sportmaschinen zu bewundern, die sowohl aus den Vereinigten Staaten als auch aus Ostkanada gekommen sind: BMWs, Ducatis, Moto Guzzis und eine oder zwei Bimotas stehen zwischen den blitzschnellen, kleinen Zweitakt-Reiskochern (was nicht abfällig gemeint ist), die in den Vereinigten Staaten aufgrund der Emissionsschutzbestimmungen nicht erlaubt sind. Am Abend geht es in die sogenannten Yamahall, wo man weiter Benzin redet und sich Videos rund um das Motorrad anschaut. Das krönende Ereignis des Wochenendes besteht in einer Dinnerfahrt um das Thirty Thousand Islands herum, vor dem Mike Maloney, Zeremonienmeister und »Leithammel« der Veranstaltung, in weiser Voraussicht kleine Holzbretter an die Fahrer verteilt, wenn sie auf den Parkplatz einfahren. Diese legen sie unter den Seitenständer, damit sie nachher nicht vor dem Anblick stehen, der sich mir vor dem Bartlett Pair geboten hatte.

Am Morgen nach meiner Ankunft stand ich früh auf, zog meine Motorradklamotten an und ging in den Frühstücksraum des Jolly Roger's. Dort wimmelte es von Motorradfahrern, alle gestiefelt und gespornt, um zum Ort des Treffens zu fahren, sobald die Frühstückseier verzehrt waren. In meiner Kehle bildete sich ein Klumpen Selbstmitleid, als ich sah, daß ich der einzige Single hier war. An den anderen Tischen saßen Grüppchen von zwei, drei oder vier Leuten, die sich angeregt unterhielten. Ich wußte sehr wohl, daß es ein ganz einfaches Mittel gegen meine Einsamkeit gab; ich brauchte nur an einem Tisch mit einem leeren Stuhl zu treten und zu fragen, ob ich mich setzen dürfe – Motorradfahrer sind gesellig und gesprächig. Doch für mich war das ungefähr so leicht wie aus einem Flugzeug in die schwindelerregende Tiefe zu springen: mir fehlte einfach der instinktive Antrieb dafür.

Ich setzte mich an den kleinsten Tisch, legte meinen Helm

auf den Stuhl gegenüber und warf einen Blick in die Karte. Die geplagte Kellnerin kam mit gezücktem Block herüber. »Ich hätte gern zwei Rühreier mit Roggentoast«, sagte ich, »und einen großen Cranberry-Saft.« Ich gab ihr die Karte zurück und hoffte, das Essen würde bald kommen, denn ich fühlte mich immer ungehaglich, wenn ich allein in der Öffentlichkeit essen mußte.

Wie es der Zufall wollte, dauerte es mit dem Essen eine Weile, und der Raum hatte sich nahezu geleert, als es kam. Doch es war kein »das«, es war ein »die«. Die Bedienung setzte behutsam einen Teller Rührei und ein Glas Saft am mir gegenüberliegenden Platz ab und ein identisches Frühstück vor mir. »Eigentlich habe ich nur Platz für eines«, sagte ich und lächelte. Sie schaute mich verblüfft an. »Es tut mir leid, Sie sind allein?« Mein Nicken bestätigte ihr das Unbegreifliche; es gab keinen Mann, auf den ich wartete, keinen Mann, dem das Motorrad gehörte. Und sie war nicht die einzige, der das leid tat.

Sollte ich jemals prüfen wollen, wie heftig ich mir an prinzipiell unlösbaren Rätseln von der Qualität »Versuch dir die Unendlichkeit vorzustellen« die Gehirnwindungen verbiegen kann, dann brauche ich mich nur an den Abend zu erinnern, als ich an einer Autobahn-Mautstation anhielt und mein Geld herausholte. Der Typ in dem Häuschen, ein junger Kerl um die Zwanzig, begann tatsächlich fast zu flennen. Schließlich stieß er ungläubig hervor: »Haben Sie dieses Motorrad ganz allein hierher gefahren?«

Sicher ist diese scharfsinnige Frage allen Motorradfahrerinnen schon mindestens einmal gestellt worden, manchmal sogar so oft, daß sie sich den Spaß machen, sich vergleichbar schlaue Antworten auszudenken: »Nein, ich habe es auf dem Kopf hergetragen.« »Haben Sie schon mal was von der unbefleckten Empfängnis gehört? Also so ähnlich hat es funktioniert.«

Zwei weitere persönliche Erlebnisse, obwohl ich noch jede Menge davon liefern könnte:

Letzte Woche fuhr ich meinen Wagen zu einer Getriebespezialwerkstatt; natürlich schlug man mir einen kompletten Austausch vor. Jedenfalls flüstere ich meiner Freundin, die mich begleitete, zu, daß der Mechaniker mit italienischem Akzent spricht. Darauf meine Freundin stolz und laut zu ihm: »Sie besitzt eine Moto Guzzi!« Der Mechaniker strahlt, beginnt von seiner Guzzi zu erzählen, die mittlerweile dreißig Jahre auf dem Buckel hat, und daß er in Chile auf einer Gilera Rennen gefahren habe. Ich streue zwischen Nicken und Fragen ein paar Informatiönchen ein und erzähle ihm ein wenig von der Lario. Er klagt, daß Teile für ältere Guzzis hier nicht zu haben seien; ich erkläre, ich könne ihm einige Adressen besorgen, wenn er wolle. Wir gehen ins Büro, wo ich einen Auftrag unterzeichne, der mich um mein noch nicht gemachtes Vermögen bringt. Ich mache eine letzte Bemerkung über meine 650er, woraufhin seine Augenbrauen sich zusammenziehen und er sagt: »*Sie* haben ein Motorrad?«

Jeden Juni errichten die Christian Motorcyclists an der Route 9 nördlich von Keene in New Hampshire neben der Straße ein Zelt, wo sie kostenlos Kaffee und Sandwiches an die Fahrer verteilen, die zu den Rennen nach Loudon unterwegs sind und nach einer langen Fahrt vielleicht Anregungsmittel, Ruhe oder Jesus brauchen. John und ich bogen von der Straße ab und hielten, um eine Pause einzulegen, und ich war gerade abgestiegen und nahm meinen Helm ab, als ein paar Typen auf mich zukamen, ebenso wie John, der seine Maschine auf der anderen Seite des Zelts geparkt hatte. Sie gingen ein paar Mal um die Lario herum, warteten, bis John uns erreicht hatte, und fragten dann ihn: »Wie findest du diese Maschine?« John lächelte kaum und erwiderte: »Ich weiß es nicht. Da müßt ihr schon sie fragen, denn ihr gehört sie.« Woraufhin die zwei John einige weitere Fragen stellten; an mich wandten sie sich nicht ein einziges Mal.

So lustig diese Episoden auch waren, sie und viele ähnliche münden nichtsdestotrotz in eine nüchternere Erkenntnis: Offensichtlich widerspricht der Anblick einer Frau auf einem Motorrad so sehr dem Üblichen, daß man(n) seinen Augen nicht mehr traut. Ich wiederum muß mich selbst packen und schütteln und fragen, in welchem Jahr wir eigentlich leben.

Es wäre aber auch egal, in welchem Jahr wir leben, da der Anteil weiblicher Motorradfahrer in Amerika von Anfang an mit sieben bis zwölf Prozent ziemlich konstant geblieben ist. Mit anderen Worten, es scheint sich in den letzten hundert Jahren nicht viel geändert zu haben. (Die aktuelle Zahl in Deutschland beträgt meines Wissens 20 Prozent, während ich den Verdacht hege, daß sie in einem Land wie Italien noch niedriger liegt als in den Vereinigten Staaten.) In derselben Tradition wie die Berichte über das »neue«, saubere Image des Motorradfahrens, die mit der Zuverlässigkeit eines Uhrwerks alle zehn oder zwanzig Jahre wiederkehren, wurde im Lauf der Jahre immer wieder einmal die Neuigkeit verbeitet, die Frauen hätten »eine der letzten Bastionen des heimlichen Machotums« gestürmt, wie es eine Zeitung unlängst ausdrückte.

Wenig hat sich geändert. Aber warum ist diese Stagnation so dauerhaft? In jedem Gespräch über Motorräder und Frauen ermutige ich meine Gespächspartner, eine Hypothese dazu aufzustellen. Mehr als einmal bekam ich zu hören: »Also ich glaube, es liegt daran, daß Motorräder schon immer als *männlich* gelten.« Diese Antwort stellt jedoch nur eine Erweiterung der ursprünglichen Frage dar. Ich möchte ja gerade wissen, warum Motorräder immer noch als Männlichkeitsattribut betrachtet werden.

Ende der sechziger Jahre beschrieb Armand M. Nicholi II., Psychiater an der Harvard Medical School, eine neue psychische Erkrankung: das »Motorrad-Syndrom«. Seine Patienten waren von Motorrädern wie besessen; ihre Gedanken oder Träume kreisten unausgesetzt darum, und sie sprachen von nichts anderem als dem unglaublichen Gefühl von Macht und Stärke, das ihnen das Fahren vermittelte. Das war, wie Nicholi meinte, symptomatisch für ihre »schwache maskuline Identifikation«. Er hatte festgestellt, daß viele von ihnen fürchteten, homosexuell zu sein, und das Motorrad zur Kompensation ihrer vermeintlich weibischen Züge benutzten.

Was hätte der gute Doktor wohl mit Andrea gemacht, die jedes Jahr durchschnittlich 20000 Meilen auf ihrer BMW zurücklegt, lieber damit als mit dem Auto zur Arbeit fährt (gegen den Wunsch ihres Mannes, der ebenfalls Motorrad fährt), und alles daran setzt, wenigstens einmal im Jahr von der Ost- zur Westküste und wieder zurück zu fahren? Oder mit Erica, die dem Motorrad – und der Geschwindigkeit – im selben Augenblick verfiel, in dem sie zum ersten Mal im Sattel saß? Das Virus ergriff nach ihrem Anfängerfahrkurs so rasch Besitz von ihr, daß sie sich bald für unbesiegbar hielt und immer schneller durch die Kurven fegte, bis nach einer Woche ihre Kawasaki KZ440 ihre maximale Schräglage erreichte und sie am Scheitelpunkt der Kurve abwarf. Mit wachsendem Respekt vor den Leistungen und Grenzen von Motorrädern ging sie von einer Guzzi V50 zu einer 750er Ducati Supersport über, und sie heizt wie der Teufel. (»Guck mal – das ist ja 'ne Tussi!« hat man verblüffte Passanten ausrufen hören.) Sie ist süchtig nach Perfektionstrainings auf der Rennstrecke und gehört häufig zu den schnelleren Fahrern in der vorwiegend männlichen Teilnehmerschaft. Sie kann sich ein Leben, das sich nicht ums Motorradfahren dreht, schlicht nicht vorstellen, genausowenig wie eine Beziehung zu einem Mann, der nicht mindestens genauso begeistert fährt wie sie, denn sie weiß genau, wer die schlechteren Karten hätte, wenn die Saison herannaht und sie zwischen Bike und Mann wählen müßte. Was würde der Doktor mit diesen oder irgendeiner der anderen Frauen anfangen – Müttern, Ehefrauen, Großmüttern, Lesben und Heterofrauen –, die sich wohl kaum ihre Männlichkeit bestätigen müssen und trotzdem den unbezähmbaren Drang haben, Motorrad zu fahren?

Was ist so bedrohlich daran, daß Frauen dieses Vergnügen für sich beanspruchen? (Zweifelsohne liegt hier die Quelle häufig zweischneidiger Komplimente. Der folgenden Bildunterschrift – in einem Motorradbuch aus den Sechzigern – unter einem eklatanten Beispiel für die Methode, Motorräder mit Hilfe spärlich bekleideter Frauen zu verkaufen, gebührt in dieser Hinsicht ein absoluter Spitzenplatz: »So manchem männlichem Ego versetzen die Fähigkeiten der Motorrad fahrenden jungen Dame von heute einen herben Schlag. Attraktive Mädchen lieben das Motorradfahren, so wie diese junge Dame auf einer Jawa.«)

Und was ist dran an einer Frau, die Motorrad fährt, das sie angeblich so sexy macht, zumindest theoretisch? Möglicherweise ist hier derselbe Faktor im Spiel, aufgrund dessen die Fixierung von Männern auf Motorräder als ein Anzeichen unterdrückter Homosexualität gewertet wird: ihr phallischer Charakter; diese harte, vorwärts stoßende Kraft unter der Gürtellinie. Wenn nun Frauen sich dieser Art Kraft bemächtigen, wird dies zwangsläufig als ein Akt des Übertretens, als Tabubruch gesehen. Sie *sollen* so etwas nicht zwischen den Beinen haben.

Zugleich gibt es etwas, das die Frau auf dem Motorrad gleich wieder kastriert, sie dieses dreisten Anhängsels beraubt: ihre durchgängige, gleichmacherische Reduktion auf ein eindimensionales Bild von Sexualität – oh Mann, ich wette, sie ist schon ganz scharf unter diesem Leder – und insbesondere das Bild der Pin-up-Kalender und der Werbung, wie sie so in ihrem Tanga über den Chrom drapiert ist und höchste Erregung mimt, so gut es in einem zugigen Atelier beim Liebkosen von Metall eben geht. Sie tut nicht *wirklich* etwas mit dieser Maschine, sie wartet auf einen Mann; sie setzt diese Kraft nicht zu ihrem eigenen Vergnügen ein, sie benutzt sie, um einem anderen Vergnügen zu verschaffen.

Auf zwei Leute, die Motorrad fahrenden Frauen Bewunderung zollen – und von diesen gibt es viele –, kommt einer, den sie verunsichern. Diese Verunsicherung kann sich in Reaktionen ausdrücken, die von einer seltsamen, gewollten Blindheit bis hin zu reizbarer Wut reichen. Ein Extrembeispiel für letzteres erlebte eine Ausländerin bei einem kleinen Motorradfahrertreffen in Deutschland. Ihr fiel auf, daß ein seltsamer Mann mit fettigen, strähnigen Haaren sie mit glitzernden Augen fixierte, als sie in der Mitte der Gruppe stand und an ihrem Teebecher nippte. Schließlich neigte er sich nach vorn, um ihr aus allernächster Nähe ins Gesicht zu starren; ihren wie vom Donner gerührten Mann, der direkt neben ihr stand, ignorierte er völlig. »Du magst wohl keine Motorräder?« befragte er sie. »Ich fahre eines«, erwiderte sie. Er beugte sich noch weiter vor, so daß sie einen Schritt zurücktrat. »Frauen können nicht fahren. Sie sind zu schwach.« »Sag' das meiner Maschine.« Er ließ nicht locker: »Muß 'ne kleine sein.« Jetzt wurde sie stocksauer. »Sie ist schnell genug.« Er versuchte zu lachen. »Schnell genug, damit du sie in den Graben setzt.« »Nicht einmal in all den Jahren, die ich fahre.« Sie wandte sich ab, fast noch mehr angewidert von sich selbst, daß sie sich überhaupt so weit mit diesem Irren eingelassen hatte. Ihr Mann meinte später, daß der Typ wohl versucht habe, sie aufzureißen. Was für eine geniale Strategie, dachte sie.

Die Werbung, das machtvollste Instrument zur Verbreitung visueller Bilder, spiegelt die Verhältnisse wider, wie sie sind, und verspricht zugleich eine hoffnungsvolle Zukunft, die erst noch kommen soll. In der Welt, die die Motorradwerbung darstellt, werden die herrschenden Verhältnisse zementiert: die Dinge sind, wie sie sind und bleiben sollen. Nur wenige Hersteller zeigen regelmäßig Frauen, die selbst eine Maschine fahren, allen voran BMW. Wenn die Firma das Standardbild präsentiert – zwei Fahrer auf einem kurvigen Landsträßchen, das sich durch eine bukolische Landschaft schlängelt –, dann ist einer von ihnen recht häufig eine Frau. BMW ging in den Vereinigten Staaten mit einer noch nicht dagewesenen Kampagne auf Kund(inn)enfang, in der ausschließlich Frauen auftraten, insbesondere die drei, die 1993 zugunsten einer Stiftung zur Bekämpfung des Brustkrebses auf bayerischem Eisen 12000

Meilen bis in die Arktis fuhren. Es ist kein Zufall (obwohl nicht klar ist, ob die Werbung der Realität vorausging oder ihr folgte), daß in den Vereinigten Staaten ein besonders hoher Anteil der Käuferinnen BMW-Kundinnen sind. (Harley kann ähnliches für sich in Anspruch nehmen; der weibliche Kundenkreis ist so groß, daß sich die Publikation eines Hochglanzmagazins mit dem Titel *Harley Women* lohnt.)

Es bleibt daher ein Rätsel, warum beispielsweise Yamaha vor einigen Jahren bei der Einführung der Seca II auf dem amerikanischen Markt – einer idealen Maschine für Frauen, die mitunter nach einem leichten, mittelstarken Motorrad, das nicht zu hoch ist, damit sie mit den Füßen noch den Boden erreichen, verzweifelt suchen müssen –, Anzeigen schaltete, auf denen ausschließlich männliche Fahrer zu sehen waren, wenn auch manchmal mit einer Sozia. Ich frage händeringend und in aller Demut: Warum schießen sich die Hersteller selber in den Fuß, statt einen unerschlossenen Markt von 50 Prozent potentieller Käufer direkt anzusprechen? Die Antwort, die ich am häufigsten zu hören bekam, enthüllt eine unappetitliche Tatsache: Die Hersteller befürchten, daß ein Modell, das Anklang bei den Frauen findet, von den Männern gemieden wird, obwohl die Erfahrungen von Harley und BMW das Gegenteil belegen. Jedenfalls muß sich die Motorradbranche, wenn der Status quo erhalten bleibt, ihr hübsches kleines Köpfchen nicht darüber zerbrechen, daß sie möglicherweise Käuferinnen abturnt, indem sie weiterhin ihre Waren unter Verwendung halbnackter Frauen anpreist.

Wenn man nach Frauen sucht, die über umfassende Mechanikerfähigkeiten sowie Energie und Ausdauer verfügen, was das Motorradfahren betrifft, dann ist Theresa Wallach eine gute erste Adresse. 1935, mit siebzehn Jahren, fuhr sie mit einer Freundin in einem Gespann von London aus los; ihr Ziel hieß Kapstadt. (Zuvor hatte sie festgestellt, wie sie schreibt, daß sie »mit aufgerissenen Augen Motorrädern statt Jungs nachschaute. Meine Eltern ... drohten mir damit, daß ich, sollte ich mich nicht einkriegen, als alte Jungfer enden würde.«) Zum Abschluß ihrer Tour bestiegen sie noch den 1183 Meter hohen Table Mountain in Südafrika, und sie waren nun die ersten Frauen, die die Sahara per Motorrad durchquert hatten.

1939 fuhr sie auf der Brooklands-Bahn eine Runde mit über 160 Stundenkilometern und erhielt als einzige jemals so geehrte Frau den Gold-Star-Preis des British Motorcycle Club. Sie fuhr zudem Trials und Scrambles mit. Bei Kriegsausbruch trat sie in eine Transportbrigade des Women's Auxiliary Territorial Service ein, wo sie ein Motorrad zugeteilt bekam und als erste Kradmelderin in den britischen Streitkräften diente. Zu einem späteren Zeitpunkt ihres Militärdienstes, jetzt bei den Royal Electrical and Mechanical Engineers, bestand sie als erste Frau die Mechanikerprüfung: »›Und wer‹, so habe ich gesagt, ›könnte schon eher über das empfindliche Händchen verfügen, das zur manuellen feinmechanischen Bearbeitung von Einspritzdüsen nötig ist?‹«

Nach der Demobilisierung machte sie sich mit ihrem Motorrad auf nach Amerika, wo sie in zweieinhalb Jahren achtzehn verschiedene Jobs hatte und 32000 Meilen fuhr. Danach beschloß sie, sich auf Dauer in den Vereinigten Staaten niederzulassen, arbeitete als Motorradmechanikerin, eröffnete dann ein Motorradgeschäft und eine Fahrschule. 1970 veröffentlichte sie *Easy Motorcycle Riding*, einen knapp gefaßten, immer noch gültigen Leitfaden für den Anfänger. Die Umschlagillustration der Taschenbuchausgabe zeigt einen Mann am Lenker und eine Frau auf dem Soziussitz.

Es erwies sich als schwierig, der Öffentlichkeit die Vorstellung nahezubringen, daß es die natürlichste Sache der Welt ist, wenn Frauen selbst Motorrad fahren – von schicklich gar nicht erst zu reden. In den ersten Jahrzehnten des Motorradsports schien die Gesellschaft sogar aufgeschlossener als heute und eher bereit, die Frauen, was die fahrerischen Leistungen betraf, als den Männern ebenbürtig zu betrachten. Schon 1897 stellten die englischen Firmen Coventry Motor und Humber Damenmodelle her; in den zwanziger Jahren pries Harley-Davidson einige Modelle als »The Woman's Outdoor Companion« (»die weiterentwickelte, frauengerechte Harley-Davidson ... Wenn Sie als Mädchen oder Frau gern draußen unterwegs sind, werden Sie Freude an der Dynamik und dem Tempo des Motorradfahrens haben«). Ebenfalls in den Zwanzigern bemühte sich der britische Kraftstoffhersteller Pratts, zur von Fahrerinnen bevorzugten Treibstoffmarke zu werden. Eine Anzeige der Firma zeigt, daß sie genau wußte, wovon sie sprach: »Was die Frage des Kraftstoffs betrifft, so geben für die motorradfahrende Dame folgende Punkte den Ausschlag: flotte Beschleunigung, Durchzug, geringer Verbrauch, saubere Verbrennung und leichtes Anspringen. Deshalb wählt sie immer Pratts Sprit.« Nun sind dies zufällig exakt die Punkte, die auch für Männer den Ausschlag geben.

Andererseits gibt es da die Geschichte von Della Crewe, einer Frau aus dem texanischen Waco, die 1915 auf ihrer nagelneuen Harley kreuz und quer durch die Vereinigten Staaten fuhr; begleitet wurde sie von ihrer Töle Trouble. Als sie sich im November im nordöstlichen Ohio befand, geriet sie in das jahreszeitlich übliche schlechte Wetter. Sie suchte Unterschlupf in einem Farmhaus, wo der wütende Farmer sie anfänglich abwies und es ihr rundheraus – und, wenn ich das überhaupt noch hinzufügen muß, in schlechter, alter Chauvinistentradition – zum Vorwurf machte, daß sie sich überhaupt draußen auf den verschneiten Straßen herumtrieb.

Die britischen Schwestern Betty und Nancy Debenham zeigen in ihrem 1928 erschienenen, außerordentlich klugen Buch *Motor-Cycling for Women: A Book for the Lady Driver, Side-Car Passenger, and Pillion Rider,* daß das allerwichtigste Zubehör in Sinn für Humor besteht (obwohl sie auch Burberry-Motorradmäntel und russische Stiefel empfehlen – außerdem im Notfall einen Schuß Whisky, in kaltes, nasses Schuhwerk gegossen). Auf ihrer Jungfernfahrt mit einem Gespann durch ländliches Gebiet mußten sie die schmerzliche Erfahrung machen, daß ein Motorrad mit Seitenwagen mehr Benzin braucht als eine Solomaschine. Sie schoben es einen Hügel hinauf und ließen sich bis in einen kleinen Weiler rollen, wo eine Frau sich bereitfand, ihnen etwas Treibstoff aus einem Kanister zu verkaufen, obwohl ihr Mann außer Haus war. Der Tank war gefüllt, sie traten den Kickstarter – und traten und traten und traten. Schließlich kam der Hausherr zurück und bekam die Geschichte von ihrem Mißgeschick zu hören. Doch nicht etwa aus dem Kanister hinter dem Schuppen? fragte er seine Frau. Der war mit überschüssigem Paraffin gefüllt! Die Debenhams leerten mühsam den Tank und füllten ihn schließlich mit richtigem Treibstoff. »Dieser Zwischenfall belegt, daß es ein großer Fehler ist, Treibstoff an irgendwelchen Höfen und Schuppen zu kaufen«, schrieben sie als Konsequenz.

Gleichermaßen reizvoll war für Frauen die aufregende Frühzeit des Autofahrens, und mehr als nur ein paar erwiesen sich als fähige Fahrerinnen. 1905 gewann Mrs. Clarence Cecil Fitler zwei Rennen am Cape May »unter lautem Jubel Tausender Zuschauer«, wie die *New York Times* schrieb. Joan Newton Cuneo, eine bekannte Rennfahrerin jener Zeit, beteiligte sich als einzige Frau am ersten Glidden Cup, einer Wettfahrt über tausend Meilen, ebenfalls im Jahr 1905. Vier Jahre später brach sie Geschwindigkeitsrekorde bei den Mardi-Gras-Rennen in New Orleans und brachte Ralph De Palma, den berühmtesten amerikanischen Rennfahrer, dabei schwer in Bedrängnis. Etwas später im selben Jahr – Zufall? – verbot die American Automobile Association Fahrerinnen und sogar Beifahrerinnen die Teilnahme an offiziellen Rennen.

Man kann sich den Ablauf kaum anders vorstellen: Da schlummert eine Organisation wie die AAA sanft vor sich hin, bis die Nachricht sie hochschreckt, daß doch tatsächlich Frauen Rennen gewinnen und es den Männern zeigen, worauf sie sich flugs auf die Hinterbeine stellt und die Frauen zu *Persona non grata* erklärt. Manchmal war das Argument zu hören, dies geschähe zum Schutz der Frauen, doch da diese niemals um Schutz gebeten hatten, sondern sich vielmehr der Konkurrenz stellen wollten, erhebt sich die Frage, wer da in Wirklichkeit geschützt werden sollte.

Wie vorauszusehen bekamen die Frauen, die an Motorradwettbewerben teilnehmen wollten, ebenfalls zu spüren, daß in den entsprechenden Zulassungsgremien die Tür-zu-Krankheit gleichermaßen grassierte. Obwohl Frauen von Anfang an zu höchsten Ehren vordrangen – beispielsweise Muriel Hind, die 1911 in England mit einer Sechs-PS-Rex erfolgreich Rennen fuhr –, folgte die leicht verzögerte Reaktion, sie von der Teilnahme auszuschließen, verdächtig oft einem Sieg dicht auf den Fersen.

Clara Wagner, die fünfzehnjährige Tochter des Motorradherstellers Wagner, erhielt 1907 eine Mitgliedskarte der Federation of American Motorcyclists. Drei Jahre später beendete sie ein 365-Meilen-Langstreckenrennen mit einer perfekten Wertung als erste. Ihr Sieg wurde umgehend anulliert, der Pokal in andere Hände übergeben. Die anderen Teilnehmer des Rennens, die ihre Leistung voll und ganz würdigten, legten zusammen und kauften ihr statt dessen einen goldenen Anhänger.

Obwohl sie jetzt schon über achtzig ist, stahl Dot Robinson allen die Schau, als sie unlängst in *She lives to ride* auftrat, einem 1994 erschienenen Dokumentarfilm über Motorradfahrerinnen. Darin schwingt sie sich auf ihre rosa Harley – mit Lippenstiftbehälter am Lenker –, um mit ihren Freundinnen zu einer Runde Golf zu fahren. Eine Gründungsfrau der Motor Maids, die immer noch in Uniform fahren – hellblaue Hemden, weiße Stiefel und passende Halstücher –, ist der lebende Beweis dafür, daß das Äußere täuschen kann, denn sie war die erste Frau, die die Jack Pine Tour bis zum Ende mitfuhr, ein berühmtes und sehr hartes 500-Meilen-Langstreckenrennen, das jährlich in Nordmichigan ausgetragen wurde. Gemeinsam mit ihrem Mann Earl stellte sie 1935 einen Querfeldeingespannrekord auf (89 Stunden) und kreuzte dann gezwungenermaßen die Klingen mit der AMA, weil diese ihr die offizielle Anerkennung ihrer Leistung verweigern wollte. Wiederum waren es ihre Konkurrenten – also diejenigen, die am besten zu würdigen wissen, was ein Sieg bedeutet –, die sich auf ihre Seite schlugen; auf ihren Vorschlag hin überschwemmten sie die Funktionäre mit einer Flut von Briefen, die sich gegen deren Standpunkt wandten, so daß sie bald einlenken mußten.

Damit diese Einstellung auf offizieller Seite nicht als schwache Erinnerung an längst vergangene Zeiten erscheint, sei hier der Fall von Gina Bovaird aufgeführt. 1980 kam sie als erste Frau unter die ersten zehn eines Rennens der American Motorcycle Association. 1971 hatten Funktionäre versucht, sie der Boxen zu verweisen, als sie in einem befreundeten Team mitarbeitete, obwohl die Geschlechterbarriere für Mechaniker schon viel früher durchbrochen worden war, nämlich von Kitty Budris, die 1969 eine AMA-Lizenz erhalten (und eine siegreiche BSA-Rennmaschine gebaut) hatte. Im Jahr darauf versuchte Bovaird an einem Rennen teilzunehmen, doch ihre Maschine wurde disqualifiziert; wie die Illustrierte *People* berichtete, war eben diese Maschine im selben Rennen im Jahr zuvor zweitplaziert worden. 1979 setzte Bovaird in Daytona mit 141,66 Meilen pro Stunde (228 Stundenkilometern) einen neuen Rekord für Ersteilnehmer, männliche und weibliche.

Daß Frauen wie Bovaird und Nancy Delgado, die gegenwärtig auf einer 125er Honda an Wettbewerben auf der AMA-Berufsfahrerstrecke teilnimmt, trotz der Hindernisse in diesem Land professionell Rennen fahren, ist der engagierten Moto-Crosserin Kerry Kleid zu verdanken. Obwohl ihr 1971 eine AMA-Profilizenz erteilt worden war, wurde diese später wieder eingezogen – noch auf der Rennstrecke – mit dem Argument, das AMA-Reglement lasse keine professionellen Rennfahrerinnen zu. Kleid mußte vor Gericht ziehen, um das zu behalten, was ihr bereits gehörte – ein beredtes Zeugnis dafür, mit welcher Vehemenz der Status quo manchmal verteidigt wird. Nun erklärte Delgado unlängst in einem Interview: »Ich bin ganz begeistert davon, daß es mehr und mehr Frauen gibt, die Rennen fahren. ... Ich glaube, daß es für viele von ihnen nötig war, daß jemand sich ein Herz faßte und als erste antrat, und jetzt sagen sie ›Ich kann das auch‹ ... Es brechen gegenwärtig Zeiten an, in der [Frauen] sich durch nichts mehr zurückhalten lassen; die einzigen, die sie aufhalten, sind [sie] selbst.«

Ich weiß kaum mehr, wie oft ich schon bei den Juni-Rennen in New Hampshire gewesen bin. Seit wir die Häuschen am Seeufer entdeckt haben, kann man sich aus den zuweilen hektischen Vergnügungen, die die Gegend bietet, ausklinken und die Ruhe genießen. Und seit ich zum ersten und letzten Mal am Animal Hill gewesen bin, dem Zeltplatz jenseits der Rennstrecke, wo Lustbarkeiten der etwas anderen Art erlaubt sind – beispielsweise Verbrennungen japanischer Motorräder oder das Hängen einer aufblasbaren Sexpuppe, vergewaltigt mit einer Whiskyflasche in jeder Körperöffnung –, weiß ich, an welchen Orten ich wahrscheinlich auf meine Kosten komme und an welchen nicht. Weirs Beach am Samstagabend gehört nicht zu ersteren.

Doch als Bob, Mike, John und Erica erklärten, sie wollten dahin, wo was los sei, konnte ich nicht gut nein sagen. Trotzdem empfand ich so etwas wie Schadenfreude, als die Zündung von Johns 500er Moto Guzzi Monza auf halbem Weg beschloß verrückt zu spielen, und das nicht zum ersten Mal. Wir fuhren auf einen Parkplatz, und während John Kabel prüfte und Isolierband von der Rolle wickelte, betrachteten wir die vorüberziehende Parade. Ein Strom vom Motorrädern rollte so langsam vorbei, daß man dem Balanciervermögen derer, die zu zweit auf superschweren Cruisern saßen, Bewunderung zollen mußte. Sie glitten unter Gejohle und Rufen vorbei, von denen manche Erica und mir galten (»Titten! Titten!«) und manche dem Mond.

Als John die Elektrik endlich wieder hingebogen hatte, fädelten wir uns wieder in den Strom ein. Nach einer weiteren Meile lief Ericas V50 heiß, und wir mußten wieder anhalten. Diesmal neben einer Menschenmenge, die einen auf dem Seitenstreifen geparkten Pritschenwagen umringte; auf der Ladefläche stand eine Batterie Scheinwerfer, die auf ein ganz gewöhnliches Stück Straße ausgerichtet waren. Dieses Arrangement lieferte jedoch den Beweis, daß man mancherorts nur eine Bühne aufzustellen braucht, und das Drama ergibt sich von selbst. Nach einigen Minuten ziemlich langweiliger Vorstellungen – Burnoutversuche und Vorzeigen nackter Brüste (»Es ist erstaunlich, was man kriegen kann, wenn man es nur verlangt«, bemerkte Bob) und Johlen und Geschrei – kam der Knaller. Mit einem gezielten Tritt auf Gas und Bremse zugleich gelang es einem Camaro-Fahrer, den Wagen einmal um sich selbst zu drehen, die Kontrolle über ihn zu verlieren und ihn auf die Leitplanke auf der anderen Straßenseite zu setzen, wo er schwankend hängenblieb. Die Menge geriet außer Rand und Band.

Wir schlugen uns schließlich bis zu unserem zweifelhaften Ziel durch. Wir parkten die Maschinen in Weirs an der Straße, ließen uns Hummerbrötchen durch das Fenster eines Kiosks reichen und suchten uns Plätze an einem Picknicktisch im Freien. Die Gehwege waren voller Biker, die lachten und aßen und sich unterhielten. Und dann fing ich an. Spielverderberin.

Meine Frage war nicht gänzlich rhetorisch: »Was ist eigentlich so wahnsinnig toll daran, einen Haufen Wind und Krach zu machen?«

John stellt die Hypothese auf, daß dahinter wohl ein aufgeblasenes Ego in Verbindung mit einem Schuß Exhibitionismus stecke; in meinen Ohren klingt das falsch, und ich halte dagegen, es sei vielmehr ein völlig unterentwickeltes Selbstwertgefühl im Spiel. Bob ißt schweigend, bis er mich schließlich fixiert und anfaucht: »Das ist der dümmste Scheiß, den ich je gehört habe.« Er reißt ein Stück aus seinem Sandwich und legt es dann unvermittelt ganz hin. Er erklärt mir, er wisse, daß ich die Aufmerksamkeit von Männern, die mich anbrüllen, liebe, genau wie all die andern Frauen hier, denn, guck doch mal, sie haben ihren Spaß, und nur darum geht es, und wenn ich das nicht genießen kann, habe ich eben Pech gehabt. Während er mit einer solchen Sicherheit daherredete, konnte ich nur noch eines denken: Mein ganzes Leben lang habe ich versucht, dieses Gefühl zu vermeiden. Es steigt in mir hoch, wenn Fremde Bemerkungen über meinen Körper machen; dann kommt es mir vor, als würde etwas mich innerlich zerkratzen, und das ist derart schmerzhaft, daß ich alles tue, um das zu vermeiden.

Viel später, als wir eines Abends in New York zusammen essen gingen, sagte Bob etwas – ich habe vergessen was, doch es sollte provozieren –, das mich prompt mit einer Hitze überflutete, als ob er einen Flammenwerfer auf mich gerichtet hätte. Ich biß die Zähne zusammen und sagte bei mir, ja, es ist falsch, was er sagt. Grundfalsch. Aber du wirst ihn davon nicht überzeugen, du wirst nur einen idiotischen Streit vom Zaun brechen und wütend nach Hause gehen. »Mann, Bob, kann ja sein, daß du recht hast«, sagte ich laut und war überrascht, daß ich nicht sofort tot umfiel, weil ich etwas beipflichtete, mit dem ich nicht einverstanden war. Nie im Leben, fügte ich sicherheitshalber für mich noch hinzu.

Doch an jenem Abend in Weirs Beach brach ich in Tränen aus.

Ich ging in eine Gallerie in Soho, um mir eine Ausstellung mit Werken von Richard Prince anzusehen. Wie üblich hatte er Photos aus den Massenmedien abphotographiert, diesmal aus einem Motorradmagazin, wahrscheinlich einem von der härteren Sorte. Grundlage seiner Arbeiten waren diese unweigerlich traurigen Aufnahmen Marke Eigenbau, die manche Typen einschicken und für die sie ihre Freundin, hindrapiert auf eine Harley, in einem grotesken Abklatsch professioneller Pornos posieren lassen. Noch einmal photographiert und zu beträchtlicher Größe aufgeblasen, wirken das grobe Korn und die schlechten Farben überwältigend.

In gewisser Hinsicht sind das ganz normale Frauen – sie haben weder vollkommene, silikongepolsterte Brüste noch makellose Modelgesichter; ihr strohiges Haar ist meist blond gefärbt und schlecht geschnitten und ihr Make-up schauerlich. Doch andererseits sind sie nicht normal: Sie machen sich zu Handlangerinnen ihrer eigenen Entwürdigung, und zuweilen sieht man das tief in ihren Augen aufschimmern, auch wenn ihr Mund lächelt und ihr Rücken sich in gespieler Ekstase wölbt.

Überwiegend ist ihnen sichtlich unbehaglich (einige der Posen sind eher akrobatische, schmerzhafte Verrenkungen), und dem Betrachter fällt eine gewisse Zögerlichkeit auf, als ob sie sich wünschten, sie könnten etwas anderes, *irgend etwas* anderes machen, um den Männern hinter den Instamatics zu Gefallen zu sein – diese selbst sind in ihrer ganzen Grobschlächtigkeit auf einigen kleineren Photos festgehalten, die zeigen sollen, wie eisenhart die Party am Wochenende war. Diese Parties wirken eigentlich wie verzweifelte letzte Bastionen, wo nur noch Ströme von Bier irgendein schreckliches Leiden wegschwemmen können. Ist es vielleicht das, welches in der Qual gipfelt, ein Bewußtsein zu haben? Das maßlose Saufen ist angesichts des Umfangs der männlichen Wampen natürlich auch eingefleischte Gewohnheit. Diese Dickschädel auf ihren amerikanischem Eisenhaufen behaupten zwar, sie könnten nach Lust und Laune zurückschlagen, sich ihre Freiheit nehmen, wie es ihnen paßt, doch man kann sich kaum einen mißtrauischer überwachten, hilfloseren, zwanghafteren Teil der Gesellschaft vorstellen. Gewiß, sie rennen – und fahren – frei herum, doch in einem verdächtig hektischen Tempo. Das spricht dafür, daß sie nicht auf ihre Freiheit zu-, sondern vor sich selbst weglaufen. Wenn dem so ist, dann besteht der Preis für den Zustand des Nicht-Bewußt-Seins, in dem sie enden, im Verzicht auf jeden Rest von Verantwortungsgefühl. Sie werden zu ewigen Kindern, Untergruppe Klassentyrann; ihr vehement verfochtenes Motto lautet »Scheiß passiert eben.« Diejenigen, die häufig den größeren Teil dieser Scheiße abkriegen, sind ihre Frauen; sie müssen sich in aller Öffentlichkeit ausziehen und so tun, als gefalle ihnen das, um die rohe Aufmerksamkeit zu erhalten, die in ihrer Welt an die Stelle von Zuneigung, Achtung und Rücksicht getreten ist.

Es lag Jahre zurück, daß ich zum ersten Mal die Panikwellen erlebt hatte, die unerklärlicherweise in den seltsamsten Augenblicken über mir zusammenschlugen – wenn ich die Blumen goß oder mich zum Essen niedersetzte. Vor meinen Augen breitete sich ein dichtes Weiß aus, mein Herz raste, Übelkeit walkte meine Eingeweide durch, und manchmal ließ mich das Gefühl, in einem Aufzug zu stecken, der Dutzende von Geschossen absackt, auf die Knie sinken. Dann stellte ich mich unter die heiße Dusche – aus irgendeinem Grund war das der einzige Ort, wo ich mich wieder etwas beruhigen konnte und wo das Sausen in meinen Ohren nachließ – und legte eine Wange an die Wand und schluchzte. Noch Jahre später kann ich mir jede Einzelheit der kleinen, weißgesprenkelten, blauen Kacheln mit dem irgendwie riechenden alten Fugenmörtel ins Gedächtnis rufen. Ich wußte nicht, was mit mir vor sich ging oder warum; ich wußte nur, daß es entsetzlich widersinnig war, eine derartige Todesangst zu spüren und gleichzeitig einen möglichst raschen Tod herbeizuflehen. Ich mußte mich zwingen, auf die Maschine zu steigen und zu fahren, genau wie ich mich manchmal zwingen mußte, die drei Blocks zum Lebensmittelladen zu gehen. Genausooft glitt die Große Angst (ich gab ihr einen eigenen Namen, denn für mich trug sie alle Züge eines eigenständigen, bösartigen Wesens) mühelos aus meinem Körper heraus und in mein Motorrad hinein. Dann hatte nicht ich ein tödliches Leiden, sondern die Lario. Sie würde bestimmt jeden Augenblick liegenbleiben, und auf keinen Fall konnte es eine harmlose Störung sein; mindestens ein durchgebranntes Ventil, ein abgerissenes Pleuel, rausgeschossene Zündkerzen, oder sie tat völlig unerklärlich keinen Mucks mehr. Wenn ich zur Hochform auflief, fuhr ich durch die wunderschöne Welt und ächzte innerlich unter der drückenden Gewißheit, daß wir beide gleich sterben würden.

Natürlich nahm etwas so Mächtiges wie die Große Angst auch mein Herz in Beschlag. Nach einer jahrelangen Phase halbkatastrophaler Beziehungen – darunter zwei wirklich schlimme Jahre, in denen ich mich abzappelte, die Liebe eines Mannes zu erringen, der ein Meister darin war, mich am ausgestreckten Arm verhungern zu lassen – rang ich mich zu dem Schluß durch, die Sache mit der Liebe abzuschreiben. Das hatte durchaus etwas Befreiendes. Ich mußte nicht mehr hoffen, bangen, sorgen. Ich mußte nicht mehr allzeit nach einem geeigneten Kandidaten Ausschau halten. Es würde einfach nicht passieren, und damit basta. Ich konnte endlich meine ganze Energie in meine Arbeit investieren – wenigstens ein Bereich, in dem ich ganz allein über mein Schicksal bestimmte.

In derselben Woche faßte ich den Entschluß, meine Karriere an allen nur erdenklichen Fronten voranzutreiben. In der Betriebsamkeit lag Freiheit. Ich telefonierte, sandte Manuskripte ein, schrieb Briefe. Einer ging an einen Schriftsteller, der bereits den Erfolg hatte, den ich mir wünschte, und zu dem ich eine lockere Verbindung unterhielt. Vielleicht konnte er mir einen Rat geben. Als ich telefonisch nachhakte, war er so freundlich, sich mit mir zu treffen. Wir vereinbarten einen Nachmittag in einem Café im East Village.

Was für eine einfache Geste.

Luc und ich heirateten im südwestlichen Massachusetts, weil wir die Feier in der ländlichen Weite genießen wollten und weil wir ein schönes altes Gasthaus mit einer Scheune im normannischen Stil gefunden hatten, in dem wir den Empfang ausrichten konnten. Ich hatte einen Mann an Land gezogen, der für mich einfach perfekt war. Doch so wie in persische Teppiche absichtlich ein Fehler hineingeknüpft wird, um nicht den Anspruch auf gottgleiche Vollkommenheit zu erheben, hatte auch er einen kleinen Webfehler: Er war kein Motorradfahrer. In dem Jahr, in dem wir frisch verliebt waren, fuhr ich viel weniger als in allen anderen zuvor, weil ich an den Samstag- und Sonntagmorgenden meist der Klettverschlußwirkung eines Bettes erlag, das einen zwingenden Grund barg, darin liegenzubleiben.

Wenn ich mich loszureißen vermochte, genoß ich immer noch, was ich auf meinen Fahrten zu sehen bekam, doch stets nagte dabei in mir das Gefühl, etwas zurückgelassen zu haben. Ich wünschte mir sehnlichst, ihn bei mir zu haben, einfach um sagen zu können: »Da drüben – guck mal!« Daneben gab es noch anderes, das mir zusetzte: Meine Mitfahrer waren fast immer Männer, und jetzt kam es mir auf einmal komisch vor, mir ein Motelzimmer mit einem anderen Mann zu teilen, auch wenn ich überhaupt nichts mit ihm hatte. Geld war jetzt unser Geld, und ich hatte Gewissensbisse, mir davon Ferien für mich allein zu genehmigen, wenn er es ablehnte, dasselbe zu tun. Immer stärker sehnte ich mich danach, wenigstens eine andere Frau in derselben Lage kennenzulernen, doch ich traf immer nur auf Frauen, die ausriefen: »Wie kannst du nur mit einem Mann liiert sein, der nicht Motorrad fährt? Ich könnte mir das nicht vorstellen.« (Ich habe nie einen Mann etwas Ähnliches äußern hören, vielleicht weil viele Männer es akzeptieren oder sogar begrüßen, wenn ihre Frauen nicht mitfahren.)

Doch die Mühlen der Zeit mahlen mit eherner Zuverlässigkeit. Nach ein paar Ehejahren schien es keine so schlechte Idee mehr, ab und an allein wegzufahren, obwohl ich diese spezielle Deckungsungleichheit unserer Interessen immer noch gern auflösen und eine andere an ihre Stelle rücken würde.

Letzten Sommer verwirklichten wir meinen zweitgrößten Wunschtraum und mieteten ein Haus auf dem Land, mitten in einer weiten, hügeligen Gegend aus Weiden und Wäldern, die steiniges, uraltes Farmland beharrlich wiederzuerorbern strebten. Ein wichtiges Motiv für diesen Traum war nicht nur das Verlangen nach Gartenarbeit und nach einer Lautwelt, die für mich reicher ist als der Radiolärm und das nächtliche Geschrei des städtischen Ökosystems, sondern auch der Wunsch, mir die quälende Prozedur sparen zu können, vor einer sommerlichen Tour erst einmal aus New York City herauszukommen: Nach einer Stunde mörderischen Verkehrs ist man erst am Bear Mountain und fegt mit einer ganzen Horde anderer Biker zum hundertsten Mal dieselben paar kurvigen Meilen entlang. Danach muß man schon rumdrehen und sich wieder durch die Stadt kämpfen. Statt dessen schwebten vor meinem geistigen Auge Visionen von leeren Landstraßen, die dort anfingen, wo meine Garagenzufahrt endete; vielleicht war diese Unfähigkeit, kleine Unbequemlichkeiten achselzuckend in Kauf zu nehmen, ein Zeichen, daß ich allmählich wirklich alt werde.

Als ich herausgefunden hatte – durch nervöse Versuche und Irrtümer, unterstützt durch willkommene gute Ratschläge –, wie ich die lange, steile, unbefestigte und sehr steinige Zufahrtsstraße hinauf- und, schlimmer noch, hinunterkam (bergauf immer schön zufahren, aber mit Gefühl; bergab langsam und IMMER NUR MIT DER HINTERRADBREMSE UM GOTTES WILLEN!), war ich da. Straßenhimmel.

Oben in Delaware County bekam der Grund, warum ich Motorräder liebe, neuen Glanz. Der Luft, durch die man fliegt, seine Form einprägen, absichtslos den Urquell des elementaren Rhythmus finden. Immer um sechs herum war das Licht perfekt, dann sagte ich tschüs, bin in einer Stunde zurück, und flog die Hügel hinab, stellte mir selber Aufgaben vor jeder Kurve, versuchte, sie rund zu durchfahren und aus ihr heraus zu beschleunigen, und rief »Muuuu«, wenn ich an Kühen vorüberkam, ein Ritual, seit ich fahre. Auch arbeitete ich daran, meinen Frieden mit einem geheimen, nicht allzu bewußten Wunsch zu machen – meinem altbekannten Bedürfnis, jemanden zu finden, der die Verantwortung für mein Motorrad und damit auch für mich übernahm –, denn ich erkannte darin eine gefährliche Aussichtslosigkeit, die zu nichts anderem führte, als ein übermächtiges Gefühl der Unfähigkeit in mir zu nähren. Ich konnte es ad acta legen, als ich endlich einige Anzeichen zur Kenntnis nahm, die sich über die Jahre hinweg angesammelt hatten und unbestreitbar bewiesen, daß niemand so allmächtig war, wie ich es immerzu hoffte, oder zumindest daß die Fähigkeiten anderer in aller Regel geringer waren, als ich erwartete, meine eigenen dagegen meist etwas größer. Diese schiefe Wahrnehmung war mir zur schlechten Gewohnheit geworden, was sich in einem Kreislauf ausdrückte, den ich mehrfach wiederholte: Ich vertraute mein Motorrad immer neuen Mechanikern an, denen ich durch die Bank ein überlegenes Wissen zuschrieb – nach dem Motto »Papa weiß alles« – und stand daneben, während sie es vermurksten und mir das dann in Rechnung stellten. Zu Hause mußte ich alles wieder richten. Mit etwas anderem mühte ich mich ebenfalls ab: eine festsitzende, aber mittlerweile viel zu rosige Erinnerung an Franz aus meinem Kopf herauszukriegen, denn der hatte da nichts mehr verloren. Mich beschlich das Gefühl, daß mein Motorrad mir erneut etwas mitteilen wollte, diesmal eine sehr alte Weisheit. Was hörte ich da? *Oh wei, Schiet*. Ja, das dachte ich mir. Wie war das eben? *Eigenes Schiff*. Ich verstehe nicht. *Kapitän*. Kapitän wer? *Sei Kapitän deines eigenen Schiffs*. Ah, danke.

Ericas leidenschaftlicher Bekehrungseifer zugunsten des Fahrtrainings auf der Rennstrecke, das sie mitgemacht hatte, hätte zu keiner Zeit auf offenere Ohren stoßen können. Erzählt hatte sie außerdem, daß Reg und Jason Pridmore – Vater und Sohn und beide Rennfahrer –, die die CLASS Motorradschulungen auf Rennstrecken erfunden hatten und leiteten, in diesem Juli im Auftrag der Women's Motorcyclist Foundation den ersten reinen Frauenkurs anbieten würden. Da fast jede Motorradveranstaltung mangels weiblicher Beteiligung ein männerdominiertes Ereignis ist, reizte mich die Möglichkeit, mich einmal nicht als Angehörige einer Minderheit zu fühlen.

Und ich wollte wissen, warum Erica und auch der bedächtige John es nicht fertigbrachten, mir etwas Genaueres als ein schwärmerisches Glücksgefühl zu vermitteln, wenn sie CLASS zu beschreiben versuchten.

Das Motto der Motorcycle Safety Foundation lautet: »Je mehr du weißt, desto besser wird es«, und CLASS hat den Spruch in eine Binsenweisheit verwandelt. Das Selbstvertrauen, das man gewinnt, wenn man genau weiß, was man von seiner Maschine sowie seinen eigenen Fähigkeiten und Grenzen zu erwarten hat, beseitigt zuverlässig diese elende Angst, die einem die Freude daran vergällen kann, sich in die Kurven zu legen, und läßt nur das Hochgefühl übrig, das sich in spontanen »Ahs« und »Ohs« ausdrückt. Wir drei hatten im vorletzten Sommer am Fortgeschrittenenkurs der MSF im Norden des Staates New York teilgenommen; wenn man Vollbremsungen und plötzliche Ausweichmanöver lernt und übt, kann man viel besser schlafen. Dies und das Erlebnis, wie ein dummes Vorurteil (dieser Pleonasmus sei mir erlaubt) ans Licht gezerrt und zermalmt wird: unsere Instruktoren waren bärtige, in Fransenleder gekleidete Harley-Fahrer, und eines ihrer Bikes hatte sogar einen »Apehanger«, einen extremen Hochbaulenker, und war mit all den Attributen ausstaffiert, die ich mit gewalttätigem Verhalten assoziierte. Ich werde niemals wieder so etwas denken, nachdem ich gesehen habe, wie Bill McGuire auf seinem auffälligen Chopper, die Arme über dem Kopf und die Füße weit nach vorn weggestreckt, auf einem so präzisen Bogen zwischen den rotweißen Pylonen hindurchfuhr, als sei er mit dem Zirkel gezogen.

Im Juli zahlte ich meine zweihundert Dollar, verpaßte der Lario neue Reifen, wie es im CLASS-Anmeldeformular verlangt wurde, und verschwand einmal mehr in Richtung Loudon, New Hampshire. Im Gegensatz zu allen anderen Fahrten dorthin war diese von der ersten Sekunde an ein Vergnügen, weil ich schon beim Aufbruch auf dem Land war. Etwa zehn Meilen vom Haus entfernt bog ich nach rechts auf die schöne Route 23 ein und blieb für hundert Meilen darauf, bis zum Massachusetts Turnpike und dem geistlosen Meilenfressen. Kurz vor der Grenze zu Massachusetts sollte ich dann in den Genuß eines Anblicks der absoluten Spitzenklasse kommen, denn die Straße klettert in vielen Windungen endlos bergan, bis mit einem Mal der Vorhang weggezogen wird und den Blick freigibt. Unter dem Betrachter hingebreitet liegt ein Rundumpanorama riesiger Ebenen, das sich am weit entfernten Horizont im Dunst verliert. Ein kleines Stück weiter fuhr ich durch Great Barrington, wo drei Jahre zuvor mein Hochzeitsprobeessen gewesen war, obwohl eigentlich gar keine Probe stattgefunden hatte. Als ich auf dem Motorrad vorüberhuschte, hatte ich das Gefühl, an mir selbst vorbeizufahren, auf ewig vorgebeugt zu meiner Mutter, um ihr einen tränennassen Kuß zu geben, auf ewig festgebannt in dem Augenblick, in dem ich mit einem ärmellosen schwarzen Top und einem durchsichtigen olivfarbenen Rock photographiert wurde.

Das Bricktower Motel in Concord gleich neben dem Highway hatten die Pridmores empfohlen. Kursteilnehmern gewährte es Rabatt; schon das genügte mir als Empfehlung. Als ich vor dem Büro vorfuhr, kam gerade eine andere Frau heraus. Bevor sie sich wieder auf ihre nagelneue BMW mit einem Nummernschild aus Michigan schwang, stellte sie sich vor; es lag auf der Hand, daß wir aus demselben Grund hier waren. Ich hätte Phyllis – so hieß sie – um den Hals fallen können, denn wenn sie mich nicht angesprochen hätte, hätte ich möglicherweise während des ganzen Aufenthaltes mit niemandem ein Wort gewechselt. Meine Dankbarkeit ist kindisch, ich weiß es, aber so bin ich eben.

Ich erhielt das Zimmer neben Phyllis, und nachdem wir beide unsere Taschen in die Zimmer getragen hatten, setzten wir uns auf den Bordstein neben unsere Maschinen (welche Wonne) und beobachteten die nächsten Ankömmlinge. Sie kamen auf ganz verschiedenen Motorrädern, wiewohl viele altgediente BMWs dabei waren, und in Pickups mit Anhängern. Es gab Cruiser und Sportmaschinen und alles Mögliche dazwischen. Für mich war dieser Anblick insofern besonders, als ich nicht wegen der technischen Wunderwerke in Verzückung geriet, sondern wegen der Menschen, die sie fuhren. Ich hatte keine Ahnung gehabt, daß ich diese mysthische Erfahrung schwesterlicher Verbundenheit so sehr vermißt hatte, wie es sich jetzt offenbarte.

Wenn sich motorradfahrende Männer treffen, reden sie praktisch pausenlos über Kleinkram wie Reifen, Leistung, Schraubertricks und variieren endlos das Thema »Als ich einmal...«. Wenn sich motorradfahrende Frauen treffen, reden sie, wie ich in New Hampshire feststellte, über Reifen, Leistung, Schraubertricks und variieren endlos das Thema ihrer Lust an Motorrädern.

Als wir uns am folgenden Tag nach dem Unterricht am kleinen Pool des Bricktowers entspannten, die Moskitos fütterten und auf die Lieferung des Pizzabäckers und des Chinesen warteten, zählte ich vielleicht ein paar Tätowierungen mehr als in einer durchschnittlichen Stichprobe amerikanischer Frauen. Wie ich während eines geräuschvollen Abendessens in einem mexikanischen Restaurant in Concord am Abend zuvor herausgefunden hatte, waren viele der Frauen lesbisch, obwohl ich mich bei meinen Zuordnungen öfter vertat (zweifelsohne weil ich keine »Antenne« für Lesbierinnen habe, wie sich eine meiner Freundinnen ausdrückt). Diese Überrepräsentation beruhte darauf, daß zwei lesbische Clubs teilnahmen, die Sirens aus New York und die Moving Violations aus Boston. Wir übrigen bildeten eine buntscheckige, weniger klar zuzuordnende Mischung, Frauen wie ich und Phyllis, die Sozialarbeiterin an einer Schule war und gemeinsam mit ihrem Mann ebenfalls Kurse der Motorcycle Safety Foundation leitete. Ihre erste größere Motorradtour allein hatte sie hierher geführt. Eine Frau, auf einer chromblinkenden neuen Harley, war allem Anschein nach von ihrem Freund zur Teilnahme gedrängt worden, denn er schien ganz erpicht auf eine Art stellvertretender

Teilnahme. Er stand den ganzen Tag auf Abruf bereit, rannte gelegentlich herbei, um irgendwas an der Maschine zu richten oder seine Freundin anzufeuern, ganz so, als ob sie zum ersten Mal auf einer Bühne stünde. Sie wand sich vor Unbehagen wie ein Kind, dessen Eltern darauf bestehen, auf den Klassenausflug zum Jahrmarkt mitzukommen, obwohl alle anderen Kinder allein gehen dürfen. Ihre wachsende Verlegenheit war förmlich mit Händen zu greifen.

Beim Abendessen erfuhr ich, daß eine Frau Fernfahrerin war; eine andere bildete Techniker aus; eine hatte gerade angefangen, Enduro-Rennen – Langstreckengeländeprüfungen – zu fahren und zu gewinnen; wieder eine andere war sechzig, wenn sie überhaupt ein Alter hatte, und trug ihr streichholzkurz geschnittenes Haar orange, grün, blau, gelb, violett und rot gefärbt – in den Farben des Regenbogens, der symbolisch für die Forderung nach sexueller Toleranz steht und der als Aufkleber auf vielen Windabweisern und Helmen auftauchte. Mehrere Paare waren dabei, die sich viele, viele Motorräder teilten. Als ich mich zurücklehnte und einigen dieser Frauen zusah, ging mir der Gedanke durch den Kopf, daß das gemeinsame Reisen mit der Partnerin gezwungenermaßen zu einem Akt der Tapferkeit werden mußte und daß fast alle von ihnen verbale und manchmal auch körperliche Attacken erlebt hatten. Ich stellte mir vor, wie diese ganz normalen, entspannten Gesichter, die ich jetzt Enchiladas essen, Geschichten erzählen und Fragen stellen sah, sich in einer Wut und einem Schmerz verzerrten, die tief aus dem Bauch aufsteigen.

Wie sich an jenem Wochenende in New Hampshire wieder einmal erweisen sollte, hatte meine Neigung, auf einer Bordsteinkante zu sitzen und abwesend auf die Lario zu starren, manchmal durchaus praktischen Nutzen. Beispielsweise an dem Tag, an dem ich von Franz' Laden aus zu einer Besorgungsfahrt aufgebrochen war. Ich rollte auf dem Highway dahin, als plötzlich die Motorleistung abfiel. Der Tank war voll, die Benzinhähne offen; was konnte da los sein? Zum Glück kam gerade eine Abfahrt, und ich schaffte noch die halbe Abfahrt hinunter, bevor der Motor ganz abstarb. Ich ließ mich so weit wie möglich rollen und schob dann die Maschine auf den Parkplatz eines Ladens. Von dessen Münztelefon aus rief ich Franz an, und als auch ihm keine mögliche Ferndiagnose einfiel, sagte er zu mir, ich solle warten und mich nicht vom Fleck rühren.

Das tat ich denn auch auf dem Bordstein außerhalb des Ladens, und die herein- und herauskommenden Leute warfen mir konsternierte Drei-Sekunden-Blicke zu. Während ich, das Kinn in die Hände gestützt, auf das Geräusch der zu Hilfe herbeieilenden 850 wartete, starrte ich auf den Motorblock der Maschine, als ob sie mir wenigstens eines der kleineren Geheimnisse des Universums enthüllen müßte. Und das tat sie auch. Am Vormittag hatte Franz die Benzinleitungen ausgetauscht. Diese Schläuche bestehen aus einem Gummi, der exakt in dem Maße altert, wie der Ozongehalt der Luft steigt, und wie der Leser mir und den Gegenständen aus Gummi um mich herum getrost glauben darf, nimmt er dramatisch zu. Plötzlich fiel mir auf, daß die neuen Leitungen für den ziemlich knappen Raum zwischen Tank und Vergaser zu lang waren; daher waren sie abgeknickt und hatten so die Benzinzufuhr unterbrochen. Ich holte mein Schweizer Offiziersmesser hervor, schnitt ein paar Zentimeter von den Enden an den Benzinhähnen ab, und die Welt war wieder in Ordnung. Leider hatte sich Franz schon auf den Weg gemacht.

Jetzt, an diesem Freitagabend, als Phyllis und ich so dasaßen und miteinander schwatzten, blieb mein Blick an einem zehn-Cent-Stück-großen, frischen Ölfleck unter meinem Motorrad hängen. Ich mußte nicht erst meinen Finger hineintauchen, um festzustellen, daß es Getriebeöl war, ein 90er Öl mit Molybdänzusatz, so daß es stahlgrau schimmert und schmiert wie der Teufel. Als ich mich mit dem Kopf vor dem Hinterrad unter die Maschine legte, sah ich, daß es langsam aus der Stelle heraustropfte, wo die Schalthebelwelle im Gehäuse verschwindet. Scheiße. Ich hatte keine Ahnung, was das bedeutete. Doch mir mißfielen Lecks jedweder Art, insbesondere seit sich herausgestellt hatte, daß die Diagnose »Überfüllung« beim vorangegangenen – dem am Endantriebsgehäuse auf dieser letzten, ach so glücklichen Tour auf dem Blue Ridge – falsch gewesen war, denn auf einer Fahrt mit Armen zwei Monate später weigerte sich die Maschine, nach einem Ampelhalt wieder loszufahren, wie sie sollte. Wie Armen feststellte, als er sie auseinandergenommen hatte, war irgendwo Wasser in den Endantrieb eingedrungen und hatte das Schmiermittel verdrängt, so daß schließlich das Lager am Ritzel den Geist aufgegeben hatte. Und Lecks, abgesehen davon, daß sie eine schlampige Einstellung gegenüber den Maschinen verraten, drückten außerdem auf meinen ohnehin strapazierten Panikknopf.

In New Hampshire bestand allerdings wirklich Grund zur Sorge, denn am nächsten Morgen war vor dem Fahrkurs eine technische Abnahme unserer Motorräder angesetzt, um ihre Streckentauglichkeit festzustellen. Die Inspektoren würden nachprüfen, daß noch mindestens 90 Prozent vom Reifenprofil vorhanden, die Bremsbeläge nicht zu weit abgefahren und keine Lecks vorhanden waren, denn auf einer Ölspur könnte jemand einen bösen Abflug machen.

Sobald sie mich unter der Maschine auf dem Rücken liegen sahen, boten mitfühlende umstehende Frauen ihre Hilfe an. Die Namen einiger besonders erfahrener Schrauberinnen fielen. Eine von ihnen, Barbara Ann Mahoney von den Sirens, wurde herbeigerufen, um sich die Sache anzusehen. Ich erklärte, daß ich am Tag vor der Abfahrt das Getriebeöl ausgetauscht hätte; der 5000-Meilen-Ölwechsel war fällig gewesen. Also wenn es wie bei der BMW ist, sagte sie, dann liegt es wahrscheinlich an einer Dichtung für 75 Cent, die im Handumdrehen ausgewechselt ist. Sie zeigte auf die Schalthebelwelle an ihrem Motorrad, die ganz einfach seitlich ins Getriebegehäuse hineinging. Schien kein großes Problem zu sein.

Es war daher ganz natürlich, später feststellen zu müssen, daß sie bei der Guzzi an der hinteren Unterseite des Gehäuses, dicht vor der Schwinge lag und gute zwölf Stunden ziemlich komplizierten Auseinanderbauens erforderte, bis man drankam. Es würde also auf jeden Fall lecken und die Inspektion für mich zur Zitterpartie machen.

Am nächsten Morgen stolperten Phyllis und ich kurz nach Sonnenaufgang aus unseren Zimmern. Schlaftrunken überquerten wir die Straße, um uns einen Riesentopf Kaffee in einem Donutsladen einzuverleiben; danach stiegen wir in die Kluft und fuhren in dichtem Nebel los. Sie folgte mir, weil ich behauptete, den Weg zur Rennstrecke zu kennen, doch in den weißen Schwaden, den dicksten, durch die ich je gefahren war, hätte sie mit Radar wahrscheinlich mehr anfangen können. Immerhin war das haushohe Schild über dem Eingang zum New Hampshire International Speedway kaum zu verfehlen. Die Stille an diesem Ort berührte mich merkwürdig.

Wir passierten das Tor und fuhren durch den Tunnel unter der Rennstrecke hindurch, tauchten oben wieder auf und rollten durch das Tor im Windschutzzaun, der den Boxenbereich umgibt. Die Reihen der großen Unterstände – an Renntagen erfüllt von der geschäftigen Aktivität der Teams bei ihren hunderterlei verschiedenen Verrichtungen – waren alle leer, bis auf eine, und diese füllte sich mit Frauen. Bald war jede über ihr Motorrad gebeugt, entfernte die Rückspiegel und klemmte die Bremslichter ab.

Als wir schließlich alle auf Klappstühlen saßen, stellte sich Reg Pridmore vor uns hin. Er stammte aus London und hatte in den Siebzigern drei AMA-Superbike-Meisterschaften gewonnen; wir durften also annehmen, daß ihm beim Motorradfahren so leicht keiner etwas vormachte. Doch das Geheimnis des Erfolgs von CLASS – manche nahmen zwanzig- oder dreißigmal an dem Kurs teil (jedesmal für ein paar hundert Mäuse, einschließlich der Kosten für den stark erhöhten Verschleiß der Schlappen, wie Armen die oft teuren Reifen nennt) –, lag in seiner verblüffenden Fähigkeit, sein Wissen an den Mann beziehungsweise die Frau zu bringen. Sein Unterricht war gewürzt mit Humor, Prägnanz, Autorität und glasklarer Logik im richtigen Verhältnis, und wenn man ihn bei der Arbeit beobachtete, so hatte dies etwas Kulinarisches, wie bei einem Fernsehkoch. Als er die Regeln aufzählte, die verhindern sollten, daß wir uns auf der Rennstrecke gegenseitig umbrachten, tat er das ohne viel Aufhebens, aber so, daß uns ihre lebenswichtige Notwendigkeit unmittelbar einleuchtete. Er erläuterte uns die Grundprinzipien einer guten Fahrtechnik, wobei er vorrangig Wert auf Flüssigkeit legte, denn rund fahren heißt gut fahren, und übergab dann an seinen Sohn.

Im Grunde lag keine Ironie darin, daß der etwas über zwanzigjährige Jason Pridmore uns gutes Fahren – was gleichbedeutend ist mit sicherem Fahren – beibringen sollte, während sein Unterschenkel in einem dieser Gerüste steckte, die einem Science-fiction-Film entsprungen zu sein scheinen und die man lieber nicht so genau anschaut, weil einem dann zu deutlich bewußt wird, daß diese Stangen tatsächlich unter der Haut verschwinden. Es ist letztlich unmöglich, erfolgreich *und* unfallfrei Rennen zu fahren. Man kann es auch so sehen: Vermutlich würde er statt mit dem Bein in diesem Gestell von Kopf bis Fuß in einem Liegegips stecken, hätte nicht sein Vater ihn ausgebildet.

Da unsere Gruppe mit etwa vierzig Teilnehmerinnen kleiner war als üblich, boten uns die Instruktoren an, uns in einer Gruppe fahren zu lassen; sonst teilten sich die Teilnehmer nach eigener Einschätzung in eine langsame und eine schnelle auf, die abwechselnd fuhren. Sie erklärten uns, daß wir alle auf diese Weise länger fahren konnten. Ein lautes Stöhnen ging durch einen Teil des Auditoriums, und einige Frauen erhoben protestierend die Hände. Nein, teilt uns auf! riefen sie. Das waren Frauen, die nicht wollten, daß ihnen jemand im Weg war.

Sie bekamen ihren Willen, doch das bedeutete, daß die langsameren von uns zuerst fahren würden. Wir defilierten an der Boxenreihe vorbei hinaus, und da war ich – auf dem Asphalt, auf dem ich zum ersten Mal ein Schauspiel miterlebt hatte, das für mich an ein Wunder grenzte.

Anfangs schien Kurve eins viel weiter weg als gedacht, die Zielgerade vor den Tribünen nahezu endlos, doch von Runde zu Runde rückte sie näher heran. Die erste Runde war die einfachste, und danach gab es keine einfache mehr. Alle Schwachstellen meiner Fahrtechnik, die ich zehn Jahre lang erfolgreich unter den Teppich hatte kehren können, krochen hervor und brachten mich in die Bredouille. Das Herunterschalten erwies sich als mein Waterloo. Ich hatte es falsch gemacht, furchtbar falsch, all die Jahre – ich versuchte nämlich, langsamer zu werden, und glaubte so die Motordrehzahl an die des Getriebes vor dem Herunterschalten anzugleichen; ich nahm Gas ganz weg, solange ich die Kupplung gezogen hatte, und schaltete und machte mich dann auf den unvermeidlichen Ruck gefaßt, wenn das Getriebe im kleineren Gang beim Einkuppeln nun eine viel höhere Drehzahl hatte als der Motor. Dadurch verkrampfte ich unbewußt meinen Körper die ganze Zeit im vorhinein; ich hatte geglaubt, es sei schlecht für den Motor, ihn beim Herunterschalten so plötzlich hochzujagen. Binnen einer Sekunde heftete sich ein Instruktor – mein Freund und Helfer – an meine Fersen, und gleich darauf hörte ich das heisere Schreien einer Honda VFR 750 neben mir; der Instruktor hob seine linke Hand, und ich tat es ihm nach, um allen, die hinter mir herankamen, anzudeuten, daß ich nach der letzten Kurve in die Boxengasse ausscheren würde.

»Bist du draußen auf der Strecke sehr ängstlich?« fragte er mich, als wir anhielten. Nein, nicht besonders, wollte ich sagen; du solltest mich mal sehen, wenn ich mich wirklich aufrege! »Ich sehe es an deinem Rücken«, fuhr er fort. »Versuch doch, deinen Oberkörper zu entspannen und die Maschine aus dem Bauch heraus zu lenken, wie es Jason erklärt hat.«

Nach ein paar weiteren Runden wurden wir hereingerufen, und die von der schnellen Truppe – die Möchtegernrennfahrerinnen – wurden losgelassen. Untermalt vom entfernten Echo ihrer Maschinen lernten wir unsere erste Lektion: die Motordrehzahl halten und flott und flüssig herunterschalten. Auch sollten wir bei unserem nächsten Versuch daran denken, daß der Punkt, an dem die Kupplung trennt und später wieder greift, weit früher kommt, als wir glaubten – so war nur ein Bruchteil der Zeit und des Kraftaufwandes nötig, die wir bislang aufgewandt hatten, um den Kupplungshebel ganz bis an den Lenker heranzuziehen. Ich hatte einfach längst vergessen, was ich einmal gewußt hatte. Ohne groß nachzudenken, brauchte ich jetzt für jede der aufeinanderfolgenden Runden ein paar Minuten weniger, weil ich viel schneller schaltete.

So ging es den ganzen Tag lang weiter. Jede Lektion schien auf meine speziellen Schwächen zugeschnitten, und jede neue Trainingseinheit auf der Rennstrecke förderte zugleich eine weitere Schwäche zutage, der ich zu Leibe rücken mußte, was mich aber mit dem Genuß von ein wenig schräger, ein wenig schneller genommenen Kurven entschädigte. Die Schikane vor der Geraden wurde zu meinem Lieblingsstück, weil das Motorrad in dem engen S einen raschen links-rechts-Knicks hinlegte. Es funktionierte wirklich, wie es Reg sagte, auf die Maschine zu hören: Sie lotst dich nicht falsch. Wenn sie jedoch unwillig reagiert und du brauchst Gewalt in Form von Muskelkraft, dann machst du etwas verkehrt. Und die Lektion könnte schmerzhaft werden.

Die Fahrerei schlauchte mich. Doch am Nachmittag hatte ich meinen persönlichen Hinderniskurs soweit bewältigt, daß ich es bis zu einer guten Mittelposition in der Gruppe gebracht hatte: Ich wurde nicht zu oft überholt, und ich überholte selbst einige andere. Nach einer der letzten Trainingsphasen warf ich einen Blick auf die Verschleißindikatoren meiner Reifen und stellte ungläubig fest, daß ich sie über die gesamte Lauffläche genutzt hatte. Allem Anschein nach ging die Maschine in die tiefstmögliche Schräglage, bevor die Fußrasten am Boden entlangschrammten, allerdings rechts eine Idee weniger; fast jeder Fahrer hat beim Kurvenfahren eine Schokoladenseite.

Nach zwanzig oder dreißig dieser Kurse, so dachte ich mir, wäre ich wohl eine ziemlich gute Fahrerin. Fürs erste jedoch hatte ich unglaublich heftige Kopfschmerzen, die mir schier den Schädel sprengten. Nun blieb uns noch die »Graduierungszeremonie« zu absolvieren, bei der uns die Abschlußzertifikate überreicht werden sollten. Die Women's Motorcyclist Foundation bedankte sich im Gegenzug bei Reg Pridmore mit einer Ehrenplakette dafür, daß er das Risiko auf sich genommen hatte, einen Kurs nur für Frauen auszuschreiben, denn das hätte ihn einen Haufen Geld kosten können, weil die Miete für die Rennstrecke dieselbe blieb, gleichgültig wieviel Teilnehmer er für einen Kurs zusammenbrachte. Außerdem bekam er noch eine Schokoladentorte und eine leidlich wohlklingende Darbietung von »Happy Birthday«. Danach folgte eine gefühlvolle Dankesrede einer Teilnehmerin und geheilten Brustkrebspatientin, denn der Kampf gegen diese Krankheit ist eines der Ziele, die sich die Foundation auf die Fahnen geschrieben hat. Wir fühlten uns alle wie eine große, glückliche Familie – eine Familie, wie sie es nur geben kann, wenn die Mitglieder nicht miteinander verwandt sind – und platzten schier vor Stolz, als uns die Instruktoren allen Ernstes erklärten, wir seien der beste Kurs gewesen, den sie je gehabt hätten. Und deshalb hatte es auch an diesem Tag keine Unfälle gegeben. Die Instruktoren erzählten uns, daß unter den Teilnehmern immer ein paar Typen saßen, die dieselbe Liste von Vorschriften hörten wie wir, und kaum daß sie auf der Rennstrecke waren, in der Innenseite einer Kurve überholten, genau wie ein richtiger Rennfahrer, den Überholten aber im Gegensatz zu einem richtigen Rennfahrer zu Fall brachten. Außerdem meinten sie, daß wir als Gruppe deutlich mehr profitiert hätten als jede andere Teilnehmergruppe zuvor, und dies habe weitgehend daran gelegen, daß wir bei der Theorie wirklich zugehört und dann auf der Rennstrecke das umgesetzt hätten, was wir gehört hatten.

Auf dem ganzen Weg nach Hause kreisten die Worte der Pridmores in meinem Kopf wie ein Endlosband, und ich bemühte mich, das Motorrad ohne verkrampften Oberkörper zu fahren, diesen zu entspannen und die Drehzahl zu halten. Ich klopfte mir selbst auf die Schulter, bis zu dem Augenblick, wo ich es nur ums Haar vermeiden konnte, zu Autowachs zu werden, weil ich eine Linkskurve fuhr, in der ich daran zu denken vergaß, daß meine allgemeine Ungeduld mir nicht die Fähigkeit verlieh, durch Lieferwagen hindurchzuschauen.

Lange ging mir auch im Kopf herum, wie wunderbar Touren gemeinsam mit anderen Frauen wären. Dann würde mein Mann nicht mehr so leiden müssen (ich brauchte mir nur vorzustellen, was ich wohl fühlen würde, wenn er sich von mir verabschiedete, um ein Wochenende mit zehntausend anderen Frauen zu verbringen). Andererseits mußte ich auch daran denken, welche Unterstellungen und miese Anmache zwei Frauen provozieren mochten, die auf Motorrädern vor einem Motel vorfahren. Natürlich konnte ich mich irren. Vielleicht war dies letztlich wirklich die beste aller möglichen Welten.

Auch wenn man es aus dem Besuch eines der größten Motorradtreffen in den Vereinigten Staaten nicht schließen würde, auch Schwarze fahren Motorrad. Und das schon lange. Die verstorbene Bessie Stringfield, bekannt als die Motorradkönigin von Miami, die noch mit über siebzig Jahren fuhr, ist die erste schwarze Frau, die die 48 zusammenhängenden Kontinentalstaaten durchfahren hat, und das – man glaubt es kaum – in den dreißiger Jahren. Man betrachte die drittletzte Aufnahme in der amerikanischen Ausgabe von Robert Franks großem Werk *Die Amerikaner*; es hat keinen Sinn, das Photo zu beschreiben. Einfach anschauen.

Wie Schwarze und Weiße in den meisten Bereichen des amerikanischen Alltags allgemein, leben schwarze und weiße Motorradfahrer im Prinzip in getrennten Welten, die nur an der Oberfläche wie ein und dieselbe wirken. Ich habe vor kurzem einen Briefwechsel mit einem Mann names Hilton Webb jr. begonnen, der gegenwärtig in der Strafanstalt Attica einsitzt. Ich weiß nicht, warum er dort ist, und ich will es auch nicht wissen, obwohl ich den Verdacht hege, daß sich das mit der Zeit ändern wird. Sehr wohl weiß ich aber, daß er sprachgewandt ist, nachdenklich, schwarz und ein Biker. Es folgt ein Auszug aus seiner Meinungsäußerung zu diesem Thema:

> Ich bin größtenteils als GDI (goddamned independent, etwa: verdammter Individualist) unterwegs gewesen, habe jedoch auch ein paar Mal Gruppentouren ausprobiert. Zwar habe ich Sturgis gemacht und die Enduro-Geschichte, das aber solo. Wenn ich mit großen Gruppen fuhr, dann waren sie meist weiß mit mir als dem »Vorzeigeschwarzen«. Ich kann mich nur an zwei Gelegenheiten erinnern, wo ich mit schwarzen Bikern fuhr. Das war beide Male Mitte der siebziger Jahre und jeweils mit demselben Club, nämlich den South-Side-Shifters (wegen der Handhebelschaltung tief an der linken Seite ihrer gechoppten Böcke) aus East New York. [Einmal stießen wir zu] einer viel größeren Gruppe aus South Philadelphia mit dem passenden Namen Wheels of Soul. Das war das einzige Mal in meinem Leben ... wo ich mit meiner Hautfarbe auf dem Rücken einer Harley-Davidson keine Ausnahme bildete. Wir waren etwa neunzig, und wir fuhren zu Big Daddy's auf Long Island und machten das ganze Laborday-Wochenende Party... Ein schwarzer Biker in Amerika zu sein, ist offenbar nicht viel anders als ein schwarzer Mann in Amerika zu sein.
>
> Ich war in allen Ecken dieses Landes und habe festgestellt, daß der schwarze Motorradfahrer seitens eines großen Teils der Einprozenter demselben Rassismus ausgesetzt ist wie seitens derjenigen, die in Tonnen von Stahl daherfahren.
>
> Ich glaube, man wird eben schwarz geboren und muß damit leben. Die Reaktionen auf diese Hautfarbe sind subtil;

der festere Griff um die Brieftasche, der rasche Blick zur Seite, die ach so hilfsbereit herbeieilende Verkäuferin. Bei Denny's war ich nicht gern gesehen (Denny's ist ein Kettenrestaurant, gegen das der Vorwurf erhoben wird, schwarze Gäste zu diskriminieren. d. Ü.), doch wenn man einsdreiundachtzig hoch und mehr als hundertzwanzig Kilo schwer ist, behalten die Leute ihre rassistischen Einstellungen meist für sich, wenn sie nicht gerade betrunken sind und von einer Menge umgeben, die ihnen den Rücken stärkt.

Wenn ich jeder Motorradfahrerin auf der Welt ein Geschenk machen könnte, so wäre dies eine Videokassette des australischen Films *Shame* aus dem Jahr 1988. Nicht weil er künstlerisch wertvoll wäre; es ist ein Streifen mit einer mehr oder minder geschickt verpackten moralischen Botschaft, und zwar genau derselben wie der Western *Shane*, der ihm als Vorbild diente (deutsch: Mein großer Freund Shane). Nur daß die Botschaft und die Art und Weise ihrer Verkündung Motorradfahrerinnen besonders ansprechen dürfte.

Asta Caddell ist Anwältin und auf Urlaubstour mit ihrer Suzuki Katana 750. Nachdem sie eines späten Abends in den Graben gekracht ist (immer noch besser, als in die große Kreatur auf der Straße, so ihr rasches Fazit), quartiert sie sich in der nächstgelegenen Kleinstadt ein. Über mehrere Tage setzt sie ihr Motorrad wieder zusammen – wobei sie zu dem Schluß gelangt, daß die Rationalität von Maschinen im Gegensatz zu der von Menschen eine Wohltat sei – und entdeckt dabei den beunruhigenden Grund hinter dem sonderbar verschüchterten Schweigen der Frauen des Ortes und der rüpelhaften Unverschämtheit der Männer. Eine Bande Jugendlicher terrorisiert die Frauen durch planmäßige Vergewaltigungen. Der Rest folgt dem Schema »Einsame Kämpferin räumt auf«.

Der Film weist zwar eine bewunderswert feministische Tendenz auf, doch das eigentliche Geschenk an die Frauen ist sein

Vorschlag, was zu tun sei, wenn grinsende Männer mitfahren wollen. Asta Caddell zeigt mit einem Wheelie, wie frau ihnen den Gefallen tun kann.

Acht

»Nun sag schon! Bist du auf meinem Motorrad gefahren, so daß es vom Nachttisch herunterfiel, oder nicht?«
Ralph war verdutzt. Daß der Junge erriet, was geschehen war, hatte er nicht erwartet. »Nun, man kann wohl sagen, ich bin gefahren«, gestand Ralph, während er sich die schmerzenden Muskeln rieb.
»Hab ich's mir doch gedacht!« Weder die Maus noch der Junge wunderten sich, daß sie einander verstanden. Zwei Geschöpfe, die die Liebe zum Motorrad eint, sprechen ganz automatisch die gleiche Sprache.
Beverly Cleary The Mouse and the Motorcycle

Im Laufe der letzten zehn Jahre und fünfzehntausend Kilometer auf dem Motorrad ist mir ein einziges Mal etwas wirklich Unangenehmes passiert.

Vieles, was man immer wieder tut, verbindet sich mit einer Anzahl von Ritualen, und so war es auch mit meiner alljährlichen Fahrt nach New Hampshire im Juni. Seit ich die malerische Straße, die das südliche Vermont und New Hampshire in west-östlicher Richtung durchquert, auf meiner ersten Fahrt mit Bob kennengelernt hatte, wählte ich sie entweder für die Hin- oder die Rückfahrt. Dreißig Kilometer westlich von Brattleboro und dem Connecticut River schraubt sich die Route 9 weitere 600 Meter in den Tannenwäldern in die Berge. Wenige Meilen vor der Grenze zum Green Mountain National Forest, am höchsten Punkt des Hogback Mountain, liegt ein altes Ausflugslokal. Sein Laden erinnert an eine Scheune, und dort wird nicht nur jedes Produkt verkauft, das man aus Ahornsirup herstellen kann, sondern auch jene Art von billigen »Mitbringseln« (Tomahawk aus Gummi, Highway-Bingo), die ich deshalb so liebe, weil sie zu den wenigen Dingen auf der Welt gehören, die sich seit meiner Kindheit nicht verändert haben. Im hinteren Teil des Gebäudes befindet sich außerdem eine Sammlung ausgestopfter wilder Tiere, die mich so traurig stimmten, daß ich sie mir nur einmal ansehen konnte.

Für einen Vierteldollar kannst du auf dem Aussichtspunkt durch das alte Fernglas den Blick auf die Baumwipfel der drei Staaten genießen. Oder du stellst eine Kamera mit Selbstauslöser auf den Holzzaun, der das Gelände einfaßt, läufst rasch zu deinem Begleiter an den Rand des Felsens, schmiegst dich an ihn und bekommst so eine Aufnahme von euch beiden vor dem Hintergrund des atemberaubend steil abfallenden Berghangs. Auf der anderen Seite der Straße, ein Stück hügelaufwärts, liegt das aus Felssteinen gebaute Lokal mit den großen Panoramafenstern, in dem es wunderbare Pfannkuchen gibt und das noch nicht zu einer Restaurantkette gehört – zumindest bis jetzt.

Dieser Pfichtstop liegt im Scheitelpunkt einer Haarnadelkurve, deren Ausläufer beide im Schatten der Bäume verschwinden. Da sich rechts und links von ihr die Parkplätze befinden, biegen an diesem Scheitelpunkt immer wieder Autos auf die Straße, und die Fahrer vertrauen dabei mehr oder weniger auf Gott, daß niemand um die Kurve gebrettert kommt.

Eines Tages – ich hatte meine obligatorischen Einkäufe getätigt, darunter zwei Figuren aus Ahornsirup für den Freund, der sich um meinen inzwischen geliebten Kater Bill kümmerte – saß ich auf der Lario. Ihr Vorderreifen stand auf der gelben Linie, die den Parkplatz von der Straße trennt. Ich sah nach rechts zum Ende der Kurve, ließ von links einen langsam fahrenden Kombi passieren und sah wieder nach rechts. Als beide Seiten frei waren, bog ich nach links. Mein Vorderreifen war am doppelt gezogenen Mittelstreifen angekommen, und ich wollte gerade auf die rechte Fahrspur einbiegen, als vier Sportmaschinen donnernd und schnell wie der Blitz von rechts auf mich zuschossen. Sie mußten auf dieser Kurve, die man bestenfalls mit fünfundvierzig nehmen konnte, mindestens ihre achtzig bis neunzig Stundenkilometer fahren. Instinktiv schlug ich den Lenker weiter ein, so daß ich auf dem Mittelstreifen blieb und sie die gesamte Spur für sich hatten, bis sie vorbeigezogen waren. Hätte ich ein Auto gesteuert, wären sie jetzt alle Matsch.

Noch Meilen später schlug mir das Herz bis zum Halse. Aber diese Kerle, die nichts besseres zu tun gehabt hatten, als eine uneinsehbare Kurve mit Höchstgeschwindigkeit zu nehmen, drosselten ihr Tempo jetzt auf sechzig. Selbst ich schlug auf einer langen Geraden ein höheres Tempo an. Ich konnte es mir nur so erklären, daß sie gute Laune hatten und gern den Biker kennenlernen wollten, der diesen schönen Tag ebenso genoß wie sie. Aber als ich mich vor einen von ihnen setzte, gab er plötzlich Gas und überholte mich. Ich hatte verstanden: Sie waren stinksauer und wollten ein Wörtchen mit mir reden.

Wie das lautete, konnte ich mir auch schon vorstellen: Du gottverdammtes Miststück, du hast uns dahinten beinahe ins Grab gebracht. Was hast du dir dabei gedacht, uns einfach die Vorfahrt zu nehmen?

Nun finde ich Auseinandersetzungen in etwa so angenehm, wie an einem heißen Tag mit neuen Schuhen in ein Kaugummi zu treten. Unter anderen Umständen hätte ich ihnen allerdings die Stirn geboten: Wie, um alles in der Welt, konntet ihr mit solcher Geschwindigkeit um die Kurve brettern? Wäre ich ein Volvo gewesen, würdet ihr jetzt hinten an meiner Stoßstange kleben. Schließlich kann ich beim Einbiegen nicht mehr tun, als nachschauen, daß von beiden Seiten niemand kommt, ihr Idioten!

Statt dessen wurde ich immer langsamer. Die letzten sechzig Kilometer bis zur Landesgrenze von Vermont wollte ich so trödeln, daß sie irgendwann frustriert und scharf auf den Rausch der Geschwindigkeit davonbrausten. Daß sie jedoch lange Zeit bei fünfzig blieben, wo sie eigentlich hundertzwanzig hätten fahren können, zeigte mir, wie groß ihr Ärger war. Aber irgendwann schossen sie dann doch los. Bestimmt erzählen sie noch heute die Geschichte von dem dämlichen Mädchen, das sie beinahe reingerissen hätte.

Dies ist nicht unbedingt ein Bericht, der einem das Blut in den Adern stocken läßt. Oft kommt es mir vor, als fänden andere, die ihre Motorradgeschichten gern mit ein paar blutigen Dramen würzen, meine Schilderungen enttäuschend. Doch abgesehen von dem grotesken, ätzenden Haß, der der amerikanischen Psyche innewohnt und der manchmal auf Rallyes offen zu Schau gestellt wird (etwa bei den angebotenen T-Shirts mit der Aufschrift »AIDS heilt Schwule« und »Sprich Englisch oder verpiß dich«), kann ich leider nicht damit dienen. Hingegen könnte ich in aller Ausführlichkeit beschreiben, welch eigentümliche Verhaltensweisen eine fast schon vollkommene Mini-Gesellschaft an den Tag legt, wenn sie sich um ein bestimmtes Objekt schart.

Nicht jeder Biker ist ein Engel oder ein Hell's Angel. Dennoch gibt es meiner Kenntnis nach nur zwei Gruppen, deren Mitglieder allein auf Basis einer lockeren Bekanntschaft bereit sind, dir beispielsweise den ganzen Tag bei einem Problem zu helfen, ohne eine Gegenleistung zu erwarten. Zum einen die kleine Spezies der Hundebesitzer in meiner Nachbarschaft, die jederzeit vorbeikommen, um einen anderen Hundebesitzer zu chauffieren, die alle Pläne über den Haufen werfen, um nach einem entlaufenen Liebling zu suchen, oder die einem fast Fremden Geld leihen, wenn er nur einen Hund hat. Die andere ist die weltumspannende Bruderschaft der Moto-Guzzi-Fahrer. Beide verkörpern sie die kleine Gemeinde ausschließlich vertrauenswürdiger Mitbürger, nach der wir uns alle sehnen, das Stammesleben nach dem Motto: »Einer für alle, alle für einen«, das heutzutage für die meisten von uns nur noch Wunschtraum ist. Die französischen Autoren von *Toute la Moto* beschreiben es folgendermaßen: »Als ob sich alle Leute auf der Welt ein und denselben 14er Schraubenschlüssel weiterreichten ... Wie oft haben wir von dieser Utopie geträumt? Nun, in der Motorradwelt ist sie Wirklichkeit. Nicht immer und nicht garantiert, denn wie in jeder anderen Szene gibt es auch hier Abschaum, aber sie ist Wirklichkeit.«

Ein Autor der *New York Times* beschwert sich in seiner Rezension des Dokumentarfilms *She Lives to Ride*: »Der Film zeigt diese Frauen in einem so vorteilhaften Licht, daß uns Motorradfahren fast schon als überzeugende Alternative zum Bridge- oder Canastaspielen erscheint.« Aber so ist es nun einmal! Ein Vergleich, der dem Lebensgefühl vieler Motorradfreaks so nahe kommt wie möglich, nur daß ein Pokerspiel noch treffender wäre – es erinnert eher an die Rituale, die sich in dieser Gemeinschaft eingebürgert haben, vor allem an den riskanten Einsatz, ohne den man genausogut Schiffeversenken spielen könnte.

Treu bist du, wie wir alle wissen, nur dem, der es verdient. Du kannst ein Schulkind nicht per Kommando auffordern, sein Land oder seine Eltern zu lieben, denn sonst stehst du plötzlich vor einem Roboter, der lediglich die passenden Floskeln herunterrattert. Eine Liebe, die bereit ist alles zu geben, kann nur aus dem Gefühl gegenseitiger Achtung und Wertschätzung erwachsen.

Daß es unter Motorradfahrern immer wieder zu Beweisen einer Loyalität kommt, die oft weiter geht als die Liebe zur Nation oder zur eigenen Familie, vermittelt uns einen guten Einblick in diese Gemeinschaft. Beispielsweise fühlen sich einige Biker (und nicht nur Harley-Fans) veranlaßt, sich das Firmenlogo ihrer Lieblingsmarke mit Tinte ins Fleisch stechen zu lassen. Bei anderen gilt die Treue dem Club, was zu todernsten Auseinandersetzungen (sei es in Worten oder mit Waffen) mit Außenseitern, jedoch auch zu Beweisen äußerster Großmut gegenüber anderen Mitgliedern führen kann. Dann gibt es da die Treue zum Objekt, mit dem Ergebnis, daß eine Ansammlung von mechanischen Teilen eine Zuneigung erfährt, die viele Lebewesen missen müssen. In manchen Fällen wird das Objekt sogar zum Ausstellungsstück im Wohnzimmer. Außerdem die Treue gegenüber der Idee, dem »Motorradfahren«, die sich in solchen Beweisen der Hingabe äußert, wie wir sie 1956 erlebt haben: Der siebenundzwanzigjährige Gründer des Akron Lots-A-Moshun Motorradclubs ließ sich mit seiner Motorradjacke und dem Nummernschild seiner Maschine begraben, während ihm ein langer Zug von Bikern das letzte Geleit gab. Vor und nach ihm wurde so mancher Motorradfahrer mit einem Foto der geliebten Maschine bestattet, selbst wenn sie maßgeblich mitgeholfen hatte, das Grab zu schaufeln. Es gibt eine Treue, die die Angst überspielen soll, wie etwa die hartnäckige Beteuerung, daß es am Motorradfahren nichts Unangenehmes, Ärgerliches oder Unbequemes gibt. (Schon fast verdächtig, mit welcher Hast die Biker dir das immer wieder versichern. Wenn ihr Hobby so fabelhaft ist, was macht es dann schon aus, wenn jemand ein paar Worte über seine Schattenseiten verliert? Denn als von Menschen geschaffenes Konstrukt muß es die zwangsläufig haben.)

Und dann gibt es schließlich noch die Treue, die aus Liebe erwächst.

Offensichtlich haben Geschäftsleute doch ein Herz. Oder wie sonst läßt sich erklären, daß die Motorradverkaufsausstellung, die durch die Lande zieht, gerade dann nach New York kommt, um im tiefsten Winter die dunklen Tage zu erleuchten?

Das Jacob-K.-Javits-Messezentrum klebt am Stadtrand wie ein Ferienhaus auf einer Felsklippe über dem unendlich weiten Meer. So riesig und unpersönlich konnte man wohl nur auf einem vergessenen Fleckchen Erde am Rande Manhattens bauen, das zuvor lediglich Lastwagen und Güterwaggons gesehen hatte. Weil die Ausstellung für Motorradfreaks einen Lichtblick – oder das einzige Licht überhaupt in der kalten Jahreszeit – bietet, erwartest du bei deiner Fahrt die Eleventh Avenue hinunter, auf ein wahres Märchenland zu stoßen, das Grundstück von grünschimmernden Lichtern erhellt. Doch die kahlen wuchtigen Glasquader spiegeln nur den Himmel wider, und das mehrere Straßenzüge lange und breite Areal wirkt verlassen an so einem Freitagabend im Februar.

Aber das liegt nur daran, daß sich alles Leben an einem Ort zusammenballt. Du mußt lediglich den richtigen Eingang finden oder ansonsten die lange, verlassene Treppenflucht in der Eingangshalle hinter dich bringen, bevor du in einer der mehreren hundert Ausstellungshallen durch Glasfenster auf das geschäftige Treiben blicken kannst. Eine Etage unter dir spiegelt blankgeputztes Chrom Millionen von Lichtreflexe wider. Doch dies ist es nicht, was dir einen Schauer über den Rücken jagt. Vielmehr ist es der Anblick unzähliger Motorräder auf dem Teppich dieser Halle, der dich schwindeln macht.

Tausende haben sich eingefunden, um die neuesten Modelle zu bestaunen. Zwar sehen sie meist nicht viel anders aus als die Modelle vom letzten Jahr, doch offensichtlich haben sie an die ausgefeilte Tradition der Manipulation der Kauflust ihren Tribut zahlen müssen. Angesichts einer neuen Lackierung oder der weiteren Verbesserung einer unwichtigen Spielerei (wie eine neue Spiegelform, die einen Biker gleich noch viel mehr nach böser Hornisse aussehen läßt, oder das willkürliche Ersetzen der Windschutzscheibe aus Rauchglas vom letzten Jahr durch eine abgedunkelte aus Plastik), bekommst du auf der Stelle Lust auf eine, auf genau diese Maschine! Honda, Yamaha, Kawasaki, Suzuki, Harley-Davidson haben Stände mit neuen Modellen ihrer Off-road-, Enduro- und Sportmaschinen und ihrer Cruiser und ATVs aufgebaut. Die großen Reifenmarken wie Metzeler, Avon und Dunlop zeigen Karussells mit Reifen und schimmernde Prospekte, und sogar die Hersteller von Schmiermitteln wie BelRay und Spectro haben sich eingefunden. In der Mitte der Halle zieht BMW mit einem Sattelschlepper, der so blankgeputzt ist, daß man von seinen Schmutzfängern essen könnte, die Aufmerksamkeit auf sich. Du kannst hineinsteigen und dir das ununterbrochen laufende Video von Fahrten durch idyllische Landschaften ansehen, oder du betrachtest einen Motor, der in der Mitte auseinandergesägt wurde, um das Prachtstück der »legendären deutschen Motorenbauer« zu zeigen. Auf dem Weg zum Ausgang stößt du auf in Samurai-Pose erstarrte Models, die von Hein Gericke für BMW in feinste Lederkluft gekleidet wurden.

Aber auch einheimische Aussteller sind vertreten, von Precision Leather's – einem fliegenden Händler aus Long Island mit einer Riesenauswahl von Anzügen, Jacken, Hosen, Stiefeln, Regenkombis und Handschuhen der unterschiedlichsten Qualität und Farbe, des unterschiedlichsten Gewichts und Preises – bis hin zum Herausgeber einer am Computer selbst fabrizierten kostenlosen Postille über die Motorradszene der Stadt. Ghost Motorcycles, das Geschäft in Long Island, wo ich meine vielgeliebte V50 kaufte, stellt eine Wagenladung von Klassikern und brandneuen Sondermodellen zur Schau, von uralten Harleys mit fransengeschmückten, lederbezogenen »Traktorsitzen« bis hin zu flinken, roten, neuen Ducati-Superbikes. Junge Männer mit langen Pferdeschwänzen überreden ihre Freundinnen in hautengen Lederjacken und stone-washed Jeans, hochhackige Stiefel anzuprobieren, in denen sie nur noch im Laufschritt hinter ihnen hertrippeln können. Die europäischen Stände lassen sie links liegen; sie zieht es zu den Harleys und dann in den hinteren Teil der Halle, wo gerade die Show der Trialfahrer beginnt. Sie verrenken sich die Hälse und quetschen sich in die Menge vor dem abgeteilten, dreißig Meter langen Halbrund, wo junge Männer sich bereitmachen, die Schwerkraft zu überwinden. Die Artisten stellen sich auf die Fußrasten der leichten Maschinen und fahren auf die Motorhaube eines abgewrackten Autos. Auf dem Dach verharren sie einen Sekundenbruchteil wie erstarrt, dann reißen sie das Bike um 180 Grad herum und fahren wieder hinunter. Sie schießen mit Höchstgeschwindigkeit eine Rampe hoch und setzen nach dem Sprung mit beiden Rädern wieder auf, oder sie rollen auf nur einem Rad an der gesamten Absperrung entlang.

Im Jahre 1994 bestand für ein paar Auserwählte die Sensation darin, daß Moto Guzzi zum ersten Mal seit Jahren wieder mit einem Stand auf der Messe vertreten war. Im Gegensatz zu BMWs prächtiger Schau – dem bunt bemalten Truck mit der gesamten Produktpalette von Helmen über Stiefel und Motoröl bis hin zu sieben, acht Maschinen und allem, auf das man ein Logo drucken kann – umfaßte Moto Guzzis Präsentation zwei Motorräder, ein aufgestelltes Firmenschild, kaum größer als eine Geschwindigkeitsbegrenzung am Straßenrand, und einen einzigen Regisseursstuhl für den Direktor der amerikanischen Niederlassung und dessen Stellvertreter, zufälligerweise seine Frau. Die Verkaufszahlen der italienischen Firma (die vorübergehend zu Maserati gehört hatte) bewegten sich seit einiger Zeit in der Größenordnung eines Handwerksbetriebes. Ein Händler, der mehr als zehn Bikes im Jahr verkaufte, wurde landesweit berühmt. Dank einiger neuer ausgefeilter und teurer Sportmaschinen ging es jedoch mit Moto Guzzi seit kurzem wieder aufwärts. Dazu beigetragen hat jedoch wohl auch die vielleicht eigentümlich anmutende, jedoch äußerst wirksame Hartnäckigkeit der Guzzi-Fans. Selbst wenn Moto Guzzi ab sofort kein einziges Bike mehr an unsere Küsten schickte, würde es auch noch im nächsten Jahrhundert Guzzis auf unseren Straßen geben, jedenfalls so viele, daß die Leute auch dann noch stehenblieben und fragten: »Mensch, was für ein Fabrikat ist das denn?«

Carlo Guzzi wohnte in einer Kleinstadt nördlich von Lecco, die sich vom Ufer des Comer Sees in die angrenzenden Berge erstreckt. Kurz vor Ausbruch des Ersten Weltkriegs konzipierte Guzzi ein Motorrad, das, wie er meinte, mit den Fehlern und Unzulänglichkeiten der zeitgenössischen Zweiräder aufräumte. Als er sich der neugegründeten, noch von einem Hauch der Romantik umwehten italienischen Luftwaffe anschloß, stieß er auf zwei Männer, die dazu beitragen sollten, daß aus seinem Konzept ein marktfähiges, verkäufliches Modell wurde: Giorgio Parodi, Sproß einer Genueser Familie von Werftenbesitzern, und Giovanni Ravelli, der sich bereits bei Motorradrennen einen Namen gemacht hatte. Guzzi war davon überzeugt, daß sie alles hatten, was man brauchte, um eine neue Typenreihe zu realisieren. Doch in den letzten Kriegstagen, kurz vor Beginn ihrer gemeinsamen Arbeit, kam Ravelli bei einem Flugzeugabsturz ums Leben. Um sein Angedenken zu wahren, entschieden sich die beiden verbleibenden Partner für den Adler der Luftwaffe als ihr Firmenzeichen.

In den zwanziger Jahren hinterließen die Guzzis auf den Rennstrecken Italiens und Europas einen nachhaltigen Eindruck. Nach solchen Auftritten kehrte Carlo Guzzi immer wieder ans Reißbrett zurück oder arbeitete an seinem Testmotor, in den er Kolben und Zylinder jeder Größe einbauen konnte. 1928 konstruierte er ein Motorrad mit komplett gefedertem Rahmen (zu diesem Zeitpunkt war die Hinterradaufhängung noch ein ungelöstes Problem). Carlos Bruder Guiseppe ging mit dieser Maschine auf große Testfahrt an den Polarkreis; daher ihr Spitzname Norge. 1928 entstand auch der Prototyp zu einer langen Reihe von Motocarri – halb Motorrad, halb Lastwagen, eines der vielen Mehrzweckgefährte, die die Firma herstellte. Sie alle, die Motorroller, die Mopeds, und auch eine Konstruktion, deren vordere Hälfte aus einem Motorrad und deren hintere aus einem Panzer auf Ketten bestand, halfen der Firma über die wirtschaftlich schlechten Jahre.

Größere Bekanntheit gewann der Name Guzzi 1935 durch die spektakulären Gewinne der Junior und Senior Trophy von Manx. Daß man sich für den Iren Stanley Woods als Fahrer entschieden hatte, erwies sich als kluge Wahl, denn im Gegensatz zu den italienischen Piloten kannte er den Kurs wie im Schlaf.

1934 galt Moto Guzzi als der bedeutendste Motorradfabrikant Italiens, und die kleine Werkstatt in Mandello del Lario war zu einer großen Fabrik mit 700 Arbeitern ausgebaut worden. Zu diesem Zweck hatte man sich in La Grigna hineingebohrt, einem Berg, der auf dem Werksgelände aufragt. Im Zweiten Weltkrieg belieferte die Fabrik in Mandello das italienische Heer mit mehr als achttausend Motorrädern, dem Alce (»Elch«) und dem Trialce (einem Dreirad). Obwohl Carlo Guzzi dafür berühmt war, daß er jede Lira dreimal umdrehte, leistete er sich 1950 einen Luxus, über den bis dahin nur wenige Firmen aus der Motorrad- oder Autobranche verfügten: einen kompletten, dreißig Meter langen Windkanal mit einer von einem 310-PS-Motor angetriebenen Dreiblattschraube. (Wieder mußte La Grigna dafür Opfer bringen.) Zum ersten Mal war man nicht nur von theoretischen Berechnungen abhängig, sondern konnte wissenschaftlich untersuchen, wie das Design Fahrverhalten und Geschwindigkeit einer Maschine beeinflußten. Dies führte 1954 zu der Konstruktion der ersten »aerodynamischen« Rennmaschine, die rasch bei praktisch allen anderen Rennställen Nachahmer fand. Eine zugleich futuristisch und mittelalterlich anmutende Verkleidung wurde um die vordere Hälfte des Motorrads gelegt, so daß nur wenige Zentimeter Reifen sichtbar waren. Was man dadurch an Geschwindigkeit gewann, ging jedoch auf Kosten der Sicherheit, und 1957, als sich Moto Guzzi offiziell aus dem Renngeschäft zurückzog, wurden diese Verkleidungen verboten.

Dieser Schritt bedeutete auch das vorzeitige Ende einer noch heute bewunderten Maschine aus der Rennabteilung der Firma, mit querliegendem V8. Sie verfügte über glatte 75 PS, mit denen sie jedes Rennen für sich entschieden hätte, wäre sie je zum Einsatz gekommen. Doch mit Ausnahme der reichen MV Agusta waren die großen italienischen Konstrukteure zu der Erkenntnis gelangt, daß das Renngeschäft mittlerweile zu viel kostete. Die positiven Auswirkungen auf das Marketing standen in keinem Verhältnis mehr zu den Ausgaben. Sie unterzeichneten ein Abkommen und traten von der Bühne ab. (Zu diesem Zeitpunkt konnte Moto Guzzi, wie Mick Walker in seinem Buch *Italian Motorcycles* schreibt, folgendes für sich verbuchen: 14 Weltmeisterschaften, 134 Geschwindigkeitsrekorde, 47 italienische Meisterschaften, 55 nationale Titel, 11 Gewinne der Manx TTs und alles in allem 3327 internationale Siege in allen möglichen Klassen.)

Seit dem Jahre 1936 arbeitete bei Moto Guzzi mit Giulio Cesare Carcano ein Ingenieur, der heute von all jenen, die die unauslöschliche Schönheit einer Rennmaschine wie der V8 bewundern, als Genie angesehen wird. Als die Firma im Zuge einer branchenweiten Krise in der Mitte der sechziger Jahre Konkurs anmelden mußte, verlor auch er seinen Posten. Bevor Carcano entlassen wurde, machte er Moto Guzzi jedoch noch ein Geschenk: einen 90 Grad V-Zweizylinder-Motor, der ursprünglich in den Fiat 500 eingebaut werden sollte. Statt dessen konstruierte man damit ein Motorrad, das ganz an den Bedürfnissen der Polizia Stradale ausgerichtet war: Es war die V7, eine 700-Kubik-Maschine mit Kardanantrieb.

Aber auch auf dem US-Markt der späten sechziger Jahre fand das Modell Anklang, und in Form von Tourenmaschinen wie der California, Eldorado und Ambassador trägt es noch heute manch stolzen Besitzer durch die Lande. Der Designer Lino Tonti verbesserte Rahmen und Motor und präsentierte 1971 der staunenden Öffentlichkeit ein neues Modell: die V7 Sport. Sie war klein und gefährlich, butterweich zu fahren, und selbst geparkt sah sie aus, als würde man nie wieder anhalten, wenn man erst einmal losgefahren war. In den folgenden Jahren baute man nach dem gleichen Konzept eine Serie kleinerer Twins, darunter die V50 mit 500 Kubik, die 1977 vorgestellt wurde.

In den Vereinigten Staaten trat 1984 ein ehemaliger Zahnarzt in Erscheinung, der für Moto Guzzi auf Langstreckenrennen einen privaten Werbefeldzug führte. Er gewann auf seiner Maschine den Landeswettbewerb und konnte diesen Erfolg im darauffolgenden Jahr wiederholen. Zwar war das Konzept des V-Zweizylinder-Motors noch nicht so ausgereift wie bei den japanischen Maschinen, doch der Doktor hatte richtig erkannt, wie klaglos diese Maschine Mißhandlungen verschmerzte.

Darüber hinaus rechnete er sich gewisse Chancen in den damals als »Battle of the Twins » (später Pro-Twins und dann Super-Twins) bekannten Geschwindigkeitsrennen aus, die eingeführt wurden, als die Zwei- mit den Vierzylinder-Maschinen nicht mehr mithalten konnten.

John Wittner – allgemein bekannt als Dr. John – nahm sein Anliegen sehr, sehr ernst. Er prüfte, verbesserte, testete, überdachte, entwarf und testete erneut nahezu jedes der mehreren hundert Teile an seiner Rennmaschine, bis auf seinem Konto Ebbe herrschte. Er entwickelte ein neues Chassis und tunte den Motor bis zum Gehtnichtmehr. Schließlich waren die letzten Fehlerteufel ausgetrieben, und Guzzi gewann 1987 die Twin-Rennen.

Die Erfolge dieser privaten Bemühungen (zu denen viele kleinere Beiträge aus den Taschen der Mitglieder des National Owners Club gehörten) blieben der italienischen Firmenzentrale nicht verborgen. Heute wohnt Dr. John – ein so angenehmer und bescheidener Mann, wie man ihn im Kreise der wahrhaft fanatischen Motorradkonstrukteure sonst kaum findet – unweit von Mailand in der Nähe der Fabrik in Mandello del Lario und spricht immer besser Italienisch.

Einige Auszüge aus Beiträgen und Briefen, veröffentlicht in den *Moto Guzzi National Owners Club News*:

Mindestens zwei meiner Guzzis segneten das Zeitliche, und jetzt habe ich eine 67er V700 ins Auge gefaßt. Von Harley-Fahrern muß ich mir einen Haufen Mist anhören, bis sie schließlich auf einer Eldorado sitzen und erfahren, daß ich für 500 $ eindreiviertel Bike kriege, während sie im Geschäft regelmäßig das 20fache zahlen. Natürlich mußte ich einige hundert Stunden an der Maschine schrauben, aber das hätte ich an einer neuen Harley bestimmt auch getan, wenn ich eine hätte. Ich fühle mich erst dann wohl, wenn ich ganz genau weiß, wie alles funktioniert, das ist wohl mein wunder

Punkt. Harley-Fahrer verstehen einfach nicht, wieviel Spaß es mir macht, Teile von einem VW, Fiat oder einem Kodak-Dia-Projektor in mein Bike einzubauen. Sie heißt bei ihnen inzwischen schon Franken-Guzzi. In gewisser Weise spiele ich Gott. Ich lasse sie auferstehen und gestalte sie nach meinem eigenen Bilde. Und weil ich mich als Individuum sehe, ist auch mein Bike absolut einzigartig. (Peter Cushman, Worcester, Massachusetts)

Kommen wir also zu jener exzentrischen Gruppe von Bikern, deren Herz an Maschinen aus dem stiefelförmigen Land im Süden Europas hängt. Sicher habt ihr sie schon im Dunkeln herumschleichen sehen, diese ölbeschmierten Gestalten in einer alten AGV-Kombi, die aus den Jahren von Jimmy Carters Präsidentschaft stammt. Die Sorte, die an einer brandneuen ZX1100 vorbeisieht, nur um einen Blick auf den klapprigen Lambretta-Roller zu erhaschen, der dahintersteht. Der Typ mit dem T-Shirt, auf dem zu lesen ist: »Habe Benzin im Bauch und Pasta im Tank«, der eine Vierzylinder-Maschine links liegenläßt, es sei denn, es steht »Bimota« auf dem Tank. (Nolan Woodbury, Coolidge, Arizona, »Roadworthy«)

Ich bin 65 Jahre jung – fahre Motorrad seit 1943 – mein erstes Bike war eine 1928er Harley JD (die ich gern heute noch hätte). Ich besaß Indians, Square Fours, Vincents; eigentlich jede Maschine, die in Großbritannien hergestellt wurde. Beschäftigte mich gerade mit den japanischen Fabrikaten, als mich ein Freund, der eine Moto Guzzi fuhr, auf einer unserer Fahrten überredete, die Maschinen zu tauschen. Damals hatte ich die Suche nach einem Bike, das mir ebensoviel Spaß machte wie meine Triumphs und BSAs in den Fünfzigern, fast schon aufgegeben – und dann, Mensch, Junge, wieso war ich nicht schon eher auf jene Guzzis gekommen? Die Fahrt bereitete mir soviel Vergnügen, daß ich meine Gold Wing verkaufte und mir diese Guzzi zulegte. Ich habe sogar das Rauchen aufgegeben, damit ich länger durchhalte und ein paar Jahre und Meilen mehr machen kann. (Forrest Waller jr., Streitkräfte in Übersee)

Es gibt nur wenige Motorräder, die von ihrer Konstruktion her von Natur aus schön sind: der luftgekühlte querliegende V4 (oder V6 ... WOW), bei dem der Fahrtwind durch die feinen Kühlrippen streicht und in deren anmutig wie Widderhörner geschwungenen Töpfen die Bewegung der Maschine aufgegriffen scheint ... der klassische Einzylinder, Symbol der Symmetrie, der wie ein Held aus dem Altertum die Heerscharen anführt ... und der Boxer, ein Musterbeispiel von Ausgewogenheit und Kühlung, symmetrisch wie Original und Spiegelbild. Aber die größte Schönheit ist die V-Twin mit den zwei Zylindern, die zu beiden Seiten aus dem Rahmen ragen. Die Zylinder liegen weit genug vorne, daß man der Maschine das gute Handling schon von der Optik her ansieht. Aber ich liebe nun mal Motoren, das Gefühl beim Anfassen, ihren Geruch, das Ineinandergreifen von Metall ... Ich liebe einen prächtigen Aluminiumguß, eine blankpolierte Oberfläche, das vollkommene Rund, das die Drehbank hinterläßt, die Lochmuster von Fräsen und Bohrern. Die alte Guzzi und ich kommen also bestens miteinan-der aus. (Tom Chipley, Warrenton, Virginia, »The Existential Garage«)

Also, ich habe es geschafft, 501 000 Meilen auf meinen Moto Guzzis. Bis jetzt bin ich kein einziges Mal mit einer Panne auf dem Seitenstreifen liegengeblieben.

Einmal war ich mit einem aufgeblasenen Harley-Fahrer unterwegs. Er hatte eine ziemlich neue 1200er Harley-Davidson. Er fuhr voraus und ich auf meiner 850er T-3 Polizeimaschine hinterher. Er schlug ein ziemliches Tempo an, und als wir an eine Ampel kamen, rief er mir zu: »Bin ich zu schnell?« Kaum waren wir wieder auf offener Straße, da drehte ich meine T-3 auf und zog an ihm vorbei. Kurze Zeit später war er im Rückspiegel nicht mehr zu sehen. Ich fuhr also langsamer, hielt auf dem Seitenstreifen und wartete auf ihn. Er kam heran und hielt an. Ich lachte und fragte ihn: »Bin ich zu schnell?« Er vergaß diesen Vorfall nie und erzählte seinen Freunden, Guzzis sollte man lieber aus dem Weg gehen, sie seien verdammt schnell. (Charlie Pinheiro, Hendersonville, North Carolina, »Letters from Charlie«)

Ich erinnere mich an einen Vorfall in Ruidoso, New Mexico. Dan und seine Frau Cynthia fuhren von Las Cruces zum Golden Aspen Motorradtreffen. Es waren nur vier Guzzis angemeldet, und zwei davon gehörten Dan und Cynthia. Einer der Guzzi-Fahrer hatte Pech mit seinem Vergaser-Banjo und ruinierte es hoffnungslos. Dan besorgte sich aus Cynthias Bike ein Banjo. Damit ein Guzzi-Freund nicht unnötig lange darauf warten mußte, daß Ersatzteile herangeschafft wurden, wollte er die mehrstündige Fahrt nach Las Cruces machen, ein Banjo holen und rechtzeitig vor Ende der Rallye zurückkehren. Doch ein Unglück kommt selten allein, denn als der vom Pech verfolgte Guzzi-Fahrer das Teil einbaute, ging auch dieses kaputt. Dan regte sich nicht weiter auf; er holte einfach ein neues Banjo aus der Maschine und baute es selbst ein. Dann fuhr er die ganze Strecke bis nach Hause und besorgte die nötigen Teile, damit er Cynthias Bike wieder zum Fahren bringen konnte. (Dave Shultz, Ruidoso, New Mexico)

Abgesehen von den Briefen meiner Kinder ist die »News« die einzige Post, auf die ich mich freue. (A. R. Newman, Port Hadlock, Washington)

Zum Glück gibt es den 2. Januar nur einmal im Jahr. In diesem Jahr, also 1995, stand er für meinen 46. Geburtstag. Nicht gerade ein Grund zum Feiern, aber zugleich trat ich an diesem Tag zum 30. Mal meine Geburtstagsfahrt auf dem Motorrad an. Begonnen hat diese Tradition in Cleveland, Ohio, auf der

Vespa meines Bruders. Er war in Korea und hatte sie netterweise dagelassen, und deshalb nahm ich an, ich dürfte sie fahren. Meiner Familie erzählte ich einfach, Jim hätte sie mir geschenkt. Und sie glaubten mir, warum, weiß ich heute noch nicht. Also schwang ich mich auf das häßliche Ding und fuhr, bis mir die Finger steifgefroren waren. Es war ein Fest.

Im Laufe der Zeit habe ich BMWs, BSAs, Triumphs, Harleys, Suzukis und Hondas besessen. Wenn meine eigenen Maschinen streikten oder magere Zeiten angebrochen waren, in denen ich mir kein Motorrad leisten konnte (hoffentlich nie wieder), fuhr ich die Yamahas, Harleys und Kawasakis meiner Freunde. Mal bei Regen und Schnee, durch Matsch und Dreck, mal im strahlenden Sonnenschein. Mal herrschten minus achtzehn, mal um die zwanzig Grad. Ich fuhr, wenn ich gesund war, wie ein Stier, aber auch, als ich kurz vorm Abnippeln stand. 1987 unternahm ich meine Geburtstagsfahrt auf meiner R65. Ich war gerade am Herzen operiert und erst wenige Wochen zuvor aus dem Krankenhaus entlassen worden. Zwar habe ich nie wieder so starke Schmerzen auf einer Fahrt gelitten, doch zugleich gab sie mir auch neuen Mut. Ich wußte, ich war am Leben, und das machte mich glücklich wie nie zuvor. Meine Geburtstagsfahrt führte mich entweder kurz um den Block (während eines Schneesturms, als man keine drei Meter weit sehen konnte) oder mehrere hundert furchteinflößende Meilen in die schneebedeckten Berge des nördlichen Iran, durch Kälte und auf rutschigen Straßen.

Hinten auf meinen Helm habe ich einen Sticker, auf dem geschrieben steht: »Das Motorrad ist mein Lebensretter.« Möge es noch oft so sein! (Ray Hale, Gainesville, Florida)

Das Flugzeug rollt auf die Startbahn und beschleunigt so stark, daß ich in den Sitz gedrückt werde. Für mich ist damit der unausweichliche Augenblick gekommen, an dem ich am Höllentor stehe. Ich schalte meinen Walkman ein und lasse eine Kassette mit Glenn Goulds Interpretation von Bachs

Goldberg Variationen abspielen. Die Aufnahmetechniker hatten offensichtlich Probleme, Goulds Luftholen und sein unbewußtes Summen aus der Musik herauszulöschen, und es ist der abgehackte Atem eines Menschen, der das Flugzeug in der Luft hält.

Aber auch Lucs Hand, an der ich mich so festklammere, daß sie weiß wird. So würden wir nicht in die schwarzen Fluten des Atlantik stürzen, obwohl ich das eigentlich gar nicht wissen konnte. Ich hockte die ganze Nacht auf meinem engen Sitz, während die anderen unter den blauen Decken der KLM schlummerten. Zwar war ich müde, weil ich die letzte Woche kaum geschlafen hatte, doch da es ständig auf der Kippe stand, daß sich meine Übelkeit in körperlichen Manifestationen äußerte, machte ich die ganze Nacht kein Auge zu. Wie ein Mantra sagte ich mir immer wieder vor: »Da ist die Tüte. Die kannst du nehmen, wenn es nötig ist. Da ist die Tüte.« Doch leider tat mir meine Angst nicht den Gefallen, sich auf diese deplazierte Weise zu entladen. Und die Stewardeß konnte mir weder mit Pfefferminztee noch mit Maaloxan dienen. Sieben Stunden verbrachte ich erstarrt in Übelkeit.

Irgendwann landeten wir in Amsterdam. Komischerweise war der kurze Hüpfer nach Brüssel dann nur noch ein Vergnügen; ich verspürte nicht die geringste Angst, sondern nur eine angenehme Vorfreude. Wir ließen uns nach Lüttich fahren, wo wir die folgenden Monate verbringen wollten. Ich hatte lediglich eine Reisetasche mit meiner Motorradkombi und die Telefonnummern des amerikanischen Vertreters des Moto Guzzi National Owners Club in Deutschland, David Smith, und die eines holländischen Guzzi-Fans namens Ivar de Gier dabei. Während sich mein Mann in die Recherchen zu einem Buch über sein Geburtsland vertiefte, wollte ich mir eine Maschine kaufen und damit ein paar Monate durch Europa fahren. Zwar hatte ich nicht die geringste Vorstellung, auf was ich mich da einließ, doch hielt ich mir immer wieder vor, daß dieser Zustand die Essenz des Reisens bedeutete.

(Offensichtlich hatte ich mich irgendwann, als ich nicht aufpaßte, von dem Mädchen, das nicht schnell genug in die Achterbahn steigen kann, in eine Person verwandelt, die fürchtet, sie könnte jeden Augenblick in sich zusammenkrachen.)

Undenkbar, daß ich mich anders als auf einem Bike der Geburtsstätte des Motorrads oder dem segensreichen Dunstkreis von Mandello del Lario – meiner persönlichen Variante von Lourdes – näherte. Aber die Kosten für eine Leihmaschine oder den Transport meines eigenen Bikes über den Atlantik überstiegen meine Möglichkeiten. Also hatte ich einen Sprung ins Ungewisse getan und mich der Gnade Fremder ausgeliefert: Ich wollte mir eine Maschine kaufen, sie in fahrtüchtigem Zustand halten, ohne sie mir stehlen zu lassen, und sie vor meiner Abreise wieder verkaufen.

Das stelle man sich mal vor: Du schreibst einen Brief an einen bis dahin unbekannten Menschen in einem Ort in Holland, den man nicht mal auf der Landkarte findet, und für deine Investition von einem Blatt Papier und Briefmarken im Wert von fünfundvierzig Cents erhältst du mehr als sechs Seiten Antwort – säuberlich getippt, in fast fehlerfreiem Englisch, von einem Absender, der zehn, elf Sprachen, darunter Gälisch, spricht. Darin macht er dir das Angebot, dich zu einem holländischen Motorradhändler zu begleiten, für deine Fahrkenntnisse zu bürgen, obwohl er sie nicht kennt, und dich für die Dauer der Transaktion zu beherbergen – notfalls bei seinen Eltern, wenn dein Moralempfinden das verlangt.

Ob andere ähnlich gehandelt hätten, weiß ich nicht. Ivar de Giers Namen hatte ich mir einfach aus den Guzzi-Club-News herausgepickt. Allerdings sollte David Smith de Giers Großzügigkeit noch überbieten.

Für die, wie wir meinten, ein oder zwei Nächte hatten sich Luc und ich im Holiday Inn von Lüttich ein Zimmer genommen. Aber dann warteten wir die längste Woche unseres Lebens, bis die Vormieter die von uns reservierte Wohnung räumten. In den ersten Tagen schlenderte ich durch die Stadt und dachte mit wachsendem Grauen an mein bevorstehendes Debüt auf Europas Straßen. All die kleinen Autos, die dahindüsten und immer gleich hielten, wenn ein Fußgänger an einer Kreuzung unvermutet auf die Straße trat, die sich zwischen rasenden Rollern, zweistöckigen Bussen, Fahrrädern in die Spur einreihten und aus ihr ausscherten. Und stets schien alles mühelos dahinzufließen. Straßen wanden sich und lösten sich plötzlich auf, die Kreuzungen waren gespickt mit rätselhaften Schildern, und Straßen mit Gegenverkehr hatten einen unterbrochenen Mittelstreifen, der für mich immer auf mehrspurige Einbahnstraßen hingewiesen hatte. Ich sah viele Motorräder unterwegs, doch nie irgendwo geparkte. Wohin verschwanden sie alle? Und wo sollte ich meins abstellen, wenn ich eins hatte?

Doch trotz all meiner Ängste hatte ich den Stein ins Rollen gebracht und war nun – optimal für mich – gezwungen, meine Erfahrungen im praktischen Tun zu sammeln. Ich sah mir die beiden Hilfsangebote genau an und entschied mich dann nicht für das Ivar de Giers, sondern für das von David Smith. David wollte am Wochenende aus Deutschland kommen und mich abholen, damit ich mir eine Maschine ansehen konnte, die in der Nähe seines Wohnorts zum Verkauf stand.

Ich trat in die schummrige Bar des Holiday Inn und blieb einen Augenblick stehen, bis sich meine Augen an das Dämmerlicht gewöhnt hatten. Inmitten der ein paar Dutzend Männer gab es nur einen, der David Smith sein konnte. Der mit den Guzzi-Hosenträgern, der Lederweste mit dem Sticker in Form des Motorblocks einer Ambassador und den schwarzen Lederhosen in kniehohen Stiefeln, mit grün-weiß-rot-gestreiften Schienbeinprotektoren von der Größe eines Buttertellers.

David Smith hatte siebenundzwanzig Jahre in Deutschland, Vietnam, Saudi-Arabien und wieder Deutschland bei der US-Armee gedient. Demnächst, solange er noch jung genug war, um ihn zu genießen, wollte er seinen Abschied nehmen. Sein graumeliertes Haar, das jahrelang einem strengen Reglement unterworfen war, durfte nun wachsen und fiel ihm auf die Schultern, wenn er es nicht zurückband. Alles in allem hatte er mit seinem dreieckigen Kinnbart und dem Schnauzer auf der Oberlippe eine gewisse Ähnlichkeit mit General Custer.

David wohnt in einem kleinen Ort in der Nähe des Luftwaffenstützpunkts Ramstein in einer Etagenwohnung, und seine deutsche Frau arbeitet in dem Kaufhaus der Basis als Schuhverkäuferin. In seiner Wohnung befindet sich die europäische Zentrale des Moto Guzzi National Owners Club, und obwohl sich Holländer, Engländer, Italiener, Luxemburger, Franzosen und Deutsche immer noch als eigenständige Nationen empfinden, gefällt ihnen die irreführende Bezeichnung des Clubs. Auf der Ehrenmitgliedkarte, die David mir ausstellte – Nummer 295 –, steht das Motto: »Vereint stehen wir dafür ein, anderen Guzzi-Fahrern zu helfen.« Smith, der Präsident oder eigentlich eher König der europäischen Sektion, geht mit gutem Beispiel voran. Die Fahrt auf seiner Maschine nach Lüttich hatte fast vier Stunden gedauert. Am nächsten Morgen standen wir um halb sechs auf, verzehrten in der Parkgarage des Holiday Inn im Stehen das Brot und den Käse, die er vorsorglich mitgebracht hatte, und fuhren auf seiner SPIII (einer neuen Tourenmaschine mit 1000 Kubik) nach Deutschland. Dort machten wir mit der Guzzi 650, die er für mich anvisiert hatte, eine Probefahrt, fuhren zu ihm nach Hause, tauschten die SP gegen sein Auto ein, und kehrten zurück nach Belgien. Anstatt die angebotene Übernachtungsmöglichkeit anzunehmen, machte er sich wieder auf den Weg nach Deutschland – alles in allem 1250 Kilometer an einem Tag, für mich eine bemerkenswerte Strecke, doch nicht ungewöhnlich für einen Mann, der, wie sich herausstellte, an einem ernstlichen Meilenfressertick litt. Und für diesen Gewaltakt erwartete er keinen anderen Lohn, als daß ich für meine Reise durch Europa eine nette Maschine fand.

Das erste Mal ist immer etwas ganz Besonderes. Und deshalb sind wir auch stets auf der Suche nach einem weiteren ersten Mal. Wenn etwas neu ist, kommt es dir vor, als seien dir Augen und Geruchssinn zurückgegeben. Welch ein wunderbares Abenteuer, in einem fremden Land auf dem Markt Butter zu kaufen oder zu erkunden, wie eine Münzwäscherei funktioniert. Ich entdecke mir unbekannte Rituale. Eine bestimmte Biersorte verlangt nach bestimmten Beilagen, wie in Selleriesalz getauchte Käsewürfel oder kleine Salzbrezeln. Wenn du einen Kaffee bestellst, kannst du sicher sein, daß auf der Untertasse ein Keks oder ein Stück Schokolade liegt. Der Kühlschrank in unserer Wohnung mit Blick auf die Maas und ihre Lastkähne gibt etwa alle halbe Stunde einen Ton von sich, der sich anhört wie die weiche Landung eines Raumschiffs in den Science-Fiction-Filmen der fünfziger Jahre.

Unzählige Male zuvor war ich mit dem Motorrad auf der Autobahn gefahren, doch in Europa war es wieder das erste Mal. Da die Landschaft in Deutschland so vertraut wirkt wie eine Mischung aus Vermont und Ohio, wurde ich immer wieder eingelullt, bis irgendwann eine Stimme, die ich als meine eigene erkannte, zu mir sagte: »Du bist in Deutschland!« Dann lief mir ein Schauer über den Rücken.

Ich hatte ein Bündel Banknoten geholt, meine Motorradkombi zusammengepackt und war unter mehrfachem Umsteigen mit dem Zug nach Kaiserslautern gefahren. Am Bahnhof wurde ich von David erwartet. Ursprünglich wollte er mit mir zum Stützpunkt fahren, dort mein Geld wechseln und mich die Nacht über in seiner Wohnung unterbringen. Am nächsten Tag würden wir die V65 abholen, anmelden und versichern. Doch David sah finster aus, als ich ankam. Seine Frau hatte sich in den Kopf gesetzt, wir hätten ein Verhältnis, und wollte mich nicht in der Wohnung haben. Ihm machte das mehr zu schaffen als mir, und während er sich immer wieder entschuldigte, fuhren wir mit dem Auto durch die Gegend, um für mich nach einem akzeptablen Zimmer zu suchen.

David übernahm die Verhandlungen in der Pension, denn ohne Deutschkenntnisse stand ich Geschäften in diesem Land reichlich unvorbereitet gegenüber. Das sollte ich noch bereuen, vor allem, als ich mich am folgenden Tag während eines Schneegestöbers verlief. Als ich in der Kleinstadt nach dem Weg fragen oder zumindest einen Passanten dazu bringen wollte, daß er in meine Richtung sah, fiel mir nur ein Wort ein, ein Relikt aus den alten Kriegsfilmen in meiner Kindheit: *Bitte, bitte ...*

Da hatten wir's. Es war früher Abend, und ich irrte mutterseelenallein in der Gegend von Kaiserslautern umher.

Ich ging die eine Straßenseite bis zum Ortsende und kehrte auf der anderen wieder zurück. Niemand war unterwegs. Ich, die ich sonst nach Möglichkeit jeder Begegnung auswich, wäre nun plötzlich dankbar für einen Menschen gewesen. Ich sah mich nach einer Telefonzelle um. Praktisch alle paar Häuser fand ich einen Bonbon- oder Kaugummiautomaten, doch nirgendwo ein Telefon. Dann entdeckte ich ein rotes Häuschen und lief erwartungsvoll darauf zu. Seltsamerweise stand es in einem Vorgarten. Schließlich wurde mir klar, daß es sich um eine abgebaute englische Telefonzelle handelte, die einem Liebhaber als Gartenschmuck diente.

In der Vorhalle meiner Pension gab es zwar keine Telefonzelle, dafür aber einen Zigarettenautomaten. Ich ließ fünf Mark für eine Packung springen und hatte damit mein Abendessen. Dann stieg ich langsam die knarzenden Stufen zu meinem engen Zimmer mit der ausgeleierten Matratze und lediglich einem Waschbecken hinauf. Ich legte mich hin und widmete mich einer Ausgabe der *Stars and Stripes*, die ich David abgeschwatzt hatte, weil ich etwas zum Lesen brauchte. Nach zehn Minuten hatte ich sie durch. Also holte ich mein Reisetagebuch hervor und machte meinen Eintrag. Dann nahm ich eine Advil. Ich sah auf die Uhr und fragte mich, wie ich hier wohl schlafen sollte. Rätselhafte Geräusche drangen durch die dünnen Wände: dumpfe Schläge, das Klappern von Schlüssseln beim Auf- und Zuschließen, Schritte auf der Treppe nach oben, Schritte nach unten und dann wieder das Auf- und Zuschließen. Irgendwann schlief ich ein, wurde jedoch mehrmals von Poltern und gedämpftem Lachen geweckt. Es war eine Pension, in der sich die Angehörigen des Stützpunkts mit ihren Freundinnen trafen.

Die Bürokratie in Deutschland ist wohl einzigartig auf der Welt. Die Beamtin, der David meinen Antrag auf Zulassung einer Maschine zur Ausfuhr vorlegte, erwies sich als nicht besonders kooperativ. Sie bedachte uns lediglich immer wieder mit einem aggressiven, verzweifelten kleinen Lächeln, und die Proteste ihres Vorgesetzten in der benachbarten Box, der uns die Papiere lieber gestern als heute gegeben hätte, beeindruckten sie nicht im geringsten. Während der mehrstündigen Prozedur wurden wir in die verschiedensten Zimmer und Gebäude geschickt, um all die launischen Götter zu besänftigen, die über die Amtsstuben herrschten. Schließlich teilte man mir mit, ich müßte Deutschland mit der Maschine noch am gleichen Tag verlassen und dürfte nicht wieder damit einreisen.

David begleitete mich die paar Kilometer bis zur Autobahn. Als er abstieg und ich an der winkenden Gestalt vorbeifuhr, wurde ich von einer seltsamen Mischung aus Beklommenheit und Erregung erfaßt, als ob ich mit meinen bescheidenen Fahrkünsten vor einer schwarz klassifizierten Skipiste stünde. Aber zumindest konnte ich mich auf meine Praxis verlassen, die Spur flüssig zu wechseln und stets den rasch dahinfließenden Verkehr vor und hinter mir im Auge zu haben. Ich wollte den Motor dieser V65 aus dem Baujahr 1984 (eigentlich eine aufgezäumte V50) gut pflegen, damit ich beim späteren Verkauf so viel wie möglich damit erzielte, und 120 Stundenkilometer erschienen mir als angemessene Reisegeschwindigkeit. Ich sah in den Rückspiegel; die Straße war frei. Kaum hatte ich den Blick wieder nach vorne gewandt, da schoß ein Mercedes an mir vorbei, und genauso schnell war er auch wieder verschwunden.

Der Himmel über mir war grauschwarz, nur im Nordwesten, in meiner Fahrtrichtung, zeigten sich über dem Horizont Streifen von Blau. Nachdem ich die Autobahn verlassen hatte, setzte ich meine Fahrt unter einem grauen Wattehimmel fort. Vor mir zockelte auf der zweispurigen Straße ein Lkw dahin, und hinter mir fuhr ein Saab, der mir fast schon den Hinterreifen küßte. Blitze zuckten in zerfetzer Linie zu Boden, gefolgt von lautem Krachen, das von den Feldern zu meiner Linken widerhallte. Auf meinem Visier sammelten sich Flekken, die das Licht einfingen und die sich zu einem undurchsichtigen Film schlossen. Gleich darauf spürte ich sie auch auf meinen Handschuhen, und plötzlich stachen sie durchs Leder. Die Straße wirkte wie von einer Schicht überzogen. Bei den nadelfeinen Schlägen, die auf meine Kombi trafen, wurde mir klar, daß es nicht regnete, sondern hagelte. Hätte ich eine Schulter zum Anlehnen gehabt, hätte ich angehalten, und wäre da nicht dieser hartnäckige Saab gewesen, hätte ich meine Geschwindigkeit gedrosselt. So aber blieb mir nichts anderes übrig, als im aufgezwungenen Tempo weiterzufahren und mich nicht mit der müßigen Spekulation abzugeben, was ich tun sollte, wenn das Eis auf dem Asphalt liegenblieb. Das erste Mal ist immer etwas Besonderes.

Anders als die Amerikaner fühlen sich die Europäer nicht bemüßigt, alles möglichst groß zu machen. Amerikas schwerfällige, überdimensionale Autos werden gemeinhin damit erklärt, daß sie vergleichsweise lange Strecken überwinden müssen und daß die Vereinigten Staaten über beträchtliche Ölvorräte gebieten. Wenn man bedenkt, daß eine Tankfüllung in Europa an die sechzig Dollar kostet, wäre es eigentlich sogar billiger, die Autos mit Rotwein fahren zu lassen. Ich aber glaube, man baut in Europa auch deshalb so kleine Autos – und gesteht Motorrädern einen privilegierten Status zu –, weil man nicht einfach nur ankommen, sondern sein Ziel möglichst schnell erreichen will. Dies illustriert auch ein Blick auf den Verkehr in Europa oder das Design gewisser italienischer und deutscher Autos: Sie möchten nicht gemächlich dahinrollen, sie möchten Tempo. Und sie wollen nicht angeben, es sei denn damit, mit 170 Stundenkilometern ertappt zu werden. Sinnlos im Auto umherzufahren, ist hier kein Zeitvertreib wie in den USA, und in den mittelgroßen Städten gibt es weniger Staus, ganz einfach, weil man nicht fünfmal abbiegen und die gesamte Straße blockieren muß, um rückwärts einzuparken. Man darf auf dem Nürburgring gegen Bezahlung seine Runden drehen, und fast jeder nutzt diese Gelegenheit: Autos, Motorräder, selbst Busse und Lieferwagen. »Die Deutschen sind verrückt«, sagte ein Belgier. »Jedes Wochenende kommt dort jemand ums Leben.«

Im Klartext: Mir fallen vorwiegend, aber nicht ausschließlich, italienische Motorräder auf, weil mein erstes Motorrad ein italienisches war. Ähnlich ist es mit Border Collies, die ich liebe, weil mein Hund zu dieser Rasse gehört. Border Collies und ihre ganz besonderen Ticks faszinieren mich, und ich würde meilenweit laufen, um einem Border Collie zuzusehen. Ich bin inzwischen ein Kenner der Rasse, und obwohl sie tatsächlich über die von mir bewunderten Eigenschaften verfügt, steht eines außer Zweifel: Hätte man mir damals im Tierheim einen Labrador Retriever aus dem Zwinger geholt, könnte ich mich genauso ausführlich über die erstaunlichen Talente von Retrievern auslassen.

Da man in meiner Familie jede technische Transaktion, die über das Auswechseln einer Glühbirne hinausgeht, als Aufgabe von Experten angesehen hat, beruht meine Liebe zu Motorrädern nicht allein auf all den Produkten der Ingenieurskunst, die andere zu wahren Begeisterungsausbrüchen hinreißen. Und obwohl ich diese technikinteressierten Menschen mit einer Mischung aus Neid und faszinierter Befremdung bestaune, weil sie sich furchtlos über eine Explosionszeichnung beugen, weil sie offenbar über hellseherische Fähigkeiten verfügen und immer den richtigen Schraubenschlüssel dabeihaben (wo ist die Susan Sontag, die einen Artikel über die Erotik der perfekt ausgestatten Werkzeugtasche schreibt), entzündet sich meine Bewunderung eher am Äußeren.

Aus diesem Grunde wirken einige der heutigen japanischen Rennröhren auf mich auch eher wie den Power Rangers entsprungen, als daß sie mein ästhetisches Empfinden befriedigen. Zudem erinnern sie mich dunkel an meine diffuse Angst vor Spielzeugrobotern in meiner Kindheit. Der Ausgangspunkt für ihr Design ist offensichtlich eine Comic-Figur aus den fünfziger Jahren. Die Mammuttanks, an denen sich die Fahrer festklammern wie Münchhausen auf der Kanonenkugel, die unmöglichen breiten Hinterreifen wecken Assoziationen an einen Anblick, den ich schon immer verabscheut habe – an die aufgeblasenen, schwerfälligen Anhänger des Body-Building. Die Japaner zu fahren, macht allerdings verdammt viel Spaß!

In den italienischen Maschinen hingegen manifestieren sich meiner Meinung nach Nationaleigenschaften wie außergewöhnliche Sinnlichkeit, dickköpfige Sturheit und die Liebe zur eleganten, ja erotischen Linienführung, Eigenschaften, die der gleichen dunklen Quelle entstammen, die auch auf anderen Gebieten die Welt bereichert hat: in der Architektur, Bildhauerei, Malerei, beim Essen, bei den Möbeln und in der Mode. Allerdings haben sich in Italien auch Betrug und Bestechung etabliert – aber wer will schon Vollkommenheit?

Genau das ist es, was dem Fan an einer Moto Guzzi so gefällt. »Sie hat Charakter«, heißt es gemeinhin; eine elegante Umschreibung für: »Sie ist streitsüchtig.« Doch wenn das alles wäre, würden Guzzis nicht noch zwanzig, dreißig Jahre nach ihrer Geburt über die Straßen rollen, sondern in einem Schuppen vor sich hinrosten. Sie sind wie wir – dankbar für die außerordentlichsten Verbesserungen, doch niemals vollkommen, voller Triebkraft und Kampfgeist, in hohem Grade pflegebedürftig, doch stets bereit, sich für die Investition voll und ganz zu revanchieren. Wenn man ein Motorrad als ein Gerät definiert, auf dem man von einem Ort zum anderen fährt, dann ist eine Guzzi kein Motorrad.

Guzzis faszinieren den Mittelschichtfahrer, der nicht unbedingt Rennen fahren will, doch stets auf seiner Individualität beharrt. Die vielen Macken sorgen dafür, daß du immer wieder jemanden brauchst, und durch die relativ übersichtliche Zahl der Fangemeinde ist dafür gesorgt, daß jeder von uns irgendwann so ein Jemand ist. Ihre Fahrer sind auf Touren ausgerichtet, und »Touren« heißt »Billionen Meilen«. Guzzis locken Tüftler, für die gut nie gut genug ist, für die die notwendige Wartung eine Quelle geheimer Lust darstellt, und die einen ausgebildeten Mechaniker für eine Figur aus dem Märchenbuch halten. Bei ihnen gibt es keine Verkleidung, die die Innereien wie etwas Ekliges verbirgt, denn das Innere ist das Äußere, der Motor ist der wahre Kern und die Schönheit und ihr Siegel. Eine Guzzi vermittelt ihrem Besitzer das stolze Gefühl, anders zu sein. Und weil die Welt von einer Welle zunehmender Konformität überschwemmt wird, halten diese Leute nur noch fester zusammen.

»Die Ökonomie des Energiezeitalters hat den Handwerker durch die spezialisierte Maschine und das Fließband ersetzt und viele qualifizierte Arbeiter in Maschinenwärter verwandelt, mit dem Ergebnis, daß der Schwerpunkt nicht mehr auf Qualität, sondern auf Masse liegt. Der durchschnittliche Arbeiter in der Stadt wird aufgefordert, seinen Lohn oder sein Gehalt als Ersatz für den Stolz auf seine Arbeit und für die Befriedigung über die Beherrschung von Werkzeug und Material zu akzeptieren.« Diese Sätze aus dem in Großbritannien 1954 veröffentlichten Buch *Living the Good Life* illustrieren, was Helen und Scott Nearing zu ihrem Experiment bewogen hat. Sie lebten autark; Unterkunft und Nahrung waren fast ausschließlich das Produkt ihrer eigenen Hände Arbeit. Doch genausogut erklären sie, warum die Leute Motorräder wie Moto

Guzzis lieben. Guzzis heilen unsere Krankheiten, entschädigen uns für das, was uns von unseren Fähigkeiten entfremdet. Sie verlangen vom einzelnen, daß er Material und Werkzeug beherrscht, so wie sie selbst ein Werkzeug sind, mit dem wir das Empfinden korrigieren, auf die eine oder andere Art zu Maschinenführern geworden zu sein.

Es gibt kaum etwas, was den Stolz auf handwerkliche Fähigkeiten mehr bestärkt als ein Motorrad, das nach Geschmack und Vorstellung seines Besitzers so verändert wurde, daß es praktisch ein Einzelstück darstellt. An diesen einzigartigen Bikes gibt es keinen Bolzen, keinen Schlauch, kein Zahnrad, die nicht geprüft, ersetzt oder nachgebaut wurden. Zum Teil beruht diese Sorgfalt auf der Tatsache, daß der Besitzer der zukünftigen Neuschöpfung – anders als bei ähnlich zeitaufwendigen Hobbys wie Gartenarbeit oder Stricken – sein Leben anvertraut. Doch mit dem Sicherheitsbedürfnis allein läßt sich der Impuls, ein Motorrad umzubauen, nicht erklären. Vielleicht entdecken die Wissenschaftler – deren Auftrag es scheint, unsere Sorgen mit einfachen, vorhersehbaren Erklärungen für die Übel der Welt zu beschwichtigen – demnächst ja ein Gen, das für das menschliche Bedürfnis zuständig ist, Dinge mit den Händen zu erschaffen. Während wir in der westlichen Welt immer seltener dazu gezwungen sind, vermittelt ein Motorrad seinem Besitzer diese stille Befriedigung, die nur entsteht, wenn man den Kreislauf von Ausprobieren, Mißlingen, froher Erwartung und Erfolg von vorn bis hinten durchlaufen hat.

Wie sich zufällig herausstellte, kaufte ich mit meiner Moto Guzzi nicht nur ein schnelles, hübsches Motorrad mit einem Jahr Garantie auf Teile und Verarbeitung. Ich erwarb mir zugleich Tausende von Freunden.

Jeder Besitzer einer Moto Guzzi in Europa könnte den Weg nach Mandello del Lario mit geschlossenen Augen fahren. David Smith legt die Strecke mehrmals im Jahr zurück, und das wohl nicht nur, um Ersatzteile zu kaufen – obwohl er in den

Vereinigten Staaten eine Sammlung reparaturbedürftiger älterer Modelle in der Garage hat, die er bei seinen Heimatbesuchen fährt. Da er jedoch erst eine Woche vor meinem geplanten Reisetermin dort gewesen war, mußte er mir für diesen Ausflug von mehreren hundert Kilometern wohl oder übel eine Absage erteilen. Statt dessen gab er mir den Namen des Leiters des Moto Guzzi Clubs in Belgien. So fuhr ich nach Antwerpen, um mit seiner Gruppe an einem Treffen teilzunehmen und Luc van Vossel kennenzulernen.

Luc VV – oder passenderweise V-Twin (= Doppel-V), obwohl ich ihn Luc der Zweite nenne – ist nach eigenen Worten »ein kleiner Beamter« bei der belgischen Eisenbahn. Zwar spricht er fließend Holländisch, Französisch und Englisch, doch er hat die Universität nicht abgeschlossen. Sein bescheidenes Gehalt reicht für eine bescheidene Wohnung und hin und wieder eine Langspielplatte, den Rest opfert er den Guzzi-Göttern. Soweit es seine Brieftasche erlaubt, besucht er Treffen in ganz Europa, und er zählt sich zum inneren Kreis, für den »die Moto Guzzi mehr ist als nur ein Bike in der Garage. Sie verschlingt fast unsere ganze Freizeit. Wir fahren sogar den einen Tag tausend Kilometer zu einem Biker-Treffen und zwei Tage später tausend Kilometer zurück.«

»Luc II.«, ein Schlawiner mit wuscheligem, blondem Haar, einem Stakkatolachen, Faible für guten Wein und Zähnen, die unbedingt einer ärztlichen Behandlung bedurften, führte die Gruppe von etwa dreißig Bikern an. Er hatte die Fünfundsiebzig-Kilometer-Route an einem kalten Wintertag sorgfältig geplant. Vorbei an der dunstverhangenen grünen flämischen Landschaft, an Kanälen und Windmühlen, alten Steinscheunen und grasenden Pferden zogen wir in einem V dahin. Keiner scherte aus, keiner testete die Seitenwände der Reifen, und wir beschränkten uns auf eine gemächliche Geschwindigkeit. Vor mir blinkten zwölf Blinker im Gleichtakt, wenn wir abbogen, und im Rückspiegel sah ich noch viele weitere Scheinwerfer. Es gab Cruiser wie die Californias mit Fahrer und Sozia, ein paar Gespanne und Kinder, die auf Vaters Rücken getragen wurden. Beim Frühstück vor der Fahrt hatte ich mich mit einer jungen Frau namens Ines unterhalten, die als Sozia bei ihrem Mann auf der BMW K1 saß (ihm gehörte außerdem noch eine Guzzi). Sie hatte nicht nur eine 750er Kawasaki Zephyr zu Hause, sondern auch ein Baby. Sie erzählte mir, sie sei bis etwa zur Hälfte der Schwangerschaft Motorrad gefahren und habe es dann ohne weiteres Nachdenken aufgegeben – für immer, wie sie ganz selbstverständlich glaubte. Doch als ihr Baby mehrere Monate alt war, überkam sie plötzlich ein glasklarer Gedanke: Ein Kind zu kriegen, muß doch nicht heißen, daß man auf sein ganzes früheres Leben verzichtet. Und da ein wesentlicher, ein angenehmer Teil ihres Lebens im Motorradfahren bestanden hatte, meinte sie, sie sei es sich selbst und in Verlängerung auch ihrem Baby schuldig, wieder zu fahren. Ihre Eltern sprangen bereitwilligst als Babysitter ein. Sie überlegte bereits, sich einen Beiwagen anzuschaffen – eine Möglichkeit, für die sich viele junge Familien in Europa entscheiden –, denn er ist wie gemacht für einen Kindersitz.

Nach der Fahrt gingen wir gemeinsam in ein Café, das wir ganz mit Beschlag belegten. Dort eröffnete mir Luc II., daß er mich gern nach Mandello begleiten würde. Er würde mit mir nach Lüttich zurückkehren und bei uns übernachten. Dann könnten wir am frühen Morgen aufbrechen, von Belgien nach Luxemburg fahren (wo wir unbedingt noch einmal tanken müßten, weil der Sprit dort billiger war), Frankreich, Deutschland (zur Hölle mit dem Einreiseverbot in meinen Fahrzeugpapieren), die Schweiz durchqueren und noch am Abend am Comer See in Norditalien eintreffen.

Mein Wecker klingelte um 5 Uhr morgens. Ich huschte auf Zehenspitzen in die Küche, damit Luc II. auf der Wohnzimmercouch noch eine halbe Stunde länger schlafen konnte. Ich setzte das Kaffeewasser auf, sah aus unserem Fenster im vierten Stock auf einen Lastkahn, der mit seiner dunklen Fracht leise auf der Maas dahintrieb, und ging dann ins Bad. In der

Badewanne saß eine Spinne, die immer wieder anfing, an der glatten Emailwand hochzuklettern, bevor sie abrutschte und ihren Sisyphusaufstieg aufs neue in Angriff nahm. Zum einen widerstrebt es mir grundsätzlich, ein Lebewesen zu töten, wenn es nicht unbedingt nötig ist, so ungern ich meine Morgentoilette auch im Beisein des Langbeiners verrichtete. Doch besonders heikel bin ich bei Omen, und eine Spinne zu töten, ist eines der schlechtesten. Vor einer Fahrt müssen alle Talismane an ihrem Platz sein: Meine Armbanduhr am rechten Handgelenk, auf dem kleinen Finger der rechten Hand der Ring, den meine Mutter zum College-Abschluß bekommen und den sie mir bei der Abschlußfeier vom gleichen College geschenkt hatte, der alte Lippenstift und der zerknitterte Dollarschein in der Jackentasche. Leider weiß ich auch, daß es nichts nützt – schließlich gibt es keinen Gott, der unser Universum lenkt –, doch bisher hat es immer gewirkt. Warum also schlafende Hunde wecken?

Vorsichtig nahm ich die Spinne hoch und setzte sie hinter dem Heizkörper ab. Ich drehte die Hähne auf und eilte in die Küche, um den pfeifenden Wasserkessel von der Flamme zu nehmen. Als der Kaffee durch den Filter lief, kehrte ich ins Badezimmer zurück. Die Spinne schwamm auf dem Wasser und war reif für die letzte Ölung.

Eine Stunde später gingen wir in meine Garage, in der Lucs brandneue, knallrote 1000er Le Mans neben meiner V65 abgestellt war. Als ich die Tür öffnete, sah ich schon beim ersten Blick in dem schummrigen Raum, daß nicht alles so war, wie wir es am Abend zuvor zurückgelassen hatten. »Sieh mal, Luc«, sagte ich, »da hat jemand dein Motorrad umgestellt.«

Nicht nur umgestellt. Mit dem Auto umgefahren, wieder aufgerichtet und dann einen Zettel zurückgelassen. »Ihr Motorrad war so ungünstig geparkt, daß ich meinen Wagen nicht manövrieren konnte. Tut mir leid, es ist mir umgefallen«, stand in Französisch darauf.

Die Le Mans war auf der rechten Seite aufgeschlagen, der Zündkerzenstecker samt Kerze und der Blinker zerbrochen.

Wir hatten die Fahrt auf dreizehn Stunden veranschlagt, die sich nun weit in den Tag hinein verschieben würden. Augenblicklich blieb uns nichts anderes übrig, als zu warten, bis das Geschäft öffnete, wo wir einen Zündkerzenstecker kaufen konnten. Der Blinker sollte zusammengeflickt und später repariert werden.

Luc gab sich gefaßt und meinte, es hätte schlimmer kommen können – was es natürlich immer kann –, doch im Grunde war er wütend und bestürzt. Zwar betonte er gern seine pazifistische Einstellung, doch für diesen Kerl hätte er wohl gern eine Ausnahme gemacht.

Um neun Uhr fanden wir uns in der Werkstatt des örtlichen Italienerhändlers ein, um die Ersatzteile zu kaufen. Es dauerte eine Weile, bis wir sie eingebaut hatten. Mittlerweile waren vier Stunden verstrichen. Als wir dann endlich aufbrechen wollten und noch einmal auftankten, vergaß ich zu allem Überfluß, meinen Tankdeckel aufzuschrauben und mußte in der Schweiz einen neuen kaufen.

Wir waren auf meiner V65 zu eben jenem Mechaniker gefahren, den ich zuvor schon aufgesucht hatte, weil mein Motor rätselhafterweise öfter abstarb. Der Mann werkelte eine Weile am Motor herum und erklärte das Übel dann als behoben. Und so war ich nicht gerade erfreut, als die Maschine unterwegs mehrfach an einer Ampel ausging und sich nur schwer wieder starten ließ. Das konnte mich jedoch nicht davon abbringen, die Fahrt nach Italien fortzusetzen – nichts festigt einen einmal gefaßten Entschluß in mir so sehr wie eine Reihe wirklicher Probleme, im Gegensatz zu eingebildeten. Ein paar Stunden später, an einer Mautstelle in Lothringen, streikte die Maschine erneut, und diesmal ertönte nur ein metallisches Klicken, wenn ich auf den Starterknopf drückte. Unter brennender Sonne lösten wir die Gepäckstücke und überprüften jeden elektrischen Kontakt, den man mit dem bloßen Auge sehen konnte. Doch weder Luc noch ich hätten bei einer Mechanikerprüfung eine Chance gehabt. So schlug er vor, die Maschine anzuschieben. »Lege den zweiten Gang ein, und wenn du genug Fahrt hast und ich jetzt sage, laß die Kupplung kommen.« Kein Problem, dachte ich, schließlich hatte ich das schon oft genug gemacht und dazu noch den leichteren Part beim Ganzen. Luc setzte hinter mir all seine Kraft ein, so daß ihm der Schweiß übers Gesicht lief, und auf ging's.

Aber in Deutschland passierte es wieder, und dann noch ein paar Male, ohne daß sich der Motor wieder elektrisch starten ließ. Trotzem fuhren wir weiter in die Schweiz.

Im St.-Gotthard-Tunnel, einem von schummrigem gelbem Licht erleuchteten 23 Kilometer langen Schwitzkasten voller Kohlenmonoxid, warf ich einen Blick auf die Instrumente. Die Batterielampe glühte sanft, womöglich ein Hinweis, daß sich die Batterie nicht wieder vollständig auflud. Nicht gerade ein beruhigender Gedanke, wenn du noch zwanzig Kilometer in einer Röhre vor dir hast, die für Notfälle so gut ausgerüstet ist wie eine Mautstelle.

Es war spät geworden. Wir waren noch im Sonnenschein in den Tunnel hineingefahren, doch auf der anderen Seite kamen wir immer wieder in einen Schauer oder einen Gewitterregen. Trotzdem lagen wir gut in der Zeit. Es schien immer wahrscheinlicher, daß wir es noch am gleichen Tag bis an den Comer See schaffen würden.

In der Schweiz gibt es ein Tempolimit, das von der Gendarmerie mit den neuesten Radargeräten kontrolliert wird. Mehr noch, bei einer Übertretung wird man herausgewunken und muß auf der Stelle eine Strafe zahlen. Deshalb trieben wir weder unsere Maschinen noch uns selbst zur Eile an. Vor mir entfaltete sich das Alpenpanorama wie ein Postkarten-Leporello, und ich lächelte leise: Es ist Wirklichkeit; ich bin hier.

Kurz darauf zog die Maschine nicht mehr; sie ruckelte noch heftiger, als wenn ihr das Benzin ausgegangen wäre. Reflexartig schloß ich den Hahn und öffnete ihn wieder, und der Motor kam wieder. Ein eigentümliches Gefühl, als ob man auf einer Stange balancierte und für einen Augenblick das Gleichgewicht verlöre, nur so kurz, daß man sich kaum an dieses furchtbare Erbeben unter einem erinnern kann.

Inzwischen war es so kalt geworden, daß uns der Frost unter die Kleider und in die Glieder kroch. Die Sonne war hinter die Berge getaucht, und die Postkartenidylle hatte sich in das anheimelnde Innere eines riesigen Kühlschranks verwandelt, unterstützt von den weißen Eisflächen, die zu unserer Seite endlos in die Tiefe zu stürzen schienen.

Als es das nächste Mal passierte, sprang der Motor nicht mehr an. Die Lichter auf dem kleinen Armaturenbrett verkündeten blinkend ihren Widerstand. Ich fuhr in eine Parkbucht an der Seite der Autobahn. Aber ehe ich richtig zum Stehen gekommen war, drückte ich auf den Starterknopf. Die Maschine erwachte wieder zu Leben, und wir setzten die Fahrt fort. Ein paar Kilometer später das gleiche Spiel. Wieder und wieder geschah es, wann, war nicht abzusehen. Vor Kälte und Angst zitterte ich am ganzen Leibe. Als wir von der inzwischen leeren Autobahn an eine Tankstelle fuhren, machte Luc mir neuen Mut. Die Grenze sei nur noch wenige Kilometer entfernt, sagte er, und tatsächlich sprach die Frau an der Kasse nicht Deutsch, sondern Italienisch. In eineinhalb Stunden könnten wir in Mandello sein.

Es war zehn Uhr und eiskalt. Luc rief seinen Freund von der europäischen Division des Motorradclubs in Mandello an und bat ihn, schon mal den Kaffee aufzusetzen.

Ob die V65 wohl roch, daß sie ihrem Geburtsort nahe war? Wie sonst sollte man erklären, daß sie jedesmal wieder zum Leben erwachte, wenn der Motor erstarb, und sei es mit laut protestierenden Fehlzündungen? Als wir durch das Städtchen Lecco am östlichen Ausläufer des Sees fuhren, führte sie mir das Wunder der Auferstehung praktisch jeden Kilometer vor. Einmal rollte sie direkt vor zwei Carabinieri aus, die den Eindruck machten, als wollten sie sich mich im nächsten Augenblick vorknöpfen. Aber solange wir nicht standen, schien eine resolute Drehung des Handgelenks noch Früchte zu tragen. Diesmal startete die Maschine mit einem doppelten Knall aus dem Auspuff. Die Polizisten sprangen erschrocken zurück, und wir fuhren weiter.

Als das Licht meines Scheinwerfers schließlich auf das heißersehnte Schild mit den Buchstaben MANDELLO fiel, kam ich mir vor wie ein Krüppel, der mit seinen Krücken das Matterhorn bezwungen hat.

Luc fuhr vor mir her zur Wohnung seines Freundes. Ich war in Italien, in einer Kulisse, die mich an die neorealistischen Filme erinnert. Auf dem nur von einer Glühbirne erleuchteten Treppengang hörte man aus den Wohnungen das lautstarke Keifen schwerbrüstiger Mütter, die Ehemann und Tochter ausschimpften. Paolo, den wir besuchten, hatte für uns nicht nur Kaffee gekocht, sondern auch eine Art Hühnersuppe heißgemacht. Luc und er unterhielten sich in einer Variante des Französischen, die meine Kenntnisse – ich hatte lediglich mein Schulfranzösisch vorzuweisen – überstieg, und deshalb lächelte ich viel. Luc beugte sich zu mir herüber und schärfte mir ein, von der Suppe zu nehmen, die Paolo mit soviel Stolz anbot. Nach fast zwanzig Jahren als Vegetarierin war es eine Herausforderung ersten Ranges, diese Suppe mit einem Lächeln auf den Lippen herunterzuschlucken. Um so mehr, als offensichtlich irgendwas beim Kochen schiefgegangen war. Luc zog nur einmal eine Grimasse, als Paolo nicht hinsah, aber er leerte seine Schüssel in Windeseile. Zufrieden füllte ihm sein Freund gleich wieder nach.

Um einiges nach Mitternacht machten wir uns, geführt von Paolo, auf den Weg zu unserem Hotel. Das Rücklicht seiner California war das einzige, was ich noch sah oder in mich aufnahm. Ein anderer Bewußtseinszustand hatte mich ergriffen, ein Zustand, in dem ich Dinge tat, ohne zu fühlen. Offensichtlich schlängelten wir uns durch die Straßen von Mandello, dann ging es bergauf. Immer weiter, erst eine Haarnadelkurve und dann eine zweite. Weiter bergauf. Zuletzt fuhren wir ein Stück bergab, steiler als alle vorherigen Aufstiege, und standen vor dem Hotel Al Verde. Am Morgen sah ich, daß direkt vor meinem Fenster ein feuchtgrüner Berg aufragte. Um seinen Gipfel zu sehen, mußte ich auf den Balkon gehen. Unterhalb der Bergkuppe stand eine Sennhütte aus Holz, aus deren Schornstein sich der Rauch kräuselte. Es war so malerisch, daß es sich nicht beschreiben läßt.

Doch als ich aus der Eingangstür des Hotels trat, blieb ich verdutzt stehen. War ich tatsächlich mit dem Motorrad diese Straße hinuntergefahren? Sie war so steil, daß man nur hinaufkam, wenn man ausreichend Schwung hatte.

Wir brachten zwei Tage in der Stadt zu, aßen Pizza und versuchten, durch elektrisch gesicherte Tore hindurch einen Blick auf am Berghang liegende Villen mit malerisch verwitterten Stuckfassaden zu erhaschen. Beim offiziellen örtlichen Guzzi-Händler Agostini, einem großzügigen, vornehmen Laden, unterhielten wir uns ausführlich mit der Tochter des Besitzers. Sie trug ein kamelhaarfarbenes Kaschmir-Twinset und eine Perlenkette und fuhr sich immer wieder mit der Hand durch ihr weiches Blondhaar, während sie sich darüber verbreitete, warum Motorräder immer weiblich sind. Die ihrigen waren es jedenfalls mit Sicherheit.

David Smith hatte ein Geschenk für mich zurückgelassen, als er letzte Woche hier war: die Telefonnummer von John Wittner – Dr. John. Und in der Fabrik hatte er herumerzählt, ich sei irgendeine Art Amtsträgerin, die man bevorzugt behandeln müsse. Luc staunte Bauklötze, als wir von einem italienischsprechenden Spaßvogel durch die Fabrik geführt wurden, ohne daß er sich zuvor von uns ein Beglaubigungsschreiben hatte vorlegen lassen. Er zeigte uns den berühmten Windkanal, das Museum mit den »Prototypen, die für die Entwicklung des Motorrads weltweit als richtungweisend angesehen werden«, die endlosen Reihen von Zweizylindern, die auf ihre Montage warteten, die Californias, die auf Lkws geladen wurden, und eine Quota, die man auf dem Prüfstand in die Mangel nahm. Wir erfuhren, daß in der Fabrik etwa 5500 Maschinen pro Jahr hergestellt wurden, obwohl ihre Kapazität durchaus 35 000 zuließ, eine Zahl, die man auch schon erreicht hatte. Dann führte er uns in eine hohe, durch Leuchtstoffröhren erhellte Empfangshalle – de Sica läßt grüßen –, und nachdem wir kurz gewartet hatten, erschien Dr. John. Hallo, wie geht's euch?

Er lächelt ununterbrochen; er sprüht vor Energie und Tatkraft und erinnert mich aus irgendeinem Grund an eine Heuschrecke in Menschengestalt aus den Fabeln von Lafontaine. Als wir beim Mittagessen vor einem Teller Spaghetti saßen, wirkte er so locker, daß man ihm die Verantwortung, die er für die Firma trug, kaum abnahm. Er weihte uns in jede Menge Insidergeheimnisse ein, auch wenn sie oft schon kein Geheimnis mehr waren.

Meine V65 blieb tagsüber bei dem Mann, dem man in Mandello nachsagte, wahre Zauberhände zu haben, wenn er sich über die Elektrik hermachte. Ich kam mir vor wie im »Zauberer in Oz«, wenn der Blechmann blankpoliert wird und der feige Löwe seine Mähne gepudert und mit Schleifen versehen bekommt. Mit einem breiten Lächeln und einer ausholenden Bewegung des Arms erklärte er das Bike als voll und ganz genesen.

Das war es auch, bis wir wieder in die Schweiz kamen. Der endgültige Zusammenbruch erfolgte in der Nähe von Trimbach, kurz vor dem Parkplatz eines Restaurants. Aber wie das Schicksal es wollte, arbeitete dort eine junge Kellnerin, die ganz heiß darauf war, Geschichten über New York zu hören, und unbedingt einmal Manhattan sehen wollte. Mit ihrer Hilfe brachten wir die Maschine über Nacht sicher unter. Während ich auf Luc wartete, der uns ein Hotelzimmer besorgen wollte, beobachtete ich die Kühe auf der anderen Straßenseite, die große, klingende Messingglocken an einem rot eingefaßten Lederriemen um den Hals trugen. Ich hatte gedacht, sowas gibt es nur in den Reiseprospekten, aber offensichtlich mußte ich auf dieser Fahrt vieles lernen.

Man behaupte nicht, ein Motorrad hätte kein Verantwortungsbewußtsein. Von der Autobahnausfahrt, an der meine V65 ihren letzten Schnaufer tat, brauchte man nur etwa eine Viertelstunde zum Geschäft von Otto v. Arx, dem größten Guzzi-Händler der Schweiz. Sein beinahe kaufhausgroßer Laden war so sauber und aufgeräumt, daß es fast schon unheimlich wirkte. Ein italienischstämmiger Mechaniker überprüfte methodisch jeden Zentimeter Kabel am Motorrad und stieß schließlich auf einen kleinen, aber verrosteten Kontakt. Luc hatte ich zuvor gesagt, er solle ohne mich nach Hause fahren, weil er ansonsten einen Tag bei der Arbeit fehlen würde. »Wir haben in unserem Club ein Motto«, erklärte er. »Gemeinsam geht's los und gemeinsam kehren wir heim.« Wie ich später erfuhr, saß Luc jedoch auch der Fehleinschätzung auf, ich verfügte über magische Kräfte. Wenn ich etwas über ihn schrieb, würden ihm meine Worte einen Zauber verleihen, der ein Mädchen anlocken würde. Eine nette junge Frau, und nicht wieder eine, die sich als Nervenbündel entpuppte, sobald er sich in sie verliebt hatte – ein Ende seiner Pechsträhne. Wenn es danach ging, dann hatte er sie sich auf unserer Fahrt weiß Gott verdient. Nur leider konnte ich ihm keine backen.

Ein Motorrad führt dich zu dir selbst und zugleich von dir fort. Für denjenigen, der sich damit beschäftigt, symbolisiert es das Leben – abgeschlossen ist die Arbeit erst dann, wenn die Arbeit an dir selbst beendet ist. Nur dein Erfindungsreichtum, deine Zeit, deine Beharrlichkeit, deine Bereitschaft, nachzuforschen, auszubauen, zu denken und zu überdenken, setzen den möglichen Verbesserungen Grenzen. Es bietet dir eine Befriedigung, wie du sie im Leben sonst nie erfährst, denn so krank dieser Ersatzkörper werden kann, so leicht läßt er sich immer wieder reparieren.

Man spricht oft von der Ästhetik des Maschinenzeitalters,

doch Maschinen werden in der Regel nicht wegen ihrer Eigenschaften als schön empfunden, sondern weil sie uns gleichen. Wie bei unseren Göttern nehmen wir nur das wahr, was uns vertraut ist. Aber daß Maschinen so menschlich wirken, hat auch einen Haken: ihre potentielle praktische Vollkommenheit. Welcher Mensch würde sein Bild nicht gern auf solch eine Form projizieren?

Meine ständigen unbewußten Ängste, im nächsten Augenblick könnte es zu einer Katastrophe kommen, waren verflogen, sobald ich im Motorradsattel saß. Und wenn diese abartige Vorstellung vor mir Gestalt annahm, konnte ich sie wenigstens klar erkennen. Sie bot mir eine Herausforderung, lud mich ein, mich ihr gemeinsam mit meinem weißen Motorrad zum Kampf zu stellen.

Offensichtlich war ich nicht die einzige, die sich insgeheim mit dieser schändlichen Feigheit herumschlug. Ängste wie meine sind so verbreitet, daß sie eine ganze Industrie am Leben erhalten. Zahllose Bücher wenden sich an Leser, die unter unerträglicher Furcht leiden, einer Furcht, die das Leben zerstört. Und in den Büchern fand ich alle Symptome aufgelistet, so daß ich eine Diagnose stellen konnte: Panikattacken. Deine Gedanken lösen im Körper eine plötzliche Adrenalinausschüttung aus. Dieser Prozeß läuft aus dem Ruder, wird immer aufs neue ausgelöst, und du steckst fest in dem Augenblick, in dem du die Knarre zum ersten Mal auf dich gerichtet siehst.

Nicht viel anders ist es, wie ich las, bei der Zwangsneurose. Jemand, der sich unablässig die Hände wäscht oder seine Türen verrammelt, fürchtet Keime oder Einbrecher, so wie der Angstneurotiker einen Herzanfall, Krebs oder die Kontrolle zu verlieren fürchtet. Dies alles sind Anzeichen für etwas in uns, das in höchstem Maße aus dem Gefüge geraten ist. Und wie immer hat diese Angstspirale ihren Ursprung in dem grenzenlosen Bedürfnis des Ichs, zu kontrollieren, was nicht zu kontrollieren ist: den Fortlauf unseres Schicksals.

Die Bücher haben mir geholfen, und wenn ich aus den vielen

Fallgeschichten nur den abartigen Trost zog, daß andere ein Gefühl beschrieben, das ich selbst nur zu gut kannte. Auch sie hatten sich stets an der Schwelle des Todes gefühlt. Doch wenn sie noch in der Lage waren, ihre Geschichte zu erzählen, standen die Chancen für mich eigentlich nicht schlecht, daß auch ich überlebte.

Von dir fort führt dich das Motorrad mitten ins Leben. Antoine de Saint-Exupery beschreibt es folgendermaßen: »Wenn wir einen Händedruck unter Männern austauschen, wenn wir uns beim Rennen messen, wenn wir uns zusammenschließen, um einen von uns zu retten, der in Schwierigkeiten ist, wenn wir laut um Hilfe rufen – erst dann merken wir, daß wir nicht allein sind auf der Welt.«

Ein Freund aus der Schweiz erzählte mir eine traurige Geschichte aus seiner ansonsten wohlgeordneten Familie. Nachdem sein herrschsüchtiger Vater seine Mutter in einen Nervenzusammenbruch getrieben hatte, wurde die Frau mit Medikamenten ruhiggestellt. Ans Bett gefesselt und halb halluzinierend wetterte sie gegen den Mann, der sie in diesen Zustand gebracht hatte: »Deine Wünsche – immer geht es nur nach deinen Wünschen. Und was ist mit meinen? Ich möchte auf ein dickes, fettes Motorrad steigen und nach Zürich fahren!«

TRAUM IN DER NACHT DES 30. JULI 1995

Unerklärlicherweise wohne ich noch immer zu Hause bei meinen Eltern. Als nächstes befinde ich mich in einer eigenartigen Wohnung in einer sonnigen Vorortsiedlung mit geraden, rechtwinklig zueinander verlaufenden Straßen und einförmigen Gartengrundstücken. Wo bin ich? Ich höre meine Mutter sagen, wir seien nach Indianapolis gezogen. Was? Wir sind umgezogen? Warum hast du uns das nicht gesagt, uns darauf vorbereitet, so daß wir uns von unseren Freunden verabschieden und alle unsere Dinge regeln konnten? Während ich mich allmählich mit dem Gedanken vertraut mache, wird mir klar, was ich alles zurückgelassen habe und nie wiedersehen werde. Ich beginne zu weinen und schluchze dann hemmungslos. Weil ich Hilfe brauche, rufe ich einen Therapeuten an, den ich mir aus den Gelben Seiten des Telefonbuchs von Indianapolis herausgesucht habe. Doch er behandelt mich äußerst grob. Ich weine noch heftiger, stehe mutterseelenallein auf der Straße. Ein vorbeigehender Passant faucht mich angeekelt an: »Warum besorgen Sie sich keinen Therapeuten?« Protestierend entgegne ich, daß mein Therapeut, ein freundlicher Mann, zu Hause zurückgeblieben sei und ich ihn nie wiedersehen würde. (Inzwischen weine ich im Schlaf wirklich.) Doch plötzlich fällt mir etwas ein, und mein Schmerz ist wie weggewischt: Vielleicht haben sie hier ja wenigstens einen guten Guzzi-Händler!

Kaum war ich einige Wochen aus Europa zurück, da machte ich mich wieder auf den Weg nach New Hampshire. Doch irgendwie freute ich mich nicht so auf die Fahrt wie früher; sie kam mir schal und abgelutscht vor. Anscheinend mußte ich mal wieder zu neuen Ufern aufbrechen.

Als ich in der gewohnten Hitze in die Neu-England-Staaten kam, eilten meine Gedanken nach Europa. Die Erinnerung zog an mir vorbei wie die Leitplanken am Straßenrand. Ich war froh, wieder auf der Lario zu sitzen – wir zwei gehörten zusammen. Doch obwohl ich mit ihr schwere Zeiten erlebt hatte, trauerte ich auch der V65 nach. Ich sah wieder vor mir, wie ihr neuer Besitzer, ein Professor der Technischen Universität von Delft, sie abgeholt hatte. Tom de Wilde und seine Frau hatten auf der Hinfahrt gewettet, welche Art von fettem Fertiggericht wir Amerikaner ihnen vorsetzen würden, erzählte Tom, als sie bei uns vor Brot und Salat, Käse und Obst saßen. Dann stieg Tom auf die Guzzi und fuhr hinter dem Wagen seiner Frau davon. Mich durchzuckte ein Stich. Ich war nach oben gerannt, hatte mich auf die Couch gesetzt und dem vermeintlichen Klang der Maschine gelauscht, der in den Straßen nachhallte. Auf der Autobahn am gegenüberliegenden Ufer der Maas konnte man in beide Richtungen unzählige Motorräder brausen sehen – und ihr Klang weckte in mir schmerzliche Erinnerungen.

Dann fiel mir der Tag ein, als wir in einer multinationalen Gruppe (ein Deutscher, ein Schweizer, ein Belgier, eine Amerikanerin und ein Pärchen aus Milton Keynes in England) ein Motorradmuseum in der kleinen deutschen Stadt Otterbach besuchten. Wir bewunderten die schönen, alten Maschinen von Aermacchi bis Zündapp, doch ich glaube, ebensosehr beeindruckte uns die Tatsache, daß sie in einer ehemaligen Kirche untergebracht waren. Für uns war sie damit nach wie vor ein Ort der Lobpreisung.

Ich dachte an meine erste Fahrt in einem Beiwagen, zu der mich ein schicker junger Holländer bei einem Guzzi-Treffen – gleichfalls in Deutschland – eingeladen hatte. Normalerweise war der Beiwagen für sein rosiges, rundes Baby reserviert und der Soziussitz für seine Frau. Die Vorstellung, sie könnte nach der Geburt des Kindes mit dem Motorradfahren aufhören, tat er spöttisch ab; schließlich hatten sie auf dem Motorrad geheiratet. Für die Dauer der Fahrt ins Blaue allerdings fühlte ich mich wie in einem Auto-Scooter, der den Weg zum Jahrmarkt nicht fand.

Während ich die Meilen hinter mir ließ und Loudon immer näherkam, wurde mir plötzlich etwas klar: Meine unerträglichen und unerklärlichen Ängste hielten mich gepackt, seit ich Motorrad fuhr, denn sie waren das erste Mal aufgetreten, als Tad sich von mir getrennt hatte. Motorrad und Angst gehörten seit zehn Jahren zu meinem Leben, führten eine Koexistenz, ließen sich nur mit Gewalt voneinander lösen, schlossen sich in den dunklen Sphären meines Bewußtseins wieder zusammen und konnten dann nur durch eine besondere Art des Nachdenkens auseinandergerissen werden. Auf einem Bike, dachte ich, fahre ich auf eine vermeintlich furchterregende Zukunft zu, benutze dafür jedoch ein Mittel, das für mich nicht mit den geringsten Ängsten verbunden ist. Welch ein Wahnsinn!

Aber eigentlich auch nicht. Motorradfahren ist gefährlich. Motorradfahren bringt Tempo in dein Leben. Es ist etwas, auf das du dich freust, und etwas, was du erst nach einem Moment des Zögerns tust – und beides zur gleichen Zeit. Es ist etwas, an dem du arbeitest, und für mich auch etwas, dem du dich hingibst. Schließe deine Augen, wenn du dich heute abend schlafen legst, denke ich. Du wirst von dieser Fahrt träumen.

Nachwort

Ich liebe es, auf verbotenen Meeren zu fahren und an barbarischen Küsten zu landen.
Melville, Moby Dick

Mit dem Motorrad reist du ohne großen Ballast – gewiß einer der großen Vorteile des Bikens. Du trägst nur bei dir, was du im Magen hast, was in deinem Rucksack steckt und was außer dem Werkzeug und der Regenkombi – was man früher oder später braucht, besonders das Isolierband – in den Tankrucksack paßt.

Irgendwann wirfst du entnervt deine Handschuhe zu Boden. Etwas ist kaputt. Doch zugleich verspürst du eine eigentümliche Erleichterung: Du mußt es reparieren. Du entdeckst, daß du auch deinen Grips mitgebracht hast, jenen eingerosteten Mechanismus, der nach altmodischen Prinzipien funktioniert. Wenn du zusiehst, wie sich die Kurbelwelle dreht, die Kette über die Zahnräder gleitet, wie Hebel und Kolben sich auf und ab bewegen. Dann kannst du für einen kurzen Augenblick vergessen, daß wir in einer Welt leben, in der elektronische Impulse, die du nicht fühlst, und glänzende Gehäuse, die sich nicht öffnen lassen, dominieren. Du wirst zum Sammler und Jäger, wie die Götter es dir zugedacht haben. Verbeiße dich mit

Haut und Haaren, sagt dir das stumme Motorrad, mach schon und probiere, ob der Flaschenverschluß, der da auf dem Boden liegt, irgendwie von Nutzen ist. Dies alles erkennst du natürlich erst im nachhinein, wenn du wieder ein, zwei Nächte in deinem Bett geschlafen hast, in dem du der dunklen Straße draußen so fern bist, daß du am liebsten weinen würdest. Ja, diese Erkenntnis kommt viel später, und vielleicht auch nicht einmal in Form einer Erkenntnis, sondern als Gefühl der Erleichterung, das direkt an deine Seele rührt. Später am Lagerfeuer erzählst du von deinem verzweifelten Frust und dem Schweiß, den du vergossen hast, und wenn die anderen lachen und mitfühlend nicken, lachst auch du – als sei es nicht dir selbst zugestoßen, sondern jemand anderem, einer Figur aus einem Buch.

Wenn du den richtigen Winkel zur Sonne hast, rast neben dir auf der Straße dein Schatten dahin. Die dunkle Form ist dein Haar, das hervorweht, eine fließende Verkörperung des Lichts auf dem Asphalt. Ein faszinierender Anblick, doch für dich nicht dasselbe, als wenn du dein Bild im Spiegel betrachtest. Dies ist fast schon eine Fremde, eine rätselhafte, gesichts- und vielleicht sogar furchtlose Person.

Wenn alles richtig läuft, kannst du dich aus dem Sattel erheben, auf die Fußrasten stellen, und es kommt dir vor, als würdest du vom Luftstrom getragen. Der Geruch der Landschaft, eines Vororts oder der Gestank eines Industriegebiets treffen dich ebenso unvermittelt wie sie sich wieder auflösen. Du bist umfangen von unheimlichen Dingen – verrottender Kürbis, Müll, Straßensalz, Louisiana-Moos im feuchten Wind, ein Gestank, als würden unter dem schmutziggelben Himmel von Newark Millionen Reifen brennen, der Duft von Tannen und Muschelschalen. Einige Gerüche haben nicht einmal einen Namen. Nicht die Hälfte davon würdest du im Auto wahrnehmen, selbst wenn alle Fenster geöffnet sind. An diesem Wochenende hatte ich vier Meilen lang den Geruch der brennenden Zigarette in der Nase, die aus dem Fenster des Pritschenwagens vor mir gehalten wurde. Einige Gerüche sagen dir sogar, daß du zu dicht auffährst.

Temperatur und Luft sind so unterschiedlich, als würdest du in Zeitlupe durch eine Flucht von Zimmern schreiten, überraschend und vielseitig wie die Pracht in Versailles. Du fährst durch eine laue Sommernacht, und über der Landschaft hängt ein feuchtes Dunstkissen, das nach Heu und schwerer Erde riecht. Plötzlich umfängt dich ein kühler Schwall, der sich in einer verborgenen Senke vor dir festgesetzt hat. Du schüttelst dich, dann läßt du ihn hinter dir und tauchst wieder in die liebkosende, warme Hülle ein. Ein heraufziehendes Gewitter erkennst du an der plötzlichen Luftveränderung, an der beklemmenden Schwüle, in die du getragen wirst, bevor andere sie spüren und wahrnehmen. Motorradfahren ist etwas, das zwischen dir und der Straße schwebt. Oder vielmehr geht es darum, die Straße möglichst nahe an dich heranzurücken, sogar über das Fahrzeug hinauszuwachsen, das dich die Straße überhaupt erst spüren läßt. In gewissem Sinn geht es also darum, die Straße in bestimmter Weise an dir vorüberziehen zu lassen.

Manchmal fühlst du dich auf deinem Motorrad einsamer als an irgendeinem festen Ort. Wenn du dich in deiner Wohnung einschließt oder auch wenn du auf einer Lichtung auf halber Strecke zum Berggipfel stehenbleibst, besteht immer die Möglichkeit, daß dich jemand aufspürt. Es kann jemand anrufen; jemand sieht dich vom Flugzeug aus oder kommt zufällig deines Weges. Zwar suche ich ständig nach möglichen Verstecken, doch wo sonst als auf dem Motorrad ist man wirklich vor Entdeckung sicher? Auf einem Bike bist du stets von Menschen umgeben – die Insassen eines Autos eineinhalb Meter neben dir –, doch niemand kann dich wirklich erreichen. Du verständigst dich mit Handzeichen mit den Freunden, die dich begleiten, aber sprechen kannst du nicht. Es erspart dir die Last der Worte. Heutzutage gibt es so wenig Ungestörtheit, daß dir diese Gewißheit wie ein kostbares letztes Refugium vorkommt, auch wenn du inzwischen vergeblich nach einem Ort auf der Welt suchst, der nicht von Häusern im Landhausstil oder Zufahrtstraßen zu einem Großmarkt verschandelt wird. Dein Helm sorgt dafür, daß sich deine Gedanken nicht verflüchtigen. Sie können sich nur zentimeterweit von deinem Kopf entfernen und umschwirren den Schädel wie Tausende kleiner eingesperrter Sandfliegen.

Doch nie kannst du deine Einsamkeit so sehr genießen wie wenn es regnet. Manchmal macht es Spaß, in der Wohnung zu sitzen und die weichen, weißen Regentropfen aufs Dach oder ans Fenster klopfen zu hören. In deinem hellen, trockenen Refugium wird dir mit Genugtung bewußt, wie nah und doch wie fern das Unwetter ist. Die schützenden Wände erscheinen dir als Teil von dir, eine Fortsetzung deiner Haut. Auf dem Motorrad sind die Hauswände zusammengeschrumpft zu der dünnen Schicht deiner Regenkluft. Doch obwohl die Wassertropfen daraufprasseln, ist es drinnen gemütlich. Du fühlst ihren Aufprall auf deinem Körper, doch du spürst sie nicht und kommst dir vor wie im sicheren Hafen – ein Paradox, denn nichts ist so gefährlich wie eine Fahrt im Regen.

Daß ein Autoreifen unter dir rutscht, ist nicht gerade angenehm, aber wenn du ein einigermaßen geübter Fahrer bist, kannst du den Wagen wieder unter Kontrolle bringen. Das sieht jedoch ganz anders aus, wenn du nur zwei Reifen unter dir hast. Als ich bei einem Freund als Sozia durch die malerische Landschaft Süddeutschlands fuhr, konnte ich die vorbeihuschenden Bilder in dem sicheren Gefühl in mich aufnehmen, daß er als Fahrer so sicher war wie man nur sein konnte. Wir nahmen die Kurven in Ideallinie, und die instinktive Furcht löste sich in dem Gefühl der Lust auf, sie gemeistert zu haben. Doch dann überzog ein feiner Nieselregen die Straßen mit einem feuchten Schimmer, und alles war wie verwandelt. Auf meinem Sitz spürte ich es das erste Mal, jenes sanfte seitliche Wegrutschen, und zunächst glaubte ich, es mir eingebildet zu haben. Doch als ich meinen Freund beim nächsten Halt fragte, ob ich mich vielleicht nur getäuscht hatte, wurde er weiß im Gesicht. So stieg ich bei einem anderen Mitglied der Gruppe auf, der zwar nicht mehr Fahrpraxis, dafür aber einen Hinterreifen mit besserem Profil hatte. Mein Gottvertrauen kehrte zurück, obwohl es mittlerweile in Strömen regnete. Als wir unter dem Blätterdach dahinfuhren, spürte ich das Bier, das ich mir gegönnt hatte, um mich darüber hinwegzutrösten, nur Beifahrerin zu sein. Als nächstes merkte ich, daß ich meine Arme hochriß. Jeder Muskel war angespannt. Im Bruchteil einer Sekunde war der Sitz unter mir fortgerutscht und flatterte hin und her. Aber dann war es vorüber, und wir rollten dahin wie zuvor. Wir werden nie erfahren, ob eine Flickstelle im Straßenbelag, ein Stück rutschiger Teer oder ein farbig schillernder Ölfleck auf der Wasserschicht dafür verantwortlich gewesen waren. Dennoch fahre ich gern im Regen, und sei es auch noch so unberechenbar. Es beruhigt mich, lullt mich ein. Das Rauschen des Wassers, das in kleinen Bächen vom Profil der Reifen beiseitegedrückt wird, dämpft alle anderen Geräusche. Fast jede Minute muß ich nach oben greifen und die Regenfäden fortwischen, die sich auf dem Visier gesammelt haben und mir die Sicht nehmen. Doch im nächsten Augenblick haben sich schon wieder neue gebildet. Der Atem beschlägt das Plastik von innen, und wenn du das Visier einen Spalt öffnest, um die Feuchtigkeit abziehen zu lassen, perlt der Regen auf deinen Lippen. Deine Hände in den dicken Plastik- oder Gore-Tex-Handschuhen an den Schalthebeln kommen dir merkwürdig fern vor, du fühlst dich isoliert oder aufgeblasen wie das Michelin-Männchen. Was dort draußen vor sich geht, scheint eine Million Meilen weit entfernt, obwohl es vor dir liegt und auf dich zurollt und vom Hinterreifen in anmutigem Bogen hinter dir hochgeschleudert wird. Wie immer steigen in dir Gedanken auf und sammeln sich, nur daß sie sich jetzt zu einer schützenden Decke formen. Bei Nacht wirken Gefahren und Isolation stärker auf dich ein; das Scheinwerferlicht der entgegenkommenden Autos bricht sich auf dem Visier des Helms; der Fahrtwind der vorbeifahrenden Wagen drückt dich einen Moment lang zur Seite, du kannst nichts weiter tun als den Lenker festhalten. Vielleicht beruht darin das angenehme Gefühl: es gibt keine Alternative. Das Leben ist endlich einmal einfach. Der sanfte Schimmer der erleuchteten Anzeige ist wie ein bewegliches Leuchtfeuer vor und zugleich bei mir. Das Armaturenbrett mit seinen Lämpchen kommt mir bei Dunkelheit vor wie ein winziges Raumschiff, das durch ein unbelebtes Universum von endloser Weite schwebt. Der Scheinwerfer huscht über die feuchten Blätter am Straßenrand. Was vor seinem Strahl liegt, harrt meiner Ankunft, die es für kurze Zeit zum Leben erweckt, bevor es wieder in die Dunkelheit taucht.

Mit den gedämpften Geräuschen werden die Gedanken lauter. Abgesehen von deinen Lauten hörst du irgendwo unter dir das gleichmäßige Brummen der Maschine. Das allein hält dich in der Welt verankert; ansonsten gibt es nur noch Regen.

Dieser Daseinszustand ist so friedlich, daß ich manchmal schon fast alles um mich vergesse – obwohl ich mir immer wieder vorhalte, wie gefährlich es ist, zu glauben, was man aus Bequemlichkeit gern glauben möchte. Einmal war ich an einem Sonntag gegen Mitternacht in strömendem Regen auf dem New Jersey Turnpike unterwegs. Ebenso unablässig wie der Gegenverkehr strömte mir der Regen entgegen. Für, wie mir schien, unendlich lange Zeit war ich auf meiner Spur etwa neunzig Stundenkilometer gefahren – wie es für eine Schnellstraße typisch ist. Dann mußte ich die Spur wechseln. Ich machte das gleiche wie schon hunderte Male zuvor bei Trockenheit auf dieser Straße. Doch als ich dieses Mal die Fahrbahnmarkierung und jene netten kleinen Reflektoren überquerte, die der Sicherheit der Autofahrer dienen sollen, kam ich mit dem Hinterreifen auf das Plastik, und er drehte durch – eines jener Ereignisse, die dich so unvorbereitet treffen, daß es schon scheint, als würden sie ihre eigene Ankunft ankündigen – du träumst, dein Fuß rutscht ab, und erst dann erscheint die Klippe. Ich wurde aus meiner Gedankenversunkenheit gerissen und war blind vor Angst, dann war es vorüber. Noch ein, zwei Meilen später hatte ich einen Kloß im Hals, und immer wieder trat mir vor Augen, was alles hätte passieren können. Auf dem Rest der Fahrt sah ich mich besser vor, falls man sich überhaupt vor den Gefahren des Lebens schützen kann. Bisher brachte ich es noch nicht über mich, in Gedanken alle möglichen Risikosituationen durchzuspielen, obwohl ich überzeugt bin, daß sie mir durch diese Art der Beschwörung nichts mehr anhaben können. Doch das meiste bleibt unkalkulierbar, eine Tatsache, die man besser akzeptiert als an ihr zu rütteln – und eine Weisheit, die mir das Motorrad mit jeder Umdrehung der Reifen bestätigte, wenn ich nur hinhörte.

Hört sich das alles zu elegisch an? Das soll es, und zugleich auch nicht. Eigentlich besitze ich zwei Motorräder. Einmal jenes, das in der Union Street in der Garage steht, das mit dem Leck im Endantriebsgehäuse und den abgenutzten Federbeinen vorne, die dringend neue Federn brauchen. Jenes, mit dem ich mehr als 50 000 Kilometer gefahren bin, die weiße Moto Guzzi Lario mit zwei Zylindern und vier Ventilen pro Kopf, rank und schlank mit Sechzehn-Zoll-Reifen vorn und hinten und italienischroten Felgen. Wenn man alles zusammenzählt, bin ich auf ihr mehrere volle Wochen durch Regen gefahren. Jenes Motorrad, das ich endlich abbezahlt habe, das mich nach Kanada und an den Golf von Mexiko getragen hat und mich noch auf den Alaska-Highway tragen soll. Das andere ist das vollkommene Motorrad, das imaginäre Motorrad, eines, das mich verschwenderisch mit Geschenken und Lektionen überhäuft. Manchmal fürchte ich es, oft träume ich davon, und manchmal liebe ich es mit einer Wehmut, als gehörte es schon der Vergangenheit an.

Doch jetzt, im Winter, gehe ich durch die Straßen von Brooklyn und steige in den U-Bahn-Schacht. Auf dem Bahnsteig überfällt mich mit einem Mal die Erinnerung. Eine seltsame Sackgasse in einer Bergarbeiterstadt in Pennsylvania vor ein paar Jahren, in die ich eines abends geriet, als ich den Straßenschildern folgte, die mir den Weg in bekanntere Gegenden zeigen sollten. Plötzlich endete die Straße im Nichts, und ich stand vor einem verlassenen Stadtpark und einem Friedhof, der sich am Berg dahinter ausbreitete. Ich wendete und folgte den Anweisungen ein zweites Mal, um sicherzugehen, daß ich die Schilder richtig gelesen hatte. Das hatte ich wohl, doch jetzt erscheint mir mit dieser Sackgasse eine besondere Bedeutung verbunden, was mir vor diesem Augenblick in der U-Bahn-Station Seventh Avenue noch nie klargeworden war. Ich kann an nichts anderes mehr denken als an den fahlen Himmel, am Horizont der Streifen von Abendrot, die dunkel aufragenden Bäume und die Straße, die zwischen den Gräbern endet.

Oder jene Nacht, als ich durch Tennessee fuhr. Es war so dunkel, daß ich nichts sah außer dem flachen Gewölbe der Alleebäume und dem Asphalt, die mein Scheinwerfer erhellte. Die Straße schien steil in das kalte, dunkle Grün hinab zu führen, obwohl ich weiß, daß sie eben verläuft. Vor mir taucht der Kessel mit den Erdnüssen auf; weißer Dampf steigt in die Höhe, und dahinter wieder nichts als Dunkelheit. In meiner Erinnerung kommt es mir vor, als sei dieser Moment aus dem Zusammenhang gerissen, ein Moment ohne Vorläufer. Doch noch heute spüre ich die Kälte, die durch die Kleider dringt, noch heute sehe ich diesen Anblick auf mich zufliegen.

Manchmal überkommen mich diese seltsam fließenden Bilder mitten am Tage, wenn ich meinen üblichen Tätigkeiten nachgehe, und ich verliere mich in diesem Meer willkührlich auftauchender Erinnerungen. Doch die einzigen Gedanken dieser Art stammen immer aus der Welt des Motorradfahrens, und nichts sonst kann es mit der Bedeutung dieser Empfindungen aufnehmen. Jeder einzelne Augenblick meiner 50 000 Kilometer scheint in einem inneren Archiv verstaut, und gelegentlich wirbelt ein Windstoß die eine oder andere Karteikarte auf. Dann ist sie plötzlich da, dringt ins Bewußtsein, geisterhaft begleitet von dem Geruch, der in der Luft lag, und der Temperatur, die herrschte – dem Parfum der Vergangenheit. Und die Düfte der Zukunft erwarten mich auf der Straße.

Danksagung

Seit ich Motorrad fahre und seit ich mit der Arbeit an diesem Buch begonnen habe, haben mir die verschiedensten Menschen auf unterschiedlichste Weise geholfen. Einige müssen namenlos bleiben, so wie jene in Europa, die eines abends ans Telefon gingen und sich, obwohl sie die Amerikanerin am anderen Ende der Leitung nicht kannten, über eine Distanz von Hunderten von Meilen mit dem technischen Problem beschäftigten, mit dem sie liegengeblieben war. Ihnen mein herzlicher Dank.

Namentlich bekannt sind mir Franz Nachod, Armen Amirian, Luc van Vossel, David Smith und Ivar de Gier. Sie alle waren mit ihrer Hilfe für mich da, und ihnen sei hiermit gedankt. Nicht unerwähnt bleiben sollen auch John Wittner, Robert Fulton, Hilton Wegg jr., Bob Nevola, Bud Greenberg, Frank Wedge vom Moto Guzzi National Owners Club, Kees Visser, Scott Emmons, Erica Smith, Peter Dervis, Julie Cramer, Bob Sweeny und Ronald Hand, die mir immer wieder zur Seite standen, wenn ich beim Motorradfahren oder beim Bücherschreiben oder beidem Probleme hatte. Besonderer Dank gilt meinen Schwiegereltern Denise und Lucien Sante, die mein Motorrad in ihrer Garage beherbergten, und in deren Haus ich stets wärmstens empfangen werde, ob ich nun mit dem Schraubenschlüssel vor der Tür stehe oder nicht. Dankbar ich ich außerdem Chris Felver und Erica Lansner – beide Photographen und gute Freunde.

Ein besonderer Platz in dieser Aufzählung gebührt John Leffler. Er stand mir mit unendlichem Großmut als Freund und technischer Berater zur Seite; darüber hinaus hat er das Manuskript gelesen und mich davor bewahrt, mich öffentlich zu blamieren. Sollten noch Fehler in diesem Buch zu finden sein, so sind sie ein Beweis für meine Hartnäckigkeit.

Brooks Alderson und Peter Schjeldahl sind zwei Menschen, denen eine unerschütterliche Freundlichkeit im Blut zu liegen scheint, wie ich unzählige Male erfahren habe. Besonders danken möchte ich Peter für den kongenialen englischen Untertitel, ein weiterer Beweis, daß er im wahrsten Sinne des Wortes Poet ist. Bei Colin Harrison von der Zeitschrift *Harper's*, die Teile dieser Arbeit bereits früher veröffentlicht hat, stehe ich tief in der Schuld. Ohne seine Anteilnahme, seine harte Arbeit und die Unterstützung durch Lewis Lapham wäre dieses Buch nie zustandegekommen (das heißt, es hätte nie das Interesse eines Verlegers gefunden). Menschen mit ihrer Offenheit, Intelligenz und Güte findet man selten unter Redakteuren. Außerdem danke ich Wendy Lesser von der *Threepenny Review*, daß sie damals einen Artikel von mir publizierte und der entmutigten Autorin auf diese Weise neuen Mut machte.

Mein Verlag W. W. Norton hat das Glück, mit Amy Cherry eine hervorragende Lektorin zu besitzen. Mit ihrer Begeisterung und ihrem Einfühlungsvermögen schuf sie ein ideales Umfeld für mein wachsendes Werk, und durch ihre Feinabstimmung verbesserte sie es maßgeblich. Für ihre Ermutigungen und ihren Einsatz kann ich ihr nicht genug danken.

Gedankt sei auch den Mitarbeitern der Abteilung »Prints

and Photographs« der Library of Congress, die mir gutgelaunt halfen.

Vor allem aber danke ich meinen Eltern. Ich empfinde eine solche Hochachtung vor ihrer Klugheit, ihrer Lebensart und ihren Fähigkeiten, daß ich oft gebetet habe, eine Spur jener Gaben, die sie so einzigartig machen, möge in diesem Buch sichtbar werden.

Polly Hanson, meine Freundin, war oft mein Rettungsanker, wenn ich am Schreibtisch saß und auch sonst. Ich bin froh, daß es sie gibt.

Wie sehr ich Bob Alvarez, Arlette Man, Liz Smith und besonders Linda Krause zu danken habe, läßt sich kaum ausdrücken. Jeder für sich und als Gruppe sind sie eine Bereicherung meines Lebens, und daß ich dieses Buch fertigstellen konnte, verdanke ich auch ihnen und unserer gemeinsamen Arbeit.

Mein Mann Luc Sante hat mich auf dieser Reise begleitet – wenn nicht auf zwei Rädern, dann zumindest im Geiste. Wenn ich mich mal wieder über mein Unvermögen ärgerte, die Karte zu lesen, nahm er sie mir sanft aus der Hand und drehte sie um. Er machte mir Mut weiterzugehen. Und er war das Heim, in das ich immer gern zurückkehre. Dieses Buch und alles andere sonst ist für ihn.

Monika Rielau, Angela Neumann
Mord am Main – Tod eines Schriftstellers

Die Autorinnen
Angela Neumann, geboren 1953 in Gießen, studierte in Frankfurt am Main Germanistik. Sie arbeitete viele Jahre in der Universität. Nach dem frühen Tod ihres Mannes zog sie mit ihren beiden Töchtern in Frankfurts literarischsten Stadtteil, nach Bergen-Enkheim. Dort fing sie an, Geschichten zu schreiben. Das half ihr, die weniger schönen Erlebnisse ihres Lebens zu verarbeiten. In der »Schreibwerkstatt« in Bergen-Enkheim traf sie ihre Autorenkollegin Monika Rielau und verfasste gemeinsam mit ihr ihren Debütroman.
Monika Rielau, geboren 1945 in Dereisen, wuchs mit fünf Geschwistern in einem glücklichen Elternhaus in Darmstadt auf. Sie studierte an der Universität Heidelberg Englisch, Spanisch und Volkswirtschaft. Nach einem kurzen Intermezzo bei einem großen deutschen Chemiekonzern ging sie nach Barcelona zu einer bekannten Pharmafirma. Hier arbeitete sie viele Jahre und verbrachte die interessanteste und glücklichste Zeit ihres Lebens. Mit ihrem Mann zog sie später nach Frankfurt. Seit 2009 ist sie Mitglied in der »Schreibwerkstatt« in Bergen-Enkheim. Hier traf sie auf eine Gleichgesinnte, Angela Neumann, mit der sie gemeinsam ihren Debütroman verfasste.

Das Buch
Im beschaulichen »Kleinen Wirtshaus« im Frankfurter Bezirk Sachsenhausen ist gerade wieder Ruhe eingekehrt, da werden Wirt Uli und sein Lebensgefährte Siggi erneut in einen Fall des mürrischen Kommissar Khalil Saleh verwickelt. Denn ein Stammgast des Wirtshauses wurde nach dem Sturz von einem Baugerüst schwer verletzt aufgefunden. Siggi war der letzte, der ihn unversehrt gesehen hat. Für Kommissar Saleh steht fest, dass Siggi das Opfer vom Gerüst gestoßen haben muss. Doch Uli glaubt an die Unschuld seines Partners. Auf eigene Faust versuchen die beiden, Licht in das Dunkel der Ermittlungen zu bringen …

Von Monika Rielau und Angela Neumann sind bei Midnight erschienen:
Mord am Main (Fall 1)
Mord am Main – Tod eines Schriftstellers (Fall 2)

Monika Rielau, Angela Neumann

Mord am Main –

Tod eines Schriftstellers

Ein Hessen-Krimi

MIDNIGHT

MIX
Papier aus verantwortungsvollen Quellen
FSC® C083411

Originalausgabe bei Midnight
Midnight ist ein Digitalverlag
der Ullstein Buchverlage GmbH, Berlin September 2017

Umschlaggestaltung:
zero-media.net, München
Titelabbildung: © FinePic®
Satz: Pinkuin Satz und Datentechnik, Berlin
Druck- und Bindearbeiten: CPI books GmbH, Leck
ISBN 978-3-95819-916-3

Kapitel 1

Sven öffnete das Fenster im ersten Stock und kletterte auf das Gerüst, das seit einigen Tagen das Haus des Stadtschreibers in Bergen-Enkheim umgab. Woher kam das verdächtige Geräusch? Er blickte sich in der Dunkelheit um, hörte in die Nacht hinein. Einen Augenblick meinte er, das unterdrückte Atmen einer Person zu vernehmen, schob es aber dann auf seinen alkoholisierten Zustand. Da war nichts!

Der kommende Stoß traf ihn völlig unvorbereitet. Er fühlte, wie etwas Schweres mit Wucht auf seinen Rücken krachte. Seine Hände, die das Gerüst umklammerten, wurden weggerissen. Er verlor das Gleichgewicht. Noch bevor er mit einem überraschten Schrei nach unten fiel, drehte er sich um. Über ihm auf dem Gerüst hielt sich ein Mann, dessen Kopf und Gesicht fast gänzlich von einer Kapuze bedeckt waren, mit beiden Händen an einer Stange fest, während sein Körper in der Luft hin- und herschwang. Mit verzerrtem Gesicht raunte er Sven zu: »Du sollst nicht wildern in meinem Revier!«

Man sagt, dass sich kurz vor dem Tod das ganze Leben eines Menschen noch einmal im Zeitraffer vor seinem inneren Auge abspielt. Während Sven in die Tiefe stürzte, rasten die Bilder seines bisherigen Daseins vorbei. Tammy, sein geliebter, schon lang gestorbener Golden Retriever, sandte ihm ein letztes »Wuff« mit auf den Weg. Die Eltern am Kaffeetisch lächelten ihm freundlich zu, und sein Klassenlehrer im Kreise der Schulfreunde hob winkend die Hand. Viele Menschen kreuzten seinen Weg, einige sahen ihn erstaunt an. Seine erste große Liebe, ein Studienfreund, warf ihm einen fragenden Blick zu. Dann schwebte er über golden wogende Felder und blühende Wiesen, über schneebedeckte Berge und das weite blaue Meer hinauf in den Himmel. Ein helles, warmes Licht und eine betörende Musik begleiteten ihn auf seiner Reise in die Ewigkeit. Er war unsäglich glücklich. Immer höher trug ihn ein unwiderstehlicher Sog aufwärts in die unendlichen lichtblauen Weiten des Universums … Aber Halt! Was sollte das? Er wehrte sich, er wollte noch nicht sterben. Das konnte doch nicht alles gewesen sein. Er musste unbedingt sein Buch beenden und veröffentlichen. Er wusste, dass es ein gutes Buch werden würde. Nein, er wollte leben!

Gnädigerweise ließen das einschießende Adrenalin und die sofortige Bewusstlosigkeit beim Aufprall auf den mit Steinen gepflasterten Boden den Schmerzrezeptoren keine Chance, ihre Botschaften weiterzuleiten. Svens noch vorhandene Reflexe konnten sich nicht entscheiden, ob er leben oder sterben sollte und ließen ihn in ein tiefes Koma fallen.

In diesem Moment läutete die Klingel an der Tür des Stadtschreiberhauses. Rasch sprang der Täter vom Gerüst, warf noch einen Blick auf das Opfer, dessen Kopf wie träumend auf seinem ausgestreckten rechten Arm lag, und verschwand in der Dunkelheit der nahegelegenen Gassen.

Siggi hörte den Schrei und den Aufprall im Hof sowie das zeitgleiche Klingeln an der Haustür. Verwirrt eilte er zunächst zur Tür. Zu seinem größten Erstaunen stand sein Freund Uli davor.

»Was machst du denn hier?« Siggi fühlte sich ausspioniert.

»Das sollte ich eher dich fragen! Ich suche dich schon den ganzen Abend. Du hättest mir doch im Lokal helfen sollen«, schrie ihn Uli wütend an.

Siggi hatte jetzt keine Zeit, sich mit Ulis Anschuldigungen auseinanderzusetzen. Er packte ihn am Arm.

»Komm schnell, da muss was passiert sein!«

Siggi lief zum offenen Gartentor. Uli folgte ihm auf dem Fuße. Das Bild, das sich ihnen im Hof bot, ließ sie wie angewurzelt stehenbleiben.

Mit geschlossenen Augen, ausgebreiteten Armen und verdrehten Beinen lag ihr Freund Sven auf dem Pflaster. Unter dem dunkelblonden Haar sickerte das Blut unablässig in sein weißes T-Shirt und bahnte sich seinen Weg zwischen den Steinen.

Ein gemeinsam geschrienes »Nein« entrang sich beider Kehlen. Uli ging in die Knie und neigte sich über Sven, während Siggi reglos stehenblieb. »Rühr ihn nicht an, sonst machst du es noch schlimmer.«

Wie betäubt erhob sich Uli. »Wir müssen sofort den Rettungsdienst anrufen.«

Langsam, wie in Trance, versuchte Uli die 112 zu wählen. Ungeduldig entriss ihm Siggi das Handy und informierte die Leitstelle, dass man im Hinterhof des Stadtschreiberhauses eine schwerverletzte Person aufgefunden habe.

Es dauerte keine zehn Minuten bis der Rettungswagen eintraf. Der Notarzt und sein Assistent sprangen aus dem Auto und rannten zu dem Verletzten. Noch während er ihn untersuchte, fragte der Arzt, was man von dem Mann und möglichen Gründen für seine Verletzungen wisse.

Siggi erklärte, so gut es seine Nerven zuließen, was er gesehen und gehört hatte.

»Dann müssen wir sofort die Polizei benachrichtigen. Es könnte sich um ein Verbrechen handeln.« Der Notarzt rief die Polizei an und setzte seine Untersuchung des bewusstlosen Opfers fort.

Keine fünf Minuten später traf ein Kommissar von der Bergen-Enkheimer Polizeistation beim Tatort ein. Die beiden Freunde redeten aufgeregt auf ihn ein und schilderten, was passiert war. Der Beamte bückte sich, um den schwerverletzten Sven zu betrachten. »Da muss die Kripo ran. Ich ruf das Präsidium an«.

Uli und Siggi blickten bestürzt. Hoffentlich kam nicht der von ihnen so gar nicht geschätzte Hauptkommissar Khalil Saleh, der ihnen schon im Frühjahr das Leben zur Hölle gemacht hatte.

Der Notarzt drängte zur Eile: »Der Patient muss sofort in die Unfallklinik, ich kann nicht länger warten.« Zusammen mit seinem Assistenten legte er Sven vorsichtig auf eine Trage, als wieder ein Martinshorn ertönte und kurz darauf ein Streifenwagen vorfuhr. Fast zeitgleich traf der Pizzadienst ein.

»Sie bleiben auch hier, bis Sie vernommen wurden«, herrschte der Polizist den verdutzten Pizzaboten an.

Weitere Sirenen durchschnitten die abendliche Stille. Plötzlich erstarb die allgemeine Hektik. Mit gebieterischen Schritten betrat Kommissar Khalil Saleh den Tatort.

Seine Augen wurden schmal, als er den Wirt erblickte. »Sie schon wieder, Herr Reinhold«, sagte Khalil Saleh. »Sind Sie in diesen Fall verwickelt?« Auf das mit einiger Verzögerung kommende Nicken von Uli, warf er einen scharfen Blick zu Siggi. »Dann wird das sicher auch Sie betreffen, nehme ich mal an. Ich kann es nicht glauben. Sobald ich mir einen Überblick verschafft habe, begleiten Sie beide mich augenblicklich ins Präsidium.«

»Ich kann nicht länger warten. Wir müssen den Verletzten dringend in die Unfallklinik in der Friedberger Landstraße bringen, sonst ist er tot, bevor wir ankommen.« Langsam verlor der Notarzt die Geduld.

»Lassen Sie mich bitte nur einen kurzen Blick auf den Geschädigten werfen«. Saleh wollte das Opfer noch am Tatort sehen. Rasch und mit geübten Griffen legte er die kritischen Stellen frei. Er schnupperte intensiv am Mund des Verunglückten und meinte: »Hoher Alkoholpegel.« Dann wandte er sich an den Notarzt. »Das brauche ich Ihnen ja nicht sagen, dass der Blutalkoholwert gemessen werden muss.«

Die inzwischen angekommene Spurensicherung machte ebenfalls erste Fotos und untersuchte den Bewusstlosen.

»Sie können ihn abtransportieren, ich komme später in die Klinik«, informierte Saleh den Arzt.

»Sie brauchen sich nicht zu beeilen, Herr Kommissar. Das Opfer wird für längere Zeit nicht ansprechbar sein, das kann ich jetzt schon sagen. Rufen Sie morgen früh an, dann wird man Ihnen sagen können, ob der Patient vernommen werden kann oder nicht.«

»Ich wäre Ihnen dankbar, wenn Sie der Notaufnahme sagen könnten, dass sie weitere Fotos von den offensichtlichen Verletzungen machen sollen. Das könnte unsere Untersuchungen vereinfachen.«

Der Arzt murmelte etwas Unverständliches, sprang dann in den Wagen und verschwand mit lautem Sirenengeheul in den engen Gassen von Bergen.

Die Spurensicherung hatte inzwischen einen Sichtschutz vor das schmiedeeiserne Hoftor gespannt und die ersten erkennungsdienstlichen Ermittlungen durchgeführt.

Uli und Siggi sahen sich an. Sie hatten bereits im Frühjahr eine ähnliche Situation erlebt.

»Hat uns das Schicksal nicht schon genug gestraft in diesem Jahr«?, fragte Uli mit brüchiger Stimme. »Was hast du mit Sven gemacht? Hast du ihn vor Eifersucht vom Gerüst gestoßen?«

Siggi war noch immer nicht in der Lage, die Situation richtig zu verstehen. Er hielt sich am Gartenzaun fest und schaute starr in die Luft. Eben war es noch ein aufregendes Spiel für ihn gewesen. Er und Sven waren gerade dabei, sich näher kennenzulernen. Was war geschehen, als sich Sven vom Fenster auf das Gerüst gehangelt hatte, und was war der Grund für seinen Sturz in den Hof? War er aufgrund des Weins unvorsichtig gewesen und ausgerutscht? Und welche Bedeutung hatte das vorausgegangene Geräusch? Hatte etwa Uli seine Finger im Spiel gehabt? Er schaute seinen Freund an. Der aber war sichtlich so am Boden zerstört, dass Siggi sich nicht vorstellen konnte, dass er Sven vom Gerüst gestoßen hatte. Außerdem hatte Uli gerade in dem Augenblick geklingelt, als Sven fiel. Das wäre zeitlich gar nicht möglich gewesen. Noch bevor er seine sich überschlagenden Gedanken ordnen konnte, platzten die Worte von Hauptkommissar Khalil Saleh in seine wirren Überlegungen.

» Ich hatte sehr gehofft, dass mir weitere Begegnungen mit Ihnen in Zukunft erspart blieben.« Salehs Sarkasmus war unüberhörbar. »Aber so wie es aussieht, legen Sie es darauf an, von mir betreut zu werden, nicht wahr?« Dabei schaute er beide abschätzig an. Er hatte nicht vergessen, dass er sich bei der Klärung des letzten Falls mit den beiden nicht gerade mit Ruhm bekleckert hatte.

Uli fasste sich als Erster. »Glauben Sie mir, auch wir hätten gerne auf ein erneutes Zusammentreffen mit Ihnen verzichtet. Aber seien sie versichert, dass zumindest ich in diesem Fall überhaupt keine Rolle spiele. Ich kam erst ins Haus, als Sven schon wie tot am Boden lag.«

»So, so, Sie kannten das Opfer offenbar so gut, dass Sie sich duzten. In welchem Verhältnis standen Sie denn zu ihm?« Schmallippig kam die Frage vom Kommissar.

»Herr Heumüller war ein flüchtiger Bekannter von mir, weiter nichts. Ich habe keinerlei intime Beziehung zu ihm.«

»Das heißt also, dass dieser Herr auch schwul ist, oder besser gesagt war, denn wer weiß, ob er mit den schweren Verletzungen die Nacht überlebt«, schlussfolgerte der Kommissar.

Saleh war bei seinen Ermittlungen also wieder im homosexuellen Milieu gelandet. Er schüttelte sich leicht. Nur nicht anmerken lassen, dass er diesem Milieu keine große Sympathie entgegenbrachte. Er dachte dabei an die Strafpredigt, die ihm die ehemalige Polizeipräsidentin Annalene Waldau einmal gehalten hatte, als sich ein Verdächtiger beschwert hatte, er hätte sich wegen seiner geschlechtlichen Orientierung von Saleh abschätzig behandelt gefühlt. Heute kämpfte die Polizeipräsidentin um ihre Wiedereinsetzung, nachdem man sie wegen eines auch in seinen Augen leichten Vergehens auf ein Abstellgleis geschoben hatte.

Ihre Neider, die ihr den einflussreichen Posten nicht gönnten, mussten damals wohl in der Mehrzahl gewesen sein. Und auch er hatte dazu beigetragen, dass sie ihren Job verlor, wenngleich er das nicht aus eigenem Antrieb, sondern auf Anweisung seiner Vorgesetzten hatte durchziehen müssen. Dabei hatte sie ihm leidgetan. Er hatte sich aber zusammengerissen und seine Sympathie für sie nicht gezeigt.

Trotz der fortgeschrittenen Zeit ließ es sich Saleh nicht nehmen, die beiden Hauptverdächtigen mit aufs Polizeipräsidium zu nehmen und eine erste Befragung durchzuführen. Zuerst knöpfte er sich Uli vor.

»Schildern Sie alles, was Sie von dem Vorfall wissen!«

»Zu dem Vorfall kann ich Ihnen gar nichts sagen, weil ich erst ankam, als Sven, also Herr Heumüller, schon vom Gerüst gestürzt war«. Uli bemühte sich, seine Stimme fest klingen zu lassen

»Was wollten Sie eigentlich zu dieser Zeit in Bergen? Ist doch ein ganzes Stück von Ihrem Lokal in Sachsenhausen entfernt?«

Uli zögerte einen Augenblick, bevor er antwortete. Einerseits wollte er nicht als eifersüchtiger Trottel dastehen, der seinem Liebhaber nachspioniert, andererseits wollte er nicht lügen, denn er war ein schlechter Lügner. Schlimmer noch, selbst wenn er einmal log, konnte es durchaus passieren, dass er sich seine selbstgestrickten Geschichten nicht merken konnte. Und daher hatte er sich schon mehrfach mit zusammengeschusterten Ungereimtheiten krachend blamiert. Auch angesichts der Tatsache, dass Siggi gleich nach ihm vernommen werden würde und der Kommissar dann gnadenlos seine Aussagen mit denen von Siggi vergliche, zog er es vor, bei der nackten Wahrheit zu bleiben.

»Ich wollte sehen, was mein Bekannter Sven so treibt. Dass Herr Ranke dort war, wusste ich nicht.«

»Und was glauben Sie, wollte ihr Lebenspartner bei Herrn Heumüller? Händchen halten und Tee trinken? Hatten Sie Herrn Heumüller mitgeteilt, dass Sie ihn besuchen wollten?«

Uli wollte sich auf keinen Fall provozieren lassen. Natürlich war er nach Bergen-Enkheim gefahren, weil er geahnt hatte, dass Siggi bei Sven war. Siggi aber hatte sein Mobiltelefon ausgeschaltet gehabt, weil, wie Uli mutmaßte, er unlautere Absichten gehabt hatte und nicht von Uli angerufen werden wollte. An diesem ganzen Elend war also wieder einmal Siggi schuld. Sein Groll auf Siggi wuchs.

»Nein, ich hatte Herrn Heumüller nicht gesagt, dass ich vorbeikommen wollte. Ich hatte mein Lokal schon geschlossen, weil die letzten Gäste relativ früh gegangen waren, und ich dachte, ich könnte das ausnutzen, um Herrn Heumüller noch einen kurzen Besuch abzustatten.«

»Schon etwas merkwürdig! Normalerweise kündigt man seinen Besuch doch an. Ich will Ihnen mal sagen, wie die Situation wirklich war: Sie sind in das Stadtschreiberhaus gefahren, weil Sie ahnten, dass Ihr Freund Ranke Herrn Heumüller dort getroffen hat und die beiden hinter Ihrem Rücken ein sexuelles Abenteuer hatten. Stimmt's? Soweit ich es verstanden habe, gehört Herr Heumüller der gleichen Fraktion an wie Sie, oder?«

Da war er wieder. Dieser herablassende, ehrabschneidende Ton, den der Kommissar für die Homosexuellen reserviert hatte und den Uli so hasste.

Uli fühlte sich in die Enge getrieben. Es war spät, er war erschöpft und von dem tragischen Unglück mit Sven schwer mitgenommen. Sein Gehirn signalisierte ihm, dass es zu müde war, um sich irgendwelche Ausreden auszudenken.

»Ja, es stimmt, ich wollte wissen, ob mein Freund Siggi bei Herrn Heumüller ist.«

»Warum nicht gleich so? Und nun erzählen Sie mal, wie Sie nach Bergen-Enkheim gekommen sind und was Sie dort im Haus des Stadtschreibers vorgefunden haben.«

Uli blickte erst hilfesuchend an die Decke, ob ihm von oben eventuell eine gütige Macht beistehen würde. Dann fing er sich und blickte Saleh gerade in die Augen. »Ich bin mit meinem Auto zum Parkplatz an der Schelmenburg in Bergen gefahren, habe dort geparkt, bin dann in das Lokal gegangen, wo ich vor ein paar Tagen mit Herrn Heumüller zu Abend gegessen hatte. Ich wollte sehen, ob er zufällig dort war. Sie können den Wirt befragen, der wird Ihnen bestätigen, dass ich da war. Dann bin ich zu Fuß zu seinem Haus gegangen. Als ich dort klingelte, öffnete Herr Ranke zu meiner Überraschung die Haustür und sagte mir, dass er gerade einen Schrei und ein Geräusch gehört habe, als wäre etwas auf den Boden des Hofes gefallen. Wir sind dann beide sofort hingelaufen, und da sahen wir Herrn Heumüller in einer Blutlache auf dem Boden liegen.«

Uli wischte sich über das Gesicht. Ihm kam diese ganze Situation so unwirklich vor. Seine Stirn zog sich nach oben, seine Augen wurden groß, das Gesicht verharrte reglos. Er hatte das Gefühl, aus sich heraus zu treten und die Szene wie von Ferne zu erleben.

»Dann ist es ja klar, Ihr Freund Siggi hat Herrn Heumüller aus dem Fenster gestoßen.«

»Nein, nein!« Uli erwachte aus seiner kurzen Absence. »Siggi wollte ihn sicher nicht ermorden. Nein, das glaube ich nicht. Er sagte mir, dass Sven vor seinem Sturz ein Geräusch von draußen gehört hätte und deshalb auf das Gerüst geklettert sei. Und im selben Augenblick, als Siggi einen Schrei und den Aufprall im Hof hörte, hätte ich an der Tür geklingelt. Er hat mir aufgemacht und dann rannten wir beide zusammen in den Hof. Sven lag auf dem Boden und das Blut lief nur so aus ihm heraus. Es war schrecklich«, Uli war leichenblass, und ein Zittern ließ seinen ganzen Körper erbeben. »Mehr kann ich Ihnen nicht sagen.«

»Na, das werden wir morgen früh überprüfen. Sie können jetzt gehen. Sie dürfen aber die Stadt nicht verlassen und müssen sich jederzeit zu weiteren Befragungen bereithalten. Auf Wiedersehen, Herr Reinhold.«

Uli erhob sich benommen. Auf dem Weg nach draußen sah er, wie Siggi von einem Polizisten zum Kommissar geführt wurde. Uli warf ihm nur einen müden Gruß zu. »Bis später«.

Siggi ging es nicht gut. Der Wein, den er bei Sven auf nüchternen Magen getrunken hatte, machte ihm zu schaffen. Hoffentlich würde er sich nicht übergeben müssen. Er schluckte mehrfach, um die ätzende Säure zurückzudrängen, die ihm die Speiseröhre hochkroch. Es war nicht das erste Mal, dass er diese Schmerzen hatte. Ob er nicht doch einmal eine Magenspiegelung machen sollte? Sein Vater war schließlich an Leberkrebs gestorben, ausgehend von einem nicht erkannten Magenkarzinom.

»Einen Kaffee, Herr Ranke«? Saleh zeigte sich zunächst von seiner netten Seite. Auch ihm ging es nicht gut. Da hatte er noch im Frühjahr mit diesen beiden Typen den Mordfall mit dem Bestatter aus Sachsenhausen an der Backe gehabt und jetzt war dieses Duo Infernal schon wieder im Fokus seiner Ermittlungen. Was hatte er getan, dass nun ausgerechnet diese beiden schwulen Typen wieder als Tatverdächtige vor ihm standen? Genervt blickte er auf Siggi.

»Könnte ich statt des Kaffees vielleicht ein kaltes Wasser, möglichst ohne Sprudel, haben?« Siggi hatte auf einmal einen mächtigen Durst.

»Wir sind hier kein Gemischtwarenladen! Es gibt nur Wasser mit Sprudel.« Saleh bellte die Worte harsch heraus.

Siggi zuckte zurück. So was Unfreundliches! Dann würde er lieber den Kaffee mit Milch und Zucker nehmen sagte er dem Kommissar.

»Der Kaffeeautomat ist kaputt. Es gibt nur schwarzen Kaffee«, erwiderte Saleh.

»Dann halt in Gottes Namen das Wasser mit Sprudel, aber bitte kalt!« Siggi war beleidigt, dass seine kleinen Wünsche so gar kein Gehör fanden.

»Herr Ranke, lenken Sie nicht dauernd ab. Woher kannten Sie Herrn Heumüller, und aus welchem Grund waren Sie heute bei ihm?«

Siggi hatte die Zeit während Uli vernommen wurde dazu genutzt, sich eine für ihn vorteilhafte Version des Geschehens auszudenken. Vor allen Dingen wollte er dieses Mal nicht wieder als derjenige dastehen, der seinen Lebenspartner betrog. Es war keiner bei dem Treffen dabei gewesen, und Sven konnte wegen des Komas derzeit keinen Beitrag zur Aufklärung des Falles leisten.

»Herrn Heumüller hatte ich vor einigen Wochen zusammen mit meinem Lebensgefährten in dessen Lokal in Sachsenhausen kennengelernt, und wir beide fanden ihn sehr sympathisch.«

»Heißt das, dass Herr Heumüller auch schwul ist?«

Siggi fand diese Frage überflüssig, aber wenn es dem Kommissar so wichtig war, dann in Gottesnamen. »Ja, Herr Heumüller ist homosexuell.«

»Gab es einen Grund für Ihr heutiges Treffen?«

»Ich wollte einmal sehen, wie so ein Stadtschreiber wohnt und mich mit Herrn Heumüller über seine Bücher unterhalten.«

»Sie waren also mit Herrn Heumüller verabredet?«, fragte Saleh.

Siggi zögerte. Wenn sie sein Handy untersuchten, käme heraus, dass er nicht mit Sven telefoniert hatte.

»Nein, ich bin aufs Geratewohl zu ihm gefahren. Ich wusste nicht, ob er zu Hause war.«

»Um wieviel Uhr trafen Sie ihn zu Hause an, und was haben Sie dort gemacht?«

»Ich war so um neun Uhr abends bei ihm. Wir haben uns über alles Mögliche unterhalten, einen Wein getrunken und später eine Pizza bestellt.« Siggi versuchte, seine Stimme so unbefangen wie möglich klingen zu lassen. »Bis wir plötzlich ein Geräusch hörten, das anscheinend von dem Gerüst kam. Herr Heumüller fand das verdächtig und kletterte aus dem Fenster des Wohnzimmers. Das Nächste was ich hörte, waren ein kurzer Schrei und ein Schlag. Gerade in diesem Moment klingelte es. Ich rannte zur Haustür, und dort stand mein Freund, Herr Reinhold. Damit hatte ich nun gar nicht gerechnet. Zusammen liefen wir in den Hof. Dort fanden wir Herrn Heumüller reglos in einer Blutlache vor. Der Kopf sah schrecklich aus. Wir waren völlig entsetzt. Wegen der schweren Verletzungen wagten wir nicht, ihn anzurühren und haben sofort die 112 gerufen. Wir mochten ihn doch beide sehr.« Siggis Stimme bebte.

»Wollen Sie mich für blöd verkaufen? Sie und Ihr Freund Herr Reinhold treffen sich rein zufällig bei Herrn Heumüller und dann fällt dieser unvermutet aus dem Fenster? Das können Sie Ihrer Großmutter erzählen.« Saleh machte sich schnaubend Luft. »Wie ich vorhin von Herrn Reinhold gehört habe, war er auch nicht mit Herrn Heumüller verabredet. Was also trieb Sie beide heute ausgerechnet zu ihm? Ich kann es Ihnen sagen! Sie, Herr Ranke, wollten mal wieder ein falsches Spiel hinter dem Rücken ihres Lebenspartners treiben, nicht wahr? Aber dem schwante, was Sie vorhatten, und nachdem Sie schlauerweise Ihr Handy ausgeschaltet hatten, hatte er noch mehr Grund, Ihnen zu misstrauen. Er beschloss, Sie in flagranti zu ertappen. Dann gab es Streit, und in dessen Verlauf haben Sie Herrn Heumüller aus dem Fenster gestoßen.«

Siggi sprang vom Stuhl hoch. »Wie kommen Sie dazu, mir eine solche Ungeheuerlichkeit zu unterstellen? Wir haben beide Herrn Heumüller verehrt, Sie, Sie, Sie Wortverdreher. Sie ticken wohl nicht richtig«, schrie er mit überschnappender Stimme und schlug die Faust auf den Tisch.

Saleh, der Siggis Unbeherrschtheit aus früheren Zeiten zur Genüge kannte, brüllte ihm entgegen: »Setzen Sie sich und mäßigen Sie Ihren Ton, sonst zeige ich Sie wegen Nichtachtung der Staatsgewalt an.«

Siggi sank in seinen Stuhl zurück. Er wollte nicht wieder ausrasten. Aber er musste dem Kommissar doch sagen, dass er mit dem Sturz von Sven nichts zu tun hatte.

Saleh hatte genug für diese Nacht. Morgen würde er sich von der Spurensicherung einen genauen Abgleich der Fingerabdrücke geben lassen. Dann würde man ja sehen, was von den Lügengeschichten dieser beiden Kerle übrigblieb.

»Für heute sind wir fertig. Sie müssen sich aber in den kommenden Tagen zu unserer Verfügung halten. Und jetzt gehen Sie mir endlich aus den Augen.«

»Nichts lieber als das«, murmelte Siggi und machte sich auf den Weg. Jetzt musste er auch noch mitten in der Nacht ein Taxi nehmen, um sein Auto in Bergen-Enkheim abzuholen. Wäre er doch niemals auf die Idee gekommen, Sven wegen seiner Schwäche für Uli die Leviten zu lesen. Was hatte er sich nur dabei gedacht, und warum fühlte er sich dann selbst von Sven so angezogen, dass er leichtsinnigerweise bereit gewesen war, seinen Freund und Lebensgefährten Uli trotz seiner Treueschwüre mit Sven zu betrügen? Und hatte nicht auch Sven eine gewisse Bereitschaft für ein Abenteuer mit ihm gezeigt? Gott sei Dank war es nicht so weit gekommen, sonst hätte man seine DNA-Spuren bei Sven nachweisen können.

Es war schon spät in der Nacht, als Siggi im *Kleinen Wirtshaus* die Treppen zur gemeinsamen Wohnung im ersten Stock hinaufging.

Uli saß auf der Couch und blickte Siggi mit leerem Gesicht entgegen. Wortlos ließ sich Siggi neben ihm nieder. Nach einer Weile raffte sich Uli auf und goss sich und Siggi einen Whisky ein. »Wir müssen zusammenhalten, Siggi. Wir dürfen uns nicht gegenseitig fertigmachen. Ich hab dem Sven nichts getan.«

»Das weiß ich doch, aber ich war es auch nicht«, erwiderte Siggi und blickte dem Freund fest in die Augen. Eine Pause entstand.

»Kannst du dich noch an das erste Mal erinnern, als Sven zu uns kam?« Uli dachte bedrückt an das erste Treffen mit dem jetzt mit dem Tode ringenden Freund. »Ich weiß noch ganz genau, wie ich ihn das erste Mal gesehen habe.«

»Ja, ich weiß es auch«, unterbrach ihn Siggi. »Und er war uns beiden auf den ersten Blick sympathisch. Dir anscheinend noch mehr als mir, denn du konntest ja kaum die Augen von ihm lassen.«

»Ach Siggi, lass das doch jetzt. Er war einfach ein toller Kumpel und hat mich ein bisschen in seine Welt der Bücher eingeführt. Es hat mir gefallen, weil es etwas Neues für mich war.«

Beide seufzten tief, tranken einen Schluck Whisky und dachten voller Wehmut an den Abend, als sich Sven das erste Mal in

Ulis Kneipe verirrt hatte. Jeder hing seinen eigenen Gedanken nach, denn beide wollten nicht ganz mit der Wahrheit über ihre jeweils separaten Treffen mit Sven herausrücken, weil sie zu Recht fürchteten, dass dies ihrem Zusammenleben schaden würde.

»Ich weiß noch, wie ich Sven das erste Mal am Tresen stehen sah. Du warst nicht da, und der Laden war noch leer.«

Uli und Siggi versanken, jeder für sich, in ihren Erinnerungen.

Kapitel 2

Nur zwei Gäste hatten an dem Abend des Kennenlernens an der Theke gesessen. Ein seltsam stummer Gast, der Uli den Rücken zugekehrt, still sein Pils getrunken hatte und anscheinend keinen Kontakt wünschte und ein junger Mann, eben dieser Sven, der Uli in ein interessantes Gespräch über die Möglichkeiten verwickelt hatte, wie man sich am schnellsten einen Rausch antrinkt. Er hätte das für sein neues Buch mit dem Titel »Vollrausch«, das demnächst veröffentlicht würde, ausprobiert und wäre zu dem Schluss gekommen, dass Bier und Wodka in entsprechenden Mengen die richtige Mischung war, sich binnen kürzester Zeit die Kante zu geben. Daraufhin hatte Uli gemeint, dass es mit Tequila noch schneller ginge. Man solle aber auf jeden Fall bei einer Sorte Hochprozentigem bleiben, damit einen die Kopfschmerzen am nächsten Morgen nicht in den Wahnsinn trieben. Uli wusste noch, dass er sich gewundert hatte, warum sein Gesprächspartner ausgerechnet über Alkoholexzesse schreiben wolle.

»Ich wollte verstehen, warum und auf welche Art sich mein bester Freund um den Verstand gesoffen und Frau und Kinder mit ins Elend gerissen hat. Was ist das Tolle an einem Rausch? Mir jedenfalls hat sich dieser Zustand des geistigen Wegtretens nicht erschlossen. Ich habe dieses Suchtpotential bei mir nicht entdeckt, obwohl ich auch mal gerne einen trinke. Jetzt hat mein Freund es wenigstens geschafft, zeitweise von seiner jahrelangen Alkoholabhängigkeit loszukommen. Er geht allerdings in einer Suchtklinik ein und aus. Bis heute ist ihm der endgültige Absprung in ein alkoholfreies

Leben, oder wenigstens kontrolliertes Trinken, nicht gelungen. Ich wundere mich, dass seine Frau ihn nicht schon längst vor die Tür gesetzt hat.«

Uli hatte sich jedes seiner Worte gut gemerkt. Noch mehr als die Worte des Erzählers hatten ihn aber die vollen Lippen seines Gegenübers hingerissen und dessen lange schwarzen Wimpern, die ein Paar äußerst wacher graublauer Augen überdeckten. Was hatte der Mann nur an sich, dass er an sich halten musste, ihn nicht wie ein verliebtes Kalb anzuhimmeln? Es war ihm geradezu peinlich. Er senkte den Blick und begann unnötigerweise den Tresen mit einem Lappen zu wienern.

»Wie kommen Sie eigentlich nach Frankfurt? Sie haben doch einen rheinischen Zungenschlag.« Uli war sich fast sicher, dass der Gast aus der Kölner Gegend kam.« Auf das literarische Schaffen seines Gastes ging er nicht ein.

»Ich stamme aus Köln, besser gesagt aus Köln-Rodenkirchen, und bin der aktuelle Stadtschreiber von Bergen. Stand in allen Frankfurter Zeitungen.«

Bei diesen Worten bewegte er seine schönen schmalen Hände, die offensichtlich noch keine schweren Handarbeiten erfahren hatten, wie ein Schauspieler und untermalte seine Sätze mit einer gewissen Grazie, oder war es nicht sogar eine gewisse Affektiertheit?

Uli war sich plötzlich sicher, dass dieser Mann, genauso wie er und Siggi, nicht zur heterosexuellen Gattung gehörte. Er hütete sich aber, seine Vermutung in Worte zu fassen. Das sollte derjenige selbst entscheiden, ob er es publik machte oder nicht.

Stadtschreiber von Bergen? Uli kannte den Vorort von Frankfurt, zumindest dem Namen nach. Wahrscheinlich war er auch schon einmal dort gewesen. Aber Sachsenhausen hatte die besseren Kneipen und Restaurants, so meinte er jedenfalls, und es gab keinen Grund, die dortige Szene zu erkunden. Als alteingesessener Sachsenhäuser hatte er nur vage einmal von der Existenz dieses Stadtschreibers gehört. Sein Interesse an der Literatur erschöpfte sich im Lesen knallharter Thriller, die ihm den notwendigen Ner-

venkitzel bei seiner meist spätabendlichen Bettlektüre verschafften. Aber diesen Mann, diesen Stadtschreiber, fand er faszinierend.

Das hatte auch sein Freund Siggi gleich bemerkt, der gerade durch die Tür des Lokals trat und sofort sah, wie sehr Uli an den Lippen des jungen Mannes hing.

»Na, wen haben wir denn da?«, mischte sich Siggi ungeniert und unaufgefordert in das Gespräch, obwohl er sich durch eine Erkältung ziemlich angeschlagen fühlte.

Uli ärgerte sich über die Unterbrechung, und gleichzeitig kam er sich ertappt vor. Gerade jetzt, wo er sich so eindringlich mit dem attraktiven jungen Mann unterhielt, wollte er nicht, dass ihm Siggi in die Quere kam.

Aber die neuen Gäste, die bereits ungeduldig darauf warteten, dass sie bedient wurden, verlangten seine ungeteilte Aufmerksamkeit. Er musste sich förmlich losreißen und bedachte Siggi mit einem misstrauischen Blick.

Unter den Neuankömmlingen befand sich auch Florian Wilson, der junge Polizist, der damals viel für Uli getan hatte. Damals, als er unter Mordverdacht stand und Florian, aus dem zuständigen Revier Sachsenhausen, von dem ermittelnden Hauptkommissar zur Aufklärung im Mordfall Alexander Wienhold hinzugezogen wurde. Uli mochte Florian, aber heute war er nicht zu einem Plausch mit ihm bereit. Er übersah ihn geradezu.

Siggi nutzte Ulis Geschäftigkeit und unterhielt sich jetzt seinerseits sehr intensiv mit dem Stadtschreiber von Bergen. Doch immer, wenn Uli eine freie Minute hatte, lehnte er sich über die Theke und mischte sich in das Gespräch ein.

»Ich kenne bisher nur wenige Leute in Frankfurt. Sie könnten mich doch beide einmal in Bergen besuchen und ich zeige Ihnen das originelle Stadtschreiberhaus. Leider wird es derzeit von außen renoviert und ist eingerüstet. Aber innen ist es sehr gemütlich eingerichtet. Danach könnten wir in das urige Lokal neben dem Heimatmuseum gehen. Der Wirt ist ein netter Mann. Man kann dort noch relativ preiswert essen und trinken.« Offensichtlich war

dem Stadtschreiber sehr daran gelegen gewesen, Uli und Siggi nach Bergen zu locken.

Uli hatte sofort seine Chancen wahrgenommen. »Morgen ist Samstag und mein freier Tag. Ich könnte Sie dort treffen. Siggi, dir wird wohl leider nichts anderes übrigbleiben, als deine Erkältung auszukurieren. Du willst doch sicherlich den Mann nicht anstecken, oder? Schade für dich. Am besten legst du dich früh ins Bett und schwitzt schön alles aus. Einen Abend kann ich dich doch mal alleine lassen.« Uli bemühte sich, seine Schadenfreude nicht allzu offensichtlich zu zeigen.

Siggi hatte resigniert genickt. »Ja, du hast völlig recht. Meine arme Nase muss sich erst einmal wieder erholen. Vom vielen Naseputzen ist sie ganz wund. Ich werde mir eine Salbe auftragen.«

Sein enttäuschter Blick traf den jungen Mann und notierte auch das leichte, triumphierende Lächeln auf Ulis Gesicht.

»Wir wissen noch gar nicht, wie Sie heißen?« Uli wollte sich wenigstens nicht blamieren, wenn er den Schriftsteller in dem Lokal in Bergen traf und ihn nicht beim Namen nennen konnte.

»Mein Name ist Sven Heumüller. Wir können uns, wenn es euch recht ist, auch duzen.«

Uli und Siggi war das sehr recht gewesen.

»Zahlen!« Der wortkarge Gast am Ende des Tresens meldete sich zu Wort, legte das Geld abgezählt auf seinen Bierdeckel und verließ das Lokal. Uli nahm das Geld und blickte dem schmalen, sportlichen Mann erstaunt nach. Er hatte ihn vollkommen übersehen, so sehr hatte er sich auf Sven konzentriert gehabt.

Nachdem die letzten Gäste das Lokal verlassen hatten, half Siggi schweigend beim Aufräumen, während Uli sich freute, dass ein prominenter Schriftsteller den Weg in sein Lokal gefunden hatte. Als sie endlich zu Bett gingen, streckte Siggi seine Hand nach Uli aus, aber dieser rollte sich zur Seite und murmelte, dass er sich nicht anstecken lassen wolle.

Siggi konnte lange nicht einschlafen. Immer wieder musste er daran denken, wie Uli diesen Sven Heumüller angesehen hatte.

Am meisten ärgerte sich Siggi jedoch darüber, dass er nicht zusammen mit Uli den Schriftsteller in seinem Haus in Bergen besuchen durfte. Sein Ärger schlug in quälende Eifersucht um. Was hatte dieser Mann außer schönen Händen, was er nicht hatte? Uli konnte doch nicht auf Dauer an dessen intellektuellen Ausführungen interessiert sein. Oder doch? War er, Siggi, ihm vielleicht zu ungebildet?

Die Frage, wie sich Uli damals gefühlt haben mochte, als er ihn wegen der heißen Affäre mit seinem heimlichen Liebhaber Sascha ziemlich vernachlässigt hatte, diese Frage hatte er sich nicht gestellt.

In dieser Nacht, als ihm alle Felle wegzuschwimmen drohten, fiel ihm wieder ein, dass er Saschas Vater, der nach dem Tod seines Sohnes in der Psychiatrie gelandet war, versprochen hatte, sich um ihn zu kümmern. In der Dunkelheit der Nacht beschloss Siggi, sein Versprechen wahr zu machen und Jean-Paul Wienhold demnächst zu besuchen.

Schließlich gestand sich Siggi ein, dass er den Schriftsteller auch anziehend fand. Mit diesem Gedanken fiel er endlich in einen unruhigen Schlaf.

Nach einem gemeinsamen Frühstück, das recht einsilbig verlief, weil Siggi festgestellt hatte, dass sich Uli, offensichtlich in Vorbereitung auf seinen Besuch in Bergen, sehr lange geduscht und sorgfältig angezogen hatte, machte er sich lustlos auf den Weg zur nächsten Apotheke.

Als Uli am späten Nachmittag am Haus des Stadtschreibers mit dem schönen Straßennamen »An der Oberpforte« klingelte, öffnete Sven so schnell die Tür, dass Uli glaubte, er hätte hinter dem Fenster gestanden und auf ihn gewartet.

Sven zeigte ihm das Haus, in dem vor ihm schon viele und sehr renommierte Schriftsteller gewohnt hatten. Darunter auch Herta Müller, die 1995 Stadtschreiberin von Bergen war und der 2009 der Nobelpreis für Literatur verliehen wurde. Von allen Stadtschreibern fand er sie aus dem einen Grund am besten, weil sie die präziseste Darstellung des menschlichen Leids gefunden hätte, die den Leser im Innersten erschüttert, ohne dabei sentimental zu werden. Und dann bewundere er den Dresdner Dichter Thomas Rosenlöcher für seine heiteren, lakonischen Betrachtungen des Lebens.

Aber auch alle anderen ehemaligen Stadtschreiber wären überaus lesenswert. Im Übrigen sei die Auszeichnung mit zwanzigtausend Euro dotiert und mit dem Wohnrecht im Stadtschreiberhaus verbunden. Das Außergewöhnliche an diesem Preis wäre, dass er dem Schriftsteller keinerlei Verpflichtungen auferlege. Natürlich hätte aber auch der Schriftsteller selbst ein ureigenes Interesse daran, hin und wieder eine Lesung seiner Werke abzuhalten.

Uli, den Literatur nur mäßig interessierte, fühlte sich durch die mit Leidenschaft vorgetragenen Worte von Sven hineingezogen in die Welt der schönen Künste und bedauerte, dass er so wenig darüber wusste. Wobei er sich darüber im Klaren war, dass es nur der faszinierenden Persönlichkeit von Sven zuzuschreiben war, dass er überhaupt solche Gedanken hatte. Es kam ihm wie eine willkommene Bereicherung seines bisherigen Lebens vor. Uli spürte eine magische Anziehungskraft, die von Sven ausging. Wie sollte er das Siggi erklären? Er wollte auf keinen Fall, dass ihre Beziehung durch seine Leichtfertigkeit gefährdet wurde. Dafür hatten sie in den letzten Monaten zu viel mitgemacht, und diese Erfahrung hatte sie endlich richtig zusammengeschweißt. Außerdem hatte ihm Siggi das Leben gerettet. Denn wenn Siggi damals nicht sein eigenes Leben aufs Spiel gesetzt hätte, wer weiß, wie der Mordanschlag auf ihn ausgegangen wäre. Er wäre mausetot und könnte sich die Radieschen von unten betrachten.

Sie saßen an einem kleinen Tisch in der urigen Kneipe neben dem Heimatmuseum in Bergen und unterhielten sich angeregt. Sven hatte von den tollen Rumpsteaks des Lokals geschwärmt. Daraufhin hatten sich beide eins bestellt. Uli war überrascht, wie schmackhaft und auf den Punkt gegart das Fleisch war. Wie sie vom Wirt hörten, war es seine Frau, die die Rumpsteaks zubereitete. Er musste sich eingestehen, dass die Rumpsteaks seiner Köchin Alina nicht besser waren. Auch die dazu gereichten Pommes und der frische knackige Salat trafen seinen Geschmack. Er musste öfter mal auswärts essen, nahm er sich vor. Was ihn allerdings dabei störte, war, dass immer er die Zeche zahlen musste. Bei Siggis mäßigem Talent als Immobilienmakler war ständig Ebbe in dessen Portemonnaie. Uli wusste auch nicht, wofür Siggi sein Geld ausgab. Selbst jetzt, da Siggi bei ihm wohnte und keine Miete zahlte und sich auch selten an den Kosten für Lebensmittel beteiligte, wunderte er sich, warum sein Freund immer mit leeren Taschen dastand. Manchmal konnte er sich des Gedankens nicht erwehren, dass ihn Siggi ausnutzte. Uli hing einen Augenblick seinen unguten Gedanken nach. Jetzt aber wollte er nicht daran denken. Jetzt wollte er sich weiter mit Sven unterhalten. Es war ihm, als hätte er einen Gleichgesinnten gefunden, mit dem er seine innersten Gedanken austauschen konnte. Keiner von beiden hatte das Wort homosexuell ausgesprochen, aber es lag in der Luft. Sie mussten nur danach greifen.

Versonnen schweifte sein Blick zur Theke. Einen Augenblick verweilte er auf dem abgewandten Gesicht eines Gastes, der ihm irgendwie bekannt vorkam und der gerade einen großen Schluck aus seinem Glas nahm. In diesem Moment legte Sven seine Hand leicht auf Ulis Arm. Diese Berührung elektrisierte Uli so sehr, dass sich seine Überlegungen zu dem Mann augenblicklich verflüchtigten. Seit Stunden saß er mit Sven in der kleinen Vorstadtkneipe und fand kein Ende. Es waren nur noch wenige Gäste da, und Uli spürte, dass er jetzt gehen musste. Siggi wunderte sich sicher schon, wo er bliebe.

»Zeit zu gehen. Ich muss jetzt wirklich nach Hause. Hat mir gut gefallen. Können wir gerne wiederholen. Komm doch die nächsten Tage mal wieder nach Sachsenhausen.« Uli mochte keine hochtrabenden Worte. Aber es war ihm anzusehen, dass er durch die Unterhaltung mit Sven in eine nahezu euphorische Stimmung gekommen war.

Nachdem er sein Auto in Sachsenhausen abgestellt hatte, öffnete er vorsichtig die Haustür und versuchte, sich so geräuschlos wie möglich zu bewegen. Er wollte jetzt keine Vorhaltungen von Siggi hören, wo er sich so lange herumgetrieben hätte. Seine Vorsicht war unnötig. Durch die geschlossene Schlafzimmertür drang lautes Schnarchen. Ein durchdringender Geruch nach Rum waberte durch die Wohnung. Wahrscheinlich hatte sich Siggi eine oder mehrere Tassen mit heißem Grog gemacht, um gegen seine Erkältung anzukämpfen, und lag jetzt benebelt darnieder. Das traf sich gut. Da musste er sein spätes Heimkommen nicht rechtfertigen. Zufrieden legte sich Uli neben Siggi ins Bett. Als dessen Schnarchen allerdings die Lautstärke eines startenden Flugzeugs erreichte, boxte er ihn derb in die Rippen. Mit einem unwilligen Grunzen wälzte sich Siggi schwerfällig auf die Seite.

Den folgenden Sonntag ging es Siggi schon viel besser. Er fühlte sich fit und nahm sich vor, dem schönen Sven auch einen Besuch abzustatten. Allein natürlich.

Am Montag stand er früh auf und ließ Uli schlafen. Dann verdrückte er sich leise, frühstückte beim Bäcker Eifler und schloss dann gut gestärkt sein Büro auf.

Die Luft war muffig. Siggi öffnete die Ladentür, ließ sie offenstehen und betrachtet von außen die Immobilien-Angebote, die er in seinem Schaufenster platziert hatte. Einige Objekte hatte er mit dem Aufkleber »Reserviert« versehen. Neben den realen Angeboten befanden sich allerdings auch einige Fotos und Beschreibungen von Häusern, die er gar nicht zum Verkauf angeboten bekommen hatte. Die Beschreibungen hatte er erstellt, um ein größeres Angebot vorweisen zu können. Bei diesen Lückenfüllern setzte Siggi so hohe Preise an, dass er nicht Gefahr lief, darauf angesprochen zu werden. Gestern wie heute war er doch sehr froh über dieses Büro in bester Lage der Schweizer Straße. Es gab ihm das Gefühl, zur Sachsenhäuser Szene dazuzugehören und wichtig zu sein. Wenngleich er sich manchmal fragte, was es eigentlich bedeutete, wichtig zu sein. Ein Anflug von Dankbarkeit und Demut überkam ihn auch bei dem Vorsatz, den er gefasst hatte. Diese Idylle sollte ihm erhalten bleiben. Er und Uli. Er und sein Maklerbüro. Er und Ulis Wirtshaus. Es lief doch gut.

Endlich widmete er sich seiner Post. Allerdings nahm er kaum wahr, was er gelesen hatte. Zu sehr quälte ihn die Angelegenheit Sven Heumüller. Warum wollte Uli dessen langweilige Texte lesen? Die Antwort lag doch klar auf der Hand, darüber war sich Siggi sicher. Er fragte sich, was dieser Schreiberling von einem Sachsenhäuser Kneipenwirt wollte, wenn nicht Sex? Das Wirtshaus war doch eine andere Welt.

Um vierzehn Uhr legte Siggi die Papiere beiseite. Kurz sah er an sich hinunter und beschloss, dass er so gehen konnte. Wie immer steckten seine Beine in mittelgrauen Stoffhosen, deren Stoff sich anschmiegsam und dünn anfühlte.

Zuerst würde er noch den Mittagsimbiss bei seinem Asia-Snack einnehmen. Siggi zog es normalerweise vor, in dem Imbiss einzukehren, wenn die allgemeine Mittagspausenhektik abgeklungen war und er sicher sein konnte, keine mittägliche Laufkundschaft in seinem Büro zu verpassen, die aber sowieso kaum kam. Wenn in dem Grill etwas Ruhe eingekehrt war, blieb er gerne für eine Stunde oder länger dort, schwatzte mit dem Inhaber oder den Gästen und gönnte sich eine Unterbrechung in seinem faden Berufsalltag.

Nach dem Imbiss genehmigte er sich noch eine Siesta in seinem Büro. Er verriegelte die Tür hinter sich und hängte das Schild »Geschlossen« auf. Kurze Zeit später war er fest eingeschlafen.

Die Dämmerung hatte sich bereits breitgemacht, als er wieder aufwachte. Verwundert stellte er fest, dass er mehrere Stunden fest geschlafen hatte. Nachdem er seine Zähne geputzt und sein Aftershave erneuerte hatte, machte er sich auf den Weg nach Bergen-Enkheim. Sein Navigationsgerät fand ohne Mühe die Oberpforte, die Gasse, in der das Stadtschreiberhaus lag. Während der Fahrt ergriffen ihn eine kalte Wut und eine seltsame Ruhe.

Siggi holte tief Luft. Lange hatte er auf die Blechschilder mit den Namen vergangener Stadtschreiber gestarrt und dem Klopfen seines Herzens gelauscht. Endlich hatte er den Mut zu klingeln. Erst nach dem zweiten Mal öffnete sich im ersten Stock ein Fenster und ein verwuschelter Haarschopf beugte sich nach unten.

»Was ist denn?«, fragte der Autor lustlos und leicht genervt. Doch dann schien er ihn als den Freund des Wirtes zu erkennen, während Siggi noch nach einer geeigneten Antwort suchte.

»Ich will mit dir reden.« Das war alles, was Siggi schließlich einfiel.

»Ich komme runter und mach auf. Viel Zeit hab ich aber nicht.« Siggi hatte diese Worte immer noch im Ohr.

»Viel Zeit hab ich aber nicht.« Genauso war es gekommen.

Sven Heumüller hatte Siggi ein Glas Wein vorgesetzt, weil er keinen Kaffee mehr im Haus hatte, wie er sagte. Sich selbst hatte er auch eines eingeschenkt. Wie es Siggi schien, war es wohl nicht sein erstes Glas an diesem Tag. Er betonte aber sogleich, dass er sehr beschäftigt sei, da er sich in einer hektischen Schreibphase befände.

»Man muss die Worte kommen lassen, wenn sie strömen wollen.«

Siggi hörte sich geduldig die Beschreibung des Schaffensprozesses an und ließ den Inhalt des begonnenen Werkes an sich abprallen. Endlich kam auch er zu Wort.

»So geht es nicht weiter.« Der Wein hatte Siggis Zunge gelockert. »Du kannst mir meinen Freund nicht wegnehmen. Lass die Finger von Uli. Lass ihn in Ruhe, ist das klar?«, forderte Siggi lautstark.

»Ach, sei doch nicht so spießig.« Sven fuhr sich durch die Haare. Irritiert durch diese Bewegung befühlte Siggi seine kahle Stelle am Hinterkopf. Sven schien die Geste nicht zu bemerken, obwohl er seine Augen nicht von Siggi lassen konnte. Dieser Blick hatte sich Siggi deutlich eingeprägt.

»Du, ich hab den ganzen Tag kaum etwas gegessen, ich hab Hunger, du auch? Wollen wir uns 'ne Pizza kommen lassen?«

Während Sven telefonierte, versuchte Siggi die behagliche Ausstattung des Stadtschreiberhauses zu inspizieren. Er wollte sehen, ob es irgendwelche Spuren von Uli gab. Seine Blicke waren aber an der schmalen Taille des Schriftstellers hängengeblieben, nachdem sie schon vorher dessen volle Lippen wahrgenommen hatten. Sven schenkte nach. Siggi hatte mitgehört, dass sein Gastgeber noch eine weitere Flasche Wein bei dem Pizzaservice geordert hatte. Schweigend hatten sie getrunken und ihre Blicke ineinander versenkt, bis sie ein lautes Krachen zusammenfahren ließ.

»Was war das?«, hatte Siggi erschreckt gefragt.

»Keine Panik, ich werde nachsehen.«

Das waren Svens letzte Worte gewesen, bevor er das Fenster geöffnet hatte, um auf das Gerüst zu klettern. Es war das letzte Mal, dass ihn Siggi unversehrt gesehen hatte.

Und jetzt, nur wenige Stunden später, waren Uli und er wieder in ihrem fast vertrauten Zustand angekommen, im Fokus polizeilicher Ermittlungen zu stehen.

Siggi erhob sich von der Couch. Er hatte wieder das Geräusch des Aufpralls von Svens Körper im Ohr und rief: »Wer war dieser Kerl, der Sven töten wollte? Uli, hat er dir gegenüber einmal irgendwelche Freunde oder Feinde erwähnt?«

Uli, der durch den Whisky, unbemerkt von Siggi, in einen leichten Schlaf gefallen war, schreckte hoch. »Was ist, was ist los?«

»Mensch, du hast ja geschlafen. Während ich mir Gedanken mache, wer der mörderische Kerl ist, der ihn vom Gerüst gestoßen hat, schläfst du hier seelenruhig ein.« Siggi blickte auf seine Uhr. »Ach Herrje, komm, lass uns ins Bett gehen, es ist ja schon drei Uhr früh. Es bringt nichts, sich um diese Zeit noch verrückt zu machen. Morgen sieht die Welt schon wieder anders aus.«

Bange sagte Uli: »Hoffentlich überlebt Sven diesen Anschlag. Morgen müssen wir unbedingt in der Unfallklinik anrufen und uns über seinen Zustand informieren. Vielleicht können wir ihn ja sogar besuchen.«

Todmüde fielen sie ins Bett und dachten voller Sorge an ihren Freund.

Kapitel 3

Nach der ersten Vernehmung noch am Abend der Attacke auf Sven Heumüller, beorderte Hauptkommissar Saleh die beiden Freunde am nächsten Tag gemeinsam ins Polizeipräsidium, um sie nach weiteren Details des Anschlags auf Sven Heumüller zu befragen. Entgegen seiner üblichen Strategie vernahm er sie beide zusammen. Er sagte ihnen, dass man auf dem Gerüst keine Fingerspuren von ihnen gefunden hätte. Man hätte sie mit den von ihnen im Frühjahr abgenommenen Spuren verglichen und sei nicht fündig geworden. Stattdessen hätte man ganz frische Abdrücke gefunden, die nicht in den Dateien der Kriminalpolizei abgespeichert wären.

»Aber natürlich könnte doch einer von Ihnen Herrn Heumüller hinabgestoßen haben, wenn er sich von hinten angeschlichen hätte. Ganz aus dem Schneider sind sie nicht. Sie stehen beide noch unter Verdacht.« Saleh meinte es ernst.

»Wir können es doch gar nicht gewesen sein«, protestierte Siggi. »Ich bin doch, gerade als Sven abstürzte, zur Haustür gelaufen, weil jemand geklingelt hat und ich zu meinem größten Erstaunen meinen Freund, Herrn Reinhold, dort stehen sah. Er kann das bezeugen. Dann sind wir in den Hof gerannt und sahen Herrn Heumüller dort wie tot liegen und haben sofort den Rettungsdienst angerufen. Außerdem hatte Herr Heumüller Pizza bei der *Pizzeria Mario* bestellt. Wenn Sie sich erinnern können, war der Pizzabote gerade eingetroffen, als Sie auch dort auftauchten. Warum sollte ich es riskieren, den Pizzaboten zum Augenzeugen eines Verbrechens zu machen?« Siggi bemühte sich verzweifelt, Hauptkommissar Saleh seine und Ulis Unschuld zu beweisen.

»Außerdem, welchen Grund hätten wir denn für einen Mord an einem liebgewordenen Freund gehabt?«

»Eifersucht, was sonst«, Saleh war nicht so recht von der Unschuld der beiden Freunde überzeugt, hatte aber keine hieb- und stichfesten Beweise für ihre Schuld. »Haben Sie eine Ahnung, ob Herr Heumüller, der ja aus Köln stammt, irgendwelche Freunde von dort bei sich im Haus des Stadtschreibers zu Besuch hatte?«

»Uns hat er wenig von Köln und seinem Freundeskreis erzählt. Sein Vater ist verstorben und seine demente Mutter lebt in einem Pflegeheim in der Nähe von Köln. Mehr wissen wir von seinen Kölner Kontakten nicht.«

Saleh befragte die beiden noch ausgiebig. Aber es kam nichts Belastendes für die Freunde dabei heraus. Er ärgerte sich. Die Kerle waren nicht zu fassen. Aalglatt entzogen sie sich seinen Anschuldigungen. Er hatte nichts gegen sie in der Hand und musste sie gehen lassen. Für eine Anklage reichte es auf keinen Fall.

Als sie gegangen waren, überlegte er, ob es nicht auch ein Spanner oder Einbrecher gewesen sein könnte.

Das mache aber keinen Sinn, gab er sich selbst zu bedenken. Was hätte ein Einbrecher vom Tod des Stadtschreibers? Doch nur unnötige Scherereien. Aber dass der Täter mit Tötungsabsicht gehandelt haben musste, das konnte er an der Wucht des Aufpralls und der schweren Schädelhirnverletzungen ablesen. Denn ein Fall vom ersten Stock hätte nicht notwendigerweise zu solch traumatischen Verletzungen geführt, wie sie Heumüller aufwies, es sei denn, dass das Opfer mit großer Gewalt zu Sturz gebracht worden wäre. Auf dem Rücken von Heumüller hatte man in der Notaufnahme der Unfallklinik deutlich die Fußabdrücke von Sportschuhen abgebildet gesehen. Da musste schon viel Kraft im Spiel gewesen sein. Eine Untersuchung hatte ergeben, dass es sich dabei um relativ große Schuhe gehandelt hatte. Seine Annahme war, dass der Täter auf dem Gerüst eine Etage oberhalb von Sven gestanden haben musste, sich mit beiden Armen an einer Gerüststange festhielt und ihn dann mit einem wuchtigen Stoß seiner beiden Füße vom Gerüst trat und so in die Tiefe katapultierte.

Natürlich hatte die Polizei auch die Nachbarn von Sven befragt. Von ihnen hatten sie gehört, dass nur wenige Stadtschreiber tatsächlich über längere Zeit in dem Stadtschreiberhaus gelebt hätten. Die meisten Preisträger hätten ja Frau bzw. Mann und Familie und wollten ihren Lebensmittelpunkt nicht für längere Zeit verlassen. Bei Herrn Heumüller sei das aber anders gewesen. Als lediger Mann sei er mit Sack und Pack dort eingezogen, und auch die Nachbarn hätten ihn häufig gesehen und freundlich gegrüßt. Bis zuletzt hätte man allerdings auch kaum Besucher bei ihm ein- oder ausgehen sehen. Mit Ausnahme eines kurzen Besuches von einem Mann. Bei den weiteren Überprüfungen stellte sich heraus, dass es sich hierbei um Uli gehandelt haben musste.

Kapitel 4

Noch vom Polizeipräsidium riefen Siggi und Uli in der Unfallklinik an. Ihnen wurde mitgeteilt, dass Sven mehrfach operiert worden sei und jetzt im künstlichen Koma läge und sicherlich für längere Zeit nicht ansprechbar wäre. Sie sollten aber trotzdem in die Klinik kommen. Man bräuchte Daten von Sven, und aus Mangel an Kontaktpersonen aus der Familie könnten sie vielleicht ein paar Auskünfte über den Schwerverletzten geben.

Als sie in der Unfallklinik eintrafen, wurden sie vom diensthabenden Arzt in Empfang genommen und auf ihren Wunsch auf die Intensivstation gebracht, wo Sven untergebracht worden war. Dr. Huschka teilte ihnen mit, dass man gleich nach Einlieferung eine MRT gemacht hätte und daraufhin, wegen der Blutungen und Schwellungen, direkt anschließend das Gehirn geöffnet hätte. Man wollte verhindern, dass die Schwellungen auf lebenswichtige Gehirnstrukturen drücken. Sonst hätte es zu schwersten körperlichen und psychischen Schäden kommen können. Außerdem hätten sie zwei Orthopäden dabeigehabt, die die vielfältigen Brüche gerichtet hätten. Die Operationen hätten viele Stunden gedauert.

»Sie können Ihren Freund jetzt nicht besuchen, schon gar nicht ohne die entsprechende Schutzkleidung. Aber die Tür zur neurologischen Intensivstation hat ein Fenster. Da können Sie ihren Freund sehen. Der Zweite von links ist es. Nach den diversen Notoperationen, die wir noch gestern Nacht durchgeführt haben, liegt Herr Heumüller jetzt in einem tiefen Koma.

Es wird viele Wochen dauern, ehe er hoffentlich wieder daraus erwacht.«

Voller Mitgefühl sah Dr. Huschka, wie der Anblick des komplett vom Kopf bis Fuß verbundenen Sven die beiden Freunde so erschütterte, dass sie sich gegenseitig stützen mussten.

»So schlimm hatten wir es uns nicht vorgestellt«, Uli konnte kaum glauben, dass dieses leblose Bündel der Sven war, den er kannte.

»Es hat keinen Sinn, dass Sie Ihren Freund jetzt jeden Tag besuchen. Wir haben dafür gesorgt, dass er zum Zwecke der Heilung mehrere Wochen nicht aus dem Koma aufwacht. Erst in einigen Wochen werden wir versuchen, ihn gezielt, d. h. mit Reduzierung der Narkose- und Beruhigungsmittel aus dem Koma aufwachen zu lassen. Wenn Sie ihn in vier Wochen wieder besuchen, ist es früh genug. Und jetzt gehen Sie bitte in die Verwaltung unserer Klinik und sprechen Sie dort mit unseren Leuten, damit man von Ihrem Freund eine ordentliche Krankenakte anlegen kann. Ich muss mich jetzt von Ihnen verabschieden, bin aber jederzeit für Sie zu sprechen«, versprach Dr. Huschka, gab ihnen die Hand und verschwand im Stationszimmer.

»Siggi, wir gehen jetzt in die Verwaltung und versuchen, das Wenige, das wir von Sven wissen, den Leuten dort mitzuteilen.«

Kapitel 5

Der Mordanschlag auf den aktuellen Träger des Berger Stadtschreiberpreises war ein heißes Thema in der Presse. Die literarische Szene war in heller Aufregung. Die Mitglieder der Jury, die den Schriftsteller ausgewählt hatten, wurden unter die Lupe genommen. Sie hatten sich abgesprochen, keine Statements gegenüber der Presse zu geben, um sich nicht angreifbar zu machen. Kommissar Saleh traf beim ersten telefonischen Kontakt mit dem Vorsitzenden der Jury auf so viel Empörung über den unerhörten Verdacht der Polizei, dass er erst einmal klarstellen musste, dass Schriftsteller oder Jurymitglieder nicht a priori einer besseren Gattung Mensch angehörten, die keines Verbrechens fähig war. Was bildeten die sich eigentlich ein? Denen würde er mal auf den Zahn fühlen. Aber so richtig glaubte er selbst nicht daran, dass der Täter aus dieser Gruppe stammen könnte. Er vermutete immer noch, dass die Lösung des Falls in der homosexuellen Szene zu suchen war und es ärgerte ihn zutiefst, dass er dem Wirt und dessen Freund nichts nachweisen konnte. Vielleicht musste er einfach noch sorgfältiger nach Spuren graben.

Seitenlang wurde über die Gründe des Anschlags spekuliert. Die sexuelle Orientierung des Opfers wurde an die Öffentlichkeit gezerrt und breitgetreten. Auch Uli und Siggi wurden von den Medien als mögliche Täter ins Visier genommen und ihr Zusammenleben kolportiert. Möglicherweise sei es aber auch ein Einbrecher gewesen, den der Schriftsteller aufgeschreckt und der sich dann gewehrt hätte. Selbst die Theorie, dass es sich um einen Spanner gehandelt haben könnte, machte die Runde.

Der ermittelnde Hauptkommissar Khalil Saleh ließ den Journalisten mitteilen, dass jeder Spur nachgegangen würde und man sich noch nicht auf einen Täter festgelegt hätte. Saleh war von der wie ein wütender Bienenschwarm über ihn herfallenden Presse mehr als genervt. Wie sollte er da seiner Arbeit nachgehen, wenn die Öffentlichkeit sich dermaßen in seine Aufgaben einmischte und jeden Tag einen anderen Verdächtigen durchs Dorf jagte.

Auch Uli und Siggi wurde der ganze Rummel inzwischen zu viel. Aus Selbstschutz hatten sie sich versprochen, den Reportern kein einziges Interview zu geben. Nur zu gut war ihnen in Erinnerung geblieben, wie die Presse im Frühjahr mit ihnen umgesprungen war und wie sehr sie darunter gelitten hatten. Damals, als Siggis heimlicher Geliebter Sascha ermordet worden war, und sowohl Siggi als auch Uli von der schreibenden Zunft mit bösartigen Gerüchten überzogen wurden, die jeglicher Realität entbehrten.

Siggi brachte immer häufiger das Thema eines zeitweiligen Tapetenwechsels ins Gespräch. Es wäre doch besser, für eine Zeit aus dem Fokus der Presse zu verschwinden und Urlaub zu machen. Das hatten sie sich nach der mörderischen Attacke des durchgeknallten Willy auf Uli nun wirklich verdient. Aber Uli zögerte und schob tausend Bedenken vor, warum er nicht wegfahren konnte. Es dauerte sehr lange, bevor Uli auf die gebetsmühlenhaft vorgetragenen Argumente von Siggi einging, dass sie dringend eine Auszeit benötigten.

Von den Ärzten hatten sie gehört, dass man Sven noch mindestens vier Wochen in tiefster künstlicher Bewusstlosigkeit halten wolle, damit die vielfachen Operationen ihre Wirkung zeigen konnten. Die vitalen Zeichen von Sven wären einigermaßen stabil. Diese Zeit konnten sie doch ruhigen Gewissens nutzen, um sich ein paar Tage Ferien zu gönnen, meinte Siggi. Beharrlich bearbeitete er seinen Freund, indem er ihm diverse Urlaubsziele als großartige Erholungsorte anpries. Außerdem hatte er sich bei seiner letzten polizeilichen Befragung erkundigt, ob die Polizei etwas dagegen hätte, wenn sie vierzehn Tage in Urlaub fahren würden. Dabei hatte sich herausgestellt, dass derzeit weder gegen ihn noch gegen Uli, aus Mangel an Beweisen, Strafanzeige erstattet werden würde, und sie daher jederzeit fahren könnten. Nur Kommissar Saleh zögerte noch, sie fahren zu lassen. Aber es gab keine Handhabe, um sie festzusetzen. Sicherheitshalber würde er sich von ihnen die Daten ihres Hotels in Spanien geben lassen. Er würde nicht zögern, sie per Interpol suchen zu lassen, falls sich irgendwelche Verdachtsmomente ergaben, drohte er ihnen.

Uli hatte noch nie länger Urlaub gemacht. Nur an einen konnte er sich noch gut, aber nicht gern, erinnern. Damals, als er Siggi noch nicht kannte und sich unsterblich in einen jungen, schwarzgelockten Österreicher aus Klagenfurt verliebt hatte. In seinem Liebesrausch hatte er einfach seine Kneipe geschlossen und war mit seinem Lover nach Capri gefahren. Dort tauchten sie ein in die wilden Nächte des kollektiven Deliriums und genossen ihre junge Liebe.

Das Ganze hatte allerdings in einem Fiasko geendet, weil der junge Kerl den Avancen eines steinreichen italienischen Modezaren aus Mailand nicht hatte widerstehen können. Nach zehn Tagen fuhr Uli mit gebrochenem Herzen allein nach Hause und schwor sich, Capri aus seinem Gedächtnis zu streichen und sich niemals mehr mit einem dieser charmanten, aber durchweg unzuverlässigen Österreicher einzulassen.

Nun aber sollte es sein. »Ja, jetzt bin ich urlaubsreif«, hatte Uli zu Siggi gesagt.

Die beiden Freunde standen sich am Tresen von Ulis Kneipe gegenüber und warteten auf das Eintreffen der ersten Gäste. Das war das erste Mal, dass Uli von sich aus die Möglichkeit eines Urlaubs anklingen ließ. Sonst hatte er immer alle möglichen Hindernisse angeführt, die dagegensprächen. Er könne seine Gäste nicht alleine lassen, die wären wie launische verwöhnte Bräute.

Wenn man sich nicht ständig um sie bemühte, würden sie sich anderen Liebhabern zuwenden, in seinem Falle also anderen Lokalen. Das Risiko wollte er nicht eingehen. Aber nach dem Schock durch den Mordanschlag im Frühjahr, war er psychisch doch stärker angeschlagen als er zugeben wollte. Er hatte um sein Leben gezittert, und auch jetzt noch suchten ihn nachts manchmal verstörende Alpträume heim, die ihm den Schlaf raubten.

Es war ihm aber zu Ohren gekommen, dass Anna, die langjährige Apfelweinwirtin von gegenüber, ihr Lokal wegen gesundheitlicher Probleme aufgegeben hatte. Sie hatte ihm vorgeschlagen, sein Lokal zu führen, wenn er Urlaub machen wollte. Daran hatte er gedacht, als er auf Siggis Vorschlag einging, zwei Wochen Urlaub zu machen. Ja, aber nicht in Thailand, wovon Siggi immer schwärmte, sondern in Spanien, in Sitges, südlich von Barcelona. Von einem Gast hatte er den Tipp bekommen, dass dieser Ort alles zu bieten hätte, was sich Mann für einen schönen Urlaub wünschte. Mitte September wäre ideal, dann wäre Anna auch aus ihrem Kroatien-Urlaub wieder zurück, und in Spanien wäre es nicht mehr so heiß. Der Gedanke an Sonne, Meer und Strand erschien Uli nun so verheißungsvoll, dass er es kaum erwarten konnte. Nur auf einen Flug nach Barcelona wollte er sich auf keinen Fall einlassen. Seine ausgeprägte Flugangst ließ das nicht zu. Dann lieber die vierzehn Stunden mit dem Auto unterwegs sein. Vielleicht könnten sie einmal in Frankreich übernachten.

Kapitel 6

Es war Freitagabend in Barcelona und die quer durch die Millionenstadt laufende Avenida Diagonal mit ihren vielspurigen Bahnen war ein einziger Hexenkessel. Uli, der außer dem recht beschaulichen Köln oder dem einigermaßen übersichtlichen Berlin noch keine größere Millionenstadt mit dem Auto durchfahren hatte, stand der Angstschweiß trotz der unaufhörlich surrenden Klimaanlage auf der Stirn. Dann die verwirrend vielen Verkehrsschilder, die so schnell vorüberzogen, dass sie nur Ratlosigkeit hinterließen.

Lange hielt er diese Anspannung nicht mehr durch. Und dann das ständige Genörgel von Siggi, der angesichts des Verkehrschaos unnötigerweise immer wieder einmal anmerkte, warum man sich das antun müsse, wo doch der Flug nach Barcelona nur knappe zwei Stunden dauere.

»Herrgott noch einmal, Siggi, du weißt doch, dass ich eine tierische Flugangst habe. Ich kann in kein Flugzeug einsteigen, weil ich Panikattacken kriege und man mir möglicherweise eine Zwangsjacke anlegen müsste.«

»Ach, mit drei oder vier Gläsern Whisky würdest du das locker schaffen. Du würdest gar nicht merken, wie wir starten, und einmal in der Luft, ist es gar nicht mehr so schlimm. Lieber dich als Schnapsleiche im Flugzeug als dieser Wahnsinn.«

Siggi hatte gut reden. Er hatte sich strikt geweigert, sich bei der Fahrt durch Barcelona ans Steuer zu setzen, weil seine Nerven das nicht aushielten.

Selbst hinter den geschlossenen Fenstern hörten sie das hektische Hupen der Autos. Am schlimmsten waren die unberechenbaren Taxis, die konsequent alle Verkehrsregeln ignorierten. Außerdem sausten die kleinen Vespas in einem atemberaubenden Tempo vor und hinter dem Auto her und nahmen ihm die Vorfahrt und noch schlimmer, die Sicht. Uli musste höllisch aufpassen, dass es zu keinem Zusammenstoß kam. Er schwor sich, dass er diese Höllenfahrt nicht noch einmal machen würde. Welcher Teufel hatte ihn nur geritten, von der Autobahn abzubiegen und mitten durch Barcelona zu fahren?

»Du wolltest doch was von Barcelona sehen. Jetzt siehst du es.« Siggi war es ein Herzensbedürfnis noch mehr Salz in die offene Wunde zu streuen.

Alles, was Uli sah, waren Autos. Stoßstange an Stoßstange schob er sich, mehr als er fuhr, durch die sechsspurige Hauptader der katalanischen Hauptstadt. Er wagte nicht, den Blick auf die wunderschönen alten Gebäude links und rechts der Straße zu lenken. Zu gefährlich wäre ein Augenblick der Unaufmerksamkeit.

Jetzt ging es auf der stadtauswärts führenden Trasse etwas weniger hektisch zu. In wenigen Minuten würden sie aus der Stadt heraus sein. Uli schöpfte wieder Mut. Sitges war nicht mehr weit.

Es war schon zehn Uhr abends, als sie im Hotel ankamen. Nachdem sie eingecheckt und das Gepäck notdürftig verstaut hatten, setzten sie sich an die Hotelbar und gönnten sich einige Gläser Bier, um die Anspannung der Reise abzuschütteln. Auf ein Abendessen verzichteten sie. Die an der Bar angebotenen Schälchen mit Erdnüssen und Kartoffelchips plünderten sie allerdings bis auf den letzten Krümel. Der Barkeeper warf ihnen einen tadelnden Blick zu. Er fühlte sich in seiner Meinung über die verfressenen Teutonen wohl durchaus bestärkt.

Kapitel 7

Jetzt also waren sie in Sitges und schauten von der Balustrade unterhalb der schönen alten Pfarrkirche am Meer auf den Strand, der sich direkt zu ihren Füßen erstreckte.

»Schau mal, diese Kerle haben den besten Strand nur für sich reserviert. Du glaubst es nicht, aber die Luft an diesem Strandabschnitt ist am Vibrieren«, hörten sie gerade eine Frau zu ihrem Mann sagen, als sie auf einen bestimmten Abschnitt des Strandes blickten. »Die Luft ist so aufgeheizt, dass sie sich wie in Schlieren bewegt.«

Und tatsächlich, die Frau hatte recht. An diesem Teil des zentral gelegenen Strandes lagen nur junge und junggebliebene Männer nebeneinander, sorgfältig eingeölt, wie die Sardinen in der Büchse. Meist lagen sie auf dem Bauch und zeigten ihren durchtrainierten Rücken und die nur von einem dünnen String gehaltenen tief gebräunten Hinterbacken. Uli hatte noch nie so viele Jungs nebeneinanderliegen gesehen. Er war fasziniert. Auch Siggi war hingerissen, warf aber gleichzeitig einen kritischen Blick auf Uli und dessen schlichtes Outfit, seine bleichen Beine und die in rustikalen Sandalen steckenden Füße. Ein männermordender Adonis war Uli in diesem Aufzug nun wahrlich nicht. Siggi seufzte tief. Er musste sich angesichts der schönen, zur Schau gestellten Körper schwer zurückhalten. Das würde ein schwieriger Spagat für ihn werden.

Kapitel 8

Gleich am nächsten Tag nahmen sie mit einer Busgruppe an einer Fahrt zu einem typisch katalanischen Essen, der berühmten Calcotada, teil. Der Hotelmanager hatte ihnen so begeistert von diesem derben kulinarischen Gelage vorgeschwärmt und den Mund wässrig gemacht, dass sie sofort bereit waren, sich der Tour anzuschließen.

Jetzt also saßen sie mit vielen anderen Touristen und Einheimischen an einer riesigen Tafel und widmeten sich der sogenannten Calcotada.

Siggi betrachtete Uli ungläubig und reichte ihm seinen Taschenspiegel. Er sah zum Fürchten aus. Ruß an den Lippen und auf der Nasenspitze, schwarze Flecken auf der Wange, tiefschwarze Fingernägel. Als hätte er ein allzu intimes Techtelmechtel mit einem Schornsteinfeger gehabt. Uli lachte ihn nur aus und gab den Spiegel zurück. Auch Siggi hatte wohl einen innigen Kontakt zum Schornsteinfeger gepflegt, denn er sah nicht besser aus, selbst sein linkes Ohr hatte einen schwarzen Tupfer abbekommen.

Die beiden hatten gerade den ersten Gang der Calcotada hinter sich gebracht und sahen aus wie die buchstäblichen Schweine, die im Dreck gewühlt hatten und sich dabei sauwohl fühlten.

Vorhin, bei der Ankunft in dem uralten rustikalen Gutshof *Mas Bou*, roch man schon von Ferne den beißenden Qualm, der einem auf den Weg in das riesige Lokal, das sicherlich einmal eine Scheune gewesen war, entgegenschlug. Im Garten der weitläufigen katalanischen *Masía*, einem alten bäuerlichen Anwesen aus roh behauenen Steinen, brannten mehrere offene Feuer, über denen unzählige Stangen Lauch in großen Dachschindeln gegart wurden. Starke Flammen umzingelten den Lauch und färbten ihn schwarz. Und genauso verrußt wurden die gegarten Lauchbündel den Gästen auf großen Tellern serviert. Die Kunst bestand darin, die äußeren, schwarz verbrannten Blätter abzuziehen, um an das weiche, köstliche Innere der Calcots zu gelangen, diese in eine würzige Romesco-Soße oder eine kräftige Knoblauchsoße zu tunken, ohne sich dabei total zu verschmutzen.

Durstig hob Uli mit seinen geschwärzten Händen den Porrón, den spanischen Weinkrug mit der schmalen Öffnung in die Höhe, und ließ geschickt einen kräftigen Strahl in den Mund laufen. Als Siggi es ihm nachmachen wollte, lief ein Teil des Weins am Mund vorbei, über den Hals auf das große, weiße Lätzchen, das man beiden, und allen anderen natürlich auch, in weiser Voraussicht zum Umbinden empfohlen hatte. Gottlob war es Weißwein.

Ihre katalanischen Tischnachbarn waren ebenfalls mit Eifer dabei, und auch sie sahen keinen Deut sauberer aus.

In dem großräumigen Lokal ging es zu wie auf einem wilden Jahrmarkt. Die Katalanen widmeten sich mit Hingabe dieser Fressorgie. Zusammen mit den Touristen saßen sie einvernehmlich an langen einfachen Holztischen, die mit großen, weißen Papiertischdecken gedeckt waren, und gaben sich ganz ihrer liebsten Passion hin, also gut, viel und schmackhaft zu essen, ununterbrochen laut zu reden, zu schreien, zu singen, die Kinder zurechtzuweisen und sich fleißig am Wein zu bedienen.

In einem großen Nebenraum waren mindestens zehn überdimensionale Waschbecken angebracht. Hier konnte man sich notdürftig Gesicht und Hände säubern. Beim Blick in den Spiegel konnte manch einer einen Schreckensschrei über sein verrußtes Gesicht nicht zurückhalten, um gleich darauf in einen Lachkrampf zu verfallen. Das Gejohle in den Waschräumen war ohrenbetäubend. Hier herrschte Lebensfreude pur.

Die Calcots, die gegarten Lauchstangen, waren nur die Vorspeise eines mehrgängigen Menüs. Mit einigermaßen sauberen Händen machte man sich dann über den zweiten Gang her, gebratene weiße Bohnen mit einer deftigen Bauernbratwurst, der katalanischen Botifarra. Es folgten Lammkoteletts mit Patatas Fritas, und zum Abschluss Crema Catalana und Obst. Dazu wurde der in dieser Region beliebte Sekt aus dem Ort Sant Sadurní d'Anoia serviert, aus dem der bekannte Freixenet Sekt herstammt. Ein Espresso und ein Cognac rundeten das gigantische Mahl ab.

Danach saß man auf den harten Holzstühlen und wurde zunehmend stiller. Manch einer hätte sich gern zu einem Schläfchen verzogen. Aber für derartige intime Freuden gab es keine Rückzugsmöglichkeiten.

Als sie sich mit dem Bus auf den Rückweg machten, war es schon nach vier Uhr nachmittags. Auf der Autobahn herrschte der übliche sonntagnachmittägliche Stopp-und-Go-Verkehr. An ein schnelles Fahren war nicht zu denken. Vielleicht war dies auch ganz gut so. Denn so war der kleine Auffahrunfall des Busfahrers, der ebenso ausgiebig mitgegessen und natürlich auch mitgetrunken hatte, glimpflich abgelaufen. Der Busfahrer wie auch der Angefahrene stiegen aus, man besah sich den geringen Schaden, schaute den Gegner kurz an, nickte sich freundlich zu, stieg wieder in das jeweilige Gefährt und fuhr weiter. Was in Deutschland zu einer ernsthaften Auseinandersetzung, wahrscheinlich sogar mit polizeilicher Beteiligung geführt hätte, wurde hier großzügig geregelt. Wie auch sonst hätte man verhindern können, der Polizei erklären zu müssen, dass sowohl der eine als auch der andere Fahrer hochgradig alkoholisch beeinträchtigt waren. Uli und Siggi schwärmten noch Tage von diesem ausschweifenden Gelage.

Kapitel 9

Uli hatte sich von dem netten Lehrerehepaar Kliefkens aus Dortmund, mit denen sie den Frühstückstisch im Hotel *Calipolis* teilten, überreden lassen, nach Barcelona zu fahren, um die weltberühmte Ausstellung des überzeugten katalanischen Künstlers Joan Miró in Barcelona zu besichtigen. Siggi kam zwar mit nach Barcelona, aber Uli hatte ihm klargemacht, dass er alleine in das Miró-Museum gehen wolle.

»Weißt Du, Siggi, wir haben jetzt tagelang wie die Kletten aneinander gehangen. Jetzt brauche ich eine Pause. Ich will mal was anderes sehen als immer nur dich. Mach doch einen Stadtbummel durch Barcelona. Da gibt es viele interessante Sehenswürdigkeiten, die dir sicher gefallen werden.«

Siggi fühlte sich durch diese Worte verletzt und wusste nicht, wie er darauf reagieren sollte und hatte Uli nur mit einem enttäuschten Blick bedacht. Dieser hatte ihm darauf die Hand auf die Schulter geklatscht und versöhnlich eingelenkt. »Ich mein ja nur, weil du dich doch sowieso nicht für Kunst interessierst.«

Jetzt allerdings stand Uli etwas ratlos in einem Raum des Miró Museums mit drei riesigen weißen Leinwänden, auf denen jeweils ein relativ dünner schwarzer Strich von rechts unten nach links oben führte, auf der gegenüberliegenden Wand von links unten nach rechts oben und auf der dritten Wand auf halber Höhe horizontal von links nach rechts. Das sollte hohe Kunst sein, wofür die Kunstliebhaber Millionen von Euro ausgaben? Und dann die bunten Bildchen, von denen Uli meinte, dass man die Zeichnungen aus den Malstunden der Kleinen aus den Kindergärten eingesammelt und hier ausgestellt hätte. Ja, die Farben gefielen ihm, aber war das wirklich Kunst oder doch eher Glaube? Er hatte seine Zweifel an der Ernsthaftigkeit des Malers. Ob der beim Malen an seine zukünftigen Betrachter dachte und sich einfach einen Riesenspaß daraus machte, sie dahin zu bringen, seine meist heiteren infantilen Darstellungen als Kunst zu begreifen?

Herr Kliefkens dozierte derweil aus einem Buch über Miró, das den hohen künstlerischen Stellenwert seiner Bilder beschrieb.

Ungläubig lauschte Uli seinen Worten, als sein Blick auf ein junges deutsches Pärchen fiel. Die beiden hatten sich schon während der offiziellen Führung über die drei monumentalen weißen Bilder mit den schwarzen Strichen mokiert. Jetzt aber waren sie zurückgekommen, um sich die so hochgelobten Kunstwerke noch einmal genauer anzuschauen. Anscheinend fanden sie die künstlerische Aufwertung der drei großen Striche auf weißer Leinwand so komisch, dass sie sich vor Lachen krümmten. Uli entfernte sich unauffällig von Herrn Kliefken und dessen kompromissloser Anbetung der Werke von Miró und näherte sich dem Pärchen, das sich inzwischen auf eine Bank gesetzt hatte. Beide wurden von einem heftigen Lachanfall geschüttelt, nur noch krächzende Laute kamen aus ihrem Mund. Das Wort *Scharlatanerie* konnte Uli noch heraushören. Inzwischen fand ihr Verhalten mehr Zuschauer als die Kunst von Miró. Als sie merkten, dass sie zu viel Aufmerksamkeit auf sich zogen, verließen sie fluchtartig das Gebäude. Uli warf noch einen Blick auf die drei Gemälde mit den schwarzen Strichen und befand, dass das Wort *Scharlatanerie*, zumindest für diese karge Darstellung, durchaus seine Berechtigung hatte. Kunst von und für jedermann. Ja, das stimmte. Zu schade, dass Siggi nicht mit dabei war. Diese Szene hätte sicher auch ihm gefallen.

Kapitel 10

Siggi schlich nun schon seit einer Stunde allein durch die engen Straßen der Altstadt Barcelonas. Er fühlte sich immer noch betroffen von Ulis abfälligem Urteil über seinen fehlenden Kunstsinn. Dass sich Uli nun auch noch für die darstellende Kunst erwärmte, war zu viel für ihn. Seine neue Literaturbeflissenheit hatte ihm gerade schon genügt. Als er an der vierten Tapas-Bar vorbeigekommen war, fiel sein Blick auf den mit vielerlei Delikatessen dekorierten meterlangen Tresen. Sein Blick glitt über die unbesetzten Barhocker. Im *Kleinen Wirtshaus* zu Hause in Sachsenhausen saß er doch auch immer an der Theke. Spontan verspürte er einen Anflug von Hunger. Wie hatte seine Mutter immer gesagt? »Essen hält Leib und Seele zusammen.« Ein Seufzer entrang sich seiner Brust, und er betrat das *Sagardi Euskal*.

Das Lokal war am frühen Nachmittag nicht besonders gut besucht. Siggi achtete darauf, dass sich links und rechts von ihm zwei freie Plätze befanden, als er auf einem der Hocker Platz nahm. Er war froh, dass er nicht, wie es sonst in diesen Bars üblich war, stehen musste. Nach Konversation war ihm auch nicht zumute. Nicht nur das Verhalten von Uli hatte ihn mitgenommen, jetzt, wo er allein in einer fremden Großstadt war, musste er auch noch an seine seit Monaten abgängige Mutter denken.

Was trieb sie nur mit diesem Gregor Martin? Was war das für ein Wahnsinn gewesen, mit einem an Parkinson erkrankten Pensionär auf dessen Finca nach Mallorca zu enteilen? Wenn er nicht so mit der Wiederversöhnung mit Uli nach dem Mord an dem schönen Sascha, seinem einzigen wirklich ernstzunehmenden Seitensprung in all den Jahren, beschäftigt gewesen wäre, hätte er diesen Landesverrat seiner Mutter zu unterbinden gewusst. Eigentlich war es eher ein Verrat an ihm, Siggi, gewesen.

Siggi seufzte erneut. Nachdem wochenlang nur wenig von ihr zu hören war, hatte er ihre Wohnung in Wiesbaden so hergerichtet, dass er sie zwischenvermieten konnte. Dort wohnte jetzt vorübergehend ein junges Paar, bis diese jungen Leute wussten, ob sie die Probezeit im neuen Job überstanden hatten. Erst dann wollte das Paar eine eigene Wohnung suchen.

Siggi wurde in seinen Gedankengängen unterbrochen, als zwei von ausgeprägten Adern durchzogene schmale Hände mit überaus langen Fingern eine Karte zu ihm schoben. Siggi schaute auf. Dunkle Augen funkelten ihn unter buschigen Brauen an. Offensichtlich hatte der Kellner sein mehrmaliges Seufzen als Kritik an seiner Person aufgefasst. Wie konnte er auch ahnen, dass Siggi soeben sehnsuchtsvoll an seine weit entfernt weilende Mutter gedacht hatte? Wenn schon Uli unfreundlich zu ihm war, dem er nunmehr seine ungeteilte Liebe geschenkt hatte, wäre es durchaus angenehm für ihn, wenn er seine Mutter wieder in der Nähe wüsste. Bis zu ihrer Flucht nach Mallorca, wie Siggi das späte Liebesglück seiner seit vielen Jahren verwitweten Mutter nannte, war er fast jeden Mittag bei ihr zu Hause zum Essen gewesen. Sie hatte ihm auch unaufgefordert die Wäsche gewaschen und seine Hemden gebügelt.

»What do you want«? Unfreundlich riss ihn der Kellner mit den schönen Händen aus seinen Träumereien.

Siggi zuckte zusammen. Glücklicherweise hatten Uli und er in Sitges bereits mehrfach Tapas bestellt, so dass es ihm leicht fiel, nach diesen Häppchen zu fragen. Auf die Frage »Which ones?« deutete er auf die, die seinen Appetit angeregt hatten. »And a glass of wine, please.«

Der Kellner kommentierte Siggis Bestellung nicht, ließ aber ein flüchtiges Lächeln über sein Gesicht gleiten, während er mit seinen langen Fingern und einer Serviette nach den Tapas griff. Siggi kam der flüchtige Gedanke, dass er diese Hand gerne einmal spüren würde.

Jemand hatte die Musikbox angestellt. Die Klänge von »Killing me softly« durchzogen an diesem grauen und schwülen Tag die halbdunkle Bar. Siggi dachte an Uli und Sven und wurde noch schwermütiger. Gerade heute wollte er ihr Lieblingslied aus alten Tagen nicht hören.

Mittlerweile war der Laden etwas voller geworden. Zwei Männer hatten sich dicht neben ihm an die Bar gedrängt, sie mussten stehen. Siggis Nase erreichte der holzige Duft eines angenehmen Aftershaves. Just in diesem Moment wurde ihm der Teller mit den Tapas vor die Nase geknallt.

Siggis Nachbar blickte interessiert auf das appetitliche Arrangement und bestellte »For me the same, please« und fragte zu Siggi gewandt »Are you from Germany?«

Siggi war irritiert. Er sah doch nun wirklich nicht typisch deutsch aus. Trotz der Hitze steckten seine Beine in langen grauen Hosen und seine Füße in Espadrilles. Seit seinem Auftritt bei Uli in kurzen Hosen, als er ihn in den Zeiten ihrer Krise mit seinen freigelegten Beinen zu verführen gedachte und die Sache genau den gegenteiligen Effekt erzielt hatte, achtete er sorgfältig darauf, nur noch lange Hosen zu tragen. Unwillig nickte Siggi, während er in blaue Augen blickte.

»I'm Dutch«, sagte sein Nachbar, während er seinen Begleiter ungerührt ignorierte. »Ich kann auch ein wenig Deutsch«, fuhr er fort. Siggi nickte und sagte immer noch nichts.

»Waiter, another glass of wine for this gentleman«, rief der Niederländer laut, da der Katalane am anderen Ende der Theke beschäftigt war.

Siggi schaute auf seine falsche Rolex, die ihm ein Stammkunde von Uli aus China besorgt hatte. Sie wollten sich um sechs Uhr an ihrem Auto treffen. Jetzt war es schon fünf Uhr. Siggi fühlte eine schwere Hand auf seinem Arm, die sanft zudrückte.

Siggi entschloss sich, das Weite zu suchen, obwohl er fast noch eine Stunde Zeit hatte. »Waiter, the bill, please.«

Im hellen Licht der nachmittäglichen Straße begegneten Siggi zwei Männer, die Hand in Hand gingen. Mit Uli war er nie Hand in Hand gelaufen. »So etwas haben wir nicht nötig«, meinte Uli bei solchen Gelegenheiten.

Erneut durchstreifte Siggi die Gassen des Gotischen Viertels. Schließlich musste er jedoch ein teures Taxi nach Sitges nehmen, denn er hatte sich hoffnungslos verlaufen. Als er endlich im Hotel ankam, nahm Uli den Bericht von Siggis Irrwegen durch die Altstadt Barcelonas relativ gleichmütig hin.

Später gingen sie in ein nettes Lokal, das Uli mit der untrüglichen Spürnase des Gastwirtes ausgewählt hatte. Dort saßen sie mit überwiegend anderen Männerpaaren auf einer geschützten Terrasse, verzehrten fangfrischen Fisch und lauschten den melancholischen Klängen eines portugiesischen Fado und überließen sich der verzaubernden Atmosphäre der kommenden Nacht.

Kapitel 11

Trotz der kurzen Nacht war Uli am nächsten Morgen sehr früh aufgestanden. Er brauchte immer einige Tage, bis er sich an das fremde Bett gewohnt hatte. Siggi hatte dieses Problem anscheinend nicht. Er lag schlafend auf dem Rücken und schnarchte dezent vor sich hin. Uli betrachtete ihn mit liebevollem Blick. Er sah so unschuldig aus. Aber Uli wusste, was für ein Schlawiner Siggi sein konnte.

Leise griff er seine Badesachen und schrieb Siggi noch eine Notiz, dass er vor dem Frühstück zurück im Hotel sein würde.

Dann machte er sich auf den Weg an den nahen Strand.

Der wolkenlose Himmel zeigte nur vereinzelte goldrosa Wolkentupfer. Unter seinen bequemen Bastschuhen fühlte Uli die kleinen Kieselsteine des Strandes. Er streifte die Schuhe ab und zog Hemd und Shorts aus. Seine knappe schwarze Badehose, die er, zusammen mit den Espadrilles auf die dringende Bitte von Siggi, noch gestern in einem Geschäft auf der Strandpromenade von Sitges gekauft hatte, passte ihm wie eine zweite Haut.

Vor ihm dehnte sich das Meer wie silbrig träges Quecksilber bis an den Horizont. Nur winzige Wellen kräuselten seine Oberfläche. Er liebte diesen Blick in das Unendliche. Schritt für Schritt ging er langsam in das kühle, ihn freundlich umschlingende Nass. Schwerelos nahm es ihn in seinen Schoß auf wie ein zärtlich Liebender. Seine Arme und Beine bewegten sich in einem langsamen Takt. Das Meer trug ihn, als wäre er ein Teil seiner selbst. Uli gab sich hin und fühlte sich aufgenommen. Ein unbeschreibliches Gefühl der Glückseligkeit, vollkommen mit der Natur im Einklang zu sein, durchflutete ihn. Er drehte sich auf den Rücken. Der Himmel so blau. Ein paar Möwen am Strand stolzierten umher. Es war früh am Morgen, noch kein Mensch hatte den Weg zum Wasser gefunden. Die weißen Häuser am Hügel blendeten ihn mit ihrem makellosen Weiß. Millionenfache Lichtwirbel brachen sich in den langsam schwappenden Wellen am Ufer. Der Blick zum Himmel gaukelte ihm vor, in die Unendlichkeit zu treiben. Ein Moment puren Glücks bemächtigte sich seiner.

Nur ungern stieg er aus dem Wasser. Auf den Weg zurück musste Uli einen kleinen Umweg machen, denn inzwischen war die Strandreinigung gekommen und hatte mit lautem Krach seine Idylle vom Glück beendet. Uli dachte an Sven, der in Frankfurt weiterhin im Koma lag und keine Anstalten machte, sich aus der hermetischen Versiegelung seines Bewusstseins zu befreien.

Wenn er nur einmal die Augen öffnen würde. Denn die Ärzte sagten, dass Sven auf menschliche Berührungen mit einem kaum merklichen Muskelzucken reagierte. Sie hatten Sven noch nicht aufgegeben. Uli auch nicht, und er hatte es durchgesetzt, dass Sven in regelmäßigen Abständen von Physiotherapeuten behandelt wurde, damit er nicht spastisch wurde und sich die Muskeln verkrampften. Gott sei Dank war das bisher noch nicht eingetreten. Er sah Sven vor sich und fühlte unendliches Mitleid. Mit Benedicta, der Stationsschwester im Unfallkrankenhaus, hatte er abgemacht, dass er während seines Urlaubs in Sitges jeden Tag gegen zehn Uhr anrufen würde, um sich nach dem Gesundheitszustand von Sven zu erkunden. Benedicta meinte zwar, dass es beim derzeitigen Zustand von Sven nichts zu berichten gäbe, weil er ja im Koma läge und aufgrund der schweren Kopfverletzungen noch längere Zeit darin verharren müsste, um dem Körper die Möglichkeit zur Heilung zu geben. Uli aber brauchte den täglichen Rapport der Station, um den Urlaub überhaupt genießen zu können. Das hatte er Benedicta eindringlich eingeschärft. Bei einer Verschlechterung von Svens Zustand würde er sofort die Heimreise antreten.

Das Bild des schwerverletzten Freundes vor Augen, passierte er eine der großen, künstlich angelegten Barrieren aus groben Steinklötzen, die als Wellenbrecher die Küste vor schweren Stürmen schützen sollten. Ein leises Bellen aus dem Inneren des Steinhaufens ließ Ulis Gedanken an Sven verwehen. Als er sich dem Geräusch näherte, sah er zu seiner Überraschung eine Hundemutter mit ihren Welpen, die es sich in einer etwas versteckten Kuhle inmitten der Steine gemütlich gemacht hatten, sofern man hier von Gemütlichkeit sprechen konnte. Uli blieb stehen und betrachtete das Gewusel der kleinen Racker. Er war hingerissen von den quirligen Fellknäueln, die schon recht lebendig waren. Die magere Hundemutter schaute ihn zwar misstrauisch, aber nicht aggressiv an. Mit ihrem goldfarbigen Fell sah sie nach einem reinrassigen Golden Retriever aus. Bei den Welpen waren noch keine genauen Rassemerkmale zu erkennen. Die Mutter musste aber dem Werben eines schwarzfarbigen Verehrers erlegen sein, denn ihre Abkömmlinge trugen in ihrem goldfarbigen Fell schwarze Flecken, die ihnen so ein niedliches Aussehen verliehen, dass sich Uli überwältigt niederkniete und am liebsten die Kleinen geknuddelt hätte. Ein drohendes Knurren der Hundemutter ließ seine bereits ausgestreckte Hand zurückfahren. Er erhob sich, warf noch einen Blick auf die Hundefamilie und nahm sich vor, wenn er später mit Siggi zum Strand ging, der Hundemutter etwas zum Essen mitzubringen.

Beschwingt eilte er zum Hotel, wo er sich von Siggi gleich einen Anschiss holte, was ihm denn einfiele, ihn einfach allein zu lassen. Gut gelaunt ließ Uli die Anschuldigungen an sich abprallen. Der Tag konnte beginnen.

Kapitel 12

Zu Ulis Schrecken riss ihn Kommissar Saleh früh am nächsten Morgen mit einem Anruf aus dem Schlaf und teilte ihm mit, dass sich der dicke Willy in seiner Zelle erhängt habe. Man habe bei ihm ein Schreiben gefunden, in dem er Uli als Begünstigten seiner Hinterlassenschaften eingesetzt hätte. Uli war einen Moment sprachlos, aber auch erschüttert vom Selbstmord seines ehemaligen Stammgastes. Was sollte das? War das ein verspäteter Versuch einer Wiedergutmachung? Schließlich hatte ihn Willy doch wegen verschmähter Liebe ermorden wollen, und wenn Siggi und der schwarze Kater Fausto nicht eingegriffen hätten, würde er jetzt schon unter der Erde liegen. Noch bevor er antworten konnte, hatte Saleh ohne weiteren Kommentar das Gespräch beendet. Ulis gestammelte Worte verhallten im leeren Raum.

»Du glaubst doch nicht, dass ich den Nachlass von Willy haben will. Ich will mit der ganzen Geschichte nichts zu tun haben und werde das Erbe ausschlagen«, brach es aus Uli heraus.

»Na, wenn er ein reicher Mann war, dann hättest du wenigstens einen Ausgleich für die Todesangst, die du bei seinem Mordversuch durchstehen musstest.« Siggi stellte sich vor, wie auch er von dem Reichtum profitieren würde.

»Nichts dergleichen! Sobald wir zurück sind, werde ich den Behörden meinen Verzicht auf Willys Erbe mitteilen. Das fehlte noch, dass ich mein Leben lang an diesen Kerl denken muss, weil ich der Nutznießer seines Selbstmords bin.« Uli schüttelte sich vor Entsetzen. Der Morgen war ihm verhagelt. Hätte der Kommissar ihm das nicht erst erzählen können, wenn er wieder in Frankfurt war? Oder hatte er einen Kontrollanruf gemacht, um festzustellen, ob sie tatsächlich telefonisch erreichbar waren?

Uli und Siggi waren sich einig, dass sie jeden Tag an den Strand gehen und jeden Tag eine Runde schwimmen würden, es sei denn, sie hätten sich für irgendwelche Ausflüge oder Stadtbesichtigungen entschieden. Aber in einer Sache ließ Uli nicht mit sich reden, an den Strand, wo sich die meisten Schwulen tummelten, da würden sie sich nicht hinlegen. Dort käme man in Gefahr, in der aufgeheizten Atmosphäre zu verglühen. Basta!

Siggi, der sich fühlte, als hätte man ihm in die Suppe gespuckt, wollte erst dagegen meutern, aber vielleicht war es gut so, dann kam er nicht in Versuchung. Er sah sie ja doch, die schönen Körper, denn wenn sie vom Strand zurückkamen, mussten sie zwangsläufig an dem besagten Abschnitt vorbeigehen, und da war die Luft immer aufgeladen. Sein aufmerksames Auge flog über die aufreizend ausgestellte Verführung und ließ ihn innerlich Schauer um Schauer der Begierde erleben. Nach außen ließ er sich allerdings um des lieben Friedens willen nichts anmerken.

Abends aßen sie nicht im Hotel, sondern probierten das spanische Essen in den verschiedenen Lokalen in Sitges aus. Dort schmeckte es ihnen fast immer. In einem Lokal mit baskischen Tapas wurden sie fast Stammgäste. Beim ersten Besuch in diesem Lokal wurden sie von der riesigen Vitrine mit den vielen appetitanregenden Tapas so angemacht, dass sie an sich halten mussten, um nicht zu viel zu ordern. Zusätzlich kam die Köchin in kurzen Abständen aus der Küche und brachte auf großen bunten Keramikschalen neue, warme Tapas wie geschmorte Chorizo, Stücke vom frisch gebratenen Schinken, frittierte Fischchen, überbackene Muscheln, Hühner- und Fischkroketten, und vieles mehr. Gierige Hände griffen bei jedem Nachschub hastig nach den Leckereien und verschlangen sie zusammen mit einem unverfälschten Roten, der nicht wusste, wie man das Wort »halbtrocken« buchstabierte. Dazu gab es das typische *Aioli* mit rustikalem Weißbrot. Sowohl Uli als auch Siggi waren dieser Knoblauchsoße regelrecht verfallen. Am meisten aber wunderten sie sich, wie der Kellner sich merken konnte, was sie im Laufe des Abends gegessen hatten, denn einen Zettel mit den verspeisten Tapas machte er sich nie. Er schien ein unbegrenztes Vertrauen in die Ehrlichkeit seiner Gäste zu haben. Das Abendessen war einfach grandios gewesen. Aber noch im Einschlafen drängten sich Uli die Bilder vom toten Willy auf, wie er sich am Fensterkreuz seiner Zelle erhängt hatte. Trotz allem, was Willy ihm angetan hatte, tat er ihm jetzt doch ein wenig leid.

Am nächsten Morgen beim Frühstück meinten die mit ihnen am Tisch sitzenden Kliefkens, der Geruch von Knoblauch wäre wahrlich nicht zu überbieten. Uli und Siggi versuchten, möglichst wenig auszuatmen, animierten aber das Ehepaar aus Dortmund, mit ihnen doch einmal in das baskische Lokal zu gehen. Dann wüssten sie, warum man dem Knoblauch nicht widerstehen konnte.

Verstohlen packte Uli ein bisschen Wurst und Käse sowie ein hartgekochtes Ei in eine Serviette und ließ alles in seiner Hosentasche verschwinden. Siggi, der sich für Ulis seltsames Verhalten schämte, schaute konsterniert zu Boden. Waren sie schon so verarmt, dass sie sich Proviant für den Tag mitnehmen mussten?

Auf den Weg ins Zimmer stellte er Uli zur Rede: »Müssen wir schon so sparen, dass du dir das Essen für den ganzen Tag zusammenklaust?«

»Pssst, schrei doch nicht so. Nein, natürlich nicht. Aber ich habe bei den Steinhaufen am Strand eine Hündin mit ihren süßen Welpen gesehen. Sie tat mir leid, weil sie so mager ist, dass ihre Rippen rausstehen. Ich dachte, wenn wir nachher da vorbeikommen, kann ich ihr etwas zum Essen vorbeibringen.«

Das verstand Siggi, der Hunde auch gern mochte. Nur Ulis vor ein paar Jahren verstorbenem Hund *Punk*, einem imponierenden, reinrassigen Rottweiler, konnte er nichts abgewinnen. Für

Uli aber war *Punk* viele Jahre der verlässlichste, anhänglichste und mit der zartesten Kinderseele gesegnete Hund. Bei dessen Tod war Uli für Tage nicht ansprechbar gewesen. Noch heute vermied Siggi jeden Hinweis auf Punk.

Auf dem Weg zum Strand gingen sie bei der Hündin vorbei. Sie lag zwischen den Steinen und säugte ihre Kleinen. Siggi stieß angesichts der wuseligen Welpen einen Schrei des Entzückens aus. »Ach Gott, sind die niedlich!«

Die Hundemutter ließ sich nicht stören und Uli holte die Beute vom Frühstückstisch aus der Tasche. Da setzte sie sich auf und verschlang gierig die Happen, die Uli ihr reichte. Auch die Kleinen, die gar nicht mehr so klein waren, kauten mit Appetit auf dem gekochten Schinken herum und ließen es sich schmecken. Ihr fordernder Blick fragte, wo ist der nächste Happen?

»Siehst du, jetzt weißt du, warum ich den Frühstückstisch geplündert habe. Wir können aber auch im Supermarkt Hundefutter kaufen.«

Siggi war angesichts der stark abgemagerten Hündin sehr damit einverstanden. Und so geschah es, dass Uli und Siggi nach dem Strandbesuch im nächstgelegenen Supermarkt Hundefutter besorgten und jeden Morgen Mutter und Welpen eine ausreichende Portion Futter für den ganzen Tag daließen. Die leeren Dosen nahmen sie am Morgen danach wieder mit. Viele Tage konnten sie so die Hundefamilie verköstigen und sich an den putzigen kleinen Kerlen erfreuen. Die Welpen wurden zusehends größer und verschlangen täglich beachtliche Mengen an Futter, das ihnen die Freunde mitbrachten.

Zwei Tage vor der geplanten Rückkehr nach Frankfurt gingen sie nach dem Strandbesuch wieder bei den Hunden vorbei. Aber da war kein Tier mehr zu sehen. Sie suchten überall, fanden aber nichts. Bestürzt sahen sie sich an. »Wo können die denn sein?« Uli stand ratlos vor dem Steinhaufen. »Die können doch nicht einfach verschwunden sein.«

»Hast du nicht gehört, dass die Spanier mit herrenlosen Hunden ganz rabiat umgehen? Vielleicht haben sie sie eingefangen und vergast«, meinte Siggi besorgt.

Uli wich das Blut aus dem Gesicht. Diese putzigen kleinen Kerlchen vergasen? Das traute er selbst den Spaniern nicht zu.

»Das glaube ich nicht. So grausam kann kein Mensch sein. Vielleicht hat die Hundemutter die Welpen an einen anderen Ort gebracht, weil es ihr hier am Strand zu unruhig war. Komm, wir schauen uns noch einmal hier in der Nähe um.«

Aber sie fanden nichts. Traurig machten sie sich auf den Weg ins Hotel. Kurz vor dem Hotel sahen sie plötzlich, wie sich Kinder um irgendetwas auf dem Bürgersteig scharten. Es stellte sich heraus, dass es einer der Welpen vom Strand war. Er spielte selbstvergessen mit den Kindern, die ihn fast zu Tode streichelten.

»Wem gehört der kleine Hund?« Uli wusste nicht, ob die Kinder sein Deutsch verstanden. Aber eines von ihnen schien Deutsch zu sprechen. »Den Kleinen haben wir von Strand mitgebracht. Der war da ganz allein und hat gewinselt. Da haben wir ihn mitgenommen. Er gehört keinem.«

Uli sah Siggi an. »Den können wir doch nicht hier seinem Schicksal überlassen. Wer weiß, was die mit ihm machen werden.« Er wartete gar nicht ab, was Siggi dazu sagen könnte und fuhr fort: »Kinder, der gehört uns, er ist uns unbemerkt am Strand davongelaufen. Aber jetzt haben wir ihn ja wieder, den kleinen Strolch.«

Mit diesen Worten griff sich Uli den Kleinen, drückte ihn beherzt an seine Brust und spazierte davon. Siggi folgte ihm.

»Du willst doch nicht etwa den Hund ins Hotel nehmen? Das ist nicht gestattet.«

»Natürlich will und kann ich das. Du glaubst doch nicht, dass ich den kleinen Kerl hier mutterseelenallein zurücklasse? Ich würde die ganze Nacht kein Auge zutun vor Sorge.«

»Wie willst du das denn machen? Der Hund hat doch keine Papiere, und einen Arzt hat der in seinem Leben noch nicht gesehen, von Impfungen ganz zu schweigen.« Siggi sah unerhörte Schwierigkeiten auf sie zukommen.

»Mir doch egal, der Hund bleibt auf jeden Fall bei mir. Wenn wir ins Hotel kommen, holst du die Schlüssel. Ich gehe schon zum Aufzug und warte dort auf dich. Den Kleinen packe ich in meinen Pullover, damit man ihn nicht gleich sieht.«

Und so passierte es, dass Uli und Siggi auf den Hund kamen.

Kapitel 13

Leise vor sich hin weinend lehnte Dorothea Ranke ihren Kopf an die schwere, aus massivem hellem Pinienholz gefertigte Tür der Finca. Gregor war tot. Gestorben an einer banalen Erkältung. Der von Parkinson schon stark geschwächte Körper hatte dem hartnäckigen Husten, der ihn jedes Mal wie ein schwerer Asthmaanfall überfiel, nichts mehr entgegenzusetzen. Mitten in einer heftigen Hustenattacke blieb sein Herz einfach stehen, der Kopf sank auf die Brust, die Augen brachen. Seine Seele verließ den toten Körper und machte sich auf zu den unendlichen lichtblauen Weiten des Universums, angezogen von einem hellen Leuchten. Nur einmal noch schaute er kurz von oben auf seinen entseelten Körper und die verzweifelte Frau, die ihn umfangen hielt. Er hatte keine Zeit zu verlieren, er musste sich auf den Weg machen.

Dorothea richtete sich langsam auf und rief den Hausarzt, er solle den Tod feststellen.

Was sollte nur jetzt aus ihr werden? Sie schaute sich um. Hier in der großen luxuriösen Finca hatte sie die letzten Monate mit Gregor Martin verbracht, ihn gepflegt und für ihn gesorgt. Selbst der sonst so enge Kontakt zu ihrem Sohn Siggi war etwas zu kurz gekommen, weil sie in der Pflege von Gregor aufgegangen war. Sie hatte sich so gut mit ihm verstanden. Vom ersten Moment war zwischen Ihnen eine seelische Übereinstimmung, die das Zusammenleben zu einem Vergnügen machte.

Nur die beiden Söhne von Gregor mit ihren Frauen hatten keinen großen Gefallen an der späten Liebe gefunden. Sie lebten beide in Düsseldorf und teilten sich die Geschäftsführung der von ihrem Vater gegründeten Explorationsfirma. Ob sie um ihr Erbe fürchteten, fragte sich Dorothea? Sie wusste, dass ihr Gregor ein beträchtliches Aktienkapital seiner Firma überschrieben hatte. Erst hatte sie protestiert, aber Gregor ließ sich nicht davon abbringen. »Doro, Liebste, du sollst auch nach meinem Tod gut leben können. Lass mich doch! Es macht mir Freude, dir dieses Geschenk zu machen. Meine Kinder werden so viel erben, dass sie ausgesorgt haben. Sie müssen nur die Firma so gut führen wie ich es all die Jahre getan habe.«

So akzeptierte Dorothea das generöse Geschenk, nichtsahnend, dass Gregor bald sterben würde.

Jetzt lag sie in ihrem Bett und überlegte, was aus ihr werden sollte. Auf keinen Fall würde sie hierbleiben. In der kurzen Zeit, die sie auf Mallorca mit Gregor verbracht hatte, hatte es kaum Möglichkeiten gegeben, tiefe Freundschaften mit anderen Menschen zu schließen. Nein, sie wollte wieder zurück nach Deutschland. Vor allem auch deshalb, weil Gregors Söhne direkt nach seinem Tod nach Mallorca gekommen waren und ihr heftig zugesetzt hatten. Sie unterstellten Dorothea, dass sie nicht rechtzeitig ärztliche Hilfe für Gregor geholt hätte und daher seinen Tod absichtlich herbeigeführt hätte. Dorothea hatte den Verdacht, dass das Aktienpaket, das der Vater ihr geschenkt hatte, den Ärger seiner Söhne hervorgerufen hatte. Immerhin schmälerte es den Anteil ihres Erbes, und so lange hatte sie mit Gregor ja nicht zusammengelebt.

Am liebsten wäre sie nach Wiesbaden in ihre alte Wohnung geflüchtet. Sie wusste zwar, dass ihr Sohn Siegbert in das Haus seines Freundes Uli nach Frankfurt gezogen war. Als sie daran dachte musste sie kurz lächeln. Da hatte Siggi so viele Jahre versucht, seine Homosexualität vor ihr zu verheimlichen, und erst kurz bevor sie mit Gregor nach Mallorca gezogen war, hatte er ihr eröffnet, dass es jetzt an der Zeit sei, ihr den wahren Siggi zu zeigen.

Sie hatte ihn nur fein angelächelt und gesagt: »Mein lieber, lieber Junge, das weiß ich doch schon lange. Ich wollte dich nicht bedrängen. Du warst noch nicht so weit. Aber eines Tages hättest du es mir schon erzählt. Und der Uli ist doch ein netter Kerl.«

Also wieder zurück nach Wiesbaden. Dorothea war der Gedanke, in ihre alte Wohnung zu ziehen, doch nicht so recht. Jetzt, wo Siggi bei seinem Freund Uli in Frankfurt wohnte, schien ihr die Entfernung von Wiesbaden nach Frankfurt riesengroß zu sein. Sie musste Siggi später unbedingt anrufen.

Kapitel 14

Den Hund, ein kleiner Rüde, hatte Uli, versteckt unter seinem Pullover, mit auf ihr Zimmer genommen, als es Siggi einfiel, dass er noch mal zur Rezeption gehen musste, weil er dort ein Prospekt liegengelassen hatte. In seiner Freude, wieder einen Hund zu haben, hatte Uli den kleinen Mischling gleich Tim getauft. Tim zeigte sich keineswegs eingeschüchtert von der neuen Umgebung, sondern erkundete neugierig alles, was ihm unbekannt war.

Zum Glück hatten sie noch einen kleinen Vorrat an Hundefutter. Uli öffnete eine Dose, leerte den Inhalt in einen gläsernen Aschenbecher und stellte ihn auf den Boden. Ausgehungert stürzte sich der kleine Kerl darauf und fraß alles bis auf den letzten Krümel auf.

Gott, musste der Hunger haben. Wer weiß, wann er das letzte Mal was zu fressen bekommen hatte. Sicherlich von ihnen am Tag vorher. Uli reinigte den Aschenbecher und brachte Wasser aus dem Bad. Auch davon blieb kaum etwas übrig. Kurz darauf bekam Tim einen leicht entrückten Blick und fing an, sich im Kreis zu drehen. Dieses Verhalten kannte Uli nur zu gut von seinem verstorbenen Hund Punk. Er schaute sich im Zimmer um. Gab es irgendeine Zeitung, auf der sich Tim erleichtern konnte? Es blieb ihm noch gerade so viel Zeit, Tim das Hotelprospekt unter den Hintern zu legen, als es auch schon losging. Der Geruch war gewaltig. Uli riss das Fenster auf. Daran hatte er in seiner Tierliebe natürlich nicht gedacht, dass Tim den ganz natürlichen

Trieben seiner Art nachgehen musste. Verdattert setzte er sich aufs Bett, um gleich darauf wieder aufzuspringen und die Hinterlassenschaften des kleinen Scheißers in der Toilette zu entsorgen. Wie sollte das in der Nacht weitergehen? Und wie würde Siggi darauf reagieren?

Noch bevor er sich darüber Gedanken machen konnte, stand Siggi schon in der Tür.

»Was zum Teufel ist das denn für ein Gestank? Wo kommt denn dieser bestialische Kloakengeruch her?« Siggi hielt sich empört die Nase zu.

Dann sah er den Hund, der sich inzwischen auf dem Bettvorleger eingerollt hatte, aber bei Siggis Eintritt voller Freude auf ihn zuraste und ihm zu verstehen gab, dass er mit ihm spielen wollte. Da wurde ihm klar, wer für die üblen Gerüche verantwortlich war.

In diesem Moment klingelte Ulis Handy.

»Hallo«, meldete sich Uli unfreundlich.

»Ich bin's doch, deine Mutter«, hörte Uli eine zittrige Frauenstimme.

»Meine Mutter ist schon lange tot.« Ulis Stimme bekam bei diesen Worten einen rauen Ton. »Aber falls Sie Frau Ranke sind, gebe ich Sie mal weiter an Ihren Sohn. Siggi, nimm, deine Mutter ist dran.«

Uli reichte das Telefon weiter.

»Hallo Mama, ich habe schon so auf deinen Anruf gewartet. Aber warum rufst du bei Uli an?«

»Ach, Siegbert, es ist so furchtbar und ich bin so nervös. Ich habe die Nummern verwechselt in der Aufregung. Weißt du was passiert ist?«

»Nein, Mama, das weiß ich nicht. Was ist denn?« Siggi fuhr sich nervös durch die Haare und legte die Hand auf die kleine kahle Stelle am Hinterkopf. Das hatte er schon lange nicht mehr getan, jedenfalls nicht mehr seitdem er bei Uli wohnen durfte.

»Gregor, Gregor, er ist tot. Vor drei Tagen ist er gestorben. Was soll ich denn tun? Seine Söhne sagen, dass ich daran schuld bin.

Dabei habe ich sie nur angerufen, um ihnen zu sagen, dass ihr Vater gestorben ist.« Dorothea Ranke, Siggis Mutter, die tapfere Frau, die keine Sekunde gezögert hatte, den schwer an Parkinson erkrankten Gregor Martin auf seine Finca nach Mallorca zu begleiten, schluchzte laut in Ulis Mobiltelefon.

»Mama, so beruhige dich doch. Komm einfach wieder nach Hause und wir reden über alles.«

Siggi hatte in der Aufregung ganz vergessen, dass er die Wohnung seiner Mutter zwischenvermietet hatte.

»Ich hole dich am Flughafen ab. Ruf mich noch einmal an, wenn du einen Flug gebucht hast.«

»Ich dich auch«, murmelte Siggi leise, bevor er das Gespräch beendete und das Telefon an Uli zurückgab.

»Weißt du was, Siggi?« Uli ließ seine Hand auf Siggis Schulter fallen. »Wir fahren morgen zurück, damit du keinen Ärger mit deiner Mutter bekommst. Es ist mir auch ganz recht, denn ich habe Angst, dass die Anna meinen Laden nicht wirklich in den Griff bekommt. Außerdem können wir den Hund nicht länger ohne irgendwelche Hilfsmittel im Zimmer behalten. Es wird schon schwierig genug sein, ihn ohne Papiere und ohne Impfpass über die Grenzen zu schmuggeln. Es muss nur ein übereifriger Beamter unseren Wagen kontrollieren, schon wären wir dran. Ich hoffe, dass das Hotel unsere vorzeitige Abreise wegen eines »Todesfalls« akzeptiert.

»Ich muss dir auch etwas beichten.« Siggis Gesicht zeigte die Miene eines reuigen Sünders. »Könntest du mir vielleicht ein bisschen Geld leihen? Ich muss diese Zwischenmieter, die zurzeit in der Wohnung meiner Mutter logieren, jetzt doch im Hotel einquartieren. In letzter Zeit konnte ich nichts auf die Seite legen. Uli, du bekommst es auch ganz bestimmt schnell wieder.«

Uli überlegte kurz und legte die Stirn in Falten.

»Na gut«, sagte er schließlich. »Aber du musst mir jeden Abend genau erzählen, wie du dich angestrengt hast, dein Immobiliengeschäft erfolgreich voran zu bringen.«

Gerührt blickte Siggi den Freund an. Was war Uli doch für ein herzensguter Mensch. Warum nur hatte er diese Anwandlungen mit dem Schriftsteller bekommen?

Als am nächsten Tag die Formalitäten mit dem Hotel erledigt waren, fuhren sie zeitig los. Uli fuhr die erste Strecke. Mittlerweile hatte der spanische Verkehr seinen Schrecken verloren. Nur ärgerte er sich, dass er ständig anhalten musste, weil Siggi eine Toilette aufsuchen wollte.

»So kommen wir nie vom Fleck. Du bist doch noch nicht senil und inkontinent. Jetzt reiß dich mal zusammen.«

Schließlich versiegte Siggis Harndrang. Der fragte sich beunruhigt, ob er sich beim Liegen am Strand mit der nassen Badehose eine Blasenentzündung geholt haben könnte.

Nachdem sie schließlich die französisch-spanische Grenze bei Cerét-La Jonquera überquert hatten, fuhren sie noch ein Stück und gönnten sich später eine ausgiebige Mittagsmahlzeit in der kleinen südfranzösischen Stadt Orange und ruhten sich eine Weile aus. Tim freute sich auch über die Unterbrechung. Uli nahm ihn an die noch eiligst in Sitges gekaufte Leine und führte ihn ausgiebig spazieren. Danach übernahm Siggi das Steuer. Wegen seines forschen Fahrstils war es für Uli noch anstrengender, als selbst zu fahren. Schließlich wirkte das üppige Mittagessen und Uli schlief mit Tim auf den Schoß ein. Erleichtert über das ruhige Atmen gab Siggi Gas. Seine Sorgen hielten ihn wach. Ab der deutsch-französischen Grenze wollte Uli wieder fahren.

Kapitel 15

Spätnachts kamen sie in der Klappergasse an. Die dicke Anna hatte das Wirtshaus schon abgeschlossen. Tim stieg mit steifen Beinen aus dem Auto und hinterließ sofort eine feuchte Markierung am *Kleinen Wirtshaus.*

Uli schloss auf. Sein erster Blick galt seinem geliebten Lokal. Auch wenn Anna bereits gelüftet hatte, so ließ die Luft im Schankraum den Kneipenabend vor Ulis innerem Auge erstehen. Er war froh, wieder zu Hause zu sein. Morgen musste er gleich mit Anna reden. Die dicke Anna, die treue Seele, hatte bis vor wenigen Monaten ein eigenes Lokal in der Klappergasse betrieben. Ihr Markenzeichen war ihr dröhnendes Gelächter, mit dem sie allabendlich ihre Gäste zu unterhalten oder denjenigen, der sie noch nicht kannte, auch zu erschrecken wusste, bis sie sich vor einem Monat zur Ruhe gesetzt hatte, weil ihr Rücken die Anstrengungen des Wirtshauslebens nicht mehr aushielt. Uli hatte ihr immer angeboten, alle Lasten für sie in das Lokal zu schleppen. Anna hatte nur abgewinkt und müde gelacht. Vielleicht war sie des vielen Lachens überdrüssig geworden, welches ein über das andere Mal die Fäden der Spinnweben zum Tanzen gebracht hatte, dachte sich Uli.

Mit wenigen Schritten stand er hinter dem Tresen. Erst füllte er einen alten Aschenbecher mit Wasser, den er Tim vor die Nase stellte, und dann griff er zum Calvados und fabrizierte mit geübten Griffen zwei Mispelchen.

»Auf unsere gesunde Rückkehr.« Uli lächelte Siggi an. »Du bist wirklich gut gefahren, alle Achtung.«

Siggi wusste nicht wie ihm geschah, schon gar nicht als Uli seine Hand ergriff, die noch vom Abspülen der beiden Gläser feucht war. Uli war nie unordentlich. Jetzt zog er ihn hinter sich her, als sie über die schmale Treppe die Wohnung über dem Lokal erklommen. Tim folgte ihnen schwanzwedelnd und untersuchte neugierig die neue Bleibe, bevor er sich neben der Couch auf einen Teppich legte.

»Mach uns noch einen Whisky.« Uli ließ sich auf die Bettkante sinken und zog seine Jeans aus. Seine Beine hatten nun ein leichtes Goldbraun angenommen, wie Siggi erfreut bemerkt. Später im Bett schob Uli seinen Arm unter Siggis Nacken und verzichtete auf die übliche Bemerkung, dass Siggi ihm das Blut abdrücke. Zufrieden und vereint schliefen die Freunde ein. Tim legte sich auf Ulis Bettvorleger und fiel ebenfalls in einen tiefen Schlaf.

Als Siggi am nächsten Morgen aufwachte, war das Bett neben ihm leer. Seine Hand fühlte noch Ulis Wärme. Ein aromatischer Kaffeeduft wehte aus der Küche herüber. Schon erschien Uli mit einer Tasse Kaffee auf der Bildfläche. »Hier mein Lieber, damit du in die Gänge kommst.« Siggi verstand die Welt nicht mehr. »Es liegt noch viel vor dir.«

»Ich weiß«, antwortete Siggi. »Ich muss ja auch gleich nach Wiesbaden fahren.«

Bereits auf der Rückfahrt von Sitges hatte er das Paar, an das er vermietet hatte, angerufen und die Sachlage geschildert und darauf hingewiesen, dass er deren Hotelkosten übernehmen würde.

»Uli, würde es dir etwas ausmachen, wenn du mir jetzt schon etwas Bargeld für die Anzahlung im Hotel mitgeben könntest?« Uli atmete tief ein und aus. Dann griff er das Portemonnaie aus der Gesäßtasche seiner Jeans und entnahm ihn fünfhundert Euro.

»Ich habe es mir aufgeschrieben.«

Mit diesen Worten zog er Siggi ein Ohrläppchen lang. Siggi lächelte gequält.

»In Zukunft ist aber Schluss mit dem ständigen Pause-Machen.« Uli grinste diabolisch. »Ich bin doch nicht blöd. So, jetzt mach dich vom Acker. Wir sehen uns heute Abend.«

Siggi duschte und zog sich sorgfältig an. Er wählte einen geschäftsmäßigen grauen Anzug nebst weißem Hemd. Das Hemd würde seine Urlaubsbräune gut zur Geltung bringen. Siggi lächelte seinem Spiegelbild zu. Man wusste ja nie. Seine nackten Füße steckten in bequemen schwarzen Slippern. Als er mit dem Föhnen seiner Haare die Morgentoilette beendet hatte, schien Uli das Haus schon verlassen zu haben. Anschließend ging er kurz in seinem Büro vorbei, öffnete den Briefkasten und legte den Inhalt unbeachtet auf seinen Schreibtisch, die staubige und abgestandene Luft ignorierend. Er entnahm der Schublade den Schlüssel zur Wohnung seiner Mutter und machte sich auf den Weg nach Wiesbaden.

Die Sonne blendete ihn. Siggi griff zu seiner Sonnenbrille. Wie oft war er diesen Weg früher gefahren, als er fast täglich in Wiesbaden bei seiner Mutter zu Mittag gegessen hatte. Es war ihr Lebensinhalt gewesen, für ihn zu kochen, bevor sie an diesen Gregor Martin geraten und nach Mallorca gezogen war. Damals hatte er seine Immobiliengeschäfte noch in Wiesbaden betrieben, wo er auch seine Wohnung hatte. Die Abende und die Nächte hatte er meistens bei Uli verbracht. Doch seit ein paar Monaten wohnte er nun mit Uli in dessen Haus richtig zusammen und hatte sich in der Nähe ein kleines Büro gemietet, in dem er seine Immobiliengeschäfte abwickelte.

Mit einem etwas mulmigen Gefühl erreichte Siggi die untervermietete Wohnung. Die junge Zwischenmieterin öffnete ihm die Tür. Sie trug einen schwarzen Hosenanzug und musterte ihn finster. Siggi gab sich ungerührt und inspizierte alle Räume. Er fand auf den ersten Blick keine Beanstandung, die sich für ihn kostenmindernd hätte auswirken können. Das Gepäck stand schon zum Abtransport bereit.

»Das Taxi bestelle ich gleich. Sie müssen nur erst die Finanzierung für unsere neue Unterkunft sicherstellen. Wir konnten für so eine lange Zeitspanne nur im Hotel Radisson Blu unterkommen. Die Sache kostet Sie circa neuntausend Euro, je nachdem wie schnell wir eine passende Wohnung finden.«

»Neuntausend …« Siggi schluckte schwer.

»Wir haben das Zimmer auf Ihren Namen gebucht. Sie müssen das hier unterschreiben.« Die junge Frau hielt Siggi eine Kostenübernahmeerklärung unter die Nase, die dieser widerwillig ausfüllte. Er musste die Nummer seines Personalausweises eintragen.

»Man verlangt dort eine Anzahlung. Außerdem benötige ich das Geld für das Taxi.« Siggi fühlte sich schwindelig.

Er übergab ohne ein weiteres Wort die fünfhundert Euro, die Uli ihm ausgehändigt hatte.

Als die beiden die Wohnung verlassen hatten, begann er mit Gleichmut die Sachen seiner Mutter wieder an ihren Platz zu stellen. Schließlich entschloss er sich noch dazu, die Böden zu reinigen. Was tat man nicht alles für die geliebte Mutter. Sein Geschäftsanzug war ihm nun doch lästig. Er zog ihn aus und putzte in der Unterwäsche. Wie sollte er bloß Uli erklären, dass er so viel Geld benötigte?

Gegen halb fünf betrat Siggi die gemeinsame Wohnung über dem Wirtshaus. Er hatte mächtig Gas gegeben, um die Strecke von Wiesbaden nach Frankfurt in rekordverdächtiger Zeit zurückzulegen. Uli saß vor dem laufenden Fernsehgerät. Als Siggi das Wohnzimmer betrat, zuckte er zusammen.

»Stör mich nicht, was bist du denn schon zurück? Noch nicht einmal in Ruhe fernsehen kann man, um sich ein bisschen zu entspannen.« Ulis Stimme klang leicht belegt und seine Augen glänzten verräterisch feucht. Der Hund saß auf seinem Schoss. Uli schien irgendeine tränentreibende Serie im Vorabendprogramm zu verfolgen und wollte anscheinend vor Siggi nicht als rührseliges Weichei ertappt werden.

Beleidigt ging Siggi ins Bad und von da aus nach unten, um schon die grünen Tafeln vor der Gaststätte aufzustellen. Er jedenfalls war liebevoll und hilfsbereit. Als Uli schließlich um halb sechs zur Öffnung seines Lokals bereit war, verrückte er als erstes kopfschüttelnd die von Siggi arrangierten Aufsteller und schenkte ihm im Verlauf des Abends wenig Beachtung.

Vor dem Einschlafen meinte Uli, dass er sehr nervös sei bei dem Gedanken, was ihn bei Sven im Krankenhaus erwarten würde. Er ängstige sich vor dem Wiedersehen und der großen Verantwortung, die er mit der Betreuung Svens übernommen habe. Siggi müsse doch einsehen, dass er sich momentan auch nicht noch um ihn kümmern könne, jedenfalls nicht sehr. Siggi hatte wieder eine fast schlaflose Nacht.

Kapitel 16

Siggi fuhr zum Frankfurter Flughafen, um seine Mutter abzuholen. Zu seinem Ärger musste er feststellen, dass die Maschine zwei Stunden Verspätung hatte. Ermattet ließ er sich in einen der Besuchersessel fallen und holte den entgangenen Nachtschlaf nach. Sofort schlief er ein und wäre fast zu spät zum Empfang seiner Mutter gekommen. Bereits kurze Zeit nach seinem Eintreffen am Ausgang des Swiss Air Fluges trat sie durch Tür.

Siggi verschlug es fast die Sprache, so atemberaubend gut sah seine Mutter aus. Dorothea Rankes Haar war länger geworden. Hellgraue weiche Wellen umgaben ein leicht sonnengebräuntes Gesicht.

Siggi stürzte auf sie zu.

»Endlich, Mama, ich habe schon so auf dich gewartet.« Er umarmte sie und hielt sie dann ein Stück weit von sich entfernt fest, um sie eingehend zu betrachten. Du hast abgenommen, Mama und das enge graue Kostüm steht dir auch sehr gut.« Siggi schüttelte ungläubig den Kopf und hielt seine Mutter immer noch auf einen Meter Distanz.

»Komm, lass uns fahren, mein Junge. Zuhause kann ich dir alles erzählen.«

Siggi kümmerte sich um das Gepäck seiner Mutter. Auf dem Weg nach Wiesbaden schwärmte Dorothea Ranke von Mallorca und der Fürsorglichkeit von Gregor Martin. Immer, wenn sie ihn erwähnte, kamen ihr die Tränen.

»Eigentlich hätte ich ihn versorgen müssen, aber er hat sich so rührend um mich gekümmert. Wirklich auf Händen getragen hat er mich.«

»Ach, Mama, sei doch nicht so traurig. Jetzt hast du doch wieder mich«, sagte Siggi warmherzig.

Als sie in der Wiesbadener Wohnung ankamen, sah sich Dorothea Ranke skeptisch in ihren vier Wänden um. »Hier ist doch alles verändert und es riecht auch so anders. Wer war denn hier drin?«

Siggi war sich sicher gewesen, dass er den Originalzustand der Wohnung wiederhergestellt hatte. Nun musste er seiner Mutter die Zwischenvermietung beichten.

»Du weißt doch Mama, dass meine Geschäfte immer mal wieder schlecht laufen. Und in der Zeit nach deinem Weggang konnte ich mich nicht gut auf die Arbeit konzentrieren. Immerzu musste ich daran denken, was dir alles hätte passieren können. Außerdem hast du dich ja fast gar nicht mehr gemeldet.«

»Ach, Siegbert, Gregor war halt so eifersüchtig. Er wollte, dass ich alle Brücken zu meinem alten Leben abbreche. Komm, lass uns essen gehen. Ich will nicht verhungern, nur weil Gregor tot ist.«

Einerseits war Siggi froh, dass seine Mutter schnell wieder in ihren Normalzustand zurück zu finden schien, andererseits musste er ihr peinlich berührt gestehen, dass er nicht das Geld habe, um sie auszuführen.

»Deswegen musst du dir keine Sorgen machen, Siegbert.« Dorothea Ranke erzählte von dem Aktienpaket, das Gregor Martin ihr kurz vor seinem Tod überschrieben hatte.

Siggi hörte die Glocken läuten. Ihm war, als hätte er den Hauptgewinn im Lotto gezogen. Dorothea wusste zwar nicht, wie hoch der Betrag war, den ihr Gregor überschrieben hatte. Aber es wären schon mehrere Millionen, meinte sie.

Wie gut, dass er Uli noch nicht die Sache mit den neuntausend Euro erzählt hatte. Jetzt musste er nur noch einen Weg finden, seiner Mutter die Sache ans Herz zu legen. Am besten blieb er dieses Mal bei der Wahrheit.

Sie gingen wieder zu dem Italiener, wo Siggi bereits vor Monaten mit ihr über Geld gesprochen hatte, als er eine erhaltene Maklerprovision wieder zurückzahlen musste. Diese unglückselige Geschichte hatte ihm wirklich den Spaß an Immobiliengeschäften genommen.

Siggi musste sich eingestehen, dass er mit Geld zu verschwenderisch umging. Die zweitausend Euro, die er für die Untervermietung der Wohnung bekommen hatte, hatte er auch sofort ausgegeben. Im Nachhinein ärgerte er sich zusätzlich über die Verschwendung der mehr als hundert Euro, die er für die Taxifahrt von Barcelona nach Sitges ausgegeben hatte. Und das nur, weil er sich aus Enttäuschung um ein Haar mal wieder leichtfertig seinen Neigungen hingegeben hätte. Andernfalls hätte er jetzt das Geld gehabt, um seine Mutter einzuladen.

Im Verlauf des Abends war Dorothea Ranke bereit, sofort einen Teil der Aktien zu verkaufen oder die neuntausend Euro erst einmal von ihrem Sparbuch abzuheben.

Siggi meinte, dass es gar nicht so einfach wäre, kurzfristig Aktien zu verkaufen. Die würden doch an der Börse gehandelt und hätten jeden Tag einen anderen Kurs. Außerdem solle man nur dann verkaufen, wenn der Kurs recht hoch war. Er sorgte sich, wie sich seine in Finanztransaktionen völlig ahnungslose Mutter den Überblick darüber verschaffen wollte. Dann überlegte er, ob er ihr nicht vorschlagen sollte, ihm die Verfügungsgewalt über ihr Aktienpaket zu übertragen. Siggi fing an zu träumen und sah sich schon als wohlhabenden Lebemann den Tag verbringen. Dann könnte er den ungeliebten Maklerjob an den Nagel hängen oder zumindest nur solche Deals machen, die entsprechendes Geld brachten. Wenn Uli wüsste, dass er jetzt mehrfacher Millionär war. Siggi platzte fast vor Glück. Die mageren Zeiten waren vorbei. In den nächsten Tagen wollte er unbedingt mit seiner Mutter darüber sprechen. Mit Uli wollte er zunächst noch nicht darüber reden. Diesen Trumpf behielt er erst einmal im Ärmel.

Mit einem glücklichen Lächeln auf den Lippen und leicht alkoholisiert fuhr Siggi zu später Stunde nach Sachsenhausen zurück. Er hatte seiner Mutter versprochen, am nächsten Tag wie immer zum Mittagessen zu kommen. Demnächst würde er mit ihr auch fürstlich einkaufen gehen. Jetzt brauchten sie nicht mehr auf den Cent zu schauen. Eine tiefe Genugtuung bemächtigte sich seiner.

Als er nach einer halsbrecherischen Fahrt und einem unglücklich gewählten Parkplatz im eingeschränkten Halteverbot um halb zwölf im *Kleinen Wirtshaus* ankam, brannte kein Licht. Seine gute Laune war schlagartig vorbei. Wo war Uli? Vor Enttäuschung und Eifersucht trat er wütend gegen die Haustür. Was war nur los? Nie hatte er Grund gehabt, sich über Ulis Gefühle für ihn Sorgen zu machen. Selbst als Uli ihm, nachdem er die Affäre mit Sascha gebeichtet hatte, die Freundschaft gekündigt und ihm Lokalverbot erteilt hatte, wusste er, dass es nur eine Frage der Zeit war, bis sie sich wieder versöhnten. Jetzt war alles anders.

Um zu vergessen, genehmigte der sich einen großen Whisky. Danach war ihm etwas leichter ums Herz. Er putzte sich die Zähne und ging zu Bett. Hellwach lauschte er auf die Geräusche. Schließlich hörte er Uli, der sich mit schnellen Schritten näherte.

Das Licht im Schlafzimmer flammte auf. Siggi kniff die Augen zusammen und zog die Decke hoch.

»Hallo, Siggi, noch wach? Wie war's denn? Ist deine Mutter gut gelandet? Du wirst es nicht glauben, aber ich habe so einen tollen Abend mit Florian beim Nachtkegeln erlebt. Da sind Hunde erlaubt. Es war einfach gigantisch. Ich wusste gar nicht, dass Kegeln so viel Spaß macht.«

Siggi unterdrückte den Wunsch, Uli über seine veränderte Situation als Sohn und alleiniger Erbe einer millionenschweren Mutter unter die Nase zu reiben. Da würde sich noch ein geeigneterer Moment ergeben.

Währenddessen verschwand Uli im Bad. Als er zurückkam, ließ er sich mit einem wohligen Seufzer ins Bett sinken. Innerhalb von Sekunden war er eingeschlafen, wohingegen sich Siggi erneut schlaflos durch die Nacht quälte.

Uli war schon aufgestanden, als Siggi die Augen aufschlug. Irgendwann musste er wohl doch in den Schlaf gefunden haben. Er vermisste das gemeinsame Aufwachen. Uli hatte in der Küche einen Teller für ihn hingestellt. Ein Zettel lag darauf, der ihm mitteilte, dass er mit dem Fahrrad und Tim unterwegs war. Er wünschte ihm außerdem einen schönen Sonntag.

Siggi bediente sich aus der Kaffeekanne. Der Kaffee war lauwarm. Er fühlte sich elend und fragte sich, warum Uli den Sonntagvormittag nicht mit ihm verbringen wollte.

Pflichtschuldigst stellte er sich pünktlich zum gemeinsamen Mittagessen mit seiner Mutter in Wiesbaden ein. Er hatte ja auch sonst nichts zu tun. Irgendetwas war anders als früher. Siggi war irritiert, dann bemerkte er, was ihm fehlte. Er vermisste den Essensgeruch, der früher bei seinem Eintreffen in der Luft lag.

Dorothea Ranke teilte ihrem Sohn entschlossen mit, dass man erst noch am Hauptbahnhof einkaufen müsse. Sie habe keine Vorräte vorgefunden. Siggi schlug vor, einfach wieder essen zu gehen, doch Dorothea winkte ab. Es sei an der Zeit, dass sie anfinge wieder regelmäßig zu kochen. Siggi sollte sie nur schnell zum Minimarkt im Wiesbadener Hauptbahnhof fahren. Dort erstanden sie bereits fertig gebratene panierte Schnitzel und zusätzlich zwei Portionen Kartoffelsalat. Siggi stellte schlecht gelaunt fest, dass der Einkauf nur unwesentlich günstiger gewesen sei als ein weiterer Restaurantbesuch. Ein weiterer Grund für seine schlechte Laune war der Strafzettel, den man ihm wegen Falschparkens verpasst hatte. Auch hierfür würde er Geld benötigen.

Zurück in der mütterlichen Wohnung legte sich sein Unmut darüber, dass er vergessen hatte, am Samstag für seine Mutter einzukaufen. Zum Abschluss ihres Mittagessens tischte Dorothea einen Marmorkuchen auf. Unter Siggis Gabel lag ein Hundert-Euro-Schein. Später sagte er seiner Mutter, dass er maximal nur noch jeden zweiten Tag zum Essen kommen würde, denn er müsste abwechselnd über Mittag in seinem Büro Präsenz zeigen, denn manche Kunden nutzten ihre Mittagspause, um ihn wegen eines seiner Immobilienangebote, die er an die Scheibe des Schaufensters geklebt hatte, zu kontaktieren. Außerdem lebte er doch jetzt bei Uli in Frankfurt, und die Strecke von dort nach Wiesbaden war nicht gerade kurz. Man musste an den Spritverbrauch seines alten Audis denken.

Endlich hatte sich Siggi von seiner Mutter verabschieden und auf den Rückweg machen können. Als er gegen vier Uhr vor Ulis Haus eintraf, stand dieser im Gespräch mit Florian Wilson vor der Tür. Der Polizist hatte dem Wirt gerade erklärt, dass man ihn in das 18. Polizeirevier in den Florianweg nach Bergen-Enkheim versetzt habe. »Ich wollte es dir persönlich sagen, nach allem, was wir gemeinsam durchgemacht haben. Gestern Abend konnte ich es dir noch nicht sagen. Es hätte mir die Freude über unseren ersten gemeinsamen Abend genommen.«

Ohne Angabe von Gründen sei die Verfügung auf seinem Schreibtisch gelandet. »Vielleicht hat mein Vorname den Ausschlag für die Versetzung in das Revier im Florianweg gegeben«, sagte er gerade mit einem etwas missglückten Lächeln, als Siggi hinzutrat.

»Florian ist gerade vorbeigekommen, als ich von meiner Radtour zurückgekommen bin.«

»Wieso bist du eigentlich ohne mich zu einer Radtour aufgebrochen?«, fragte Siggi beleidigt, ohne sich im Mindesten für die Versetzung des Polizisten zu interessieren.

»Tim brauchte einmal einen richtig großen Auslauf. Ich habe einen Korb für ihn für das Fahrrad gekauft. Er soll doch auch die Gegend hier kennenlernen. Der arme Kerl ist jetzt völlig übermüdet. Außerdem warst du doch die ganze Zeit in Wiesbaden.« Uli lächelte.

»Ja, dann muss ich mich auch fit halten«, setzte er hinzu. »Ich habe im Urlaub so zugenommen. Du aber noch mehr.« Dabei stieß er Siggi einen Finger in den Bauchnabel. Siggi zuckte zusammen. War er Uli zu dick geworden? Als dieser das beleidigte und traurige Gesicht des Freundes sah, legte er begütigend den Arm um dessen Schulter und drückte ihm einen feuchten Kuss auf die Wange. »Du weißt genau, wie sehr ich dich mag. Es ist mir egal, ob du ein paar Kilos Übergewicht hast. Aber du könntest jetzt schnell noch ins Krankenhaus fahren. Ich schaffe es heute wieder nicht. Wegen Willys Testament habe ich heute beim Nachlassgericht angerufen und mir erklären lassen, was man machen muss, wenn man ein Erbe nicht annehmen will. Denn das Erbe von Willy will ich absolut nicht! Das wäre mir zu gruselig. Jetzt muss ich beim Gericht persönlich meine Ablehnung zu Protokoll geben. Alles nur Zeitverschwendung. Gib Sven einen Kuss von mir und sag ihm, dass ich morgen endlich wieder zu ihm komme und mir viel Zeit für ihn nehme«, fügte Uli mit einem Blick auf seine Uhr hinzu.«

Siggi drehte ab, um Sven schnellstens einen Besuch abzustatten, denn er wusste, dass Widerspruch bei Uli zwecklos war.

Auch Florian Wilson verabschiedete sich. Er legte zwei Finger an die Stirn und deutete einen Gruß an. Wehmütig dachte er daran, dass dies sein letzter Abend im neunten Revier in Sachsenhausen werden würde. Das neunte wurde mit dem achten Revier zusammengelegt, ein Teil der Kollegen auf andere Reviere umverteilt. Warum war gerade er davon betroffen? Nur ungern wollte er das Umfeld des *Kleinen Wirtshauses* verlassen. Uli ermunterte ihn, demnächst zu erzählen, wie es ihm in Bergen-Enkheim gefiele.

Florian hatte Uli nicht erzählt, dass er ihn in Bergen zusammen mit dem schönen Stadtschreiber zufällig beobachtet hatte, als er sich dort schon einmal ortskundig gemacht hatte, nachdem ihm seine geplante Versetzung schon vorher durch die Gerüchteküche zu Ohren gekommen war.

Bis heute hatte Florian Wilson noch keinem Mann seine Homosexualität zeigen können, wobei er sich nichts sehnlichster wünschte als das. Wie oft hatte er davon geträumt, unter Ulis Führung seine Sexualität zu erfahren. Wenn er sich dieser Vorstellung hingab, war Uli bei ihm in seiner teuren Zweizimmerwohnung, denn in Ulis Wohnung wohnte jetzt ja auch Siggi. Diese Vorstellung gefiel Florian ganz und gar nicht. Andererseits hatte ihm Uli noch nie ein Zeichen gegeben, dass er sich wirklich für ihn interessierte. Was Uli nur an diesem windigen Siggi fand.

Florian gab die Hoffnung auf Uli nicht auf, und es war ihm nicht unangenehm, dass der Stadtschreiber nun in einem, wie es schien, ewigen Koma lag.

Als Siggi nach einem zehnminütigen Besuch bei Sven und einem Kaffee im Krankenhaus wieder zurück war, setzte er sich an das äußerste Ende der Bar und trank ein Bier nach dem anderen. Er mischte sich auch nicht, wie es sonst seine Art war, in die Gespräche der Gäste ein, die nach und nach eintrafen und die ihn teilweise freundlich begrüßten. Er reagierte nicht und starrte nur mürrisch in sein Glas.

Noch bevor Uli das Lokal abgeschlossen hatte, war Siggi schon nach oben gegangen und hatte sich in das gemeinsame Bett verkrochen. Uli wusste nicht, ob Siggi schon schlief, als er sich endlich selbst hinlegte. In der Dunkelheit verspürte er plötzlich den Drang, das auszusprechen, was Siggi schon lange ahnte. Uli wusste nicht, ob Siggi ihm zuhörte. Mit offenen Augen flüsterte er, dass es nicht nur das Interesse an Literatur und die Verantwortung waren, die ihn zu Sven trieben. Was die Verantwortung betraf, fürchtete er sich im Gegenteil davor, dieser zusätzlichen Belastung nicht gewachsen zu sein. Schließlich habe er bereits mit dem Wirtshaus, dem Hund und mit Siggi genug am Hals. Vor allem aber seien seine Gefühle durch Sven durcheinandergebracht worden. Auch deshalb habe er dem Urlaub zugestimmt und jetzt das Wiedersehen hinter andere Aktivitäten zurückgestellt. »Das hat aber nichts mit uns zu tun.« Mit dieser für Siggi als Beruhigung gedachten Bemerkung schloss Uli seine Beichte an die Dunkelheit und schlief ein.

Kapitel 17

Uli hatte es eilig, Sven im Krankenhaus zu besuchen. Er hatte Gewissensbisse. Der arme Kerl. Erst war er mit Siggi fast vierzehn Tage im Urlaub gewesen, und vorgestern war er sehr beschäftigt gewesen, sein Lokal nach dem Urlaub wieder auf seinen eigenen Modus einzustellen und den dringend notwendigen Großeinkauf bei der Metro zu machen. Um halb sechs hatte er dann das *Kleine Wirtshaus* wie jeden Tag so gegen sechs Uhr abends geöffnet, nachdem er tagsüber mit dem Hund unterwegs gewesen war. Nach einem betriebsamen Abendgeschäft war er genau um halb zwölf Uhr ins Bett gesunken, in dem bereits Siggi den Schlaf des Ungerechten schlief. In einem Moment der Klarsicht hatte er Siggi von seinen Sorgen über die angespannte Situation mit ihm und Sven erzählt, ohne zu wissen, ob dieser schon schlief oder seinen Worten tatsächlich Gehör schenkte.

Heute Morgen aber wollte er endlich seinen schwer verletzten Freund Sven in der Klinik besuchen. Er drückte Siggi die Hundeleine in die Hand und ermahnte ihn, mit Tim einen ausgiebigen Spaziergang zu machen, am besten am Mainufer. Er könne Tim dann ja mit in sein Maklerbüro nehmen. Später würde er bei ihm vorbeikommen und Tim abholen.

Sven war in Frankfurt geblieben, weil seine Mutter, als einzig verbliebenes Familienmitglied, wegen fortschreitender Demenz in einem Pflegeheim bei Köln untergebracht war und sich nicht um ihn kümmern konnte. Außerdem war in der ersten Zeit nach der Operation an eine örtliche Verlegung überhaupt nicht zu denken.

Er verschmähte den Lift und erklomm die Treppen zum dritten Stock. Außer Atem, aber mit dem Bewusstsein, etwas Gutes gegen den in Spanien angefutterten Speckring getan zu haben, hatte er schon die Tür zum Krankenzimmer geöffnet, als er sah, dass sich Ärzte und Pflegepersonal darin um Sven bemühten. Er schloss die Tür und setzte sich kurzatmig auf eine Bank.

Er blickte sich um. Auf der anderen Seite der langen Bank saß ein schlanker athletischer Mann mit einer schwarzen Basecap, die er tief ins Gesicht gezogen hatte, und schaute auf den Boden. Uli sah nur sein Profil, aber er bemerkte, dass von dem Mann eine unterdrückte Spannung ausging, die sich in unruhigen Handbewegungen und wippenden Füßen bemerkbar machte. Als er mit den Händen die Mütze noch ein Stück tiefer ins Gesicht zog, erkannte Uli eine langgezogene weiße Narbe auf seiner linken Hand. Irgendwie kam ihm dieser Typ bekannt vor. Aber noch bevor er diesen Gedanken weiterverfolgen konnte, öffnete sich die Tür.

»Guten Tag, Herr Reinhold. Na, wie war denn der Urlaub?«

»Sehr schön, aber irgendwie konnten wir die Zeit nicht so richtig genießen, weil wir immer an unseren armen Freund Sven denken mussten. Wie steht es denn mit ihm?«

»Keine Veränderungen zum Guten«, sagte ihm der behandelnde Neurologe.

»Aber auch nicht zum Schlechten?«, Uli wollte die negative Aussage des Arztes so nicht stehenlassen.

»Nein, auch keine negativen Entwicklungen. Stillstand!« Der Arzt weigerte sich strikt, Uli einen tröstlichen Ausblick auf Svens Zukunft zu geben.

Uli setzte sich an Svens Bett und griff nach dessen Hand. So weich, so ohne Leben. Nur wenn er sie fester drückte, meinte er, einen leichten Reflex darin zu spüren. Oder wollte er sich das nur einreden? Svens schönes bleiches Gesicht war bar jeglicher Emotion.

Inzwischen waren die dunklen Haare, die man ihn wegen der Operationen radikal geschoren hatte, wieder gewachsen. Schläuche hingen an ihm und versorgten ihn mit allen lebenswichtigen Infusionen. Viele Wochen waren schon vergangen, in denen Sven die Augen nicht mehr aufgeschlagen hatte. Aber hatte man nicht gehört, dass Menschen nach noch längerer Zeit plötzlich aus dem Koma erwacht waren? Ulli wollte so gern an dieses Wunder glauben. Er mochte Sven sehr und konnte seinen Schmerz nicht verbergen. Hilflos schniefte er in sein Taschentuch. Dann erzählte er Sven mit leiser Stimme von dem Urlaub in Spanien. Sven aber zeigte keine Regung. Uli streichelte sein Gesicht und wandte sich ab. Nicht einmal Sven wollte er seine Verzweiflung zeigen. Mit einem Kuss auf die Stirn verabschiedete er sich. Vor der Tür blieb er noch einen Augenblick stehen und versuchte, sich zu fassen. Er wollte nicht, dass man seine Tränen sah.

Auf den Weg nach unten kam er im Erdgeschoss bei der Cafeteria vorbei. Er hatte seit dem Frühstück nichts gegessen, und angesichts des leckeren Angebots meldete sich der Hunger. Ein Schinkenbrötchen und ein Cappuccino wären jetzt das Richtige. Kurzentschlossen trat er in das Lokal und gab seine Bestellung ab. Gedankenverloren kaute er auf dem Brötchen herum und dachte an Sven und dessen trauriges Schicksal. Seine Vorstellung malte ihm immer nur das Schlimmste aus, bis er sich selbst verbat darüber nachzudenken. Zum Trost bestellte er sich zum Nachtisch noch ein Schoko-Croissant.

Gerade hatte er einen ersten Bissen vom Croissant genommen, als ein Tumult im Haus einsetzte und man erregte laute Stimmen und Geschrei hörte.

»Haltet den Kerl, lasst ihn nicht entkommen. Das ist ein Mörder! Diese Bestie wollte jemand töten!« Auf den Treppen hörte man vielfältiges Getrappel und ein wüstes Durcheinander.

Uli sah einen Mann mit dunkler Basecap quer durch die Cafeteria an ihn vorbei durch die Gartenanlage des Krankenhauses rasen und über den Zaun springen. Verdutzt erhob er sich vom Stuhl. War das nicht der seltsam angespannte Mann vom Flur auf Svens Station? Er rannte dem Mann hinterher und schaute über den Gartenzaun. In einiger Entfernung sah er ihn laufen. Den würde er nicht mehr aufhalten können. Unterdessen eilte das Klinik-Personal ebenfalls durch die Cafeteria in den Garten und warf sich mit lautem Gebrüll, »Wir haben ihn, wir haben ihn«, auf Uli.

»Nee, nee, ich doch nicht, Ihr Idioten! Der Mann, der da vorne läuft, ist es. Ich war doch selbst hinter dem Mann her.« Uli lag zusammengepresst und keuchend unter einem Haufen Menschen, die eisern entschlossen waren, den vermeintlichen Täter festzuhalten.

Als sie nicht gleich von ihm abließen, schrie er: »Ihr Deppen, ich bin doch nicht der Angreifer. Während ihr mich jetzt wie blöd festhaltet, läuft euch der Kerl doch weg«. Uli wurde langsam panisch unter dem Knäuel von Menschen.

Allmählich löste sich der Druck, aber zwei Männer hatten ihn fest im Griff und sagten, dass sie ihn der Polizei übergeben würden.

»Dann fragt doch die Bedienung in der Cafeteria, die wird sich erinnern, dass sie mir gerade ein belegtes Brötchen und ein Croissant verkauft hat«, verteidigte sich Uli.

Tatsächlich kam die Bedienung und klärte das Missverständnis auf. Mit betretenen Gesichtern und Entschuldigungen murmelnd, stand die Meute der Verfolger keuchend vor Uli. Was für eine Blamage. Schweigend säuberte sich Uli von der Gartenerde und den welken Blättern, die sich in seiner Kleidung festgesetzt hatten.

Plötzlich fiel ihm ein, dass der Unbekannte auf der Station bei Sven gesessen hatte. »Hat dieser Mann etwa meinen Freund Sven Heumüller angegriffen?«

Jetzt schaute auch der Neurologe aus der Menge auf und erkannte Uli. »Ja, das ist richtig, das war dieser Mann. Das tut uns leid, Herr Reinhold, dass wir ausgerechnet Sie als Täter verdächtigten. Der Anschlag galt tatsächlich Ihrem Freund. Dieser unbekannte Mann hatte alle Kanülen aus seinem Körper gezogen.

Wenn nicht zufällig eine Pflegerin in Herrn Heumüllers Zimmer gekommen wäre und das bemerkt hätte, wäre ihr Freund jetzt tot. So konnte er gerade noch gerettet werden. Die Polizei muss übrigens gleich kommen. Sie müssen unbedingt hierbleiben, denn Sie haben den Mann gesehen, und die Polizei will sicher von Ihnen eine Beschreibung des Mannes haben.«

Und so war es. In wenigen Minuten bremsten zwei Polizeiautos mit lauten Sirenen. Aus einem entstieg eilends der gutaussehende Hauptkommissar Khalil Saleh, der einen ersten strengen Blick auf die vor dem Eingang der Klinik wartenden Menge warf und einen zweiten finsteren Blick auf Uli, dem bei seinem Anblick ein tiefer Seufzer entwich. Hatte er es doch geahnt. Das würde jetzt eine Weile dauern, und er hatte nicht viel Zeit. In wenigen Stunden musste er sein Lokal öffnen und vorher noch Tim bei Siggi abholen.

»Herr Reinhold, was machen Sie denn hier? Gibt es in Frankfurt nicht einen Ort, wo ich Sie nicht antreffe«? Saleh rang sich ein gequältes Lachen ab.

Uli erzählte ihm aufgeregt vom vereitelten Mordanschlag auf seinen Freund Sven und schlug vor, einen Polizeischutz vor dessen Krankenzimmer zu stationieren.

»Das müssen wir uns noch überlegen. Wir können nicht vor jedem Krankenzimmer einen Polizisten hinstellen.« Saleh war von Ulis Argumenten nicht überzeugt. Was aber, fragte er sich, war der Grund für den zweiten Versuch, den Stadtschreiber zu töten? War es eine Affäre aus der Schwulenszene, oder versteckte sich ein ganz anderes Motiv hinter dem zweifachen Mordversuch?

»Herr Reinhold, Sie kommen jetzt mit uns zum Krankenzimmer von Herrn Heumüller, und während meine Kollegen von der Spurensicherung dort ihre Arbeit tun, erzählen Sie mir alles, was Ihnen während Ihrer Anwesenheit dort oben aufgefallen ist.«

Uli erzählte ihm das Wenige, was er von dem vermutlichen Täter gesehen hatte, und dass ihm eine weiße Narbe an seiner Hand aufgefallen war.

Als Saleh seine Untersuchungen beendet hatte, sagte er zu Uli: »Sie kommen jetzt mit mir ins Präsidium, und dann macht unser Spezialist eine Zeichnung des Täters nach Ihren Angaben. Das dauert nicht lange.«

»Ich muss mein Lokal in wenigen Stunden aufschließen. Das schaffe ich niemals rechtzeitig bei diesem Verkehr, und dann müsste ich Herrn Ranke anrufen, dass er mich dort vertritt.« Ulis Nerven flatterten. Das Schicksal meinte es derzeit nicht gut mit ihm.

»Also gut, dann sagen Sie ihm Bescheid«, Saleh schob Uli grob ins Polizeiauto.

Uli sträubte sich. »Ich nehme mein eigenes Auto, wie soll ich denn sonst nach Sachsenhausen kommen?«

»Verdammt, Sie bleiben jetzt hier bei mir im Auto. Das Auto können Sie später abholen. Dann müssen Sie eben später ein Taxi nehmen.«

»Und wer zahlt mir das?«

Ulis Einwände stießen bei Saleh auf taube Ohren. Er musste schließlich seinen Job machen. Da mussten die Leute schon ein paar Unbequemlichkeiten in Kauf nehmen.

Als Uli zwei Stunden später vom Präsidium auf die Straße trat, kam er sich wie ausgequetscht vor.

Saleh war genauso ratlos wie Uli, was den Täter anging. Wer in Gottes Namen hatte ein Interesse daran, Sven zu töten? Der Kommissar hing zwar weiterhin der These an, dass die Tat vermutlich aus dem homosexuellen Kreis um Sven begangen worden war, aber Uli fand das nicht plausibel. Er hatte aber keine Vorstellung, aus welcher anderen Ecke diese mörderischen Attacken kamen.

Vor dem Präsidium stand ein Taxi, aus dem gerade eine Frau ausgestiegen war. Uli winkte den Fahrer und ließ sich schnellstens in die Unfallklinik zu seinem Auto fahren. Er kam gerade noch rechtzeitig, um sein Lokal zur gewohnten Stunde zu öffnen.

Siggi stand vor der Tür und schaute angestrengt in Richtung Kleine Rittergasse. Er hatte den kleinen Tim auf dem Arm. Uli streckte die Arme aus und zog Tim an seine Brust, der ihm glücklich das Gesicht abschleckte.

»Na, da bist du ja gerade noch rechtzeitig gekommen. Ich dachte schon, ich müsste wieder die Anna holen. Wieso hat es so lange gedauert?« Siggi schaute Uli vorwurfsvoll an.

»Ein Mann hat versucht, Sven umzubringen. Es geht ihm viel schlechter. Um ein Haar wäre er gestorben.«

Noch immer fassungslos erzählte ihm Uli über den erneuten Mordanschlag, während er sein vor Schmerz verzogenes Gesicht im Tims Fell vergrub.

»Waaas?«, entfuhr es Siggi ungläubig. »Aber er ist doch im Krankenhaus.«

»Genau dort ist es passiert«, bemerkte Uli und seine Augen füllten sich erneut mit Tränen. »Auf dieser Welt ist kein Ort mehr sicher. Der Typ hat brutal die ganze Verkabelung rausgerissen. Jetzt ist die Frage, ob er eine weitere Hirnschädigung hat, nachdem die Sauerstoffzufuhr unterbrochen wurde.«

»Woher weißt du das alles so genau, und vor allem, wer war das? Wer tut so etwas? Wer will Sven unbedingt töten?« Jetzt bekam auch Siggi einen Kloß in den Hals.

»Du klingst schon wie dieser bescheuerte Kommissar«, sagte Uli wieder gewohnt unwirsch. Es gefiel ihm nicht, wenn er bei Siggi allzu viel Gefühl für Sven bemerkte. Dass er Sven in der Oberpforte hinter seinem Rücken aufgesucht hatte, war so eine Sache. Noch immer war er nicht ganz von Siggis Beteuerungen überzeugt, dass er Sven bei seinem Besuch nur habe bitten wollen, die Finger von ihm zu lassen.

Uli erzählte ihm, was er im Krankenhaus erlebt hatte. Erst jetzt bemerkte Siggi die verkrustete Schramme, die quer über Ulis Wange lief. Er machte einen Schritt auf Uli zu und wollte ihn umarmen. Uli schüttelte den Kopf. »Siehst du nicht, dass ich den Hund halte? Willst du ihn erdrücken?«

Siggi schluckte. »War Florian Wilson vielleicht auch bei dem Polizeieinsatz dabei?«, fragte er.

»Nein, natürlich nicht. Die Frankfurter Polizei besteht nicht nur aus zwei Beamten.«

Siggi begann sich zu ärgern. Er würde Uli nichts von seinen Millionen erzählen. Ein leichtes Lächeln kräuselte seine Lippen.

Kapitel 18

Schnellen Schrittes gelangte Siggi zur Intensivstation. Er sollte heute alleine ins Krankenhaus gehen. Uli und er wollten sich abwechseln. Als Siggi die Hand auf die Klingel legte, zog sich ihm das Herz zusammen. Nichts tat sich. Siggi lauschte angestrengt. Auf seiner Stirn bildeten sich kleine Schweißtropfen. Als er gerade die Hand ausstreckte, um erneut zu klingeln, wurde ich die Tür geöffnet. »Ja, bitte«, fragte ein müde aussehender Pfleger. »Ich möchte zu Herrn Heumüller«, sagte Siggi. »Wie geht es ihm heute?« »Ziehen sich erst einmal einen sterilen Kittel an und nehmen Sie die Handschuhe. Später können Sie den Arzt fragen.« Siggi tat, was man ihm gesagt hatte.

Wieder musste er warten, bis ihn eine freundlich lächelnde Schwester in Svens Zimmer brachte. Unaufgefordert teilte sie Siggi mit, dass sich Herrn Heumüllers Zustand nicht verschlechtert habe. »Das ist doch schon einmal ein gutes Zeichen«, sagte sie, während sie die Tür öffnete und einen prüfenden Blick auf die diversen Schläuche warf, die Sven am Leben hielten. »Ich lasse Sie jetzt ein wenig mit ihm alleine. Sie können klingeln, wenn etwas ist. »Mit diesen Worten verließ sie den Raum. Siggi sah ihr durch das Sichtfenster in der Tür nach.

Dann nahm er sich vorsichtig einen Stuhl und setzte sich zu Sven an das Bett. Eine endlose Stille lag im Raum, die nur durch ein leises Summen und das Tropfen der Infusion unterbrochen wurde. Bleich und schmal lag Sven im Bett. Er hatte die Augen geschlossen und wirkte völlig entrückt. Ob er wohl jemals ins

Leben zurückfinden würde, fragte sich Siggi, während er Tränen in sich aufsteigen fühlte. »Ach, Sven«, flüsterte er mit bebender Stimme, wissend, dass dieser seine Worte nicht hörte. »Wenn ich doch das alles nur ungeschehen machen könnte.«

Siggi konnte nicht ruhig sitzen bleiben. Er stand auf und wanderte ziellos durch das Zimmer. Dann setzte er sich und betrachtete Svens schönes regloses Gesicht. Schließlich hielt er es nicht mehr aus und stand auf. Er hauchte Sven einen Kuss auf die Stirn, bevor er das Zimmer verließ und Bescheid gab, dass er jetzt ginge. In dem kleinen Vorraum zwischen Eingangstür und Stationstür stopfte er den Kittel und die Handschuhe in eine Tonne. Er kam sich so hilflos und unnütz vor, war er doch mit dem festen Vorsatz gekommen, Sven ein Lebenszeichen abzuringen.

Wieder in Sachsenhausen stellte er sein Auto ab und schleppte sich müde in das Wirtshaus. Bevor er nach unten in die Kneipe ging, wollte er duschen. Er musste den Krankenhausgeruch loswerden. Wenn er schon mit leeren Händen bei Uli eintraf, wollte er wenigstens gut aussehen. Er griff nach der vitalisierenden Dusche, anschließend zu frischer Unterwäsche und betrachtete sich nackt im Schrankspiegel. Er fühlte sich nicht gut. Nachdem er sein Hemd wieder angezogen hatte, denn er wollte es nicht übertreiben mit dem Wäschewechsel, schließlich musste er selbst bügeln, nahm er sein neues Jackett aus dem Schrank. Uli hatte es noch nicht gesehen.

Als er von außen die Kneipe betrat, wischte Uli gerade über den Tresen. Siggi überlegte, ob Uli jemals etwas anderes tat als Wischen.

Uli hob den Kopf. Überrascht musterte er Siggi. »Schon wieder da? Und wie war es, wie geht es ihm?«, fragte er hektisch, während er im Wischen innehielt.

»Unverändert.« Siggi zuckte mit den Schultern, dabei spannte das enge Jackett.

»Wie siehst du denn aus?«, entfuhr es Uli. »Hast du deinen Konfirmationsanzug ausgebuddelt?«

»Nein, das ist neu, so etwas trägt man jetzt, aber du hast ja von modischen Dingen keine Ahnung.« Siggi war beleidigt.

»Wie kannst du nur über Mode nachdenken, während Sven im Sterben liegt.« Uli schüttelte fassungslos den Kopf. »Morgen werde ich hingehen. Bestimmt wird er aufwachen, wenn er meine Stimme hört.«

Uli entging Siggis böses Lächeln, denn in diesem Moment betraten die ersten Gäste das Lokal und verhinderten einen Streit zwischen den beiden Freunden.

Kapitel 19

Bevor Uli zum Aufräumen ins Lokal ging, hatte er sich noch kurz seiner Buchhaltung gewidmet, die er in letzter Zeit sträflich vernachlässigt hatte. Noch in Gedanken an ein paar überfällige Rechnungen, wischte er mechanisch über den Tresen, als sich plötzlich die Tür öffnete. Uli wollte gerade aufbrausen und rufen, dass das Lokal noch nicht geöffnet sei, als er eines Lichtscheins gewahr wurde, der wie ein Heiligenschein auf einem blonden Haarschopf lag.

»Ich bin zurück«, piepste Alina kaum hörbar.

Als die Freunde im Sommer den Urlaub beschlossen hatten, nutzte Alina die Gelegenheit, erstmals auch ein Urlaubsgesuch vorzutragen, weil sie endlich einmal wieder in ihre Heimat fahren wollte.

»Alina, wie schön! Das wurde aber auch Zeit.« Uli konnte ein leichtes Zittern in seiner Stimme nicht verhindern. »Komm her, lass dich umarmen, setz dich und erzähl, wie es in der Heimat war. Ich gebe einen Sekt aus.«

Alina ließ ihren Koffer auf den Boden fallen und setzte sich an die Theke.

Sie sprudelte über mit Berichten darüber, wie schön es gewesen war, die Eltern und die Mutter ihrer Mutter wiederzusehen. »Es war ein bisschen doof, dass ich mit der Oma in einem Zimmer schlafen musste, aber es ging schon.«

Alinas Eltern bewohnten in Kiew eine große Dreizimmerwohnung in einem Altbau. Die Mutter hatte bis vor kurzem als Ingenieurin bei einer Telefongesellschaft gearbeitet. Ihre Entlassung kam plötzlich und war nicht begründet worden. Da Alinas Eltern der Großmutter bis dahin die Miete für eine eigene Wohnung bezahlt hatten, die sie sich nun nicht mehr leisten konnten, war Alinas Großmutter bei ihnen eingezogen. Auch Alinas Vater hatte kaum mehr als nichts, obwohl er als Zeitsoldat bei der Marine untergekommen war.

Alinas Mutter war überglücklich gewesen, als sie ihr einziges Kind wiedersah. Als gebildete Frau war sie darauf bedacht gewesen, dass die Tochter Englisch und vor allem Deutsch lernte, damit sie einmal ein besseres Leben führen konnte. Die Heirat mit Vladimir Stankovic hatte die Pläne der Mutter für die Tochter jedoch zunichtegemacht. Sie hatte sich nicht gegen ihren Mann durchsetzen können, der seinem Cousin die Tochter schon bei ihrer Geburt als Braut für dessen Sohn versprochen hatte.

Trotzdem war die Beziehung von Alina und Vladimir in diesem Frühjahr gescheitert, doch Alina tat das nicht leid. Sie hatte ihren Urlaub genutzt und war mit der Mutter durch das sommerliche Kiew gelaufen, hatte Eis gegessen und war zum Baden gefahren. Der Vater hatte das Land verteidigen müssen und die Großmutter kümmerte sich um das Essen.

Ungeachtet der räumlichen Enge waren es wunderbare Tage für Alina gewesen. Allerdings wurde sie das unangenehme Gefühl nicht los, dass Vladimir sich wie ein Schatten an ihre Fersen geheftet hatte.

Uli schaute mittlerweile genervt an die Decke. So viele Geschichten aus Kiew wollte er gar nicht hören.

»Übrigens geht es Sven immer noch nicht besser«, unterbrach er sie. Mit diesen Worten ging Uli in die Küche und schickte den ehemaligen Koch der dicken Anna nach Hause. Es war ihm etwas unangenehm, ihn so Knall auf Fall von der Urlaubsvertretung zu entbinden. Aber was sollte er machen? Er entschloss sich schweren Herzens, ihm noch zwei weitere Abende zu vergüten.

Danach raunzte er Alina an. »Du hättest schon ein paar Tage vorher Bescheid geben können, dass du wieder zurückkommst.«

Alina murmelte, dass es so schwierig gewesen sei, einen passenden günstigen Flug zu bekommen. Uli blieb ungerührt. Er hatte zu seiner gesunden Härte zurückgefunden. Der Moment der Rührung war vorüber.

»Am besten gehst du schon einmal in die Küche und kümmerst dich um ein paar Vorarbeiten. Ich muss immerzu an Sven denken, der im Koma liegt und kann mich auf nichts anderes konzentrieren.«

Uli hatte keine Lust, sich mit Alinas missglückter Ehe zu befassen. Der Kummer um Sven ließ ihn einfach nicht aus seinen Klauen. Wie ein schwarzes Tier saß er ihm im Nacken. Außerdem machte es ihm Sorgen, dass möglicherweise wieder ein Abend ohne nennenswerte Umsätze der Küche bevorstand.

Er riss die Tür zur Küche auf. »Alina, du musst dein Bestes geben. Das Geschäft läuft schlecht.«

Nachdem sie den Küchendienst beendet hatte, stellte sich Alina eine Weile an die Theke. Sie hatte ein Glas Wasser vor sich stehen und wollte die Gäste beobachten und hören, was sie so redeten. Von der Küchentür aus war ihr schon ein neues Gesicht aufgefallen. Der Mann war schmal, auffallend blass, hatte lange schwarze Haare und war dazu noch ganz in Schwarz gekleidet. Alina fand ihn interessant. Sie mutmaßte, dass er vielleicht zu dem neuen Designerladen auf der anderen Straßenseite gehören könnte.

Sie beschloss den Unbekannten anzusprechen. Uli hatte ohnehin nur Interesse an seinem neuen Hund, dem Schriftsteller und seinem Umsatz. Sie wechselte den Platz. Bevor Alina jedoch den schwarzgekleideten Mann ansprechen konnte, gönnte der ihr einen kurzen Blick und sprach sie an.

»Gestatten Sie, dass ich mich vorstelle? Mein Name ist Alban Erdreich. Ich habe am Ersten des Monats das Bestattungshaus in der Großen Rittergasse übernommen.«

Alina rutschte ein Stück zurück. Ihr fielen seine langen Wimpern auf.

Die Bewegung war dem neuen Gast nicht entgangen. Er erhob sein Glas. »Wollen Sie etwas trinken, werte Dame?«

»Alina, ich heiße Alina und bin die Köchin hier. Und ja, ich möchte etwas trinken. Am liebsten einen Weißwein.« Alina wunderte sich. Sie blickte auf die Hand, die das Glas jetzt in die Luft hielt. Diese Hand hatte bestimmt noch nie ein Grab ausgehoben oder einen Sarg gezimmert.

»Einen Weißwein für die Dame«, bestellte der angebliche Totengräber. Uli warf seiner Köchin einen mehr als finsteren Blick zu.

Als ob er ihre Gedanken hätte lesen können, sagte der sich Alban Erdreich nennende Gast zu Alina, dass er vor wenigen Wochen das Beerdigungsinstitut des vorherigen Inhabers übernommen hätte. »Ich bin sozusagen ein Quereinsteiger in der Branche«, fügte er sarkastisch hinzu. Alina bekam große Augen.

»Wie entschließt man sich denn zu so was?«, wollte sie wissen.

»Ganz einfach dann, wenn das eigene Leben dem Tod zugewendet wird.«

Uli knallte das Glas Weißwein vor Alina auf die Theke. Ein Teil des Inhalts schwappte auf den Tresen. Kommentarlos ergriff er seinen Lappen und wischte die Pfütze weg.

»Es war an einem Freitagvormittag. Meine Freundin war bei Müller in der Schweizer Straße gewesen. Sie wollte die Straße hinter der haltenden Straßenbahn überqueren und achtete offenbar nur auf den Gegenverkehr. Den Porsche Cayenne, der plötzlich an der wartenden Bahn vorbeischoss, hatte sie offenbar nicht gesehen. Sie war sofort tot. Auch den Augenzeugen war nicht klar, woher das Auto so plötzlich gekommen war. Der Fahrer war ohne zu bremsen mit überhöhter Geschwindigkeit weitergerast und hatte nicht ermittelt werden können, weil das Fahrzeug als gestohlen gemeldet war. Damals habe ich zum ersten Mal ein Beerdigungsinstitut betreten. Eben das, dessen Besitzer ich jetzt bin. Mein Studium der Vergleichenden Literaturwissenschaft war sowieso der brotlosen Kunst geweiht.«

Alina war den Tränen nahe und blickte den jungen Mann traurig an. »Mein Beileid«, hauchte sie.

»Damals stand ich vor der Wahl, ihr in den Tod zu folgen, oder mein restliches Leben den mit ihr verbundenen Toten zu widmen. Dann hörte ich, dass hier ein Bestattungsunternehmen einen neuen Besitzer suchte. Der ehemalige Inhaber war wegen Mordes zu einer langen Haftstrafe verurteilt worden und man suchte dringend einen Nachfolger. Sie sehen, wofür ich mich entschieden habe.«

Er sprach mehr zu sich selbst als zu Alina. Sein Blick glitt hinunter zu Alinas Bauch. »Haben Sie Kinder?«, fragte er.

»Leider nicht«. Alina schüttelte traurig den Kopf.

»Seien Sie froh, es gibt nichts schlimmeres, als ein Kind zu verlieren. Meine Freundin war im achten Monat schwanger, als sie starb. Theoretisch hätte das Baby überleben können.«

Alina schluckte. Der schmale blasse Mann tat ihr unheimlich leid.

»Alina, wie wäre es, wenn du jetzt nach Hause gehen würdest? Ich will bald schließen. Das gilt auch für Sie, junger Mann.« Rüde zerriss Uli den Schleier der Trauer, der über beiden lag.

»Ich zahle«, beschied Alban Erdreich den Wirt. »Leider habe ich nicht das Charisma von Sven Heumüller«, fügte er noch bissig hinzu.

»Wir sehen uns wieder.« Mit diesen Worten wandte er sich an Alina und gab ihr die Hand. Sie hatte das Gefühl, dass sein Blick schon wieder auf ihrem Bauch ruhte.

Kapitel 20

Gedankenverloren verließ Alina das Lokal. Sie war noch einmal kurz in die Küche geschlüpft, um ihre Tasche zu holen. Inzwischen war der Totengräber gegangen.

Sie gönnte der dunklen Klappergasse keinen Blick. Zu sehr dachte sie über die seltsame Bemerkung des Bestatters nach.

Sie sah an sich hinunter. Hatte sie Dank Mutters und Großmutters heimischer Küche einen Bauch angesetzt? Und war sie nicht eigentlich noch im gebärfähigen Alter? Sie war doch erst Mitte dreißig. Alina betrachtete die Autos, an denen sie vorbeikam, während sie in Richtung Schifferstraße weiterging. Ganz besonders hielt sie Ausschau nach allen Exemplaren des Typs Porsche Cayenne. Sie versuchte sich in den Autotüren und Schaufensterscheiben zu spiegeln. Eigentlich gefiel ihr das Spiegelbild ganz gut.

In der Ukraine hatte sie ihr Haar honigblond einfärben lassen, um die hellblonden Strähnen zu überdecken. So hatte es fast dieselbe Farbe wie ihre gebräunte golden schimmernde Haut. In dieser Saison war es in Kiew Mode gewesen, sich die Finger leuchtend orange zu lackieren. Auch Alina hatte diesen Farbton auf Hände und Füße aufgetragen. Ihre Füße steckten in Sandalen mit Plateausohlen, die sie größer machen sollten. Uli hatte in einem Moment der guten Laune, nachdem er gerade ein dickes Trinkgeld kassiert hatte, zu ihr gesagt, dass sie im Urlaub so mondän geworden sei.

Abgesehen davon war er sehr unfreundlich zu Alban und ihr gewesen. Bestimmt hatte er Alban und sie weggeschickt, weil er noch einmal mit dem Hund rausgehen wollte. Wäre er nicht erwiesenermaßen homosexuell, hätte man meinen können, dass er eifersüchtig war.

Aber dieser verkorkste Bestattungsunternehmer, der so auf ihren Bauch gestarrt hatte, gefiel ihr doch besser, als sie es sich eingestehen wollte. Alina verspürte ein warmes Gefühl unterhalb des Bauchnabels. Wie würden sie sich wiedersehen? Sie konnte doch nicht einfach in dem Bestattungsunternehmen auftauchen?

Alina schloss die Haustür auf. Wie immer roch es nach gekochtem Kohl. Mühsam schleppte sie die Koffer zu ihrer Dachgeschosswohnung hinauf.

Obwohl sie todmüde war, zwang sie sich noch ihr Gepäck auszupacken, bevor sie schlafen ging. Ihre Gedanken glitten zwischen Vladimir und Alban hin und her. Alina hatte den Verdacht, dass Vladimir ihr nach Deutschland gefolgt sein könnte. Sie glaubte ihn vor dem Abflug gesehen zu habe, als sie sich noch einmal umgedreht hatte, bevor sich die Türen hinter ihr schlossen.

In dieser Nacht träumte sie, dass Vladimir und Alban gegeneinander kämpften. Schließlich ging Alban verletzt zu Boden.

Irgendwie hatte Alina die Nacht überstanden. Sie verbrachte auch den ganzen Vormittag im Bett.

Gerade noch rechtzeitig tauchte sie bei Uli auf.

»Wie siehst du denn aus?«, entfuhr es ihm, als er Alina blass und schwarz gekleidet erblickte.

»Ist der Urlaub über Nacht von dir abgefallen oder hat dich dieser Leichenbestatter derartig beeindruckt, dass du ihn kopieren willst? Alina, ich muss mit dir reden. Diesen Flirt kannst du nicht fortsetzen.«

Uli erklärte ihr, dass der Totengräber schon vorher bei ihm einige Mal zu Gast gewesen sei und dass er auch schon deshalb so angewidert reagiere, weil schließlich ein Vertreter dieser Berufsgruppe einen Mordanschlag auf ihn verübt hatte. Bei Alban käme noch erschwerend hinzu, dass dieser schon vom Äußeren einen

Hauch des Todes verbreite. Außerdem würde er das Geld immer abgezählt hinlegen. Das könne keinem Wirt gefallen.

»Haben wir uns verstanden, Alina?«, sagte Uli streng.

Kapitel 21

Florian Wilson hatte einen Anruf von Khalil Saleh erhalten. Der Kommissar teilte ihm mit, dass er, nachdem er nun auf das Revier im Florianweg versetzt worden sei, die Recherchen vor Ort übernehmen könne. Die Untersuchungen im Kölner Umfeld des Dichters hätten keine Anhaltspunkte zu Tage gefördert, so dass unbedingt noch eine Befragung im Stadtschreibermilieu ausstehe.

Saleh forderte ihn auf, sich unverzüglich die Anschriften der Mitglieder der Stadtschreiberjury zu beschaffen. Eine Adresse konnte er ihm schon nennen. Es handelte sich um Herrn Beckstein, einen pensionierten Literaturwissenschaftler. »Fangen Sie mal mit dem an, der ist bestimmt zu Hause.«

Florian Wilson suchte die ihm genannte Adresse auf, die wirklich sehr in der Nähe seiner Dienststelle lag. Er hatte Glück, Beckstein öffnete auf sein Klingeln und empfing ihn aufgeräumt in einem weißen T-Shirt und roten Hosenträgern.

»Kommen Sie herein, ich frühstücke noch. Wollen Sie etwas mitessen?« Florian lehnte dankend ab.

»Wissen Sie, ich habe schon auf das Erscheinen der Polizei gewartet. So ein schreckliches Verbrechen an einen Schriftsteller, noch dazu an einen preisgekrönten wie Herrn Heumüller, ist verabscheuenswert. Ich kann mir aber nicht vorstellen, wie ich Ihnen bei der Aufklärung helfen könnte.«

Beckstein setzte sich wieder an den Tisch und fuhr mit seinem Frühstück fort.

»Sie hatten Herrn Heumüller doch während der Wahl und der Verleihung des Stadtschreiberpreises von Bergen häufig gesehen. Wissen Sie, ob er Feinde hatte? Ist Ihnen da etwas bekannt, vielleicht ein heftiger Wortwechsel oder eine andere auffällige Begebenheit? Können Sie sich vorstellen, wer zu einer solchen Tat fähig ist?«, fragte Florian Wilson.

Beckstein seufzte genervt. »Leider kann ich Ihnen nichts Derartiges erzählen. Ich habe schon mit einigen der Jurymitglieder für den Stadtschreiberpreis über den feigen Angriff auf Herrn Heumüller gesprochen. Wir sind der Meinung, dass der Mordanschlag nichts mit seinem Autorendasein zu tun hat. Da müssen Sie woanders suchen.«

Nachdem er tief eingeatmet hatte, fuhr er fort.

»Wissen Sie, Autoren sind recht einsame Menschen, man weiß kaum etwas vom anderen. Bei unserem Preis gibt es meistens neun Kandidaten. Jedes der neun Jurymitglieder schlägt einen anderen Schriftsteller vor. Die Kandidaten selbst aber wissen nicht, dass sie zur Auswahl für den Preis stehen. Das bleibt streng geheim. Erst wenn die Jury sich auf einen Preisträger geeinigt hat, wird dessen Name zu einem bestimmten Termin öffentlich gemacht. Im Verlauf der Auswahl gibt es manchmal sehr harte Diskussionen unter uns Juroren, aber davon ahnen die in die engere Wahl gekommenen Autoren natürlich nichts. Ich wüsste wahrlich nicht, wo ich ansetzen sollte. Sie müssen den Täter woanders suchen. Ich habe gehört, dass Herr Heumüller homosexuell ist. Vielleicht stammt der Täter ja aus diesem Milieu. Suchen Sie doch mal dort.«

Wilson, der selbst schwul war, zeigte sich irritiert. »Glauben Sie, dass es in diesen Kreisen eine höhere Kriminalität gibt?«

»Woher soll ich das wissen? Das interessiert mich auch nicht. Mehr kann ich Ihnen nicht dazu sagen. Jetzt wäre es mir recht, wenn ich mein Frühstück endlich weiterführen könnte.«

Beckstein war aufgestanden. Fast fühlte sich der junge Polizist von dem Bauch des Intellektuellen zur Tür gedrängt. Dort ergriff der Mann plötzlich die Hand von Wilson und hielt sie einen Moment lang fest. In seinen Augen schien jetzt ein Anflug von Sympathie aufzublitzen. Er wandte sich um und zog aus der Manteltasche eines abgetragenen Trenchcoats ein Buch heraus und hielt es Florian unter die Nase. »Das ist für Sie, junger Mann. Sie selbst sollten einmal etwas richtig Gutes lesen.«

»Ist das ein Buch von Sven Heumüller?«, fragte Florian Wilson.

»Nee, mein Lieber, ist es nicht, aber dieser Schriftsteller, dieser Paul Baum, hätte das Zeug zu einem guten Stadtschreiber gehabt. Keiner schreibt so gut über die Überschreitung menschlicher Grenzen wie er. Das war mein Favorit. Leider bin ich knapp überstimmt worden. Mit einer Stimme.«

Damit reichte er Florian das Buch von Paul Baum und verabschiedete sich von ihm mit einem wachsweichen Händedruck seiner kleinen weißen Hand.

Florian rief Saleh an und berichtete ihm von dem Gespräch mit dem Jurymitglied Michael Beckstein und von bevorstehenden Gesprächen mit weiteren Mitgliedern der Jury. Sie würden sich in einer Buchhandlung in der Nähe des Stadtschreiberhauses treffen.

Kapitel 22

Florian fuhr in seine teure Zweizimmerwohnung in der Vogelweidstraße, die er vor einigen Monaten bezogen hatte, und erinnerte sich daran, wie er davon geträumt hatte, Uli nach dem Nachtkegeln hierher mitzunehmen.

Er zog die Uniform aus, setzte sich in die Küche und holte sich ein alkoholfreies Bier aus dem Kühlschrank. Nachdem er einige große Schlucke getrunken hatte, stand er auf und machte sich ein paar Brote. Danach wusch er seine Hände und schlug das Buch von Paul Baum auf. Schon die ersten Seiten langweilten ihn, weil er sich nicht konzentrieren konnte.

Er steckte das Buch in die Innentasche seiner Uniformjacke und machte es sich dann mit einer Tüte Chips vor dem Fernseher gemütlich.

Vereinbarungsgemäß fand er sich am nächsten Morgen in der Buchhandlung ein, um mit weiteren Mitgliedern der Jury des Stadtschreiberpreises von Bergen zu sprechen. Das Gespräch verlief genauso ergebnislos wie das mit Beckstein vom Vortag. Als sich Florian als letzter anschickte, den Ort des Treffens zu verlassen, hielt ihn die Buchhändlerin zurück.

»Eine gute Nachricht habe ich doch für Sie. Die Jury hat beschlossen, eine Lesung zu Ehren von Sven Heumüller zu veranstalten. Alle ehemaligen Stadtschreiber werden eingeladen. Diejenigen, die zusagen, sollen dann eine kürzere oder längere Textstelle aus Svens Werk lesen und ein paar Worte anfügen, was sie an ihm so schätzen.«

»Ach«, Florian war überrascht. »Das ist eine schöne Idee! Wer kommt denn von den ehemaligen Stadtschreibern und wo findet die Veranstaltung statt?« Er machte sich eine Notiz.

»Die Einladungen sollen erst noch herausgehen. Man will mit dem Termin noch ein paar Wochen abwarten, um zu sehen, wie es Herrn Heumüller dann geht.«

»Aha«, sagte Florian. »Und wo soll das Ganze stattfinden?«

»Na, in der Nikolauskapelle.« Die Buchhändlerin redete weiter. »Wir wollen bei der Gelegenheit hoffentlich auch viele Bücher von Herrn Heumüller verkaufen, und es soll zu seinen Gunsten gespendet werden.«

Nachdenklich ging Florian zu seinem Auto. Selbstverständlich würde er sowohl Uli als auch Khalil Saleh über das geplante Leseereignis informieren. Er beschloss nach Sachsenhausen in das Kleine Wirtshaus zu fahren, um Uli gleich davon zu berichten.

Im Lokal setzte er sich an einen der kleinen Zweiertische. Mehrfach versuchte er Uli anzusprechen, aber der hatte so viel zu tun, dass er kaum mehr als einen Satz mit ihm wechseln konnte. Außerdem spürte er den stechenden Blick von Siggi, der am Ende des Tresens stand und seine Versuche, Ulis Aufmerksamkeit zu erringen, mit Misstrauen beäugte. Während er auf sein Hacksteak wartete, blätterte er in dem Buch von Paul Baum. Aber genau wie gestern gelang es ihm nicht, Zugang zu dessen Gedanken zu finden. Als Uli das Hacksteak vor ihm abstellte, musste Florian das Buch neben sich auf die Heizung legen. Der Teller hatte die Größe einer Platte. Er rutschte etwas auf seinem Sitz in Richtung Gang. Uli, der mit eckigen Bewegungen mehrfach an ihm vorbeiging, streifte jedes Mal seinen Oberschenkel, was Florian nicht unangenehm war.

Nachdem die Hektik in der Kneipe etwas nachgelassen hatte, konnte Florian endlich Uli sagen, was er von der Buchhändlerin über die geplante Lesung von ehemaligen Stadtschreibern aus Svens Büchern erfahren hatte. Uli freute sich sehr, hatte aber

Bedenken, ob Sven angesichts seines schlechten Gesundheitszustands dabei anwesend sein konnte. Florian meinte, die Lesung sei erst für eine spätere Zeit geplant und Sven müsse nicht unbedingt dabei sein. Uli aber war der Meinung, dass es nur Sinn mache, wenn Sven teilnähme. Er könne im Rollstuhl sitzend zuhören, er müsse ja nicht sprechen.

Kapitel 23

Salehs deutsche Freundin Brigitte hatte auf seinen ausdrücklichen Wunsch seine Eltern zu sich nach Hause eingeladen. Ihre beiden Kinder waren bei ihrem Vater, von dem sie seit Jahren geschieden war.

Sie war etwas nervös. Ihretwegen hätte sie die Eltern von Khalil nicht mehr sehen müssen. Aber für Khalil war es eine Herzensangelegenheit, dass es zwischen den Parteien zu einer Wiederannäherung käme. Das erste Treffen hätte durch das dominante Auftreten seiner Mutter gegenüber Brigitte beinahe in einem Fehlschlag geendet. Er musste es ihr hoch anrechnen, dass sie sich so diplomatisch verhalten hatte, dass die unterschwelligen Vorwürfe seiner Mutter ins Leere gelaufen waren und sie nicht auf deren Provokationen eingegangen war.

Was er Brigitte allerdings nicht gesagt hatte, war, dass seine Mutter zwischenzeitlich nichts unversucht gelassen hatte, ihn mit einer Frau aus seinem eigenen Kulturkreis, wie sie es nannte, zu verkuppeln. Bei dieser Bezeichnung war Khalil in die Luft gegangen. Sein Kulturkreis waren neben seiner Familie auch seine Freunde und Kollegen, die zum überwiegenden Teil nicht dem muslimischen Umfeld angehörten. Ihm war das Beharren seiner Mutter, sich nur innerhalb dieser Kreise zu bewegen und bewusst den Kontakt zu Nichtmuslimen zu meiden, zutiefst zuwider. Er hasste diese Abgrenzungen. Wie sollte es sonst zu einem friedlichen Miteinander kommen, wenn man sich selbst als etwas Besseres verstand. Mit welcher Berechtigung? Mit dieser Haltung konnte es mit der harmonischen Koexistenz der Völker nichts werden.

Zuletzt hatte seine Mutter versucht, ihm seine durchaus nicht unansehnliche Cousine Nour schmackhaft zu machen. Khalil aber wollte Nour nicht. Er wollte Brigitte.

»Sie ist doch keine Muslima, du wirst mit ihr nicht glücklich werden, sie ist einfach anders als wir. Du wirst deine Entscheidung noch bitter bereuen«, hatte seine Mutter noch vor zwei Wochen auf ihn eingeredet. »Aber wenn du schon nicht von ihr lassen kannst, versprich mir, dass du wenigstens versuchst, sie zum Islam zu bekehren. In unserer Familie haben wir noch nie eine Ungläubige gehabt. Ich möchte diese Tradition wahren.«

»Und was war mit Djamila, mit der ich zehn Jahre verheiratet war? Mit der hat es ja auch nicht geklappt, obwohl sie eine Muslima war. Zum Schluss haben wir uns nur noch gestritten, und Kinder haben wir auch keine bekommen.« Khalil hatte es satt, mit seiner Mutter darüber zu diskutieren. »Es hängt nicht alles nur vom Glauben ab.«

Seine Mutter war zwar anderer Meinung, ließ sich aber von ihrem Mann und Khalil dann doch überreden, nochmals mit Brigitte zusammenzutreffen, immer in der geheimen Hoffnung, falls Khalil nicht von ihr abließe, sie doch wenigstens zum Islam zu bekehren.

Brigitte hatte in ihrer geschmackvoll eingerichteten Wohnung alles für einen schönen Nachmittag vorbereitet. Selbst ein paar Süßigkeiten, die sie in einem der vielen orientalischen Lädchen in der Frankfurter Bahnhofsgegend gefunden hatte, fehlten nicht auf der Kaffeetafel.

Alle waren bemüht, nett zueinander zu sein und möglichst strittige Themen herauszuhalten. Aber es fiel Brigitte schwer, die trotz aller Nettigkeit latent dominante Haltung der Mutter von Khalil zu akzeptieren. Es kam ihr vor, als ob sie von ihr eine Art Unterwerfung unter ihre Autorität als Mutter ihres Zukünftigen erwartete.

Ihr wurde immer klarer, dass sie beide nie eine enge Freundschaft pflegen würden. Brigitte war eine emanzipierte Frau und würde sich niemals von Khalils Mutter bevormunden lassen.

Khalils Vater saß mit einem tapferen kleinen Lächeln auf der Couch, bediente sich an den Häppchen und sprach kaum ein Wort. Die Verabschiedung war übertrieben freundlich.

»Na, war doch ganz nett.« Khalil nahm Brigitte in den Arm und führte sie ins Wohnzimmer. »Komm, lass uns jetzt endlich ein Glas Wein trinken. Vor meinen Eltern wollte ich mich dieser dekadent westlichen Unart nicht hingeben.«

»Siehst du, das verstehe ich nicht, warum musst du vor ihnen etwas geheim halten, was für dich ganz natürlich und richtig ist? Und dann sag mir doch bitte, warum deine Mutter so ein Interesse daran hat, dass ich mit ihr in die Moschee gehe. Du weißt doch, dass ich aus Überzeugung gar keiner Religion anhänge.«

»Sie will es einfach nicht wahrhaben, dass ausgerechnet ihr einziger Sohn mit einer Ungläubigen, wie sie alle anderen nennt, die keine Muslime sind, zusammen ist.« Khalil seufzte laut.

»Wie sollen sich da die Andersgläubigen fühlen, wenn sie von den Muslimen als minderwertig angesehen werden? Das ist doch ein absurder Hochmut. Warum sollte der allmächtige Gott ausgerechnet den Muslimen die einzig wahre Religion zusprechen? Gott ist für alle Menschen da, egal welchen Glaubens und auf welchem Erdteil. Er bevorzugt nicht einseitig nur die Muslime. So ungerecht kann der allwissende gütige und gerechte Gott nicht sein.« Brigitte war dabei, sich in Rage zu reden.

»Lass es gut sein, du wirst sie nicht ändern. Das ist eben ihre traditionelle Sicht der Dinge. Fatma, meine Schwester, ist da ganz anderer Meinung. Sie hat zwar, auch auf Druck unserer Eltern, einen Moslem geheiratet, ist aber in ihrer Ehe ganz zufrieden, und ihr Freundeskreis besteht mindestens zur Hälfte aus nichtmuslimischen Personen.«

Erst nach dem zweiten Wein konnte sich Brigitte etwas beruhigen, versprach Khalil aber nicht, sich mit seiner Mutter zum Besuch der Moschee zu treffen.

Später in der Nacht, als Khalil neben Brigitte im Bett lag und nicht einschlafen konnte, überlegte er sich, dass er sie mit einem schönen Ring, den er ihr als Verlobungsring schenken wollte, überraschen wollte. Damit würde er ihr zeigen, wie sehr er sie liebte. Er drehte sich auf die Seite und schlief mit einem leichten Lächeln ein.

Kapitel 24

Es war Freitagabend. Uli stand hinter dem Tresen und beeilte sich, den Wünschen seiner Gäste nachzukommen. Der Laden war brechend voll und es herrschte ein Lärmpegel, dass man sich nur noch mit Schreien verständigen konnte. Eine Gruppe Kegler hatte fast das ganze Lokal in Besitz genommen und war wild entschlossen, ihren Ruf als standfeste Trinker unter Beweis zu stellen. Außer an Ulis selbstgemachten Frikadellen und den harten Landjägern hatten sie allerdings kein Interesse an seiner normalen Speisekarte gezeigt. Uli tröstete sich damit, dass ihre Getränkerechnung die fehlenden Einnahmen der entgangenen Abendessen mehr als ausgleichen würde. Aber ein bisschen leiser könnten sie schon sein.

»Männer, nicht so laut! Ihr vergrault mir ja meine Stammkundschaft«, Uli mühte sich, seine Stimme über das Gegröle hinweg hören zu lassen. Eine Weile wurde es stiller, aber es dauerte nur eine halbe Runde Bier, da hatte der Geräuschpegel wieder die gleiche Lautstärke erreicht wie vorher.

»Ihr Arschlöcher, haltet endlich die Schnauze«, brüllte plötzlich jemand vom hinteren Ende des Tresens.

Uli hob erstaunt den Kopf. Sein Stammgast Heribert hatte diese wenig diplomatischen Worte ausgestoßen.

Heribert kam in letzter Zeit häufig in seine Kneipe. Seitdem die Scheidung von seiner Frau Mira lief, hatte er seinen ursprünglichen Unmut gegen Uli begraben, den er wegen irgendeines Missverständnisses über Monate hinweg gepflegt hatte.

Ulis Kneipe lag praktischerweise ganz in der Nähe seiner neuen Wohnung, in die er hatte ziehen müssen, nachdem ihn seine Frau aus dem Haus geworfen hatte. Zugegebenermaßen gehörte das Haus ihr. Sie hatte es von ihrer verstorbenen Tante geerbt. Aber diese Schmach! Und das nur, weil sie herausbekommen hatte, dass er sie über Jahre betrogen hatte. Dabei empfand er für diese Viola gar keine Liebe. Sie war nur ein Zeitvertreib und willig und ideenreich, was man von seiner Frau nicht immer sagen konnte. Auf keinen Fall war es diese Viola wert gewesen, dass er aus seinem bequemen Heim hatte ausziehen müssen. Er hegte einen tiefen Groll auf Mira und noch mehr auf ihren neuen Lover, diesen geschniegelten Rechtsanwalt Lobesang mit der snobistischen bernsteinfarbenen Hornbrille. Diesen Groll ertränkte er regelmäßig in Bier und Schnaps und war häufig der letzte Gast, den Uli aus der Schenke hinauskomplimentieren musste. Auch heute Abend hatte er mit Hilfe etlicher Biere und den dazugehörigen Klaren schon genügend Alkohol im Blut, um die Hemmschwelle zu einem Streit mit den Keglern leichtsinnig zu überschreiten.

Die Kegler hatten seine Bemerkung gar nicht gehört und becherten fröhlich weiter, als Heribert sich plötzlich direkt vor ihnen aufbaute und sie mit den Worten »Ihr hirnlosen Idioten, wenn ihr nicht bald das Maul haltet, spiele ich hier mit euch ›Die Muppet Show‹«, aus ihrer fröhlichen Zecherei riss.

Plötzlich wurde es still im Lokal. Die Kerle schauten erst sich und dann Heribert an und fingen an zu grölen.

»Dann mach doch mal ›Die Muppet Show‹, du Spaßbremse. Wir brennen darauf, dich als hopsendes Rumpelstilzchen zu sehen«, grölte einer der Kegler.

Ein tosendes Gelächter folgte seinen Worten.

In diesem Moment öffnete sich die Tür und Heriberts Noch-Ehefrau Mira und ihr neuer Freund Manfred Lobesang kamen herein. Heribert stand erst wie versteinert, aber beim Anblick der Urheberin all seines Unglücks verlagerte er seinen Zorn direkt auf sie.

»Was machst du denn hier? Hast du keine Scham, dich hier mit deinem neuen Stecher zu präsentieren?«, fuhr er Mira an.

Überrascht von diesem unerwarteten Angriff blieben Mira und ihr Begleiter vor dem Tresen stehen.

Uli sah das Unheil kommen und stellte sich vor Heribert.

»Jetzt isses aber genug! Trink dein Bier aus und geh nach Hause. Ich will keinen Zoff in meinem Lokal. Du hast mehr als genug getrunken und jetzt ist Schluss. Abmarsch!«

Heribert aber war nicht mehr zu bremsen. Sein vom Alkohol vernebeltes Gehirn sah nur noch rot. Erst die lärmenden Kegler und dann noch Mira, deren Anblick ihm das Ausmaß seines ganzen Elends vor Augen führte. Er stolperte auf sie zu.

Lobesang, Miras Begleiter, der den Angriff kommen sah, packte sie am Arm, drängte zur Tür und eilte mit ihr nach draußen. Heribert eilte hinterher. Das ausgestreckte Bein eines der Kegler sah er allerdings in seinem blinden Wahn nicht. Krachend und mit einem lauten »Scheiße« schlug Heribert abrupt zu Boden. Da lag er wie ein geschlagener Baum, sah sich verwirrt um, verdrängte den stechenden Schmerz im Kniegelenk und rappelte sich mühsam auf. Die Kegler hatten sich in einer Reihe aufgestellt und klatschten höhnisch Beifall.

Angesichts dieser Pleite und mit dem bisschen Verstand, das ihm noch verblieben war, erkannte Heribert, dass er auf verlorenem Posten stand, torkelte aus der Tür und rief Uli zu: »Die Rechnung zahle ich beim nächsten Mal.«

Uli lehnte sich erleichtert zurück.

Mira und Lobesang sahen aus einiger Entfernung, wie Heribert sich schwankend auf den Weg nach Hause machte, der zum Glück in eine andere Richtung führte. Er schickte Ihnen seine geballte Faust und einen lauten Fluch nach.

Mira fühlte sich schrecklich. Was war nur aus ihrem einstigen Ehemann geworden, den sie doch einmal geliebt hatte. Hoffentlich zog sich die Scheidung nicht noch länger hin, aber das Trennungsjahr war noch lange nicht vorbei. Und Heribert würde alles tun, um einer schnellen Scheidung Steine in den Weg zu legen. Er hatte mit ihrem Einverständnis alle seine Sachen und Möbel und sonstige Einrichtungsgegenstände aus dem Haus holen lassen. Dabei hatte er auch einige Dinge für sich reklamiert, die Mira selbst gern behalten hätte, aber weil sie ihn so schnell wie möglich loswerden wollte, dann doch schweren Herzens überlassen hatte. Seltsamerweise fielen ihm immer wieder noch Kleinigkeiten ein, die er unbedingt haben wollte, und sie musste notgedrungen immer dabei sein, wenn er kam. Er nutzte diese Gelegenheiten, um ihr Vorwürfe zu machen und Drohungen auszusprechen, die ihr Angst machten.

»Du wirst es noch bereuen, dass du mich so abserviert hast. Und den Lobesang werde ich mir auch noch vorknöpfen. Ihr habt ein übles Spiel mit mir getrieben. Du wolltest mich doch schon lange loswerden. Das habt ihr gut eingefädelt. Passt nur auf, dass euer Glück, das ihr auf meine Kosten genießt, nicht bald zerbricht«, grollte er.

Mira hatte Manfred nichts von diesen Drohungen erzählt. Sie wollte ihre Beziehung nicht damit belasten, und Manfred hätte dann vielleicht juristische Schritte vorgeschlagen, die Mira aber nicht wollte. Alles was sie wollte, war eine schnelle, unkomplizierte Scheidung. Daran dachte sie, als sich Heribert im Zickzackkurs entfernte.

»Wir hätten nie in dieses schäbige Lokal gehen sollen.« Manfred Lobesang war verärgert.

»Ich hatte keine Ahnung, dass Heribert dort wieder verkehrt. Außerdem bist du früher doch auch öfter dort eingekehrt.«

»Ja, aber nur, weil du da warst. Oder glaubst du, dass mir diese miese kleine Kneipe je gefallen hat. Dich wollte ich sehen, du hast mich da hineingelockt. Erst warst du mit deinem Mann da und ich konnte dich nur aus der Ferne bewundern, und später, als Heribert den Streit mit Uli hatte, hatte ich das Vergnügen, dich ohne ihn zu treffen. Deswegen kam ich notgedrungen immer wieder dahin, aber gefallen hat es mir dort nie. Komm, lass uns woanders hingehen. Was hältst du von einem guten Italiener im Westend?«

Mira aber tat es leid, dass sie kein Wort mit Uli hatte wechseln können. Sie waren vor Monaten als Hauptverdächtigte eines Mordes gemeinsam durch schwere Zeiten gegangen, und seither mochte sie Uli sehr. Sie würde in den nächsten Tagen einmal ohne Manfred zu ihm ins Lokal gehen. Hoffentlich war Heribert dann nicht da.

Das Abendessen im quirligen *Isoletta* war sehr gut, und nach zwei Gläsern eines guten Brunello konnten sie über den Vorfall bei Uli schon wieder lachen. Was Mira aber nicht gefiel, war Manfreds etwas abschätzige Haltung zu Uli und dessen Homosexualität. Sie schätzte Uli und konnte es nicht ertragen, dass er deswegen von anderen Personen abgewertet wurde, oder schlimmer noch, dass man sich über ihn lustig machte. Sie selbst hatte einen schwulen Arbeitskollegen, der sich häufig von den gedankenlosen Kommentaren seiner Zeitgenossen verletzt fühlte und es manchmal wirklich bedauerte, dass er sich geoutet hatte. »Ich weiß, dass man heute als Schwuler nicht mehr wie ein Aussätziger behandelt wird, so wie früher. Aber trotzdem fallen die Leute noch immer in das gleiche Raster ihrer Vorurteile zurück. Ich habe es mir jedenfalls nicht selbst ausgesucht, obwohl ich gerne schwul bin.«

Deswegen fuhr Mira ihrem Manfred über den Mund, als er wieder einmal einen bösartigen Witz auf Kosten der Schwulen erzählte. Aber was brachte es?

»Manfred, du bist doch ein weltoffener Mensch. Ich wundere mich, dass du so daherredest.«

»Du hast ja recht«, murmelte Manfred, »ich werde mir deine Bedenken zu Herzen nehmen. Aber ein wenig seltsam sind sie doch alle, oder?«

Mira erkannte, dass aus diesen Worten keine Einsicht sprach und schüttelte nur den Kopf.

Kapitel 25

Als Mira den Hörer abnahm und die Stimme ihres Noch-Ehemanns erkannte, wollte sie gleich wieder auflegen.

»Nein, nein, bleib dran Mira! Ich muss was mit dir besprechen. Es hat nichts mit unserer Scheidung zu tun. Ich hatte dir doch letzte Woche eine Karte geschickt, dass meine Mutter vor kurzem gestorben ist, und ich kann auch verstehen, dass du angesichts der unguten Situation zwischen uns beiden nicht zu ihrer Beerdigung gekommen bist. Inzwischen habe ich aber ihr Testament gelesen und darin wirst auch du als Erbin eingesetzt.«

Heribert erzählte Mira, dass seine Mutter überraschend an einem Herzinfarkt gestorben sei. Kurz vorher hätte sie ihm noch theatralisch angekündigt, dass sie ihr Haus aufräumen wolle. Von allem wolle sie sich trennen, was sie nicht unbedingt bräuchte. Tabula rasa wolle sie machen.

Möglicherweise hatten ja gerade diese ungewohnten Arbeiten zu ihrem vorzeitigen Ableben geführt, dachte Mira. Keine siebzig war sie, als der Tod plötzlich an ihre Türe klopfte. Ob sie jemals glücklich war? Mira wusste es nicht. Aus für sie nicht ganz erklärlichen Gründen war das Verhältnis zu ihrer Schwiegermutter nie sehr eng gewesen. Sie hatte immer das Gefühl, als ob diese eine gewisse Distanz wahren wolle.

Heribert schlug vor, dass sich Mira mit ihm im Haus seiner verstorbenen Mutter treffen solle und dass sie keine Angst vor ihm zu haben bräuchte, er habe inzwischen eingesehen, was für ein Hornochse er gewesen sei. Er wäre ihr nicht mehr böse und gönne ihr auch die neue Liebe zu Herrn Lobesang. Schließlich wäre er an dem ganzen Schlamassel selbst schuld gewesen.

Mira war höchst erstaunt, diese einsichtigen Worte von Heribert zu vernehmen und sagte ihm zu, ihn im Haus seiner Mutter zu treffen.

Wie abgemacht stand Mira zwei Tage später vor dem Haus ihrer Schwiegermutter. Aber Heribert kam nicht. Schließlich rief er an, dass er zwischen Aschaffenburg und Frankfurt in einem unübersichtlichen Stau stecke und sicher noch mindestens eine halbe oder sogar eine Stunde brauche.

»Du weißt doch, dass der Hausschlüssel unter dem großen Blumenkübel auf der Terrasse versteckt ist. Dann kannst du ja schon einmal ins Haus gehen.«

Mira gefiel es ganz und gar nicht, allein in das Haus ihrer verstorbenen Schwiegermutter zu gehen. Aber einen neuen Termin mit Heribert ausmachen wollte sie auch nicht, und so zog sie den Schlüssel unter dem Blumenkübel hervor und öffnete die Haustür. Schließlich stand sie im Wohnzimmer von Heriberts Mutter und schaute sich um. Die Treppe zum Keller stand sperrangelweit offen und die Wohnzimmergardinen sahen aus, als ob jemand beim Auf- oder Abhängen auf halbem Wege die Arbeit hingeschmissen hätte. Suchend irrten ihre Augen durch die Wohnung nach einer Leiter. Ihr Ordnungssinn konnte es nicht ertragen, dass das Zimmer wegen der Gardinen so einen liederlichen Eindruck machte. Entweder ganz abnehmen oder wieder aufhängen. Wahrscheinlich war die Leiter im Keller. Sie stieg die steilen Holzstufen zum Keller hinunter. Ein unbehagliches Gefühl befiel sie, als sie die untere Tür öffnete und ein kühler Luftzug ihren Körper streifte. Ein undefinierbarer Geruch nach uralten Dingen, die hier seit Jahren oder Jahrzehnten vor sich hin rotteten, drang ihr in die Nase.

Die kleinen Oberlichter waren von einer dicken Schicht Spinnweben bedeckt. Mira suchte den Raum ungeduldig nach der Leiter ab. Warum gab es in diesen düsteren Kellern nie ein helles Licht, so dass man erkennen konnte, was man suchte? Sie stolperte über einen großen Karton, und wenn sie sich nicht geistesgegenwärtig an einem Regal festgehalten hätte, so wäre sie wohl in all diesem grässlichen Gerümpel zu Boden gegangen. Eine entsetzliche Vorstellung! Der unbeabsichtigte Stoß ihres Fußes hatte den Deckel des Kartons geöffnet und einen großen runden Gegenstand in Bewegung gesetzt. Im trüben Licht der Deckenleuchte sah sie ein rotes Licht blinken, das beim Rollen der großen Kugel aufleuchtete. Verdutzt griff sie danach. Mein Gott, die Kugel war schwerer als sie dachte. Vorsichtig stellte sie das seltsame Artefakt auf einen Tisch und betrachtete es interessiert.

Es war keine Kugel, sondern eher ein aus Holz gefertigtes achteckiges Puppenhäuschen, das im Gegensatz zu den anderen Gegenständen, die dort herumlagen, blitzsauber war. Neugierig griff sie danach und betrachtete es verwundert. Das Puppenhäuschen war aufwendig aus Mahagoniholz gefertigt und hatte acht Fenster, aus denen jeweils ein kleines rötliches Licht herausschien. Sie schaute, ob das Häuschen einen Elektroanschluss hatte, fand aber keinen.

Beim näheren Hinschauen entdeckte sie zu ihrem Erstaunen, dass anstelle der erwarteten Puppenstuben die Räume eines luxuriösen Bordells nachgestellt waren, in denen liebreizend aufgeputzte Damen in allerknappsten Korsagen, und teilweise noch weniger Textilien, zu sehen waren. Mira wollte zunächst schamhaft die Augen abwenden, dann aber, fasziniert von der erotischen Ausstrahlung der Miniaturen, schaute sie wie gebannt auf die kunstvoll ausgeschmückten Zimmer. Selbst eine Kammer mit einer peitschenschwingenden Domina war detailliert nachgebildet.

Verstört schaute Mira auf. Welches Geheimnis hatte ihre Schwiegermutter mit ins Grab genommen?

Behutsam trug sie das Objekt ihrer Neugierde hinauf ins Wohnzimmer, stellte es auf den großen Couchtisch und betrachtete es ratlos. Das hätte sie ihrer zwar bis zuletzt noch immer gertenschlanken und gutaussehenden, aber doch so biederen

Schwiegermutter niemals zugetraut. Oder sollte es noch aus den Zeiten ihres seligen Schwiegervaters stammen? Der aber hatte doch bis zu seinem relativ frühen Ableben den ehrenwerten Beruf eines Buchhalters bei Huddel & Brass innegehabt.

Also doch eher Heriberts Mutter. War diese nicht bis zu ihrer vorgezogenen Rente der ehrenwerten Arbeit einer Apothekerin nachgegangen? Und hatte sie nicht, so fiel ihr plötzlich ein, nachdem sie in Rente war, als Aushilfe häufig den Nachtdienst in den unterschiedlichsten Apotheken übernommen? Denn ihr als Witwe, sagte sie, mache es nichts aus, sich die Nacht um die Ohren zu schlagen, und die Apotheker waren nur zu froh, diese undankbare Arbeit an jemand Vertrauenswürdigen abzutreten. Für gutes Geld natürlich! So jedenfalls hatte sie ihre vielen Nachteinsätze immer erklärt. Mira stockte der Atem. Sollte ihre Schwiegermutter etwa …? Sie verbot sich selbst, ihre Gedanken weiter zu verfolgen

Aufgewühlt schaute sich Mira im Zimmer der Verblichenen um, als ihr Blick an einer halb herausgezogenen Schublade haften blieb, aus der Papiere herausquollen. Sie erhob sich und sah, dass es sich um Fotos handelte, Fotos die zum Teil zerrissen waren. Sie nahm einen Packen, setzte sich an den Tisch und betrachtete sie aufmerksam.

Beim Durchblättern erkannte sie zunächst die Person mit den schulterlangen, silbergrauen, leicht bläulich getönten Haaren und dem gerade geschnittenem Pony nicht. Als sie die Frau aber auf mehreren Fotos immer wieder sah, wurde ihr allmählich klar, dass es sich dabei um ihre Schwiegermutter handeln musste, die eine mondäne Perücke über ihre sonst so alltagstaugliche Frisur gestülpt hatte. Und was für eine Kleidung sie trug! Lange schwarze Lackstiefel, die bis zu den Oberschenkeln reichten, schwarze Netzstrümpfe, einen mit roten Bordüren eingefassten schwarzen Body-Suit aus Lackleder mit langen Ärmeln und ein schwarzes Halsband aus Metall, das ihr ganzes Dekolleté bedeckte. Mira schaute noch einmal auf die Miniaturdarstellungen und, ihr stockte der Atem, tatsächlich, sie war das Vorbild für die Domina aus dem kleinen Freudenhäuschen.

Sie stellte bald fest, dass es eindeutig Fotos aus einem Puff waren. Mira legte die Fotos zurück in die Schublade. Was würde wohl ihr Sohn Heribert dazu sagen? Das hätte er seiner Mutter sicher nicht zugetraut. Sie war offensichtlich unmittelbar vor ihrem tödlichen Herzinfarkt damit beschäftigt gewesen, verräterische Spuren aus ihrem geheimen Leben zu tilgen. Nun, das war ihr nicht gelungen. Mira war sehr gespannt auf das Gesicht ihres Noch-Ehemannes.

Noch einmal holte sie die Bilder ihrer Schwiegermutter aus dem Umschlag. Sie wusste nicht, aus welchen verborgenen Tiefen ihres Sprachschatzes plötzlich das Wort »rattenscharf« auftauchte. Aber ja, für ihre Schwiegermutter in dem Domina-Kostüm war das Wort »rattenscharf« die einzig richtige Bezeichnung.

Als ihr Blick durch das Zimmer schweifte, fielen ihr wieder die derangierten Gardinen auf. Genervt stieg sie noch einmal die Treppen zum Keller hinab, holte die Leiter und befestigte die Gardinen, so dass das Wohnzimmer einen ordentlichen Eindruck hinterließ. Dann nahm sie sich einen weiteren Packen der herumliegenden Fotos und schaute sie an.

Als Heribert durch die Tür trat, saß Mira auf einem Sessel und lachte so laut und anhaltend, dass ihr ganzer Körper nur so bebte.

Heribert betrachtete sie verwundert. Seine Mutter war gestorben und inzwischen auch beerdigt. Da gab es keinen Grund zum Lachen.

Mira trocknete sich die tränennassen Augen und erzählte Heribert, immer wieder von glucksenden Lachen unterbrochen, die Geschichte von dem kleinen Freudenhäuschen.

Heribert saß wie versteinert auf einem Sessel und glaubte Mira kein Wort von der ganzen Geschichte. Es dauerte lange, ehe er sich von der Wahrheit ihrer Erzählung überzeugen ließ. Mehrfach nahm er das kleine Freudenhäuschen und die Fotos in die Hand, bis auch er die Tatsachen nicht mehr leugnen konnte.

Das Bild seiner hochanständigen Mutter war vom Podest gestürzt und hatte ihn darunter begraben. Er war zu keinem Kommentar mehr fähig. Die Frauen waren doch alle gleich. Seine Stimmung verdüsterte sich noch mehr. Es war dringend notwendig, dass er hier endlich ein Exempel statuierte. Er hatte nicht vergessen, dass er vor Kurzem in Ulis Lokal vor aller Augen über das ausgestreckte Bein eines Keglers gestürzt war und dass man ihn höhnisch ausgelacht hatte, als er wehrlos am Boden lag. Er konnte sich noch gut erinnern, dass Mira und ihr neuer Liebhaber dies mit Schadenfreude in den Augen beobachtet hatten. Diese Schmach saß tief. Seitdem sann er auf Rache. Jetzt war seine Stunde gekommen. Er wandte sich zu Mira und sagte ungewohnt devot: »Mira, meine Liebe, ich freue mich dich zu sehen. Lass uns unseren Streit begraben und die Scheidung wie vernünftige Leute durchziehen. Ich entschuldige mich bei dir für mein unverzeihliches Verhalten.«

Mira betrachtete ihren Noch-Ehemann mit kalten Augen. Sie wusste nicht, ob sie ihm trauen konnte. Er aber lächelte sie so warmherzig an, dass sie beschloss, ihre Bedenken zurückzustellen.

Heribert erzählte ihr, dass er seiner Mutter zunächst nichts von seiner Scheidung erzählt hätte. Dafür hätte er sich zu sehr geschämt, vor allem auch deshalb, weil er sich schuldig am Scheitern ihrer Ehe fühlte. Jetzt wäre sie aber so unerwartet schnell verstorben, dass er keine Gelegenheit mehr hatte, es ihr zu beichten. Kurz und gut, in ihrem Testament hätte sie ihre Schwiegertochter, also Mira, als Erbin ihres Schmucks eingesetzt. Zuerst hätte er sich sehr über die Entscheidung seiner Mutter geärgert, sie aber dann doch akzeptiert. Nicht zuletzt auch deshalb, weil seine Mutter ihr Testament seit Jahren beim Amtsgericht hinterlegt hatte und ihm gar nichts anderes übriggeblieben war, ihr Testament so zu erfüllen, wie sie es vorgeschrieben hatte. Bei diesen Worten lächelte er ein wenig säuerlich.

Heribert hatte das gute alte Rosenthal-Kaffeegeschirr seiner Mutter auf dem Wohnzimmertisch platziert und vom Konditor eine halbe Marzipantorte besorgt, von der er wusste, dass Mira sie gerne aß. Für einen Nachmittagskaffee war es um sechs Uhr ein wenig spät, aber er wollte im Haus seiner Mutter keinen großen Aufwand mit einem umfangreichen Abendessen treiben. Er goss ihr einen Kaffee ein und reichte ihr Milch und Zucker.

Er selbst trank entkoffeinierten Kaffee aus einem separaten Kännchen. »Meine Nerven haben in letzter Zeit gelitten. Ich vertrage kein Koffein mehr. Unsere Scheidung nimmt mich doch mehr mit als gedacht«, sagte er mit wehleidiger Stimme.

Fast hätte Mira einen Anflug von Bedauern für ihn gehabt. Aber dann dachte sie an sein Verhalten nach der Trennung und sparte sich jegliches Mitgefühl.

Mira hatte Hunger und aß mit Appetit. Selbst der Filterkaffee war ihrem Noch-Ehemann gut gelungen.

»Komm, lass uns noch einen Cognac zum Abschluss trinken und auf die guten alten Zeiten anstoßen«. Heribert holte zwei Cognac-Schwenker und goss beiden eine etwas größere Portion eines Remy Martin ein, den seine Mutter sicher seit dem Tod ihres vor Jahren verblichenen Mannes nicht mehr angerührt hatte.

»Schau mal, Mira, hier ist die Schmuckschatulle meiner Mutter. Alles was da drin ist, gehört dir. So jedenfalls hat es meine Mutter in ihrem Testament festgelegt.« Heribert griff hinter sich, wo der große Wohnzimmerschrank stand und zog eine Schmuckschatulle aus einer Schublade. Beim Öffnen des Deckels und im Schein der kristallenen Deckenleuchte drang ein tausendfaches Glitzern aus dem Kästchen.

Mira beugte sich zu Heribert, um die Kostbarkeiten zu betrachten und wäre beinahe vornübergefallen. Was hatte sie denn? Sie konnte ihre Augen nicht mehr fokussieren. Jedes schien in eine andere Richtung blicken zu wollen.

»Mir ist so komisch. Ich bin so müde und schlapp.« Mira verstand nicht, warum sie auf einmal so entsetzlich müde war. Ihr ganzer Körper war wie eingefroren. Sie konnte sich gerade noch mit letzter Kraft auf das dunkelbraune Ledersofa setzen, die Füße hochziehen und sich flach hinlegen. Jetzt schien es ihr besser zu gehen. Wenn nur nicht diese Müdigkeit wäre, die sie niederdrückte. Sie war zu keiner Bewegung mehr fähig und ihre Lider legten sich schwer über die Augen. Sie driftete weg, hörte aber verschwommen wie aus einer übergroßen Ferne, was Heribert sagte.

»Mira, komm meine Süße, wir machen jetzt ein kleines Spiel. Irgendwie musst du dich doch erkenntlich zeigen für den schönen Schmuck. Was hältst du davon, wenn du für jedes Schmuckstück, das ich dir jetzt gebe, ein Kleidungsstück ablegst. Das ist es doch wert, und vor mir brauchst du dich ja nicht zu schämen, ich kenne deinen Körper doch in- und auswendig.«

Heribert schaute sie mit ernster Miene an und zeigte auf ihre weiße Bluse. »Die da nehmen wir zuerst. Komm, ich helfe dir. Sollen wir die für diesen wunderschönen Goldring mit dem Diamanten eintauschen?«

Hilflos versuchte Mira die Lider zu heben. Es gelang ihr nicht. Sie hatte keine Gewalt mehr über ihren Körper. Ihr Kopf war wie mit Watte ausgestopft und sie konnte sich nicht rühren.

Vorsichtig knöpfte Heribert die Bluse auf und zog sie ihr aus.

»Da, mein Schatz, ich stecke dir den Ring an deinen Finger. Siehst du, wie gut er dir steht.« Er küsste zart ihren Finger mit dem Ring.

Dann zog er ihr Stück für Stück die Kleidung vom Leib und drapierte die Schmuckstücke seiner Mutter auf ihrem nackten Körper.

Einen Augenblick legte er den Kopf in den Nacken und betrachtete erregt seine Kunstinstallation.

Mira war zu keiner Bewegung fähig. Ihre mit großer Willensanstrengung zu einem schmalen Spalt geöffneten Augen sahen, was mit ihr geschah, aber die Leitungen zu ihrem Bewusstsein waren unterbrochen.

»Schön, so gefällst du mir gut. So still und so lieb. Willst du gar nicht mit mir schimpfen? Ach, du kannst gar nichts sagen.

Hat es dir die Sprache verschlagen? Aber du hast doch die Augen etwas geöffnet. Du siehst doch alles. Findest du dich nicht auch schön? So, jetzt werden wir mal ein paar Fotos von dir machen. So nackt und so schön mit all dem Schmuck auf deinem Körper. Dein Herr Lobesang sollte dich mal so sehen. Das würde ihm sicher auch gefallen. Vielleicht schicke ich ihm eine Kopie. Aber nein, so leichtsinnig werde ich nicht sein. Das bleibt nur unser Geheimnis, nicht wahr, Mira. Mira, meine Süße.«

Heribert zog sein Smartphone aus der Tasche und knipste Mira von allen Seiten und aus jeder Perspektive. Er musste sich ermahnen, sie nicht anzufassen, denn so klar und nüchtern war er, dass er jegliche Gefährdung für sich ausschließen wollte. Er würde seine DNA nicht an intimen Stellen ihres Körpers hinterlassen.

Als er mit der Ausbeute seiner Fotos zufrieden war, nahm er den Schmuck von Miras willenlosem Körper und zog sie wieder komplett an. Ihre Augen gingen immer noch ins Leere.

Danach schaute er sich in aller Ruhe im Fernsehen eine Sendung über diverse Behandlungsmethoden bei einem Bandscheibenvorfall an. Sehr informativ befand er, denn er selbst litt seit vielen Jahren an einer Verengung des Wirbelkanals und hatte schon unzählige Orthopäden aufgesucht. Leider hatten diese Stümper es nicht geschafft, ihn von seinen Schmerzen zu befreien. Ob er es doch einmal wagen sollte, sich operieren zu lassen?

Nach den Bandscheiben gab es eine Talkshow über die Gründe für die hohen Scheidungsraten deutscher Ehepaare, die er sich ebenfalls voller Interesse zu Gemüte führte. Dabei wurde heftig diskutiert. Ihm schien, dass die Frauen die eigentlichen Quertreiber in der Ehe waren, denn sie waren zu fast zwei Dritteln diejenigen, die die Scheidung einreichten. Sie hatten einfach kein Durchhaltevermögen, sagte er sich. Die Liebelei mit dieser Viola hätte ihm Mira auch verzeihen können, und dann wären sie beide noch zusammen und dieser blöde Rechtsanwalt hätte sich seine

Mira nicht krallen können. Sein schönes bequemes Leben war mit einem Mal wegen so einer Nichtigkeit vorbei gewesen. Wie einen tollen Hund hatte sie ihn aus dem Haus gejagt. Diese Behandlung hatte er nicht verdient. Aber jetzt hatte er sich gerächt. Die Tropfen, die er von einem ihm bekannten Typen aus der Bahnhofsgegend gekauft hatte, hatten trotz seiner anfänglichen Bedenken genauso gewirkt, wie es ihm dieser Kerl beschrieben hatte.

Langsam wurde es Zeit, dass Mira wieder aufwachte.

Es waren mehr als zwei Stunden vergangen, seitdem sie weggedriftet war. Die letzte Stunde hatte sie die Augen fest geschlossen gehabt und tief und regelmäßig im Schlaf geatmet. Sie würde sich an nichts erinnern und falls doch, würde er eisern dabei bleiben, dass sie tief geschlafen habe. Er hüstelte, um zu sehen, ob sie noch schliefe.

Mira fiel es schwer, die Lider zu heben. Als sie die Augen endlich öffnete, blickte sie in das freundlich lächelnde Gesicht von Heribert. »Ich wollte dich nicht wecken, Mira. Du sahst so süß aus im Schlaf. Wahrscheinlich war der Cognac zu viel für dich, und das Liebesleben mit deinem Lover wird auch anstrengend sein, nicht wahr? Da muss man sich den versäumten Schlaf holen, wo man kann. Das verstehe ich.«

Beim letzten Satz hatte sich sein Gesicht verzogen. Mira schaute ihn grübelnd an. Wie konnte sie nur in Anwesenheit von Heribert eingeschlafen sein, und schlimmer noch, welch schrecklicher Traum hatte sie heimgesucht?

»Kannst du mir mal ein Glas Wasser geben, ich habe einen ekelhaften Geschmack im Mund«, wandte sie sich an Heribert. Sie sah ihm nach, wie er in die Küche ging und versuchte, sich aufzurichten. Es fiel ihr schwer, die Füße von der Couch auf den Boden zu stellen. Ihr erster Versuch misslang. Sie fiel wieder auf die Couch zurück. Das war aber nicht das Schlimmste. Das Schlimmste war, dass der ekelhafte Traum, in welchem sie von Heribert gegen ihren Willen nackt ausgezogen worden war und er den Schmuck auf ihren Körper drapiert hatte, so lebhaft vor ihren Augen stand, dass sie sich am liebsten übergeben hätte. Und wie lüstern er sich dabei verhalten hatte. Sie schaute an sich herunter. Aber da war nichts. Ihre Kleidung saß so, wie sie sie heute Morgen angezogen hatte. Warum war sie überhaupt eingeschlafen? Mira war völlig durcheinander.

»Hier, meine Süße, hier hast du das Wasser. Lass es dir schmecken. Oder soll ich dir noch ein Glas Cognac einschenken? Der Remy war gut, aber zu stark für dich, denn er hat dich anscheinend umgehauen.« Heribert zeigte sich äußerst gut gelaunt.

Schwerfällig blinzelte sie mit den Augen. Irgendetwas war hier falsch. Sie hatte das Gefühl, dass der Traum gar kein Traum gewesen, sondern ihr tatsächlich zugestoßen war. Unsicher nahm sie das Glas Wasser entgegen und trank es in einem Zug aus. Danach fühlte sie sich etwas besser.

»Heribert, ich fahre nach Hause. Den Schmuck deiner Mutter kannst du behalten. Ich will ihn nicht.« Mira erinnere sich mit Grausen an den Traum und an ihren wie eine Opfergabe geschmückten nackten Körper. Sie wollte nur noch weg aus diesem Haus.

»Aber im Testament meiner Mutter steht, dass du den Schmuck erben sollst. Ich kann doch nicht gegen ihren Willen handeln.«

»Verkauf ihn an einen Juwelier, oder besser noch, schenk ihn deiner netten Freundin Viola. So hieß doch das Flittchen, mit dem du mich jahrelang betrogen hast, oder?«

»Wie kannst du es wagen, den wertvollen Schmuck meiner Mutter mit dieser Frau in Verbindung zu bringen.« Jetzt fing Heribert an, sich aufzuregen. Er war großzügig bereit, den kostbaren Schmuck seiner Mutter an seine undankbare Noch-Ehefrau zu geben, und diese zeigte sich unwürdig, diese noble Geste wertzuschätzen. Aber er riss sich zusammen. Er wollte nicht, dass seine Wut ihn dazu trieb, jetzt etwas zu sagen, was ihm schaden könnte.

»Heribert, ich gehe jetzt, und lass mich mit den Pretiosen deiner Mutter in Frieden. Ich weiß übrigens gar nicht, was sie dazu bewogen hat, mir den Schmuck zu vererben. Unser Verhältnis war doch nicht sehr innig. Wie dem auch sei, ich will ihn nicht haben. Mach mit ihm, was du willst. Mach's gut.«

Mira erhob sich schwerfällig von der Couch und ging unsicher aus der Tür zu ihrem Auto. Heribert beobachtete sie stumm. Als er den Motor ihres Autos hörte, griff er zu seinem Smartphone und schaute sich erregt die Fotos an. Sie waren wunderschön.

Zu Hause lief Mira unruhig hin und her. Gut, dass ihr Freund Manfred nicht da war. Sie fühlte sich beschmutzt und beschädigt. Von einem Traum! Sie hatte alles so eindringlich vor Augen und erinnerte sich lebhaft an Heriberts Manipulationen an ihrem Körper, und dass sie wie gelähmt auf der Couch lag, unfähig Widerstand zu leisten. Er hatte sie willenlos gemacht. Hatte er ihr etwas in den Kaffee oder den Cognac gegeben? Eigentlich traute sie ihm das nicht zu. Aber warum dieses Gefühl?

Sie rannte ins Badezimmer, riss sich die Kleidung vom Leib und stellte sich unter die heiße Dusche. Sie musste sich den »Dreck« vom Leibe schrubben. Dieses Stereotyp, das immer wieder beschrieben wird, wie sich Frauen nach einer Vergewaltigung oder unerwünschten Berührungen von übergriffigen Männern vom Schmutz befreien, war wahr. Aber Heribert hatte sie nicht vergewaltigt, und er war tatsächlich noch immer ihr Ehemann. An ihrem Körper fand sie keine Spuren von Misshandlung. Trotzdem war sie sich auf einmal sicher, dass das kein Traum gewesen war. Er hatte sie nur kaltblütig für die Inszenierung ihrer Nacktheit missbraucht. Mit den Fotos hatte er sie auf ewig nackt in Erinnerung. Diese Vorstellung peinigte sie so sehr, dass sie an sich halten musste, um ihn nicht anzurufen und ihm anzudrohen, ihn bei der Polizei anzuzeigen. Aber sie wollte keinen Skandal. Sie wollte nicht schon wieder auffällig werden. Es war schlimm genug, dass sie im Frühjahr über Monate als Hauptverdächtige in einem Mordfall an die Öffentlichkeit gezerrt worden war. Auf einen Schlag war damals ihr ganzes Leben auseinandergebrochen. Noch einmal so eine Tortur, nein das wollte sie nicht. Sie würde den Mund halten und hoffen, ja auf was wollte sie hoffen? Sie wusste es nicht. Warum hatte Heribert ihr das angetan, und was wollte er mit den Fotos machen? Wollte er sie erpressen? Sie zur Rückkehr an seine Seite zwingen? Das glaubte er doch selbst nicht, dass sie sich zu so etwas erniedrigen würde.

Mira lag schließlich im Bett, aber die Bilder in ihrem Kopf ließen sich nicht ausblenden. Immer wieder sah sie sich nackt auf der Couch mit dem Schmuck ihrer Schwiegermutter auf der Haut.

Sie würde auch Manfred nichts sagen. Er würde sie sonst vielleicht drängen, Heribert anzuzeigen. Das aber wollte sie nicht. Sie schämte sich zu sehr.

In dieser Nacht wurde sie wieder von den Alpträumen geplagt, von denen sie geglaubt hatte, dass sie für immer gebannt wären.

Kapitel 26

Nachdem Uli durch Florian Wilson von der bevorstehenden Benefiz-Lesung gehört hatte, war er noch mehr an Svens Wohlergehen interessiert. Siggi hatte den Eindruck, dass er gar nicht mehr wahrgenommen wurde und fraß seinen Kummer in sich hinein. Er besuchte seine Mutter oder saß Stunden in seinem Büro, um in Ruhe nachzudenken. Früher hatte es anders ausgesehen. Da hatte er seinen jugendlichen Freund Sascha, von dem Uli natürlich keine Ahnung hatte, und lebte sein Leben auf der Überholspur. Jetzt war es umgekehrt. Uli hatte sich in Sven verliebt und Siggi fühlte sich abgemeldet.

Schon häufig hatte er sich Gedanken über den in der Psychiatrie dahindämmernden Jean-Paul Wienhold gemacht, dem Vater seines ermordeten Liebhabers Sascha. Er fühlte seit Langem eine unbestimmte Schuld gegenüber diesem Mann, der durch den Mord an seinen Sohn Sascha den Halt in seinem Leben verloren hatte und in eine tiefe Depression gefallen war. Der gutsituierte Bankier, der bis zu dem Mord an seinem Sohn in äußerst komfortablen, ja geradezu luxuriösen Verhältnissen gelebt hatte, war in der Psychiatrie gelandet und hatte bisher keine Anstalten gemacht, dieser Hölle zu entfliehen.

Von Wiesbaden kommend machte Siggi, einem plötzlichen Impuls folgend, endlich den Abstecher in die Heinrich-Hoffmann-Straße, in der die Psychiatrie lag. Sein Herz schlug schneller, als er den Wagen abgestellt hatte und er sich dem architektonisch interessanten, aber schäbigen Bau aus den sechziger Jahren näherte.

Er erreichte die Depressionsstation. Ja, Herr Wienhold sei immer noch hier. Seine suizidalen Absichten seien durchaus noch vorhanden, so dass man ihn weiterhin in der geschlossenen Abteilung behalten müsse. Siggi fragte, ob er einen Spaziergang mit Herrn Wienhold unternehmen könnte. Nachdem die Schwester, die ihm die Tür geöffnet hatte, den Oberarzt kontaktiert hatte, wurde Siggi der Spaziergang erlaubt.

Schließlich öffnete sich die Tür. Die Schwester hatte Jean-Paul Wienhold untergehakt, der eine Jogginghose und einen Blouson über einem fleckigen Pullover trug. Seine Füße steckten in Turnschuhen ohne Socken. Das weiße Haar hing ihm ungewaschen in die Stirn. Von der sportlich, gepflegten Person, die Siggi keinen Tag älter als sechzig Jahre geschätzt hatte, war nichts mehr übrig. Seine überschäumende Dynamik hatte er den vielen bunten Tabletten der Neuroleptika und Anti-Depressionsmittel geopfert.

»Aber zum Abendessen bringen Sie uns den Herrn Wienhold wieder. Gehen Sie nicht zu weit. Sie sehen ja, Herr Wienhold ist noch schwach auf den Beinen.«

Langsam schlurften sie durch die endlosen tristen Gänge zum Ausgang. Immerhin öffnete sich die Tür automatisch. Jetzt nahm Siggi den alten Mann am Arm. Langsam gingen sie in Richtung Mainufer. Sie sprachen nicht viel. Unterwegs verwies Siggi darauf, dass er hier sein Auto geparkt habe.

»Es ist so lieb von Ihnen, dass Sie gekommen sind.« Die Augen des Patienten füllten sich mit Tränen. »Ich weiß gar nicht, ob ich je wieder die Klinik verlassen kann. Manchmal besucht mich Annalene. Ihre Besuche werden aber immer seltener. Sie sagt mir, dass ich Geduld haben muss. Es würde schon wieder werden.« Jean-Paul Wienhold seufzte und blieb ermattet stehen.

Siggi erinnerte sich noch genau an den Auftritt von Annalene Waldau während der Trauerfeier von Alexander Wienhold, seinem ehemaligen Geliebten Sascha. Sie war Frankfurts Polizeipräsidentin gewesen, bevor sie wegen des Vorwurfs der Befangenheit während der Ermittlung im Mordfall Alexander Wienhold vom Dienst suspendiert worden war, und sie war die Nichte von Jean-Paul Wienhold, dem Inhaber einer äußerst erfolgreichen Privatbank.

»Ich muss mich dringend um meine Bank kümmern, ich will wissen, wie die Geschäfte gehen und wie es in der Villa am Holzhausenpark aussieht. Alle sagen immer, dass ich mir keine Gedanken machen muss und gesund werden soll. Das kann ich so nicht hinnehmen.«

Siggi schien es, als ob der Bankier seine Gedanken lesen konnte. Dieser sah ihn nun mit wachen klaren Augen an.

»Ich muss hier raus. Bitte helfen Sie mir.«

»Herr Wienhold, ich werde Sie entführen. Sie haben doch meinen Wagen gesehen. Haben Sie zufällig Ihren Hauschlüssel dabei?« Siggi richtete sich zu heroischer Größe auf.

Der alte Herr befühlte die Taschen seiner Freizeithose. Er zog ein zerknülltes Papiertaschentuch und ein elegantes Schlüsseletui heraus. Die beiden Männer machten eine abrupte Kehrtwende und gingen zu Siggis Auto zurück. Siggi öffnete die Beifahrertür und half Jean-Paul Wienhold beim Einsteigen.

Dieser schwang jedoch erstaunlich behände die Beine in den Wagen und schnallte sich routiniert an. Als sich auch Siggi hinter das Steuer gezwängt hatte, er hatte in den letzten Wochen zu seinem eigenen Bedauern noch zwei Kilos zugelegt, wies Jean-Paul Wienhold ihn an, wie er zu fahren hätte. Siggi verspürte einen Anflug von Ärger. Er war schließlich nicht Wienholds Chauffeur. Zügig erreichten sie trotz des nachmittäglichen Verkehrs das Museumsufer.

Abgesehen von den Zurufen hinsichtlich der zu wählenden Strecke verlief die Fahrt in angespanntem Schweigen. Erst als sie die andere Mainseite erreicht hatten, ergriff der alte Mann das Wort.

»Wissen Sie eigentlich noch, was Sie mir bei Ihrem ersten und einzigen Besuch in der Klinik erzählt haben?«

Fast wäre Siggi in den Gegenverkehr geraten, als er Wienhold fragend ansah.

»Sie wollten sich von mir adoptieren lassen, damit ich wieder einen Sohn hätte.«

»Na und«, sagte Siggi gekränkt. »Was ist so schlimm an dem Vorschlag?«

»Sind Sie denn Vollwaise? Wollten Sie mich beerben?«

Es schien Siggi, dass der Bankier während der Fahrt wieder zu seiner alten Form zurückgefunden hatte.

»Damals hatte mir meine Mutter die Freundschaft gekündigt, um sich mit einem alten Knaben nach Mallorca abzusetzen. Jetzt ist sie aber wieder zu Hause und ist selbst vermögend. Ich brauche Ihr Geld nicht. Ich wollte doch nur etwas wiedergutmachen.«

Siggi war sehr beleidigt. So hatte er sich das Wiedersehen mit Saschas Vater nicht vorgestellt.

»Das freut mich, mein Junge«, hörte Siggi den alten Wienhold zur seiner Überraschung sagen. Er fühlte eine warme Hand auf seinem rechten Oberschenkel.

»Parken Sie hier, wir sind da.« Siggi hatte gar nicht mehr so genau darauf geachtet, wo sie sich gerade befanden. Sie parkten vor einer repräsentativen Stilaltbauvilla in einer gepflegten Gartenanlage. Zwei bis drei Millionen und mindestens acht Zimmer, schätzte Siggi mit Kennermiene.

»Herr Wienhold, wenn Sie das Haus einmal verkaufen wollen, stehe ich Ihnen natürlich zu Diensten.«

»Jetzt kommen Sie erst einmal mit rein, Sie Schlitzohr«, sagte der ehemalige Psychiatriepatient aufgeräumt und schloss das Gartentor auf.

Die Haustür wurde aufgerissen und die ältliche Agnes stürmte ihrem Hausherrn entgegen. Sie umarmte ihn. »Das musste jetzt einmal sein. Ich habe Sie schon vom Küchenfenster aus gesehen. Sie hätten sich ankündigen müssen, aber ich habe einen Kuchen gebacken.«

Eigentlich wollte sie einige Damen, die in der Nachbarschaft als Haushaltshilfen tätig waren, einladen. »Als ob ich es geahnt hätte.« Agnes strahlte über das ganze Gesicht.

Der Geruch von Bohnerwachs und Apfelkuchen schlug ihnen entgegen. »Bitte, hier.« Der Bankier verwies auf sein Arbeitszimmer. Siggi war entzückt von der Pracht, die sich vor seinen Augen entfaltete. Auf dem Schreibtisch stapelte sich die Post. »Die kann warten, bis wir Kaffee getrunken haben.« Jean-Paul Wienhold hatte Siggis Blick bemerkt.

»Bitte.« Siggi bemerkte den zierlichen Biedermeiertisch, der flankiert von vier filigranen Sesseln, die mit lindgrünem, in sich gestreiftem Taft bezogen waren, in einer Ecke des großen Raumes stand. Hohe Fenster gaben den Blick auf den weitläufigen Garten frei. Den Kaffee brachte Agnes in einer antiken silbernen Kanne. Sie reichte den Apfelkuchen.

»Was wollen Sie denn jetzt unternehmen, nach Ihrer Flucht aus dem Krankenhaus?«, fragte Siggi.

Wienhold sah auf die Uhr. »Ich werde sofort meinen Anwalt kontaktieren, wenn wir den Kaffee getrunken haben. Und geben Sie mir bitte Ihre Mobilnummer. Wir müssen in Verbindung bleiben. Auch möchte ich mich bei Ihrem Kompagnon entschuldigen.«

Sicher meint er damit Uli, dachte Siggi. Er fühlte erneut eine warme schwere Hand auf seiner Schulter.

Nachdem er schnellsten den Kuchen gegessen und den Kaffee ausgetrunken hatte, verabschiedete er sich. Vorsichtig deutete er zwei Wangenküsse an, bevor er die wenigen Stufen der Freitreppe hinuntereilte. Eigentlich hätte er dringend die Toilette aufsuchen müssen, aber es war ihm zu peinlich, danach zu fragen. Er würde sich in dem nahegelegenen Holzhausenpark in die Büsche schlagen. Anschließend musste er dringend nach Hause fahren. Uli hatte sein Lokal bestimmt schon geöffnet und auch die ersten Gäste waren schon da.

Auch wenn sein Partner nicht auf ihn wartete, so wollte Siggi doch nicht weiteren Unmut auf sich ziehen. Man wusste nie vorher, in welcher Laune Uli sich gerade befand. Seine Stimmung wechselte von tiefer Traurigkeit zu gereizter Anspannung und von Nichtbeachtung zu herablassender Generosität.

Kapitel 27

Saleh schaute unzufrieden aus dem Fenster seines Büros im Polizeipräsidium. Wieder keine brauchbaren Erkenntnisse in der Sache mit dem Schriftsteller. Er zermarterte sich das Hirn, in welche Richtung er weiter ermitteln sollte. Selbst die von der Kölner Polizei angeforderten Auskünfte über diesen Heumüller waren völlig unergiebig. Da gab es nichts, nicht einen einzigen polizeilichen Eintrag, der ihm bei seinen Ermittlungen weitergeholfen hätte. Und dann dieser schwule Wirt, der ihn immer wieder über den Weg lief und der wie Pech an ihm klebte. Was hatte das zu bedeuten? Wollte ihn das Schicksal auf etwas hinweisen? Saleh hing immer noch der Auffassung an, dass der Täter aus dem Schwulenmilieu kommen müsse und dass die beiden Freunde aus dem Wirtshaus doch mit dem Fall zu tun hätten. Nur wie, das konnte er sich nicht erklären. Entweder hatten sie sich so gut abgesprochen, dass sie bei ihren Aussagen keine Fehler begingen, oder sie hatten einen Komplizen, der die Drecksarbeit für sie machte. Und welchen Grund hätten sie denn, diesen Heumüller um die Ecke zu bringen? Nein, da verrannte er sich in eine Geschichte, die an allen Ecken klemmte. Vielleicht sollte er sich selbst noch einmal in der Schriftstellerszene der Berger Stadtschreiber umschauen. Es war doch bekannt, dass auch in diesen Kreisen Neid und Eifersucht auf die Kollegen der Zunft ganz besonders ausgeprägt waren. Selbst wenn dieser Wilson keine brauchbaren Ergebnisse gefunden hatte, hieß das ja nicht, dass da nicht doch eine Leiche im Keller lag.

Sollte er den Schriftsteller tatsächlich im Krankenhaus bewachen lassen? Die Ärzte hatten ihm zwar versichert, dass die neurologische Intensivstation die am besten überwachte Abteilung im Hause war, weil die schwerstverletzten Patienten durchgehend kontrolliert werden mussten. Aber man hatte ja gesehen, wie sich doch eine Lücke in der Bewachung ergeben hatte, in der der Täter alle Kanülen gezogen hatte. Wo war da das entsprechende Personal gewesen? Morgen würde er mit seinen Kollegen noch einmal alle Protokolle durchgehen, um zu sehen, ob sie nicht doch etwas übersehen hatten. Sein Chef saß ihm seit Tagen im Nacken und forderte Ergebnisse, die er nicht hatte. Er seufzte tief, räumte seinen Schreibtisch auf, stellte den Computer ab und verließ das Gebäude in Richtung U-Bahn-Station.

Gut, dass die Station direkt neben dem Präsidium lag. Er wollte in die Stadt zu einem bekannten Juwelier. In seinem Portemonnaie hatte er einen Ring von Brigitte, den er ihr beim letzten Treffen aus ihrem Schmuckkästchen entwendet hatte. Er brauchte ihn als Muster für die Größe des Rings, den er ihr kaufen wollte. Zum Beweis seiner Liebe wollte er ihr einen schönen Brillantring schenken. Er wusste, dass er sich das nur leisten konnte, weil er keine Miete zahlte. Als Kriminalhauptkommissar verdiente er zwar nicht schlecht, aber ohne die finanziellen Zuwendungen seiner betuchten Eltern hätte er sich niemals eine Eigentumswohnung in einem dieser supermodernen Neubauten rund um den Frankfurter Universitätscampus im Westend leisten können. Außerdem lag sie ganz in der Nähe seines Arbeitsplatzes. Seine Eltern waren beide Ärzte und führten gemeinsam eine gutgehende Privat-Praxis für Gastroenterologie im Zentrum Frankfurts, die sie im Laufe der Jahre wohlhabend gemacht hatte. Sie hätten schon lange in Rente gehen können, aber ihre Klientel war dagegen und so waren sie auch heute, wenn auch zeitlich etwas eingeschränkt, immer noch tätig.

Als er an der Hauptwache aus der Bahn ausstieg und den Juwelierladen betrat, erkannte er zu seinem größten Erstaunen seinen Vater im Gespräch mit einem Verkäufer, der ihm gerade eine goldene Damenarmbanduhr zeigte. An seiner Seite stand eine gutaussehende blonde Frau, die ihn bewundernd anlächelte und für die das Geschenk wohl gedacht war. Er sah, wie sein Vater mit seinem rechten Arm die blonde Frau zärtlich umfasste und ihr die Uhr anlegte. Die Frau strahlte vor Glück und gab seinem Vater einen Kuss auf den Mund. Saleh war so überrascht von dem Geschehen, dass er den Rückwärtsgang etwas zu spät einschaltete. Noch bevor er an der Tür war, hatte sich sein Vater umgedreht. Sohn und Vater sahen sich einen Moment in die Augen. Der Vater hob die Hand und rief »Khalil«, aber dieser war so schnell durch die Tür, dass sein Name im Raum verhallte.

Khalil war entsetzt. Sein tugendhafter Vater auf Abwegen mit einer blonden Geliebten! Und dass die keine Muslima war, das war ja offensichtlich. Ob seine Mutter das wusste? Wie von Furien gehetzt rannte er über den Platz an der Hauptwache, drehte dann um in Richtung Freßgass, wo er sich völlig außer Atem in eines der dort sehr beliebten und immer vollen Bistros am Opernplatz setzte und ein Bier bestellte. Er konnte es nicht glauben. Seine Eltern hatten ihm immer das Bild einer harmonischen Ehe vermittelt. Seine Mutter war keine fügsame Ehefrau, sie hatte sehr wohl zu Hause das Sagen, auch wenn sie es vorzog, dieses Bild von sich in der Öffentlichkeit nicht zu zeigen. Er musste unbedingt sofort mit seiner Schwester Fatma drüber sprechen. Leider war sie nicht zu Hause, wie ihm sein marokkanischer Schwager am Telefon sagte. Mit ihm aber wollte Saleh nicht über ein so delikates Thema sprechen. Schließlich erreichte er Fatma auf ihrem Handy.

»Fatma, weißt du, dass ich Papa eben mit seiner blonden Freundin in einem Juwelierladen gesehen habe?« Ohne Vorrede platzte Saleh gleich mit der schrecklichen Neuigkeit heraus.

Am anderen Ende des Telefons blieb es einen Moment still. Dann hörte er die nüchterne Stimme seiner Schwester mit den für ihn schockierende Worten: »Ja, ich weiß es. Einmal hättest du es doch erfahren. Unser Vater hat schon längere Zeit eine deutsche Freundin. Mutter wollte nur nicht, dass du es erfährst. Sie schämt sich, dass unser Vater sich in seinem Alter noch eine Geliebte genommen hat. Mir hat sie es schon vor längerer Zeit erzählt. Sie hat mich nur darum gebeten, dir nichts zu sagen.«

Saleh konnte es nicht glauben. Das hätte er nie von seinem Vater geglaubt. Stammelnd fragte er, warum sein Vater sich ausgerechnet eine blonde Deutsche genommen habe.

»Sie war die langjährige Sprechstundenhilfe in der gemeinsamen Praxis unserer Eltern. Als Mutter es merkte, war es zu spät. Sie musste auf Wunsch von Mama zwar gehen, aber was Mama nicht wusste war, dass Papa das Verhältnis heimlich fortsetzte, obwohl er unserer Mutter das Gegenteil geschworen hatte. Ihr hat er immer erzählt, dass er sich mit seinen ärztlichen Kollegen zwecks Erfahrungsaustausches träfe. Du siehst, Männern ist einfach nicht zu trauen.«

Saleh protestierte nur schwach. Er konnte sich noch gut daran erinnern, dass er ebenfalls auf außerehelichen Wegen wandelte, als seine Ehe mit Djamila in Scherben lag und er wegen der anstehenden Trennung dringend weiblichen Trost brauchte. »Trotzdem hättest du es mir sagen sollen.«

»Glaub mir, für Mutter war es besser, dass du es nicht wusstest. So konnte sie vor dir das Gesicht wahren. Sie leidet nämlich schwer darunter, umso mehr, als Papa nicht von dieser Frau lassen will. Eher würde er sich von unserer Mutter scheiden lassen. Und du kannst dir vorstellen, dass das das Allerletzte ist, was unsere Mutter möchte. So schluckt sie also lieber ihren Stolz herunter und tut so, als wäre alles in Ordnung. Arme Mama! Sie tut mir so leid.«

Sie redeten noch ein bisschen, dann legte Saleh auf. Er war erschüttert. Seine Mutter, die nach außen immer so stark auftrat.

Das war nur der Panzer, mit dem sie sich umgab, um die eigene Schwäche nicht durchscheinen zu lassen. Ja, sie tat ihm leid, obwohl sie ihn manchmal mit ihren altmodischen Vorstellungen nervte.

Er trank sein Bier aus, zahlte und machte sich auf den Weg zum Juwelier. Als er vor der Tür stand, drehte er wieder um. Möglicherweise kam sein Vater häufiger in den Laden und ein erneutes Zusammentreffen wollte er unter allen Umständen vermeiden. Er wusste sowieso nicht, wie er beim nächsten Zusammentreffen mit ihm reagieren sollte. Also ging er zu einem anderen Schmuckladen auf der Kaiserstraße. Dort ließ er sich lange und ausführlich beraten und kaufte schließlich einen etwas breiteren Ring aus Gold, in dem auf der Vorderseite ein weißer Diamant eingearbeitet war. Im Glanz der vielen Leuchter strahlte der Diamant in einem warmen Licht. Dieser Ring würde Brigitte gefallen. Ein tiefes Gefühl seiner Liebe für Brigitte durchflutete ihn. Mit einem Lächeln auf den Lippen verließ er das Geschäft. An die zerrüttete Ehe seiner Eltern wollte er jetzt nicht denken. Jetzt wollte er seine Brigitte sehen. Sie hatten sich bei ihr um acht Uhr verabredet.

Kapitel 28

Uli schaute gähnend auf die Uhr. Schon halb zwölf. Er war müde und wäre liebend gerne ins Bett gefallen. Die letzten sechs Zecher aber saßen wie angenagelt auf ihren Sitzen und unterhielten sich seit Stunden hitzig über Fußball und speziell über die Frankfurter Eintracht, die ihre Anhänger immer wieder in ein Wechselspiel der Gefühle zog und viel Stoff für Diskussionen bot. Den letzten großen Ebbelwoi-Bembel hatten sie erst vor zehn Minuten geordert. Das konnte also noch dauern. Er beschloss, seinem kleinen Hund Tim einen Besuch in seiner Wohnung im ersten Stock abzustatten. Als er eintrat, hob Tim nur verschlafen seinen Kopf und fiepste ein bisschen. Uli streichelte ihn zärtlich über Kopf und Rücken. So ein süßer Kerl. Er freute sich, dass er darauf bestanden hatte, den kleinen Rüden mit nach Deutschland zu nehmen. Er war so anhänglich und willig und gleichzeitig so entzückend tapsig, dass man ihn einfach nur lieben konnte.

Als er wieder unten im Lokal war, fing er demonstrativ an, die Theke zu schrubben, Gläser einzuräumen, die Menüvorschläge auf seinen grünen Tafeln von draußen reinzuholen und die Stühle geräuschvoll an die Tische zu rücken. Diese lärmenden Aktivitäten schienen den Zechern nun doch ein Hinweis darauf zu sein, sich zu verabschieden. Erstaunt sahen sie sich an und dann auf die Uhr.

»Uli, wir zahlen.«

Laut schwatzend verabschiedeten sie sich, nachdem sie noch ein gutes Trinkgeld gezahlt hatten. Uli schaute zufrieden in sein

Portemonnaie. Das war doch ein finanziell sehr erfreulicher Abend gewesen. Gerade wollte er noch einen letzten Blick nach draußen werfen, ob er alles ordnungsgemäß weggeräumt hatte, denn hier in Sachsenhausen waren Diebstahl und Vandalismus keine Seltenheit, als die Tür geöffnet wurde und zwei Besucher das Lokal betraten. Dass von denen nichts Gutes zu erwarten war, sah Uli sofort. Beide waren bestimmt nicht älter als fünfundzwanzig Jahre, schlank aber kräftig, kurzes dunkles Haar unter einer Mütze. Sie stellten sich zunächst stumm hinter die Eingangstür und dann glitten ihre Blicke durch den ganzen Raum.

»Tut mir leid, ich habe gerade geschlossen. Ich kann Ihnen nichts mehr anbieten.« Uli stellte sich ihnen in den Weg.

»Wollen nix essen und nix trinken. Wollen nur Geld. Mann uns gesagt, du viel Geld in Tasche.«

Das war eine klare Ansage, und Uli sah den beiden an, dass sie es durchaus ernst meinten. Er kannte die beiden nicht, und auch wenn er sie gekannt hätte, würde es ihm jetzt nichts nutzen. Sie sahen aus, als kämen sie aus einem der beim Kollaps der Sowjetunion herausgekegelten Länder mit schlechter Sozial-und Wirtschaftsperspektive, die beschlossen hatten, ihren eigenen finanziellen Status zu Ulis Ungunsten auf einen Schlag zu verbessern.

Ihm schlug das Herz bis zum Hals. Ausgerechnet heute war Siggi aushäusig und übernachtete bei seiner Mutter in Wiesbaden. Da konnte er keine Hilfe erwarten. Aber so mir nichts dir nichts sein sauer verdientes Geld rausrücken, nur weil die Weltgeschichte die einen als Gewinner und die anderen als Verlierer dastehen ließ, das wollte er auch nicht. Und was sollte das heißen, dass ein Mann ihnen gesagt hätte, er hätte viel Geld? Wer könnte das gewesen sein? Langsam ging er rückwärts hinter den Tresen. War da etwas, das er als Waffe verwenden konnte? Er sah nur den großen Ebbelwoi-Bembel. Als sein Blick darauf fiel, folgten ihm die beiden Halunken hinter die Theke. Noch bevor er den Bembel ergreifen konnte, warfen sie sich auf ihn. Alle drei gingen mit einem lauten Schlag zu Boden. Uli lag platt unter ihnen, fürchtete um seine Rippen und musste den Staub seines eigenen Fußbodens schlucken. Dann zeigten sie ihm ein gezücktes Messer.

»Du aufstehen und Geld her!«

Das reichte, um Uli widerstandslos und willig den Geldbeutel aus seiner Hosentasche ziehen zu lassen. Er wollte noch nicht sterben. Geld war ersetzbar.

So schnell wie sie gekommen waren, so schnell waren sie auch wieder aus der Tür. Uli rappelte sich auf und setzte sich schweratmend auf einen Stuhl. Diese verdammte Saubande! Er musste sein Geld hart verdienen und hatte nichts zu verschenken.

Die Polizei! Er musste unbedingt die Polizei anrufen. Zu blöd auch, dass Florian jetzt nicht mehr in Sachsenhausen, sondern in Bergen-Enkheim seinen Dienst tat.

Die Polizei war schnell da. Nach seiner Beschreibung der beiden Täter wurde sogar noch eine halbherzige Fahndung durchgeführt. Natürlich fand man die beiden in der Dunkelheit nicht mehr. Ulis Beschreibung der beiden Delinquenten war zwar sehr konkret, was ihr Alter, Größe und Aussehen betraf, aber Sachsenhausen war so verwinkelt und hatte so viele Möglichkeiten sich zu verstecken, dass man keine großen Hoffnungen hatte, die Täter zu erwischen.

»Herr Reinhold, morgen früh kommen Sie in die Polizeistation und dann nehmen wir den Vorfall noch einmal genauestens auf.«

Uli nickte geistesabwesend, verabschiedete die Polizei, verschloss penibel sein Lokal und ging nach oben in seine Wohnung. Dort goss er sich seinen Lieblingswhisky ein, einen gut gelagerten Scotch Cardhu, und trank so lange, bis sich das Schütteln seines Körpers gelegt hatte.

Kapitel 29

Am nächsten Morgen rief die Polizei bei Uli an, er solle um zehn Uhr auf die Wache kommen, um den Raubüberfall protokollieren zu lassen. Etwas angeschlagen rollte sich Uli aus dem Bett. Der Whisky war wirklich gut gewesen aber wegen der größeren Menge, die er benötigt hatte, um seine Nerven zu beruhigen, hatte der Alkohol ein leichtes Vibrieren unter seiner Schädeldecke hinterlassen. Und das nur, weil ihm diese Halunken seine Tageseinnahmen nicht gegönnt hatten. Was war das nur für eine Welt, in der er sich bewegte? Außerdem ging ihm der Satz der Halunken ständig durch den Kopf, dass ein Mann ihnen von seinem vielen Geld erzählt hätte. Wer könnte das gewesen sein? Uli zerbrach sich den Kopf. Als Einziger fiel ihm der seltsam stille und fast unsichtbare Zecher ein. Aber im Grunde könnte es jeder gewesen sein. Hätte er mal besser auf seine Mutter gehört, die ihm dazu geraten hatte, bei seinem kinderlosen Onkel das Metzgerhandwerk zu erlernen und später dessen gutgehendes Geschäft zu übernehmen. Dieser Plan war jedoch an seiner bedingungslosen Liebe für Tiere gescheitert. Er konnte ja nicht mal einen Wurm zertreten. Wie sollte er da Tiere töten und ihre ausgebluteten Körper verwursten? Schon der Gedanke daran ließ ihn erschauern.

Es war müßig, sich jetzt Gedanken über seine verfehlte Berufsplanung zu machen. Aber vielleicht sollte er mal überlegen, ob er nicht außerhalb von Sachsenhausen, in einem etwas ruhigeren Vorort von Frankfurt, ein Lokal übernehmen sollte. Nachdenklich nahm er den ausgeschlafenen Tim an die Leine, steckte eine

Plastiktüte in die Hosentasche und ging schnell mit ihm Gassi, bevor sie gemeinsam bei der Polizei erschienen.

Die Polizei nahm zu Protokoll, was ihnen vom gestrigen Überfall noch als wichtig erschien. Da war nichts Besonderes. Uli erwähnte nicht einmal seinen Verdacht, dass ein Gast aus seinem Lokal den beiden Ganoven einen Hinweis gegeben haben könnte. Zu vage schien ihm der Gedanke. Auch die Polizei hatte nichts Neues gefunden und schon gar nicht die Räuber. Die Chance, sie zu erwischen war gering. Die Aufklärungsquote für diese Delikte war »suboptimal«, wie die Polizei es ausdrückte. Den Geldverlust musste er bei seiner Versicherung einklagen. Hoffentlich zahlten die ihm wenigstens einen Teil des geraubten Geldes zurück. Nur gut, dass die Räuber nicht allzu heftig über ihn hergefallen waren. Die Rippen schmerzten zwar, aber schlimmer war, dass seine Lebensqualität wieder ein Stück gelitten hatte. Uli war verschnupft. Das letzte halbe Jahr hatte ihm mehr zugesetzt als er wahrhaben wollte. Und dann die Sache mit Sven, die ihn schwer belastete. Die Krankenhausverwaltung hatte ihn gefragt, ob er die vorübergehende Betreuung übernehmen wolle, weil Sven ja keine Verwandten hatte, die dies hätten übernehmen können. Leider hatte Sven auch keine Geschwister, und so hatte sich Uli aus Mitleid zur zeitweisen Übernahme der Betreuung für Sven überreden lassen. Was er bei seiner Einwilligung nicht ahnte, welchen Rattenschwanz an bürokratischen und juristischen Auflagen er mit seiner Entscheidung in Gang setzte. Hätte er das vorher gewusst, wer weiß, ob er die Betreuung übernommen hätte.

Und jetzt der zweite Anschlag auf Svens ohnehin geschwächten Körper. Wer steckte hinter diesen mörderischen Attacken? Wieso kam die Polizei diesem Wahnsinnigen nicht auf die Schliche? Uli kannte Sven noch nicht lange, wusste von dessen Vorgeschichte auch nicht allzu viel. Er hatte nicht die geringste Vorstellung, aus welcher Ecke die heimtückischen Anschläge kamen. Uli seufzte so tief auf, dass Tim sich umdrehte und ihn fragend anschaute.

Uli tätschelte ihm den Kopf und war gerührt, wie aufmerksam sein Hund auf seine Gefühle reagierte.

Nach der Befragung durch die Polizei setzte er sich in ein Straßencafé und gönnte sich einen Milchkaffee und zwei Schoko-Croissants. Tim saß brav neben seinem Stuhl und betrachtete interessiert das Kommen und Gehen der Kunden. Uli wunderte sich immer wieder, wie brav sich sein Hund verhielt. Er selbst hatte eigentlich wenig zu seiner Erziehung beigetragen. Tim musste von Geburt her einen ausgeglichenen Charakter mitbekommen haben. Liebevoll schaute er auf seinen spanischen Mischling, der mit seinem goldfarbenen Fell und den schwarzen Flecken ein Lächeln auf die Gesichter der Laufkundschaft zauberte. Die vorbeikommenden Kinder rissen sich geradezu darum, mit ihm zu spielen.

Nachdem er sich gestärkt hatte, ging es Uli wesentlich besser. Er musste ins Lokal, um die Vorbereitungen für heute Abend zu treffen. Tim brachte er ins Wohnzimmer über dem Lokal und fütterte ihn. Danach packte Tim wie immer die große Müdigkeit. Er trat in seinen weich gepolsterten Korb, drehte sich dreimal im Kreis, legte sich hin, gähnte ausgiebig, warf Uli noch einen dankbaren Blick zu und war schon fast eingeschlafen. Uli kniete sich nieder, betrachtete liebevoll seinen Hund und strich ihm zärtlich über den Rücken. Müde hob Tim den Kopf. Welch ein Glück, dass er ihn aus Spanien mitgebracht hatte. Wer weiß, was aus dem kleinen Kerl geworden wäre. Schlimmstenfalls hätte man ihn dort vielleicht vergast. Uli schüttelte sich. So etwas wollte er sich nicht einmal vorstellen. Tim war, wie sein Vorgänger Punk, ein Seelenverwandter für Uli. Nur dass Punk, ein mächtiger, furchteinflößender Rottweiler, nicht allen so sympathisch war wie der noch etwas tapsige und ungelenke Tim. Dabei war Punk friedlich wie ein Lamm und zu allen Leuten sehr freundlich gewesen. Aber allein durch sein Aussehen hatte er die Menschen auf Abstand halten können. Ja, wenn Punk bei dem Raubüberfall noch gelebt hätte, dann wäre das Zusammentreffen mit den beiden Räubern anders ausgegangen. Die hätten wohl im Schweinsgalopp und mit zerrissenen Hosen fluchtartig das Weite gesucht. Bei dieser Vorstellung musste Uli leise lachen. Er erhob sich und ging nach unten.

Es dauerte nicht lange und das Lokal füllte sich. Uli hatte alle Hände voll zu tun, seine Gäste zu versorgen.

Um halb acht betraten zwei etwa vierzigjährige Frauen seine Kneipe. Uli hatte sie noch nie hier gesehen. Sie waren gut gekleidet und setzten sich zielstrebig an einen Vierertisch, auf dem ein »Reserviert«-Schild stand.

»Entschuldigen Sie, meine Damen, der Tisch hier ist reserviert. Sie können sich aber gerne an den Zweiertisch dort drüben hinsetzen.« Uli übte sich in verbaler Zurückhaltung, obwohl er bei sich dachte: »Können die nicht lesen?«

»Ach ja, Tina, da steht es ja. Der Zweiertisch sieht aber etwas eng aus. Haben Sie nicht etwas Größeres?«

»Leider nein, die Damen.«

»Na gut, dann setzen wir uns eben dahin«, meinte die Rothaarige etwas verschnupft.

»Was kann ich Ihnen zu trinken bringen?«

»Eine große Flasche Wasser und zwei Gläser, bitte.«

»Kommt gleich.« Uli enteilte und war sich bewusst, dass dieser Zweiertisch keinen großen Deckungsbeitrag für seine Kostenrechnung bringen würde. Aber, nun je, in seiner Mischkalkulation waren solche mageren Ausbeuten bereits eingerechnet.

»Uli, noch einen großen Bembel und vier Klare!« Ein Vierertisch meldete sich zu Wort.

»Bring uns mal die Speisekarte, Uli, wir sind am Verhungern«, schrie Stammgast Lutz Herzog, der mit Frau und Kind sowie den eigenen Eltern am großen Tisch saß, über den Trubel hinweg.

Uli war am Rotieren, dazu merkte er die Nachwirkungen des Überfalls und des übermäßigen Genusses an Whisky. Aus Alinas Küche kamen die Essen im Minutentakt. Uli konnte mit Stress schlecht umgehen. Das war schon immer so gewesen.

Beim Vorübergehen am Tisch der beiden Damen meldeten sie sich sichtlich ungeduldig: »Wo bleibt denn das Wasser?«

»Ich kann ja nicht zaubern!« Uli wurde etwas unwirsch, griff nach der Wasserflasche und zwei Gläsern und stellte alles auf den Tisch.

»Der nimmt sich nicht mal Zeit, die Flasche zu öffnen. Wie unhöflich. Wo hast du mich nur hingeführt, Sabine? Das ist ja ein komischer Laden.«

»Herr Ober, bringen Sie uns bitte auch die Speisekarte.«

Ohne zu antworten, warf Uli zwei Speisekarten auf den Tisch.

Die beiden vertieften sich längere Zeit in der mehrseitigen Karte und wurden schließlich bei den Salaten fündig.

Uli war schwer beschäftigt und hatte keine Augen für die beiden. Zunächst hielten sie still, dann meldeten sie sich mit Rufen und Handheben.

»Komme gleich!« Uli hatte sicher die Absicht, sie gleich zu bedienen, aber es kam immer wieder etwas Wichtigeres dazwischen. Schließlich musste er mit seinen Stammgästen an der Theke hin und wieder einen heben und einen neuen Witz erzählen oder sich erzählen lassen. Dann die vielen Getränke servieren, hin und wieder ein Wort mit den Gästen wechseln, einem anderen kurz den Kopf waschen, damit der nicht dem Irrtum unterlag, dass der Gast zum Bedienen da war, sondern dass der Wirt ihm die Gunst erweist, ihn zu bedienen. Schließlich war er der großmütige Gastgeber, der seinen zahlenden Gästen den Aufenthalt in seinem Lokal gewährte.

Verzweifelt wedelten die beiden Damen mit den Händen. Schließlich erbarmte sich Uli und begab sich zu ihrem Tisch.

»Na, Mädels, für was habt ihr euch entschieden?«

Die hochgezogenen Augenbrauen der Frauen signalisierten ihm, dass sie seine Charme-Attacke für überzogen hielten.

»Ich hätte gern den Vegetarischen Salat mit Schafskäse. Aber bitte ohne Zwiebeln, und der Schafskäse sollte »light« sein.

»Leit«, was ist denn das? Sagen Sie mir mal, was das ist.« Uli wollte für so einen anspruchslosen Salat jetzt nicht auch noch irgendwelche Sonderwünsche erfüllen.

»Vergessen Sie es! Auf jeden Fall sollten schwarze Oliven drin sein. Bitte keine grünen. Und statt des Knoblauch-Baguette hätte ich gerne das Bauernbrot.«

»Wir haben nur grüne Oliven, ich bin doch kein griechischer Delikatessenladen!« Uli gingen die beiden Frauen auf den Wecker. Für so wenig Moos so viele Umstände.

»Und was wollen Sie?«

Die zweite Dame bestellte ebenfalls einen Salat, einen mit Thunfisch. »Wissen Sie, ob der Thunfisch aus ökologisch unbedenklichem Fischfang aus nicht gefährdeten Fanggebieten stammt und ob die Fangmethoden als ethisch einzustufen sind?«

»Nein, das weiß ich nicht und es interessiert mich ehrlich gestanden einen Dreck. Wollen Sie jetzt den Thunfischsalat oder lieber ein blutiges Rumpsteak von einem Rind, das artgerecht auf den grünen Wiesen der Wetterau großgezogen wurde? Würde Ihrer Gesundheit sicher besser bekommen.« Ulis Stimme fing an, sich in eine kritische Höhe zu schrauben.

»Für mich bitte zum Salat auch das Bauernbrot, und bitte Öl und Essig separat servieren.« Die nölige Stimme der zweiten Frau quetschte sich unangenehm in seinen Gehörgang.

»Dazu hätten wir gerne einen griechischen Rotwein, einen trockenen. Was können Sie uns da anbieten?«

»Ich habe keinen griechischen Wein, und wenn Sie mich schon fragen, dann habe ich auch nur einen einzigen deutschen trockenen Rotwein, einen Dornfelder.«

Die beiden Frauen blickten erst sich an und dann Uli. »Nein, wenn Sie keinen griechischen Wein haben, dann nehmen wir gar keinen Wein, dann bleiben wir beim Wasser. Danke, das war's.« Sie wandten sich von Uli ab und ließen ihn wie einen begossenen Pudel stehen.

Uli klappte die Kinnlade wieder hoch, die ihm die ganze Zeit unten gehangen hatte. »Weiber«! war sein laut geäußerter Kommentar.

Es dauerte nur noch eine halbe Stunde, in der die beiden Frauen mit wachsender Ungeduld die Tür zur Küche fixierten, ehe die Salate von Uli wortlos und recht unsanft auf den Tisch gestellt wurden. Essig und Öl separat? Gab es nicht! Er hatte nicht einmal Gefäße dafür. Wozu machte er sonst seine hochgelobten Salatdressings selbst?

Die beiden wagten keine weiteren Sonderwünsche zu äußern, aßen zügig ihren Salat, und obwohl sie das Bauernbrot so gut fanden, dass sie am liebsten noch eine Portion gegessen hätten, wagten sie es nicht, Uli um ein paar zusätzliche Scheiben zu bitten. Das hatten sie nicht nötig! Bei so einem widerlichen Kerl um etwas zu bitten, nein danke!

»Herr Ober, die Rechnung.« Auf das »Bitte« hatten sie verärgert verzichtet.

Uli nahm sich Zeit. Die beiden mussten ihn mehrfach mahnen, dass sie zahlen wollten, aber Uli konnte es nicht lassen, mit seinen Kumpanen am Tresen ein paar hässliche frauenfeindliche Witze zu reißen, die von den anderen noch mit immer würdeloseren Witzen überboten wurden und den beiden Frauen die Ohren klingeln ließen.

Erst als ein entschiedenes »Uli, jetzt reicht es aber! Du hörst jetzt sofort damit auf!« von Mira zu hören war, mäßigte er sich und hörte mit seinen Witzen auf.

»Hier ist die Rechnung. Zahlen Sie gemeinsam oder getrennt?«

»Getrennt.«

»Das hab ich mir gedacht.«

»Macht zehn Euro für jede.«

Beide legten je einen Zehn-Euroschein auf den Tisch und erhoben sich. Kein Trinkgeld für so einen ungehobelten Klotz.

»Tina, komm wir gehen. Dieses Lokal hat uns das letzte Mal gesehen.«

»Das will ich doch sehr hoffen!« Diesen Kommentar konnte sich Uli nicht verkneifen.

Kapitel 30

Schwer schlug die Tür hinter den Frauen zu. Jetzt ebbte auch die Hektik ab, die meist in der Zeit zwischen sieben und neun Uhr ihren Höhepunkt hatte.

Mira wandte sich an Uli, der jetzt einen gemächlicheren Gang eingeschaltet hatte. »War Heribert in letzter Zeit mal bei dir?«

»Ja, der kommt fast jeden Abend, immer etwas später, so nach neun Uhr und langt dann ordentlich zu. Wenn der so weiter trinkt, kann er sich bald eine neue Leber besorgen. Außerdem ist er wahnsinnig aggressiv. Da genügt der kleinste Anlass, ein Witz, ein unbeabsichtigter Rempler, und er dreht durch. So wie der säuft, wundert mich das gar nicht. Er geht mir wahnsinnig auf den Sack. Am liebsten würde ich ihn nur noch von hinten sehen. Dich und deinen Freund aber sehe ich nur noch selten hier. Gefällt es euch bei mir nicht mehr, bin ich euch nicht fein genug?«

»Ach Quatsch, ich komme immer gerne zu dir, aber ich treffe ungern auf Heribert, du weißt ja, wie er beim letzten Zusammentreffen ausgerastet ist. Ich wollte nur mal hören, ob er sich, wenn er betrunken ist, bei dir auch über mich schlecht auslässt.«

»Nur das Übliche, was du auch von ihm kennst. Ich gehe gar nicht auf seine Sprüche über dich ein, sage ihm, er soll mich damit in Ruhe lassen. In letzter Zeit ist er immer schwer mit seinem Handy beschäftigt. Wahrscheinlich geilt er sich dann an irgendeinem Schweinkram auf. Mit einer Frau habe ich ihn aber noch nicht gesehen.«

Bei diesen Worten zuckte Mira zusammen. Könnte es sein, dass sich Heribert beim Anblick der Nacktaufnahmen erregte, die er von ihr mit dem Schmuck aufgenommen hatte? Bei seiner Wut konnte sie sich das sehr wohl vorstellen. Sollte sie Uli in dieses für sie demütigende Geheimnis einweihen? Sie zögerte lange, dann aber überwand sie ihre Scham und erzählte Uli von ihrem Verdacht, dass Heribert ihr K.-O.-Tropfen gegeben und ihre Hilflosigkeit ausgenutzt habe, um diese entehrenden Fotos zu machen.

Uli war von ihrer Schilderung entsetzt und bat sie inständig, Heribert bei der Polizei anzuzeigen.

»Zu spät«, meinte Mira düster, »jetzt ist es zu spät. Ich habe mich so geschämt, dass ich es keinem erzählen konnte, nicht einmal Manfred. Außerdem kann man die K.-O.-Tropfen nur über eine relativ kurze Zeit im Blut nachweisen. Ihn jetzt im Nachhinein anzuzeigen würde nichts bringen. Heribert würde alles abstreiten und wahrscheinlich noch behaupten, dass es ein einvernehmliches Liebesspiel war.«

Uli schaute Mira mitfühlend an. Er versuchte, sie zu verstehen. Für eine Frau war es nicht so einfach, sich vor der Polizei über diesen Angriff auf ihre Würde zu beschweren, vor allem, wenn der mutmaßliche Täter ihr angetrauter Ehemann war. Sie würden ihr wahrscheinlich nicht glauben, und Heribert würde sich schon etwas einfallen lassen, wie er seine Unschuld beweisen könnte. Nein, da konnte man wohl nichts mehr machen. Aber dieses Geschehen würde sie Tag und Nacht verfolgen.

»Mira, komm, lass dich wenigstens von mir mit einem Mispelchen trösten, mein armes Mädchen. Du hast es auch nicht leicht. Erst der Mordverdacht, der monatelang wie ein Damoklesschwert über dir hing, und jetzt schon wieder diese elende Geschichte mit dieser miesen Ratte Heribert.«

Uli stellte das Glas mit dem Calvados, in dem das sonnengelbe Mispelchen schwamm, vor ihr auf den Tresen. Sich selbst hatte er auch eins vorbereitet. Sie stießen auf ihre unverbrüchliche

Freundschaft an. Als Mira sich verabschiedete, drückte Uli sie an seine Brust und flüsterte ihr zu, dass alles wieder gut werden würde. Sorgenvoll schaute er ihr nach, als sie sein Lokal verließ.

Es dauerte nur eine halbe Stunde, bis Heribert durch die Tür trat und ein Bier und einen Klaren bestellte. Uli musterte ihn unfreundlich, aber er hütete sich, ihn direkt anzusprechen. Er wollte die abwesende Mira nicht in ein von ihm inszeniertes öffentliches Strafgericht zerren. Wer weiß, in welche Richtung sich ein Angriff bei Heribert auswirken würde. Vielleicht würde Heribert die Gelegenheit als willkommene Bühne für seine bösartigen Beschimpfungen von Mira nutzen, und damit wäre ihr sicherlich nicht gedient. Außerdem waren noch Gäste da, die Mira gut kannten, und denen wollte er so eine vulgäre Auseinandersetzung nicht zumuten. Obwohl die meisten sich einen verbalen Schlagabtausch wohl nicht ungern anhören würden. Der Mensch liebte nun mal den Kitzel des Skandalösen, und wenn es ins Private von Personen ging, die er kannte, umso mehr.

Uli belauerte Heribert. Im Viertelstundentakt kippte der sein Pils und den Klaren in seine anscheinend völlig ausgetrocknete Kehle. Bald zog er auch sein Handy aus der Hosentasche und betrachtete mit gierigen Augen die Bilder auf seinem Display. Als Uli einmal auf dem Weg ins Männerklo dicht an ihm vorbeiging und sich zu ihm vorbeugte, sah er tatsächlich Fotos einer nackten Frau. Leider war er zu weit weg, um die Person zu erkennen.

Nach einiger Zeit und aufgrund der vielen Gläser Pils, musste auch Heribert seine Blase erleichtern. Leichtsinnig ließ er sein Handy, allerdings mit dem Display nach unten, auf dem Tresen liegen. Uli, der ihn die ganze Zeit nicht aus den Augen gelassen hatte, konnte sein Glück kaum fassen. Das war die Gelegenheit, Mira die Chance zu geben, zu sehen, was er auf dem Handy gespeichert hatte. Unauffällig nahm er das Gerät an sich und steckte es in seine Hosentasche.

Als Heribert zurückkam, suchten seine Augen vergeblich sein Handy. Aufgeregt wandte er sich an Uli. »Hast du mein Handy gesehen? Eben habe ich es doch neben das Bier gelegt. Hast du jemanden gesehen, der es an sich genommen hat?« Heribert wurde panisch, wohlwissend, was er ungesichert auf dem Handy gespeichert hatte.

Uli sagte ruhig: »Vielleicht war das der Spieler am Automaten, der die ganze Zeit hinter dir stand. Der hat gerade bezahlt und ist gegangen. Wenn du Glück hast, ist er noch draußen auf der Straße. Lauf ihm nach. Deine Rechnung kannst du die Tage noch bei mir bezahlen.«

Panisch kontrollierte Heribert alle seine Taschen, suchte auf dem Boden, den Stühlen und Tischen in seiner näheren Umgebung nach dem verlorenen Objekt. Dann fragte er noch alle Gäste, ob sie sein Handy gesehen hätten, bevor er überstürzt das Kleine Wirtshaus verließ. Als Letztes rief er Uli noch zu, falls das Handy auftauchte, solle er es für ihn aufheben. Er käme morgen vorbei.

Kaum hatte Heribert das Lokal verlassen, da rief Uli auch schon Mira an und bot ihr an, sich das Handy von Heribert bei ihm abzuholen.

In weniger als einer Viertelstunde kam Mira atemlos bei Uli an. Er reichte ihr das Handy. Gott sei Dank hatte Heribert es nicht gesichert. Sie hatte freien Zugang zu seinen Fotodateien. Einen Moment noch zögerte sie, bevor sie sich überwand, die Aufnahmen anzusehen. Tatsächlich waren darauf die Fotos, die sie nackt zeigten, dekoriert mit den Schmuckstücken seiner Mutter. Geschockt von ihrem Anblick ließ sie das Handy sinken. Sie fühlte sich unendlich bloßgestellt.

»Uli, wie kann ich dir danken? Das sind tatsächlich die Fotos, die er während meiner Bewusstlosigkeit von mir gemacht hat. Wie tief ist dieser Mensch gesunken, um mir das anzutun? Ich hoffe nur, dass er sie nicht auf seinen Laptop überspielt hat. Das glaube ich aber nicht. Ein Handy kann man schnell verstecken, aber wenn ich ihn angezeigt hätte und die Polizei hätte die Fotos auf seiner Festplatte gefunden, dann wäre er dran gewesen.«

Mira war erleichtert, dass sie jetzt die Kontrolle über die Nacktbilder hatte. Ob sie jetzt zur Polizei gehen würde, um Heribert anzuzeigen, das wusste sie in diesem Augenblick nicht zu sagen. Was würde es ihr bringen? Und würde sie Heribert sagen, dass sie im Besitz seines Handys war? Auch das wusste sie nicht. Würde sie ihrem Freund Manfred von der Existenz der Fotos erzählen? Das war das größere Problem für sie.

Kapitel 31

Am nächsten Tag gönnten sich Uli und Siggi ein ausgedehntes Frühstück mit allen Delikatessen, die ihr Kühlschrank hergab. Tim lag entspannt zu ihren Füßen, hatte aber ein Auge darauf, dass er es nicht verschlief, wenn etwas von dem reichlich gedeckten Tisch für ihn abfiel. Uli las in der *Frankfurter Neuen Presse* und gab hin und wieder ein paar Bemerkungen zu den Nachrichten des Tages.

»Hör mal, hier steht, die Polizei will mehr Kontrollen im Sachsenhäuser Vergnügungsviertel durchführen. Das hätten sie mal früher machen sollen, bevor mich diese Halunken aus dem Balkan überfallen haben. Da fällt mir ein, dass ich von der Polizei gar nichts mehr gehört habe. Ich würde mich nicht wundern, wenn die Sache eingestellt wird. Bei diesen Delikten sei die Aufklärungsrate *suboptimal*. Das haben mir die Polizisten selbst gesagt. Als ordentlicher Steuerzahler fragst du dich natürlich, welche Hilfe kannst du von denen erwarten, wenn die selbst nicht in der Lage sind, diese miesen Verbrecher zu fangen? Jeden Abend, wenn ich hinterm Tresen stehe, denke ich mit Schrecken daran, wie sie mich zu Boden geworfen und das Messer gewetzt haben. Jeden Abend, weißt du, was das für eine nervliche Belastung ist? Ob ich mir einen Baseballschläger zulegen sollte, oder doch lieber ein anderes Gasthaus suche, so ein ruhiges, wie das in Bergen-Enkheim, wo ich mit Sven diese tollen Rumpsteaks gegessen habe.«

Siggi spitzte bei dem Wort »Sven« sofort die Ohren, die er während der von Uli geäußerten Kommentare auf Durchzug gestellt hatte.

»Apropos Sven, sag mal Uli, wie siehst du uns beide eigentlich in diesem Dreiecksverhältnis? Du, ich und Sven.«

Uli legte verblüfft die Zeitung aus der Hand und schaute Siggi an, der ihn mit todernstem Gesicht anschaute.

»Was heißt denn Dreiecksverhältnis? Wir beide sind doch das Paar. Sven ist unser beider Freund.«

»Ich wollte, ich könnte das glauben. Eher habe ich den Eindruck, dass du inzwischen viel mehr an Sven hängst als an mir.« Siggi konnte nicht länger seine Eifersucht unterdrücken. Uli hatte ihn in den letzten Wochen und Monaten mit seiner offen gezeigten Zuneigung für Sven auf eine harte Probe gestellt. Sven hier und Sven da. Alles drehte sich um Sven. Und wo blieb er?

»Du willst mir doch nicht etwa sagen, dass ich Sven in seiner furchtbaren Lage alleine lassen soll. So hartherzig kannst selbst du nicht sein. Einer muss sich doch um ihn kümmern. Er hat ja keine Familie mehr.«

Siggi, der sich von Uli in eine Ecke gerückt sah, in der er nicht sein wollte, sprang empört auf, dass Tim erschrocken einen Satz rückwärts machte. »Komm mir jetzt nicht mit dieser Masche. Natürlich finde ich es auch toll, wie du dich um Sven kümmerst, aber übertreibst du es nicht ein wenig? Mich siehst du doch gar nicht mehr an. Liebst du mich denn überhaupt noch?«

Uli betrachtete Siggi aufmerksam. Es war noch gar nicht so lange her, dass Siggi ihn mit diesem jungen Kerl Sascha über viele Monate betrogen hatte. Wie hatte er sich damals gefühlt, als der Betrug aufgeflogen war? Grottenschlecht und gedemütigt. Als er von der bitteren Wahrheit erfuhr, hätte er im ersten Moment Siggi aus Wut zusammenschlagen, wenn nicht sogar töten können. Eifersucht und verletzter Stolz, diese Gefühle hatten in seinem Herzen getobt. Aber das hier, das war doch eine ganz andere Situation.

»Ich sage dir, wenn du an dem fatalen Abend nicht zu Sven gegangen wärst, dann hätten wir dieses ganze Theater überhaupt nicht. Du bist doch schuld an der ganzen Scheiße«, blaffte er Siggi an.

»Und warum glaubst du, bin ich zu Sven gegangen? Nicht um Händchen mit ihm zu halten, sondern um ihn zu bitten, dass er die Hände von dir lässt. Ja, ich habe mich nicht geschämt, ihn zu bitten, dass er mir dich nicht wegnimmt.«

Siggi lief im Wohnzimmer hin und her und gab sich entrüstet. Er musste Uli ja nicht sagen, dass er im Laufe des Abends immer mehr Gefallen an dem Schriftsteller gefunden hatte und auch einer intimen Zweisamkeit nicht abgeneigt gewesen war. Ob Sven allerdings mitgespielt hätte, das wusste außer ihm keiner. Dazu müsste Sven aus seinem Koma aufwachen und sich daran erinnern können. Das erschien Siggi höchst unwahrscheinlich.

Uli rannte Siggi hinterher und packte ihn am Arm. »Jetzt bleib mal stehen. Stimmt das denn? Immerhin fandst du ihn ja auch recht interessant, mein Lieber.«

»Willst du mir etwa unterstellen, ich hätte etwas mit Sven gehabt? Das ist doch die Höhe.« Siggi fühlte sich gut bei dem Gedanken, dass ihm keiner etwas Böses nachweisen konnte. »Nie im Leben wäre ich auf den Gedanken gekommen, dich mit Sven zu betrügen. Mich hat nur die Angst, dich an ihn zu verlieren, zu ihm getrieben.« Bei diesen Worten schaute er Uli wie ein getretener Hund an. »Du weißt doch, dass ich nur dich liebe.«

Uli wusste, dass Siggi, wenn nötig, ein guter Schauspieler sein konnte und dass er ihm jetzt, vielleicht auch aus Mangel an Gelegenheiten, treu war. Aber ob das immer so blieb? Dieses Mal aber wollte er ihm gerne glauben. Gerührt von Siggis Liebesbekenntnis drückte er ihn an seine Brust, umfasste seinen Kopf und gab ihm einen Kuss.

Als Uli dabei auch an die kahle Stelle seines Kopfes kam, die Siggi so verhasst war, entwand er sich und sagte schmollend: »Du hättest mir schon früher zeigen müssen, dass du mich noch immer liebst. Ich habe mich so danach gesehnt. Das tust du doch jetzt nur aus Pflichtgefühl, nicht weil du mich noch wirklich liebst«.

Langsam wurde Uli dieser ganze Liebeskram zu viel. »Jetzt ist es aber gut. Komm Tim, wir gehen nach unten. Ich muss noch einige Vorbereitungen für die Küche machen.«

»Immer wenn es für mich um was Wichtiges geht, dann haust du ab. Das ist typisch für dich. Du drückst dich vor einer Stellungnahme. Du liebst mich nicht mehr, hab ich recht?«

»Ich kann es nicht leiden, wenn du mir so kommst. Hab ich dir nicht gesagt, dass ich dich liebe? Lass es gut sein. Man soll nicht so viel darüber sprechen. Wenn man liebt, dann zeigt man es in seinem Verhalten und nicht immer nur durch Worte. Worte sind leicht daher gesprochen. Also Schluss jetzt. Komm Tim, mein Schatz!«

Kapitel 32

Siggi hatte etwas länger als gewöhnlich gebraucht, um nach Wiesbaden zu fahren. Der abendliche Berufsverkehr behinderte sehr zu seinem Verdruss ein zügiges Durchkommen. Er war schlecht gelaunt. Einerseits ärgerte es ihn, dass er diesen Besuch bei seiner Mutter machen musste, der auch eine Übernachtung bei ihr nach sich zog. Dorothea Ranke hatte darauf bestanden. Sie wollte nicht, dass ihr Sohn nachts womöglich alkoholisiert nach Frankfurt fahren müsste. Außerdem war sie der Meinung, dass sie sich jetzt selten genug sahen, nachdem Siggi nur noch jeden zweiten Tag zum Mittagessen kam. Außerdem sollte er ihr über den schmerzlichen Verlust von Gregor hinweghelfen. Aus ihrer Sicht war das nicht zu viel verlangt.

Besonders schlecht gelaunt war Siggi aber wegen der unerfreulichen Aussprache mit Uli über ihre Liebe und die Rolle von Sven in Ulis Leben. Dazu kam noch, dass er kurz vor der Abfahrt noch einmal seine Haare hatte waschen müssen. Nachdem Uli vermeintlich liebevoll über die kahle Stelle an seinem Hinterkopf gestrichen hatte, musste Siggi feststellen, dass sie sich heute besonders deutlich sehen ließ. Er dachte, dass er seinem Haar durch die Wäsche wieder etwas mehr Volumen geben konnte.

Als er sich zuvor intensiv im Spiegel betrachtet hatte, war noch etwas Entsetzliches geschehen. Siggi hatte erste graue Haare bemerkt, die sich als helle Fäden durch sein braunes Haar zogen. Er war fassungslos gewesen. Mindestens zwölf solcher Haare hatte er gezählt, und er war sich sicher, dass es noch mehr werden würden bei noch genauerem Hinsehen.

Verärgert überlegte Siggi, was er machen sollte. Es fiel ihm wieder ein, dass er sich im Mai des Jahres die Haare blondiert hatte, weil er auf Saschas Beerdigung nicht erkannt werden wollte. Uli hatten die blonden Haare nicht gefallen, aber Uli hatte sowieso nur Sven im Kopf. Siggi seufzte vernehmlich, es hörte ihn im Auto niemand. Er würde vielleicht zu einem etwas dunkleren Blond greifen, aber es musste so hell sein, dass sich die grauen Haare nicht abhoben, falls sich diese nicht zuverlässig abdecken ließen.

Siggi fuhr erschreckt zusammen, als ein lautes Hupen ertönte, weil er zu langsam auf dem mittleren Fahrstreifen fuhr. Er war so in Gedanken verloren, dass es ihm egal war, wie schnell er fuhr. Von dem Geld seiner Mutter musste er sich dringend ein neues Auto kaufen. Der alte A4, den Uli ihm vor Jahren finanziert hatte, war wirklich nicht mehr standesgemäß. Außerdem beschleunigte er miserabel, vielleicht war er deshalb so langsam gefahren. Siggi quetschte sich in die rechte Spur. Dann hing er wieder seinen Gedanken nach und überlegte, dass nicht nur Sven, sondern auch Tim zu viel von Ulis Aufmerksamkeit erhielt. Was blieb für ihn übrig?

Endlich hatte Siggi die Ausfahrt Wiesbaden-Erbenheim erreicht und fuhr ab. Nun musste er sich dem eigentlichen Grund des Besuches bei seiner Mutter stellen, den er bisher erfolgreich verdrängt hatte. Seine Mutter wollte, dass er sie in dem Gespräch mit den beiden Söhnen Gregors, die sich angesagt hatten, unterstützte.

Als er in der Wohnung seiner Mutter eintraf, waren die beiden Herren schon anwesend und hatten im gemütlichen altdeutschen Wohnzimmer Dorothea Rankes Platz genommen. Auf dem beige gekachelten Couchtisch standen Kristallschalen mit Salzstangen, Erdnussflips und Käsebällchen. Dorothea hatte sorgfältig darauf geachtet, dass die Bewirtung nicht danach wirkte, als würde sie das Geld mit vollen Händen ausgeben. Neben den Knabbereien stand eine Platte mit Aufschnitt. Auf einem Teller lag ein Stück

Butter noch in der Alu-Verpackung. Außerdem hatte sie zu den Kristallgläsern zwei Flaschen eines preiswerten Rotweins bereitgestellt. Kleine rosa Papierservietten und Cornichons rundeten den Abendbrottisch ab. In einem Brotkorb lag aufgeschnittenes Baguette.

Weltgewandt erhoben sich Gregor Martins Söhne und gaben dem wie versteinert mitten im Raum stehenden Siggi die Hand. »Julian Martin und Ferdinand Martin«, stellte der Größere von beiden vor, der aber der Jüngere zu sein schien. Inzwischen war auch Dorothea Ranke aufgesprungen.

»Mein Sohn Siegbert Ranke«, sagte sie eilfertig. »Bitte nehmen Sie doch wieder Platz, Siegbert, bitte setz dich auch. Und bitte bedienen Sie sich doch.« Siggis Blick fiel auf den bis jetzt noch immer schweigenden Ferdinand Martin. Der Bursche sah gar nicht so übel aus, überlegte er, aber im Interesse des Geldes musste er sachlich bleiben.

»Sehr zum Wohle, meine Herren, Mama auf dich.« Siggi hatte sein Glas mit dem Rotwein erhoben.

»Wir sind nicht hier um gemütlich schlechten Wein zu trinken. Von dem Geld unseres Vaters hätten Sie sich wirklich eine bessere Qualität leisten können, Frau Ranke.« Dorothea wollte schwach protestieren und einwenden, dass sie immer diesen Wein trinken würde, aber Julian ließ sie nicht zu Wort kommen.

»Frau Ranke, mein Bruder und ich erwarten, dass Sie die Aktien, die unser Vater Ihnen unüberlegt geschenkt hat, wieder herausgeben. Wie Sie wissen, war er zum Schluss nicht mehr im Vollbesitz seiner geistigen und körperlichen Kräfte. Möglicherweise haben Sie auch bei seinem Tod etwas nachgeholfen.« Maliziös beobachtete Julian Martin die Wirkung seiner Worte.

Dorothea wurde kalkweiß und griff sich mit beiden Händen ins Haar, als wollte sie sich alle Haare auf einmal ausreißen.

»Das stimmt doch nicht, nein, nein, ganz sicher nicht«, stammelte sie.

»Siggi, so sag' doch etwas.«

»Lassen Sie meine Mutter in Ruhe. Sie sehen doch, wie sehr sie sich aufregt. Sie hat Ihren Vater sehr geliebt.«

Julian Martin lachte laut auf und stieß absichtlich sein Weinglas um. Siggi griff nach den Papierservietten und wischte den Rotwein auf. Er war wütend geworden. »Sie verlassen jetzt umgehend unsere Wohnung.«

»Nicht bevor Sie das hier unterschrieben haben.« Seelenruhig zog Ferdinand Martin ein Papier aus einer braunen Ledertasche, die er neben dem Sessel abgestellt hatte.

»Verzichtserklärung« las Siggi. Nein, verzichten wollte er nicht.

Ferdinand wies auf das Papier. Leise, aber mit schneidender Stimme führte er aus, dass ihr Vater das rechtmäßige Erbe seiner Söhne veruntreut habe, indem er die gute Frau Ranke zur Großaktionärin gemacht habe. »Es ist absolut unüblich, dass eine Privatperson Großaktionärin ist. Außerdem werden Sie wohl kaum Ihr Stimmrecht in Anspruch nehmen wollen.«

Ferdinand Martin machte eine Pause, bevor er fortfuhr.

»In erster Linie geht es uns um unser rechtmäßiges Erbe.« Bei diesen Worten blickte Ferdinand Martin Siggi ungerührt ins Gesicht und hielt Dorothea Ranke einen aufgeschraubten Füllfederhalter hin, wobei sein Blick weiter unbeirrt auf Siggi ruhte.

»Meine Mutter hat einen gültigen, notariell beglaubigten Schenkungsvertrag.« Siggi war empört.

»Papperlapapp.« Julian Martin ergriff wieder das Wort, während sein Bruder noch immer den aufgeschraubten Füller in der Hand hielt.

»In Spanien beurkundet doch jeder Notar alles Mögliche, wenn der Kunde nur genug dafür bezahlt. Da herrscht doch weder Recht noch Ordnung.«

»Beleidigen Sie dieses christliche Land nicht.« Siggi dachte an seinen Urlaub. »Meine Mutter hat Ihren Vater aufopfernd gepflegt. Die Aktien sind eine Anerkennung dafür und stehen ihr zu«, beeilte er sich hinzuzufügen. »Sie haben dagegen nichts für Ihren Vater getan.«

»Das Geld steht ihr mitnichten zu. Ihre Mutter ist eine Erbschleicherin. Wir sind die rechtmäßigen Erben. Sie können von Glück sagen, dass wir Ihre Mutter nicht in der Angelegenheit anzeigen. Außerdem können Sie gar nicht beurteilen, was wir für unseren Vater getan haben. Fest steht, dass seine Krankheit in Anwesenheit Ihrer Mutter einen rasanten und tödlichen Verlauf genommen hat.« Julian war aufgestanden.

»Verlassen Sie umgehend diese Wohnung oder ich rufe die Polizei. Sie haben Hausverbot.« Siggi war empört aufgesprungen.

Auch Ferdinand Martin hatte sich erhoben. »Komm Julian, wir gehen. Die Sache geht wieder an unsere Firmenanwälte. Wir haben es im Guten versucht. Sie hören von uns.« Die letzten Worte galten der leichenblassen Dorothea, die nicht mehr die Kraft hatte, sich zu erheben.

Siggi stürmte zur Tür und riss sie auf. »Ja, geben Sie die Sache ihrem Anwalt. Wir haben die Schenkung bereits anwaltlich prüfen lassen. Sie ist absolut rechtens.« Siggi ließ die Tür hinter den Söhnen Martin ins Schloss fallen. Dann kniete er neben dem Sessel seiner Mutter nieder.

»Bitte, Mama, so beruhige dich doch. Keinesfalls darfst du dieser Rattenbrut etwas von dem Geld zurückgeben.«

»Gregor war keine Ratte«, wandte Dorothea schwach ein. »Nach allem, was sie zu mir gesagt haben, kann ich das Geld nicht mehr behalten.«

»Mama, nein, so darfst du nicht denken. Das Geld steht dir zu. Und es war Gregors Wunsch, dass du es erhältst.« Siggi machte eine Pause und tätschelte seiner Mutter liebevoll den Arm.

»Ich kann verstehen, dass du im Moment nicht mehr allzu viel mit dem Geld zu tun haben willst. Was hältst du davon, wenn du es mir zur Hälfte überschreibst? Du bist dann keine Großaktionärin mehr. Und die beiden feinen Herren müssen sich auch mit mir auseinandersetzen. Praktisch bleibt meine Hälfte natürlich dein Geld.«

Dorothea seufzte. »Vielleicht hast du recht, Siggi. Lass uns etwas essen und den Wein trinken. Ich fühle mich ganz schwach.«

Siggi versprach, dass sich einer der ihm bekannten Anwälte mit dem Thema befassen würde. Dorothea trank den Wein ziemlich schnell, ihre Wangen röteten sich und sie erzählte Siggi ausführlich von den schönen Tagen, die sie mit Gregor in Spanien erlebt hatte. Bevor sich Siggi in seinem alten Kinderzimmer schlafen legte, bat er seine Mutter noch, gleich morgen mit ihm zur Bank zu gehen.

Siggi wachte früh auf. Er hatte von einem Haus voller Teddybären geträumt, und anschließend hatte seine Mutter auch noch einen katholischen Geistlichen geheiratet. Schnell schlüpfte er ins Bad und pflegte sich notdürftig in der unbequemen Duscheinrichtung. Er musste auch auf seine gewohnten Pflegeprodukte verzichten. Als er anschließend zum Bäcker ging, waren seine Haare noch feucht.

Unterwegs rief er endlich Uli an und erklärte ihm, dass er für seine Mutter etwas zu erledigen habe. Es würde später werden. Ulis gequältes Seufzen versetzte ihm einen Stich.

Die Überschreibung der Hälfte des Aktiendepots von Dorothea auf Siegbert Ranke schien der Bank keine Probleme zu bereiten. Frau Ranke sollte auf Wunsch ihres Sohnes ebenfalls noch die Verfügungsgewalt über dessen Depot behalten.

Als Siggi beschwingt nach Frankfurt zurückfuhr, beschloss er, schnell noch die Unterlagen der Bank in seinem Maklerbüro zu verstecken, damit sie nicht in Ulis Hände fielen. Sowohl seiner Mutter als auch Uli gegenüber verspürte er ein leicht schlechtes Gewissen.

Kapitel 33

Heute war Siggi an der Reihe, Sven im Krankhaus zu besuchen. Die Freunde hatten beschlossen, dass sie abwechselnd jeden Tag am Krankenbett vorstellig wurden, um Sven aufmunternde Worte in seinen Tiefschlaf sinken zu lassen. Außerdem wollte Uli über jede auch noch so kleine Veränderung des Patienten informiert sein. Veränderungen gab es meistens keine. Sven machte keine Anzeichen, dass er sein Bewusstsein zurückgewinnen würde. Für Siggi waren diese täglichen Besuche mehr eine lästige Pflichtübung gewesen. Er verspürte nicht den Enthusiasmus, der Uli immer wieder in die Unfallklinik trieb. Für ihn war dieser Eifer, der einem anderen galt, nur eine tägliche Frustration. Er wollte Uli wieder für sich alleine haben.

Siggi stand lustlos am Krankenbett. »Sven, Sven«, flüsterte er. Vielleicht sollte er lauter werden, überlegte Siggi und wiederholte den Namen in deutlicher Lautstärke. Außerdem rüttelte er an den Schultern des Kranken. Der Kerl musste doch wach zu bekommen sein. Uli würde staunen, wenn er ihm berichten konnte, dass er Sven aus seinem Koma befreit hatte.

»Wach auf, du Miststück. Ich will, dass das alles ein Ende hat.« Siggi hatte den Kranken fast schon in eine sitzende Position gehievt und nicht bemerkt, wie laut er geworden war.

In diesem Moment wurde die Tür des Krankenzimmers aufgerissen und Schwester Benedicta stürmte herein. »Was ist denn hier los? Entfernen Sie sich sofort von dem Kranken. Sie gefährden die Zuleitungen lebenserhaltender Maßnahmen und können ihm weitere Schäden zufügen. Er muss sofort ärztlich untersucht werden. Was denken Sie sich denn? Wir werden Herrn Reinhold über Ihr Verhalten in Kenntnis setzen.«

Wie ein geprügelter Hund war Siggi nach Hause gefahren und hatte sich in die noch nicht belebte Gaststätte geschlichen.

»Was ist los, mein Alter?«, fragte Uli, dem Siggis bedrückter Gesichtsausdruck sofort aufgefallen war.

»Ist etwas mit Sven passiert?« Vor Schreck ließ Uli ein Glas zu Boden gehen.

»Nein, nein, mit Sven ist alles in Ordnung. Es gibt keine negativen Veränderungen. Es nimmt mich alles nur so sehr mit, dass ich manchmal ausrasten könnte.«

Siggi legte die Stirn in sorgenvolle Falten. »Ich habe ihn nur vorsichtig an den Schultern angefasst, um ihn besser hinzulegen. Der Kopf lag so verdreht da. Gerade in diesem Augenblick kam diese Schwester Benedicta hereingefegt und hat mich so beschimpft, dass ich nicht wusste, wie mir geschah. Dabei wollte ich doch Sven nur was Gutes tun.«

Siggi war es wichtig, Uli seine Sicht des Vorfalls zu erklären, wohlwissend, dass Benedictas Version seiner Darstellung widersprechen würde. Auf keinen Fall wollte er, dass Uli den Eindruck gewann, dass er Sven etwas Böses antun wollte. Bei einer Gegenüberstellung mit Benedicta würde er auf seiner Darstellung beharren. Komme was wolle.

Uli hatte die Glasscherben eingesammelt und gemurmelt: »Ob Sven noch einmal aus seinem Koma erwacht? Ich habe da so meine Zweifel.«

Kapitel 34

Je mehr Uli nachdachte, umso mehr ärgerte er sich über Siggi. Der hatte ihm hoch und heilig versprochen, sich um Tim zu kümmern, während er Sven im Krankenhaus besuchte. Aber gerade hatte er aus Wiesbaden angerufen, dass sich irgendwelche Probleme mit seiner Mutter ergeben hätten und er nicht wie versprochen auf Tim aufpassen könne. Er solle ihn doch mit ins Krankenhaus nehmen. Sven würde das sicher gefallen. Uli knallte den Hörer auf die Gabel. Den Hund mit auf die Station nehmen! Das würde den Pflegern in der absolut sterilen Koma-Abteilung sicher gut gefallen. Auf Siggi war einfach kein Verlass!

Aber dann fing er an zu überlegen. Tim war ein ruhiger Hund. Die Erziehung seiner Mutter am Strand von Sitges hatte ihn und seine Geschwistern gelehrt, sich während ihrer Abwesenheit, wenn sie auf Futtersuche war, ruhig zu verhalten, damit keine Feinde auf die wehrlosen Kleinen aufmerksam wurden. Dieses gelernte Stillhalten war ihm in Fleisch und Blut übergegangen. Ob er es wagen konnte, den kleinen Kerl mit zu Sven zu nehmen? Er überlegte nicht lange und packte den schläfrigen Tim in seine Sporttasche und fuhr mit ihm ins Krankenhaus. Der fand den schaukelnden Transport in der Tasche mit dem vertraut nach Uli riechenden Handtuch sehr beruhigend und setzte seinen Schlaf fort.

Der netten Dame am Empfang, mit der er ab und zu einen Plausch hielt, winkte Uli von Ferne mit der Hand zu und fuhr mit dem Aufzug in den letzten Stock, wo Sven mit einigen anderen Patienten auf einer Spezialstation untergebracht war.

Oben angekommen, meldete er sich im Stationszimmer. Aus ihrem gläsernen Beobachtungsposten grüßte Schwester Benedicta, die ihn gut kannte. Hoffentlich passen die gut auf Sven auf, dachte Uli. Der Anschlag auf Svens Leben hatte ihm sehr zu denken gegeben. Wer hatte ein Interesse daran, Sven zu töten? Welches Motiv hatte den Täter getrieben, und würde er wiederkommen? Leider war es ihm nicht gelungen, dem maulfaulen Kommissar Saleh irgendwelche Hinweise zu entlocken. Uli hatte nicht die leiseste Idee, wer Sven schaden wollte. Wenn es nicht Siggi aus Eifersucht gewesen war, und von diesem Verdacht hatte ihn Siggi wirklich abgebracht, hatte er keine Idee, wer es sonst gewesen sein könnte. Und zu Svens Freunden und eventuellen Verwandten hatte Uli keinen Kontakt.

Nur einige wenige Schriftstellerkollegen hatten Sven besucht, soweit es die Leitung des Krankenhauses überhaupt zugelassen hatte. Aber zu seiner Freude hatte er auch gehört, dass einige frühere Stadtschreiber, die aus der Frankfurter Gegend kamen, zu einer Lesung seiner Bücher in der Nikolauskapelle in Bergen eingeladen und dort abwechselnd seine Texte vorgelesen hatten. Natürlich war die Lesung total ausverkauft gewesen. Jeder wollte hören, was dieser so tragisch verunglückte Autor in seinen Büchern zu sagen hatte. Ein makabres Interesse sozusagen, dachte Uli. Aber gut für Sven, damit er nicht in Vergessenheit geriet. Außerdem war eine zweite Lesung geplant, und Uli schwor sich, dass er daran teilnehmen würde. Siggi oder die Anna würden ihn an diesem Abend in seinem Lokal vertreten.

Mit Tim in der Tasche schlüpfte er ins Krankenzimmer. Wie jedes Mal bei Svens Anblick krampfte sich Ulis Herz zusammen. So still und so leblos lag er in seinem Bett. Nur das leise Surren der Geräte war zu hören. Uli zog sich einen Stuhl an Svens Bett heran und betrachtete voller Trauer das schöne bleiche Gesicht seines Freundes, das keinerlei Anzeichen zeigte, aus dem Koma zu erwachen.

Ein leises Fiepen aus der Sporttasche erinnerte ihn daran, dass

Tim darin lag. Was sollte er mit ihm machen? Hoffentlich musste er nicht Pipi. Uli hob den kleinen Kerl aus der Tasche und drückte ihn an sich. Verschlafen öffnete Tim sein Mäulchen und gähnte herzhaft. Uli betrachtete liebevoll seinen rosaroten Gaumen mit den kleinen perlweißen Zähnchen. Sein Blick ging weiter auf Sven, der anscheinend nichts von dem mitbekam, was sich um ihn abspielte. In einer plötzlichen Eingebung legte er Tim vorsichtig auf Svens Brust, und Tim, immer noch schläfrig nach dem reichlichen Mittagessen, kuschelte sich an Svens Schulter, drehte und wendete sich ein wenig, legte seine Schnauze unter dessen Armbeuge und war schon wieder eingeschlafen. Uli versank in den Anblick dieses rührenden Bildes und betete, dass die Pfleger nicht gerade jetzt ins Zimmer kämen. Er zog sein Smartphone aus der Tasche und machte ein paar Fotos. Als er das Bild genauer einstellen wollte, meinte er eine leichte Bewegung auf Svens Gesicht gesehen zu haben. Er legte das Gerät beiseite und schaute aufmerksam auf Sven. Es war ihm, als ob Sven seine Augen unter den geschlossenen Lidern bewegte und er schneller atmen wollte, als es sein Beatmungsgerät zuließ. Dann bemerkte er ein leichtes Zucken seines Mundes. Sollte etwa die Berührung durch Tim bei Sven eine körperliche Regung hervorgerufen haben? Behutsam nahm Uli den schlafenden Welpen von Svens Brust und legte ihn in seine Tasche, wo Tim anstandslos weiterschlief

Uli war elektrisiert. Er musste unbedingt mit Svens Neurologen sprechen. Eilig stellte er seine Tasche unter den Besucherstuhl und rannte zum Stationszimmer.

»Schwester Benedicta, ich habe gerade gesehen, wie sich das Gesicht von meinem Freund Sven bewegt hat!« Ulis Stimme überschlug sich vor Freude.

»Oh, wie schön! Das sind ja mal gute Nachrichten. Ja, die Ärzte haben die ersten Maßnahmen zum gesteuerten Erwachen von Herrn Heumüller aus dem Koma eingeleitet. Die Schwellungen des Gehirns sind zurückgegangen und die Entzündungswerte sind auch auf den Rückzug. Wir selbst haben zwar jetzt noch keine Bewegungen bei ihm erkennen können, aber wir haben die Dosis der starken Narkose- und Beruhigungsmittel gesenkt, um zu sehen, ob er langsam aufwacht. Wenn Sie jetzt diese Gesichtszuckungen gesehen haben, dann können wir hoffen, dass unser Patient wieder den Weg ins Leben zurückfindet.«

Die Schwester schenkte ihm ein strahlendes Lächeln, so jedenfalls kam es Uli vor. »Kommen Sie doch morgen früh um neun Uhr vorbei, dann ist auch der behandelnde Neurologe anwesend.«

Überwältigt von den sich abzeichnenden positiven Aussichten ging Uli zurück zu Sven und strich ihm sanft über den Kopf. Er meinte, eine leichte Bewegung des Kopfes unter seiner Hand gespürt zu haben. Oder bildete er sich das nur ein? »Du wirst es schaffen, mein Lieber, du wirst sehen, dass du die Kurve kriegst.« Uli redete beschwörend auf ihn ein, während ihm das Wasser in die Augen stieg. Tränenblind griff er zu seiner Tasche, in der Tim fast den ganzen Nachmittag verschlafen hatte und verabschiedete sich von Benedicta mit den Worten: »Morgen früh stehe ich um neun Uhr hier auf der Matte.«

Kapitel 35

Tatsächlich stand Uli am nächsten Tag zur verabredeten Zeit vor der Tür des Stationszimmers. In seiner Tasche, die er unter der Bank vor der Station deponiert hatte, befand sich der schlafende Tim. Nach einem großen Frühstück für Tim und sich selbst und einem ausgiebigen Spaziergang, hatte sich Uli auf dem Weg in das Unfall-Krankenhaus gemacht. Tim, vollgefressen von allerlei Leckereien, die Uli ihm absichtlich gegeben hatte, damit er schläfrig wurde, lag mucksmäuschenstill in der Tasche unter der Bank und schlief den Schlaf der Gerechten.

Uli klopfte und Benedicta, die Stationsschwester und Dr. Huschka, der Neurologe, kamen wie abgesprochen durch die Tür.

»Na, dann wollen wir doch mal nach unseren Patienten sehen«, meinte der Arzt. »Ich glaube tatsächlich, dass er auf dem Weg der Besserung ist. Wir konnten die Dosis der Narkosemittel noch weiter herunterfahren. Mal sehen, wie Herr Heumüller darauf reagiert hat.«

Als sie das Zimmer betraten, hatte Sven seinen Kopf leicht gehoben und ihnen sein Gesicht, allerdings mit geschlossenen Augen, zugewandt.

»Wie geht es Ihnen denn heute, Herr Heumüller?« Dr. Huschka ging auf das Bett zu und griff nach Svens rechter Hand, die matt und regungslos auf der Bettdecke lag.

Von Sven kam ein brummender Ton, der aber keinerlei Artikulation aufwies.

Für Uli, der Sven seit seinem Unfall nur in einer Art von Todesstarre gesehen hatte, schienen diese wenigen Anzeichen einer körperlichen und geistigen Besserung wie ein Wunder.

»Er hat uns gehört und reagiert darauf! Das ist ja wie ein Wunder! Gestern, als ich bei ihm war, hat er nur leicht mit den Gesichtsmuskeln gezuckt. Aber heute ist er viel weiter. Jetzt glaube ich auch, dass er sich wieder zurückkämpfen wird.« Ulis Stimme brach und er musste mit den Tränen kämpfen.

Tim, im Halbschlaf, hörte von draußen die emotional labile Stimme seines Herrn. Angetrieben von der Sorge um sein Herrchen arbeitete er sich aus seinem engen Schlafplatz heraus, trabte an die Tür und fing dort an zu winseln und leise zu bellen.

Uli hörte Tims Bellen, öffnete die Tür und ließ Tim herein. Anstatt aber zu Uli zu eilen, ging Tim schnurstracks auf Sven zu, kletterte in dessen Bett und legte sich auf seine Brust, wobei er seine Schnauze, wie am Tag vorher, unter dessen Armbeuge schob und sich mit einem Seufzer auf ihm ausstreckte.

Wie in Zeitlupe hob Sven seinen rechten Arm und drückte Tim an seine Brust. Alle blickten, wie von einer Erscheinung geblendet, auf die Mensch-Hund-Idylle im Krankenbett. Konnte Sven etwa seine Muskeln wieder beherrschen?

»Wo kommt denn dieser Köter her? Das hier ist doch ein steriles Zimmer. Schmeißen Sie sofort das dreckige Vieh aus dem Bett!«

Schwester Benedictas Lautstärke erschreckte nicht nur Uli, sondern auch Tim, der mit einem Satz aus dem Bett sprang und hinter Ulis Beinen Zuflucht suchte.

»Das ist mein Hund, den habe ich nur mitgebracht, weil ich niemand hatte, der auf ihn aufpasst. Und dreckig ist er auch nicht.«

Uli dachte gar nicht daran, sein gestriges Aha-Erlebnis mit Sven und Tim dem Krankenhauspersonal unter die Nase zu reiben. Die mit ihren Bedenken hätten wohl nie zugelassen, dass er Tim auf Svens Brust gelegt hätte. Obwohl, ein wenig schlechtes Gewissen hatte er schon. Ob er nicht doch zu leichtsinnig war und Sven in Gefahr gebracht hatte? Immerhin war Sven erst in der Anfangsphase, dem Koma zu entkommen, und hatte noch mindestens zwei Infusionsschläuche am Leib, soweit er das erkennen konnte. Wenn er das durch seinen Leichtsinn vermasselt hätte, würde er sich das nie verzeihen. Ängstlich blickte er auf den Arzt.

Auch der Neurologe war wenig entzückt. »Die Immunabwehr des Patienten ist noch ziemlich geschwächt. Jeder Infekt könnte ihn an den Rand des Todes bringen. Das war sehr unvernünftig von Ihnen, Herr Reinhold.«

»Aber sie sehen doch, wie der Hund ihn zu Bewegungen gebracht hat, von denen Sie nicht glaubten, dass er dazu schon fähig wäre. Das Kuscheln des Hundes hat das bewirkt. Sven hat mir erzählt, dass er als Schüler einen Hund hatte, den er sehr geliebt hat, und ich glaube, mein Tim hat die Erinnerung an seinen eigenen Hund geweckt. Eigentlich müssten wir Tim dankbar dafür sein.« Uli redete sich langsam in Rage. Er wusste, dass sein Hund Sven helfen würde, aus seinem inneren Gefängnis zu entkommen.

Während sich die drei erregt und lautstark über das Für und Wider von Hunden im Krankenhaus auseinandersetzten, sahen sie nicht, wie Sven die Augen öffnete, in ihre Richtung schaute und ein leises gehauchtes »Hund« von sich gab. Erst beim zweiten gehauchten »Hund« verstummten sie und schauten fassungslos auf Sven.

»Mein Gott, er kann ja sprechen!« Der Neurologe schien am meisten vom ersten Wort von Sven überrascht zu sein. Er trat an sein Bett und sprach ihn an: »Herr Heumüller, hören Sie mich? Können Sie noch etwas sagen? Wie geht es Ihnen?«

Benedicta und Uli beugten sich über Sven. Der hob den rechten Arm und flüsterte noch einmal das Wort »Hund«.

»Auf gar keinen Fall kommt mir der Hund in das Bett von Herrn Heumüller. Das ist doch so, als wollten Sie ihn töten. Ein Hund kann alles Mögliche übertragen. Der ist doch mit der

Schnauze immer auf dem dreckigen Boden. Nur über meine Leiche«! Benedicta reckte sich kämpferisch und zeigte ihre stattliche Größe von einem Meter zweiundachtzig.

»Hund«. In Svens Stimme hörte man eine solch inbrünstige Bitte, dass die drei sich gepeinigt ansahen.

»Nein, nicht mit mir«! Benedicta ließ sich nicht erweichen. Mit Blick auf den Kranken und seinen jetzt flehentlich ausgestreckten beiden Armen, rannte sie aus der Tür und verschwand auf der Station.

»Sind Sie nicht sein Betreuer? Sie können doch in Vertretung von Herrn Heumüller handeln«, stellte der Neurologe plötzlich in den Raum. »Ich muss mich jetzt anderen Patienten widmen. Wir sehen uns die Tage. Auf Wiedersehen, Herr Reinhold.« Mit einem unverbindlichen Nicken verließ auch der Neurologe das Zimmer.

Uli schaute auf die Tür, hinter der die beiden Verantwortlichen sich verabschiedet hatten. »Da gehen die Drückeberger. Das heißt, die Entscheidung bleibt an mir hängen. Und was mache ich jetzt?« Uli zögerte einen Moment. Er musste abwägen zwischen medizinischer Vorsicht und seinem Bauchgefühl. Dann sprach er sich selbst Mut zu. »Ich glaube, dass Hoffnung und Freude dem Menschen bei der Gesundung besser tun als alle Medikamente der Welt.«

In einem Schränkchen neben Svens Bett hatte er Atemschutzmasken gesehen. Er machte einen vergeblichen Versuch, Tim die Maske auf seine Schnauze zu binden. Der empfand das als lustiges Spiel, biss die Maske in mehrere Stücke und schüttelte sie wie eine Beute. Uli sammelte die verstreuten Teile ein, holte ein Papiertaschentuch aus seiner Tasche und putzte Tim das Gesicht etwas ab, bevor er ihn behutsam auf Svens Brust legte.

Sven hob beide Arme und drückte Tim an sich. Tränen liefen ihm über das Gesicht. Auch Uli konnte nicht an sich halten und verschluckte sich fast an dem schweren Kloß, der ihm den Hals versperrte.

Er betete, dass jetzt keiner vom Personal ins Zimmer käme.

Kapitel 36

Siggi war in seinem Büro. Nachdem er die Bankunterlagen sorgfältig versteckt hatte, warf er noch einen Blick auf seine Post. Er öffnete die Tür des Ladenlokals, legte die Füße auf den Schreibtisch, verschränkte die Arme über der Brust und dachte darüber nach, wie es mit Uli und ihm weitergehen würde. Wenn Sven aufwachte, was dann? Was würde Uli tun? Immerhin war er sein Betreuer. Eigentlich zeigte er überhaupt kein Interesse mehr an ihm. Siggi fühlte sich völlig abgemeldet. Sex hatten sie zuletzt in ihrem Urlaub gehabt. War Uli nicht auch zu diesem Zeitpunkt nur noch halbherzig bei der Sache gewesen? Siggi schniefte. Wen gab es noch in seinem Leben? Seine Mutter. Aber wen noch? Sascha war tot. Das wurde Siggi wieder einmal schmerzlich bewusst. Als er gerade vor Selbstmitleid zu zerfließen drohte, klingelte sein Mobiltelefon.

»Wienhold hier«, hörte er eine raue Stimme. »Haben Sie vielleicht einen Moment Zeit für mich, Herr Ranke, können Sie vorbeikommen?«

»Ja, selbstverständlich gerne. Sind Sie zu Hause?«, hörte sich Siggi zu seinem eigenen Erstaunen sagen, obwohl er wusste, dass er dringend zu Uli musste, denn bestimmt war Uli schon wieder auf dem Sprung zu Sven und er musste den Hund übernehmen. Diese Hundetöle nahm ihm auch noch einiges von der Aufmerksamkeit seines Partners weg.

Siggi erhob sich seufzend, ging zur Toilette, putzte sich noch einmal die Zähne und setzte sich hinter das Steuer seines alten

Audis, den er wie gewöhnlich im Halteverbot abgestellt hatte. Er fuhr quer durch die Stadt ins Nordend. Als er nach einer halben Stunde vor der Villa im Holzhausenviertel parkte, fiel ihm auf, wie schön dieser Herbsttag doch war.

Er klingelte. Wienhold öffnete selbst. Zu Siggis Überraschung trug er Jeans und ein graues Polohemd. Er eilte auf ihn zu und es fiel ihm ein, dass sie sich zuletzt mit einem angedeuteten Wangenkuss verabschiedet hatten. Er wiederholte die Geste und war überrascht, dass der alte Herr freundlich lächelnd darauf einging.

»Wollen wir spaziergehen?«, fragte Siggi. »Der Holzhausenpark ist doch ganz in der Nähe.« Bald saßen sie nebeneinander auf einer Parkbank.

Nach einer Weile des Schweigens begann Siggi von den Aktien seiner Mutter zu erzählen. Desinteressiert blickte der Bankier in die Weite des Parks. Er bückte sich und hob einige Herbstblätter auf, die er wie einen Blumenstrauß in der Hand hielt.

»Sie haben mir das Liebste genommen, was es in meinem Leben gab. Alexander. Was will ich eigentlich mit Ihnen?«

Siggi starrte erschrocken auf den Kiesweg.

»Sie haben mich aus der Psychiatrie rausgeholt. Sie waren der letzte der meinen Sohn geliebt hat. Irgendwie fühle ich mich Ihnen verbunden.«

Siggi atmete hörbar aus und spürte plötzlich die fast familiäre Verbundenheit, die von seinem Gesprächspartner ausging. Das war nicht mehr der arrogante Bankier.

Siggi, der nicht genau wusste, wie er mit dieser veränderten Situation umgehen sollte, fragte, ob er das Aktienpaket vielleicht in Wienholds Privatbank deponieren könne. Noch immer erwärmte ein freundliches Lächeln die Züge des Bankiers.

»Mein Lieber«, begann Jean-Paul Wienhold. »Es freut mich zu hören, dass Sie nicht mehr als Bittsteller zu mir kommen. Es macht mir meine Entscheidung leichter. Ich habe meinen Anwalt gebeten, meine Bank an Goldman Sachs zu verkaufen. Einen Teil des Erlöses wollte ich Ihnen zukommen lassen.«

Siggi schluckte. Er wusste nicht, was er sagen sollte. Jean-Paul Wienhold lächelte noch immer. »Gerne berate ich auch Frau Ranke, wenn sie das möchte.«

Der Ältere hatte die Verlegenheit des Jüngeren erkannt. »Wir können sozusagen gemeinsam in den Ruhestand gehen. Dann haben wir viel Zeit, gemeinsam etwas zu unternehmen. Vielleicht auch gemeinsam mit der Frau Mutter, die wohl jetzt auch recht einsam ist.« Siggi hatte den Tod Gregor Martins erwähnt, als er die Herkunft der Aktien darlegte.

»Natürlich muss ich auch meine Nichte bedenken, die ihre Position durch die ganze Geschichte verloren hat.« Jean-Paul Wienholds umsichtiger Ton ließ Siggi erkennen, dass der Bankier nicht mit Medikamenten oder Drogen weichgespült worden war.

»Das kann nicht wahr sein, das kann ich nicht annehmen«, sagte Siggi leise. Er dachte an das unerfreuliche Gespräch über die Finanzierung des von ihm gewünschten Grabmals für Sascha, dem Sohn des Mannes, der ihm jetzt Geld anbot. Damals hatte Saschas Vater das Ansinnen von Siggi barsch abgelehnt.

»Es war mir einfach nicht mehr möglich, mein altes Leben wieder aufzunehmen, nach allem, was passiert war. Ein Tag im Bankhaus war genug. Die Psychiatrie hat mich ausgebremst. Nun gut, ich war dank deiner Hilfe noch in der Lage, mir einen Rest eigenen Willens zu bewahren. Ich konnte mich noch befreien. Jetzt will ich völlig frei sein.« Jean-Paul Wienhold war zum »Du« übergegangen.

»Demnächst werde ich einmal in die Gaststätte zurückkehren, an den Ort, wo mein Sohn den Tod gefunden hat. Keine Angst, ich werde nicht ausrasten wie beim ersten Mal. Ich werde zeigen, dass ich meine Lektion begriffen habe. Ich will mich auch bei deinem Wirt entschuldigen. Geh' jetzt, mein Lieber, ich bleibe noch eine Weile.«

Siggi war einigermaßen sprachlos. Er stand auf und hätte fast die Hand seines neuen Gönners geküsst. Auch über die Anrede »mein Lieber« war er verblüfft. Zweimal hatte er ihn so genannt.

Und der Tonfall, mit dem er es gesagt hatte, war so väterlich gewesen.

Siggi hatte den Ausgang des Parks erreicht. Er musste sich konzentrieren, um sein Auto wiederzufinden. Dann gab er Gas. Als er endlich am frühen Nachmittag in Sachsenhausen ankam, hatte er Angst, dass Uli verärgert sein könnte. Zum Glück traf er ihn in der gemeinsamen Wohnung an.

Uli spülte gerade eine Pfanne. Als er Siggi sah, drehte er sich um. »Da bist du ja endlich. Ich habe mir schon Sorgen um dich gemacht. Ach, was rede ich. Unkraut vergeht nicht.«

Siggi, der schon einen Anflug von Freude verspürt hatte, ernüchterte augenblicklich. Uli bemerkte die düstere Miene und machte einen Schritt auf seinen Gefährten zu, um ihn kurz an sich zu drücken.

»Soll ich dir ein Brot machen?«, fragte Uli. »Ich muss allerdings gleich ins Krankenhaus. Weißt du eigentlich, was passiert ist, als du so lange bei deiner Mutter geblieben bist?« Siggi schüttelte den Kopf. Uli erzählte, wie Sven sich verhalten hatte, als der kleine Tim auf ihm lag.

»Das verdanke ich letztlich dir, weil du nicht da warst, um auf Tim aufzupassen. Komm, lass dich noch mal drücken.«

Uli machte eine Pause. »Oder was hast du denn eigentlich so getrieben? Hast du einen neuen Lover?« Er schob Siggi etwas zurück und betrachtete ihn misstrauisch.

»Nein, nein, habe ich nicht. Wenn schon, dann doch du.« »Was soll denn das heißen?« Uli sah Siggi böse an.

»Na ja, halt wegen Sven.«

»Willst du mir etwa wieder meine Besorgnis und das Kümmern um einen Schwerverletzten vorwerfen?« Uli wurde wütend.

»Nein, will ich nicht«, sagte Siggi. »Ich dachte nur an euer Verhältnis vor dem Unfall.«

Verhältnis, Verhältnis, was heißt hier Verhältnis? Du willst doch nur von dir ablenken.«

Siggi hatte keine Lust auf einen neuen Streit. Das unerfreuliche Thema hatten sie bereits besprochen. Uli hatte danach gedacht, dass nun wieder alles zwischen ihnen stimmte. In Siggis Augen war dem aber nicht so. Wieder einmal fühlte er sich den Tränen nahe. Was war aus dieser wunderbaren jahrelangen Freundschaft nur geworden? Er beschloss, mit der Geldgeschichte seiner Mutter herauszurücken, wobei sich Siggi bewusst war, dass es auch der Versuch war, Uli zu kaufen. Schließlich waren sie aber Lebensgefährten, und der eine sollte wissen, was der andere tat.

»Ich war heute Morgen mit meiner Mutter bei der Bank. Der Gregor Martin hat ihr ein großes Aktienpaket überschrieben, und nun hat sie sich dazu entschlossen, mir die Hälfte davon zu geben. Gestern Abend waren die Söhne von Gregor Martin wegen dieser Angelegenheit bei ihr. Aus diesem Grund sollte ich zu ihr kommen.«

Uli war einen Moment sprachlos. Dann erst wurde er richtig zornig. »Warum sagst du das erst jetzt und lässt dich fein schön weiter von mir aushalten? Du bist vielleicht ein Gauner, und eines Tages bist du mit dem Geld über alle Berge.«

»Nein, Uli, bitte, ich wollte es die ganze Zeit schon sagen, aber du warst immer so beschäftigt.«

In diesem Moment begann Tim laut zu bellen. Er wollte gar nicht mehr aufhören, so als sollte niemand außer ihm zu Wort kommen. Verblüfft hielten die Streithammel inne, sahen sich an und landeten endlich lachend in einer besänftigenden Umarmung. Gegenseitig streichelten sie sich den Rücken.

»Danke, Tim«, sagte Uli. Sie hatten sich einen kleinen Versöhnungswhisky eingegossen, den sie nebeneinander auf der Couch zu sich nahmen. Sie prosteten Tim zu. Siggi erzählte noch kurz von seiner Begegnung mit Jean-Paul Wienhold, dem Bankier, den er wegen des Aktienpakets hatte befragen wollen. Das angekündigte Geldgeschenk aus dieser Ecke klammerte er sicherheitshalber aus. Uli zeigte sich nicht sonderlich interessiert an dem Treffen.

»Ich muss jetzt wirklich wieder ins Krankenhaus. Behalt du den kleinen Engel bei dir, ich kann ihn nicht schon wieder mitnehmen. Du kannst mit ihm rausgehen. Ich beeile mich, es ist ohnehin schon spät.«

Kapitel 37

Siggi hatte schon einmal angefangen, die grünen Tafeln nach draußen zu stellen.

Es war bereits nach siebzehn Uhr und Uli war noch nicht zurück. Auch die immer pünktliche Alina ließ auf sich warten. Siggi hatte Tim vor dem Lokal angebunden.

Endlich fuhr Uli vor und parkte wie gewöhnlich in dem kleinen Hof, der zu dem Fachwerkhaus gehörte, welches die Gaststätte und die darüberliegende Wohnung beherbergte. Siggi musste sich zu seinem Leidwesen immer einen Parkplatz auf der Straße suchen.

Uli stieg aus und stürzte auf Tim zu. »Mein armer Liebling, hat man dich angebunden!« Uli machte den Hund los und nahm ihn auf den Arm. Er warf Siggi einen bösen Blick zu.

»Ich wollte ihn nicht alleine oben lassen und dir helfen.«

»Ist schon gut. Weißt du was? Sven fängt an aufzuwachen.« Uli drückte dem verdutzten Siggi den Hund in den Arm und erzählte ihm die Neuigkeiten aus dem Krankenhaus, während er noch einmal über die Theke wischte und die Lampen anmachte.

»Ich habe mir übrigens auf der Rückfahrt von der Klinik überlegt«, fuhr er fort, »dass du jetzt, wo du so viel Geld hast, keinesfalls aufhören darfst zu arbeiten. Du erstellst neues Werbematerial und fängst endlich an, gute Geschäfte zu machen.« Ulis Ton ließ keinen Widerspruch zu.

»Welches Werbematerial?«, fragte Siggi wenig erfreut.

»Na, kleine Faltblätter, die wir hier auslegen, auch in den Banken in der Nähe und im Supermarkt. Du musst auch dringend neue Aushänge machen mit Fotos von deinen Objekten. Die Texte allein genügen nicht. Du machst doch so schöne Fotos. Außerdem hängen die alten Dinger schon ewig in deinem Schaufenster. Man könnte meinen, dass du gar nichts verkaufst.«

Mit der Erwähnung der Fotos hatte Uli auf Siggis Urlaubsbilder einiger gutaussehender Sonnenanbeter angespielt.

Siggi reagierte ärgerlich. Was mischte sich Uli in seine Geschäfte ein, von denen er doch gar nichts verstand. Natürlich stimmte es, dass er mit dem Gedanken gespielt hatte, sein Maklerdasein aufzugeben.

Uli sah Siggi streng in die Augen. »Ich finde es übrigens gar nicht gut, dass du dich von mir durchfüttern lässt. Du leihst dir Geld von mir und machst keine Anstalten, es mir zurückzugeben. Ich will jetzt mein Geld sofort wiederhaben. Außerdem bezahlst du in Zukunft Miete. Es war kein schöner Zug von dir, mir deinen neuen Reichtum so lange zu verheimlichen.«

Siggi schluckte. Die ersten Gäste trafen ein und Siggi trank in tiefes Schweigen versunken einige Biere. Hunger hatte er auch, aber er traute sich nicht, etwas zu bestellen, obwohl inzwischen auch Alina eingetroffen war. Weder Uli noch Siggi hatten ihre tiefen Schatten unter den Augen bemerkt.

Am nächsten Morgen schien wieder die Sonne und die Freunde frühstückten ausgiebig, und Uli erklärte Siggi, dass er heute dran sei, Sven zu besuchen. Außerdem schrieb er ihm noch die IBAN für die Mietzahlungen auf.

Siggi schaute kurz in seinem Büro vorbei. Er betrachtete die Aushänge im Schaufenster, die er wirklich zu lange nicht ausgewechselt hatte. Er verharrte einen Moment und der Verdacht, dass Uli hier gelegentlich vorbeischaute, wenn er nicht anwesend war, keimte in ihm auf.

Anschließend fuhr Siggi wieder ins Holzhausenviertel. Während er am Vorabend ein Bier nach dem anderen getrunken hatte, traf er die Entscheidung, dass er Jean-Paul Wienhold noch einmal besuchen musste, um die Sache mit dem Geld anzusprechen. Außerdem hielt er sich neuerdings gerne in der Nähe von Saschas Vater auf.

Agnes öffnete ihm die Tür. »Herr Wienhold hat Besuch, aber ich bin sicher, dass er sich freut, Sie zu sehen.« Sie ließ Siggi in der Halle stehen und kam aber sogleich wieder. »Bitte kommen Sie.«

Jean-Paul Wienhold gegenüber saß eine blonde Frau, die ihm im Sitzen gelangweilt die Hand hinhielt. Siggi sah auf den ersten Blick, dass die Dame sehr elegant gekleidet war und auf den zweiten Blick bemerkte er, dass sie ihm irgendwie bekannt vorkam.

»Meine Nichte Annalene Waldau, die beurlaubte Frankfurter Polizeipräsidentin. Nicht zuletzt wegen dir ist sie beurlaubt«, setzte Jean-Paul Wienhold mit einem Lächeln hinzu.

Siggi erinnerte sich jetzt, wo er sie gesehen hatte. Es war bei Saschas Begräbnis gewesen. Damals hatte sie zu einem weiten kurzen Strickkleid einen Hut mit Schleier getragen.

»Was führt dich zu mir, mein Lieber?«, fragte Jean-Paul Wienhold und goss Siggi einen kleinen Sherry ein.

Siggi fühlte sich in Gegenwart der attraktiven Blondine, die von der Aura einer kühlen Eleganz umgeben war, ziemlich eingeschüchtert. Etwas aus der Bahn geworfen, erwähnte er, dass er gerade in der Nähe zu tun gehabt hätte und dass es ihm komisch vorgekommen wäre, hier einfach vorbeizufahren.

»Außerdem wollte ich Sie fragen, wann Sie das Lokal demnächst aufsuchen wollen«, sagte er.

»Du wolltest …«, korrigierte sein väterlicher Freund freundlich.

»Wirklich eine gute Idee. Ich komme auch einmal dort vorbei.« Annalene lächelte Siggi an, der auf diese nette Reaktion nicht gefasst war und leicht errötete.

»Ich muss jetzt wieder, Onkelchen. Es war mir ein Vergnügen.« Die Lady war aufgestanden. Siggi konnte sehen, wie groß und schlank sie war. »Kann ich Sie ein Stück mitnehmen?« Dieses Angebot galt Siggi.

»Vielen Dank, sehr nett von Ihnen, aber ich bin mit dem Auto hier.« Siggi war ebenfalls aufgestanden. Er schüttelte dem Bankier die Hand und traute sich nicht, ihn vor den Augen seiner Nichte mit Küsschen zu verabschieden. Jean-Paul Wienhold schien Siggis Reaktion zu verstehen und erwiderte den warmen Händedruck.

»Vielleicht kommt deine Mutter auch einmal in das Lokal?« Jean-Paul drehte den Kopf sowohl in Richtung Annalene als auch in die von Siggi, als er das Gartentor öffnete. »Wir könnten den Termin abstimmen. Wirklich eine gute Idee.« Jean-Paul Wienhold schenkte seinem jungen Freund ein letztes Lächeln.

Siggi war erleichtert, dass die blonde Frau in die entgegengesetzte Richtung von ihm gehen musste. Er hätte wirklich nicht gewusst, was er mit ihr reden sollte. Auf der Rückfahrt nach Sachsenhausen fühlte er sich irgendwie seltsam.

Als Siggi endlich in der Unfallklinik eintraf, stellte er mit Erstaunen fest, dass bis auf zwei Infusionen und ein Kabel zur Messung der Herzfrequenz alle Schläuche von Svens Körper entfernt worden waren. Er hatte den Eindruck, dass Sven die Augen aufschlug, als er ihn lautstark mit »Hallo Sven, alter Junge« begrüßt hatte. Siggis anfängliche Sympathie für den schönen Poeten war doch sehr durch Ulis Besessenheit für den jungen Mann gedämpft worden.

»Wie geht es uns denn heute?«, fragte er gönnerhaft. Wieder erreichte ihn ein Augenaufschlag des Patienten.

»Na, dann bis morgen, ich werde mal in der Schwesternstation vorbeischauen.« Siggi entfaltete den Zettel mit Ulis Fragen.

Vor der Schwesternstation musste er warten. Wie immer war gerade Übergabe. Schließlich konnte Siggi seine Fragen vorbringen.

Ja, Herrn Heumüller ginge es besser. Man würde versuchen, ihn in den nächsten Tagen zu mobilisieren. Möglicherweise sei sein Erinnerungsvermögen eingeschränkt. Nähere Auskünfte würde man aber nur seinem Betreuer geben.

»Natürlich.« Siggi ärgerte sich und fuhr zurück nach Sachsenhausen. Er traf auf einen gutgelaunten Uli.

»Na, wie geht es unserem Patienten?«

»Gut, dein Schützling hat mich sogar angelächelt. Er wird wieder. Du sollst morgen hinkommen, sie wollen das weitere Vorgehen mit dir besprechen.«

Siggi hatte am Tresen Platz genommen. »Möchtest du etwas essen?«, fragte Uli erfreut.

Alina hatte für Siggi ein üppiges Bauernfrühstück gezaubert. Uli stellte es ihm fast geräuschlos hin und fragte liebenswürdig, ob er denn auch schon den Dauerauftrag für die Miete eingerichtet habe. Er sei doch so lange unterwegs gewesen.

»Konnte ich doch nicht. Wir haben doch noch gar nicht über die Höhe gesprochen.« Siggi musterte unwillig das gebratene Ei.

»Mein Lieber, die Hälfte meiner Kosten für den Kredit und der Umlagen. Die Summe kennst du doch.«

Siggi fiel die Kinnlade runter. »Ja, gut«, murmelte er nur. Nichts war gut.

Als die beiden Freunde endlich nach oben gehen konnten, begab sich Siggi sofort ins Bett. Uli goss sich noch einen Whiskey ein. Nachdem er sich die Zähne geputzt hatte, legte er sich zu Siggi und schob einen Arm unter seinen Nacken. Den anderen Arm legte er auf Siggis Bauch, aber Siggi stellte sich schlafend. Enttäuscht rollte sich Uli auf die andere Seite und schlief augenblicklich ein.

Kapitel 38

Am Samstagvormittag hatte Alina ihre Wohnung geputzt, war einkaufen gewesen, hatte mit ihrer Mutter telefoniert.

Später fasste sie sich ein Herz und schlüpfte durch die Tür, die sie zur Sicherheit zweimal hinter sich abschloss. Im Hausflur hörte sie nur das Weinen eines Babys und den gedämpften Klang der laufenden Fernsehgeräte. Bevor sie die Straße betrat, sah sie sich nach links und nach rechts um. Scheinbar absichtslos lenkte sie ihre Schritte in Richtung Große Rittergasse.

Unschlüssig stand sie schließlich vor dem Bestattungsunternehmen Erdreich. Sie blieb stehen und starrte die Hausfassade an. Schließlich gab sie sich einen Ruck. Sie klingelte an der Ladentür. Immerhin stand dort, dass man Tag und Nacht klingeln konnte.

Nach einer Weile wurde die Tür geöffnet. Alban Erdreich stand mit aufgerollten Ärmeln in der Tür. Fragend sah er sie an.

»Alina«, murmelte sie errötend. »Die Köchin aus dem *Kleinen Wirtshaus* in der Klappergasse.«

Jetzt lächelte Alban Erdreich. »Ich habe dich gar nicht erkannt. Wie schön dich wiederzusehen. Weißt du was? Wir gehen ein paar Schritte.« Alban zog die Tür ins Schloss, rollte die Ärmel runter.

»Ohne deine Umgebung habe ich dich gar nicht gleich erkannt.«

»Warum bist du nicht mehr gekommen?«, fragte Alina.

»Weißt du, der raue Charme deines Chefs ist so eine Sache.

Außerdem sollte uns der Zufall zusammenführen. Dass du persönlich kommst, habe ich nicht erwartet.«

Alina war peinlich berührt.

Alban schien ihre Verwirrung zu spüren und ergriff ihre Hand. Mittlerweile waren sie am Mainufer angekommen und betrachteten das Lichtermeer der Frankfurter Skyline. Es war herbstlich kühl und dunkel geworden.

»Lass uns zurückgehen.« Alban Erdreich legte wärmend seinen Arm um Alinas Schulter. Sie fröstelte noch mehr.

Als sie wieder vor dem Bestattungsunternehmen standen, ließ Alban Alina den Vortritt, nachdem er aufgeschlossen hatte. In der Dämmerung nahm sie zuerst den betörenden Duft von Blumen wahr, bevor sie die Umrisse einer Unzahl von Blumengestecken und -sträußen erkennen konnte. Alina fragte ihn, warum die Blumen nicht in einer Trauerhalle angeliefert worden seien. Alban erklärte ihr, dass er die Blumen hier für sich in der Erinnerung an seine tote Frau aufstellen würde. »Sie war die Schönste unter all den Blüten.« Außerdem sei die Atmosphäre gut für das Geschäft. Er schob sich an Alina vorbei und begann einige weiße Kerzen anzuzünden. Alina blieb wie betäubt stehen inmitten von geöffneten Särgen, Blumen und brennenden Kerzen. An der Rückwand gegenüber der Tür standen eine zierliche weiße Bank mit blassblauem Samtpolster, zwei identische schmale Sessel und ein kleiner weißer Tisch. Darauf lag ein geöffnetes Buch. Dorthin dirigierte sie der Bestatter.

Neugierig blickte Alina auf das Cover. Es handelte sich um einen Titel von Sven Heumüller. »Wieso liest du ein Buch von ihm?«, fragte Alina irritiert.

Alban winkte ab und meinte, dass es ihm nur zufällig in die Hände gefallen sei. »Nein«, korrigierte er sich. »Ich habe es mir gekauft, als ich ihn das erste Mal im Laden deines Chefs gesehen habe, aber so gut gefällt es mir doch nicht.«

Danach drückte er die Köchin auf die Bank, entnahm einem weißen Schränkchen eine Flasche Wein und schenkte zwei Gläser ein. Schweigend tranken sie. Der Wein stieg Alina sofort zu Kopf.

»Hast du Hunger?«, fragte Alban.

Alina schüttelte den Kopf. »Unwirklich schön ist es hier«, murmelte sie.

Alban lächelte. »So soll es auch sein. Es freut mich, dass es dir hier gefällt. Ich bin fast immer hier und alleine.«

Er streichelte Alinas Knie. Sie hielt still und ließ es zu.

»Warte.« Alban eilte zur Ladentür und schloss von innen ab.

Er war nicht so groß, wie er aufgrund seiner schmalen Figur wirkte. Während er sich zu Alina beugte, um sie zu küssen, begann er sie zu entkleiden. Nackt und frierend stand sie neben einem geöffneten Sarg, sie hatte beide Arme schützend über ihre Brust gelegt. Er nahm Alinas Hände und führte sie an seine Brust. Ihre Hände sollten sein Hemd aufknöpfen. Sie kam der Aufforderung nicht nach.

»Komm, wir gehen nach hinten in mein Büro. Dort steht eine Couch. Es ist zwar nicht so schön da wie hier, aber wir stören das Andenken an die Toten nicht.«

Alban zog Alina hinter sich her in einen kleinen Abstellraum und begann sich zu entkleiden. Als er nackt war, wandte er sich ab und griff nach einem weißen Leinentuch, das er über der Couch ausbreitete.

»Leg dich hin.« Alina blieb stocksteif stehen. Was war sie im Begriff zu tun? Sie dachte an die Gewalt, die Vladimir ihr angetan hatte und erstarrte zur Salzsäule. Auch Alban tat nichts mehr, um den Akt der Liebe weiterzuführen. Nackt standen sie sich gegenüber und sahen sich an.

»Ich kann nicht.« Betreten sah Alban zu Boden. »Ich begehre dich sehr, Alina. Du hast es gesehen.« Alban erklärte, dass er seit dem Unfalltod seiner Frau noch nicht wieder versucht hatte, mit einer Frau zu schlafen. »Ich kann es einfach nicht.«

Alina entspannte sich und fühlte sich erleichtert, dass sie Vladimir nicht hintergangen hatte, auch wenn er gewalttätig war und sie getrennt lebten. Sie ging in den Schauraum des Instituts zurück, griff nach ihren auf dem Boden liegenden Kleidern und begann sich wieder anzuziehen.

Als sie vollständig angekleidet war, löschte Alban vorsichtig die Kerzen. Das Bestattungsinstitut wurde nur noch durch die Beleuchtung der Großen Rittergasse erhellt. Er erklärte Alina, dass er sie nach Hause bringen würde. Er müsse über das Geschehen nachdenken.

Er blieb noch solange vor ihrer Tür stehen, bis er sicher sein konnte, dass sie oben angekommen war. Sie hatte ihm unterwegs von Vladimir erzählt. »Du kommst doch wieder?«, hatte er zum Abschied gefragt und Alina hatte genickt.

Alina schaltete das Fernsehen ein und schlief sofort ein. Als sie erwachte, wusste sie nicht mehr, ob sie alles nur geträumt hatte. Der Fernseher lief noch.

Kapitel 39

Entgegen den Gepflogenheiten der normalen Gastronomie hielt Uli sein Lokal immer am Samstag geschlossen. An allen anderen Tagen in der Woche war seine Kneipe geöffnet, aber der Samstag war ihm heilig. Den brauchte er für sein Privatleben.

An diesem Samstag waren er und Siggi bei seinem alten Freund Till und dessen Ehemann in Hofheim im Taunus zur Feier ihres dreißigjährigen Zusammenlebens eingeladen worden. Die beiden waren um die fünfundvierzig Jahre und sagten, sie hätten zu Beginn ihrer Freundschaft quasi eine »Kinderehe« geführt.

Der Reigen der Gäste war vielfältig. Eine bunte Mischung aus Alt und Jung, von heterosexuellen und homosexuellen Paaren, von einzelnen Personen und bunten Vögeln jeder Art, die sich im weitläufigen Hofgarten der Gastgeber eingefunden hatten.

Uli hatte den Freund vor Jahren bei einer Beratung durch seine Krankenkasse kennengelernt. Till war Leiter der Krankenkasse an der Konstabler Wache und hatte ihm einmal völlig unbürokratisch bei einer etwas heiklen und rechtlich nicht einklagbaren Krankenbehandlung geholfen. Seitdem trafen sie sich ab und zu einmal. Nicht häufig, aber so, dass sie sich nicht aus den Augen verloren.

Siggi konnte es nicht lassen, mit unruhigen Augen die jüngeren Semester der Eingeladenen auf gegenseitiges Interesse abzuscannen, während Uli sich angeregt mit dem Partner des Gastgebers unterhielt.

Fakt war, dass sich sehr viele schöne Menschen, meist männlichen Geschlechts, auf der Feier befanden. Die weiblichen Teilnehmerinnen konnten nicht anders, als ein leichtes Gefühl des Bedauerns für das mangelnde Interesse an ihrem Geschlecht empfinden.

An diesem für den Herbst noch ungewöhnlich heißen Tag, wollten die Gastgeber ihre Gäste nicht gleich durch harte Getränke auf eine alkoholische Achterbahnfahrt schicken, sondern servierten zunächst eine leichte, aber süffige Wassermelonenbowle, die die Gastgeber selbst hergestellt hatte.

»Till, du bist ein Teufelskerl. Haben deine beiden Papageien die Kerne aus den Melonen herausgepickt? Da ist ja nicht ein einziger davon in der Bowle.« Uli erlaubte sich einen kleinen Spaß.

Till musste lachen. Er besaß ein legendäres Papageienpaar, das mit seinen Sprechkünsten schon viele Feiern aufgemischt hatte. »Lump« und »Gauner«, »Leck mich am Arsch« oder »Achtung, hier spricht die Polizei« waren nur die harmloseren Worte, die zu ihrem Repertoire gehörten.

Auf einer großen Feuerstelle im Hof stand eine riesige Eisenpfanne, in der eine Paella zubereitet wurde. Nach ein paar einleitenden Worten durch den Gastgeber schwoll der Geräuschpegel der etwa dreißig Gäste wieder an, als plötzlich ein Raunen durch die Reihen zog.

Durch das Gartentor schwebte ein Wesen ein, das alle Blicke auf sich zog. Ein zarter Asiate mit lichtgrauem, im Sonnenschein aufleuchtendem Haar, das seinen Kopf wie ein Heiligenschein umhüllte. In seinem fast durchsichtigen schwarzen Oberteil mit Kapuze und den schwarzen Hosen wie aus gebügeltem Seidenpapier mit Lederintarsien und einem komplizierten Muster gegenläufiger Linien, sah diese ätherische Gestalt wie ein weichgezeichneter Samurai aus, wie eine außerirdische Erscheinung, von der eine Zartheit ausging, dass jeder glaubte, man müsse dieses schutzlose Wesen vor den Härten des Lebens schützen.

Auch Uli konnte seine Augen nicht von der Lichtgestalt abwenden. Das brauchte er auch nicht, denn, nachdem sie Till vorgestellt hatte, setzte sich diese direkt neben ihn auf die Bank. Sie kamen ins Gespräch. Vauki, wie sich der geborene Indonesier nannte, war Diplom-Ingenieur und hatte in einem großen Immobilienunternehmen eine verantwortungsvolle Stellung inne.

»Nein, nein, im Büro trage ich immer Anzug und Krawatte. Da sehe ich wie alle normalen Arbeitnehmer aus, niemals würde ich es wagen, meine Mitarbeiter im Büro mit diesem Anzug des japanischen Modedesigners Issey Miyake zu schockieren. Ich war letzte Woche in Paris und habe mir dieses Outfit dort gekauft. Aber diese Kleidung trage ich nur bei meinen lieben Freunden.« Vauki lächelte Uli strahlend an.

Uli war geblendet. Sein Geschmack war etwas biederer, aber er bewunderte den Mut von Vauki, diese ausgefallene Mode in der Öffentlichkeit zu tragen. Als er Vauki fragte, woher sein ungewöhnlicher Namen komme, sagte dieser, dass er als Kind in Hamburg von der alten ostpreußischen Adelsfamilie derer von Kiliansfürsten adoptiert worden sei. Er selbst heiße einfach Muhamad.

Siggi schenkte dem ätherischen Asiaten keine größere Aufmerksamkeit. Dieser filigrane Typ war nicht nach seinem Geschmack. Ihm gefiel ein junger Bursche, der eine entfernte Ähnlichkeit mit dem ewig jungen, aber längst verblichenen James Dean hatte und an dem gegenüberliegenden Tisch mit einem Freund saß, viel besser. Und überhaupt, was fand Uli an diesem Typen so toll? Fast ein wenig eifersüchtig bemerkte er Ulis Bemühen, dem Typ zu gefallen. Was sollte das? Jetzt könnte er ihn an Sven erinnern. Das würde ihn rasch von seinen heimlichen Balzversuchen abbringen.

»Ach, wenn Sven doch hier mit dabei sein könnte.« Siggi scheute nicht davor zurück, zu diesem billigen Trick zu greifen, um Uli wieder auf die rechte Spur zu bringen.

Schuldbewusst schaute Uli auf. Ja, der arme Sven. Morgen würde er wieder mit Tim zu ihm auf die Station gehen.

Andere drängten sich um Vauki und zogen ihn zu einer lärmenden Gruppe, die sich um die Paella scharte. Uli blickte verärgert auf Siggi.

Sehr zu Siggis Missvergnügen schwärmte Uli die ganze Zeit auf der Heimfahrt von diesem Vauki.

Kapitel 40

Siggi war sprachlos. Es war das erste Mal, dass Uli ihm die Verantwortung für sein Lokal übertragen hatte. Sonst war es immer die dicke Anna gewesen, die er als Vertretung herangezogen hatte.

Vor kurzem hatte Siggi eine erste Mietzahlung vorgenommen, und heute würde er sich nach Kräften bemühen, alles richtig zu machen, so dass Uli mit ihm zufrieden war.

Die Zeit bis zur Lesung zu Ehren Svens war schnell vergangen.

Bevor Uli ins Krankenhaus fuhr, um Sven für die Benefiz-Lesung abzuholen, war er so nervös, dass er es sogar versäumt hatte, Siggi genaue Anweisungen für den Betrieb des Lokals zu geben. Außerdem hatte er ganz vergessen, seinem geliebten Tim ein Küsschen auf die kalte Hundeschnauze zu drücken. Siggi fand, dass der Hund unglücklich aussah. Dieses Gefühl teilte er mit ihm.

Er stellte die grünen Tafeln vor die Tür. Bei der Gelegenheit lüftete er ein wenig. Schließlich wischte er noch einmal über den Tresen, wie er es immer bei Uli gesehen hatte. Während er den Kopf zur Seite legte, um zu prüfen, ob die Oberfläche auch schön glänzte, nahm er aus den Augenwinkeln wahr, dass Alina zum Dienst erschienen war. Er sah nur ihre Turnschuhe. Die Leichenbittermiene bemerkte er nicht.

»Hallo Alina, schalte doch bitte schon einmal die Fritteuse an«, rief er in die Küche, während er sich hinter den Tresen stellte und auf die ersten Gäste wartete. Eigens für den Anlass hatte er sich noch schnell an der Konstabler Wache in einem Laden für Berufsbekleidung eine große schwarze Bistroschürze besorgt.

Alina gab ihm keine Antwort. Die zufällige Begegnung mit Alban hatte ihr einen Schlag ins Gesicht versetzt. Zunächst hatte sie sich eingeredet, dass sie einer optischen Täuschung aufgesessen war, als sie am Sonntag vor Dienstbeginn am Mainufer auf einer Bank saß und in die Sonne blinzelte. Je länger sie darüber nachdachte, desto sicherer wurde sie, dass sie im Gegenlicht Alban in weiblicher Begleitung hatte vorbeiradeln sehen. Neben ihm fuhr eine Frau, deren lange blonde Haare im Wind wehten. Auch sie war schwarz gekleidet. Beide unterhielten sich lachend. Nach einigem Nachdenken hatte Alina beschlossen, dass sie Alban zur Rede stellen musste. Sie war sehr froh darüber, dass es in dem magischen Augenblick in seinem Geschäft nicht zu einem intimen Miteinander gekommen war, weil beide anscheinend noch nicht dazu bereit gewesen waren.

Wie konnte Alban nur so verdorben sein. Das ging Alina nicht aus dem Kopf. Sie fragte sich, ob Vladimir nicht schon Wind von dieser Geschichte zwischen ihr und Alban bekommen hatte, so eifersüchtig wie er auf gutaussehende junge Männer in ihrer Umgebung war. Überhaupt hatte Alina das unbestimmte Gefühl, dass sich Vladimir ständig in ihrer Nähe befand.

Das Lokal füllte sich rasch. Als wieder einmal die Tür aufging erstarrte Siggi. Er sah seinen väterlichen Freund Jean-Paul Wienhold hereinkommen, gefolgt von ihr, dieser Frau. Die große blonde ehemalige Polizeipräsidentin, die Nichte Wienholds, hatte ihn schon im Haus ihres Onkels so überaus aufmerksam und viel zu lange betrachtet. Was wollte sie von ihm?

Der Frage konnte er nicht weiter nachgehen, denn der Bankier begrüßte ihn mit ausgestreckter Hand und einem breiten Lächeln. Seine Nichte tat es ihm nach. Siggi hatte den Eindruck, dass sie seine Hand ein wenig zu lange festhielt, während sie statt einer Begrüßung zu ihm sagte, dass sie Annalene heiße und dass sie sich freuen würde, wenn er sie genauso duzte wie ihren Onkel. Schließlich sei er der letzte Erdenbürger, der dem geliebten und viel beweinten Sascha nahegestanden hatte.

»Du heißt Siegbert?«, fragte sie. Es gab nur wenige Personen, die ihn Siegbert nannten. Woher wusste sie überhaupt seinen Vornamen?

Annalene und Jean-Paul nahmen direkt auf den Hockern vor der Theke Platz. Siggi fragte, was sie trinken wollten und ob er auch etwas zu essen bringen dürfte. Jean-Paul Wienhold bestellte Weißwein und Rumpsteaks für sich und seine Nichte. Die geringe Weinauswahl des Wirtes war ihm noch von seinem ersten Besuch in der Gaststätte in Erinnerung geblieben.

Er war damals über den Tod seines Sohnes völlig ausgerastet, der in dieser Gaststätte vor dem Tresen erschlagen aufgefunden worden war. Seinerzeit hatte er den Wirt grob beleidigt. Nach Verlassen des Lokals wollte er kurzentschlossen sein Leben auf den Bahngleisen in der Nähe der Station Mainkur beenden. Der Zug hatte bremsen können. Er war in die Psychiatrie gebracht worden.

Heute wollte Wienhold seine jüngste Ankündigung wahrmachen, sich bei dem Wirt für den damaligen Auftritt zu entschuldigen.

»Ist der Chef des Hauses nicht anwesend?«, fragte er, nachdem er sich eine Weile suchend umgesehen hatte. Siggi erzählte ihm die ganze Geschichte mit Sven Heumüller, nur kurz unterbrochen von Alina, die die Steaks gleich auf die Theke stellte.

»Das sieht aber lecker aus«, meinte Annalene, die bisher nur aufmerksam zugehört hatte. Siggi unterbrach sich und wünschte beiden einen guten Appetit. Während Annalene genüsslich ihr Rumpsteak mit Kräuterbutter verzehrte, war Siggi einen Schritt zurückgegangen und lehnte an der Rückwand. Er nutzte die Gelegenheit, sie intensiv zu mustern. Mit ihrem schwarzen Hosenanzug, dem grauen T-Shirt und einer kleinen weißen Perlenkette fand er sie überaus elegant. Zu der Siebenachtelhose trug sie schwarze Pumps.

Annalene schien Siggis Blick zu bemerken. Sie hob den Kopf und strahlte ihn an. Siggi war von ihrer weiblichen Ausstrahlung etwas durcheinander und dankbar, als einer der Gäste zahlen wollte und er seine Aufmerksamkeit von ihr ablenken konnte. Nachdem er wieder an seinem Platz hinter der Theke stand, bemerkte er, dass Jean-Paul Wienhold gähnte. Die Flasche Weißwein hatte er fast ausgetrunken. Der alte Herr meinte, bevor er ein Taxi rief, dass er ins Bett gehöre und lud Siggi ein, ihn bald wieder zu besuchen, gerne auch einmal mit seiner Frau Mutter.

Annalene wollte noch nicht nach Hause gehen, sie bestellte auf Siggis Empfehlung hin ein Mispelchen. Es blieb nicht bei dem einen. Siggi hatte zu seiner Erleichterung alle Hände voll zu tun, denn es herrschte allgemeine Aufbruchsstimmung. Auch Alina machte sich auf den Heimweg. Sie hatte nur kurz angebunden gefragt, ob denn Uli morgen wiederkäme.

Siggi blieb mit der ihm etwas unheimlichen Blonden alleine zurück. Sie hatte den Kopf auf ihre Arme gelegt und beobachtet sein hektisches Aufräumen und das Hochstellen der Stühle. Schließlich gab sie sich einen Ruck und begab sich mit unsicheren Schritten in die enge Damentoilette. Als sie zurückkam, umwehten sie ein sehr angenehmes Parfum und ein Hauch von Zahncreme.

»Bringst du mich nach Hause? Es nicht weit, nur am Mainufer entlang und dann auf die andere Seite. Ich möchte gerne noch ein paar Schritte laufen.«

Siggi holte tief Luft. Er musste wohl mitgehen. Sorgfältig schloss er ab, musste jedoch sofort wieder aufschließen, denn er bemerkte zum Glück, dass er noch die Schürze vorgebunden hatte. Bei der Gelegenheit nahm er auch sein Jackett mit, das er hinter dem Tresen versteckt hatte.

Annalene fröstelte in der herbstlich nächtlichen Kühle. Sie steckte die Hände in die Hosentaschen und zog die Schultern hoch. Schnell hatten sie das Mainufer erreicht. Sie redete davon, dass sie es schön fände, dass er ihrem Onkel ab und zu die Zeit vertreibe. Er sei ein einsamer Wolf geworden.

Am Mainufer beleuchteten die Laternen das gelbe Herbstlaub, Lichter spiegelten sich im Fluss, die Ausflugsschiffe schaukelten am Ufer. Annalene griff mit beiden Händen nach Siggis Arm. Wieder wurde er von ihrem Parfum betört. Dabei fiel ihm ein, wie es ihn anfangs immer gestört hatte, dass Uli abends im Bett nach Kneipe roch. Das wurde auch nicht durch einen Hauch von Eau de Toilette gemildert. Mit der Zeit hatte auch Siggi es nicht mehr so wahrgenommen, wahrscheinlich weil er ebenfalls häufig dem Essens- und Biergeruch ausgesetzt gewesen war.

»Ich finde es schön, dass wir uns jetzt kennen. Ich habe mir schon immer einen homosexuellen Freund gewünscht. Und mit dir kann man sich sehen lassen, wenn du nicht gerade Schürze trägst.« Sie schmunzelte.

Sie hatten den klassizistischen Bau in der Untermainanlage erreicht, in dem Annalene wohnte. Siggi starrte sie nach diesem Freundschaftsangebot mit großen Augen an, bevor er sie todesmutig, aber ganz vorsichtig zum Abschied umarmte. Sie kam ihm zerbrechlich vor.

Nachdenklich ging er den Weg zurück. Zu seinem Verdruss musste Tim noch Gassi gehen.

Kapitel 41

Drei der ehemaligen Stadtschreiber hatten sich in der Nikolauskapelle versammelt, um aus dem schmalen Band eines der ihren zu lesen. Florian stand vorsichtshalber in ihrer Nähe, um gegebenenfalls ein weiteres Attentat auf Sven Heumüller oder einen der anderen Schriftsteller zu verhindern. Er wunderte sich, dass er Uli nicht gesehen hatte.

Gerade hielt die Ortsvorsteherin, Frau Beyerl, eine flammende Einführungsrede, in der sie die brutale Gewalt verdammte, die man Sven Heumüller angetan hatte. Noch nie zuvor sei ein Stadtschreiber in seinem Domizil an der Oberpforte überfallen worden.

Kaum war der Applaus verklungen, der auf ihre Worte »Wir wissen nicht, wie es ihm heute geht« folgte, als sich die Tür zum Vortragssaal, dem Innenraum der ehemaligen Nikolauskapelle, öffnete.

Uli brachte eine Person in einem Rollstuhl herein. Der verletzte Sven Heumüller war kaum wiederzuerkennen. Vor allem war es der starre Blick, die grenzenlose Teilnahmslosigkeit, die ihn so fremd und deplatziert erscheinen ließen. Ein Raunen ging durch das Publikum.

Der Wirt genoss die allgemeine Aufmerksamkeit. Mit zufriedener Miene schob er den Rollstuhl nach vorne zu dem Podest, das als Bühne diente. Er stellte den Stuhl so, dass Sven Heumüller einen freien Blick auf das Publikum hatte, dann ging er nach hinten und setzte sich auf eine Treppenstufe.

Einer der ehemaligen Stadtschreiber erhob sich als Erster, die anderen taten es ihm gleich. Dann verneigten sich alle in Richtung des Krankengefährts. Der Blick des darin befindlichen Autors, ehemals einer der ihnen, verlor nichts von seiner Leere.

Manchmal, wenn sich wieder eine neue Stimme erhob, um dem Kranken Textstellen vorzulesen, die er einst selbst verfasst hatte, bewegte er lautlos die Lippen und ein flüchtiges Lächeln schien über sein Gesicht zu gleiten, das aber mehr einem fernen Gestade galt als einem der Anwesenden.

Sven Heumüller hatte aufgrund des schweren Schädelhirntraumas sein Gedächtnis verloren. Zwar war es möglich gewesen ihn aus dem Koma zurückzuholen, aber er begriff die Welt nicht mehr.

Uli hatte sich von Svens Anwesenheit in der Lesung erhofft, dass das vertraute Ambiente eine Art Déjà-vu auslöste. Das aber war ausgeblieben. Sven konnte zwar kaum hörbar etwas sagen, das aber meist keinen Sinn ergab. Dennoch hatte die Begegnung mit Tim etwas in seinem Gehirn angestoßen, das entwicklungsfähig war. Davon war Uli überzeugt.

Nun wollte Uli zum Äußersten gehen, einer Konfrontation mit dem Tatort. Nach der Lesung wollte er mit Sven im Stadtschreiberhaus übernachten. Svens körperliche Genesung war inzwischen so weit fortgeschritten, dass er sich mit Hilfe des Pflegepersonals aus dem Rollstuhl erheben und auf die Toilette setzen konnte. Laufen konnte er noch nicht, dafür waren seine Beinmuskeln nach dem langen Koma noch zu schwach. Aber er machte gute Fortschritte, was die Muskelbeherrschung betraf. Die geistige Entwicklung allerdings hinkte weit hinterher. Unglücklicherweise konnte er sich nicht daran erinnern, was an dem Abend passiert war, als er vom Gerüst gestoßen wurde. Nicht einmal daran, dass Siggi damals bei ihm war. Sein Gedächtnis hatte nichts von dem schrecklichen Vorfall gespeichert. Sehr zum Leidwesen von Hauptkommissar Saleh, der zu gerne aus Svens Mund gehört hätte, was an jenem Abend wirklich geschehen war.

Liebevoll hatte Uli Sven aus dem Rollstuhl gehievt und ihn mit Florians Hilfe in das erste Stockwerk geschleppt. Dort befand sich das Schlafzimmer.

Uli entnahm einer Kommodenschublade einen von Svens alten Schlafanzügen und half ihm beim Anziehen. Sven ließ alles mit sich geschehen. Doch mehr als dieses ferne Lächeln entlockte ihm Uli nicht. Nachdem er Sven zugedeckt hatte, richtete sich Uli auf der Couch im Nachbarraum ein. An Schlaf war nicht zu denken. Halbstündlich ging er nach nebenan, um nach seinem Schützling zu sehen, der nach der ungewohnten Anstrengung schnell eingeschlafen war.

Am nächsten Morgen, es war ein warmer Herbsttag, ging Uli zu einem Bäcker in der Nähe. Er kaufte vier Croissants, zwei davon mit Nussnougatfüllung. Als Uli freudig beschwingt zurückkam, in der Erwartung eines heißen Kaffees und eines gemütlichen Frühstücks, sah er Sven mit angewinkelten Beinen vor dem Bett liegen und sich verzweifelt an der Bettkante festklammern.

»Er hat schon wieder versucht, mich zu töten.«

Diese Worte aus Svens Mund ließen Uli einen Augenblick verblüfft auf der Stelle stehen, die Tüte mit den Croissants fielen ihm aus der Hand, bevor er sich eilends bückte und Sven half, wieder ins Bett zu gelangen.

»Sven, Sven, hast du dir etwas gebrochen? Geht es dir gut? Wer, wer hat dich aus dem Bett gestoßen? Und seit wann kannst du sprechen?« Uli war so durcheinander, dass er keinen klaren Gedanken fassen konnte. Sollte die Rückkehr Svens in seine vertraute Umgebung doch den Fortschritt seiner geistigen Erholung beschleunigt haben?

»Wann ist es passiert? Hast du den Kerl sehen können? Wie ist er denn in dein Zimmer gekommen?« Uli schaute sich um und entdeckte erschrocken das offene Fenster, das er selbst, bevor er zum Bäcker ging, einen Spalt geöffnet hatte, um ein bisschen Frische in Svens Schlafzimmer gelangen zu lassen.

»Meine Beine schmerzen. Ich weiß nicht, ob ich etwas gebrochen habe. Der Mann hatte ein Messer in der Hand und wollte es mir gerade in die Brust stoßen. Da durchfuhr mich urplötzlich der unbändige Wille, mich zu wehren. So wehrlos wie ein Opferlamm wollte ich mich nicht abschlachten lassen. Ich habe mich aus dem Bett gerollt und ganz laut gerufen »Mörder, Mörder!« Das muss ihn total verwirrt haben, denn alle dachten ja, dass ich weder sprechen noch mich bewegen könnte. Dann hörte er auch schon, wie du die Treppen hochkamst und ist durch das Fenster und über das Gerüst verschwunden. Der Schock beim Anblick des Angreifers muss etwas in meinem Gehirn in Gang gesetzt haben, dass meine Zunge meinen gedachten Worten plötzlich Ausdruck verleihen konnte.«

Sven konnte wieder folgerichtig und gut formulieren. Uli jubilierte. War es dann doch sein Erfolg, dass er sich gegen den Willen der Ärzte und des Pflegepersonals durchgesetzt hatte? Aber zu welchem Preis? Sven hätte jetzt auch tot sein können. Uli schauderte es einen Augenblick und er schalt sich wegen seines Leichtsinns. Dr. Huschka hatte ihm zwar die Erlaubnis gegeben, dass Sven an der Lesung teilnehmen konnte, für die Übernachtung im Stadtschreiberhaus hatte er jedoch Bedenken angemeldet. Uli hatte ihn erwidert, dass er als Betreuer von Sven das auf seine eigene Kappe und Verantwortung nähme. Das müsse er selbst entscheiden, meinte der Arzt.

Aber jetzt musste er erst einmal die Polizei anrufen. Hoffentlich war es dieses Mal ein anderer Kommissar als dieser Saleh. Doch leider war es wieder Saleh, der ans Telefon ging und ihm ankündigte, sofort ins Stadtschreiberhaus zu kommen. Er würde auch weitere Polizisten für die Suche nach dem Täter anfordern.

Uli half Sven, sich auf die Bettkante zu setzen und untersuchte seine Beine. Außer ein paar Kratzern war nichts zu sehen. Vielleicht bekam er blaue Flecken. Aber das war zu verkraften. Das schönste Geschenk an diesem Tag war, dass Sven seine Stimme wiedergefunden hatte. Uli drückte ihn an seine Brust und wiegte ihn sacht hin und her. »Sven, du wirst es schaffen, das verspreche ich dir, du bist ein Kämpfer und wirst es allen zeigen.« Er konnte kaum seine Rührung unterdrücken.

Es dauerte nicht lange und Hauptkommissar Saleh stand wutschnaubend in der Tür. »Welcher Teufel hat Sie geritten, Herrn Heumüller in das Stadtschreiberhaus zu schaffen? Sind Sie denn von allen guten Geistern verlassen? Das wird ein Nachspiel haben. Sie haben ihren Freund wohlwissend um seine Gefährdung durch diesen Attentäter leichtsinnig und ohne Schutz in dieses Haus gebracht. Ich werde eine Anzeige gegen Sie stellen wegen, wegen, wegen … na, da wird mir noch was einfallen, Sie, Sie Trottel. Was haben Sie sich bei dieser Aktion eigentlich gedacht?«

Uli musste fast lachen, wie sich Saleh aufführte. Nur mit Mühe konnte er das Lächeln unterdrücken, das sich, seit er Sven sprechen gehört hatte, in seinen Mundwinkeln eingenistet hatte.

»Was glotzen Sie so blöd? Diesen Leichtsinn werden Sie noch zutiefst bereuen. Herr Heumüller hätte dabei umkommen können. Sie wollten sich ja nur vor den anderen als Samariter profilieren, Sie Idiot.« Saleh sprach auch deswegen immer lauter, weil er sein eigenes schlechtes Gewissen übertönen wollte, das ihm zu bedenken gab, dass er dem Wunsch des schwulen Wirtes nach polizeilicher Bewachung nicht stattgegeben hatte. Nach heutigem Stand der Dinge wäre das sicher richtig gewesen. Vielleicht hätte er den Täter ja auf diese Weise schon gefasst

»Nun machen Sie aber mal halblang. Es ist ja Gott sei Dank nichts passiert. Ich bin ja noch rechtzeitig …

»Der pure Leichtsinn und Profilierungswahn hat Sie getrieben, Herrn Heumüllers Leben aus Spiel zu setzen. Sie haben sich verhalten wie ein Narr, unsachgemäß, unüberlegt und … und unverantwortlich.« Saleh fiel Uli unbeherrscht ins Wort und fand immer mehr ehrverletzende Bezeichnungen für Uli. Er war so zornig auf ihn, dass er beinahe an seinem eigenen Redeschwall erstickte. Am meisten ärgerte er sich aber darüber, dass seine Beschimpfungen an Uli anscheinend ohne einen Eindruck zu hinterlassen abprallten. Hatte der Kerl keinen Respekt vor der Staatsgewalt? Dann musste er mit noch härteren Bandagen aufwarten.

»Ich verbiete Ihnen ab sofort den Umgang mit Herrn Heumüller. Sie sind eine wahre Bedrohung für Ihren Freund und müssen sich ab sofort von ihm fernhalten. Ihr Verhalten war sträflich, und so will ich es auch geahndet wissen. Schluss aus!« Saleh schnappte nach Luft und wendete sich jetzt erst dem eigentlichen Opfer zu, als Sven zu sprechen begann.

»Guten Tag, Herr Kommissar, bitte nicht aufregen. Ich kann wieder sprechen. Uli hat das möglich gemacht. Ohne ihn wäre das nicht möglich gewesen. Der Aufenthalt im Stadtschreiberhaus und die Notwendigkeit, auf den Angreifer zu reagieren, hat mir die Sprache zurückgegeben. Bitte, Uli muss bei mir bleiben.«

Saleh wollte seinen Augen und Ohren nicht trauen. Der Kerl sprach, und zwar richtig und gut formuliert. Was war hier passiert? Hatte er was verpasst? Es fehlte nur noch, dass dieser Heumüller aus dem Bett aufstand und zu laufen anfinge.

»Außerdem ist mein Freund Uli ja noch rechtzeitig gekommen. Er ist mein einziger Halt in dieser Welt, den können Sie mir nicht wegnehmen. Ich brauche ihn, ohne ihn bin ich noch zu nichts fähig.« Sven verteidigte Uli mit aller Kraft, er wollte ihn auf keinen Fall verlieren.

Saleh fasste sich an die Nase und rätselte, was er weiter unternehmen sollte. Ihm schien, dass dieser Fall wieder zu einem solchen Geschehen ausarten würde wie im vergangenen Frühjahr, der nur Mühe, aber keine Meriten für ihn gebracht hatte.

»Wie sah der Angreifer aus? Herr Heumüller, können Sie eine Beschreibung von ihm geben?« Saleh wurde plötzlich sachlich und erinnerte sich an seine polizeiliche Ausbildung.

Sven gab noch sehr brauchbare Hinweise auf den Täter und es kam noch zu einer Fahndung, die aber keine Ergebnisse brachte. Nur die Fingerabdrücke am Fenster und am Gerüst zeigten Saleh, dass es sich um denselben Täter wie bei den anderen beiden Vorfällen gehandelt haben musste.

Stillschweigend ließ es Saleh zu, dass sich Uli weiter um Sven kümmerte. Schließlich half er ihm sogar, Sven die Treppen hinunter zu tragen, ihn auf Ulis Beifahrersitz zu bugsieren und den Rollstuhl in den Kofferraum zu legen. Uli fuhr dann mit Sven zur Klinik zurück.

Auch Schwester Benedicta und Dr. Huschka trauten ihren Augen und Ohren nicht, als Sven sie mit den Worten begrüßte: »Ich freue mich, dass ich wieder bei Ihnen in der Klinik bin. Es gibt für mich noch viel zu lernen. Anschließend werde ich gerne in die Reha gehen, möglichst nahe bei Frankfurt, vielleicht gibt es ja eine geeignete Einrichtung in Bad Homburg.«

Uli konnte sich ein Grinsen nicht verkneifen.

Kapitel 42

Alina konnte nicht einschlafen. Sie grübelte über die verkehrte Welt, in der jetzt schon schwule Männer zum Objekt attraktiver Blondinen wurden.

Während sie sich in ihrem Bett unruhig hin und her wälzte, fühlte Alina sich ganz besonders alleine und verlassen. Uli hatte neuerdings andere Interessen und beachtete sie nicht mehr so sehr wie noch vor einigen Monaten. Und Siggi, er war ihr noch nie ganz geheuer gewesen. Ihre Mutter war so weit weg. Freundinnen hatte sie keine. Im Morgengrauen schlief sie ein.

Alina hatte gerade noch genug Zeit, um für zwei Stunden ins Textorbad zu gehen. Sie suchte nach ihrem alten Badeanzug. Schon lange war sie nicht mehr im Schwimmbad gewesen, obwohl sie in ihrer Jugend als eine hervorragende Schwimmerin galt. Heute wollte sie ein die Seele reinigendes Bad nehmen. Schnell raffte sie zwei Handtücher und ihre Duschutensilien zusammen, packte alles in eine Einkaufstasche, schlüpfte in eine Jogginghose, zog ein buntes T-Shirt an und nahm ihren Anorak vom Haken.

Den kurzen Weg zum Hallenbad hatte sie schnell zurückgelegt. Nachdem sie sich dort etwas mühsam orientiert hatte, gelangte sie endlich in die Schwimmhalle. Um die Mittagszeit herrschte nicht viel Betrieb. Eine Schulklasse hatte offenbar Schwimmunterricht, ansonsten waren nur einzelne Badegäste anwesend. Alina betrachtete die Frauen, die am Beckenrand hingen und sich unterhielten, und warf sich in das kalte Wasser. Sie kraulte die ersten Bahnen, dann wechselte sie zum Brustschwimmen über.

Als sie Ausschau nach ihrem Handtuch und den Plastikschuhen hielt, erstarrte sie. Am Beckenrand stand er in einer engen schwarzen Badehose, die Arme fröstelnd über der Brust gekreuzt. Alina wusste nicht, was sie tun sollte. Sie übersah ihn und schwamm weiter. Dann hielt sie es nicht mehr aus und hängte sich ebenfalls an den Beckenrand.

Alban Erdreich hatte sie nicht bemerkt und ließ sich ins Wasser gleiten.

Alina reckte den Kopf aus dem Wasser und beobachtete den Schwimmer. Sie war sich gar nicht mehr sicher, ob sie richtig gesehen hatte. Gehörten der schmale blasse Körper und die feuchtglänzenden schwarzen Haare wirklich zu Alban? Sie hatte ihn zwar nackt gesehen, aber der Blütenduft und die Kerzen hatten damals ihre Sinne vernebelt.

Nachdem der junge Mann mit kräftigen Schwimmstößen im Begriff war, ein viertes Mal an ihr vorbeizuziehen, warf sie sich direkt neben ihm ins Wasser und schwamm mit zwei Zügen in seine Bahn. »Alban, bist du das?«, fragte sie leise. Der Kopf des Schwimmers flog in ihre Richtung, er verlangsamte seine Bewegung. Er zögerte. »Alina, was für eine Überraschung.« Dann deutet er zum Beckenrand. »Wir unterhalten uns draußen.« Alina schwamm hinter ihm zur Treppe und beobachtete den schmalen muskulösen Körper, als er vor ihr das Becken verließ. Er folgte ihr tropfnass zu ihrem Handtuch, nahm es und frottierte Alina liebevoll. Dann zog er sie hinter sich her zu seinem Badelaken. Er packte sich ein, sie setzten sich an den Beckenrand.

»Warum bist du nicht mehr bei mir vorbeigekommen?«, fragte Alban, während er den Arm um Alinas Schultern legte und ein wenig näher an sie heranrückte. Alina ließ es geschehen. Sie hatte keine Kraft, sich gegen die Zärtlichkeit zu wehren. Es kam ihr auch wie die selbstverständlichste Sache der Welt vor.

Doch dann straffte sie ihren Rücken und antwortete mit einer Gegenfrage. »Warum bist du mit dieser blonden Frau Fahrrad gefahren?«

Alban verstand zunächst nicht, wovon Alina sprach. Sie erklärte es ihm und dass sie ihn mit einer blonden Frau am Mainufer gesehen hätte.

Alban lachte freudlos auf. »Ach, das – das war meine Schwester. Deshalb bist du also nicht mehr gekommen!«

Alina starrte ihn ungläubig an. »Wieso ist deine Schwester auf einmal blond? Du hast doch schwarze Haare?«

Alban lächelte. »Na, einer von uns beiden färbt seine Haare. Was glaubst du wohl, wer?«

Alina stierte auf Albans schwarz behaarte Beine. Sie dachte an Siggis Blondfärbeaktion, schlug aber trotzdem vor, dass es seine Schwester sein müsste.

»Richtig«, kommentierte Alban Alinas Vermutung. »Blonde Frauen haben im Allgemeinen bei Männern die besseren Chancen. Das sieht man ja bei mir.« Er nahm Alinas blonden Zopf in die Hand und hob ihn hoch. »Ich mag dich sehr«, flüsterte er ihr ins Ohr.

»Ich muss jetzt gehen und mich zu Hause noch umziehen«, erwiderte Alina, weil sie nicht wusste, was sie sonst hätte sagen sollen.

»Ich komme mit«, entschied Alban.

Als sie kurze Zeit später das Treppenhaus des Mietshauses betraten, in dem Alina wohnte, hatte sie einerseits Angst, dass die Nachbarn sie sehen könnten, andererseits fühlte sie sich sicher in Albans Begleitung. Es war ihr nur peinlich, wie sie angezogen war.

Sie steckte den Schlüssel in die Tür und schloss sie auf. Alban trat ein und sah sich um. »Nett hast du es hier.«

»Setz dich doch bitte. Ich ziehe mich schnell um.«

Alban setzte sich auf die Kante des Küchenstuhls und ergriff Alinas Hände. »Ich möchte dir beim Anziehen zuschauen. Darf ich?«

»Du weißt doch, wie ich aussehe«, murmelte Alina mit gesenktem Kopf, entzog Alban aber ihre Hände nicht. »Weil ich weiß, wie schön du bist, möchte ich noch einmal hinschauen dürfen, außerdem war es bei mir dunkel. Darf ich?«

Alina nickte verlegen und ging in ihr Schlafzimmer. Während sie sich mit eckigen Bewegungen auszog, saß Alban auf der Bettkante.

Als Alina fast nackt war, und überlegte, was sie jetzt schnell anziehen könnte, stand er auf und drückte sie an sich. Eine Weile verharrte er so. Sein Atem ging schneller. Alina entwand sich ihm.

»Es geht nicht, ich kann nicht, und ich muss jetzt arbeiten. Uli bringt mich um, wenn ich zu spät komme.«

Schwer atmend gab Alban auf. » Gut, dann verschieben wir das. Ich will dir keine Gewalt antun.«

Alina bemerkte seine finstere Miene. Sie hatte Angst, dass sie ihn enttäuscht hatte. »Bringst du mich noch zu meinem Arbeitsplatz?«, fragte sie, um ihn zu versöhnen.

Auf der Straße schob sie ihre Hand in die seine. Als sie bei Uli ankamen, hantierte dieser noch mit seinen grünen Aufstellern. Schnell entzog sie Alban ihre Hand.

»Wird aber auch Zeit, dass du kommst. Geh gleich rein und schalte den Backofen ein. Wie siehst du eigentlich wieder aus? Habe ich dir nicht gesagt, dass ich keine schwarze Dienstkleidung sehen möchte?« Alina hatte in der Eile die schwarze Hose erwischt.

Uli bedachte Alban mit einem finsteren Blick. »Wir haben noch lange geschlossen, junger Mann. Am besten gehen Sie gleich weiter und suchen sich was anderes.« Uli drehte sich abrupt um. Die heftige Bewegung brachte eine der grünen Tafeln ins Wanken, die mit ihrer scharfen Kante gegen seinen Schenkel krachte. »Au, verdammt noch einmal.« Uli rieb sich die schmerzende Stelle.

Alban schulterte seine Sporttasche. »Wir sehen uns«, rief er in Richtung des Schankraumes. Dann vergrub er die Hände in seiner langen schwarzen Jacke, die an einen Gehrock erinnerte, und ging pfeifend davon.

»Alina, ich brauche Eiswürfel zum Kühlen und ein Handtuch«, rief Uli in die Küche und ließ sich stöhnend auf einem der Stühle nieder.

In diesem Moment betrat Florian Wilson die Gaststätte. Entsetzt sah er, wie sich Uli das schmerzende Bein hielt. Die Mütze, die er unter den Arm geklemmt hatte, fiel unbeachtet zu Boden. Florian kniete vor Uli und untersuchte behutsam dessen Oberschenkel.

Kapitel 43

Siggi saß an seinem Schreibtisch. Uli zuliebe suchte er sein Büro einigermaßen regelmäßig auf. Klienten hatte er schon fast keine mehr. Was er weder Uli noch seiner Mutter gestanden hatte, war, dass er schon einen Teil der Aktien verkauft hatte, um davon leben zu können.

Siggi griff nach seinem Mobiltelefon, um sich mit Jean-Paul Wienhold für den Nachmitttag zu verabreden. Nach diesem Gespräch stellte er mit Entsetzen fest, dass sein Akku leer war. Das Ladegerät befand sich in der Klappergasse. Somit war er für Uli nicht erreichbar. Dieser hatte sich angewöhnt, ihn gelegentlich am Vormittag anzurufen, um sicherzustellen, dass er auch in seinem Büro war. Einmal hatten ihn die Nebengeräusche verraten. So verbrachte Siggi nun tatsächlich eine Reihe von Vormittagen in seinem Büro. Nur leider kamen kaum Interessenten. Auch das kratzte an Siggis ohnehin schon angeschlagenem Selbstbewusstsein.

Während er sich diesen Betrachtungen hingab, hielt ein Taxi vor seiner Tür. Siggi sah auf und nahm die Beine vom Schreibtisch. Es würde sich nicht doch noch ein Klient zu ihm verirren? Die Person, die dem Taxi entstieg, kam ihm seltsam bekannt vor. Siggi sprang auf und riss die Tür auf.

»Mutter, was machst du denn hier? Wieso rufst du denn nicht an, wenn du nach Frankfurt kommen möchtest? Ich hätte dich doch abgeholt.«

Dorothea schüttelte den Kopf. »Siegbert, natürlich habe ich versucht dich anzurufen, aber ich habe nur die Antwort erhalten, dass der gewünschte Teilnehmer nicht erreichbar ist. Was hast du denn gemacht?«

Siggi griff sich an den Kopf. Natürlich, sein Mobiltelefon war völlig entladen.

Er zog seine Mutter in den Laden und drückte sie in einen der Besuchersessel aus Korbgeflecht, die vor seinem Schreibtisch standen, und nahm ihr gegenüber geschäftsmäßig Platz.

»Warum bist du nicht mit der U-Bahn gekommen? Ein Taxi ist doch teuer.«

»Das konnte ich nicht. Siegbert, es ist etwas passiert. Hier, bitte lies!« Dorothea hielt ihrem Sohn das Schreiben eines Anwalts unter die Nase. Siggi musste das Papier etwas mit Abstand halten, um es lesen zu können. Ob er eine Lesebrille benötigte? Nach einer Weile runzelte er die Stirn. Er ließ das Schriftstück sinken.

»Das gibt's doch gar nicht. Hast du etwas mit Gregor Martins Tod zu tun?«

»Aber Siegbert, wie kannst du nur so etwas denken? Natürlich nicht. Was sollen wir jetzt bloß tun?« Dorothea Ranke brach in Tränen aus.

»Ich musste dich das fragen, um sicher sein zu können, dass es so ist. Auch wenn die ganze Sache höchst lächerlich ist, brauchen wir einen Anwalt.«

Aus dem Schreiben ging hervor, dass die Söhne Gregor Martins eine Exhumierung der Leiche ihres Vaters planten, damit die Spuren des Verbrechens von Dorothea Ranke offenbar würden. Wenn sie aber das Geld freiwillig herausgäbe, wollten sie von dem Vorhaben Abstand nehmen und die Angelegenheit auf sich beruhen lassen.

Siggi dachte an die Herren Rucklieb und Lobesang. Ersterer hatte Uli vertreten, als er des Mordes an dem armen Sascha verdächtigt wurde. Anwalt Lobesang kam gelegentlich in das Lokal und hatte die damals ebenfalls mordverdächtige Mira Schönfelder vertreten, deren Anorak die Leiche von Sascha bedeckt hatte.

»Mama, jetzt beruhige dich. Ich lade dich zum Essen ein.« Siggi fiel siedend heiß ein, dass er einen Teil der Aktien verkauft hatte.

In den Schnellimbiss, der sein Stammlokal war, konnte er mit seiner Mutter nicht gehen. Obwohl Dorothea Ranke heute ziemlich ramponiert aussah, musste er sie anständig ausführen. Die leichte Eleganz und der Schwung, Attribute, welche sie aus Spanien mitgebracht hatte, schienen ihr abhandengekommen zu sein. Siggi entschied sich schweren Herzens für einen Edel-Italiener in der Nähe.

Nachdem sie bestellt hatten, sah Dorothea Ranke ihren Sohn mit festem Blick an. »Siegbert, ich werde das Aktienpaket zurückgeben. Wir brauchen keinen Anwalt. Du musst mir deine Hälfte zurück transferieren. Ich möchte nicht, dass Gregor wegen mir in seiner Totenruhe gestört wird. Schließlich habe ich ihn geliebt.« Dorothea weinte wieder. »Mir ist das alles zu viel.«

»Aber Mama, genau darauf spekulieren doch Gregors Söhne, dass dir das alles zu viel wird und du einknickst. Die wollen bestimmt auch nicht, dass ihr Vater ausgegraben wird. Das ist alles nur Bluff, um dich in die Knie zu zwingen.« Siggi legte begütigend die Hand auf die der Mutter. Ihre Hand fühlte sich eiskalt an.

»Mein Kind, es bleibt dabei. Wir geben das Aktienpaket den Erben zurück. Ich habe jetzt sowieso keine Freude mehr daran.«

Siggi räusperte sich. Er würde seiner Mutter gestehen müssen, dass er bereits einen Teil veräußert hatte. Vorsichtig begann er damit, das Thema zur Sprache zu bringen. Er erwähnte, dass er seit einiger Zeit Miete an Uli zahlen müsse, die er nicht einkalkuliert hatte. Aufgrund des Urlaubs und der ständigen Besuche im Krankenhaus seien seine Geschäfte ruhiger geworden. So habe er schon einen Teil der Aktien zu Geld machen müssen.

Seine Mutter sah ihn entsetzt an.

»Aber Siegbert, warum bist du denn nicht wieder bei mir eingezogen, wenn Uli dich schlecht behandelt? Das hätte ich jetzt nicht erwartet. Was machen wir denn nun?«

Siggi schlug vor, dass man diesen Teil der Aktien vielleicht als Aufwandsentschädigung behalten könnte. »Du hast ihn doch schließlich gepflegt.«

Dorothea Ranke winkte ab. »Wir werden den Verkaufserlös erstatten müssen.«

»Bestimmt werden die dann sagen, dass wir unter Wert verkauft hätten«, meinte Siggi, dem seinerzeit der Kurswert egal gewesen war.

Schweren Herzens bezahlte Siggi die Rechnung. Als sie gingen, fragte Dorothea, ob sie noch einmal mit in Siggis Büro kommen dürfe. Siggi erzählte ihr von der Verabredung mit Jean-Paul Wienhold.

»Wir treffen uns manchmal, weil er so dankbar ist, dass ich ihn aus der Psychiatrie befreit habe.« Siggi musterte seine Mutter von oben bis und brachte schließlich gepresst heraus, dass sie doch einfach mitkommen sollte. Der alte Herr Wienhold wäre sehr nett. Anschließend würde er sie dann nach Wiesbaden zurückfahren.

Als sie in der Holzhausenstraße ankamen, öffnete Agnes in gewohnter Manier die Tür. Ihre Überraschung über Siggis Begleitung wusste sie sehr gut zu verbergen.

»Herr Wienhold erwartet Sie bereits im Salon. Gehen Sie doch schon vor. Ich bringe nur schnell noch ein Gedeck.«

Als Jean-Paul Wienhold Dorothea Ranke erblickte, stand er auf und strahlte über das ganze Gesicht. »Genauso habe ich Sie mir vorgestellt. Ich freue mich sehr, Sie endlich einmal kennenlernen zu dürfen, verehrte gnädige Frau.«

Während sie sich Agnes' guten Apfelkuchen schmecken ließen, hatte der Bankier nur Augen für Dorothea. Siggi fühlte sich abgemeldet. Schließlich fragte Wienhold, warum er nicht schon eher die Bekanntschaft von Frau Ranke habe machen dürfen.

Siggis Mutter ignorierte die durchdringenden Blicke ihres Sohnes und begann daraufhin, von Gregor Martin und Mallorca zu erzählen. Jean-Paul Wienhold nickte zustimmend. Schließlich kam auch die Herausgabe der Aktien zur Sprache.

Siggi schwitzte stark. Die ganze Sache war ihm hochnotpeinlich. Sein Gegenüber schien dies jedoch nicht zu bemerken. Der Bankier hatte nur Augen für Dorothea. Diese Augen spiegelten seine Sehnsucht nach einer Frau, die warmherzig und mütterlich an seiner Seite stand.

Jean-Paul Wienhold hatte sich bereits dem Sohn dieser Frau ergeben, weil er die letzte Verbindung zu seinem eigenen Sohn darstellte, wenngleich er zunächst vehement diesen Kontakt abgelehnt hatte. Nun durchflutete ihn eine Welle der Sympathie auch für die Mutter, die er nicht einzudämmen vermochte.

Als dieser Siegbert Ranke, damals nach dem Mord an seinem einzigen Sohn Sascha, bei ihm wegen der Trauerfeier vorstellig wurde, war er noch nicht in der Lage gewesen, sich den Leerstellen in seinem Leben zu stellen. Er hatte nur die Arbeit in seiner Bank, die ihn völlig absorbierte. Nachdem er sich nun zum Verkauf des Geldinstituts entschlossen hatte, brachen diese Leerstellen auf wie schwarze Krater, die ihn zu verschlingen drohten.

»Sollten Sie bei der Rückgabe der Aktien in irgendwelche Schwierigkeiten geraten, lassen Sie es mich wissen. Ich helfe gerne und stelle Ihnen gerne mein Fachwissen zur Verfügung, besonders dann, wenn es sich um eine so bescheidene, liebenswürdige Dame handelt, wie Sie es sind. Sie selbst haben schließlich auch selbstlos geholfen, als es um die Pflege des erkrankten Herrn ging. Und ihrem Sohn helfen Sie immer noch.«

Jean-Paul Wienhold konnte nicht annähernd in Worte fassen, was er fühlte. Dorothea nickte aber heftig zu seinen Worten. Endlich verstand sie jemand.

Der Bankier fasste sich in den Rücken. Sein Kreuz tat ihm weh.

Siggi sah auf die Uhr. »Mama, Jean-Paul, ich will ja nicht unhöflich sein, aber ich möchte gerne nach Wiesbaden fahren, bevor der Berufsverkehr einsetzt.«

Sie erhoben sich. Der Bankier brachte sie zur Tür. Zum Abschied ergriff er Dorotheas Hand, führte sie an seine Lippen und fragte, ob er mit einem Wiedersehen rechnen dürfe. Dorothea errötete leicht und meinte, dass ihr Sohn gerne ein weiteres Zusammentreffen arrangieren dürfe.

Auf der Fahrt nach Wiesbaden hörte Siggi ausschließlich schwärmerische Bemerkungen über den reizenden Herrn Wienhold. Das Aktienproblem seiner Mutter schien vergessen zu sein.

»Du musst unbedingt wieder etwas mit Herrn Wienhold verabreden. Nimm mich mit, wenn ihr euch wiederseht. Morgen gehe ich zum Friseur.« Mit diesen Worten war Siggi entlassen.

Schlecht gelaunt fuhr er nach Sachsenhausen zurück. Ob seine Mutter mannstoll geworden war in ihrem Alter? Aus finanziellen Gründen würde er wohl tatsächlich für ein weiteres Zusammentreffen der beiden sorgen müssen. Sein stummes Mobiltelefon fiel ihm ein. Innerlich bereitete er sich auf Ulis Abreibung vor.

Nachdem Siggi eine Weile bei Uli an der Theke gesessen hatte, stellte er fest, dass es Uli gar nicht bemerkt zu haben schien, dass er den ganzen Tag nichts von ihm gehört hatte. Das war fast noch schlimmer als die erwarteten Vorwürfe. Wo war ihre Beziehung nur hingeraten? Alles war die Schuld dieses dummen Sven Heumüller. Nach einer Weile meinte Siggi, dass er kurz nach oben ginge.

»Gib Tim ein Küsschen von mir«, war alles, was Uli dazu einfiel.

Siggi schloss sein Mobiltelefon an das Ladekabel an. Sogleich stellte er fest, dass er eine SMS von Jean-Paul Wienhold erhalten hatte. Dieser lud ihn und seine Mutter am kommenden Samstag zum Essen ein. »Damit wir deine Mutter in die »Familie« aufnehmen können.« Das hatte er geschrieben. Wienhold hatte Familie in Anführungszeichen gesetzt. Trotzdem dämmerte Siggi, dass sein Interesse an ihm und seiner Mutter wohl dadurch zustande kam, dass der Bankier sich seine Familie zurückholen wollte. Hatte Siggi nicht ähnlich gedacht, als er den Bankier kurz nach dessen Selbstmordversuch in der Psychiatrie besuchte, und hatte er ihm damals nicht selbst vorgeschlagen, ihm den Sohn ersetzen zu wollen? Siggi erinnerte sich nicht mehr so genau. Egal. Sollte Uli doch seinen Samstagabend alleine verbringen. Er konnte ja zu Sven in das Krankenhaus fahren und Händchen halten. Siggi würde die Einladung annehmen und seine Mutter abholen.

Kapitel 44

Bevor die Freunde spätabends ins Bett gingen, gab es noch einen Schlummertrunk. Sie saßen nebeneinander auf Ulis Couch und Uli legte den linken Arm um Siggis Schultern. In der rechten Hand hielt er das Whiskyglas. »Den brauche ich jetzt«, sagte er.

»Wieso, ist was passiert? Ich habe gar nichts bemerkt.« Siggi setzte sich aufrecht hin und sah Uli entgeistert an.

»Ach, nichts weiter. Erst habe ich mich über Alina aufgeregt, und dann ist mir der Aufsteller gegen das Bein gedonnert. Es hat entsetzlich wehgetan.«

»Mein armer Liebling. Hat es geblutet?« Siggi sah besorgt aus.

Uli verzog ob des Lieblings ein wenig das Gesicht. Irgendwie war er gerade nicht in Stimmung für Gefühlsduselei, jedenfalls nicht für die von anderen. Wenn es gefühlvoll zugehen sollte, wollte er den Zeitpunkt bestimmen. Er ließ Siggi los und umfasste mit beiden Händen den Oberschenkel, den er leicht anhob.

»Es hat nur einen Bluterguss gegeben. Florian hat mich untersucht. Zum Glück war er da. Wo warst Du eigentlich?«, setzte Uli zornig hinzu.

Siggi verspürte den ihm seit einiger Zeit vertrauten Stich, wenn ihm wieder einmal klar wurde, dass Uli andere Männer im Kopf hatte.

»Meine Mutter. Sie ist plötzlich aufgetaucht, als ich gerade gearbeitet habe. Sie will die Aktien zurückgeben.«

Siggi war erleichtert, dass er dem Freund die drohende neuerliche Verarmung so schnell gestanden hatte.

Uli sah ihn lange an. »Das hätte mir eigentlich gleich klar sein sollen«, sagte er dann. »Bei dir hat doch nie etwas Bestand.«

»Doch«, sagte Siggi trotzig. »Auch, wenn sonst alles den Bach runtergeht, an unserer Beziehung werde ich ewig festhalten. In letzter Zeit bist doch du derjenige, der sie aufs Spiel setzt.«

Uli verzog das Gesicht. »Versündige dich nicht, mein Lieber. Ich gehe jetzt schlafen.« Er stand auf und ließ Siggi wie einen begossenen Pudel sitzen.

»Komm, Tim. Herrchen geht schlafen.«

Siggi hörte die Toilettenspülung. Danach ging sofort die Tür des Bads. Offensichtlich hatte Uli darauf verzichtet, die Zähne zu putzen. Siggi schluckte. Noch nicht einmal für einen frischen Atem wollte Uli sorgen, wenn er neben ihm im Bett lag. Dafür schrubbte Siggi sein Gebiss umso hingebungsvoller.

Lange hielten ihn Geldsorgen und die Sorge um die Beziehung zu Uli wach. Erst sehr spät fand er in einen tiefen traumlosen Schlaf.

Am nächsten Morgen weckten ihn Kaffeeduft und laute Radiomusik. Uli saß mit feuchten Haaren am gedeckten Frühstückstisch und hatte die Bild-Zeitung neben sich liegen. Er war schon beim Bäcker gewesen.

»Guten Morgen, mein Alter. Hast du endlich ausgeschlafen? Du musst dich beeilen. Die Arbeit ruft. Jetzt, wo du wieder verarmt bist, musst du umso mehr ranklotzen.«

Siggi murmelte ebenfalls ein »guten Morgen« und setzte sich. Er fühlte sich schon wieder fix und fertig. Also brachte er die Sache mit dem Samstagabend am besten gleich hinter sich. Schlimmer konnte es nicht mehr werden.

»Einen Lichtblick gibt es noch«, sagte er. »Jean-Paul Wienhold will meine Mutter in der Aktiensache beraten. Dazu soll sie am Samstagabend zu ihm kommen, und ich soll aber auch dabei sein.«

Uli streckte sich und entfaltete die Bild-Zeitung. Siggi verzichtete auf den Hinweis, dass dieses Blatt nicht gut zu seinen literarischen Ambitionen passte. Stattdessen fragte er, ob Uli denn nicht verärgert sei, wenn er am Samstag, an dem wie üblich das Lokal geschlossen war, keine Zeit hätte. Uli begnügte sich mit dem Hinweis, dass er sehr gut alleine klarkomme und Siggi nicht als Pausenclown sähe.

»Ich wollte sowieso einmal das Lokal gründlich putzen. Alina kann mir dabei helfen. Dann kommt sie wenigstens nicht auf dumme Gedanken. Abends könnte ich noch Florian einladen. Schließlich hat er sich so um mich gekümmert.«

Siggi konnte nicht mehr an sich halten. Er fragte Uli direkt, ob er ihn überhaupt noch lieben würde. Uli sah ihn erstaunt an.

»Aber klar doch.« Uli hielt inne, bevor er fortfuhr. »Wir sind halt nur schon wie ein altes Ehepaar. Da ist man immer froh, wenn der andere einmal nicht da ist. Und im Übrigen habe ich jetzt keine Zeit für eine Beziehungsdiskussion. Ich muss in die Metro fahren. Oder sollen wir heute Abend den Laden geschlossen halten, weil es an allem fehlt?«

Uli boxte Siggi in die Seite und stand auf. »Wir sehen uns.«

Kapitel 45

Siggi brach auf, um seine Mutter in Wiesbaden abzuholen. Missgelaunt suchte er nach seinem Auto. Er musste schon am frühen Nachmittag losfahren, um pünktlich um halb sechs bei dem Bankier einzutreffen. Vor dem Essen sollte es wohl einen Aperitif geben.

Uli war schon unten im Lokal zum Putzen. Zuvor hatte er einen ausgedehnten Spaziergang mit Tim unternommen. Siggi wollte mitkommen, aber Uli hatte seine Begleitung mit dem Hinweis auf dessen frühes Aufbrechen abgelehnt.

Natürlich war Uli rechtzeitig zurückgewesen, aber wenigstens hatte er gefragt, warum Siggi noch nicht weg sei, ob etwas dazwischengekommen sei. »Ich dachte, dass du schon zum Mittagessen bei deiner Mutter bist«, hatte Uli noch hinzugefügt und gefragt, was Siggi so den ganzen Mittag getrieben hätte.

Dieser hatte tatsächlich, um Uli eine Freude zu bereiten, die Wohnung geputzt. Ein »Hm« war Ulis Kommentar gewesen, während er das Ergebnis von Siggis Putzaktivitäten einer genauen Prüfung unterzog. Dabei stellte er fest, dass Siggi im großen Bogen um die Grünpflanzen herum gewischt hatte, anstatt diese hochzuheben oder zur Seite zu schieben. Anschließend war Uli kopfschüttelnd nach unten in sein Lokal gegangen.

Schlecht gelaunt schloss Siggi seinen guten alten Audi auf. Wieder einmal fuhr er deutlich über dem Tempolimit, was aber auch damit zu tun hatte, dass er dringend eine Toilette aufsuchen musste. Warum hatte er schon wieder diesen Harndrang? Vielleicht musste er einmal zu einem Urologen gehen. In Wiesbaden stellte er sich der Not gehorchend in das absolute Halteverbot und stürmte an seiner Mutter vorbei ins Bad. Sie schüttelte nur verwundert den Kopf. Siggi ärgerte sich, dass alle Welt über ihn den Kopf schüttelte.

Dorothea Ranke sah hinreißend aus. Siggi hatte ihr nach dem Toilettengang ein Begrüßungsküsschen verabreicht und war dann einen Schritt zurückgetreten, um das Aussehen seiner Mutter genauer in Augenschein zu nehmen. Sie trug ein weißes Etuikleid, darüber ein pinkfarbenes Chanel-Jäckchen.

»Die Sachen kenne ich doch noch gar nicht. Hast du dir etwa für den alten Wienhold etwas Neues zum Anziehen gekauft?« Siggi runzelte die Stirn. Seine Mutter übertrieb die Sache.

»Denkst du eigentlich noch daran, dass du die Aktien zurückgeben willst und noch einen Teil von deinen Ersparnissen lockermachen musst?« Bei dieser Bemerkung hatte Siggi das von ihm bereits verausgabte Geld im Auge.

»Wo denkst du hin, Siegbert. Dieses Kleid hat mir Gregor in Spanien gekauft.«

»Das finde ich aber sehr unpassend«, empörte sich Siggi. »Das Kleid eines verstorbenen Verehrers zum ersten Treffen mit einem neuen Anwärter anzuziehen, ist nicht in Ordnung.« Dorothea brach in Tränen aus und ging wortlos ins Schlafzimmer. Nach einer Weile trat sie in einem alten grauen Kostüm aus der Tür.

»Können wir jetzt fahren«, sagte sie nur. Siggi umarmte seine Mutter und sagte, dass sie so viel besser aussähe, weniger verkleidet. Sie sei nun wieder sie selbst, seine geliebte Mutter.

Während der Fahrt lobte er ihre schwungvoll geföhnten Haare und ihr dezentes Make-up.

»Das honigbraune Rouge passt sehr gut zu deinen grauen Haaren«, meinte Siggi. Dorothea überging die Bemerkung und sagte nur, dass er nicht zu viel trinken dürfe, denn er müsse sie wieder nach Hause bringen. Anschließend hüllte sie sich für den Rest der Fahrt in ein beredtes Schweigen.

Jean-Paul Wienhold eilte auf Dorothea zu. Er hielt sich nicht lange mit Förmlichkeiten auf und nahm seinen neuen Gast einfach in die Arme, drückte sie lange an sich und sagte nur, wie sehr er sich freue. Dann legte er den Arm um ihre Schultern und führte sie ins Haus. Siggi hatte er mit einem strahlenden Nicken begrüßt.

Das erste, was diesem auffiel, als er den Salon betrat, waren zwei überlange Beine, die in schwarzen Samthosen steckten und der Länge nach ausgestreckt aus einem der Sessel herausragten. Zu diesen Beinen gehörten Füße in schwarzen Lackpumps mit Ripsschleifen.

Jean-Paul Wienhold führte Dorothea zu den Beinen. »Meine Nichte Annalene Waldau«, stellte vor. Annalene war aufgestanden und freute sich darüber, Frau Ranke kennenlernen zu dürfen. Danach wandte sie sich Siggi zu.

»Ich wollte dir nur kurz Hallo sagen. Leider habe ich heute eine Verabredung mit meinem Ex-Mann. Er will wieder über die Scheidung reden. Wahrscheinlich ist seine Neue bei ihrer Mutter und ihm ist langweilig«, fügte sie noch hinzu und zog die Mundwinkel übermäßig nach unten, was ihr gar nicht gut stand.

Agnes servierte Champagner. Siggi war es egal, ob er hinterher noch fahrtüchtig war. Er brauchte etwas zu trinken. Notfalls musste seine Mutter bei ihm und Uli auf der Couch übernachten.

Vor dem Essen verabschiedete sich Annalene. Im Aufbrechen steckte sie Siggi eine Visitenkarte zu mit der Bemerkung, dass sie auf die Rückseite ihre mobile Nummer notiert habe. Er solle sich doch einmal melden.

Nachdem seine Nichte gegangen war, brachte Jean-Paul Wienhold das Gespräch auf die Aktien. Er sagte Dorothea, dass sie alles Recht der Welt habe, die Schenkung zu behalten. Sie habe doch sicher den Totenschein und könne Einiges zum Verlauf der Krankheit sagen. Dorothea nickte bekräftigend und sagte, dass ihr Gregor die Krankenakte seines deutschen Arztes in Kopie ausgehändigt habe. Diese Kopie hatte er für eine etwaige Behandlung in Spanien für die dortigen Ärzte anfertigen lassen.

Dorothea meinte, dass sie sich die Papiere einmal angeschaut hatte, als Gregor zunehmend abbaute. Erschrocken sei sie gewesen, als sie dort über die schnell fortscheitende, kurz vor dem finalen Stadium stehende Krankheit gelesen hatte. Sie seufzte und musste einen Schluck Rotwein trinken. Unter dem Rouge röteten sich ihre Wangen. Sie sah sehr lebendig aus.

Jean-Paul legte auf dem Tisch seine Hand auf Dorotheas Arm und sagte, dass sie ihm eben eine sehr wichtige Information gegeben habe. Er würde die Sache seinem Anwalt übergeben. Mit dieser Krankenakte sei die Sache so gut wie erledigt.

Das Roastbeef war vorzüglich rosa gebraten. »Rosa«, sagte Jean-Paul, »würde dir auch sehr gut stehen.« Dorothea, die gemeint gewesen war, warf erst Siggi einen bösen Blick zu und schenkte sodann Jean-Paul ein schüchternes Lächeln. Siggi war nur froh, dass ihm seine Mutter nicht gegen das Schienbein trat.

Die Tafel war mit *Maria weiß*, einem Porzellan der Marke Rosenthal eingedeckt. Ein schweres altes Silberbesteck lag daneben. Auf die Tischdecke hatte Agnes weiße Blüten gestreut. »Agnes hat dafür ein Händchen«, meinte der Hausherr. Kerzen flackerten in einem mehrarmigen Silberleuchter. Sie leuchteten mit Dorotheas Augen um die Wette. Jean-Paul beugte sich zu ihr. »Du duftest hinreißend.«

Zum Dessert gab es Vanilleeis mit heißen Himbeeren. »Heiße Liebe nennt man das«, sagte Jean-Paul und sah Dorothea tief in die Augen. Siggi hatte inzwischen das Gefühl entwickelt, auch hier abgemeldet zu sein. Doch Jean-Paul machte in seiner unnachahmlichen Art alles wieder gut, indem er zu ihm sagte, dass er gerne mit ihm einen guten alten Cognac trinken würde. Er habe sich dafür bei dem Rotwein sehr zurückgehalten. »Mein lieber Sohn«, hatte er gesagt. Siggi war neu beseelt.

»Was hältst du davon, wenn deine Mutter hier übernachtet?« Jean-Paul nutzte das Vieraugengespräch für diese Frage, während Dorothea sich ein wenig frisch machen wollte. Der alte Herr ließ nachdenklich den Cognac kreisen. »Ich habe einige Gästezimmer, die immer leer stehen.«

Siggi schluckte. Fahren konnte er nicht mehr. Die Übernachtung seiner Mutter bei Uli wäre zwar bestimmt Anlass für neuen Streit, aber Siggi schüttelte trotzdem den Kopf und sagte, dass man ein solches Ansinnen so kurz nach Gregor Martins Tod nicht an seine Mutter herantragen dürfe. Es blieb ihm also nichts anderes übrig, als sich in das Unvermeidliche zu fügen und seiner alten Dame die Übernachtung in Sachsenhausen vorzuschlagen. Es war in Siggis Augen trotzdem die bessere Option.

Zu Dorothea sagte der Bankier mit leisem Bedauern, dass sie bei nächster Gelegenheit überlegen könne, ob es ihr hier bei ihm so gut gefiele, dass sie auch einmal über Nacht bleiben wollte. Dorothea errötete leicht. Siggi schaute auf die Uhr. Abrupt erhob er sich.

»Wir brechen jetzt lieber auf. Es war ein wunderbarer Abend. Ich danke dir, Jean-Paul, auch dafür, dass du dich der Aktiengeschichte annimmst.« Siggi deutet eine Verneigung in Richtung des Hausherrn an und schob seine Mutter in Richtung des Eingangsbereiches.

Bei Dorothea verabschiedete der Bankier sich mit den Worten, dass er sie morgen Vormittag in Sachsenhausen abholen würde, um sie zurück nach Wiesbaden fahren. Mit großen Schritten marschierte er auf das schmiedeeiserne Gartentor zu. Dort zog er Dorothea für einen kurzen Moment an sich.

Die wenigen Kilometer nach Sachsenhausen legten Mutter und Sohn schweigend zurück. Dorothea war sichtlich aufgewühlt und Siggi brauchte seine ganze restliche Konzentration für die Autofahrt.

Kapitel 46

Uli war noch wach, als Siggi in Begleitung seiner Mutter eintraf. Er saß auf der Couch und hatte einen Whisky vor sich stehen. Nach der Putzaktion mit Alina fühlte er sich einigermaßen zerschlagen. Sie hatten alle Stühle hochgestellt. Die Fenster geputzt und die kleinen karierten Volants gewaschen, die die Scheiben zierten. Alles abgestaubt, Gläser und Flaschen von den Regalbrettern genommen, den Boden gewachst. Die Toiletten hatte Uli eigenhändig desinfiziert. Er sah es nicht so gern, wenn die Gäste sie allzu viel benutzten.

Zu guter Letzt hatte er die beiden Kartons mit der Herbstdekoration vom Speicher geholt. Sein Lokal erhielt seine Behaglichkeit durch eine Grundausstattung von Plastikblumen, Laternen und altertümlichen Fotos und Bildern. Dazu kam die saisonale Überlagerung, die für den Herbst aus kleinen Kürbissen, Plastikpilzen und Papierdrachen mit lustigen Schnüren bestand. Vor seinem Lokal befanden sich Blumenkästen mit Erika und Buchsbaum bepflanzt, in die er einige Zierkürbisse gelegt hatte.

Alina war die ganze Zeit mit eisigem Schweigen zu Werke gegangen. Wahrscheinlich hatte sie eine Verabredung mit dem Leichenbittermann gehabt, hatte Uli überlegt. Diese zu torpedieren, war ihm gerade recht gewesen.

Als nun Siggi mitsamt seiner Mutter vor ihm stand, konnte er sich ein »Das hättest Du mir aber vorher sagen können« nicht verkneifen. Dann fing er sich schnell.

»Frau Ranke, es ist mir ein Vergnügen Sie wiederzusehen. Bitte setzen Sie sich doch. Möchten Sie vielleicht einen kleinen Whisky mittrinken?« Dorothea lenkte dankend ab und bat um ein Glas Wasser.

»Willst du auch noch einen oder hast du schon genug gebechert?« Uli beschnupperte Siggi ungeniert.

»Einer geht noch«, meinte dieser und versuchte der neugierigen Nase seines Freundes auszuweichen.

Als Uli die beiden Gläser gereicht hatte, wandte er sich an Siggis Mutter mit der Frage, ob der Bankier ihr in der Sache mit den Aktien hatte helfen können. Nachdem Siggi ihm von der Rückforderung des Aktienpakets erzählt hatte, hatten Uli Zweifel beschlichen, ob es diese Überschreibung der Wertpapiere tatsächlich gegeben hatte. Dorothea erzählte von dem Gespräch mit Jean-Paul Wienhold. Sie fügte mit einem kleinen Lächeln hinzu, dass der Herr Wienhold ihr eine Übernachtung in einem seiner Gästezimmer angeboten hatte, was ihr Sohn aber abgelehnt hätte. Uli schüttelte den Kopf.

»Wie kannst du nur dem späten Glück deiner Mutter so im Wege stehen. Wie kann man nur so prüde sein. Denk doch mal nach. So viel Zeit bleibt den Herrschaften nicht mehr, um sich zu finden. In dem Alter weiß man genau, was man tut.«

Siggi schielte vorsichtig in Richtung seiner Mutter. Diese war im Gegenteil sehr froh darüber, dass ihr Sohn ihre Übernachtung in der Villa des Bankiers unterbunden hatte, was sie auch zum Ausdruck brachte. Ihre Fähigkeit zu einem spontanen späten Liebesglück habe sich mit dem Aufenthalt auf Mallorca an der Seite von Gregor Martin erschöpft. Müde rieb sie sich die Augen und bat darum, sich zurückziehen zu dürfen.

»Siegbert, kannst du mir bitte das Gästezimmer zeigen und mir eine Zahnbürste sowie einen Pyjama leihen?« Dorothea hätte es niemals über sich gebracht, Jean-Paul Wienhold um diese Dinge zu bitten. Das wäre ihr viel zu vertraulich gewesen.

»Gästezimmer, welches Gästezimmer?«, fragte Uli. »Liebe Frau Ranke, gerne können Sie mit ihrem Sohn in unserem Schlafzimmer übernachten. Es macht mir überhaupt nichts aus, auf der Couch zu schlafen. Siggi, nimm deine Mutter mit ins Schlafzimmer.«

Ulis Tonfall ließ keinen Widerspruch zu. Natürlich hatte Siggi daran gedacht, dass seine Mutter auf der Couch schlief. Das wusste Uli genau. Fröhlich suchte er nach einem Kissen und einer Decke für sich.

Siggi schlief zu seiner Überraschung recht schnell neben seiner Bettnachbarin ein und träumte davon, dass er den Rasen des Anwesens in der Holzhausenstraße mähte.

Am nächsten Morgen wurde er unsanft durch das hartnäckige Klingeln seines Mobiltelefons geweckt. Als er das Gespräch annahm, hörte er die gutgelaunte Stimme seines väterlichen Freundes, die ihm einen guten Morgen wünschte.

»In einer halben Stunde bin ich bei dir, um deine Mutter abzuholen.«

Siggi weckte sie eilends. Dorothea war erschreckt, dass ihr nur so wenig Zeit blieb, um sich fertigzumachen. Sie duschte schnell und kalt, danach fühlte sie sich frisch. Schließlich ließ sie sich von ihrem Sohn nach unten begleiten. Sie bat ihn, Uli dafür zu danken, dass er ihr sein Bett überlassen hatte.

Jean-Paul Wienhold stand neben seinem lackschwarzen Audi A8 und ließ Dorothea einsteigen. Er hatte geplant, sie zunächst noch zu einem Champagnerfrühstück in den Hessischen Hof zu entführen. Siggi verabschiedete sich von beiden und ging wieder nach oben.

Später war Uli bei Sven im Krankenhaus. Siggi saß alleine auf der Couch, kraulte Tim und langweilte sich. Während er nebenbei Radio hörte, dachte er über sein Leben nach. Er machte sich Gedanken über Ulis Leichtfertigkeit in Übernachtungsdingen und überlegte, ob seine Mutter und er wohl einmal zu Jean-Paul Wienhold in die Villa ziehen würden? Nach der wider Erwarten angenehmen gemeinsamen Nacht mit seiner Mutter konnte er sich ein familiäres Zusammenleben gut vorstellen. Es würde auch bedeuten, dass er Ulis Gefühlskälte nicht ständig ausgeliefert war. Außerdem gab es ja diese ständige Bedrohung durch Sven.

Die einsetzenden Nachrichten im Radio rissen Siggi aus seiner Lethargie und ließen das Blut in seinen Adern gefrieren. Schwerer Unfall auf der A 66 in Richtung Wiesbaden. Ein schwarzer Audi A8 hatte sich aus noch unbekannter Ursache überschlagen. Der Fahrer, ein Frankfurter Bankier und seine Beifahrerin, waren sofort tot.

Kapitel 47

Alina war froh, dass sie endlich dem Putzmarathon im *Kleinen Wirtshaus* entronnen war. So gerne sie putzte, so unpassend war es ihr erschienen, ihren freien Samstag dafür opfern zu müssen. Dass Uli sie wegen ihres freundschaftlichen Umgangs mit dem Bestatter bestrafen wollte, war ihr schon klar. Sie war zwar zu diesem Extradienst erschienen, tat aber so, als wäre sie nicht anwesend, indem sie kein überflüssiges Wort mit Uli wechselte.

Nach der Säuberungsaktion fühlte sie sich selbst schmutzig, beschloss aber trotzdem, den kleinen Umweg nach Hause über das Beerdigungsinstitut zu machen. Vielleicht würde sie es über sich bringen zu klingeln.

Alban öffnete ihr freudestrahlend die Tür.

»Kommst du mit nach oben? Ich muss ein Bad nehmen, ich habe gerade eine Leiche hergerichtet. Du siehst erschöpft aus.« Alban nahm Alina mit in seine spartanisch möblierte Wohnung. Das erste, was ihr auffiel, waren die hohen Regale, die unter der Last der vielen Bücher zusammenzubrechen drohten. Außer einem Bett, zwei Schränken, einem Sofa und einem Tisch hatte er keine weiteren Möbel.

Alban stellte das Badewasser an. Dann zog er Alina vorsichtig aus. Er wollte sie in die Wanne heben, aber seine Kraft reichte nicht. Alina kletterte alleine in das Wasser und Alban kam zu ihr. Ihre Körper versanken in Schaumbergen. Als das Wasser kühler wurde, stieg erst Alban aus. Während er Alina mit einem Badelaken empfing, lächelte er sie glücklich an.

»Es war das erste Mal seit sehr langer Zeit, dass ich wieder mit einer Frau zusammen sein konnte«, flüsterte Alban leise in ihr Ohr. Dann richtete er sich fröhlich auf und sagte: »Jetzt habe ich aber Hunger. Was hältst du davon, wenn du uns aus der Pizzeria nebenan jedem eine Pizza besorgst, während ich den Tisch decke?«

Alina nickte und hatte einen Kloß im Hals. Schnell zog sie sich an. Alban gab ihr Geld und zeigte ihr, wo die Pizzeria war. Sie war fast in Sichtweite. Alina meinte, dass es ihr nichts ausmachen würde, ein paar Schritte durch Sachsenhausen zu laufen, schon gar nicht am späten Samstagabend, wenn ohnehin alle Welt dort auf den Beinen war. Sie sei es gewöhnt, abends alleine unterwegs zu sein. Trotzdem sah sie sich immer wieder vorsichtig um. Sie konnte sich des Gefühls nicht erwehren, dass Vladimir in der Nähe sein könnte.

Als Alina zurückkam, hatte Alban den Tisch gedeckt. Sie aßen Pizza und tranken Wein. Während des Essens erkundigte sich Alina interessiert nach Albans Arbeitsabläufen. Er erklärte ihr alles ganz genau und stöhnte schließlich, dass er dringend eine Mitarbeiterin bräuchte. Alina blickte ihn aufmerksam an und lächelte ermunternd. Der Bestatter ergriff ihre beiden Hände. »Alina, würdest du für mich arbeiten wollen?« Alban schien tief bewegt zu sein. Sie sagte ihm, dass sie sehr gerne über seinen Vorschlag nachdenken wollte. »Vielleicht komme ich dann wieder einmal zum Lesen«, meinte Alban lächelnd. »Es wird aber bestimmt kein Buch von Sven Heumüller sein.« Alina zuckte die Schultern. Ihr war Sven Heumüller egal. Sie überlegte, was wohl Vladimir dazu sagen würde, wenn er erführe, dass sie in einem Bestattungsunternehmen als Angestellte arbeitete.

Alina blieb in dieser Nacht bei Alban.

Kapitel 48

Siggi wusste nicht, was er tun sollte. Außer sich versuchte er zunächst mit zitternden Händen Uli anzurufen, der leider nicht an sein Mobiltelefon ging. Er lief auf und ab. Schließlich stürzte er auf die Straße und sah nach links und nach rechts. Niemand kam, der seine Not lindern konnte.

Er rannte wieder nach oben. Noch einmal hörte er die gleichen Nachrichten. Eine halbe Stunde musste vergangen sein.

Nachdem er die Hiobsbotschaft zum zweiten Mal vernommen hatte, wollte Siggi Gewissheit. Er überlegte fieberhaft, wen er bei der Polizei anrufen konnte. Zuerst fiel ihm Kommissar Saleh ein. Der schied aus. Dann kam er auf die Idee, Florian Wilson anzurufen. Siggi entschied, dass es zu lange dauern würde, bevor er ihn erreicht hätte. Es war Sonntag. Er stand kurz davor, die 110 anzurufen, als ihm die Visitenkarte von Annelene Waldau einfiel. Sie war die geeignete Person. Fahrig durchsuchte Siggi sein Jackett. Endlich hielt er die Karte in den Händen und wählte die Mobilnummer.

Nach zweimaligem Klingeln hörte er ein »Ja«. Es war ihre Stimme.

»Haben Sie die Nachrichten gehört?«, fragte Siggi atemlos, ohne sich mit der Vorrede aufzuhalten.

»Nein, wieso denn?« Annalene klang irritiert.

Siggi würgte die Nachricht über den Unfall hervor. Ein tiefes Schweigen breitete sich für einen Moment aus. »Ich werde mich informieren und rufe sofort zurück.«

Trotz seiner Aufregung bemerkte Siggi das Zittern in ihrer Stimme. Erschöpft ließ er sich auf die Couch fallen. Bleischwer verrannen die Minuten, bevor das Telefon klingelte.

Siggi wusste beim ersten Klingelton, dass seine furchtbare Ahnung Gewissheit geworden war. Annalene weinte, als sie ihm sagte, dass seine Mutter und ihr Onkel tatsächlich die Unfallopfer waren.

»Warum nur?«, flüsterte Siggi mit tränenerstickter Stimme.

»Es war wohl Alkohol im Spiel. Das hat eine erste Untersuchung schon ergeben. Jean-Paul muss die Kontrolle über das Fahrzeug verloren haben. Er ist an die Leitplanke gerast, das Auto hat sich überschlagen und blieb auf dem Dach liegen. Beide hätten sich wohl das Genick gebrochen.« Auch Annalene weinte. Schließlich sagte sie, dass sie nur noch schnell ihre Eltern informieren würde, dann käme sie.

Reglos blieb Siggi auf der Couch sitzen. Tränen rannen über sein Gesicht. Schließlich klingelte es. Er musste aufstehen und schleppte sich nach unten, um Annalene in Empfang zu nehmen. Sie umarmte Siggi und hielt ihn fest. Schließlich zog sie ihn die Treppe hinauf.

»Jetzt sind beide im Tod vereint. Der Tod hat einen unzerreißbaren Bund zwischen ihnen geschlossen. Auch wir sind jetzt verbunden.« Annalene ergriff Siggis Hand.

»Du musst jetzt sehr tapfer sein. Deine Mutter war glücklich, als sie starb. Mein Onkel war es auch. Mein Onkel ist noch einmal aufgeblüht nach all den Schicksalsschlägen, als er deine Mutter getroffen hat. Diesen schönen Moment nimmt er nun mit in ein anderes Leben.« Annalene und Siggi weinten gemeinsam. Schließlich wischte sie sich entschlossen die Tränen ab.

»Wir müssen ein Bestattungsunternehmen beauftragen. Welches wollen wir nehmen? Weißt du noch, wen mein Onkel mit der Beerdigung von Alexander beauftragt hat?«

Siggi schüttelte stumm den Kopf. Aber dann erinnerte er sich. »Hier ist doch gleich einer, der war ein paar Mal im Lokal. Ein düsterer junger Mann, der Nachfolger des Mörders von Sascha. Hat aber intelligent ausgesehen.«

Siggi war es eigentlich egal, wen man anrief. Am liebsten wäre es ihm, wenn Annalene sich um alles kümmern würde.

Annalene rief die Auskunft an und ließ sich mit dem Bestattungsunternehmen Erdreich verbinden. Alban Erdreich nahm das Gespräch entgegen und versprach, sofort zu kommen.

Auf dem Weg zum Lokal dachte Alban mit stiller Freude an die vergangene Nacht und das Aufwachen mit Alina. Weil sie die zärtliche Zweisamkeit des Bettes so lange wie möglich genießen wollten, hatten Alban und Alina mit reichlicher Verspätung gefrühstückt und danach einen Sonntagsspaziergang am Mainufer gemacht. Er hatte Alina fest an der Hand. Während er auf ein Drachenboot zeigte, flüsterte er ihr ins Ohr, dass sie bitte bald »ja« zu seinem Angebot sagen sollte. Alina schaute nach dem Boot und sah den Hund nicht, der etwas entfernt von seinem auf einer Bank sitzenden Frauchen ein Nickerchen machte. Sie stolperte über das Tier. Ihre Plateausohlen wurden ihr zum Verhängnis. Sie knickte seitlich um und konnte vor Schmerzen nicht mehr auftreten. Da sie nicht wollte, dass Alban einen Krankenwagen rief, setzte er sie kurzerhand zu der Hundehalterin auf die Bank, die nun Alina wüst beschimpfte wegen des Trittes, den sie ihrem armen Hund verpasst hatte.

Alban eilte nach Hause, um seinen alten klapprigen Ford Mustang zu holen. Als er schließlich wieder zurück war, saß Alina alleine auf der Bank und hielt ihren schmerzenden Knöchel. Alban fuhr sie in die Uniklinik. Dort erreichte ihn Annalenes Anruf, der auf sein Mobiltelefon umgeleitet worden war. Schweren Herzens musste er Alina in der Notaufnahme alleine zurücklassen, versprach ihr aber, sie später wieder abzuholen. Er sagte ihr nicht, dass er in die Gaststätte ihres Chefs bestellt worden war. Sie sollte sich nicht aufregen.

Kurze Zeit später traf er im *Kleinen Wirtshaus* ein und hatte eine Mappe mit Entwürfen für Trauerkarten und Fotos von Särgen dabei. Sie setzen sich an den Esstisch, und Alban notierte alles, was zu veranlassen war.

Plötzlich ging die Tür auf und Uli stand im Raum. Sein Blick ging von Alban über Annalene zu Siggi und wieder zurück zu Alban.

»Was ist das denn für eine gruselige Versammlung. Und was macht ihr denn für Gesichter? Habt ihr keinen anderen Platz als meine Wohnung, um euch mit diesem Bestatter zu treffen. Und überhaupt, könnte ich mal hören, was sich hier in meiner Wohnung in meiner Abwesenheit abspielt?« Auffordernd schaute Uli auf seinen Freund Siggi.

Leichenblass und zusammengesunken saß Siggi auf einem Stuhl. Als Uli die Verzweiflung auf seinem Gesicht sah, wusste er sofort, dass etwas Schlimmes geschehen war.

»Siggi, sag doch was! Ist was passiert?« Uli beugte sich zu Siggi hinab und sah die Tränen, die seinem Freund unaufhörlich die Wangen hinunterliefen.

»Meine Mutter ist tot«, murmelte Siggi tonlos.

»Nein«, schrie Uli, »das kann nicht sein. Ich hab sie doch erst gestern noch gesehen. Da war sie noch völlig gesund. Was ist ihr denn zugestoßen?«

»Ein Autounfall. Jean-Paul Wienhold hat sie heute Morgen hier von uns abgeholt und dann hatte er einen tödlichen Unfall auf der Autobahn nach Wiesbaden«, brachte Siggi unter Schluchzen hervor.

Erschüttert setzte sich Uli neben Siggi und nahm ihn in den Arm. Annalene sagte noch, dass sie mit der Polizei gesprochen hätte und dass in der Rechtsmedizin erst eine Autopsie gemacht werden müsste, ehe die Leichen für die Beerdigung freigegeben würden. Bei einem solchen Unfall würde alles genau überprüft werden, um eventuelle Unregelmäßigkeiten auszuschließen. Das könnte ein paar Tage dauern. Man könne aber schon jetzt die ersten Formalitäten in die Wege leiten. Daher hätten sie Alban Erdreich kontaktiert.

Jetzt meldete sich auch Alban zu Wort. »Es ist noch zu früh, um jetzt schon einen Beerdigungstermin auszumachen. Wir müssen erst auf die Freigabe warten. Aber wenn Sie Fragen haben, bin ich jederzeit für Sie da. Melden Sie sich bei mir, wenn die Polizei Ihnen die Freigabe erteilt. Bitte verzeihen Sie, aber ich müsste jetzt gehen, man wartet auf mich.«

Alban lief schnell zurück zu seiner Pietät und rief unterwegs Alina an, er würde sie jetzt aus der Notaufnahme abholen.

Als Alban gegangen war, wollte auch Annalene gehen. Siggi löste sich von Uli und umarmte seine Schicksalsgefährtin. Diese bat ihn, am nächsten Tag zu ihr in die Untermainanlage zu kommen. Sie würde jetzt zu Agnes in die Villa des Verstorbenen fahren, um sie zu informieren.

Nachdem sich der Besuch verabschiedet hatte, zog Uli seinen Freund an sich und streichelte ihn so vorsichtig, als hätte er Angst ihn zu zerbrechen. Schließlich meinte er, dass er nun wohl alles Geld seiner Mutter sowie die Aktien erben würde. Aber jetzt müsse er dringend sein Lokal öffnen. Siggi solle doch nach einer Weile, wenn er sich beruhigt hätte, nach unten kommen.

Uli war spät daran mit der Öffnung seiner Gaststätte. Die Nachricht vom Tod von Siggis Mutter machte ihn fahrig und unkonzentriert. Dann ärgerte er sich, dass ausgerechnet Alina unpünktlich war. Wollte sie sich etwa für die samstägliche Putzaktion rächen?

Gerade waren die ersten Gäste erschienen und vertieften sich in die Speisekarte. Uli stürmte die Treppen hoch. »Siggi, komm bitte sofort nach unten. Alina ist nicht gekommen, und die ersten Essen werden gleich bestellt. Es wird dich von deinem Kummer ablenken.«

Widerwillig ging Siggi nach unten. Uli meinte, dass es trotz seiner rotgeweinten Augen besser wäre, wenn er den Service versähe. Er hätte das doch schon einmal gut gemacht und er, Uli, würde das Kochen übernehmen.

So ungern Siggi mitgekommen war, so dankbar war er dann doch für die Beschäftigung, die seine ganze Konzentration erforderte.

Schließlich tauchte Alina stark hinkend auf. Nach endlosem Warten war ihr Gelenk geröntgt worden. Gebrochen war nichts, nur einen Bänderanriss und eine Verstauchung hatte sie sich zugezogen. Dann hatte man ihr nach einer weiteren Ewigkeit einen festen Verband angelegt, mit dem sie ganz gut gehen konnte. Als Alban sie anrief, war sie noch in der Uniklinik. Er holte sie ab und erzählte ihr unterwegs vom tödlichen Unfall von Siggis Mutter.

Nachdem sie sich bei Uli wortreich entschuldigt hatte, suchten Alinas Augen nach Siggi. Sie ging zu ihm, umarmte ihn wortlos und streichelte seinen Rücken, während ihr die Tränen über die Wangen liefen. Alle Gäste verfolgten das Geschehen. Schließlich wurde es Uli zu viel. Er schickte Siggi nach oben und die humpelnde Alina in die Küche. Alban hatte es vorgezogen, die Gaststätte nicht noch einmal zu betreten.

»Das kommt davon, wenn man zu sehr nach anderen Männern schaut«, sagte Uli, als er etwas später die Küche betrat. Alina sah es allerdings anders. Sie sagte sich, dass ihr Straucheln ein Zeichen dafür sei, dass sie nicht mehr in Ulis Gaststätte zurückkehren sollte. Sie rief Alban an und sagte ihm mit fester Stimme, dass sie sein Angebot annehmen wolle. Mit Uli würde sie nach der Beerdigung über ihre Kündigung sprechen.

Uli fuhr sie nach Hause. Sie schwiegen. »Gute Besserung«, sagte er harsch zum Abschied.

Endlich war Uli zu Hause. Siggi wartet schon auf ihn. »Lass uns einen Whisky trinken, den haben wir uns verdient«, schlug Uli vor und legte Siggi die Hand auf die Schulter.

Als sie beim dritten Glas angekommen waren, ließ Siggi seinen Kopf auf Ulis Schulter sinken. »Jetzt habe ich nur noch dich«, jammerte er und klammerte sich an ihn. Uli wurde himmelangst. Er ahnte, dass schwierige Zeiten auf ihn zukommen würden.

Vor dem Einschlafen dachte Siggi an seinen Traum und daran, dass er jetzt wohl nie auf dem Anwesen in der Holzhausenstraße den Rasen mähen würde. Es sei denn, der Bankier hätte ihn als Erben eingesetzt. Siggis Gedanken glitten zu seiner Mutter. Nie wieder würde er bei ihr zu Mittag essen können. Bevor die Tränen wieder in seine Augen treten und ein Schluchzen seiner Kehle entweichen konnte, nahm ihn der Schlaf in seine gnädigen Arme. Der Whisky hatte das seine dazu getan.

Kapitel 49

Am nächsten Morgen schleppte sich Siggi ins Bad. Ein graues Gesicht schaute ihn im Spiegel an. Als er zum bereits gedeckten Frühstückstisch schlurfte, stand Uli auf und zog ihm den Stuhl zurück. Siggi sah ihn dankbar an.

»Wird schon wieder, mein Alter.« Uli blieb stehen, legte Siggi den Arm um die Schultern und zog ihn kurz an sich. »Schau, ich habe doch auch keine Familie mehr und komme gut klar. Natürlich ist für dich jetzt alles noch ganz frisch, aber das wird schon wieder.«

Zufrieden mit sich und seinem liebevollen Verhalten setzte sich Uli und strich eine dicke Butterschicht auf seinen mittlerweile erkalteten Toast. Er hatte aus dem Lokal überlagertes Toastbrot mitgebracht, denn in letzter Zeit hatte niemand eines der Gerichte bestellt, zu welchen Toast als Beilage diente. Während Uli kräftig in seine Brotscheibe biss, überlegte er, ob er seine Karte ändern sollte. Geräuchertes Forellenfilet, Toast Hawaii und Überbackener Camembert könnten getrost entfallen.

»Was meinst du, sollen wir die Sachen mit Toastbrot von der Karte nehmen?«, wandte sich Uli an Siggi. Der schüttelte den Kopf und sah seinen Partner mit rotgeweinten Augen an.

»Uli, wenn du keine Familie hast und ich auch nicht, wollen wir nicht eine Familie werden? Wir sind jetzt doch schon so lange zusammen?«

Für einen kurzen Moment wurde Uli melancholisch. Er dachte an seine verstorbenen Eltern. Außer einer alten Tante, die wahrscheinlich nicht einmal mehr wusste, dass er existierte, hatte er niemand mehr. Natürlich war es richtig, was Siggi sagte. Trotzdem stand ihm der Sinn derzeit nicht nach einer Anbindung.

»Wie meinst du das?« Uli fasste sich und runzelte misstrauisch die Stirn.

»Wir könnten doch heiraten.« Siggi streckte die Hand über den Tisch.

»Ich weiß nicht«, sagte Uli. »Es läuft doch gut so, wie es ist. Wir wollen nichts überstürzen.« Uli dachte an den zarten Sven und stellte sich vor, wie dieser flüssiges Wachs unter seinen Händen wurde.

»Zu der Änderung der Speisekarte hast du keine Meinung?« Uli lenkte vom Thema ab.

Siggi gab nicht auf. »Doch schon, das können wir machen. Sieh mal Uli, wenn wir heiraten würden, würde dir auch mein Geld gehören. Ich erbe doch jetzt, und dann könntest du dir auch ein schöneres Lokal leisten, und ich würde dir helfen. Ich habe doch jetzt schon Erfahrung im Service.«

»Um mir zu helfen und ein anderes Lokal aufzumachen, müssen wir doch nicht heiraten. Überleg dir doch bitte erst noch einmal deine Motivation für eine eingetragene Partnerschaft. Und außerdem bin ich einigermaßen erstaunt, dass dir mein Lokal nicht gut genug ist.«

Uli hatte nicht übel Lust einen Streit anzufangen, um das Thema »Heirat« erst einmal zu beenden. Er fühlte eine leise Wut in sich aufsteigen.

»Wann wolltest du dich eigentlich bei dieser Dame wegen der Beisetzungsfeierlichkeiten einfinden? Selbstverständlich werde ich dich zur Trauerfeier begleiten. Diese letzte Ehre schulde ich deiner Mutter.«

Siggi schaute auf seine gefälschte Rolex und sagte, dass er eigentlich sofort aufbrechen müsse. Er erhob sich fröstelnd. Uli wollte trotz der kühlen Witterung noch nicht heizen, um Geld zu sparen. Als Siggi nach seinem Teller griff, um abzuräumen, sagte Uli, dass er das für ihn erledigen würde.

Siggi putzte sich noch einmal die Zähne, zog eine Jacke an und beschloss, zu Fuß zu Annalene zu gehen. Viele Gedanken gingen ihm durch den Kopf, während er am Mainufer entlanglief. Es gelang ihm jedoch nicht, Ordnung in seinem Kopf herzustellen. Mit hochgezogenen Schultern stemmte er sich gegen den kühlen Wind.

Als er bei Annalene eintraf, war der Bestatter schon anwesend. Annalene begrüßte Siggi mit zwei zärtlichen Wangenküssen und fragte ihn, wie er die Nacht überstanden habe.

»Wir wollten noch nicht ohne dich anfangen, setz dich doch Siggi, magst du einen Kaffee?« Siggi fühlte sich sofort wohl in Annalenes Wohnzimmer.

Annalene, Alban und Siggi wandten sich der Planung der Trauerfeierlichkeiten zu. Die Obduktion der Leichen war weitgehend abgeschlossen und Fremdverschulden lag offenbar nicht vor. So konnten sie sich schon auf einen Termin einigen. Alban hatte bereits bei der Verwaltung des Hauptfriedhofs angerufen. Es war möglich, Jean-Paul im Grab seines Sohnes Alexander und dessen Mutter beizusetzen. Siggis Mutter hingegen sollte nach der Trauerfeier verbrannt werden und in einer Urne im Grab von Siggis Vater auf dem Wiesbadener Friedhof ihre letzte Ruhe finden.

Für die Ausgestaltung der Trauerfeier schlug der Bestatter einen Trauerzug zum Hauptfriedhof vor.

Dieser Trauerzug sollte am Bankhaus des Verstorbenen seinen Ausgang nehmen und zum Hauptfriedhof führen. Alban meinte, dass es ihm gelingen könnte, eine Bestattungskutsche und Pferde zu organisieren. Der Zug sollte von Annalene und Siggi angeführt werden und sich aus Fußgängern und einer endlosen Reihe von Taxen zusammensetzen, die alle Trauerflor tragen würden.

Als Alban Erdreich mit seiner Schilderung zu Ende gekommen war, zog Annalene die Stirn in Falten und meinte, dass ihr das alles viel zu pompös sei. Nicht einmal Staatsmänner würden so zu Grabe getragen werden. Außerdem sei es viel zu teuer. Sie wäre jedoch dankbar für den Vorschlag, denn jetzt wüsste sie, dass sie genau das Gegenteil davon wollte. Es sollte ein schlichtes Begräbnis werden.

Nachdem alles besprochen war, schloss Annalene zum Abschied Siggi zärtlich in die Arme und sagte, dass er sie jederzeit besuchen könne. Sie selbst würde ihn täglich anrufen. Sie müssten jetzt einander Trost spenden. Durch Annalenes Verhalten fühlte sich Siggi tatsächlich ein wenig getröstet.

Als er sich auf den Heimweg nach Sachsenhausen machen wollte, merkte er, dass er auf der linken Mainseite geblieben und auf den Römerberg geraten war. Er betrat die U-Bahnstation Dom-Römer und fuhr mit der U5 zum Hauptfriedhof. Gedankenverloren ging er von Grab zu Grab und stand schließlich tränenblind vor der Ruhestätte seines ehemaligen Geliebten Sascha. Es war das erste Mal, dass er das Grab besuchte.

Siggi stand lange davor. Er starrte vor sich hin und ging schließlich in die Knie. Kniend betete er für Sascha, für Jean-Paul Wienhold und vor allem für seine Mutter. Er weinte hemmungslos. Warum musste er seine Mutter so früh verlieren? Warum war ihm dieses bisschen Familienglück geraubt worden? Siggi fühlte sich unendlich alleine. Schließlich stand er auf. Er wusste nicht, wie lange er so gekniet hatte. Seine Beine taten ihm weh.

Auf dem Rückweg kam er an einer Friedhofsgärtnerei vorbei. Er beschloss, Uli eine Freude machen und kaufte einen Strauß roter Rosen.

In der Eckenheimer Landstraße fand Siggi ein Fotogeschäft, das ihm das Passfoto seiner Mutter, das er in seiner Brieftasche immer bei sich trug, sofort vergrößerte. Dazu kaufte er noch einen silbernen Rahmen.

Als er endlich zurück in ihrer gemeinsamen Wohnung war, gab er Uli die Rosen. »Für dich«, sagte Siggi.

Uli betrachtete die Blumen missmutig. »Was soll ich damit?«, fragte er.

»Sie sind der Ausdruck meiner Liebe zu dir.« Siggi wurde unbeabsichtigt theatralisch.

»Du weißt doch, dass ich allergisch auf echte Blumen reagiere. Die halten doch überhaupt nicht. Für so einen Quatsch so viel Geld auszugeben.« Uli schüttelte den Kopf, und Siggi war nahe daran, wieder in Tränen auszubrechen. Er packte das gerahmte Bildnis seiner Mutter aus.

»Wo kann ich das hinstellen, was meinst du, Uli? Wo kommt es am besten zur Geltung?«, fragte er.

»Nimm es doch mit in dein Büro«, schlug Uli vor. »Ich will hier jedenfalls nicht dauernd deiner Mutter in die Augen sehen müssen. Siehst du hier ein Bild von meiner Mutter? Nein, also. Komm, Tim, wir gehen Gassi.« Mit diesen Worten ließ Uli den entgeisterten und tränenblinden Siggi zurück, der mit den Blumen in der einen und dem Bild in der anderen Hand dastand und nicht wusste, wie ihm geschah.

»Jeder ist seines eigenen Glücks Schmied«, murmelte Uli im Hinausgehen.

Kapitel 50

»Ich habe immer noch nicht verstanden, warum man diesem schwulen Sven Heumüller den Stadtschreiber-Preis von Bergen verliehen hat. Seine Bücher sind doch nichts Besonderes« Paul Baum, der Schriftsteller aus Bad Homburg, der zwar in die engere Wahl für den Stadtschreiber-Preis gekommen war, hatte immer noch nicht überwunden, dass er bei der Preisvergabe von Sven mit nur einer Stimme verloren hatte. Natürlich durfte er das eigentlich nicht wissen, aber Beckstein, sein Mentor und Jurymitglied hatte es ihm unter dem Gebot der Verschwiegenheit schließlich doch anvertraut.

Nun saßen beide in der U7, die sie zur Konstabler Wache bringen sollte, wo sie in eine andere Bahn zur Frankfurter Buchmesse umsteigen wollten.

»Na, jetzt müsstest du deine Niederlage aber langsam verwunden haben. Ich habe mir seine Texte bei der letzten Lesung angehört und fand sie recht erbaulich, und nicht nur das, sondern darüber hinaus auch unterhaltsam. Er ist ein guter Erzähler. Bei manchen seiner Vorgänger hatte sich unsere Jury doch verrannt und wollte unbedingt einen originellen Schriftsteller nominieren, der mit irgendwelchen aufgesetzten Besonderheiten auffiel, die kein Leser braucht. Außerdem ist es unerheblich, ob er schwul ist oder nicht.«

»Na, hast du nicht gesehen, wo er sich rumgetrieben hat? Bei einem schwulen Sachsenhäuser Wirt. Abstoßend, wie sich die beiden Männer da angehimmelt haben. Da kannst du gar nicht hinschauen, so widerlich ist das. Ich war zufällig ein paar Mal in dem Lokal und habe die beiden gesehen, wie sie ihre Hände kaum voneinander lassen konnten.« Baum schüttelte sich vor Ekel. »Der Typ hat sich jetzt sogar zu seinem Betreuer aufgeschwungen und führt ihn bei den Lesungen vor. Ist doch unappetitlich, wie der Kranke da in seinem Rollstuhl sitzt, ihm der Sabber aus dem Mund rinnt und man nicht weiß, ob er seine eigenen Texte, die von einigen seiner Vorgänger vorgetragen wurden, überhaupt versteht.«

»Geh mal nicht so unsensibel mit dem Mann um. Den hat ein schweres Schicksal getroffen. Statt ihn niederzumachen, solltest du ihn bewundern, wie er sich nach dem langen Koma wieder aufgerappelt hat. Die ganze hiesige Presse, und nicht nur die, auch die überregionale Presse, hat sehr wohlwollend über ihn berichtet. Seine Bücher verkaufen sich nach seinem tragischen Unglück wie geschnitten Brot. Ich gönne ihm das. Wer so einen Schicksalsschlag zu verkraften hat, dem gönne ich den Ruhm.«

Paul Baum schaute ihn mit verzerrtem Gesicht an. »Hast du nicht noch vor Wochen über den miesen Schreibstil dieses Heumüllers gelästert und meine Bücher dagegen als geistreich und außergewöhnlich dargestellt? Jetzt bist du umgefallen, hast dich von der Meinung der Mitleidigen beeinflussen lassen. Ich musste da schon meine eigenen Methoden einsetzen, um gegen die verfehlte Preisverleihung an einen unwürdigen Schriftsteller ein Zeichen zu setzen. Ich habe ihn spüren lassen, dass er des Preises nicht würdig ist.« Beckstein starrte Paul Baum an. »Was meinst du mit Zeichen setzen? Wie soll ich das verstehen?«

»Glaubst du, ich lasse es zu, dass eine uneinige Jury ihm den Preis zuspricht, obwohl du ja als wichtiges Mitglied der Gruppe der Meinung warst, dass nur ich den Preis verdient hätte. Du hast mich doch glauben lassen, dass ich der nächste Stadtschreiber werde. Außerdem hätte ich das Geld gut brauchen können. Zwanzigtausend Euro sind kein Pappenstiel. Ein kleiner Schubs und er fiel vom Gerüst.«

Beckstein sah in das Gesicht eines Wahnsinnigen und wollte es nicht glauben. War Baum tatsächlich derjenige, der die mörderischen Angriffe auf Heumüller durchgeführt hatte? War er so von Hass und Neid zerfressen, dass er dessen Tod billigend in Kauf nahm, nur weil er von einer unabhängigen Jury nicht als der neue Stadtschreiber gewählt worden war? Und was hatte er gegen Schwule?

»Das hast du doch nicht wirklich getan? Bist du denn verrückt geworden? Wegen eines Literaturpreises wirst du doch nicht das Leben eines Menschen auslöschen wollen. Du weißt doch, dass jeder einen anderen Stil hat und jeder Leser einen anderen Geschmack. Sag, dass es nicht wahr ist, dass du ihn nicht töten wolltest.«

Ins Mark getroffen schrie Beckstein die Worte heraus. Er war zutiefst beunruhigt. Hatte er mit seiner anfänglichen abfälligen Einschätzung des Werkes von Sven nicht Paul Baum in seinem Urteil bestärkt, dass er besser war als der Gewinner, und ihn damit in seiner Überheblichkeit erst dazu bewegt, zur Selbstjustiz zu greifen? Dann erinnerte er sich an die Befragung durch den Polizisten. In seiner blinden Einfalt wäre es ihm nie in den Sinn gekommen, dass dessen Vermutung über Eifersucht in literarischen Kreisen keineswegs ein Hirngespinst war. Er kam sich von Paul Baum hintergangen vor. Nie hätte er ihm das zugetraut. Er war am Boden zerstört.

Einige Fahrgäste warfen verstohlene Blicke auf die beiden Kontrahenten und spitzten die Ohren.

»Was brüllst du so herum? Soll die ganze U-Bahn unsere Unterhaltung mithören?«, zischte Baum seinem Mentor wütend ins Ohr. »Natürlich habe ich das getan. Oder was glaubst du, woher die Attacken auf diesen eingebildeten und völlig überschätzten Schreiberling kamen? Das war ich, du Träumer. Das war die Strafe für sein anmaßendes Verhalten. Und dem liebeskranken Wirt habe ich auch ein paar Verbrecher auf den Hals gehetzt. Es war ja nicht mitanzusehen, wie der mit dem Heumüller da rummachte.«

Beckstein blickte verstört durch die Fenster der U-Bahn auf die Haltestelle Zoo, hatte aber kein Auge für die heiteren Arche-Noah-Motive an den Wänden der Station, die in kunstvollen Mosaikmalereien das Auge der Reisenden erfreuen sollten. Dieser Kerl war krank, zerrissen vor Eifersucht und Neid. Paul war ein exzellenter Schriftsteller, das wusste er. Aber dass sein Hass auf Sven Heumüller ihn zu einer solch barbarischen Tat getrieben hatte, konnte er nicht begreifen. Dieser Kerl gehörte hinter Schloss und Riegel, am besten in die Psychiatrie, dieser mörderische Psychopath. Sein Inneres war in Aufruhr.

An der Konstabler Wache mussten sie die U7 verlassen, um mit einer anderen Bahn zur Buchmesse auf das Messegelände zu fahren. Mit schnellen Schritten sprang Baum aus der Bahn, während sich Beckstein benommen vom Sitz hochquälte und langsam aus der Tür trat.

»Beeil dich, wir haben Glück, die S2 kommt gerade hereingefahren.«

Paul Baum drehte sich zu Beckstein um und übersah, dass eine junge Frau ihren großen Rollkoffer direkt hinter ihn abgestellt hatte. Als er sich umwandte, stolperte er über den Koffer und fiel auf ihn. Angetrieben vom Schwung des heftigen Aufpralls setzte sich der Koffer, auf dem Paul Baum hilflos wie ein großer Käfer klebte, wie ein Geschoss in Richtung der Schienen in Bewegung. Beckstein machte einen Satz und packte Baum an einen Fuß während er selbst zu Boden fiel. Er sah, wie Paul mit dem Oberkörper bereits über dem Bahnsteig im Gleisbett des nun schon mit stark verminderter Geschwindigkeit einfahrenden Zuges hing. Der Wucht des nach vorn schießenden Koffers konnte er nur seine äußerste Kraftanstrengung entgegensetzen. Doch er hielt, wobei er selbst von der in Bewegung gesetzten Massenträgheit unaufhaltbar an den Rand des Bahnsteigs gezogen wurde.

Nur den Bruchteil einer Sekunde brauchte Beckstein um abzuwägen, welche unangenehmen Konsequenzen das Geständnis von Paul für ihn selbst haben würde, wenn die Polizei ihn befragte. Er war mit dem psychopathischen Täter befreundet und hatte ihm darüber hinaus, entgegen den eisernen Regeln der Jury, erzählt, dass er in die nähere Auswahl für den Stadtschreiberpreis gekommen war, wahrscheinlich sogar den Preis gewinnen würde. Dass Baum daraufhin aus kranker Eifersucht dem tatsächlichen Gewinner nach dem Leben trachten würde, das hatte er ja nicht ahnen können. Durch seine eigene Schwatzhaftigkeit hatte er das Unheil heraufbeschworen.

Seine Überlegungen waren noch zu keinem Ende gekommen, als seine Hände, die den ungewöhnlich großen Fuß seines Zöglings umklammerten, die Entscheidung vorwegnahmen. Sie lösten sich wie von selbst, entzogen sich der vorwärtsdrängenden Bewegung. Wie unter Zwang gab er dem auf dem Koffer dahinfliegenden Paul noch einen kaum merklichen Stoß in Richtung der einfahrenden Bahn. Er wollte kein Risiko eingehen.

Mit einem lauten Krachen schlug der Koffer auf die Schienen. Der Zugfahrer machte eine ohrenbetäubende Notbremsung. Paul Baum rutschte unter die langsam rollenden Räder, wo er mit einem letzten gellenden Schrei sein Leben hinausschrie. Ein vielfältiger Aufschrei des Entsetzens löste sich aus den Mündern der umstehenden Personen, dem ein Moment der absoluten Stille folgte.

Beckstein erhob sich wie betäubt. Mit ausdrucksloser Stimme sagte er zu den Umstehenden: »Ich hatte keine Kraft mehr, ihn zu halten. Ich konnte nicht mehr. Das werde ich mir nie verzeihen.«

Kapitel 51

Annalenes Vater Marcel Wienhold, der Bruder des Verstorbenen, war mit seiner Frau aus Spanien angereist, um an der Trauerfeier teilzunehmen. Sie hatte sich bei ihm eingehängt. Ihre auffälligen roten Haare, die sie bis ins Alter behalten hatte, waren weithin sichtbar. Die bekannte Opernsängerin gab auch heute noch gelegentlich umjubelte Gastauftritte. Annalenes Blick fiel auf die Haarpracht ihrer Mutter. Mit einem wehmütigen Lächeln dachte sie an ihre Kindheit, als die Welt noch fast in Ordnung gewesen war. Damals hatte sie aufgrund der roten Haare der Mutter mit dem Spottnamen *Hexenkind* zu kämpfen gehabt. Annalene trug einen schwarzen Hosenanzug, dazu hochhackige schwarze Lackpumps.

Siggi musste sich erst einen schwarzen Anzug kaufen. Er hatte Uli gebeten, ihn zu begleiten und beim Kauf zu beraten.

»Du wirst dir doch wohl noch alleine einen Anzug kaufen können, jetzt mach aber mal halblang.«

Das waren Ulis Worte gewesen. Siggi hatte daraufhin Annalene gefragt, ob sie mit ihm zu Peek & Cloppenburg gehen könnte. Ohne zu zögern hatte sie dem gemeinsamen Stadtgang zugestimmt. Anschließend waren sie noch Kaffeetrinken gewesen und hatten sich ihre gegenseitige Sympathie und Unterstützung versichert.

Uli quälte sich in einen alten dunkelgrauen Anzug, der ihm schon recht eng war. Auch seine schwarzen Schuhe zeigten sich eher als ausgelatschte bequeme Treter als dem Anlass entsprechend.

Agnes, Wienholds Haushälterin, die Nachbarn und viele Mitarbeiter des Bankhauses waren anwesend. Man hatte sich vor der Trauerhalle getroffen.

Kurz vor Beginn der Zeremonie tippte Uli Siggi auf die Schulter und meinte, dass er ein paar Schritte gehen müsse, denn er habe einen Krampf im Fuß. Er sei gleich zurück.

In der Trauerhalle standen beide Särge nebeneinander. Auf Dorotheas Sarg lag ein Kranz weißer Lilien. Jean-Pauls Eichenholzsarg war mit einem Bouquet schwarzer Rosen bekrönt. Die Trauergemeinde nahm ihre Plätze ein.

Nach bewegenden Worten des Geistlichen sprach Marcel Wienhold über das Leben der beiden Brüder. Auch Siggi trat vor und verlas mit tränenerstickter Stimme einen Nachruf auf seine geliebte Mutter, der er so vieles verdanke, deren Lebensmittelpunkt, nach dem Tode seines Vaters, immer nur er gewesen sei und die nun ihr spätes Glück mit dem Tod bezahlt habe und ihn alleine in dieser kalten Welt zurückgelassen habe. Siggis Stimme brach. Er musste sich setzen. Annalene reichte ihm ein Taschentuch.

Begleitet von der einsamen Bassstimme eines Sängers der Oper Frankfurt, wurde ein Sarg zum geöffneten Grab der Familie Wienhold getragen.

Siggis Gedanken glitten zurück zur Beerdigung seines Geliebten Sascha, bei der er sich auf dessen Vater Jean-Paul Wienhold gestürzt und ihn geohrfeigt hatte. In nur wenigen Monaten hatte sich das Blatt entscheidend gewendet. Nun stand er im Mittelpunkt des Geschehens. Als Siggi Erde auf den Sarg warf, zitterte er so extrem, dass ihn helfende Hände festhalten mussten.

Der anschließende Leichenschmaus fand im *Frankfurter Hof* statt.

Als Siggi am späten Nachmittag zurück nach Sachsenhausen kam, stand Uli schon hinter der Theke. »Wo warst du denn?«, fragte Siggi. »Ich habe dich während der Trauerfeier kein einziges Mal zu Gesicht bekommen.«

Uli zuckte nur die Schultern. »Ist doch unwichtig, ob du mich gesehen hast oder nicht. Das heute war doch der Tag deiner Mutter. Zieh jetzt mal den schwarzen Anzug aus.«

Uli hatte sich gedrückt und war nach Hause gefahren.

Kapitel 52

Nach der Beerdigung seiner Mutter legte sich Siggi zu Hause auf die Couch und trauerte. Erst jetzt, nachdem seine Mutter im Sarg lag, wurde ihm bewusst, dass er eine Waise war. Nie mehr konnte er zu seiner Mutter eilen und sich von ihr trösten lassen, nie mehr würde er bei ihr in der Wohnküche die von ihm so geliebten Leibgerichte essen. Er war jetzt ganz allein auf dieser Welt. Ein Bruder seiner Mutter lebte in Hamburg. Der stammte allerdings aus der ersten Ehe seines Großvaters und war schon so alt und klapprig, dass er nicht zur Beerdigung hatte kommen können. Außerdem hatte seine Mutter auch keine Verbindung mehr zu ihm gepflegt. Siggi war der Einzige aus seiner Familie, der ihr ein letztes Lebwohl hatte sagen können. Jetzt war er wirklich mutterseelenallein. Unaufhaltbar liefen ihm die Tränen über das Gesicht. Er fühlte sich schrecklich verloren. Und dazu noch das gefühllose Verhalten von Uli. Ein tiefer Schluchzer über dessen kalte Reaktion entfuhr seiner Brust. Ach, würde er doch auch sterben. Was wollte er noch auf dieser Welt?

Vergeblich suchte er in seiner Hosentasche nach einem Taschentuch. Schließlich wälzte er sich schwerfällig von der Couch und wankte ins Bad, als Uli die Tür zum Wohnzimmer öffnete und nach ihm schaute. Bei Ulis Anblick konnte sich Siggi nicht länger halten und brach in lautes Weinen aus.

Uli ging auf ihn zu, fasste ihn an der Schulter, umarmte ihn, sprach leise tröstende Worte wie zu einem Baby und zog ihn auf die Couch.

»Ich weiß, wie du dich fühlst, Siggi. So wie du habe ich auch um meine Mutter geweint, als sie vor acht Jahren gestorben ist. Warum glaubst du, wollte ich bei der Trauerfeier deiner Mutter nicht dabei sein? Es hätte mich in Stücke gerissen, weil ich immer nur an meine eigene Mutter gedacht hätte. Ein weinendes Wrack wäre ich gewesen, nicht ansprechbar. Diesen Anblick wollte ich dir und dem Rest der Trauernden ersparen. Ich bin ja genau wie du das einzige Kind meiner Eltern. Wenn das letzte Band zerreißt und dir wird bewusst, dass du jetzt alleine, ohne den fürsorglichen Blick deiner Mutter durch die Welt gehen musst, ist das eine ungeheuerliche Erkenntnis. Du begreifst auf einmal, dass zwischen dir und dem Tod keine Schranke mehr ist. Aber lass gut sein, mein Lieber. Jetzt schmerzt es noch unerträglich. Aber mit jedem Tag verliert der Schmerz ein wenig von seiner Schärfe. Ich weiß, das kommt dir jetzt blöd vor, aber Gott in seiner unendlichen Weisheit hat das schon gut geregelt«.

Siggi durch die unerwartet liebevollen Worte von Uli ganz verzaubert und tief berührt, konnte nicht anders, als noch lauter zu weinen.

»Weine ruhig, lass alles raus. Halte die Tränen nicht zurück. Wir haben noch eine extra große Packung Taschentücher da. Komm, ich trockne meinem großen Baby die Tränen ab. Plärr ruhig noch ein bisschen weiter. Das tut dir gut«. Uli wiegte Siggi sanft hin und her und küsste ihm die Tränen von den Wangen.

Siggi boxte Uli in die Rippen. »Machst du dich schon wieder über mich lustig?«, sagte er weinerlich, unterbrochen von heftigen Schluchzern, die seinen ganzen Körper durchschüttelten.

»Nein, ich mache mich nicht lustig über dich. Schau doch, auch ich habe deine Mutter sehr gemocht. Sie war eine nette und gütige Person und sie hat dich sehr geliebt. Ich bin sehr traurig, dass sie nicht mehr lebt. Aber du siehst, das Schicksal nimmt keine Rücksicht auf unsere Wünsche. Komm, wir trinken nur einen ganz kleinen Schluck von meinem wunderbaren Cardhu. Der wird uns beide trösten. Ich muss aber gleich das Lokal öffnen. Wenn du dich einigermaßen fühlst, dann komm runter. In Gesellschaft kann man leichter vergessen.«

Nach dem Whisky erhob sich Uli, tätschelte Siggi die Schulter, warf ihm noch einen aufmunternden Blick zu und eilte die Treppen hinunter in sein Gasthaus.

Siggi lehnte sich zurück, trocknete seine Tränen und fühlte sich wunderbar getröstet von Ulis liebevollen Worten. Hin und wieder bahnte sich noch ein letzter Schluchzer den Weg aus seiner verspannten Brust. Jetzt kannte er den Grund für sein Fernbleiben von der Beerdigung. Dabei hatte er ihm Gefühllosigkeit unterstellt. Wieder einmal hatte er das gute Herz von Uli unterschätzt.

Derweil strömten die Gäste ins *Kleine Wirtshaus* und im Nu waren die besten Plätze an der Theke besetzt. Als Mira kam, war dort kein Platz mehr frei. So setzte sie sich an einen der kleinen Zweiertische, die gegenüber dem Tresen standen. Sie wollte Uli als Dank für sein geschicktes Vorgehen beim Entwenden von Heriberts Handy ein kleines Geschenk überreichen. Das hatte er sich wirklich verdient. Als er zu ihr kam und sie fragte, was sie trinken wolle, sagte sie schelmisch: »Ein Glas Weißburgunder. Du weißt doch, von dem tollen Weißen, den du bei deiner Weinreise durch das Elsass im letzten Jahr bei einem der nobelsten Winzer eingekauft hast.«

»Lass deine Witze, Mädel. Du weiß doch, dass mein Weinsortiment relativ klein ist. Klein aber fein! Mach du dich nur lustig über meine Weine. Seitdem du mit diesem wohlhabenden Lobesang verbandelt bist, haben sich deine Ansprüche wohl in die Höhe geschraubt«.

Uli fühlte sich etwas angekratzt. Sein Lokal hatte keine große Weinkarte. Was hieß überhaupt Weinkarte? Es gab einen weißen, einen roten und einen Rosé. Das war's. Die hatte er selbst nach seinem eigenen guten Geschmack ausgesucht und er war fest davon überzeugt, eine hervorragende Auswahl getroffen zu haben, die allen Gästen gut zu schmecken hatte. Mehr Auswahl würde nur schaden.

»Wo ist er denn, dein Manfred? Oder bist du heute mal wieder alleine da? Du weißt, ich sehe dich immer gerne hier. Allein oder mit deinem Anwalt. Also einen Weißen willst du. Kommt gleich«.

»Warte Uli, bleib mal hier, ich habe noch ein kleines Geschenk für dich. Dafür, dass du Heribert das Handy abgenommen hast. Du glaubst ja nicht, was für eine Erleichterung das für mich war. Jetzt bin nur ich im Besitz der furchtbaren Fotos. Für deine Hilfe möchte ich mich ganz herzlich bedanken. Und Manfred kommt etwas später. Er musste wegen einer Scheidungssache noch eine Extrarunde im Büro einlegen. Übrigens, er weiß nichts von den Fotos und ich würde dich sehr herzlich bitten, dass du dieses Thema ihm gegenüber auch nie erwähnst.«

Uli schaute sie etwas erstaunt an, aber dann sagte er sich, dass es ihre Sache war. Wenn Mira das nicht wollte, dann hatte sie ihre Gründe, und die würde er respektieren.

Mira griff zu ihrer kleinen Tasche, die sie auf dem Heizkörper neben sich deponiert hatte. Beim Zufassen entglitt sie ihr und rutschte hinter den Heizkörper. Als es ihr schließlich gelang, sie zu packen sah sie, dass sie nicht nur ihre Tasche, sondern auch ein Buch in der Hand hielt, das vielleicht schon länger hinter der Heizung gelegen hatte.

Sie reichte Uli zunächst das Geschenk und dann das Buch und fragte, ob es ihm gehöre. Uli verneinte, schaute aber einmal hinein, ob etwa eine Widmung auf den Besitzer hinwies, aber da war nichts. Auf der Rückseite war ein Porträt des Verfassers. Uli ging unter das helle Licht des Tresens und besah sich kurz das Bild. Nein, den kannte er nicht. Paul Baum hieß der Schriftsteller. Noch nie gehört. Das Foto zeigte den Schriftsteller mit kurzgeschnittenem Haar im Profil, wie er etwas gekünstelt mit der linken Hand sein Kinn stützte. Uli betrachtete das Bild etwas genauer. Irgendwie kam ihm dieses Profil nun doch bekannt vor. Und dann sah er es. Auf Baums Hand war eine Narbe, dieselbe helle Narbe, die er bei dem Mann im Krankenhaus erkannt hatte, während er darauf wartete, dass Benedicta ihn zu Sven ins Zimmer ließe. Er schaute näher hin. Das war doch der Mann, der die Anschläge auf Sven verübt hatte. Auf dem Foto war der Mann allerdings ohne Basecap abgebildet. Ungläubig blickte Uli sich um, dann wieder auf das Porträt. Tatsächlich, das war die Hand mit der Narbe, die er in der Klinik gesehen hatte. Er war sich sicher. Und war das nicht auch der stumme Typ, den er mehrfach in seiner Kneipe gesehen hatte? Hatte dieser miese Kerl vielleicht den beiden Ganoven, die ihn überfallen hatten, den Tipp über Ulis gutgefüllte Brieftasche gegeben? Was sollte er tun? Sein Herz fing an zu rasen. Er wusste jetzt, wer der Täter war. Dieser Kriminelle musste unbedingt gefasst werden, bevor er wieder zuschlug. Er musste Saleh anrufen, und zwar sofort.

Kapitel 53

Khalil saß im Wohnzimmer bei seiner Freundin Brigitte und trank seinen geliebten Rheingauer Riesling, während sie ihre Augen nicht von dem Ring mit dem Diamanten lassen konnte, der im Schein der Lampe an ihrem Finger funkelte. Mit diesem Geschenk hatte sie nicht gerechnet. Sie war gerührt. Ein Zeichen meiner Liebe, hatte er gesagt, nachdem er ihr die kleine Schatulle in die Hand drückte. Beim Anblick des goldenen Rings hatte sie vor Freude aufgeschrien und war ihm um den Hals gefallen. Diese Überraschung war Khalil gelungen. Einen Augenblick dachte er an seinen auf außerehelichen Pfaden wandelnden Vater und schwor sich, dass er Brigitte immer treu sein würde. Eigentlich wollte er ihr mit dem Ring jetzt schon einen Heiratsantrag machen, hatte dann aber beschlossen, dies während der demnächst geplanten Reise in die Toskana zu machen.

Er wusste nur nicht, wie er das seiner strenggläubigen Mutter beibringen sollte, dass er die Hochzeit frei von jeglicher Religion, nur wie ein fröhliches Fest feiern wollte. Immerhin hatten er und Brigitte schon je eine Heirat hinter sich und wollten nur standesamtlich heiraten. Hoffentlich bestand seine Mutter nicht darauf, die zahlreiche Verwandtschaft aus Jordanien einzuladen, sondern nur ein paar nahestehende Familienangehörige. Er musste unbedingt mit seiner Schwester Fatma reden. Die hatte sicherlich einen Rat, wie er das mit seinen Eltern am besten lösen könnte. Fatma und ihr Mann kannten Brigitte und mochten sie beide. Khalil sagte sich, dass man es nicht allen recht machen konnte.

Aber dass er wegen der geplanten Heirat mit Brigitte noch Probleme mit seiner Mutter bekommen würde, diesen Gedanken verdrängte er erst einmal.

Brigitte, die nicht ahnte, mit welch fundamentalen Gedanken Khalil sich gerade beschäftigte, kuschelte sich an ihn, zog seinen Kopf zu sich und wollte ihn gerade küssen, als sein Handy klingelte.

Genervt zog Khalil das Handy aus der Hosentasche und meldete sich. Als er die Stimme erkannte, verzog sich sein Gesicht.

»Was gibt es denn? Hat das nicht Zeit bis morgen, wenn ich im Büro bin? Ach, Sie meinen, das könnte der Täter sein? Wie kommen Sie darauf?« Elektrisiert sprang Khalil auf und wurde zusehends aufmerksamer, je mehr Uli ihm von seiner Entdeckung berichtete.

»Nennen Sie mir noch einmal den Namen des Schriftstellers. Paul Baum heißt er und kommt aus Bad Homburg. Ist mir jetzt nicht bekannt. Ich rufe nachher mal bei meinen diensttuenden Kollegen im Präsidium an, ob irgendetwas zu dieser Person vorliegt. Auf jeden Fall bin ich gleich bei Ihnen. Hoffentlich bilden Sie sich das mit dem Schriftsteller nicht nur ein. Ich würde ungern wegen einer Falschmeldung aus meiner knappen Freizeit aufgeschreckt werden.«

Schuldbewusst schaute Khalil zu Brigitte. »Schätzchen, das tut mir heute Abend ganz besonders leid, dass ich gehen muss. Aber du weißt doch, dass mir dieser Fall unter den Nägeln brennt. Endlich eine heiße Spur. Die ganze Zeit nicht ein einziger brauchbarer Hinweis, und nun vielleicht der entscheidende Tipp. Bitte, verzeih mir, wir holen das ganz bestimmt nach.«

Mit diesen Worten griff er zu Jackett und Schlüsselbund, zog Brigitte an sich, drückte ihr einen kurzen harten Kuss auf die Lippen und war schon durch die Tür verschwunden.

Enttäuscht blieb Brigitte allein zurück. Aber der Blick auf den Ring ließ keinen Zorn über seinen überstürzten Abgang aufkommen. Ein Zeichen seiner Liebe. Sie war es ja gewohnt, dass er in seinem Job immer auf dem Sprung war. Ärgerlich war es trotzdem. Wo sollte sie jetzt mit ihrer ganzen Zärtlichkeit hin? Vielleicht kam er ja noch so zeitig zurück, dass er in ihr warmes Bettchen schlüpfen konnte.

Khalil raste mit überhöhter Geschwindigkeit vom Westend nach Sachsenhausen, stellte sich mit quietschenden Bremsen gegen alle Vorschriften des Straßenverkehrs vor das *Kleine Wirtshaus* und stürzte in das Lokal. Uli erwartete ihn schon.

»Hier, hier sehen Sie, das ist der Kerl. Und da, auf dem Handrücken, sehen Sie es, da ist die längliche weiße Narbe, die ich auf jeden Fall damals im Unfallkrankenhaus gesehen habe. Ich schwöre, das ist der Typ.«

»Und Sie sind sich ganz sicher?« Khalil konnte gar nicht glauben, dass Uli so sicher war. »Wenn Sie sich hundertprozentig sicher sind, dann rufe ich meine Kollegen an und frage, ob vielleicht der Name Paul Baum bei ihnen aktenkundig ist.«

Die Antwort der Kollegen kam unerwartet schnell. Khalil drückte auf den Lautsprecher, so dass Uli mithören konnte. Paul Baum sei gestern bei einem selbstverschuldeten S-Bahn-Unglück ums Leben gekommen. Es hätte in allen Zeitungen gestanden. Ob sie nichts davon gehört hätten. Vor Überraschung blieb beiden der Mund offenstehen.

Sie schauten sich an. Natürlich hatten beide von dem tragischen Unfall an der Haltestelle Konstabler Wache gehört. Aber der Name Paul Baum war ihnen nicht bekannt gewesen und hatte bei ihnen daher auch zu keiner Reaktion geführt.

»Ich muss unbedingt ins Präsidium und veranlassen, dass von dem Verstorbenen noch die Fingerabdrücke genommen werden. Erst wenn die vom Gerüst mit denen von dem Toten übereinstimmen, kann ich mit Gewissheit sagen, dass er die Mordanschläge auf Herrn Heumüller begangen hat.«

Als er über die Eschersheimer Landstraße in Richtung Polizeipräsidium raste, machte er sich Gedanken über diesen verrückten Fall. Ganz glücklich war er mit dessen Auflösung nicht, denn wenn alles stimmte, was ihm dieser Wirt erzählt hatte, war es wieder einmal der Zufall, der ihm zu Hilfe kam, statt eigener Recherchen. Das ärgerte ihn mächtig. Damit konnte er seine Karriere nicht sonderlich befördern. Hoffentlich stimmten die Fingerabdrücke auch wirklich überein. Morgen früh würde er es wissen.

Nach einem weiteren Gespräch mit seinen Kollegen setzte er sich ins Auto und fuhr zurück zu Brigitte. Sie lag schon im Bett. Als er das Schlafzimmer betrat, hob sie auffordernd die Decke. Khalil sank in das warme Bett in die offenen Arme von Brigitte. Das Leben war doch schön.

Kapitel 54

Das Geschenk, das Mira Uli überreicht hatte, lag unbeachtet auf dem Tresen. Uli war durch die Erkenntnis, dass der ihm unbekannte Schriftsteller Paul Baum der mutmaßliche Täter war, und die Ankunft von Saleh so in Anspruch genommen, dass er außer einem knappen Dankeschön keinen weiteren Kommentar zu dem luxuriösen Brillenetui einer französischen Nobelmarke mit seinem in Goldlettern eingravierten Namen von sich gegeben hatte.

Als daher Miras Freund Manfred kam und Uli noch immer mit dem Hauptkommissar zugange war, beschlossen sie, woanders hinzugehen. Nicht, weil sie es Uli übelnahmen, dass er sie nicht beachtete, sondern weil zu viel Hektik in der Kneipe herrschte.

Nach einigem Überlegen beschlossen sie, in die Gerbermühle zu gehen, in der schon Goethe in einer zärtlichen Liebschaft verstrickt war. Hier in der Bar des Restaurants hatten sie sich ineinander verliebt.

Schon beim Eintritt überfiel Mira wieder dieses süße, sinnverwirrende Gefühl der Verliebtheit, das sie seit damals für Manfred empfand. Sie schaute ihn an. Sein wissendes Lächeln sagte ihr, dass auch er sich an diesen magischen Abend erinnerte. Sie setzten sich, und unter ihren Füßen gab der Glasboden die Sicht frei auf ein altes Gemäuer, das früher, als Goethe hier im Hause der Willemers verkehrte und ein inniges Verhältnis zu Marianne von Willemer pflegte, sicherlich einmal ein Keller gewesen war. Sie schauten sich verliebt an. Das Kribbeln im Bauch und das Gefühl des Zueinandergehörens ließen Mira das Blut in die Wangen steigen. Sie war glücklich mit Manfred und sie fühlte, er war es auch. Nach Wochen extremster Sorgen, in denen sie unschuldig unter Mordverdacht gestanden hatte, ihre Ehe mit Heribert scheiterte, war sie in ein schwarzes Loch gefallen aus dem es kein Entrinnen zu geben schien.

Dann die glückliche Wende, dass Manfred ihr Verteidiger wurde und sie sich ineinander verliebten. Der Spruch vom ausgleichenden Schicksal kam ihr in den Sinn.

Sie bestellten die gleichen Getränke wie beim ersten Mal. Für sie den samtigen Rotwein Malbec aus den argentinischen Anden und für ihn einen Gin Tonic.

Mira wollte den Abend genießen, aber unwillkürlich musste sie an die verstörenden Bilder denken, die auf dem Handy von Heribert, ihrem Noch-Ehemann, gespeichert waren. Gott sei Dank lag es jetzt gut versteckt bei ihr zu Hause. Aber sie hatte es bisher nicht über sich gebracht, Manfred von den Nacktfotos zu erzählen. Vielleicht würde er sie überreden, Heribert bei der Polizei anzuzeigen. Das aber wollte sie auf keinen Fall. Der Mordverdacht, unter dem sie viele Wochen im Frühjahr gestanden hatte und die ständigen Vernehmungen durch die Polizei hatten sie bis an die Grenze ihrer Belastbarkeit gebracht. Sie wollte nicht noch einmal in eine solche Situation kommen. Ihr ganzes Leben war damals ein einziges Chaos. Nein, sie wollte sich in einer solchen Sache nicht an die Polizei wenden. Ein Herumschnüffeln der Polizei in ihren intimsten Angelegenheiten war ihr zutiefst zuwider. Ja, es war strafbar, dass Heribert ihr K.-O.-Tropfen verabreicht hatte und ja, Heribert sollte dafür eine Strafe bekommen. Aber nicht um den Preis, dass sie vor der Polizei ihr Innerstes nach außen kehren musste. Außerdem hatte er sie nicht während ihrer Bewusstlosigkeit vergewaltigt. So unvorsichtig war er nicht gewesen. Er hatte keine Gewalt angewendet. Wahrscheinlich wollte er sie nur demütigen oder ihr drohen, dass er die Fotos unter die Leute bringen könnte. Wenn sie daran dachte, wurde sie fast verrückt vor Scham und Zorn. Nur gut, dass sie jetzt im Besitz der Fotos war. Löschen wollte sie die Fotos aber auch nicht. Wer weiß, ob sie die nicht noch einmal brauchen könnte. Für was, das wusste sie im Moment auch nicht zu sagen.

»Mira, Liebes, was hast du? Du schaust auf einmal so böse drein? Geht es dir nicht gut«?

Schnell begrub Mira ihre finsteren Gedanken. »Nein, ich dachte nur daran, wie miserabel es mir damals ging, als wir uns hier das erste Mal getroffen haben. Ich hätte ja auch im Gefängnis landen können.«

Um nichts in der Welt würde sie die Fotos jetzt ansprechen. Nicht jetzt und nicht in Zukunft. Dieses Geheimnis würde sie mit ins Grab nehmen.

»Ach nein, sicher nicht, das hätte ich zu verhindern gewusst, mein Schatz. Mein kleines Unschuldslämmchen.« Manfred strich ihr übers Gesicht, zog sie an sich und küsste sie zärtlich.

Mira fühlte sich von Manfreds Liebe so umfangen, dass sie sich entschlossen streckte, ihre Sorgen abschüttelte und sich endlich dem Zauber des Abends hingeben konnte.

Später, als sie in seiner Wohnung waren, legte er eine CD auf und bei einem Glas Rotwein und seinen immer fordernder werdenden Küssen vergaß Mira alle quälenden Gedanken an die Fotos und versank in einen süßen Taumel voller Sehnen, Verlangen und Leidenschaft.

Kapitel 55

Am nächsten Morgen schlüpfte Khalil frühzeitig aus dem warmen Bett bei Brigitte und eilte zu ihrer Enttäuschung und ohne gemeinsames Frühstück ins Präsidium. Er konnte es nicht erwarten, die Ergebnisse des Fingerabdruckabgleichs zu erfahren. Sie lagen aber noch nicht vor. Dann ließ er sich von seinen Kollegen die Unterlagen zu dem Unfall an der Konstabler Wache bringen. Sorgfältig las er sie durch. Es war also tatsächlich ein Unfall. Alle befragten Zeugen waren sich einig, dass Baum aufgrund einer Verkettung unglückseliger Zufälle zu Tode gekommen war und dass sein Begleiter, Herr Beckstein, noch heldenhaft versucht hatte, ihn am Bein festzuhalten, bevor er unter die Bahn geriet. Die Besitzerin des Rollkoffers hatte ebenfalls einen Schock erlitten und musste sogar ins Krankenhaus eingeliefert werden.

Nachdem Saleh das Protokoll gelesen hatte, bat er darum, dass man Herrn Beckstein, den Bekannten von Baum, der mit ihm in der U-Bahn gesessen hatte, ins Präsidium einbestellen solle.

Zu seiner Enttäuschung musste er hören, dass der Begleiter von Paul Baum wegen eines Schocks nicht ansprechbar wäre. Anscheinend hatte er den grausigen Unfall nicht gut verdaut. Jetzt aber hatte Khalil Blut geleckt und wollte unbedingt an dem Fall dranbleiben. Er beschloss, Beckstein selbst überfallartig in seinem Haus aufzusuchen. Schließlich war er der Letzte, der Paul Baum noch lebend gesehen hatte.

Inzwischen war auch der Bericht über die Fingerabdrücke eingetroffen. Tatsächlich waren sie identisch. Saleh zog die

Luft geräuschvoll durch die Zähne. Das war's! Da hatte dieser schwule Wirt doch recht gehabt. Paul Baum war tatsächlich der Täter. Und keiner hatte diesen Typen auf dem Plan gehabt, so geschickt hatte er sich verhalten und so wenig effizient hatte sein eigener Stab gearbeitet. Diesen Vorwurf musste er sich als Leiter selbst anlasten. Jetzt war Baum tot und konnte ihm keine Aufklärung über die Gründe seiner Anschläge liefern. Vielleicht wusste Beckstein mehr über Baum. Das würde er jetzt herausfinden.

Er ließ sich die Adresse von Beckstein in Bergen-Enkheim geben und machte sich auf den Weg. Als er an dessen Haustür klingelte, dauerte es eine Weile, bis sich eine männliche Person von ungefähr fünfundsechzig Jahren mit grauem Haar und unauffälliger Brille mit schlurfenden Schritten näherte, die Tür öffnete und mit angstvollen Augen auf Khalil starrte.

»Guten Tag, ich bin Hauptkommissar Saleh von der Mordkommission. Sie sind Herr Beckstein, nicht wahr? Mein Kollege, Herr Wilson, hatte Sie ja schon einmal befragt. Jetzt gibt es aber neue Erkenntnisse und da wollte ich mal hören, ob Sie mir helfen können.«

Auf das bejahende Nicken seines Gegenübers fuhr Saleh fort: »Sie waren doch dabei, als Herr Baum vorgestern unter die Räder der S-Bahn an der Konstabler Wache kam. Darüber wollte ich mich mit Ihnen unterhalten. Kann ich hereinkommen? Hier ist übrigens mein Ausweis.«

Zögerlich bat Beckstein ihn ins Haus. Er wagte nicht darauf zu beharren, dass er noch unter Schock stehe und daher nicht vernehmungsfähig sei, sondern führte Saleh in das Wohnzimmer, in dem eine schlanke und gut gekleidete Dame, Becksteins Frau, saß. Ihr Mann stellte sie kurz vor.

»Könnten wir ein Gespräch unter vier Augen führen?«

Khalil blickte auf Frau Beckstein, die sich, unangenehm berührt von Salehs Wunsch, vom Sessel erhob und ihm sagte: »Mein Mann und ich haben keine Geheimnisse voreinander.«

»Das glaube ich Ihnen gern, ich würde trotzdem gern nur mit Ihrem Mann sprechen.«

Frau Beckstein brachte Saleh ungefragt eine Tasse Kaffee, ging dann offensichtlich unwillig aus dem Wohnzimmer und rief ihrem Mann zu, dass sie zum Rewe einkaufen ginge. Ob er irgendetwas Besonderes wünsche.

»Nein danke, meine Liebe. Bis später«, brummelte ihr Mann und schloss die Tür.

»Das muss ja ein furchtbarer Schock gewesen sein, als Herr Baum vor Ihren Augen unter den Rädern der S-Bahn zu Tode kam. Woher kannten Sie ihn eigentlich?«

Umständlich und zögernd kamen die Worte aus Becksteins Mund. Der Schock musste tief sitzen. Saleh kam es vor, als müsse er jedes einzelne Wort aus ihm herauspressen.

»Herr Baum war also bei der Entscheidung der Jury für den diesjährigen Stadtschreiber ein Konkurrent für Sven Heumüller, habe ich Sie recht verstanden?«.

Saleh musste selbst eine Zusammenfassung der spärlichen Angaben von Beckstein machen, um sich zu vergewissern, dass er alles richtig verstanden hatte.

»Ja, so war es«, murmelte Beckstein.

»Wissen die Autoren, dass sie in die engere Wahl kommen?«

»Nein, normalerweise nicht.«

»Auch Paul Baum wusste nicht Bescheid, dass er in die engere Wahl gekommen war?

»Nein, es sei denn, dass es ihm unerlaubterweise einer aus der neunköpfigen Jury mitgeteilt hätte.«

»Stellen wir uns doch einmal vor, irgendeiner aus Ihrer Jury hat es Herrn Baum gesteckt, dass er der Favorit bei der Preisverleihung ist. Könnte es denn sein, dass Paul Baum auf Herrn Heumüller eifersüchtig war, weil schließlich nicht er, sondern Heumüller den renommierten und gut dotierten Stadtschreiberpreis gewonnen hat? Könnte ihn dies so enttäuscht haben, dass er versucht hat, ihn aus Missgunst zu ermorden? Haben Sie eine

Ahnung, ob ihn die Entscheidung der Jury so geärgert hat, dass er sich an ihm rächen, ja ihn sogar töten wollte? Sie kannten ihn doch recht gut. War er ein solcher Typ, dass er einen Mord aus gekränkter Eitelkeit hätte begehen können?«

Darauf konnte ihm Beckstein keine Antwort geben. Aber eigentlich könne er sich das nicht vorstellen.

»Wie war Ihre Beziehung zu Paul Baum? Kannten Sie den Schriftsteller schon, bevor Sven Heumüller zum Stadtschreiber gewählt wurde? Und wieso saßen Sie zusammen mit Paul Baum in der U-Bahn?«

»Das war reiner Zufall, wir sind ja beide Schriftsteller und haben uns bei diversen Lesungen hin und wieder gesehen. Jetzt, anlässlich der Frankfurter Buchmesse, hatten wir uns verabredet, zusammen dorthin zu gehen. Es war eine sehr lose Beziehung. Eine Freundschaft war es nicht.« Beckstein tat alles, um sein Verhältnis zu Paul Baum kleinzureden.

Diesen Eindruck jedenfalls hatte Saleh. »Es muss schlimm für sie gewesen sein, Ihren Bekannten tot unter den Rädern der Bahn liegen zu sehen. Sie haben ihn ja noch einen Moment festhalten können.«

»Ich habe ihn solange festgehalten, bis ich keine Kraft mehr hatte. Aber der Zug an meinem Arm war so stark, dass ich ihn nur einen kurzen Augenblick halten konnte. Es war ein schrecklicher Anblick, wie er unter den Rädern lag. Ich wurde ohnmächtig. Der Notarzt hat mir gleich eine Spritze gegeben. Ich fühle mich auch jetzt noch sehr angeschlagen. Können wir unser Gespräch beenden? Ich habe Ihnen alles gesagt, was ich weiß.«

Fahrig stand er auf und stieß dabei seine Kaffeetasse um, deren Inhalt sich auf den schönen beigen Teppichboden ergoss. Er rannte in die Küche und brachte einen Lappen, mit dem er verzweifelt den braunen Fleck auf dem Teppich schrubbte. In seiner Aufgeregtheit stieß er an ein Tischbein und brachte auch die Tasse von Saleh zum Umkippen. Seine Bewegungen wurden immer hektischer und nervöser. Schließlich ließ er sich atemlos und am ganzen Körper zitternd auf einen Stuhl fallen und fing an, unkontrolliert zu weinen.

Jetzt, sagte sich Khalil, jetzt ist er angreifbar. Jetzt muss ich ihn packen.

»Könnte es sein, Herr Beckstein, dass Sie derjenige waren, der Baum zu verstehen gegeben hat, dass er in die engere Wahl für den Preis gekommen war und so seine Erwartungen hochgetrieben haben? Und könnte es nicht sein, als nicht Baum, sondern Heumüller der Preis zugesprochen wurde, Baum sich betrogen fühlte und dann aus dieser Kränkung heraus beschloss, den in seinen Augen unverdienten Gewinner des Preises zu töten? War es so, Herr Beckstein?«

Beckstein schaute ziellos im Zimmer hin und her. Er konnte nicht mehr. Seine Nerven waren aufs Äußerte gespannt. In seinen Ohren war ein ständiges Sirren, sein Blutdruck oberhalb jeden Limits. Er konnte keinen klaren Gedanken mehr fassen. Er stand so unter Druck, dass er nicht mehr fähig war, sich irgendwelche Ausreden auszudenken. Jetzt konnte ihn nur noch die Wahrheit aus dem Wirrwarr seiner quälenden Gedanken erlösen. Sein Kopf, der ihm seit gestern unentwegt das Bild des Grauens mit dem verstümmelten Paul auf den Schienen der S-Bahn zeigte, war zu keinen weiteren Ausflüchten fähig.

Er ruckelte auf seinem Stuhl hin und her, wischte sich die Tränen ab, die unaufhörlich seine Wangen hinunterliefen und presste hervor: »Woher sollte ich denn wissen, dass dieser Psychopath sich in einen solchen Wahn hineinsteigert, dass er kaltblütig seinen Konkurrenten aus dem Weg räumt? Dafür kann ich doch nichts.«

»Sie haben ihm also gesagt, dass er voraussichtlich den Preis gewinnen würde, stimmt das?«

»Er war meiner Meinung ja auch der Beste aus der Reihe der vorgeschlagenen Autoren. Ich hatte schon die meisten Juroren auf meiner Seite, bis dann, hauptsächlich bei den weiblichen Mitgliedern, ein Umdenken einsetzte, weil die Damen anscheinend eine unterschwellige Frauenfeindlichkeit bei Baum festgestellt haben wollten. Baum hätte eine latente Verachtung für das weibliche Geschlecht in seinen Büchern durchschimmern lassen. Das hätten sie nicht durchgehen lassen können.

Er hat mir in der U-Bahn, auf dem Weg zur Buchmesse, gestanden, dass er mehrere Male versucht habe, Herrn Heumüller zu töten. Ich wollte es zuerst nicht glauben. Aber er hat mich schließlich überzeugt, dass er tatsächlich der Täter war. Der Frust über den nicht gewährten Preis hat ihn dazu getrieben, die Mordanschläge an den in seinen Augen unverdienten Gewinner des Preises zu begehen.«

Beckstein wischte sich die Tränen ab und schaute Saleh unsicher an: »Ich habe ihn aber nicht auf die Schienen gestoßen. Das war ein Unglücksfall. Das haben auch die umstehenden Fahrgäste bestätigt.«

Was Beckstein dem Kommissar nicht erzählte, war, dass sein Selbsterhaltungstrieb, der stärkste Trieb des Menschen, ihn davon abgeraten hatte, Khalil zu beichten, dass er Paul Baum aus einem instinktgeführten Impuls einen kaum merklichen Stoß in Richtung des einfahrenden Zugs versetzt hatte. Er wusste nicht, ob er sich das selbst je verzeihen würde, oder ob Gott ihm sein Handeln nachsehen würde.

Saleh stand auf und blickte nachdenklich auf das Häufchen Elend. Der Mann tat ihm leid. Der Unfalltod von Paul Baum hatte ihn anscheinend schwer mitgenommen. Aber er konnte sich des Gefühls nicht erwehren, dass sich ein winziges Teilchen nicht in das große Puzzle einfügen wollte.

»Ich wünsche Ihnen gute Besserung. In zwei Tagen, wenn es Ihnen wieder besser geht, werde ich Sie noch einmal im Präsidium befragen. Dafür werde ich Ihnen noch eine Benachrichtigung zukommen lassen.«

Gerade als er sich verabschiedet hatte und aus der Haustür trat, kam Frau Beckstein von ihren Einkäufen zurück. Sie sprach ihn an: »Das Schicksal von Herrn Baum geht mir sehr zu Herzen. Ich kannte ihn gut von seinen diversen Besuchen bei meinem Mann. Er war ein netter Kerl und ich bin unendlich traurig, dass er unter solch schrecklichen Umständen gestorben ist.«

»Ich glaube, Sie sollten sich um Ihren Mann kümmern. Der Schock zeigt noch Nachwirkungen. Es scheint ihm nicht gut zu gehen. Tut mir leid, dass mein Kommen seinen Zustand geschadet hat.«

Saleh hatte es eilig, das Haus zu verlassen. Er mochte keine weinenden Männer.

Sein Verdacht, dass Beckstein vielleicht ein Komplize von Baum gewesen sein konnte, hatte sich nicht erhärtet. Natürlich würde er noch die Fingerabdrücke von Beckstein prüfen lassen, aber er war überzeugt, dass er nichts mit den Anschlägen auf Sven Heumüller zu tun hatte.

Nein, hier konnte er nicht mehr viel an Erkenntnissen gewinnen. Dennoch war es ein eigenartiger Fall. Der Täter war durch eine schicksalshafte Verkettung von Umständen zu Tode gekommen. Es war einer jener Fälle, die den Ermittler am Ende unbefriedigt zurücklassen. Da blieb der Hauch eines Zweifels. Aber die Interpretation aller Fakten ließ keinen anderen Schluss zu. Jedenfalls war der Fall fast abgeschlossen. Ob er den wahren Hintergrund aber in all seinen kleinsten Verästelungen erkannt hatte, das wusste er nicht. Höchst merkwürdig blieb er doch.

Sven Heumüller hätte den Fall vielleicht aufklären können, aber dessen Bewusstsein kam erst Wochen nach seinem Koma zurück. Leider hatte er überhaupt keine Erinnerung an den Abend, als Paul Baum ihn vom Gerüst gestoßen hatte. Saleh hatte schon von einigen Trauma-Geschädigten gehört, dass sie sich, auch später noch, weder an das Geschehen kurz vor dem Unfall noch danach erinnern konnten. Das Gehirn schien sich zu weigern, diese schrecklichen Erfahrungen zu speichern, oder dem Bewusstsein zur Verfügung zu stellen. So leid es Sven auch tat, er konnte dem Kommissar bei der Auflösung des Falls nicht helfen.

Im Präsidium machte er ein kurzes Protokoll über sein Gespräch mit Beckstein. Noch während er schrieb, kam ein Kollege zu ihm ins Büro und sagte: »Kal, du wirst es nicht glauben, Kal, unsere alte Chefin, du weißt doch, die Frau Waldau, die scharfe Braut …«

»Hör mal, wie redest du denn von unserer ehemaligen Polizeipräsidentin«, unterbrach ihn Khalil schmunzelnd.

»Also gut, die scharfe Braut lass ich weg, aber unsere gutaussehende Chefin ist rehabilitiert worden. Die ihr zu Last gelegten Verfehlungen seien unverhältnismäßig zu ihren Ungunsten ausgelegt worden, so heißt es. Sie kann wieder auf ihren alten Posten als Polizeipräsidentin zurückkehren. Und die, die sie damals herausgeklagt haben, die können sich jetzt warm anziehen. Na, wie gefällt dir das, Kal?«

Khalil wusste nicht, ob er sich darüber freuen sollte. Schließlich war auch er daran beteiligt gewesen, wenn auch unfreiwillig und auch nur auf Anordnung seiner Vorgesetzten, als sie wegen Befangenheit aus ihrem Amt geschasst wurde. Schon damals hatte er gedacht, dass diese scharfe Reaktion ihrer Gegner völlig überzogen war. Ihm blieb auch nichts erspart.

Kapitel 56

Siggi hatte Uli gar nicht gefragt, ob er ihn zur Beisetzung der Urne nach Wiesbaden begleiten würde. Schon während des Frühstücks hatte Uli etwas von einem Besuch in der Rehaklinik gesagt.

Siggi wollte die Asche seiner Mutter alleine begleiten. Es war um die Mittagszeit. Diese Zeit hatte viele Jahre nur ihm und ihr gehört. Siggi fühlte sich so traurig wie nie zuvor in seinem Leben. Er folgte einem Bediensteten der Friedhofsverwaltung, der die Urne im dafür ausgehobenen Loch des Grabes seines Vaters versenkte und die Erde darauf schaufelte. Nach dieser Verrichtung gab ihm der Mann die Hand, deutete eine Verbeugung an und ließ Siggi mit seinem Schmerz alleine zurück. Er wusste, dass er den liebsten Menschen auf der Welt verloren hatte, dass er nun für immer einsam sein würde. Ein schwarzes Gefäß war alles, was ihm geblieben war.

Endlich riss er sich von dem Grab los. Der Kummer saß tief in seiner Kehle. Ohne etwas zu sehen, begab er sich langsam in Richtung Ausgang. Er achtete nicht auf die Schritte, die ihm schneller werdend folgten. Erst ein »Hallo« dicht hinter ihm ließ ihn zusammenfahren. Er drehte sich um und sah in das Gesicht eines gutaussehenden Asiaten, der in einem eleganten Geschäftsanzug vor ihm stand. Siggi hatte das vage Gefühl, dass er die Person kennen müsste.

Der Asiate bemerkte Siggis Unsicherheit und half ihm auf die Sprünge. »Wir haben uns vor einiger Zeit auf einer Feier bei Till getroffen. Ich bin Vauki. Ich war gerade in der Mittagspause am

Grab meines leider viel zu früh verstorbenen besten Freundes. Ich sehe, du bist auch in Trauer?«, fragte Vauki, dem der Schmerz seines Gegenübers nicht verborgen geblieben war.

»Setzen wir uns doch ein wenig. Ich habe noch etwas Zeit.« Vauki deutete auf eine Parkbank in der Nähe des Ausgangs.

Siggi erzählte vom Tod seiner Mutter, von Uli und von Sven. Dann warf er Vauki einen missmutigen Seitenblick zu, als ihm einfiel, dass Uli doch auch mit diesem Schönling geflirtet hatte.

Vauki war in der Lage, Siggis Gedanken zu lesen.

»Verschwende bitte keinen Gedanken an mich. Lass deinen Freund gewähren. Er wird zu dir zurückfinden. Ich weiß es. Am besten gibst du dich gleichgültig. Kümmere dich um deine Freunde und deine Arbeit, das wird dir Befriedigung geben. Auch ich bin dein Freund.« Vauki gab Siggi seine Karte, stand auf und schüttelte ihm die Hand. Dann enteilte er.

Siggi blieb noch eine Weile sitzen. Der Typ hatte gut reden, er hatte ja kaum noch Bekannte, geschweige denn Freunde. Sein Abschied von Wiesbaden hatte ihm fast all seiner vertrauten Gesichter beraubt. Alles nur wegen seiner Liebe zu Uli. Und wie wurde seine völlige Abhängigkeit zu ihm belohnt? Jedenfalls nicht mit der gleichen Hingabe wie er es sich vorgestellt hatte. Siggi dachte an Sascha. Ein kurzer Gedanke streifte auch den hässlichen Niederländer aus der Tapasbar in Barcelona. Manchmal machte er doch noch neue Bekanntschaften. Aber was hatten sie ihm gebracht?

Uli war wegen Sven nur bedingt verlässlich. Dann Vaukis Hinweis, dass er Befriedigung in seiner Arbeit suchen solle. Siggi schnaubte laut auf. Das würde er gerne so empfinden, aber die Wahrheit war, dass ihm die echte Begeisterung für seinen Job fehlte. Im Grunde wusste er, dass ihm für das Metier des Immobilienmaklers der nötige Biss und eine gewisse Skrupellosigkeit fehlten.

Was sollte nur aus ihm werden? Jetzt, wo sich sein möglicher Reichtum durch die Erbschaft seiner Mutter oder auch der von dem alten Wienhold angesprochenen finanziellen Zuwendung in

Luft aufzulösen drohte. Die Schenkung war nur kurz, deutlich weniger als ein Jahr, in den Händen seiner Mutter gewesen. Die Söhne Gregor Martins galten als die Erstbegünstigten. Es war so sicher wie das Amen in der Kirche, dass Siggi das Aktienpaket nicht erben würde. Bei diesem Gedanken versank er noch mehr in seinem Kummer, aber er würde die beiden aufsuchen und über das traurige Ende dieser Geschichte informieren. Der Brief ihres Anwalts hatte den spontanen Besuch seiner Mutter in Sachsenhausen und das Zusammentreffen mit Jean-Paul Wienhold ausgelöst. Diese Bekanntschaft hatte die Todesfahrt verursacht und wäre ohne die Rückforderung vielleicht nicht erfolgt. Indirekt gab Siggi nun Julian und Ferdinand Martin die Schuld am Tod seiner Mutter. Das sollten sie von ihm erfahren. Siggi überlegte einen kurzen Moment, ob er sie wegen indirekten Totschlags belangen konnte. Er schluchzte vor sich hin. Wenigstens hatte seine Mutter noch eigenes Geld auf ihren Konten, über welches er bald verfügen konnte. Der Gedanke tröstete ihn etwas.

Nachdem er in der Nähe des Friedhofs einen Kaffee getrunken hatte, fuhr er zurück nach Frankfurt. Die Wohnung seiner Mutter konnte er noch nicht betreten. Dieser emotionalen Belastung war er noch nicht gewachsen. Das musste warten.

In Frankfurt ging er kurz in seinem Büro vorbei. Schließlich war er wieder in der Klappergasse gelandet. Nachdem er sich in der gemeinsamen Wohnung ein wenig erholt und auf dem Tisch die Rechnung von Alban Erdreich gefunden hatte, beschloss er, am nächsten Tag Annalene anzurufen. Dann ging er zu Uli in die Gastwirtschaft. Er setzte sich an seinen Stammplatz und war überrascht, dass Uli sofort auf ihn zukam.

»Wie ist es dir ergangen, mein Lieber? War es sehr schlimm?« Uli strich ihm über die Wange und fragte, was er essen wolle.

In kurzen Worten erzählte ihm Siggi über das trostlose Urnenbegräbnis seiner Mutter und seine Begegnung mit Vauki.

Uli tröstete ihn und drückte ihn an sich. Siggi aber war nicht aus seiner depressiven Verstimmung herauszulocken.

»Komm Siggi, raff dich auf, es kommen auch wieder bessere Zeiten. Alina macht dir ein schönes saftiges Rumpsteak mit Pommes und Salat. Das wird dich wieder aufmuntern.« Die Nachricht, dass ihm Alina bei ihrem Eintreffen am frühen Abend eröffnet hatte, dass sie ihren Job bei ihm aufgeben wollte, verdrängte Uli.

Siggi nickte nur kurz. Ihm war nicht nach Konversation mit Uli zumute. Er wollte mit seiner Trauer allein sein und ging schon bald nach oben.

Nach Geschäftsschluss gab sich Uli die Kante. Eigentlich hatte er sich vorgenommen gehabt, nicht mehr so viel zu trinken, aber der depressive Siggi und Alinas Kündigung waren einfach zu viel für ihn. Was hatte Alina dazu bewogen, für diesen bleichen Bestatter Formulare ausfüllen zu wollen? Uli war kalkweiß geworden, als Alina ihm eröffnet hatte, dass sie die Stelle wechseln wolle. Sie sei froh, dass man ihr die Chance geben würde, sich in einer Bürotätigkeit auszuprobieren. Außerdem sei Alban Erdreich sehr nett, hatte sie noch trotzig hinzugefügt. Uli hatte keinen Kommentar abgegeben und Alina nur gebeten, einen Monat Kündigungsfrist einzuhalten.

Er schüttelte den Kopf und füllte erneut sein Glas. Was sollte er nur tun? Vielleicht war es wirklich an der Zeit, über eine Verlegung seines Lokals in einen ruhigeren Stadtteil nachzudenken. Diesen Gedanken hegte er seit dem Überfall auf sein Lokal.

Schließlich erinnerte er sich an Tim, der sicher schon auf ihn wartete. Er quälte sich die Treppe nach oben. Kurz bevor sich der Schlaf seiner bemächtigte, beschloss er, am kommenden Tag Sven zu besuchen.

Kapitel 57

Als Uli seinen Freund Sven nach der Verlegung in die Reha-Klinik in Bad Homburg sehen wollte, musste er wegen der Visite des Neurologen vor der Tür warten. Zu seinem Erstaunen bemerkte er an der Art, wie sich der Arzt von seinem Patienten verabschiedete und an seinem Lächeln, dass er zu seinem Patienten ein ganz besonderes Verhältnis haben musste. Das gleiche helle Strahlen spiegelte sich auf Svens Gesicht wider, als er sein Zimmer betrat.

»Na, hat dir dein Arzt eine gute Botschaft überbracht, kannst du bald die Klinik verlassen?«

»Nein, das wird noch eine Weile dauern. Aber ich habe Dr. Steiner viel für meine körperlichen und geistigen Fortschritte zu verdanken. Er ist ein toller Arzt und nimmt sich sehr viel Zeit für mich. Im Übrigen haben wir bald herausgefunden, dass wir beide schwul sind und uns auch daher so gut verstehen. Er hat mich in seiner Freizeit mit dem Rollstuhl durch den Park gefahren und ist mit mir in ein Café gegangen. Du wirst es nicht glauben, aber ich kann inzwischen schon mit dem Stock mehr als hundert Schritte am Stück gehen. Es ist wunderbar, dass ich nicht mehr die ganze Zeit im Bett liegen muss. Ich habe so viel Lebensmut durch ihn bekommen. Jochen, also ich meine Dr. Steiner, ist ein wunderbarer Mann. Ich könnte platzen vor Glück, dass es mit meinem Leben wieder aufwärtsgeht. Außerdem kann ich hier auch ungestört an meinem Buch weiterschreiben«, sprudelte es aus Sven heraus.

»Ja, das habe ich auch schon bemerkt.« Uli fühlte einen leichten Stich in seinem Herzen. So glücklich hatte er seinen Freund Sven noch nie gesehen. Er gab sich Mühe, seine Betroffenheit nicht allzu offen zu zeigen. Nie hätte er geglaubt, dass ihn die Zuneigung, die Sven für den Neurologen ganz offen zeigte, so zu Herzen gehen würde.

Während Sven locker von seinem neuen Freund plauderte und schon tausend Pläne für die Zeit nach seiner Reha machte, fiel es Uli schwer, dessen überschäumender guter Laune etwas entgegenzusetzen. Er wurde von einer plötzlichen Traurigkeit heimgesucht. Sven hatte sich heftig in den Arzt verliebt. Was wurde dann aus ihrer Freundschaft?

Beim Abschied drückte ihn Sven an sich. »Lieber Uli, du hast so viel für mich getan. Ich stehe tief in deiner Schuld. Ob ich das je wiedergutmachen kann? Ohne dich und Tim wäre ich vielleicht für immer im Koma geblieben.«

»Na, wir wollen mal nicht so übertreiben. Du bist doch eine Kämpfernatur. Du hättest es mit der Zeit schon alleine geschafft.« Dann gingen Uli die Worte aus. Seine Unterlippe fing an leicht zu zittern. Auf keinen Fall wollte er seinen Schmerz vor Sven zeigen. »Bis zum nächsten Mal. Mach's gut. Siggi wartet auf mich. Seine Mutter ist bei einem Verkehrsunfall gestorben. Er ist so hilflos.«

Sven bat Uli, Siggi sein Mitgefühl zu übermitteln und ihm zu sagen, wie leid es ihm tue, dass er seine Mutter verloren hätte. Er würde in Gedanken bei ihm sein.

Auf dem Heimweg verdüsterte sich Ulis Gemüt. Er wurde sich jetzt erst darüber klar, dass seine Zuneigung zu Sven viel tiefer war, als er sich selbst je zugegeben hatte und dass es an der Zeit war, sich von diesem Gefühl zu trennen. Siggi hatte recht gehabt, dass er in Sven verliebt war. Jetzt musste er sich diese Liebe aus dem Herzen reißen. Das würde ihm schwerfallen.

Als er nach Hause kam, saß Siggi auf der Couch und weinte still vor sich hin. Bei Ulis Anblick wischte er sich verstohlen die

Tränen ab. Zu dessen Erstaunen hatte er eine Tasse Tee vor sich stehen.

»Na, du trinkst Tee. Das ist kein gutes Zeichen. Hat es dir die Petersilie verhagelt?«

Siggi setzte sich aufrecht hin und sah Uli mit einem dramatischen Gesichtsausdruck an. »Uli, ich muss mit dir reden. Ich habe lange nachgedacht und ich sehe keinen anderen Weg, als dass wir uns trennen, denn du liebst mich nicht mehr. Du liebst Sven und ich spiele keine Rolle mehr für dich. Auf meinen Vorschlag, unsere Liebe durch eine Heirat zu besiegeln, hast du mir einen Korb gegeben. Es ist mir inzwischen klargeworden, dass du kein Interesse mehr an mir hast. Und wenn du mich nicht mehr magst, dann ziehen wir besser einen Trennungsstrich. Lieber ein Ende mit Schrecken als ein Schrecken ohne Ende.«

Uli war es, als ob man ihm den Boden unter den Füßen wegzöge. Erst der Verlust von Sven und jetzt Siggi. Ihm war, als bräche seine ganze Welt zusammen.

»Und dein Verhalten beim Tod meiner Mutter war auch nicht gerade fürsorglich, im Gegenteil, du hast dich vor allem gedrückt. Nur einmal hast du mir Trost gespendet. Aber das war auch nur halbherzig«, aus Siggi brach der Frust der letzten Wochen heraus.

»Aber das stimmt doch gar nicht. Natürlich liebe ich dich noch immer. Das mit Sven ist Vergangenheit. Er hat sich in der Reha in Bad Homburg einen schwulen Arzt angelacht. Außerdem hatte ich nie etwas Intimes mit ihm. Das musst du mir wirklich glauben. Klar hatte ich mich ein wenig in ihn verguckt. Aber durch sein Koma und die langsame Genesung war ich für ihn doch eher wie ein besorgter Vater. Das musst doch selbst du gesehen haben.« Uli wollte sich von Siggi nicht in die Rolle des Zerstörers ihrer Beziehung drängen lassen, obwohl er recht gut wusste, dass es nicht nur die väterliche Sorge um seinen Schützling war, die ihn in seiner Beziehung zu Sven umgetrieben hatte.

»Ich weiß, was ich gesehen habe«, unterbrach ihn Siggi. »Du hast ihn doch, bevor er vom Gerüst stürzte, wie einen Götzen angebetet. Deine Verliebtheit war doch so offensichtlich, dass es die Spatzen von den Dächern gepfiffen haben. Was glaubst du, wie ich mir vorgekommen bin? Deine Stammgäste haben schon Witze über mich gemacht. Guckt mal, das ist der dumme Hampelmann von Ulis Gnaden. Meinst du, die hätten nicht gemerkt, wie du den Sven angehimmelt hast?«

Siggi fing an, sich seinen Kummer von der Seele zu reden und sich richtig aufzuregen. Er stellte den Tee beiseite, ging zum Schrank, in dem Uli den Alkohol aufbewahrte, nahm sich ein Glas und goss sich eine ordentliche Portion Whisky ein.

Uli, der sich in die Defensive gedrängt sah, überlegte krampfhaft, wie er die Koordinaten, die Siggi zu seinen eigenen Gunsten verändert hatte, wieder geradebiegen konnte.

»Wer hat mich denn über Monate mit diesem käuflichen Sascha betrogen, und an wen hast du dein ganzes Geld verschwendet? Ich war sogar noch bereit, dir die Provision, die du mit diesem Kerl verballert hast, zu ersetzen, nur weil du so blöde warst, dich bei einem Immobiliendeal über den Tisch ziehen zu lassen. Du hast dich von mir aushalten lassen, mich hast du schamlos ausgenommen wie eine Weihnachtsgans, während du bei deinem Sascha den reichen Liebhaber gespielt hast. Und wer war bei Sven, als er vom Gerüst stürzte? Das warst doch du. Du bist an allem schuld. Fass dich mal an die eigene Nase, du Jammerlappen.«

So einfach wollte Uli nicht als Sündenbock herhalten. Siggi war doch derjenige, der die Axt an ihre Beziehung gelegt hatte. Erregt sprang er vom Sessel auf und goss sich ebenfalls einen Whisky ein.

Siggi ließ die Anschuldigungen von Uli ins Leere laufen. »Es hat keinen Sinn, weiter zu machen. Unsere Beziehung ist am Ende. Du hast sie zerstört. Ich werde wieder nach Wiesbaden in die Wohnung meiner verstorbenen Mutter ziehen. Dann kannst du deinen Sven und den anderen Liebhaber, dieses Milchbübchen Florian, ungestört hier in deiner Wohnung empfangen. Ich jedenfalls habe die Schnauze gestrichen voll von dir.«

Mit diesen Worten schlug Siggi sein Glas mit Wucht auf den Couchtisch, dass es zu Bruch ging und die Scherben in alle Richtungen flogen. Fassungslos beobachtete Uli, wie die goldbraune Flüssigkeit vom Tisch auf den Parkettboden lief.

»Sag mal, bist du jetzt ganz verrückt geworden«, schrie Uli und gab Siggi einen Stoß in die Rippen, dass dieser mit einem spitzen Schrei von der Couch hochsprang und Uli seinerseits eine Ohrfeige verpasste. Bald wälzten sich beide am Boden und versuchten, sich gegenseitig schachmatt zu setzen.

Tim, durch den lautstarken Streit der beiden aus seinem Nachmittagsschlaf geweckt, sprang aus seinem Körbchen und fing an zu bellen. Er wusste nur nicht genau, wen er anbellen sollte. Aber er wusste, dass es dieses Mal etwas Ernstes war und es sich nicht um ein Spiel handelte.

»Nicht, Tim! Sei still, geh vor die Tür und lass uns in Ruhe!« Uli sprach laut auf seinen Hund ein. Als der nicht aufhören wollte, setzte er ihn kurzerhand vor die Tür. Von dort setzte Tim sein Bellen fort bis er heiser war.

»Was sehe ich denn da? Siggi, du wirst am Hinterkopf ja ganz kahl.« Höhnisch lachend zog Uli heftig an Siggis Haaren. »Junge, du wirst alt. Der Lack ist ab. Du kannst dich morgen im Pflegeheim anmelden.«

Diese Worte trafen Siggi wie ein Schwerthieb. Ausgerechnet seine größte Schwachstelle hatte Uli bösartig bloßgestellt und sich darüber lustig gemacht. Ein Stoß seines Ellenbogens traf Ulis Nase. Der quiekte vor Schmerz wie ein Schwein und hielt sich die Nase, aus der sich ein blutiges Rinnsal löste. Hypnotisiert starrte er auf das Blut an seiner Hand.

»Ich kann kein Blut sehen, Siggi, gib mir mal ein Taschentuch, Siggi, ich werde ohnmächtig. Siggi mir ist übel.«

Und so war es. Uli wurde tatsächlich ohnmächtig. Ohnmächtig wurde er allerdings nur beim Anblick seines eigenen Blutes. Das Blut anderer Leute ließ ihn seltsamerweise kalt. Er sackte vor der Couch zusammen. Siggi konnte gerade noch verhindern, dass er mit dem Kopf auf die Tischplatte und in die dort liegenden Glassplitter fiel.

Aufgeschreckt sah sich Siggi im Zimmer um und erhob sich. Was war denn in sie gefahren, dass sie sich bis aufs Blut bekämpften? Wie konnte er Uli helfen? Hoffentlich war er nur bewusstlos und nicht tot. Er horchte an Mund und Nase. Doch, doch, er atmete noch. Er zog Uli zur Couch und lehnte ihn mit dem Rücken daran. Dann legte er schnell ein kaltes, feuchtes Handtuch in seinen Nacken und hielt ihm mehrere Lagen Papiertaschentücher vor die Nase. Er betete, dass Uli gleich wieder aufwachte. Der aber ließ sich Zeit, Zeit in der Siggi sorgenvoll die Situation überdachte.

Wen außer Uli hatte er denn, auf den er bauen konnte? Seine Mutter war tot, Jean-Paul lag auch schon im Grab. An Annalene dachte er einen Augenblick, aber sie war ja nur eine nette weibliche Bekanntschaft. Der einzige, der ihm so etwas wie Heimat bedeutete, das war Uli. Uli war sein einziger sicherer Hafen. Sonst trieb er doch ziel- und richtungslos wie Treibgut auf hoher See und keinen kümmerte es, ob er lebte oder nicht. Ein sehnsuchtsvolles Ziehen bemächtigte sich plötzlich seines Herzens, das ihn heftig zu Uli drängte.

Was sollte sein blödes Gerede von vorhin? Natürlich liebte er Uli aus ganzem Herzen, und wenn Sven jetzt keinen Anspruch mehr auf Uli erhob, dann war das Leben doch wieder lebenswert. Er saß neben Uli auf dem Boden vor der Couch. Mit einem Arm hielt er Uli eng umschlungen und mit der Hand des anderen Arms presste er eine neue Lage von Taschentüchern vor Ulis Nase. Reglos spürte er die Nähe des geliebten Körpers. Eine

Welle tiefster Zuneigung durchflutete ihn. Ein Leben ohne Uli? Unvorstellbar!

Mit einem leisen Schnaufer meldete sich Uli aus seiner Ohnmacht zurück.

»Was ist denn, wo bin ich?« Noch leicht benebelt ließ sich Uli hören. »Siggi, was ist denn los?«

Siggi drückte Uli die Taschentücher in die Hand und führte sie an die nur noch leicht blutende Nase. Dann erhob er sich vom Boden.

»Du bist k.o. gegangen, mein Liebster, ich habe dir einen Schlag auf deine freche Rübe gegeben. Dann bist du wohl beim Anblick deines eigenen Blutes ohnmächtig geworden. Ach, mein Süßer, du sahst so unschuldig und entzückend mit deiner blutigen Nase aus.«

»Hör auf, mir wird sonst gleich wieder schlecht.« Uli rappelte sich auf und setzte sich auf die Couch. »Wieso haben wir uns eigentlich gestritten?«

»Wir haben uns nur gestritten, weil wir beide nicht einsehen wollten, dass wir uns noch immer lieben. Die Eifersucht bringt uns immer wieder mal zum Zweifeln.« Siggi schaute Uli voller Liebe an. »Du und ich, wir lieben uns doch. Warum streiten wir uns eigentlich?«

»Wenn ich das wüsste. Du weißt, dass ich dich liebe, Siggi. Ich habe dich immer geliebt, selbst in den schlimmsten Stunden, als ich erfuhr, dass du mich betrogen hattest. Aber lass uns nicht wieder die alten Geschichten aufwärmen.«

Uli blickte voller Zuneigung auf seinen Siggi. »Manchmal brauchen wir nur einen Anstoß von außen, um zu erkennen, dass wir für immer zusammengehören. Ach, übrigens, mein Lieber, in Weiß oder in Schwarz?«

»Wie, in Weiß oder Schwarz?« Siggi wusste nicht, was Uli damit meinte.

»Ich meinte, willst du in einem weißen oder schwarzen Frack heiraten?«